Lecture Notes in Mathematics

For information about Vols. 1–276, please contact your bookseller or Springer-Verlag.

Vol. 277: Séminaire Banach. Edité par C. Houzel. VII, 229 pages. 1972.

Vol. 278: H. Jacquet, Automorphic Forms on GL(2) Part II. XIII, 142 pages. 1972.

Vol. 279: R. Bott, S. Gitler and I. M. James, Lectures on Algebraic and Differential Topology. V, 174 pages. 1972

Vol. 280: Conference on the Theory of Ordinary and Partial Differential Equations. Edited by W. N. Everitt and B. D. Sleeman. XV, 367 pages. 1972.

Vol. 281: Coherence in Categories. Edited by S. Mac Lane. VII, 235 pages. 1972.

Vol. 282: W. Klingenberg und P. Flaschel, Riemannsche Hilbertmannigfaltigkeiten. Periodische Geodätische. VII, 211 Seiten. 1972.

Vol. 283: L. Illusie, Complexe Cotangent et Déformations II. VII, 304 pages. 1972.

Vol. 284: P. A. Meyer, Martingales and Stochastic Integrals I. VI, 89 pages. 1972.

Vol. 285: P. de la Harpe, Classical Banach-Lie Algebras and Banach-Lie Groups of Operators in Hilbert Space. III, 160 pages. 1972.

Vol. 286: S. Murakami, On Automorphisms of Siegel Domains. V, 95 pages. 1972.

Vol. 287: Hyperfunctions and Pseudo-Differential Equations. Edited by H. Komatsu. VII, 529 pages. 1973.

Vol. 288: Groupes de Monodromie en Géométrie Algébrique. (SGA 7 I). Dirigé par A. Grothendieck. IX, 523 pages. 1972.

Vol. 289: B. Fuglede, Finely Harmonic Functions. III, 188. 1972.

Vol. 290: D. B. Zagier, Equivariant Pontrjagin Classes and Applications to Orbit Spaces. IX, 130 pages. 1972.

Vol. 291: P. Orlik, Seifert Manifolds. VIII, 155 pages. 1972.

Vol. 292: W. D. Wallis, A. P. Street and J. S. Wallis, Combinatorics: Room Squares, Sum-Free Sets, Hadamard Matrices. V, 508 pages. 1972.

Vol. 293: R. A. DeVore, The Approximation of Continuous Functions by Positive Linear Operators. VIII, 289 pages. 1972.

Vol. 294: Stability of Stochastic Dynamical Systems. Edited by R. F. Curtain. IX, 332 pages. 1972.

Vol. 295: C. Dellacherie, Ensembles Analytiques Capacités. Mesures de Hausdorff. XII, 123 pages. 1972.

Vol. 296: Probability and Information Theory II. Edited by M. Behara, K. Krickeberg and J. Wolfowitz. V, 223 pages. 1973.

Vol. 297: J. Garnett, Analytic Capacity and Measure. IV, 138 pages. 1972.

Vol. 298: Proceedings of the Second Conference on Compact Transformation Groups. Part 1. XIII, 453 pages. 1972.

Vol. 299: Proceedings of the Second Conference on Compact Transformation Groups. Part 2. XIV, 327 pages. 1972.

Vol. 300: P. Eymard, Moyennes Invariantes et Représentations Unitaires. II, 113 pages. 1972.

Vol. 301: F. Pittnauer, Vorlesungen über asymptotische Reihen. VI, 186 Seiten. 1972.

Vol. 302: M. Demazure, Lectures on p-Divisible Groups. V, 98 pages. 1972.

Vol. 303: Graph Theory and Applications. Edited by Y. Alavi, D. R. Lick and A. T. White. IX, 329 pages. 1972.

Vol. 304: A. K. Bousfield and D. M. Kan, Homotopy Limits, Completions and Localizations. V, 348 pages. 1972.

Vol. 305: Théorie des Topos et Cohomologie Etale des Schémas. Tome 3. (SGA 4). Dirigé par M. Artin, A. Grothendieck et J. L. Verdier. VI, 640 pages. 1973.

Vol. 306: H. Luckhardt, Extensional Gödel Functional Interpretation. VI, 161 pages. 1973.

Vol. 307: J. L. Bretagnolle, S. D. Chatterji et P.-A. Meyer, Ecole d'été de Probabilités: Processus Stochastiques. VI, 198 pages. 1973.

Vol. 308: D. Knutson, λ-Rings and the Representation Theory of the Symmetric Group. IV, 203 pages. 1973.

Vol. 309: D. H. Sattinger, Topics in Stability and Bifurcation Theory. VI, 190 pages. 1973.

Vol. 310: B. Iversen, Generic Local Structure of the Morphisms in Commutative Algebra. IV, 108 pages. 1973.

Vol. 311: Conference on Commutative Algebra. Edited by J. W. Brewer and E. A. Rutter. VII, 251 pages. 1973.

Vol. 312: Symposium on Ordinary Differential Equations. Edited by W. A. Harris, Jr. and Y. Sibuya. VIII, 204 pages. 1973.

Vol. 313: K. Jörgens and J. Weidmann, Spectral Properties of Hamiltonian Operators. III, 140 pages. 1973.

Vol. 314: M. Deuring, Lectures on the Theory of Algebraic Functions of One Variable. VI, 151 pages. 1973.

Vol. 315: K. Bichteler, Integration Theory (with Special Attention to Vector Measures). VI, 357 pages. 1973.

Vol. 316: Symposium on Non-Well-Posed Problems and Logarithmic Convexity. Edited by R. J. Knops. V, 176 pages. 1973.

Vol. 317: Séminaire Bourbaki – vol. 1971/72. Exposés 400–417. IV, 361 pages. 1973.

Vol. 318: Recent Advances in Topological Dynamics. Edited by A. Beck. VIII, 285 pages. 1973.

Vol. 319: Conference on Group Theory. Edited by R. W. Gatterdam and K. W. Weston. V, 188 pages. 1973.

Vol. 320: Modular Functions of One Variable I. Edited by W. Kuyk. V, 195 pages. 1973.

Vol. 321: Séminaire de Probabilités VII. Edité par P. A. Meyer. VI, 322 pages. 1973.

Vol. 322: Nonlinear Problems in the Physical Sciences and Biology. Edited by I. Stakgold, D. D. Joseph and D. H. Sattinger. VIII, 357 pages. 1973.

Vol. 323: J. L. Lions, Perturbations Singulières dans les Problèmes aux Limites et en Contrôle Optimal. XII, 645 pages. 1973.

Vol. 324: K. Kreith, Oscillation Theory. VI, 109 pages. 1973.

Vol. 325: C.-C. Chou, La Transformation de Fourier Complexe et L'Equation de Convolution. IX, 137 pages. 1973.

Vol. 326: A. Robert, Elliptic Curves. VIII, 264 pages. 1973.

Vol. 327: E. Matlis, One-Dimensional Cohen-Macaulay Rings. XII, 157 pages. 1973.

Vol. 328: J. R. Büchi and D. Siefkes, The Monadic Second Order Theory of All Countable Ordinals. VI, 217 pages. 1973.

Vol. 329: W. Trebels, Multipliers for (C, α)-Bounded Fourier Expansions in Banach Spaces and Approximation Theory. VII, 103 pages. 1973.

Vol. 330: Proceedings of the Second Japan-USSR Symposium on Probability Theory. Edited by G. Maruyama and Yu. V. Prokhorov. VI, 550 pages. 1973.

Vol. 331: Summer School on Topological Vector Spaces. Edited by L. Waelbroeck. VI, 226 pages. 1973.

Vol. 332: Séminaire Pierre Lelong (Analyse) Année 1971-1972. V, 131 pages. 1973.

Vol. 333: Numerische, insbesondere approximationstheoretische Behandlung von Funktionalgleichungen. Herausgegeben von R. Ansorge und W. Törnig. VI, 296 Seiten. 1973.

Vol. 334: F. Schweiger, The Metrical Theory of Jacobi-Perron Algorithm. V, 111 pages. 1973.

Vol. 335: H. Huck, R. Roitzsch, U. Simon, W. Vortisch, R. Walden, B. Wegner und W. Wendland, Beweismethoden der Differentialgeometrie im Großen. IX, 159 Seiten. 1973.

Vol. 336: L'Analyse Harmonique dans le Domaine Complexe. Edité par E. J. Akutowicz. VIII, 169 pages. 1973.

Vol. 337: Cambridge Summer School in Mathematical Logic. Edited by A. R. D. Mathias and H. Rogers. IX, 660 pages. 1973.

Vol. 338: J. Lindenstrauss and L. Tzafriri, Classical Banach Spaces. IX, 243 pages. 1973.

Vol. 339: G. Kempf, F. Knudsen, D. Mumford and B. Saint-Donat, Toroidal Embeddings I. VIII, 209 pages. 1973.

Vol. 340: Groupes de Monodromie en Géométrie Algébrique. (SGA 7 II). Par P. Deligne et N. Katz. X, 438 pages. 1973.

Vol. 341: Algebraic K-Theory I, Higher K-Theories. Edited by H. Bass. XV, 335 pages. 1973.

continuation on page 601

Lecture Notes in Mathematics

Edited by A. Dold and B. Eckmann

Series: Institut de Mathematique, Université de Strasbourg
Adviser: P. A. Meyer

511

Séminaire de Probabilités X Université de Strasbourg

Edité par P. A. Meyer

Springer-Verlag
Berlin · Heidelberg · New York 1976

Editor
P. A. Meyer
Département de Mathematique
Université de Strasbourg
Rue René Descartes
67 Strasbourg/France

AMS Subject Classifications (1970): 28A05, 31-XX, 60-XX, 60GXX, 60JXX

ISBN 978-3-540-07681-0 ISBN 978-3-540-38197-6 (eBook)
DOI 10.1007/978-3-540-38197-6

SEMINAIRE DE PROBABILITES X

Ce volume contient deux parties : d'abord, les exposés du séminaire de probabilités de Strasbourg pour l'année universitaire 1974-75, sur des sujets très divers. Nous remercions les conférenciers qui ont bien voulu nous confier leurs textes - beaucoup d'entre eux présentant des résultats nouveaux, qui ne seront pas publiés ailleurs. Ensuite, une partie spécialement consacrée à la théorie des intégrales stochastiques, qui a intéressé plusieurs chercheurs pendant cette même année. On y trouvera un cours systématique (il n'existe aucun texte de base sur la question, en dehors du cas brownien), et des mémoires originaux de longueurs diverses.

On pourrait croire en regardant la table des matières qu'il y a une troisième partie. C'est que nous avons reçu quelques exposés pendant que le volume était en cours de pagination, et nous les avons groupés à la fin. Nous espérons que l'on excusera cette présentation, qui est illogique, mais sans doute pas trop gênante.

Dans le volume de l'an dernier, deux exposés concernant les travaux de K.A.Yen et M.A.Garcia Alvarez avaient fait l'objet d'une mesure d'expulsion (pour défaut de démonstrations en règle). L'article de Yen "forme mesurable de la théorie des ensembles sous-liniens, applications à la théorie de la mesure" est paru en 1975 dans Scientia Sinica, vol.XVIII, p.444-463. Celui de Garcia Alvarez doit paraître prochainement dans les Annals of Probability.

C.Dellacherie, P.A.Meyer, M.Weil .

SEMINAIRE DE PROBABILITES X

TABLE DES MATIERES

Université de Strasbourg
Séminaire de Probabilités

Février 1975.

LA METHODE DES SEMI-MARTINGALES EN FILTRAGE QUAND L'OBSERVATION EST UN PROCESSUS PONCTUEL MARQUE

par

P. BREMAUD

Ce qui va suivre est un extrait d'un cours[(1)] sur les processus ponctuels marqués et quelques applications concernant ces processus. Pour ne pas avoir à reproduire tous les chapitres précédents nous commencerons par rappeler brièvement deux ou trois définitions.

Un $(\Omega,\mathfrak{F})$ est donné ainsi qu'une histoire $\underline{F} = (F_t, t \in R^+)$ (ou, si on veut, une filtration). Soit $(\tilde{Y}_n, n \in Z^+)$ une suite de v.a. à valeurs dans $(E',\mathcal{E}')$ et $(T_n, n \in Z^+)$ une suite de $\underline{F}$-temps d'arrêt, $T_0 = 0$, $T_n \uparrow\uparrow \infty$. On suppose que $\tilde{Y}_n$ est F_{T_n}-mesurable, $\forall n \in Z^+$. La suite $(T_n, \tilde{Y}_n, n \in Z^+)$ s'appelle un <u>processus ponctuel marqué</u> ou <u>processus de sauts</u> (cette dernière terminologie s'appliquant surtout au cas où E est vectoriel et où $\tilde{Y}_n = \Delta Z_{T_n}$ pour un processus c.à.d. $\underline{Z} = (Z_t, t \in R^+)$ à valeurs dans $(E,\mathcal{E})$, étagé et ne sautant qu'aux T_n). Si $(E',\mathcal{E}') = (R, B(R))$ et si $\tilde{Y}_n = 1$, $\forall n \in Z^+ - \{0\}$, $\tilde{Y}_0 = 0$, on posera $N_t = \sum_n I(T_n \leq t)$. $\underline{N} = (N_t, t \in R^+)$ est alors un <u>processus de comptage</u>. Si on se donne P sur $(\Omega,\mathfrak{F})$, $(\underline{N}, P)$ est ce qu'on appelle un processus ponctuel stochastique (P.P.S.) sur R^+. De même, on dira que $(\underline{Y}, P)$ est un processus ponctuel marqué stochastique (P.P.M.S.), si $\underline{Y} = (T_n, \tilde{Y}_n, n \in Z^+)$. Pour un tel processus, on note $n_t^B = \sum_n I(T_n \leq t) I(\tilde{Y}_n \in B)$, $t \in R^+$, $B \in \mathcal{E}'$, et $\sigma(\underline{Y}, t) = \sigma(n_s^B, s \leq t, B \in \mathcal{E}')$. En général pour un processus $\underline{Z} = (Z_t, t \in R^+)$ à valeurs dans $(E',\mathcal{E}')$, on posera

---

(1) U.E.R. Math. de la Décision, Paris IX (Dauphine) : Martingales et processus de sauts, applications, 3e Cycle, 1974-75.

$\sigma(\underline{Z},t) = \sigma(Z_s, s \leq t)$ et $\sigma(\underline{Z}) = (\sigma(\underline{Z},t), t \in R^+)$. Toutes les histoires $\underline{F}$ rencontrées sont supposées satisfaire aux "conditions habituelles" (F_o contient les P-négligeables, $\underline{F}$ continue à droite), sinon on rend $\underline{F}$ telle, et on conserve pour l'histoire ainsi transformée les mêmes notations.

Soit N une mesure de transition de $(\Omega,\mathcal{F})$ dans $]0,\infty[\times E', \mathcal{B}(]0,\infty[) \otimes \mathcal{E}')$, positive, σ-finie et $\underline{\underline{H}}$ une application de $(\Omega \times R^+ \times E', \mathcal{F} \otimes \mathcal{B}(R^+) \otimes \mathcal{E}')$ dans $(R,\mathcal{B}(R))$. On dit que $\underline{\underline{H}}$ est $\underline{F}$-prévisible si elle est $\mathcal{P}(\underline{F}) \otimes \mathcal{E}'$ mesurable, où $\mathcal{P}(\underline{F})$ est la tribu $\underline{F}$-prévisible sur $R^+ \times \Omega$. On dit que N est $\underline{F}$-prévisible si $((N \circ \underline{\underline{H}})_t, t \in R^+)$ est $\underline{F}$-prévisible pour toute $\underline{\underline{H}}$ positive $\underline{F}$-prévisible (où on note $(N \circ \underline{\underline{H}})_t(\omega) = \int_{[0,t]\times E} N(\omega,ds,dx)\, H(s,\omega,x)$). On note $\Delta(N \circ \underline{\underline{H}})_t = (N \circ \underline{\underline{H}})_t - (N \circ \underline{\underline{H}})_{t-}$ et $N(\{t\} \times E') = \Delta(N \circ \underline{\underline{1}})_t$.

Pour tous les résultats sur les P.P.M.S. auxquels on fera allusion, il faut consulter : J. JACOD : Multivariate point processes : Predictable projection, Radon-Nikodym derivatives, representation of martingales (à paraître). Les références n'étant pas données, le lecteur est prié de consulter la bibliographie commentée. Ceci dit, nous nous raccrochons maintenant au cours.

1. LE PROBLEME GENERAL DU FILTRAGE.

1.1. Donnons-nous un espace probabilisé $(\Omega,\mathcal{F},P)$ et deux processus $\underline{X}$ et $\underline{Y}$ sur cet espace. $\underline{X}$, qui prend ses valeurs dans un espace mesurable $(E,\mathcal{E})$, s'appelle l'<u>état</u> d'un "système" $\mathcal{S}$. $\underline{Y}$, qui prend ses valeurs dans un autre espace mesurable $(E',\mathcal{E}')$ s'appelle l'<u>observation</u> du système $\mathcal{S}$. L'observation $\underline{Y}$ contient une information au sujet de l'état $\underline{X}$, en ce sens que $\underline{X}$ et $\underline{Y}$ sont statistiquement corrélés, corrélation qu'on peut représenter (par exemple) par la loi temporelle du couple $(\underline{X},\underline{Y})$ sous la probabilité P.

Soit maintenant g une fonction mesurable de $(E,\mathcal{E})$ dans $(R,B(R))$ telle que $E\{|g(X_t)|\}<\infty$, $\forall\ t\in R^+$. On dit qu'on a filtré $g\circ \underline{X}$ par rapport à $\underline{Y}$ si on sait donner une expression <u>explicite</u> de $E\{g(X_t)|\sigma(\underline{Y},t)\}(\omega)$ en fonction de la trajectoire $(Y_s(\omega),s\in[0,t])$ pour presque tout $\omega\in\Omega$. On dit qu'on a filtré $\mathcal{L}(\underline{X})$ par rapport à $\underline{Y}$ si on sait filtrer $g\circ\underline{X}$ par rapport à $\underline{Y}$ pour <u>toute</u> g mesurable bornée de $(E,\mathcal{E})$ dans $(R,\mathcal{B}(R))$.

Il faut bien insister sur le fait qu'on cherche une <u>expression explicite</u>, ou encore (ce que nous considérons comme équivalent) un <u>algorithme</u> qui à partir de $(Y_s(\omega),s\in[0,t])$ fournit $E\{g(X_t)|\sigma(\underline{Y},t)\}(\omega)$ pour tout $t\in R^+$. L'expérience montre qu'il n'est pas facile d'obtenir de tels filtres. En général, la théorie conduit à des <u>préfiltres</u>, c'est-à-dire à des expressions de $E\{g(X_t)|\sigma(\underline{Y},t)\}(\omega)$ en fonction de $(Y_s(\omega),s\in[0,t])$ et de $(E\{f_i(X_s)|\sigma(\underline{Y},s)\}(\omega),s\in[0,t],i\in I)$ où les f_i sont des applications mesurables de $(E,\mathcal{E})$ dans $(R,\mathcal{B}(R))$ tels que $E\{|f_i(X_t)|<\infty$, $\forall\ t\in R^+$, $\forall\ i\in I$. On dira que le préfiltre de $g\circ\underline{X}$ par rapport à $\underline{Y}$ s'"<u>appuie sur les préfiltres de</u> $f_i\circ\underline{X}$ <u>par rapport à</u> $\underline{Y}$, $i\in I$", ou encore pour donner une image qui fera plaisir aux plombiers : "<u>le préfiltre de</u> $g\circ\underline{X}$ <u>fuit par les préfiltres de</u> $f_i\circ\underline{X}$, $i\in I$".

On peut essayer de "colmater les fuites" en calculant les préfiltres de $f_i\circ\underline{X}$ par rapport à $\underline{Y}$ pour tout $i\in I$, ces préfiltres risquent de fuir à leur tour par des préfiltres qui ne sont pas les préfiltres de $f_i\circ\underline{X}$, $i\in I$. Si on arrive à la situation où les préfiltres de $g\circ\underline{X}$ et $f_i\circ\underline{X}$, $i\in I$, s'appuient uniquement sur les préfiltres de $f_i\circ\underline{X}$, $i\in I$, on dira que <u>le préfiltre de</u> $g\circ\underline{X}$ <u>est fermé par les préfiltres de</u> $f_i\circ\underline{X}$, $i\in I$. Si de plus g ne figure pas parmi les $(f_i,i\in I)$ on dira que le préfiltre de $g\circ\underline{X}$ est <u>fermé extérieurement</u> par les préfiltres de $f_i\circ\underline{X}$, $i\in I$. Dans tous les cas, on dira que le préfiltre de $g\circ\underline{X}$ <u>est un préfiltre fermé de dimension</u> card(I). Lorsque le préfiltre fermé est de dimension finie, il est susceptible d'une "algorithmisation" qui en fera un véritable filtre, et cela représente souvent un travail non négligeable. Mais ça n'est encore pas très satisfaisant : on cherche des filtres qui conduisent à un minimum de calculs par exemple des <u>filtres récursifs</u>. Heuristiquement si on a un filtre de $g\circ \underline{X}$ par rapport à $\underline{Y}$, on dira que ce filtre est récursif si, en posant $(\widehat{g\circ \underline{X}})_t = E\{g(X_t)|\sigma(\underline{Y},t)\}$, $(\widehat{g\circ \underline{X}})_{t+dt}$ se calcule à partir de $(\widehat{g\circ \underline{X}})_t$ et de $(Y_s, s\in]t,t+dt])$. Evidemment, la dernière phrase n'a aucun sens mathématique, sauf dans le cas où on remplace l'axe continu des temps R^+, par l'axe discrétisé Z^+ (les processus $\underline{X}$ et $\underline{Y}$ sont alors des suites $(X_n, n\in Z^+)$ et $(Y_n, n\in Z^+)$) : il s'agit, dans ce cas, de calculer $(\widehat{g\circ \underline{X}})_{n+1}$ en fonction de $(\widehat{g\circ \underline{X}})_n$ et de Y_{n+1}.

On peut également "définir" les préfiltres fermés récursifs : supposons que le préfiltre de $g\circ \underline{X}$ soit fermé par les préfiltres de $f_i\circ \underline{X}$, $i\in I$ et que $(\widehat{g\circ \underline{X}})_{t+dt}$ et $(\widehat{f_i\circ \underline{X}})_{t+dt}$ se calculent à partir de $(\widehat{g\circ \underline{X}})_t$, $(\widehat{f_i\circ \underline{X}})_t$, $i\in \dot{I}$ et $(Y_s, s\in]t,t+dt])$. Un tel préfiltre "fermé récursif" est très satisfaisant, en général, du point de vue des calculs, car il se prête à une "algorithmisation" qui en fera un filtre récursif.

Quelques exemples illustreront ces différentes notions :

1.2. <u>Exemples</u>.

a) Considérons un P.P.S. $(\underline{N},P)$ de $\underline{F}$-intensité $\underline{\lambda}$ [(1)] de la forme $\lambda_t \equiv \Lambda$, Λ étant une variable aléatoire non négative P-intégrable et $\underline{F}$ étant de la forme $F_t = \sigma(\Lambda)\vee\sigma(\underline{N},t)$. $\underline{N}$ est l'observation $(\underline{N} = \underline{Y})$ de l'état $\Lambda(X_t \equiv \Lambda)$ et on veut calculer $E\{\Lambda|\sigma(\underline{N},t)\}$ c'est-à-dire filtrer Λ par rapport à $\underline{N}$. Si H est la distribution de Λ sous P , on sait montrer que :

---

(1) C'est-à-dire $N_t - \int_0^t \lambda_s\, ds = (P,\underline{F})$ martingale locale, $\underline{\lambda}$ non négatif, $\underline{F}$-progressif.

(1)
$$E\{\Lambda|\sigma(\underline{N},t)\} = \frac{\int_0^\infty \lambda^{N_t+1} \exp(-\lambda t)\ H(d\lambda)}{\int_0^\infty \lambda^{N_t} \exp(-\lambda t)\ H(d\lambda)} .$$

Si on pose $\Psi(n,t) = \int_0^\infty \lambda^n \exp(-\lambda t)\ H(d\lambda)$, on a :

(2)
$$E\{\Lambda|\sigma(\underline{N},t)\} = \frac{\Psi(N_t+1,t)}{\Psi(N_t,t)} .$$

Comme Ψ est (en principe) précalculable, (2) est une forme trivialement récursive.

b) Le fameux filtre de KALMAN-BUCY est une très bonne illustration de la notion de récursivité. Il nous servira d'introduction à la méthode des semi-martingales.

$\underline{X}$ prend ses valeurs dans $(R^n,\mathcal{B}(R^n))$ et satisfait à une équation différentielle stochastique de ITO :

(3)
$$X_t = X_o + \int_0^t A(s)\ X_s\ ds + \oint_0^t B(s)\ dW_s$$

où $\underline{W}$ est un $(P,\underline{F})$ Wiener vectoriel à k-dimensions, X_o est un n-vecteur gaussien F_o-mesurable, $\underline{F}$ une histoire, $(A(t),t\in R^+)$ et $(B(t),t\in R^+)$ des fonctions matricielles de dimensions $n\times n$ et $n\times k$ respectivement. On supposera les dernières fonctions continues (mais l'équation (3) a un sens sous des conditions bien plus larges).

$\underline{Y}$ prend ses valeurs dans $(R^m,\mathcal{B}(R^m))$ et satisfait à :

(4)
$$Y_t = \int_0^t F(s)\ X_s\ ds + \oint_0^t G(s)\ dW'_s$$

où $\underline{W}'$ est un $(P,\underline{F})$ Wiener vectoriel à ℓ-dimensions, $(F(t),t\in R^+)$ et $(G(t),t\in R^+)$ des fonctions matricielles continues (ça n'est pas nécessaire dans la théorie générale) de dimensions $m\times n$ et $m\times \ell$ respectivement.

Dans le cas où $X_o = c^{te}$ (par exemple), KALMAN et BUCY fournissent les équations suivantes pour $\hat{X}_t = E\{X_t | \sigma(\underline{Y},t)\}$:

$$(5) \qquad \hat{X}_t = X_o + \int_0^t A(s)\,\hat{X}_s\,ds + \oint_0^t K(s)\,d(Y_s - \int_0^s F(y)\,\hat{X}_u\,du) .$$

Le processus $(Y_t - \int_0^t F(u)\,\hat{X}_u\,du, t \in R^+)$ est de la forme $\oint_0^t G(s)\,d\widetilde{W}_s$ où $\underline{\widetilde{W}}$ est un $(P,\sigma(\underline{Y}))$ Wiener vectoriel à ℓ-dimensions et $(K(t), t \in R^+)$ est une fonction matricielle de dimension $n \times m$: ce sont le <u>processus d'innovations</u> et le <u>gain d'innovations</u>, dans le langage de la théorie du filtrage.

Soit $\Sigma(t) = E\{X_t - \hat{X}_t)(X - \hat{X}_t)^+\}$ la <u>matrice d'erreurs</u>(1), alors $\Sigma(t)$ et $K(t)$ satisfont à

$$(6) \qquad \frac{d\Sigma(t)}{dt} = (B(t) - K(t)\,G(t))\,G(t)\,(B(t) - K(t)\,G(t))^+$$
$$+ (A(t) - K(t)\,F(t))\,F(t)\,\Sigma(t) + \Sigma(t)\,(A(t) - K(t)\,F(t))^+$$

$$(7) \qquad K(t)\,B(t)\,B(t)^+ = B(t)\,G(t)^+ + \Sigma(t)\,F(t)^+ .$$

L'équation (5) montre qu'on a un préfiltre fermé à une dimension qui est de plus récursif car, heuristiquement :

$$(8) \qquad \hat{X}_{t+dt} - \hat{X}_t = (A(t) - K(t)\,F(t))\,\hat{X}_t\,dt + K(t)\,dY_t .$$

1.3. <u>Le problème du filtrage posé en termes de semi-martingales.</u>

Nous avons dit que la corrélation entre $\underline{X}$ et $\underline{Y}$ peut être donnée par la loi temporelle du couple $(\underline{X},\underline{Y})$ sous la probabilité P. Dans la théorie de KALMAN-BUCY, c'est un couple d'équations stochastiques qui détermine cette loi temporelle. Ces équations sont des équations différentielles stochastiques et décrivent le système $\mathcal{S}$ dans son déroulement dans le temps : elles font clairement apparaître la <u>dynamique</u> du système, alors que la loi temporelle de $(\underline{X},\underline{Y})$ est essentielle-

(1) $A^+ = A$ transposée.

ment statique. Intuitivement, on sent bien que cette description dynamique du système est adaptée au filtrage récursif. Si on regarde d'un peu loin l'équation de l'état $\underline{X}$, on voit qu'elle appartient au type ci-dessous :

$$(9) \qquad (\mathcal{P}) \begin{cases} X_t = X_0 + \int_0^t f_s \, ds + m_t \\ m_t = (P,\underline{F}) \text{ martingale locale} \end{cases}$$

où $\underline{f}$ est adapté à $\underline{F}$ et mesurable. Supposons de plus que $E\{\int_0^t |f_s| ds\} < \infty$, $\forall\, t \in R^+$ et que $\underline{m}$ soit une $(P,\underline{F})$ martingale. Posons :

$$\widetilde{m}_t = E\{m_t|\sigma(\underline{Y},t)\} + E\{\int_0^t f_s \, ds|\sigma(\underline{Y},t)\} - \int_0^t E\{f_s|\sigma(\underline{Y},s)\}ds + E\{X_0|\sigma(\underline{Y},t)\} - E\{X_0\} .$$

On a alors :

$$(10) \qquad (\hat{\mathcal{P}}) \begin{cases} \hat{X}_t = E\{X_0\} + \int_0^t \hat{f}_s \, ds + \widetilde{m}_t \\ \widetilde{m}_t = (P,\sigma(\underline{Y})) \text{ martingale } (\widetilde{m}_0 = 0) \end{cases}$$

(où on note $\hat{Z}_t = E\{Z_t|\sigma(\underline{Y},t)\}$).

Supposons que $(\underline{Y},P)$ soit un P.P.S. de $\sigma(\underline{Y})$-intensité $\underline{\hat{f}}$. D'après le théorème de réprésentation (voir [12], [13], [14] par exemple), il existe un processus $\underline{K}$ $\sigma(\underline{Y})$-prévisible tel que $\int_0^t |K_s| \hat{f}_s \, ds < \infty$ P-p.s., $\forall\, t \in R^+$ et $\widetilde{m}_t = \int_0^t K_s \, d(Y_s - \int_0^s \hat{f}_u \, du)$. Le processus $(Y_t - \int_0^t \hat{f}_s \, ds, t \in R^+)$ s'appelle le processus d'innovations et $\underline{K}$ le gain d'innovations, par analogie avec KALMAN-BUCY. On a donc une expression du même type que (5) :

$$(11) \qquad \hat{X}_t = E\{X_0\} + \int_0^t \hat{f}_s \, ds + \int_0^t K_s \, d(Y_s - \int_0^s \hat{f}_u \, du) .$$

Il faut évidemment déterminer $\underline{\hat{f}}$ et $\underline{K}$. Nous allons le faire, mais dans un cadre plus général.

2. LA METHODE DES SEMI-MARTINGALES LORSQUE L'OBSERVATION EST UN PROCESSUS DE SAUTS.

2.1. Le problème.

On a un espace probabilisé $(\Omega,\mathcal{F},P)$, une histoire $\underline{F}$, un processus $\underline{X}$ qui satisfait à :

$$(P)\begin{cases} X_t = X_o + \int_0^t f_s\, ds + m_t \\ m_t = (P,\underline{F}) \text{ martingale} \end{cases}$$

où $\underline{f}$ est adapté à $\underline{F}$, mesurable et tel que $E\{\int_0^t |f_s|ds\} < \infty$, $\forall\, t \in R^+$. On supposera de plus que $\underline{m}$ a P-p.s. toutes ses trajectoires à variation bornée sur tout intervalle borné, et que $\underline{X}$ est borné.

Nous venons de voir que $\hat{\underline{X}}$ $(\hat{X}_t = E\{X_t|\sigma(\underline{Y},t)\}$ satisfait alors à :

$$(\hat{P})\begin{cases} \hat{X}_t = E\{X_o\} + \int_0^t \hat{f}_s\, ds + \tilde{m}_t \\ \tilde{m}_t = (P,\sigma(\underline{Y})) \text{ martingale } (\tilde{m}_o = 0) . \end{cases}$$

$\underline{Y}$ est un processus de sauts à valeurs dans $(E',\mathcal{E}')$ pour son histoire intrinsèque $\sigma(\underline{Y})$ et aussi pour l'histoire $\underline{F}$ plus grosse que $\sigma(\underline{Y})$. On suppose que $(\underline{Y},P)$ admet le $\underline{F}$-noyau prévisible N et le $\sigma(\underline{Y})$-noyau prévisible $\hat{N}$ [1], ce qui signifie que si $\underline{\underline{H}}$ est une application de $R^+ \times \Omega \times E'$ dans R qui est $\underline{F}$-prévisible (resp. $\sigma(\underline{Y})$-prévisible) et positive, on a :

$$(12) \qquad E\{\sum_{n\geq 1} H(T_n,\tilde{Y}_n)\} = E\{\int_{]0,\infty[\times E'} H(s,y)\, N(ds,dy)\}$$

$$(12') \qquad (\text{resp.} = E\{\int_{]0,\infty[\times E'} H(s,y)\, \hat{N}(ds,dy)\}),$$

ou encore, ce qui est équivalent : si $\underline{\underline{H}}$ est une application $\underline{F}$-prévisible

---

(1) ces conditions sont souvent vérifiées (cf. l'article de Jacod cité plus haut).

(resp. $\sigma(\underline{Y})$-prévisible) telle que $\int_{]0,t]\times E'} |H(s,y)|N(ds,dy) < \infty$ P-p.s., $\forall\, t\in R^+$ (resp. $\int_{]0,t]\times E'} |H(s,y)|\hat{N}(ds,dy) < \infty$ P-p.s., $\forall\, t \in R^+$), alors :

$$(13) \qquad (\eta \circ \underline{\underline{H}})_t = \sum_{\substack{n\geq 1\\ T_n \leq t}} H(T_n,\tilde{Y}_n) - \int_{]0,t]\times E'} H(s,y)\; N(ds,dy)$$

$$= (P,\underline{F}) \text{ martingale locale}$$

$$(13') \qquad (\text{resp. } (\hat{\eta} \circ \underline{\underline{H}})_t = \sum_{n\geq 1} H(T_n,\tilde{Y}_n) - \int_{]0,t]\times E'} H(s,y)\; \hat{N}(ds,dy)$$

$$= (P,\sigma(\underline{Y})) \text{ martingale locale.}$$

On supposera de plus que les noyaux N et $\hat{N}$ satisfont à $E\{N(]0,t]\times E')\} = E\{\hat{N}(]0,t]\times E')\} < \infty$, $\forall\, t \in R^+$, ce qui implique que $\eta \circ \underline{\underline{H}}$ (resp. $\hat{\eta} \circ \underline{\underline{H}}$) sont de vraies martingales si $E\{\int_{]0,t]\times E'} H(s,y)\; N(ds,dy)\} < \infty$, $\forall\, t \in R^+$ (resp. $E\{\int_{]0,t]\times E'} H(s,y)\; \hat{N}(ds,dy)\} < \infty$, $\forall\, t \in R^+$).

Voici un des résultats fondamentaux de la théorie des P.P.M.S. (voir JACOD ; voir aussi [13]) :

<u>Représentation des</u> $(P,\sigma(\underline{Y}))$ <u>martingales</u> [14].

<u>Soit</u> $\underline{M}$ <u>une</u> $(P,\sigma(\underline{Y}))$ <u>martingale locale telle que</u> $M_0 = 0$. <u>Alors il existe une application</u> $\sigma(\underline{Y})$<u>-prévisible</u> $\underline{\underline{H}}$ <u>telle que</u> $\int_{]0,t]\times E'} |H(s,y)|\hat{N}(ds,dy) < \infty$ P-<u>p.s.</u>, $\forall\, t\in R^+$ <u>et</u> $M_t = (\hat{\eta} \circ \underline{\underline{H}})_t$ P-<u>p.s.</u>, $\forall\, t \in R^+$.

De ce résultat, il découle que $\underline{\hat{X}}$ a la forme :

$$(14) \qquad \hat{X}_t = E\{X_0\} + \int_0^t \hat{f}_s\, ds + (\hat{\eta} \circ \underline{\underline{K}})_t$$

où $\underline{\underline{K}}$ est une application $\sigma(\underline{Y})$-prévisible telle que $\int_{]0,t]\times E'} |K(s,y)|\hat{N}(ds,dy) < \infty$ P-p.s., $\forall\, t \in R^+$. $\underline{\underline{K}}$ s'appelle le <u>gain</u> du filtre de $\underline{X}$ par rapport à $\underline{Y}$.

Nous allons maintenant calculer $\underline{\underline{X}}$, ou plutôt, en donner une "expression".

2.2. Calcul du gain.

a) Nous allons commencer par un préliminaire : il existe 3 applications $\sigma(\underline{Y})$-prévisibles $\underline{\underline{X}}^{(1)}$, $\underline{\underline{X}}^{(2)}$ et Ψ telles que, pour toute application $\underline{\underline{H}}$ $\sigma(\underline{Y})$-prévisible positive, on ait, pour tout $t \in R^+$:

$$(15)\quad E\{\int_{]0,t]\times E'} H(s,y)\, X^{(1)}(s,y)\hat{N}(ds,dy)\} = E\{\int_{]0,t]\times E'} H(s,y)\, X_{s-}N(ds,dy)\}$$

$$(16)\quad E\{\int_{]0,t]\times E'} H(s,y)\, X^{(2)}(s,y)\hat{N}(ds,dy)\} = E\{\int_{]0,t]\times E'} H(s,y)\, X_{s-}\hat{N}(ds,dy)\}$$

$$(17)\quad E\{\int_{]0,t]} H(s,y)\, \Psi(s,y)\, \hat{N}(ds,dy)\} = E\{\sum_{n\geq 1} H(T_n,\tilde{Y}_n)\, \Delta m_{T_n} I(T_n \leq t)\} .$$

Nous allons prouver l'existence de telles applications seulement dans le cas où (15), (16) et (17) sont vérifiées sur $[0,T]$, $T \in R^+$. Le cas général s'obtient facilement par recollement des processus obtenus lorsque T décrit R^+.

Soit μ_1, μ_2, μ_3 et ν les mesures définies sur $]0,\infty[\times\Omega\times E', P(\sigma(\underline{Y}))\otimes\mathcal{E}')$ par leurs actions sur les applications $\sigma(\underline{Y})$-prévisibles positives $\underline{\underline{H}}$:

$$(18)\quad \mu_1(\underline{\underline{H}}) = E\{\int_{]0,T]\times E'} H(s,y)\, X_{s-}\, N(ds,dy)\} = E\{\sum_{\substack{n\\ T_n\leq T}} H(T_n,\tilde{Y}_n)\, X_{T_{n-}}\}$$

$$(19)\quad \mu_2(\underline{\underline{H}}) = E\{\int_{]0,T]\times E'} H(s,y)\, X_{s-}\, \hat{N}(ds,dy)\}$$

$$(20)\quad \mu_3(\underline{\underline{H}}) = E\{\sum_{n\geq 1} H(T_n,\tilde{Y}_n)\, \Delta m_{T_n} I(T_n \leq t)\}$$

$$(21)\quad \nu(\underline{\underline{H}}) = E\{\int_{]0,\infty[\times E'} H(s,y)\, \hat{N}(ds,dy)\} = E\{\sum_{n\geq 1} H(T_n,\tilde{Y}_n)\} .$$

Comme $\underline{X}$ est borné, $\underline{\Delta m}$ est borné. Ce qui entraîne, puisque $\hat{N}(]0,t]\times E')$ et $N(]0,t]\times E')$ sont finis P-p.s., $\forall\, t\in R^+$, que les mesures μ_1, μ_2, μ_3 et ν sont σ-finies. D'autre part, il est facile de voir que μ_1, μ_2 et μ_3 sont absolument continues par rapport à ν, ce qui entraîne l'existence de $\underline{\underline{X}}^{(1)}$, $\underline{\underline{X}}^{(2)}$ et $\underline{Y}$ (les dérivées de Radon-Nikodym $\frac{d\mu_1}{d\nu}$, $\frac{d\mu_2}{d\nu}$, $\frac{d\mu_3}{d\nu}$).

b) Soit $\underline{\underline{H}}$ un processus $\sigma(\underline{Y})$-prévisible positif tel que $\hat{\eta}\circ\underline{\underline{H}}$ soit une $(P,\sigma(\underline{Y}))$ martingale bornée. Nous allons calculer $E\{X_t(\hat{\eta}\circ\underline{\underline{H}})_t\}$ et $E\{\hat{X}_t(\hat{\eta}\circ\underline{\underline{H}})_t\}$ ce qui nous permettra, en écrivant l'égalité entre ces deux quantités, de trouver une forme nécessaire de $\underline{\underline{K}}$.

On commence par appliquer la formule d'intégration par parties pour les intégrales de Stieltjes à $\hat{X}_t(\hat{\eta}\circ\underline{\underline{H}})_t$:

$$(22)\quad \hat{X}_t(\hat{\eta}\circ\underline{\underline{H}})_t = \int_0^t \hat{X}_{s-}d(\hat{\eta}\circ\underline{\underline{H}})_s + \int_0^t (\hat{\eta}\circ\underline{\underline{H}})_s d\hat{X}_s$$

$$= \int_0^t \hat{X}_{s-}d(\hat{\eta}\circ\underline{\underline{H}})_s + \int_0^t (\hat{\eta}\circ\underline{\underline{H}})_s\, \hat{f}_s\, ds + \int_0^t ((\hat{\eta}\circ\underline{\underline{H}})_{s-} + \Delta(\hat{N}\circ\underline{\underline{H}})_s) d(\hat{\eta}\circ\underline{\underline{K}})_s$$

$$+ \sum_{n\geq 1} H(T_n,Y_n)(K(T_n,Y_n) + \Delta(\hat{N}\circ\underline{\underline{K}})_{T_n})\, I(T_n\leq t)\,.$$

D'où :

$$(23)\qquad \hat{X}_t(\hat{\eta}\circ\underline{\underline{H}})_t = \int_0^t \hat{X}_{s-}\, d(\hat{\eta}\circ\underline{\underline{H}})_s + \int_0^t ((\hat{\eta}\circ H)_{s-} + \Delta(\hat{N}\circ\underline{\underline{H}})_s)\, d(\hat{\eta}\circ\underline{\underline{K}})_s$$

$$+ (\hat{\eta}\circ\underline{\underline{Z}})_t - (\hat{N}\circ\underline{\underline{Z}})_t + \int_0^t (\hat{\eta}\circ\underline{\underline{H}})_s\, \hat{f}_s\, ds$$

où $Z(t,y) = H(t,y)(K(t,y) + \Delta(\hat{N}\circ\underline{\underline{K}})_t)$.

Les trois premiers termes du 2me membre de (23) sont des martingales locales car ils s'écrivent sous la forme $\hat{\eta}\circ\underline{\underline{Y}}$ où $\underline{\underline{Y}}$ est $\sigma(\underline{Y})$-prévisible tel que $(\hat{N}\circ|\underline{\underline{Y}}|)_t < \infty$ P-p.s., $\forall\, t\in R^+$ (utiliser le fait que $\underline{X}$, $\underline{\underline{H}}$ et $\hat{\eta}\circ\underline{\underline{H}}$ sont bornées et (13)). Soit $(S_n, n\in Z^+)$ la suite de $\sigma(\underline{Y})$-temps d'arrêt qui localise ces martingales. Comme $\underline{\hat{X}}$ et $\hat{\eta}\circ\underline{\underline{H}}$ sont bornés, on a $\lim E\{\hat{X}_{t\wedge S_n}(\hat{\eta}\circ\underline{\underline{H}})_{t\wedge S_n}\} = E\{\hat{X}_t(\hat{\eta}\circ\underline{\underline{H}})_t\}$ d'où :

$$E\{\hat{X}_t(\hat{\eta}\circ\underline{\underline{H}})_t\} = E\{(\hat{N}\circ\underline{\underline{Z}})_t\} + E\{\int_0^t (\hat{\eta}\circ\underline{\underline{H}})_s\, \hat{f}_s\, ds\}\ . \tag{24}$$

Calculons maintenant $X_t(\hat{\eta}\circ\underline{\underline{H}})_t$:

$$X_t(\hat{\eta}\circ\underline{\underline{H}})_t = \int_0^t X_{s-}\, d(\hat{\eta}\circ\underline{\underline{H}})_s + \int_0^t (\eta\circ\underline{\underline{H}})_s\, dX_s\ . \tag{25}$$

Soit

$$X_t(\hat{\eta}\circ\underline{\underline{H}})_t = \int_0^t X_{s-}\, d(\eta\circ\underline{\underline{H}})_s + \int_0^t X_{s-}\, d(N\circ\underline{\underline{H}})_s - \int_0^t X_{s-}\, d(\hat{N}\circ\underline{\underline{H}})_s + \int_0^t (\hat{\eta}\circ\underline{\underline{H}})_s f_s\, ds \tag{26}$$

$$+ \int_0^t ((\hat{\eta}\circ\underline{\underline{H}})_{s-} + \Delta(\hat{N}\circ\underline{\underline{H}})_s)dm_s + \sum_{n\geq 1} H(T_n,\tilde{Y}_n)\ \Delta m_{T_n}\ I(T_n\leq t)$$

Comme $\underline{X}$ et $\underline{\underline{H}}$ sont bornés et que $E\{\int_0^t |dm_s|\} < \infty$ ($\underline{\Delta m}$ borné), on voit que le 1er et le 5me terme de (26) sont des martingales (proposition 2 de [1]). D'où en utilisant (15), (16) et (17) :

$$E\{X_t(\hat{\eta}\circ\underline{\underline{H}})_t\} = E\{\int_{]0,t]\times E'} H(s,y)(X^{(1)}(s,y) - X^{(2)}(s,y) + \Psi(s,y))\ \hat{N}(ds,dy)\} \tag{27}$$

$$+ E\{\int_0^t (\hat{\eta}\circ\underline{\underline{H}})_s\, f_s\, ds\ .$$

c) En égalant $E\{X_t(\hat{\eta}\circ\underline{\underline{H}})_t\}$ et $E\{\hat{X}_t(\hat{\eta}\circ\underline{\underline{H}})_t\}$ et comme $E\{\int_0^t (\hat{\eta}\circ\underline{\underline{H}})\ f_s\ ds\} = = E\{\int_0^t (\hat{\eta}\circ\underline{\underline{H}})_s\ \hat{f}_s\ ds\}$, on obtient

$$E\{\int_{]0,t]\times E'} H(s,y)(K(s,y) + \Delta(\hat{N}\circ\underline{\underline{K}})_s)\ \hat{N}(ds,dy)\} \tag{28}$$

$$= E\{\int_{]0,t]\times E'} H(s,y)(X^{(1)}(s,y) - X^{(2)}(s,y) + \Psi(s,y))\ \hat{N}(ds,dy)\}$$

où $\underline{\underline{H}}$ est, rappelons-le, $\sigma(\underline{Y})$-prévisible, positif, borné, tel que $\hat{\eta}\circ\underline{\underline{H}}$ soit une martingale bornée. Les $\underline{\underline{H}}$ de la forme $H(t,\omega,y) = 1_{[\![0,T]\!]}(t,\omega)\, 1_B(y)$, T $\sigma(\underline{Y})$-temps d'arrêt, $B\in\mathcal{E}'$ satisfont à ces conditions et engendrent $P(\sigma(\underline{Y}))\otimes\mathcal{E}'$.

On a donc :

$$K(t,y)+\Delta(\hat{N}\circ\underline{\underline{K}})_t = X^{(1)}(t,y)-X^{(2)}(t,y)+\Psi(t,y) = U(t,y) \tag{29}$$

sur N^c où N est un ensemble ν-négligeable de $\mathcal{P}(\sigma(\underline{Y}))\otimes\mathcal{E}'$. D'après (29), on a :

$$(\hat{N}\circ\underline{\underline{K}})_t + \sum_{s\leq t}\Delta(\hat{N}\circ\underline{\underline{K}})_s\,\hat{N}(\{s\}\times E') = (\hat{N}\circ\underline{\underline{U}})_t\,, \tag{30}$$

donc, sur N^c :

$$K(t,y) = U(t,y)-\Delta(\hat{N}\circ\underline{\underline{U}})_t/(1+\hat{N}(\{t\}\times E'))\,. \tag{31}$$

D'où finalement :

THEOREME . <u>En dehors d'un évènement</u> N <u>de</u> $(R^+\times\Omega\times E',\mathcal{P}(\sigma(\underline{Y}))\otimes\mathcal{E}')$ <u>de</u> ν-<u>mesure nulle</u> :

$$K(t,y) = U(t,y)-\Delta(\hat{N}\circ\underline{\underline{U}})_t/(1+\hat{N}(\{t\}\times E')) \tag{32}$$

<u>où</u> $\underline{\underline{U}} = X^{(1)}-X^{(2)}+\underline{\underline{\Psi}}$, $\underline{\underline{X}}^{(1)}$, $\underline{\underline{X}}^{(2)}$, $\underline{\underline{\Psi}}$ <u>étant définis à une</u> ν-<u>équivalence près par</u> (15), (16), (17) .

d) Le gain (32) n'est défini pour l'instant qu'en dehors de N. Nous allons voir que ça n'a pas d'importance. En effet, la coupe $N(\omega)$ de N par ω a P-p.s. une mesure nulle pour les mesures sur $(R^+\times E',\mathcal{B}(R^+)\otimes\mathcal{E}')$ dans $(R,\mathcal{B}(R))$: $h\to\sum_{0<T_n}h(T_n,\tilde{Y}_n)$ et $h\to\int_{]0,\infty[\times E'}h(s,y)\,\hat{N}(ds,dy)$. Or $\underline{\underline{K}}$ n'intervient dans le préfiltre $(\hat{\mathcal{P}})$ que par $\sum_{n\geq1,\,T_n\leq t}K(T_n,\tilde{Y}_n)$ et $\int_{]0,t]\times E'}K(s,y)\,\hat{N}(ds,dy)$. On peut

donc prendre pour $K(t,\omega,y)$ une valeur quelconque sur N sans changer le pré-filtre qui s'écrit donc :

$$\hat{X}_t = E\{X_0\} + \int_0^t \hat{f}_s \, ds + \sum_{T_n \leq t} (U(T_n,\tilde{Y}_n) - \Delta(\hat{N} \circ \underline{\underline{U}})_{T_n} / (1 + \hat{N}(\{T_n\} \times E'))) - \int_{[0,t] \times E'} [U(s,y) - \Delta(\hat{N} \circ \underline{\underline{U}})_s / (1 + \hat{N}(\{s\} \times E'))] \hat{N}(ds,dy) \tag{33}$$

où $\underline{\underline{U}} = \underline{\underline{X}}^{(1)} - \underline{\underline{X}}^{(2)} + \underline{\underline{Y}}$, $X^{(1)}$, $X^{(2)}$ et $\underline{\underline{Y}}$ sont définis par (15), (16) et (17) (à un ensemble de ν-mesure nulle près).

<u>Remarque</u>.

Le lecteur familier avec la théorie des martingales constatera que les équations du filtre sont valables même lorsque $\underline{m}$ n'est pas à variations bornées. En effet, d'après DOLEANS-MEYER [1] :

$$X_t(\hat{\eta} \circ \underline{\underline{H}})_t = \int_0^t X_{s-} \, d(\hat{\eta} \circ \underline{\underline{H}})_s + \int_0^t (\hat{\eta} \circ \underline{\underline{H}})_s f_s \, ds + \int_0^t (\hat{\eta} \circ \underline{\underline{H}})_{s-} \, dm_s + [\hat{\eta} \circ \underline{\underline{H}}, \underline{m}]_t$$

et comme $\hat{\eta} \circ \underline{\underline{H}}$ est une somme compensée de sauts $[\hat{\eta} \circ \underline{\underline{H}}, \underline{m}]_t = \sum_{s \leq t} \Delta m_s \, \Delta(\hat{\eta} \circ \underline{\underline{H}})_s$.
D'où $\int_0^t (\hat{\eta} \circ \underline{\underline{H}})_{s-} \, dm_s + [\hat{\eta} \circ \underline{\underline{H}}, \underline{m}]_t = \int_0^t ((\hat{\eta} \circ \underline{\underline{H}})_{s-} + \Delta(\hat{N} \circ \underline{\underline{H}})_s) \, dm_s + \sum_{T_n \leq t} \Delta m_{T_n} H(T_n, \tilde{Y}_n)$.
Le reste suit exactement comme dans le cas " $\underline{m}$ à variation bornée".

En ce qui concerne les applications concrètes de la théorie ci-dessus, nous renvoyons à [10] où on trouvera d'ailleurs une présentation un peu plus simple en ce sens que les exemples traités (estimation de l'état d'une file d'attente par rapport à sa sortie ; estimation du temps de "désordre" d'une machine par rapport au "processus des plaintes des usagers") ne font intervenir que des observations du type processus de comptage. Les équations obtenues sont les analogues des équations de FUJISAKI-KALLIANPUR-KUNITA [5] en des termes très généraux. Dans [12], on trouvera des exemples conduisant à des équations qui ressemblent plus à celles de [5], en prenant $\underline{X} = (X_t) = (f \circ x_t)$ où $(\underline{x}, P^{\cdot}, \underline{\mathcal{X}})$ est un processus de Markov homogène, fellérien, à valeurs dans E métrique compact, et où f est un élément du domaine $\mathcal{D}(A)$ du générateur infinitésimal A , i.e. est tel que le processus

$$m_t = f(x_t) - f(x_o) - \int_0^t Af(x_s)ds$$

soit une $(P^\mu, \underline{\mathcal{X}})$-martingale pour toute loi initiale μ .

R E F E R E N C E S

[1] C. DOLEANS, P.A. MEYER Intégrales stochastiques par rapport aux martingales locales.
In Sém. Prob. Strasbourg IV, Lect. Notes in Math. 124, Springer-Verlag, Berlin (1970).

L'origine historique du filtrage récursif est le fameux papier :

[2] R.E. KALMAN, R.S. BUCY New results in linear filtering and prediction theory.
Trans. Amer. Soc. Mech. Eng. Séries D, J. Basic Eng., 83 (1961).

On trouvera un exposé des méthodes modernes (utilisant les martingales) du filtrage récursif pour le cas où le bruit d'observation est un Wiener, dans le chapitre 4 de :

[3] E. WONG Stochastic Processes in information theroy and dynamical Systems.
Mc Graw-Hill, séries in Syst. Sciences (1972).

La méthode des semi-martingales a été utilisée dans les 2 articles suivants qui ne traitent cependant que des martingales qui sont des intégrales stochastiques de processus de Wiener :

[4] A.V. BALAKRISHNAN A martingale approach to linear recursive state estimation.
SIAM J. of Control, 10 (4) (1972).

[5] FUJISAKI, KALLIANPUR, KUNITA Stochastic Différential equation for the non linear filtering problem.
Osaka Math. J., 9 (1) (1972).

La portée plus générale de la méthode des semi-martingales a été montrée dans les 3 thèses et rapports suivants :

[6] M.H.A. DAVIS Non-linear filtering with point process observation.
Research Report 73/8 (1973), Dept of Comp. and Control, Imperial College, London.

[7] A. SEGALL — A martingale approach to modeling, estimation and detection of jump processes. Ph. D. Dissertation, Dept of El. Eng., U. of Stanford (1973) ; Tech. Report 7050-21, Center for Systems research, U. of Stanford.

[8] J. VAN SCHUPPEN — Estimation theory for continuous time process, a martingale approach. Ph. D. Dissertation, Dept of E.E.C.S., U. of Cal., Berkeley (1973) ; Memo. ERL M-405, El. Res. Lab., Dept of E.E.C.S., U. of Cal., Berkeley.

L'application de la méthode des semi-martingales au cas où l'observation est un processus de sauts a été faite, dans le cas des noyaux continus par

[9] K. BOEL, P. VARAIYA, E. WONG — Martingales and jump processes. Part II : Applications, Memo ERL M-409, Elect. Res. Lab.,Dept. of E.E.C.S., U. of Cal. Berkeley (1973)

où des équations différentes de celles qu'on trouve dans cet exposé (et sans doute moins directement utilisables) sont dérivées. Deux exemples explicites menés "jusqu'au bout" sont traités dans :

[10] P. BREMAUD — Estimation de l'état d'une file d'attente et du temps de panne d'une machine par la méthode des semi-martingales. A paraître dans Advances in Applied Probability (1975).

On trouvera aussi des exemples dans :

[11] M.H.A. DAVIS, T. KAILATH, A. SEGALL — Non-linear Filtering with Counting Observations. A paraître dans IEEE Transactions on Information Theory (1975).

D'autres développements sont indiqués dans :

[12] P. BREMAUD, J.JACOD — Revue des résultats récents sur les systèmes dynamiques où interviennent les processus ponctuels marqués : modélisation par les martingales, estimation, contrôle, indentification et information. En préparation.

En ce qui concerne la représentation des martingales, les deux références utiles dans le cas où les sauts T_n sont rangeables en ordre croissant, et les noyaux "quelconques" :

[13] C.S. CHOU, P.A. MEYER — Sur la représentation des martingales comme intégrales stochastiques dans les processus ponctuels.
A paraître in Sém. Prob. VIII, Springer-Verlag, Berlin (1974)

et pour le cas général des processus ponctuels marqués, par une méthode différente :

[14] J. JACOD — Multivariate point processes : predictable projection, Radon-Nikodym derivatives, representation of martingales.
A paraître dans Z. für Wahrscheinlichkeitstheorie.

Université de Strasbourg
Séminaire de Probabilités

One-dimensional Potential Embedding

by R.V. Chacon and J.B. Walsh

Let $B = \{B_t, t \geq 0\}$ be a standard Brownian motion from zero. Skorokhod's embedding theorem tells us that if μ is a probability measure of mean zero and finite second moment there exists a stopping time T such that B_T has distribution μ, and such that $E\{T\} < \infty$. (We say μ is <u>embedded</u> in B.) This theorem has inspired a large number of extensions and ramifications. Notably, H. Rost has shown how to decide if a given measure can be embedded into a given Markov process. In general, one must use randomized stopping times for this embedding, but non-randomized stopping times suffice in many interesting special cases. For n-dimensional Brownian motion, for instance, one can restrict oneself to natural stopping times as long as the target measure has a continuous potential [1]. The construction of the stopping time in that paper is somewhat complicated to describe in general, but it is quite transparent in the case $n = 1$, where it serves to prove Skorokhod's theorem. We thought it would be amusing to give an account of this construction: not only is it one of the few places we know of where one can use classical one-dimensional potential theory with a straight face, but the heart of the proof can be explained with four pictures.

Let's recall a few facts about potential theory on the line. The potential kernel is $k(x) = -|x|$. If μ is a measure on R, its potential $U\mu$ is given by

$$U\mu(x) = -\int_{-\infty}^{\infty} |x - y| \, \mu(dy) .$$

Then:

1° $U\mu(x)$ is a concave function, finite iff $\int |y| \, \mu(dy) < \infty$.

2° If μ is a probability measure with mean zero and if δ_0 is the unit mass at zero, $U\mu \leq U\delta_0$. Furthermore, $U\delta_0(x) - U\mu(x) \to 0$ as $|x| \to \infty$.

3° If $\mu, \mu_1, \mu_2, \ldots$ are measures such that $U\mu_n(x) \to U\mu(x)$ for all x, then $\mu_n \to \mu$ weakly.

We need one further fact concerning the balayage of potentials.

4° Let ν be a probability measure with finite mean and let $[a,b]$ be a finite interval. Let B be Brownian motion with initial distribution ν and define

$$T_{ab} = \inf \{t : B_t \leq a \text{ or } B_t \geq b\} .$$

Then if ν' is the distribution of $B_{T_{ab}}$, $U\nu'$ is linear in $[a,b]$ and $U\nu' = U\nu$ outside $[a,b]$:

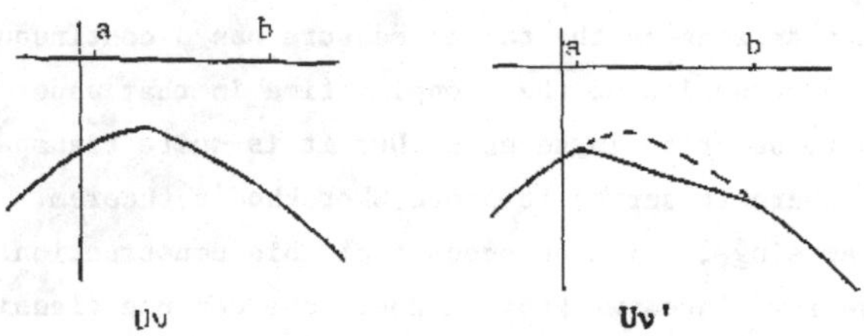

Now let μ be a probability measure with mean zero and let B be a Brownian motion from zero. We will construct an increasing sequence $T_0 \leq T_1 \leq T_2 \leq ..$ of (non-randomized) stopping times increasing to a limit T, such that B_T has distribution μ. Let μ_n, $n = 0, 1, \ldots$ be the distribution of B_{T_n}. The following pictures will explain our construction:

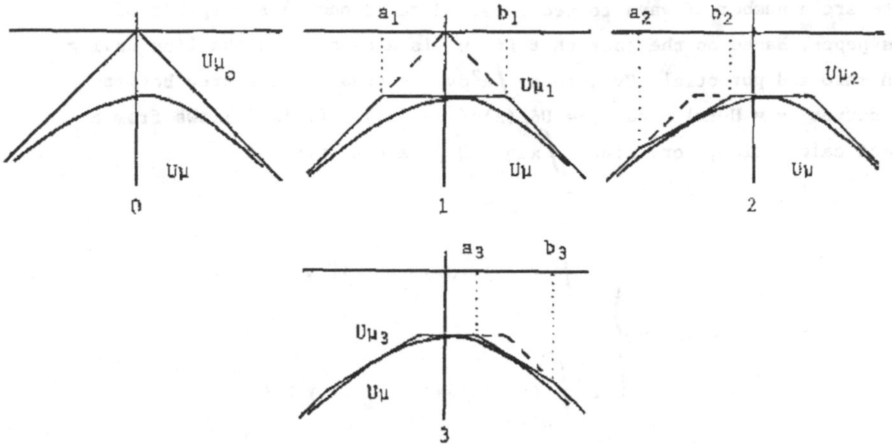

... and the following words will explain our pictures.

Choose $T_0 = 0$, so $\mu_0 = \delta_0$. Then the potentials $U\mu_0$ $(= -|x|)$ and $U\mu$ are as shown in 0 . (see 2°). Next, choose an $x \ni U\mu(x) < U\mu_0(x)$, draw a tangent to the graph of $U\mu$ at x , and let a_1 and b_1 be as in 1 . (The fact that a_1 and b_1 are finite follows from 2°.) Now let $T_1 = T_{a_1 b_1}$ (= first exit from (a_1, b_1).) Then by 4° , B_{T_1} has the distribution μ_1 whose potential is graphed in 1 . Continuing in the same vein, choose another $x \ni U\mu(x) < U\mu_1(x)$, and draw a tangent to the graph of $U\mu$ at x . If a_2 and b_2 are as in 2 , let $T_2 = T_1 + T_{a_2 b_2} \circ \theta_{T_1}$ (i.e. the first exit from (a_2, b_2) after T_1 . Here, θ_t is the usual translation operator). Then $U\mu$ and $U\mu_2$ are as shown in 2 . At the next step, we set $T_3 = T_2 + T_{a_3 b_3} \circ \theta_{T_2}$, etc. At each stage, $U\mu_n$ is piecewise linear and $U\mu_n \geq U\mu$. We haven't been too specific as to exactly how we choose the functions $U\mu_n$, and in fact it doesn't much matter. What is important is that we can choose them so that they decrease to the function $U\mu$ - indeed, any concave function can be written as the infimum of a countable number of affine functions, and each $U\mu_n$ is just the infimum of finitely many.

But now $U\mu_n \downarrow U\mu$, so that by 3° , $\mu_n \to \mu$ weakly. At the same time, $B_{T_n} \to B_T$ by continuity, hence the distribution of B_T is μ . It remains to show that $E\{T\} = \int x^2 d\mu$. The main step in this is the observation that $B_t^2 - t$ is a martingale. However, to conclude from this that $E\{T\} = E\{B_T^2\}$ we need an additional argument to show that $E\{T\} < \infty$.

There are a number of ways to see this. Here is one in the spirit of this paper; based on the fact that if ν is a measure on the line having mean zero and potential $U\nu$, then $\int x^2 d\nu$ is equal to the area between the curves $y = U\nu(x)$ and $y = U\delta_0(x)$ $(= -|x|)$. (This follows from a direct calculation, for, since $\int x d\nu = 0$, we can write

$$-|y| - U\nu(y) = \begin{cases} 2\int_{-\infty}^{y} (y-x)\nu(dx) & \text{if } y \leq 0 \\ 2\int_{y}^{\infty} (x-y)\nu(dx) & \text{if } y > 0 , \end{cases}$$

so that the area between the two curves is

$$\int_{-\infty}^{\infty} (-|y| - U\nu(y))dy = 2\int_{-\infty}^{0} dy \int_{-\infty}^{y} (y-x)\nu(dx) + 2\int_{0}^{\infty} dy \int_{y}^{\infty} (x-y)\nu(dx)$$

$$= 2\int_{-\infty}^{0} \nu(dx) \int_{x}^{0} (y-x)dy + 2\int_{0}^{\infty} \nu(dx) \int_{0}^{y} (x-y)dy$$

$$= \int_{\infty}^{\infty} x^2 d\nu \text{ .)}$$

But now, since $B^2_{t\wedge T_n} - t\wedge T_n$ is a martingale and $B_{t\wedge T_n}$ is bounded, we can let $t \to \infty$ to see that $E\{T_n\} = E\{B_{T_n}^2\}$. This last equals the area between $-|x|$ and the potential $U\mu_n$ of the distribution of B_{T_n}, which was itself constructed to be between $-|x|$ and $U\mu(x)$. Thus this area is bounded by the area between $-|x|$ and $U\mu(x)$, i.e. by $\int x^2 d\mu$. Since there is clearly equality in the limit,

$$E\{T\} = \lim E\{T_n\} = \int x^2 d\mu .$$

Three remarks are worth adding here. First, Dubins' scheme for constructing the "Skorokhod time" [2] is actually a special case of the above. Indeed, his method gives what is essentially a canonical method for choosing the intervals $[a_n, b_n]$. Secondly, we need not necessarily start with the distribution δ_0. Indeed, if μ and ν are probability distributions with finite potentials, and if $U\mu \leq U\nu$, let B_t have initial distribution ν. Then there exists a non-randomized stopping time T for which the distribution of B_T is μ. The proof is by picture:

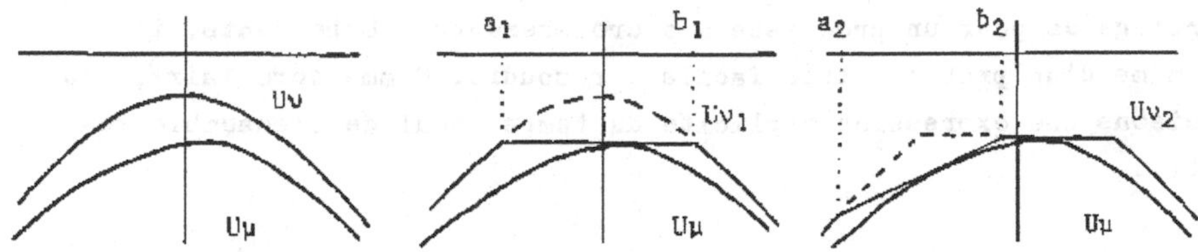

Finally, if μ does not have a finite second moment but, say, $\int x^p \, d\mu < \infty$ for some $p > 1$, this method yields a stopping time T for which $E\{T^{p/2}\} < \infty$, though the proof of this last is more complicated.

References

[1] Baxter, J. R. and Chacon, R. V., Potentials of stopped distributions Illinois J. of Math., 18(1974), 649-656.

[2] Chacon, R. V., Potential Processes, to appear, Trans. Amer. Math. Soc.

[3] Dubins, L. E., On a theorem of Skorokhod, Ann. Math. Stat., 39(1968), 2094-2097.

Université de Strasbourg
Séminaire de Probabilités

UN THEOREME DE REPRESENTATION DES MARTINGALES POUR LES ENSEMBLES REGENERATIFS

par J. JACOD[1] et J. MEMIN[1]

Le texte ci-dessous tire son origine d'une question posée par A.N. Shiryaev: soient (W_t) un mouvement brownien et $\overline{M} = \{t : W_t = 0\}$ l'ensemble de ses "zéros"; quelle est la forme des martingales relatives à la famille des tribus associées à $\overline{M}$? Bien entendu, il n'est pas plus difficile de traiter le même problème lorsque $\overline{M}$ est un ensemble régénératif quelconque; en réalité, lorsqu'on dispose d'un théorème de représentation des martingales, pour un processus à accroissements indépendants, il s'agit même d'un problème très facile à résoudre. Comme corollaire, nous en déduisons une expression explicite du temps local de l'ensemble régénératif.

1- INTRODUCTION, ENONCE DU THEOREME DE REPRESENTATION

a) Ensembles régénératifs. Pour tout ce qui concerne les ensembles régénératifs, nous renvoyons à Meyer [7] et Maisonneuve [6], en ne donnant ici que le strict minimum nécessaire en matière de rappels.

On considère un espace probabilisé $(\Omega,\mathcal{F},P)$ muni de

-un semi-groupe de translations $(\theta_t)_{t\geq 0}$,

-un fermé aléatoire homogène mesurable $\overline{M}$, c'est-à-dire une partie $\overline{M}$ de $\Omega\times[0,\infty[$ appartenant à la tribu $\mathcal{F}\otimes\mathcal{B}([0,\infty[)$, vérifiant identiquement $1_{\overline{M}}(\omega,t+s) = 1_{\overline{M}}(\theta_t(\omega),s)$, et dont toutes les coupes $\overline{m}(\omega)$ sont fermées dans $[0,\infty[$.

La formule $U_t(\omega) = t - \sup(s\leq t, s\in\overline{m}(\omega))$ (avec la convention $\sup(\emptyset)=0$) définit un processus mesurable, continu à droite et pourvu de limites à gauche, en "dents de scie" (cf. [7]). On note $(\mathcal{F}_t)_{t\geq 0}$ la plus petite famille de tribus, continue à droite et rendant (U_t) adapté (donc bien-mesurable); c'est aussi la plus petite famille de tribus rendant $\overline{M}$ bien-mesurable. Par ailleurs M désigne le fermé droit minimal d'adhérence $\overline{M}$, c'est-à-dire l'ensemble tel que chaque coupe $m(\omega)$ soit

[1] I.R.I.S.A. (Laboratoire associé n° 227), et Université de Rennes.

le plus petit fermé pour la topologie droite de $[0,\infty[$, dont la fermeture au sens usuel soit $\overline{m}(\omega)$.

DEFINITION: <u>Le terme</u> $(\Omega,\mathcal{F}_t,\overline{M},P)$ <u>est un ensemble régénératif si</u>

-(i)- $P(0\in \overline{M}) = 1$,

-(ii)- pour tout $(\mathcal{F}_t)$-temps d'arrêt T dont le graphe est contenu dans M et pour tout $A\in\mathcal{F}_\infty$, on a

(1) $$P(\theta_T^{-1}(A)|\mathcal{F}_T) = P(A) .$$

Pour simplifier la discussion, on supposera que P-presque chaque coupe $\overline{m}(\omega)$ <u>n'est pas bornée</u>. On peut alors distinguer quatre types d'ensembles régénératifs:

I- On a $\overline{m}(\omega) = [0,\infty[$ P-ps.

II- $\overline{m}(\omega)$ ne comporte P-ps que des points isolés; si $X_n(\omega)$ désigne la longueur du $n^{ème}$ intervalle contigu à $\overline{m}(\omega)$, les (X_n) sont alors indépendantes et de même loi (autrement dit, $\overline{M}$ est constitué d'un processus de renouvellement).

III- $\overline{m}(\omega)$ est constitué P-ps d'une suite d'intervalles de longueurs successives $Y_n(\omega)$; si $X_n(\omega)$ est défini comme ci-dessus, les variables $(X_n,Y_n,n\geq 1)$ sont mutuellement indépendantes, les Y_n suivent la même loi exponentielle, et les X_n suivent la même loi quelconque.

IV- $\overline{m}(\omega)$ est P-ps un ensemble parfait d'intérieur vide.

Par exemple si $(\Omega,\mathcal{G}_t,W_t,P)$ est un mouvement brownien, l'ensemble $\overline{M} = \{(\omega,t):W_t(\omega) = 0\}$ des zéros de W est régénératif de type IV (il vérifie d'ailleurs (1) pour ses tribus propres $\mathcal{F}_t$, et aussi pour les tribus $\mathcal{G}_t$).

b) <u>La mesure aléatoire associée à $\overline{M}$</u>. Comme (U_t) est un processus continu à droite et pourvu de limites à gauche, on peut lui associer une mesure de transition positive (mesure aléatoire) $\mu(\omega;dt,dx)$ de $(\Omega,\mathcal{F})$ dans $(]0,\infty[^2,\mathcal{B}(]0,\infty[^2))$ par

(2) $$\mu(\omega;dt,dx) = \sum_{s:\ \Delta U_s(\omega)\neq 0} \varepsilon_{(s,-\Delta U_s(\omega))}(dt,dx)$$

(ΔU_s désigne le saut de (U_t) à l'instant s ; on a nécessairement $\Delta U_s \leq 0$). Remarquons que la mesure μ détermine entièrement $\overline{M}$: en effet $\overline{M}$ est la fermeture de l'ensemble $\{(\omega,t): U_t(\omega) = 0\}$, et (U_t) étant en dents de scie est déterminée par ses sauts.

Soit B un borélien de $]0,\infty[$ situé à un distance strictement positive de 0. Le processus $(\mu(]0,t]\times B))_{t\geq 0}$ est croissant et localement intégrable (il est fini pour tout $t<\infty$, adapté, et ses sauts sont d'amplitude unité); il admet donc une projection prévisible duale A^B unique (à un ensemble P-nul près), et il n'est pas difficile de voir que si B et B' sont disjoints, $A_t^B + A_t^{B'} = A_t^{B\cup B'}$ P-ps. On en déduit alors l'existence d'une mesure aléatoire positive $\nu(\omega;dt,dx)$ unique (à un ensemble P-nul près) telle que pour tout borélien B de $]0,\infty[$ avec $d(0,B)>0$,

$$(3)\quad \begin{cases} - \nu(]0,t]\times B) \text{ est un processus croissant prévisible;} \\ - \mu(]0,t]\times B) - \nu(]0,t]\times B) \text{ est une martingale locale.} \end{cases}$$

(voir par exemple [3] pour plus de détails). On appelle ν la <u>projection prévisible duale</u> de μ.

c) <u>L'intégrale stochastique par rapport à</u> $(\mu-\nu)$. Au vu de la seconde propriété (3), on pressent qu'il est possible d'intégrer certaines fonctions sur $\Omega\times[0,\infty[\times]0,\infty[$ par rapport à la mesure $\mu-\nu$, de façon à obtenir des martingales. C'est ce que nous allons faire ici, en renvoyant à [4] pour toutes les démonstrations.

Voici d'abord quelques notations:

$\mathcal{M}$ = ensemble des martingales continues à droite, uniformément intégrables,

$\mathcal{M}^2$ = ensemble des martingales continues à droite, de carré intégrable,

$\mathcal{V}$ = ensemble des processus à variation intégrable (i.e. $A\in\mathcal{V}$ si $E(\int|dA_s|)<\infty$),

$\tilde{\Omega} = \Omega\times[0,\infty[\times]0,\infty[$, muni de la tribu $\tilde{\mathcal{P}} = \mathcal{P}\otimes\mathcal{B}(]0,\infty[)$, où $\mathcal{P}$ désigne la tribu prévisible de $\Omega\times[0,\infty[$.

Commençons d'abord par le cas où le processus (U_t) est <u>quasi-continu à gauche</u>, ce qui équivaut à dire que $\nu(\omega;\{t\}\times]0,\infty[)\equiv 0$ en dehors d'un ensemble P-nul. Soient $\mathcal{G}^1$ (resp. $\mathcal{G}^2$) l'ensemble des fonctions $\tilde{\mathcal{P}}$-mesurables W sur $\tilde{\Omega}$ telles que $E[\int|W(s,x)|\nu(ds,dx)]<\infty$ (resp. $E[\int W^2(s,x)\nu(ds,dx)]<\infty$). Lorsque $W\in\mathcal{G}^1$ on a également $E[\int|W(s,x)|\,\mu(ds,dx)]<\infty$ et on peut donc définir un processus $W*(\mu-\nu)$ par

$$(4)\qquad W*(\mu-\nu)_t(\omega) = \int W(s,x)1_{\{s\leq t\}}\mu(ds,dx) - \int W(s,x)1_{\{s\leq t\}}\nu(ds,dx)\ ;$$

il est facile de voir que $W*(\mu-\nu)\in\mathcal{M}\cap\mathcal{V}$. Lorsque $W\in\mathcal{G}^2$, on peut l'approcher (au sens de la semi-norme de $\mathcal{G}^2$) par une suite (W_n) d'éléments de $\mathcal{G}^1\cap\mathcal{G}^2$; la méthode classique de définition des intégrales stochastiques permet alors de définir un élément $W*(\mu-\nu)$ de $\mathcal{M}^2$ comme limite des $W_n*(\mu-\nu)$ dans $\mathcal{M}^2$ (car si $W_n\in\mathcal{G}^1\cap\mathcal{G}^2$, il est facile de voir que $W_n*(\mu-\nu)\in\mathcal{M}^2\cap\mathcal{V}$).

Cette construction est tout à fait élémentaire (voir par exemple Skorokhod [8]). Par contre dans le cas où (U_t) n'est pas quasi-continu à gauche, il convient de prendre quelques précautions. Soit $J = \{(\omega,t): \nu(\omega,\{t\}\times]0,\infty[)>0\}$, qui n'est plus P-évanescent; $\mathcal{G}^1$ est l'ensemble des fonctions $\tilde{\mathcal{P}}$-mesurables W telles que

$$E\Big[\int 1_{J^c}(t)|W(t,x)|\nu(dt,dx) + \sum_{t\in J}\Big|1_{\{\Delta U_t\neq 0\}}W(t,-\Delta U_t) - \int\nu(\{t\},dx)W(t,x)\Big|\Big] < \infty$$

et $\mathcal{G}^2$ est l'ensemble des fonctions $\tilde{\mathcal{P}}$-mesurables W telles que

$$E\Big[\int 1_{J^c}(t)W^2(t,x)\nu(dt,dx) + \sum_{t\in J}\Big\{\int\nu(\{t\},dx)W^2(t,x) - \Big[\int\nu(\{t\},dx)W(t,x)\Big]^2\Big\}\Big] < \infty$$

(bien entendu, les deux définitions de $\mathcal{G}^1$ coïncident dans le cas quasi-continu à gauche).

Lorsque $W\in\mathcal{G}^1$, la formule (4) n'a plus nécessairement un sens; cependant le lecteur se convaincra aisément qu'on peut définir $W*(\mu-\nu)$ "trajectoire par trajectoire" comme un élément de $\mathcal{M}\cap\mathcal{V}$, et par la procédure standard on définit un élément $W*(\mu-\nu)$ de $\mathcal{M}^2$ pour tout $W\in\mathcal{G}^2$.

d) Le théorème de représentation des martingales. Nous avons (enfin) tous les concepts nécessaires à l'énoncé du théorème de représentation.

DEFINITION: On dit qu'on a la propriété de représentation des martingales (sous-entendu: relativement à $(\mu-\nu)$) si pour tout $M\in\mathcal{M}^2$, il existe $W\in\mathcal{G}^2$ tel que

$$(5)\qquad M_t = E(M_0) + W*(\mu-\nu)_t \qquad \text{P-ps.}$$

THEOREME 1: Tout ensemble régénératif de type I, II ou IV possède la propriété de représentation des martingales; aucun ensemble régénératif de type III ne possède cette propriété.

Lorsque la propriété de représentation est satisfaite, tout élément de $\mathcal{M}\cap\mathcal{V}$ se met également sous la forme (5), avec $W\in\mathcal{G}^1$; de même toute martingale locale est représentée par une formule du type (5), où l'intégrale stochastique $W*(\mu-\nu)$ est définie pour une classe de W plus large que $\mathcal{G}^1$ ou $\mathcal{G}^2$ (cf. [5] pour plus de détails).

Quand l'ensemble régénératif $\overline{M}$ est de type I, le théorème est trivial, puisqu'alors tout $A\in\mathcal{F}_\infty$ vérifie $P(A) = 0$ ou 1 (donc toute martingale continue à droite est P-ps constante). Si $\overline{M}$ est de type II, ce théorème est bien connu ([3], ou Chou-Meyer [1]).Si $\overline{M}$ est de type III, le théorème est également trivial; en effet la variable Y_1 est un temps d'arrêt totalement inaccessible, et toute martingale $W*(\mu-\nu)$ est continue en Y_1, donc la formule (5) ne saurait donner toutes les martingales.

Il nous reste à montrer le théorème pour un ensemble de type IV. Mais auparavant nous allons donner une expression explicite de la projection prévisible duale ν .

2- CALCUL DE LA PROJECTION PREVISIBLE DUALE

Il se trouve que le calcul de ν est exactement le même lorsque $\overline{M}$ est régénératif, ou lorsque $\overline{M}$ est un fermé aléatoire quelconque. Supposons donc, au début de ce paragraphe, que $\overline{M}$ soit un fermé aléatoire (pas nécessairement régénératif). Pour tout $x>0$, on pose

$$T_1^x = \inf(t\colon U_t > x),\ S_n^x = \inf(t > T_n^x\colon t\in\overline{M}),\ T_{n+1}^x = \inf(t > S_n^x\colon U_t > x),$$

ce qui définit par récurrence deux suites (T_n^x) et (S_n^x) de temps d'arrêt.

LEMME 1: <u>Soit</u> T <u>un temps d'arrêt. Soient</u> $x>0$ <u>et</u> $n\geq 1$. <u>Il existe alors une variable positive</u> $\mathcal{F}_{T_n^x}$<u>-mesurable</u> R_n^x <u>telle que</u> $T\wedge S_n^x = (T_n^x + R_n^x)\wedge S_n^x$ <u>sur</u> $\{T_n^x\leq T\}$.

<u>Démonstration</u>: Pour tout $s>0$ on pose $F_s = \{T_n^x + s < S_n^x\}$. La tribu $\mathcal{F}_{(T_n^x+s)-}$ est engendrée par les ensembles de la forme $D = \{U_r\in A\}\cap\{t<T_n^x+s\}$, où $r\leq t$ et $A\in\mathcal{B}([0,\infty[)$. Mais si

$$D' = [\{U_r\in A\}\cap\{r<T_n^x\}\cap\{t<T_n^x+s\}]\cup[\{x+r-T_n^x\in A\}\cap\{T_n^x\leq r\}\cap\{t<T_n^x+s\}],$$

on voit d'une part que $D'\in\mathcal{F}_{T_n^x}$, et d'autre part que $D\cap F_s = D'\cap F_s$.

Par suite $\mathcal{F}_{(T_n^x+s)-}\bigcap F_s = \mathcal{F}_{T_n^x}\bigcap F_s$. Quand $s\downarrow t$, on a $F_s\uparrow F_t$ et $\mathcal{F}_{(T_n^x+s)-}\downarrow\mathcal{F}_{T_n^x+t}$, et on en déduit que $\mathcal{F}_{T_n^x+t}\bigcap F_t = \mathcal{F}_{T_n^x}\bigcap F_t$.

Il s'ensuit l'existence, pour tout $t>0$, de $G_t\in\mathcal{F}_{T_n^x}$ tel que $G_t\bigcap F_t = \{T<T_n^x+t\}\bigcap F_t$. Il suffit alors de vérifier que la variable aléatoire R_n^x définie par la formule $\{R_n^x<t\} = \bigcup_{r\in\mathbb{Q},r<t} G_r$ répond à la question. ∎

Sur l'ensemble $\{T_n^x<\infty\}$ on peut définir une version régulière $G_n^x(\omega,dy)$ de la loi de la variable aléatoire $S_n^x - T_n^x + x$ conditionnellement par rapport à la tribu $\mathcal{F}_{T_n^x}$ (comme $\bar{M}$ est P-ps borné, on a $G_n^x(\omega,]x,\infty[) = 1$).

THEOREME 2: <u>Pour tous</u> $t>0$ <u>et</u> $x>0$ <u>on a</u> P-<u>ps</u>

(6) $$\nu(]0,t]\times]x,\infty[) = 0 \quad \text{si } t\leq T_1^x,$$

$$= \nu(]0,T_n^x]\times]x,\infty[) + \int\frac{G_n^x(du)}{G_n^x([u,\infty[)}1_{\{x<u\leq x-T_n^x+t\wedge S_n^x\}} \quad \text{si } T_n^x\leq t\leq T_{n+1}^x.$$

Ce théorème nous donne donc une version explicite de la projection prévisible duale ν de μ.

<u>Démonstration</u>: Soit A^x le processus croissant défini par le second membre de (6). D'une part $A_{T_n^x}^x$ est $\mathcal{F}_{S_{n-1}^x}$-mesurable et $S_{n-1}^x<T_n^x$; d'autre part si $T_n^x\leq t<T_{n+1}^x$, A^x s'écrit comme $A_t^x = A_{T_n^x}^x + B_{t\wedge S_n^x}$, où B est un processus croissant $\mathcal{F}_{T_n^x}$-mesurable; il est facile d'en déduire que A^x est prévisible, et il suffit alors de montrer que pour tout temps d'arrêt T on a $E(A_T^x) = E[\mu(]0,T]\times]x,\infty[)]$.

Mais un calcul simple montre que, si R_n^x est la variable intervenant au lemme 1, on a

$$E[1_{\{T_n^x\leq T\}}(A^x_{(T_n^x+R_n^x)\wedge S_n^x} - A^x_{T_n^x})] = E[1_{\{T_n^x\leq T,S_n^x\leq T_n^x+R_n^x,S_n^x<\infty\}}]$$

(ce calcul est laissé au lecteur; il est fait explicitement dans [3]; voir également Dellacherie [2]). L'addition pour tous $n\geq 1$ des deux membres de la relation ci-dessus conduit au résultat cherché. ∎

Revenons maintenant aux <u>ensembles régénératifs</u>, pour lesquels nous allons encore rappeler quelques propriétés tirées de Maisonneuve [6]. On peut d'abord construire une "fonctionnelle additive", c'est-à-dire un processus croissant L vérifiant identiquement $L_{t+s} = L_t + L_s \circ \theta_t$, jouissant des propriétés suivantes:

$$(7)\begin{cases} \text{-on a } E(\int e^{-t} dL_t) = 1; \\ \text{-le "support" de } L_{\cdot}(\omega) \text{ est } \overline{m}(\omega) \text{ pour P-presque tout } \omega; \\ \text{-si } \overline{M} \text{ est de type II (resp. I, III ou IV), L est purement discontinu (resp. continu).} \end{cases}$$

L s'appelle le <u>temps local</u> de $\overline{M}$. Soit alors τ l'inverse de L, défini par $\tau_t = \inf(s:L_s > t)$. Maisonneuve a montré que le processus τ est un subordinateur (i.e. un processus à accroissements positifs, indépendants et homogènes). Si de plus a et F désignent respectivement le drift et la mesure de Lévy de τ, on sait que

$$(8)\begin{cases} \overline{M} \text{ de type I} \iff a>0,\ F=0 \\ \overline{M} \text{ de type II} \iff a=0,\ F(]0,\infty[)<\infty \\ \overline{M} \text{ de type III} \iff a>0,\ F(]0,\infty[)<\infty \\ \overline{M} \text{ de type IV} \iff F(]0,\infty[)=\infty. \end{cases}$$

Enfin on peut choisir pour version de $G_n^x(\omega,.)$ la probabilité

$$G_n^x(\omega,dy) = \frac{F(dy)}{F(]x,\infty[)} 1_{\{y>x\}} \quad \text{si} \quad T_n^x(\omega)<\infty$$

(lorsque $\overline{M}$ est de type II ou III, cela vient de ce que $\frac{F(dy)}{F(]0,\infty[)}$ est la loi commune des variables X_n ; lorsque $\overline{M}$ est de type IV, cela vient de la propriété forte de Markov de (U_t) et de l'expression du semi-groupe de transition de ce processus, donnée dans [6]).

On a alors le

COROLLAIRE: <u>Lorsque $\overline{M}$ est un ensemble régénératif, on a P-ps</u>

$$(9)\qquad \nu(]0,t]\times]x,\infty[) = 0 \qquad \text{si} \quad t \leq T_1^x$$

$$= \nu(]0,T_n^x]\times]x,\infty[) + \int \frac{F(du)}{F([u,\infty[)} 1_{\{x<u\leq x-T_n^x+t\wedge S_n^x\}} \quad \text{si } T_n^x \leq t < T_{n+1}^x$$

<u>pour tout</u> $x>0$ (et tout $x \geq 0$ si $\overline{M}$ n'est pas de type IV).

<u>3- REPRESENTATION DES ELEMENTS DE $\mathcal{M}\cap\mathcal{V}$ LORSQUE $\overline{M}$ N'A PAS DE POINT ISOLE.</u>

Dans ce paragraphe nous supposons que $\overline{M}$ est un ensemble régénératif <u>sans point isolé</u>. Tout élément de $\mathcal{M}\cap\mathcal{V}$ se transforme par changement de temps en une martingale du subordinateur τ, pour lequel on dispose d'une propriété de représentation des martingales; en opérant le changement de temps inverse, on peut ainsi déterminer la structure des éléments de $\mathcal{M}\cap\mathcal{V}$.

Plus précisément soit $(\hat{\mathcal{F}}_t)_{t\geq 0}$ la plus petite famille de tribus continue à droite et rendant τ adapté. On note $\hat{\mathcal{M}}$ (resp. $\hat{\mathcal{M}}^2$) l'ensemble des $(\hat{\mathcal{F}}_t)$-martingales continues à droite, uniformément intégrables (resp. de carré intégrable).

LEMME 2: -(a)- <u>Pour tout</u> $(\hat{\mathcal{F}}_t)$-<u>temps d'arrêt</u> T, τ_T <u>est un</u> $(\mathcal{F}_t)$-<u>temps d'arrêt et</u> $\hat{\mathcal{F}}_T\subset\mathcal{F}_{\tau_T}$.

-(b)- <u>Pour tout</u> $(\mathcal{F}_t)$-<u>temps d'arrêt</u> T, L_T <u>est un</u> $(\hat{\mathcal{F}}_t)$-<u>temps d'arrêt et</u> $\mathcal{F}_T\subset\hat{\mathcal{F}}_{L_T}$.

<u>Démonstration</u>: On sait que τ_t est un $(\mathcal{F}_t)$-temps d'arrêt et que $\hat{\mathcal{F}}_t\subset\mathcal{F}_{\tau_t}$, d'où la partie (a). On a $\{L_t\leq s\}=\{t\leq\tau_s\}$, donc L_t est un $(\hat{\mathcal{F}}_t)$-temps d'arrêt; de plus $U_s=s-\tau_{(L_s)-}$ est $\hat{\mathcal{F}}_{L_s}$-mesurable, donc $\mathcal{F}_t\subset\hat{\mathcal{F}}_{L_t}$ et on en déduit la partie (b). ∎

LEMME 3: <u>Soient</u> $M\in\mathcal{M}$ (<u>resp</u>. $\mathcal{M}^2$) <u>et</u> $\hat{M}_t=M_{\tau_t}$. <u>On a alors</u> $M_t=E(\hat{M}_{L_t}|\mathcal{F}_t)$ <u>et</u> $\hat{M}\in\hat{\mathcal{M}}$ (<u>resp</u>. $\hat{\mathcal{M}}^2$).

<u>Démonstration</u>: Comme τ_{L_t} est un $(\mathcal{F}_t)$-temps d'arrêt plus grand ou égal à t, la première assertion est triviale. Une application du lemme 2-(b) à $T=\tau_t$, qui satisfait $L_T=t$, montre que $\hat{M}_t$ est $\hat{\mathcal{F}}_t$-mesurable. D'après le lemme 2-(a), la famille $(\hat{M}_T$: T $(\hat{\mathcal{F}}_t)$-temps d'arrêt) est uniformément intégrable, et pour tout $(\hat{\mathcal{F}}_t)$-temps d'arrêt T on a $E(\hat{M}_T)=E(M_{L_T})=E(M_o)=E(\hat{M}_o)$. Par suite $\hat{M}\in\hat{\mathcal{M}}$. Enfin il est évident que $\hat{M}\in\hat{\mathcal{M}}^2$ lorsque $M\in\mathcal{M}^2$. ∎

Pour tout t on pose $D_t=\inf(s>t:\ s\in\bar{M})$. On a alors le

THEOREME 3: <u>Soit</u> $M\in\mathcal{M}\cap\mathcal{V}$. <u>Il existe une fonction</u> $\tilde{\mathcal{P}}$-<u>mesurable</u> W <u>sur</u> $\tilde{\Omega}$ <u>telle que</u> -(i)- $E[\int dsF(dx)|W(\tau_s,x)|]<\infty$,

-(ii)- $W(\omega,s,x)=W(\omega,D_s(\omega),x)$ <u>identiquement</u>,

<u>et que</u> M <u>soit donnée par la formule</u>

$$(10)\quad M_t=E(M_o)+\sum_{s\leq t,\Delta U_s\neq 0}W(s,-\Delta U_s)-\int_0^t dL_s\int F(dx)W(s,x)$$
$$+1_{\{U_t>0\}}\frac{1}{F(]U_t,\infty[)}\int F(dy)W(t,y)1_{\{y>U_t\}}$$

(L et F ont été définis au paragraphe 2; remarquons que le second membre de (10) est continu à droite).

L'outil principal pour la démonstration de (10) est constitué du théorème de représentation des martingales d'un processus à accroissements indépendants, tel qu'il est démontré par exemple dans [5]. Soient $\hat{\mu}$ la mesure associée au processus τ par

$$\hat{\mu}(\omega;dt,dx) = \sum_{s:\Delta\tau_s(\omega)\neq 0} \varepsilon_{(s,\Delta\tau_s(\omega))}(dt,dx) ,$$

et $\hat{\nu}$ la mesure $\hat{\nu}(\omega;dt,dx) = dt\,F(dx)$. Il est bien connu que $\hat{\nu}$ est la projection prévisible duale de $\hat{\mu}$ (au sens du paragraphe 1-b) relativement à la famille de tribus $(\hat{\mathcal{F}}_t)$. On désigne par $\hat{\mathcal{G}}^1$ (resp. $\hat{\mathcal{G}}^2$) l'ensemble des fonctions $\hat{\mathcal{P}}\otimes\mathcal{B}(]0,\infty[)$-mesurables $\hat{W}$ sur $\tilde{\Omega}$ ($\hat{\mathcal{P}}$ est la tribu $(\hat{\mathcal{F}}_t)$-prévisible) telles que $E[\int dtF(dx)|\hat{W}(t,x)|]<\infty$ (resp. $E[\int dtF(dx)\hat{W}^2(t,x)]<\infty$). Si $\hat{W}\in\hat{\mathcal{G}}^1$ on définit un élément $\hat{W}*(\hat{\mu}-\hat{\nu})$ de $\hat{\mathcal{M}}\cap\mathcal{V}$ par la formule (4); si $\hat{W}\in\hat{\mathcal{G}}^2$, on définit $\hat{W}*(\hat{\mu}-\hat{\nu})\in\hat{\mathcal{M}}^2$ par le procédé standard.

On a alors le

THEOREME 4 [5]: <u>Si</u> $\hat{M}\in\hat{\mathcal{M}}\cap\mathcal{V}$ (<u>resp.</u> $\hat{\mathcal{M}}^2$), <u>il existe</u> $\hat{W}\in\hat{\mathcal{G}}^1$ (<u>resp</u>. $\hat{\mathcal{G}}^2$) <u>tel que</u> $\hat{M} = E(\hat{M}_0) + \hat{W}*(\hat{\mu}-\hat{\nu})$.

<u>Démonstration du théorème 3</u>: Posons $\hat{M}_t = M_{\tau_t}$. Comme $\int|d\hat{M}_t| \leq \int|dM_t|$, on a $\hat{M}\in\hat{\mathcal{M}}\cap\mathcal{V}$, et il existe $\hat{W}\in\hat{\mathcal{G}}^1$ tel que $\hat{M} = E(\hat{M}_0)+\hat{W}*(\hat{\mu}-\hat{\nu})$. La fonction $W(\omega,s,x) = \hat{W}(\omega,L_s(\omega),x)$ vérifie les conditions (i) et (ii) de l'énoncé. Montrons que W est $\tilde{\mathcal{P}}$-mesurable: en utilisant un argument de classe monotone, il suffit de montrer que si $\hat{V}(\omega,t,x) = f(x)1_{\{t\leq T(\omega)\}}$, où f est borélienne et T est un $(\hat{\mathcal{F}}_t)$-temps d'arrêt, alors $V(\omega,t,x) = \hat{V}(\omega,L_t(\omega),x)$ est $\tilde{\mathcal{P}}$-mesurable; or $V(\omega,t,x) = f(x)1_{\{t\leq\tau_T(\omega)\}}$ et il suffit d'appliquer le lemme 2-(a).

Considérons l'expression

$$\hat{M}_{L_t} = E(\hat{M}_0) + \sum_{s\leq L_t,\Delta\tau_s\neq 0}\hat{W}(s,\Delta\tau_s) - \int_0^{L_t} ds\int F(dx)\hat{W}(s,x) .$$

On remarque d'abord que $\Delta\tau_s>0$ si et seulement si $\Delta U_t<0$, avec $s=L_t$ et $t=\tau_s$, et alors $\Delta\tau_s = -\Delta U_t$; on peut appliquer la "formule du changement de variable" au dernier terme de l'expression ci-dessus; comme $\hat{W}(s,x) = W(\tau_s,x)$ et $D_t = \tau_{L_t}$, il vient

$$\hat{M}_{L_t} = E(M_0) + \sum_{s\leq D_t,\Delta U_s\neq 0} W(s,-\Delta U_s) - \int_0^{D_t} dL_s\int F(dx)W(s,x) .$$

Or $L_{D_t} = L_t$; en utilisant le fait que $\hat{M}_0 = M_0$ et le lemme 3, on voit que

$$M_t = E(M_o) + \sum_{s\leq t, \Delta U_s \neq 0} W(s,-\Delta U_s) - \int_0^t dL_s \int F(dx)W(s,x)$$
$$+ 1_{\{t<D_t\}} E(W(D_t,-\Delta U_{D_t})|\mathcal{F}_t).$$

Mais d'après Maisonneuve [6], on a d'une part $P(t\in \overline{M} - M) = 0$, donc $1_{\{t<D_t\}} = 1_{\{U_t>0\}}$ P-ps; d'autre part la loi de $-\Delta U_{D_t}$ conditionnellement par rapport à $\mathcal{F}_t$ est $\frac{F(dy)}{F(]U_t,\infty[)} 1_{\{y>U_t\}}$, sur l'ensemble $\{U_t>0\}$. Comme $W(\omega,D_t(\omega),x) = W(\omega,t,x)$ est $\mathcal{F}_t \otimes \mathcal{B}(]0,\infty[)$-mesurable, on en déduit que

$$1_{\{t<D_t\}} E(W(D_t,-\Delta U_{D_t})|\mathcal{F}_t) = 1_{\{U_t>0\}} \frac{1}{F(]U_t,\infty[)} \int F(dy)W(t,y)1_{\{y>U_t\}}. \blacksquare$$

4- DEMONSTRATION DU THEOREME 1.

Il nous reste maintenant à montrer le théorème 1, dans le seul cas non encore examiné, celui où $\overline{M}$ est de type IV.

Soit donc $M\in \mathcal{M}^2$. D'après [4] on dispose d'un résultat de "décomposition" de M. Plus précisément, M se met sous la forme

$$M = M_o + W*(\mu - \nu) + M' + M'',$$

où $W\in \mathcal{G}^2$ et où M' et M'' sont des éléments de $\mathcal{M}^2$ nuls en 0 et tels que: -M' n'a aucun saut commun avec (U_t),

-M'' est une somme compensée de sauts, ne sautant qu'aux instants de saut de (U_t), et vérifiant pour tous $x>0$ et $n\geq 1$:

$$E[\Delta M''_{S_n^x} | \mathcal{F}_{(S_n^x)-} \vee \sigma(\Delta U_{S_n^x})] = 0. \tag{11}$$

Il s'agit de montrer que $M' = M'' = 0$, et que $M_o = E(M_o)$.

a) <u>On a</u> $M_o = E(M_o)$: comme $\tau_o = L_o = 0$, on a $\mathcal{F}_o = \widehat{\mathcal{F}}_o$ et on sait (loi 0-1 pour τ) que $P(A) = 0$ ou 1 si $A\in \widehat{\mathcal{F}}_o$, d'où le résultat.

b) <u>On a</u> $M'' = 0$: Fixons $x>0$ et $n\geq 1$. D'après (11), le processus $N_t = \Delta M''_{S_n^x} 1_{\{t\geq S_n^x\}}$ est un élément de $\mathcal{M}\cap\mathcal{V}$, donc il lui correspond une fonction $\widetilde{\mathcal{P}}$-mesurable V satisfaisant les conditions du théorème 3. Un calcul élémentaire sur la formule (10) prouve que

$$\Delta N_t = V(t,-\Delta U_t) - \frac{1}{F([-\Delta U_t,\infty[)} \int F(dy)V(t,y)1_{\{y\geq -\Delta U_t\}} \quad \text{si } U_t>0. \tag{12}$$

Mais pour tout temps d'arrêt T, $V(T,x)$ est $\mathcal{F}_{T-}\otimes\mathcal{B}(]0,\infty[)$-mesurable, donc $\Delta N_{S_n^x}$ est $\mathcal{F}_{(S_n^x)-}\vee\sigma(\Delta U_{S_n^x})$-mesurable. En appliquant encore une fois

(11), on en déduit que $\Delta N_{S_n^x} = \Delta M''_{S_n^x} = 0$ P-ps. Comme les sauts de (U_t) sont épuisés par les temps d'arrêt $(S_n^{1/p}, n \geq 1, p \geq 1)$, on voit que M'' ne saute pas lorsque (U_t) saute, donc est nul.

c) <u>On a</u> $M' = 0$: Considérons $\hat{M}'_t = M'_{\tau_t}$, qui appartient à $\hat{\mathcal{M}}^2$. D'après le théorème 4 il existe $\hat{W} \in \hat{\mathcal{G}}^2$ tel que $\hat{M}' = \hat{W} * (\hat{\mu} - \hat{\nu})$. Posons $R_n^x = L_{S_n^x}$.

LEMME 4: <u>Pour tous</u> $n \geq 1$, $x > 0$, <u>on a</u> P-<u>ps sur</u> $\{R_n^x < \infty\}$.

(13) $$\hat{W}(R_n^x, \Delta\tau_{R_n^x}) - \frac{1}{F([\Delta\tau_{R_n^x}, \infty[)} \int F(dy) \hat{W}(R_n^x, y) 1_{\{y \geq \Delta\tau_{R_n^x}\}} = 0.$$

<u>Démonstration</u>: Pour tout $p \geq 1$ on pose $\hat{W}^p(\omega, s, x) = \hat{W}(\omega, s, x) 1_{\{s \leq p, x > 1/p\}}$, $W^p(\omega, s, x) = \hat{W}^p(\omega, L_s(\omega), x)$, $\hat{M}^p = \hat{W}^p * (\hat{\mu} - \hat{\nu})$ et $M_t^p = E(\hat{M}^p_{L_t} | \mathcal{F}_t)$.

Remarquons en premier lieu que $\hat{W} \in \hat{\mathcal{G}}^2$ implique $\hat{W}^p \in \hat{\mathcal{G}}^1$, donc $\hat{M}^p \in \hat{\mathcal{M}} \cap \mathcal{V}$. Mais alors, d'après la preuve du théorème 3, qu'on peut recopier ici, M^p et W^p sont reliés par la formule (10). On a donc d'après (12)

$$\Delta M^p_{S_n^x} = \hat{W}^p(R_n^x, \Delta\tau_{R_n^x}) - \frac{1}{F([\Delta\tau_{R_n^x}, \infty[)} \int F(dy) \hat{W}^p(R_n^x, y) 1_{\{y \geq \Delta\tau_{R_n^x}\}}$$

sur $\{R_n^x < \infty\}$, et cette expression égale le premier membre de (13) dès que $p > 1/x$ et $p > R_n^x$.

Par ailleurs $E[\int ds F(dx) \{\hat{W}(s,x) - \hat{W}^p(s,x)\}^2] \to 0$, donc $\hat{M}^p$ tend vers $\hat{M}'$ dans $\hat{\mathcal{M}}^2$, et par suite M^p tend vers M' dans $\mathcal{M}^2$. Donc $\Delta M^p_{S_n^x}$ tend vers $\Delta M'_{S_n^x} = 0$ dans L^2, et (13) s'ensuit. ∎

LEMME 5: <u>Soient</u> $\alpha > 0$ <u>et</u> f <u>une fonction telle que</u> $\int F(dx) |f(x)| 1_{\{x > \alpha\}}$ <u>soit fini. Si</u> $f(x) = \frac{1}{F([x,\infty[)} \int F(dy) f(y) 1_{\{y \geq x\}}$ <u>pour</u> F-<u>presque tout</u> x <u>sur l'intervalle</u> $]\alpha, \infty[$, <u>alors</u> f <u>est</u> F-<u>pp constante sur cet intervalle</u>. (par suite si $\alpha < \beta$ et si $F([\beta, \infty[) > 0$, on a $f(x) = \frac{1}{F([\beta, \infty[)} \int F(dy) f(y) 1_{\{y \geq \beta\}}$ F-pp sur $]\alpha, \infty[$).

<u>Démonstration</u>: Posons $g(x) = F([x, \infty[)$ et $h(x) = \frac{1}{g(x)} \int F(dy) f(y) 1_{\{y \geq x\}}$ (avec la convention $\frac{0}{0} = 0$). Comme $h = f$ F-pp sur $]\alpha, \infty[$, on a $h(x) = \frac{1}{g(x)} \int F(dy) h(y) 1_{\{y \geq x\}}$ pour tout $x > \alpha$. La fonction g est décroissante, et la fonction $k(x) = \int F(dy) h(y) 1_{\{y \geq x\}}$ est à variation finie sur $]\alpha, \infty[$, donc h est à variation finie sur tout intervalle $]\alpha, y]$ tel que $g(y) > 0$; de plus g, h et k sont continues à gauche et pourvues de limites à droite sur un tel intervalle.

La formule d'intégration par parties donne alors $dk(u) = h(u)dg(u) + g(u+)dh(u)$ sur $]\alpha,y]$ (car $k = gh$); comme par ailleurs $dk(u) = -h(u)F(du)$ et $F(du) = -dg(u)$, la mesure $g(u+)dh(u)$ est nulle sur $]\alpha,y]$. Or $g(u+) \geq g(y) > 0$ sur cet intervalle, donc la mesure $dh(u)$ est nulle et h est constante sur $]\alpha,y]$. Par suite f est F-pp constante sur tout intervalle $]\alpha,y]$ tel que $g(y) > 0$, donc F-pp sur $]\alpha,\infty[$. ■

Nous pouvons maintenant montrer que $M' = 0$. Choisissons $\beta > 0$ tel que $F(]\beta,\infty[) > 0$ et posons $\tilde{W}_s(\omega) = \frac{1}{F([\beta,\infty[)}\int F(dy)\hat{W}(\omega,s,y)1_{\{y\geq\beta\}}$ (avec la convention $\tilde{W}_s = \infty$ si cette intégrale n'est pas définie). On définit ainsi un processus $\hat{\mathcal{P}}$-mesurable $\tilde{W}$.

Soient $0 < x < \beta$ et $n \geq 1$; pour simplifier les notations, on pose $R = R_n^x$ et $X = \Delta\tau_{R_n^x}$. On sait que R, instant du $n^{\text{ème}}$ saut de τ d'amplitude plus grande que x, est P-ps fini, et que la variable X est indépendante de R et suit la loi $\frac{F(dy)}{F(]x,\infty[)}1_{\{y>x\}}$; de plus $\Delta M'_R = \hat{W}(R,X)$ est intégrable. En utilisant (13), on voit alors que pour P-presque tout ω on a

$$\begin{cases} \int F(dy)|\hat{W}(\omega,R(\omega),y)|1_{\{y>x\}} < \infty \\ \hat{W}(\omega,R(\omega),z) = \frac{1}{F([z,\infty[)}\int F(dy)\hat{W}(\omega,R(\omega),y)1_{\{y\geq z\}} \quad \text{F-pp en } z \text{ sur }]x,\infty[. \end{cases}$$

D'après le lemme 5 on a donc $\hat{W}(\omega,R(\omega),z) = \tilde{W}_R(\omega)$ F-pp en z sur $]x,\infty[$, donc finalement $\hat{W}(R,X) = \tilde{W}_R$ P-ps.

Or les sauts de τ sont épuisés par la suite $(R_n^{1/p}, n \geq 1, p > 1/\beta)$. Donc en dehors d'un ensemble P-nul on a $\hat{W}(t,\Delta\tau_t) = \tilde{W}_t$ pour tout t tel que $\Delta\tau_t > 0$. Comme $\hat{W} \in \hat{\mathcal{G}}^2$ et comme $\tilde{W}$ est $\hat{\mathcal{P}}$-mesurable, on a

$$E[\int dsF(dx)\tilde{W}_s^2] = E[\int \hat{\mu}(ds,dx)\tilde{W}_s^2] = E[\int \hat{\mu}(ds,dx)\hat{W}^2(s,x)] = E[\int dsF(dx)\hat{W}^2(s,x)]$$

qui est fini. Mais $F(]0,\infty[) = \infty$ donc le premier terme ci-dessus ne peut prendre que les valeurs 0 et $+\infty$, donc il prend la valeur 0 (c'est là qu'intervient le fait que l'ensemble régénératif est de type IV, et non de type III). Par suite $E[\int dsF(dx)\hat{W}^2(s,x)] = 0$ et la martingale $\hat{M}' = \hat{W}*(\hat{\mu} - \hat{\nu})$ est nulle, ce qui implique $M' = 0$.

La démonstration est enfin achevée.

5-REMARQUES SUR LE THEOREME 1.

a) Supposons l'ensemble régénératif de type III. On n'a pas la propriété de représentation des martingales relativement à $(\mu-\nu)$. Cependant un tel ensemble est entièrement décrit par les temps d'arrêt T_n^o et S_n^o, et il a donc une structure très simple, permettant de donner la forme générale des éléments de $\mathcal{M}^2$.

Plus précisément les processus croissants $N_t = \sum 1_{\{S_n^o \leq t\}}$ et $N'_t = \sum 1_{\{T_n^o \leq t\}}$ admettent respectivement pour projection prévisible duale les processus $A_t = \nu(]0,t]\times]0,\infty[)$ (donné par la formule (9)) et $A'_t = b\int_0^t 1_{\overline{M}}(s)ds$ (où b est relié aux caractéristiques a et F du subordinateur τ par $b = \frac{F(]0,\infty[)}{a}$). D'après [3] on sait alors que tout $M\in\mathcal{M}^2$ s'écrit comme

$$(14)\quad M_t = E(M_o) + \int_0^t V_s(dN_s - dA_s) + \int_0^t V'_s(dN'_s - dA'_s)$$

où V et V' sont des processus prévisibles vérifiant $E[\int V_s^2 dA_s - \sum_{(s)}(V_s\Delta A_s)^2]<\infty$ et $E[\int V'^2_s dA'_s]<\infty$, les intégrales intervenant dans (14) pouvant être calculées trajectoire par trajectoire. Il y a d'ailleurs identité entre les martingales $W*(\mu-\nu)$ où $W\in\mathcal{G}^2$, et les martingales $\int_0^t V_s(dN_s - dA_s)$, où V satisfait les conditions ci-dessus.

b) On sait d'après [5] que la propriété de représentation des martingales est liée à l'unicité de la probabilité P "faisant de ν la projection prévisible duale de μ ".

Soyons plus précis: soient Ω l'ensemble de tous les fermés de $[0,\infty[$ et $\overline{M}$ le fermé aléatoire canonique sur Ω ; les termes U_t, $\mathcal{F}_t$, μ sont définis comme au paragraphe 1; F étant une mesure positive sur $]0,\infty[$ telle que $\int(x\wedge 1)F(dx)<\infty$, on définit la mesure aléatoire ν par la formule (9). On désigne par $\underline{\underline{P}}$ l'ensemble des solutions au "<u>problème des martingales associé à</u> ν ", c'est-à-dire l'ensemble des probabilités P sur $(\Omega,\mathcal{F}_\infty)$ telles que, pour P, ν soit la projection prévisible duale de μ. Alors si $\underline{\underline{P}}$ ne comporte qu'un seul élément P, la propriété de représentation des martingales est satisfaite pour cette probabilité.

Mais, sauf dans le cas trivial où $F=0$ (donc $\nu=0$), $\underline{\underline{P}}$ comporte <u>plusieurs éléments</u>: en effet pour tout $a\geq 0$ il existe un subordinateur (X_t) de drift a et de mesure de Lévy F ; il lui correspond une probabilité $P_a\in\underline{\underline{P}}$, qui est la "loi" de l'ensemble régénératif $\overline{M} = \overline{\{X_t:t>0\}}$, et si $a \neq a'$, on a $P_a \neq P_{a'}$ ($\underline{\underline{P}}$ contient d'ailleurs d'autres probabilités, pour lesquelles $\overline{M}$ n'est pas un ensemble régénératif).

Cependant $\underline{\underline{P}}$ est toujours un ensemble convexe, et on peut montrer que si $P \in \underline{\underline{P}}$, la propriété de représentation des martingales est satisfaite par P <u>si et seulement si</u> P <u>est un élément extrémal de</u> $\underline{\underline{P}}$. Le théorème 1 s'interprête donc ainsi:

- si $F(]0,\infty[) = +\infty$, tout $P \in \underline{\underline{P}}$ faisant de $\overline{M}$ un ensemble régénératif est extrémal ($\overline{M}$ est alors de type IV);
- si $0 < F(]0,\infty[) < +\infty$, parmi tous les $P \in \underline{\underline{P}}$ faisant de $\overline{M}$ un ensemble régénératif (nécessairement de type II ou III), seule celle qui fait de $\overline{M}$ un ensemble de type II est extrémale.

Lorsque $0 < F(]0,\infty[) < +\infty$, il est d'ailleurs très facile de construire tous les éléments extrémaux (et même tous les éléments) de $\underline{\underline{P}}$. En fait à toute famille $H_n(\omega,dx)$ $(n \geq 1)$ de probabilités de transition de $(\Omega,\mathcal{F}_{S^o_{n-1}})$ dans $[0,\infty]$ (avec, par convention, $S^o_o = 0$) correspond un élément $P \in \underline{\underline{P}}$ et un seul, pour lequel H_n représente la loi conditionnelle de $T^o_n - S^o_{n-1}$ par rapport à $\mathcal{F}_{S^o_{n-1}}$. Les $P \in \underline{\underline{P}}$ extrémaux correspondent aux H_n de la forme $H_n(\omega,dy) = \varepsilon_{Y_n(\omega)}(dy)$, où chaque Y_n est une fonction $\mathcal{F}_{S^o_{n-1}}$-mesurable: en particulier $\overline{M}$ est régénératif de type II si $H_n(\omega,dy) = \varepsilon_o(dy)$; par contre $\overline{M}$ est régénératif de type III si $H_n(\omega,dy) = be^{-by}dy$.

6- UNE EXPRESSION EXPLICITE POUR LE TEMPS LOCAL L.

Lorsque $\overline{M}$ est de type I, II ou III il est très facile de donner explicitement le temps local L. A titre de rappel, signalons que si $\overline{M}$ est de type I, on a évidemment $L_t = t$; si $\overline{M}$ est de type II, on a

$$L_t = \frac{\int e^{-x}F(dx)}{\int(1-e^{-x})F(dx)} \sum_{(n)} 1_{\{S^o_n \leq t\}} .$$

Enfin si $\overline{M}$ est de type III, on a

$$L_t = \frac{a + \int(1-e^{-x})F(dx)}{F(]0,\infty[)} \int_0^t 1_{\overline{M}}(s)ds$$

(dans ce dernier cas, il suffit d'écrire que L est de la forme $L_t = \beta\int_0^t 1_{\overline{M}}(s)ds$, et de calculer β de sorte que $E(\int e^{-t}dL_t) = 1$).

Supposons maintenant que $\overline{M}$ <u>soit de type IV</u>. Le rapprochement des théorèmes 1 et 3 indique qu'on doit pouvoir calculer L à partir de ν ; autrement dit, <u>le temps local dépend explicitement de</u> F, <u>mais non de</u> a. Nous allons dans ce qui suit procéder à ce calcul.

Pour cela, nous nous appuyons essentiellement sur les résultats de [4]. On désigne par $\mathcal{G}^2_{loc}$ l'ensemble des fonctions $\widetilde{\mathcal{P}}$-mesurables W sur $\widetilde{\Omega}$ pour lesquelles il existe une suite (R_n) de temps d'arrêt croissant P-ps vers $+\infty$, et telle que chaque fonction $W_n(\omega,t,x) = W(\omega,t,x)1_{\{t \leq R_n(\omega)\}}$ appartienne à $\mathcal{G}^2$; dans ce cas $W_n*(\mu-\nu)$ est une martingale "arrêtée" en R_n, et $W_n*(\mu-\nu) = W_{n+1}*(\mu-\nu)$ sur $[0,R_n]$: on peut donc définir un processus $W*(\mu-\nu)$ en posant $W*(\mu-\nu)_t = W_n*(\mu-\nu)_t$ si $t \leq R_n$, et $W*(\mu-\nu)$ appartient à l'espace $\mathcal{M}^2_{loc}$ des martingales qui sont localement de carré intégrable.

Ces préliminaires étant faits, on peut énoncer le

THEOREME 5: <u>Supposons</u> $\overline{M}$ <u>de type IV. Soient</u> $x > 0$ <u>tel que</u> $F([x,\infty[) > 0$ <u>et</u>

$$(15)\quad U(\omega,t,y) = F([x,\infty[)\Big[1_{\{y<x\}}\frac{1}{F([y,\infty[)} + 1_{\{U_{t-}(\omega)<x\}}\frac{F(\{U_{t-}(\omega)\})}{F([U_{t-}(\omega),\infty[)F(]U_{t-}(\omega),\infty[)}\Big].$$

<u>Alors</u> $U \in \mathcal{G}^2_{loc}$ <u>et le temps local</u> L <u>est donné par la formule</u>

$$(16)\quad L_t = U*(\mu-\nu)_t + \sum_{s\leq t} 1_{\{\Delta U_s \leq -x\}}\frac{1}{F([x,\infty[)} + 1_{\{U_t>0\}}\frac{F(]U_t,\infty[\cap[x,\infty[)}{F(]U_t,\infty[)F([x,\infty[)} .$$

Le lecteur pourra vérifier que (contrairement aux apparences !) le second membre de (16) est continu; de plus il ne dépend pas de x.

<u>Démonstration</u>: Posons $\hat{W}(\omega,t,y) = 1_{\{y\geq x\}}$ et $W(\omega,t,y) = \hat{W}(\omega,L_t(\omega),y)$ ($= 1_{\{y\geq x\}}$ également). Comme $E(\int ds F(dx) 1_{\{s\leq t\}}|\hat{W}(s,x)|) < \infty$, le processus $\hat{M}^t_s = \hat{W}*(\hat{\mu}-\hat{\nu})_{s\wedge t}$ est un élément de $\hat{\mathcal{M}} \cap \mathcal{V}$. Donc si M est le processus défini à partir de W par (10), $(M_{s\wedge L_t})_{s\geq 0}$ est un élément de $\mathcal{M}$ pour tout $t < \infty$; comme $L_t \uparrow +\infty$ si $t \uparrow +\infty$, M est donc une martingale locale relativement à la famille $(\mathcal{F}_t)$.

Pour simplifier les notations, on pose $g(x) = F([x,\infty[)$. A l'aide de (12) il est facile de vérifier que si $V(\omega,t,y) = -1_{\{y<x\}}\frac{g(x)}{g(y)}$, on a $\Delta M_t = V(t,-\Delta U_t)$ dès que $\Delta U_t < 0$, et V est $\widetilde{\mathcal{P}}$-mesurable. D'autre part (9) implique que

$$\nu(\{t\},dy) = \frac{F(\{U_{t-}\})}{g(U_{t-})} \varepsilon_{U_{t-}}(dy).$$

Donc

$$\int \nu(\{t\},dy)V(t,y) = -1_{\{U_{t-}<x\}} \frac{g(x)F(\{U_{t-}\})}{g(U_{t-})^2}$$

et si $a_t = \nu(\{t\}\times]0,\infty[)$ on a $a_t < 1$ et

$$V(t,y) + \frac{1}{1-a_t} 1_{\{a_t<1\}} \int \nu(\{t\},dy)V(t,y) = -U(t,y).$$

D'autre part il est facile de vérifier que $|U| \leq 2$. Il découle alors de [6, théorème (4-1) et proposition (5-1)] que $U \in \mathcal{G}^2_{loc}$, et d'après la propriété de représentation des martingales on a $M = -U*(\mu - \nu)$.

Il suffit maintenant d'écrire que $-U*(\mu-\nu)$ égale le second membre de (10), en remarquant que $\int_0^t dL_s \int F(dy)W(s,y) = g(x)L_t$, pour obtenir la formule (16). ∎

BIBLIOGRAPHIE

1 CHOU C.S., MEYER P.A.: Sur la représentation des martingales comme intégrales stochastiques dans les processus ponctuels. Sém. Strasbourg IX, Lect. Notes 465, 1975, Springer.

2 DELLACHERIE C.: Un exemple de la théorie générale des processus. Sém. Strasbourg IV, Lect. Notes 124, 1970, Springer.

3 JACOD J.: Multivariate point processes: predictable projection, Radon-Nikodym derivatives, representation of martingales. Z. Wahr. 31, pp 235-253, 1975.

4 JACOD J.: Un théorème de représentation pour les martingales discontinue. A paraître au Z. Wahr.

5 JACOD J., MEMIN J.: Caractéristiques locales et conditions de continuité absolue pour les semi-martingales. A paraître.

6 MAISONNEUVE B.: Ensembles régénératifs, temps locaux et subordinateurs. Sém. Strasbourg V, Lect. Notes 191, 1971, Springer.

7 MEYER P.A.: Ensembles régénératifs d'après Hoffman-Jørgensen. Sém. Strasbourg IV, Lect. Notes 124, 1970, Springer.

8 SKOROKHOD A.V.: Studies in the theory of random processes. 1965, Addison-Wesley.

Université de Strasbourg
Séminaire de Probabilités

A SIMPLE REMARK ON THE CONDITIONED SQUARE FUNCTIONS FOR MARTINGALE TRANSFORMS

by N.Kazamaki

1. Let $X=(X_n,F_n)$ be a fixed uniformly integrable martingale defined on a probability space (Ω,F,P), and denote its difference sequence by $x=(x_n)$, $x_n=X_n-X_{n-1}, n\geq 1, X_0=0$. If $f=(f_n), f_n=\sum_{k=1}^{n} v_k x_k$, is a martingale transform of x, then the conditioned square function of f is $s(f)=\left\{\sum_{k=1}^{\infty} v_k^2\, E[x_k^2|F_{k-1}]\right\}^{1/2}$. Denote by $\underline{M}$ the collection of all martingale transforms f of x. Let now $T_0=0\leq T_1\leq T_2\leq \cdots$ be F_n-stopping times. Then (X_{T_n}) is a martingale over (F_{T_n}) because X is uniformly integrable. For simplicity we put $G_n=F_{T_n}$. Since for each $k\geq 1$ $v_{T_{k-1}+1}$ is G_{k-1}-mesurable, $\hat{f}_n=\sum_{k=1}^{n} v_{T_{k-1}+1}(X_{T_k}-X_{T_{k-1}})$ defines a new martingale transform. It should be noted that $\hat{f}=f$ if $T_k=k$, and that $\hat{f}=f^S$ if $T_k=k\wedge S$ for some stopping time S. Here f^S is the martingale transform stopped at S. Now we let

$$U(f)=\left\{\sum_{k=1}^{\infty} v_{T_{k-1}+1}^2\, E[(X_{T_k}-X_{T_{k-1}})^2|G_{k-1}]\right\}^{1/2}$$

for $f_n=\sum_{k=1}^{n} v_k x_k$ in $\underline{M}$. This is none other than the conditioned square function $s(\hat{f})$. It follows at once that U is a symmetric and quasi-linear operator on $\underline{M}$. It seems to be interesting to investigate this operator, but to the best of our knowledge no papers on the subject have been published. In this paper we shall give an L^p-estimate between U(f) and s(f).

2. We start with these remarks: <u>the operator U is not local</u>, and <u>$\|U(f)\|_p$ can not always be compared with $\|s(f)\|_p$</u>. For example, let $w=(w_n)$ be an

independent sequence satisfying $P(w_k=-1)=P(w_k=1)=1/2, k\geq 1$, and W the martingale with difference sequence w. Define now $X_{2n+1}=X_{2n}=\sum_{k=1}^{n}\frac{1}{k}w_k, X_1=X_0=0$. Then $x_{2n+1}=0$ and $x_{2n}=\frac{1}{n}w_n$ so that $s(X)=(\sum_{n=1}^{\infty}\frac{1}{n^2})^{1/2}$. Thus X is an L^2-bounded martingale. If $T_k=2k, v_{2k+1}=1$ and $v_{2k}=0$ for each $k\geq 1$, then $s(f)=0$ but $U(f)=(\sum_{n=1}^{\infty}\frac{1}{n^2})^{1/2}$. This implies that U is not local and that $\|U(f)\|_p\leq C_p\|s(f)\|_p$ does not hold in general. On the other hand, if $T_k=2k, v_{2k+1}=0$ and $v_{2k}=1$ for each $k\geq 1$, then $U(f)=0$ and $s(f)=(\sum_{k=1}^{\infty}\frac{1}{k^2})^{1/2}$.
Moreover, in what follows we assume that the martingale X is locally square integrable.

PROPOSITION 1. Let $f_n=\sum_{k=1}^{n}v_kx_k, n\geq 1$, be a martingale transform in $\underline{\underline{M}}$.

(1) If $|v_{T_{k-1}+1}|\leq|v_j|$ on $\{T_{k-1}<j\leq T_k\}$ for every j and k, then

$$\|U(f)\|_p\leq\sqrt{\frac{p}{2}}\,\|s(f)\|_p\ ,\ 2\leq p<\infty$$

(2) If $|v_{T_{k-1}+1}|\geq|v_j|$ on $\{T_{k-1}<j\leq T_k\}$ for every j and k, then

$$\|U(f)\|_p\geq\sqrt{\frac{p}{2}}\,\|s(f)\|_p\ ,\ 0<p\leq 2.$$

PROOF. We show only the part (1), the second part being proved similarly. Let now $2\leq p<\infty$, and suppose that for every k, $|v_{T_{k-1}+1}|\leq|v_j|$ for $T_{k-1}<j\leq T_k$.

An easy computation shows that $E[x_j^2|F_{(j-1)\vee T_{k-1}}]=E[x_j^2|F_{j-1}]$ on $\{T_{k-1}<j\leq T_k\}$ and $E[(X_{T_k}-X_{T_{k-1}})^2|G_{k-1}]=\sum_{j=1}^{\infty}E[x_j^2 I_{\{T_{k-1}<j\leq T_k\}}|G_{k-1}]$. Therefore we have

$$\|U(f)\|_p=E[\{\sum_{k=1}^{\infty}v_{T_{k-1}+1}^2\,E[\sum_{j=1}^{\infty}E[x_j^2|F_{j-1}]I_{\{T_{k-1}<j\leq T_k\}}|G_{k-1}]\}^{p/2}]^{1/p}$$

$$\leq E[\{\sum_{k=1}^{\infty} E[\sum_{j=1}^{\infty} v_j^2 E[x_j^2|F_{j-1}]\, I_{\{T_{k-1}<j\leq T_k\}}|G_{k-1}]\}^{p/2}]^{1/p}$$

$$= E[\{\sum_{k=1}^{\infty} E[s_{T_k}(f)^2 - s_{T_{k-1}}(f)^2|G_{k-1}]\}^{p/2}]^{1/p}$$

$$\leq \sqrt{\frac{p}{2}}\, E[(\sum_{k=1}^{\infty}\{s_{T_k}(f)^2 - s_{T_{k-1}}(f)^2\})^{p/2}]^{1/p}$$

$$\leq \sqrt{\frac{p}{2}}\, \|s(f)\|_p .$$

We considered in [1] the special case $v=1$.

REMARK. Let f be any martingale transform in $\underline{\underline{M}}$ as above. Define the following stopping times: $k \geq 1$

$$T_0=0,\ T_k = \mathrm{Min}\{\, j > T_{k-1};\ |v_{j+1}| < |v_{T_{k-1}+1}|\,\}$$

$$S_0=0,\ S_k = \mathrm{Min}\{\, j > S_{k-1};\ |v_{j+1}| > |v_{S_{k-1}+1}|\,\} .$$

Then we get $|v_j| \geq |v_{T_{k-1}+1}|$ on $\{T_{k-1} < j \leq T_k\}$ and $|v_j| \leq |v_{S_{k-1}+1}|$ on $\{S_{k-1} < j \leq S_k\}$.

PROPOSITION 2. For any f in $\underline{\underline{M}}$ there exist martingale transforms $f^{(1)}$ and $f^{(2)}$ in M such that

1°. $f=f^{(1)}+f^{(2)}$

2°. for each $i=1,2$ $\|U(f^{(i)})\|_p \leq \sqrt{\frac{p}{2}}\, \|s(f^{(i)})\|_p$, $2 \leq p < \infty$.

PROOF. Let $f_n = \sum_{k=1}^{n} v_k x_k$, $v_0=0$ and define

$$v_n^{(1)} = \sum_{k=1}^{n} (v_k - v_{k-1})^+,\quad v_n^{(2)} = -\sum_{k=1}^{n} (v_k - v_{k-1})^- .$$

Then each $v^{(i)}$ is a previsible process so that the martingale transform $f^{(i)}$ defined by $f_n^{(i)}=\sum_{k=1}^{n} v_k^{(i)} x_k$ belongs to $\underline{\underline{M}}$. As $v_n=v_n^{(1)}+v_n^{(2)}$ for each n, we get $f=f^{(1)}+f^{(2)}$. It is clear that $|v_n^{(i)}|\leqslant|v_{n+1}^{(i)}|$ for each i=1,2. This completes the proof.

REFERENCE

[1]. N.Kazamaki, An inequality for the conditioned square functions on martingales. Tohoku Math. Journ., (to appear).

Université de Strasbourg
Séminaire de Probabilités

ABSOLUTE CONTINUITY OF MARKOV PROCESSES

by Hiroshi Kunita

Introduction and summary.

A great deal of attentions has been devoted to multiplicative functionals of Markov processes and its transformations, and the absolute continuity of Markov processes. The problem we are concerned in this paper is this : Given two Markov processes which are equivalent on the germ field, find a criterion that they are equivalent up to the lifetime. As an earlier result for this direction, we refer to Dawson [2].

After introducing Lévy systems of Hunt process in §1, we get the representation of a terminal time ; the terminal time consists of a hitting time and a first jumping time for a suitable set. The result is very close to Walsh-Weil [18].

§3 is devoted to the representation of a multiplicative functional (MF). Then we study the relation of Lévy systems between the given Markov process and the one transformed by MF. These are generalizations of the work by Kunita-Watanabe [19]. The Lebesgue decomposition of two Markov processes is discussed in §5. The Radon-Nikodym derivative is defined as a MF.

Our central problem is discussed in §6. Assuming that two Hunt processes satisfy Hunt's hypothesis (K), we show that the equivalence on the germ field implies the equivalence up to the lifetime if and only if corresponding Lévy measures are equivalent.

Three examples are discussed in §7.

§1. Notations and definitions. Lévy system.

In this section, we introduce the basic notation and terminology of Hunt process, and then introduce a Lévy system. For a more information of the standard material, refer to the book of Blumenthal-Getoor [1].

Let $(\Omega, F, F_t, X_t, \theta_t, P_x)$ be a Hunt process with state space E. Let $F_t^0 = \sigma(X_s : s \le t)$. Recall that F_t is the "completed" σ-field of F_t^0. We denote by ζ the lifetime of the process as usual. Throughout this paper, we assume Meyer's hypothesis (L) : i.e., there exists a measure γ on E such that any α-excessive function with $\int u(x)\gamma(dx) = 0$ is identically 0. Also, the following Hunt's hypothesis (K) is often our basic assumption (Hunt [5]).

Hypothesis (K). If u is an α-excessive function, $u(X_t)$ is continuous in $t \in (0, \zeta)$ where X_t is continuous.

The event which is valid with P_x-probability 1 for all $x \subset E_\Delta$ is denoted as "a.s." (almost surely).

A right continuous F_t-adapted process A_t is called an additive functional (AF) if $A_0 = 0$, $A_t = A_\zeta$ for $t \ge \zeta$ a.s. and satisfies $A_{t+s} = A_t + A_s \circ \theta_t$ a.s. for each $t, s \ge 0$. If the exceptional set $N_{t,s}$ that the above is not valid satisfies $P_x(\bigcup_{t,s} N_{t,s}) = 0$ for all x, A_t is called a perfect AF. In the sequel, we consider perfect AF's only.

Let A_t be a continuous increasing AF. A measure μ on E is called a canonical measure of A_t of $\int_0^t 1_F(X_s)dA_s = 0$ a.s. is equivalent to $\mu(F) = 0$. The existence of the canonical measure is known. Let A_t^1 and A_t^2 be continuous increasing AF's with canonical measures μ^1 and μ^2. Then $\mu^1 \ll \mu^2$ (absolutely continuous) if and only if there exists a E-measurable function f such that $A_t^1 = \int_0^t f(X_s)dA_t^2$. (We write $A^1 << A^2$ in such a case).

Following S.Watanabe [18], we shall introduce a Lévy system. Let $f(x, y) \geq 0$ be a bounded $E\times E_\Delta$-measurable function such that $f(x,x) = 0$ on E. Set

$$P_t(f) = \sum_{s\leq t} f(X_{s-}, X_s).$$

If $P_t(f)$ is integrable, there exists a continuous increasing AF $\tilde{P}_t(f)$ such that $P_t(f) - \tilde{P}_t(f)$ is a P_x-martingale. A pair of a kernel $n(x, dy)$ on $E\times E_\Delta$ and a continuous increasing AF φ_t is called a <u>Lévy system</u> if

$$\tilde{P}_t(f) = \int_0^t n\circ f(X_s)d\varphi_s \qquad \text{a.s.}$$

holds for all f such that $P_t(f)$ is integrable. Here

$$n\circ f(x) = \int_{E_\Delta} n(x, dy)f(x, y).$$

Define

$$Q_t(f) = P_t(f) - \int_0^t n\circ f(X_s)d\varphi_s. \tag{1.1}$$

It is a martingale AF.

The Lévy system of a given process is not unique. Let $(\tilde{n}, \tilde{\varphi})$ be an another Lévy system with the canonical measure $\tilde{\mu}$ of $\tilde{\varphi}$. Then the measures on $E\times E_\Delta$;

$$\mu(dx)n(x, dy) \quad \text{and} \quad \tilde{\mu}(dx)\tilde{n}(x, dy)$$

are equivalent (mutually absolutely continuous). In fact, if $P_t(f) = 0$ a.s., then $\tilde{P}_t(f) = 0$ a.s.. This implies

$$\int \mu(dx)n(x,\ dy)f(x,\ y) = 0.$$

The same is valid for $\tilde{\mu}(dx)\tilde{n}(x, dy)$. Thus the null sets of the measure $\mu(dx)n(x, dy)$ does not depend on the choice of Lévy system. We call it the <u>canonical measure</u>.

Now let A_t be a discontinuous increasing AF. It is called quasi-left continuous if for any increasing sequence of stopping times T_n with limit T, it holds $\lim_{n\to\infty} A_{T_n} = A_T$ a.s.. The following representation theorem is due to Motoo and S. Watanabe [18].

<u>Representation theorem.</u> Let A_t be a discontinuous increasing quasi-left continuous AF. Suppose that A_t is locally integrable. Then there exists a nonnegative $E\times E_\Delta$-measurable function f such that $A_t = P_t(f)$ a.s.. The function f is unique except for the null set of the measure $(\mu(dx)n(x, dy))$.

In several points of later discussions, the classification of stopping times due to Meyer [12] is often used. Here we review it. A stopping time T is called <u>totally inaccessible</u> if for any increasing sequence of stopping times S_n with limit S less than T, it holds

$$P_x(S_n < S = T < \infty \quad \text{for all} \quad n) = 0$$

for all x. A stopping time T is called <u>accessible</u> (or <u>predictable</u>) if for each x there exists an increasing sequence of stopping times T_n with limit T such that $T_n < T$ for all n a.s. P_x on the set $0 < T$. An important characterization is that T is totally inaccessible if and only if $X_T \neq X_{T-}$ on $0 < T < \infty$ a.s. and T is accessible if and only if $X_T = X_{T-}$ ($X_0 = X_{0-}$ by convention). Let now T be a stopping time.

Define T^a by T if $X_T = X_{T-}$ and by ∞ if $X_T \neq X_{T-}$, then T^a is accessible. On the other hand, T^i defined by T if $X_T \neq X_{T-}$ and ∞ if $X_T = X_{T-}$ is totally inaccessible. We have the decomposition $T = T^a \wedge T^i$.

§2. Representation of terminal times.

In this section, we review some properties of terminal time and then obtain a representation of exact terminal time, that will play a basic role in §6.

A stopping time T is called a terminal time if $T\circ\theta_t + t = T$ holds on the set $T > t$ a.s. for each t. The exceptional set may depend on t. If the exceptional set does not depend on t, it is called a perfect terminal time.

Let T be a terminal time. It holds $T\circ\theta_t + t \geq T$ a.s. for each t and $T\circ\theta_t + t \geq T\circ\theta_s + s$ a.s. for each $s \leq t$. Define $\hat{T} = \lim_{s\downarrow 0} (T\circ\theta_s + s)$ (s : rationals). Then $\hat{T} \geq T$ a.s. and $\hat{T} = T$ on $T > 0$. If $\hat{T} = T$ a.s., T is called exact. It is easy to see that $\hat{T}$ defined above is exact. Walsh [17] and Meyer [13] proved that the exact terminal time is perfect.

Suppose now T is an exact terminal time. Then the function $u(x) = E_x(e^{-T})$ is 1-excessive. In fact,

$$e^{-t}P_t u(x) = E_x(e^{-(t+T\circ\theta_t)} ; \zeta > t)$$

and the right hand side increases to u as t decreases to 0. Let F be the set of regular points of T ;

$$F = \{x \in E_\Delta ; P_x (T = 0) = 1\}.$$

Then F is finely closed nearly Borel set, since F coincides with the set of x such that $u(x) = 1$.

Let T_F be the hitting time for the set F. Then it holds $T \le T_F$ a.s.. In fact, note that $T\circ\theta_{T_F} > 0$ on $T > T_F$: Then

$$P_x(T > T_F) = P_x(T\circ\theta_{T_F} > 0,\ T > T_F)$$

$$= E_x(E_{X_{T_F}}(T > 0)\ ;\ T > T_F)$$

$$= P_x(X_{T_F} \notin F,\ \ T > T_F).$$

Here we used the 0-1 law : $P_x(T > 0) = 0$ or 1. Since F is finely closed, $X_{T_F} \in F$ a.s. on $T_F < \infty$. This proves $P_x(T > T_F) = 0$.

The following representation of the terminal time was obtained by Walsh-Weil [18], under a different assumption.

Theorem 2.1. Assume hypothesis (K). Let T be an exact terminal time and let F be the set of regular points of T. Then there exists a $E\times E$-measurable set A included in $(\overline{E-F})\times(E-F)-\{(x, x)\ ;\ x \in E\}$ such that

$$T = \inf\{t > 0 : (X_{t-}, X_t) \in A \text{ or } X_t \in F\} \quad \text{a.s.} \tag{2.1}$$

on $T < \zeta$.

Before going to the proof, we prepare two lemmas.

Lemma 2.1. Define iterates of T as $T_0 = 0$, $T_1 = T$, $T_n = T_{n-1} + T\circ\theta_{T_{n-1}}$ and $T_\infty = \lim_{n\to\infty} T_n$. Then $T_\infty = T_F$ a.s. on $T_\infty < \zeta$.

Proof. The stopping time T_∞ is a terminal time. In fact, it is easy to see that $T_n\circ\theta_t + t = T_{n+k}$ if $T_k \le t < T_{k+1}$. Letting n tend to infinity, we obtain $T_\infty\circ\theta_t + t = T_\infty$. Moreover, it holds $\{T_\infty = 0\} = \{T = 0\}$, which can be checked easily by induction. This implies that T_∞ is exact and the set of regular points of T_∞ coincides with F. Therefore it holds $T_\infty \le T_F$ a.s..

We shall prove $T_\infty \ge T_F$ a.s.. Recall $u(x) = E_x(e^{-T})$. By the strong Markov property,

$$E_x(e^{-T_n}) = E_x(e^{-T_{n-1}} u(X_{T_{n-1}})).$$

Making n tend to ∞, we see that $\lim_{n\to\infty} u(X_{T_n}) = 1$ on $T_\infty < \infty$. Hypothesis (K) implies $\lim_{n\to\infty} u(X_{T_n}) = u(X_{T_\infty})$ on $T_\infty < \zeta$. Therefore, $X_{T_\infty} \in F$ on $T_\infty < \zeta$ a.s., i.e. $T_\infty \ge T_F$ on $T_\infty < \zeta$.

Define now

$$S = \inf_{n\ge 1} \{T_n ; X_{T_n} = X_{T_n-}\},$$

$$= T_\infty \quad \text{if } \{ \quad \} = \phi.$$

(As a convention, we put $X_0 = X_{0-}$.) Then S is a terminal time. In fact, if $t < S$, there exists a nonnegative integer k such that $T_k \le t < T_{k+1}$. Note the relation $T_n \circ \theta_t + t = T_{n+k}$. Then

$$S\circ\theta_t + t = \inf_n \{T_n\circ\theta_t + t ; X_{T_n\circ\theta_t}\circ\theta_t = X_{T_n\circ\theta_t -}\circ\theta_t\}$$

$$= \inf_n \{T_{n+k} ; X_{T_{n+k}} = X_{T_{n+k}-}\}$$

$$= S.$$

The exactness of S will be obvious.

<u>Lemma</u> 2.2. It holds $S = T_F$ a.s. on $S < \zeta$.

<u>Proof</u>. Let us define the accessible part of S as

$$S^a = S \text{ if } X_S = X_{S-} \text{ and } S < \infty$$

$= \infty$ if $X_S \neq X_{S-}$.

If holds $S^a = S$ on $S < T_\infty = T_F$. Then for each P_x, there exists an increasing sequence of stopping times S_n^a with limit S^a such that $S_n^a < S^a$ for all n on the set $S^a > 0$ a.s. P_x. Set $S_n = S_n^a \wedge S$. Then $\bigcup_n (S_n = S) \subset (S = T_F)$ a.s.. We shall show that $S \circ \theta_{S_n} + S_n = S$ a.s. for each n. If $S_n < S$, the relation is clear since S is a perfect terminal time. If $S_n = S$, then $S \circ \theta_{S_n} = 0$. In fact

$$P_x(S \circ \theta_{S_n} > 0,\ S_n = S) = E_x(P_{X_{S_n}}(S > 0)\ ;\ S_n = S)$$
$$\leq E_x(P_{X_{T_F}}(S > 0)\ ;\ S = T_F).$$

Note that $T \leq S \leq T_F$, then the set of regular points of S coincides with F. Then it holds $P_{X_{T_F}}(S > 0) = 0$ a.s. P_x, proving that the last member of the above is 0.

Define now $v(x) = E_x(e^{-S})$. It is a 1-excessive function. It holds

$$E_x(e^{-S}) = E_x(e^{-(S \circ \theta_{S_n} + S_n)}) = E_x(e^{-S_n} v(X_{S_n}))$$
$$= E_x(e^{-S} \lim_{n\to\infty} v(X_{S_n})).$$

Therefore, $\lim_{n\to\infty} v(X_{S_n}) = 1$ a.s. on $S < \infty$. Then we have $X_S \in F$ a.s. on $S < \zeta$, since the regular points of S coincides with F. We thus have $S \geq T_F$ on $S < \zeta$.

Proof of Theorem. From the previous lemma, it holds $X_{T-} \neq X_T$ a.s. on $0 < T < T_F$. Set

$$A_t = \sum_{T_n \leq t < T_\infty} 1_{E-F}(X_{T_n}).$$

It is easy to see $A_t + A_s \circ \theta_t = A_{t+s}$ if $t+s < T_\infty$. It is quasi-left continuous since it jumps at the discontinuous time of X_t. Then by the representation theorem of Motoo and Watanabe [18], there exists a $E \times E_\Delta$ measurable function such that $A_t = P_t(f)$ on $t < T_F$ a.s.. Since $\Delta A_t =$ 0 or 1, f takes values 0 and 1 a.s. $\mu(dx)n(x, dy)$. Set $A = \{(x, y) ; f(x, y) = 1\}$. Then $A_t = P_t(1_A)$. Let R be the first jump time of A_t. Then

$$R = \inf\{t > 0; \ (X_{t-}, X_t) \in A\}.$$

Since $R = T$ on $T < T_F$, we obtain the representation (2.1). The set A is included in $(\overline{E-F}) \times (E-F)$ because $X_t \in E-F$ for $t < T_F$. The proof is complete.

§3. Representation of regular MF.

A F_t-adapted process α_t is called a <u>multiplicative functional</u> (MF) if for each $t, s \geq 0$, it holds $\alpha_t \alpha_s \circ \theta_t = \alpha_{t+s}$ a.s.. In this paper, we assume that MF α_t is nonnegative, right continuous and $E_x(\alpha_t) \leq 1$ for each x and t. Thus α_t is a supermartingale.

A MF α_t is called <u>perfect</u> if exceptional sets $N_{t,s}$ that $\alpha_t \alpha_s \circ \theta_t = \alpha_{t+s}$ are not valid satisfy $P_x(\bigcup_{t,s} N_{t,s}) = 1$ for all x. MF is not perfect in general, but we may modify it to a perfect one by Walsh [16] and Meyer [13]. Given a MF α_t, we define a new functional $\hat{\alpha}_t$ by

$$\hat{\alpha}_t = \text{ess} \varlimsup_{s \downarrow 0} \alpha_{t-s} \circ \theta_s \quad \text{if } t > 0$$

$$\hat{\alpha}_0 = \text{ess} \varlimsup_{s \downarrow 0} \hat{\alpha}_s ,$$

where ess $\overline{\lim}$ is taken with respect to the Lebesgue measure of the time interval. Then $\hat{\alpha}_t$ is perfect MF. It holds $\alpha_t = \hat{\alpha}_t$ if $\alpha_0 > 0$.

A MF α_t is called exact if for each $t > 0$, $x \in E$ and $\varepsilon_n \downarrow 0$, $\alpha_{t-\varepsilon_n} \circ \theta_{\varepsilon_n}$ converges to α_t a.s. P_x. If α_t is exact, $\alpha_t = \hat{\alpha}_t$ a.s. so that α_t is perfect.

Now, let α_t be a MF. Set

$$T_\alpha = \inf\{t > 0 \ ; \ \alpha_t = 0\}$$
$$= \infty \qquad \text{if } \{ \quad \} = \phi.$$

It is not difficult to see that T_α is a terminal time. If α_t is perfect, T_α is perfect. If α_t is exact, T_α is exact.

A MF α_t is called regular if for each x there exists an increasing sequence of stopping times T_n such that $\lim T_n \geq T_\alpha$ and that $\alpha_{t \wedge T_n}$ is a martingale with respect to P_x. The following factorization of MF is due to Itô-Watanabe [7].

Factorization theorem of MF. Let α_t be a perfect MF. Then there exists a regular perfect MF $\alpha_t^{(0)}$ and a decreasing perfect MF $\alpha_t^{(1)}$ which has no common jumps with X_t on $[0, T_\alpha)$, such that $\alpha_t = \alpha_t^{(0)} \alpha_t^{(1)}$ and that $T_\alpha = T_{\alpha^{(0)}} = T_{\alpha^{(1)}}$. The factorization is unique.

In order to state our theorem, we need a slight modification of the definition of a local martingale. Let T be an accessible stopping time. A right continuous F_t-adapted process M_t defined for $t \in [0, T)$ is called a local martingale, if for each x, there exists an increasing sequence of stopping times T_n with limit T such that $T_n < T$ on $T > 0$ a.s. for all n and that $M_{t\wedge T_n}$ is a P_x-martingale for each n. For notations and basic properties of stochastic integral by local martingales, refer to Kunita-Watanabe [10].

Theorem 3.1. Let α_t be a regular perfect MF. Let T_α^a be the accessible part of T_α ($T_\alpha^a = 0$ if $T_\alpha = 0$). Then there exists a unique continuous local martingale M_t^c, $t \in [0, T_\alpha^a)$ such that $M_t^c + M_s^c\circ\theta_t = M_{t+s}^c$ for $t+s < T_\alpha$ a.s., and a unique nonnegative $E\times E_\Delta$-measurable function $g(x, y)$ with $g(x, x) = 0$ on E such that

$$\int_0^t n\circ\left(\frac{|g-1|^2}{1+|g-1|}\right)(X_s)d\varphi_s < \infty \quad \text{for } t < T_\alpha \text{ a.s.,} \tag{3.1}$$

and α_t is represented as

$$\alpha_t = \exp[M_t^c - \frac{1}{2}\langle M^c\rangle_t + Q_t(g-1)]\cdot \prod_{\substack{s\le t\\ X_{s-}\ne X_s}} g(X_{s-}, X_s)e^{-(g(X_{s-},X_s)-1)} \quad \text{if } t < T_\alpha^a \tag{3.2}$$

$$= 0 \quad \text{if } t \ge T_\alpha^a.$$

Proof. In case where α_t is strictly positive, the proof is found in Kunita-Watanabe [10] and Deléans [3]. Also, a similar representation of a nonnegative supermartingale is in Kunita [8]. We give here a quick proof, leaving some details to the above references.

Given a positive number ε, let us define

$$T^\varepsilon = \inf\{t < T_\alpha \ ;\ \left|\frac{\Delta\alpha_t}{\alpha_{t-}}\right| > \varepsilon\}$$

$$= T_\alpha \quad \text{if } \{\ \} = \phi,$$

where $\Delta\alpha_t = \alpha_t - \alpha_{t-}$. It is a perfect terminal time. Since α_t is regular, T^ε is totally inaccessible. Define iterates of T^ε by $T_1^\varepsilon = T^\varepsilon$, $T_n^\varepsilon = T_{n-1}^\varepsilon + T^\varepsilon\circ\theta_{T_{n-1}^\varepsilon}$. Then T_n^ε are totally inaccessible. Set

$$A_t^\varepsilon = \sum_{n=1}^{\infty} \frac{\Delta\alpha_{T_n^\varepsilon}}{\alpha_{T_n^\varepsilon -}} 1_{T_n^\varepsilon \le t} .$$

It is a quasi-left continuous AF, which is then written as $A_t^\varepsilon = P_t(f^\varepsilon)$.

Now the local martingale AF $Q_t(f^\varepsilon)$ (defined by (1.1)) is the compensated sum of $\Delta\alpha_s/\alpha_{s-}$ such that $|\Delta\alpha_s/\alpha_{s-}| > \varepsilon$ for $t < T_\alpha$. It turns out that

$$(\sum_{s\le t} \left|\frac{\Delta\alpha_s}{\alpha_{s-}}\right|^2)^{1/2}, \quad t \in [0, T_\alpha^a)$$

is locally integrable. Then it implies that $Q_t(f^\varepsilon)$ converges in P_x-probability to a local martingale as $\varepsilon \to 0$. (See [8]). Then we can find a $E\times E_\Delta$-measurable function $f(x, y)$ with $f(x, x) = 0$ on E such that $Q_t(f) = \lim_{\varepsilon\to 0} Q_t(f^\varepsilon)$ in P_x-probability.

It holds $f-1 \ge 0$ a.e. $\mu(dx)n(x, dy)$, since

$$\Delta Q_s(f) = \frac{\Delta\alpha_s}{\alpha_{s-}} \ge -1.$$

Set now $f_1 = f1_{|f|\le 1}$ and $f_2 = f1_{|f|>1}$. Then

$$\int_0^t n\circ f_1^2(X_s)d\varphi_s < \infty, \qquad \int_0^t n\circ|f_2|(X_s)d\varphi_s < \infty \quad \text{a.s.}$$

(See [10]). The above is equivalent to

$$\int_0^t n\circ(\frac{|f|^2}{1+|f|})(X_s)d\varphi_s < \infty \quad \text{a.s.}.$$

Setting $g = f+1$, we get the condition (3.1)

We shall next define the continuous local martingale M_t^c. The stochastic integral

$$N_t = \int_0^t \alpha_{s-}dQ_s(f), \qquad t \in [0, T_\alpha^a)$$

is well defined as a local martingale. It holds $\Delta N_s = \Delta\alpha_s$. Then $\alpha_t^c \equiv \alpha_t - N_t$, $t \in [0, T_\alpha^a)$ is a continuous local martingale. Define now

$$M_t^c = \int_0^t \alpha_s^{-1} d\alpha_s^c, \quad t \in [0, T_\alpha^a).$$

It is a continuous local martingale.

Set now $M_t = M_t^c + Q_t(f)$. Then it holds

$$\alpha_t - 1 = \int_0^t \alpha_{s-} dM_s, \quad t \in [0, T_\alpha^a).$$

This functional equation has a unique solution. The solution is in fact represented as (3.2) by Doléans [3].

It remains to prove the additivity of M_t. Let $s, t \geq 0$ and let

$$\delta = \{0 = s_0 < s_1 < \cdots < s_n = s < s_{n+1} < \cdots < s_{n+m} = s+t\}$$

be a partition of $[0, s+t]$ such that $s_k - s_{k-1} = \varepsilon$. Set

$$M_u^\varepsilon = \sum_{s_n \leq u} \alpha_{s_n}^{-1} 1_{T_\alpha > s_n} (\alpha_{s_n} - \alpha_{s_{n-1}}).$$

Then M_u^ε converges to M_t in probability as $\varepsilon \to 0$. On the other hand, since

$$M_u^\varepsilon = \sum_{s_n \leq u} \alpha_\varepsilon \circ \theta_{s_n} 1_{T_\alpha > s_n},$$

it holds $M_s^\varepsilon + M_t^\varepsilon \circ \theta_s = M_{s+t}^\varepsilon$ for $s, t \in \delta$ such that $s, t < T_\alpha$. Letting $\varepsilon \to 0$, one has the additivety of M_t. The proof is complete.

Remark 1. Assume hypothesis (K). If α_t is exact, then T_α has the representation of Theorem 2.1. The set A then coincides with $\{(x, y) ; g(x, y) = 0\}$. In fact, the totally inaccessible part T_α^i

coincides on the set $T_\alpha^i < T_\alpha$ with the first time that

$$\prod_{s\le t} g(X_{s-}, X_s)e^{-(g(X_{s-}, X_s)-1)}$$

becomes 0. The above infinite product is convergent, since $\sum_{s\le t} (1-g(X_{s-}, X_s))^2$ is finite. Hence T_α^i coincides with the first time that $g(X_{t-}, X_t) = 0$ on the set $T_\alpha^i < T_\alpha$.

Remark 2. Assume hypothesis (K). Then any potential is regular. Hence natural increasing AF's are continuous. (See Meyer [11]). Let $\alpha_t = \alpha_t^{(0)}\alpha_t^{(1)}$ be the factorization of Itô-Watanabe. Then $\log \alpha_t^{(1)}$, $t \in [0, T_\alpha)$ is a natural increasing AF (up to $t < T_\alpha$), so that it is continuous. We can assume $\log \alpha_t^{(1)} << \varphi_t$ for $t < T_\alpha$. Then one has the representation

$$\alpha_t^{(1)} = \exp-\int_0^t c(X_s)d\varphi_s, \tag{3.3}$$

where $c(x)$ is a nonnegative function, unique up to the null set of the canonical measure μ of φ_t.

The following example will be used in section 6.

Example. Assume hypothesis (K). Let T be an exact terminal time and let F and A be sets of Theorem 2.1. Let $\alpha_t = 1_{T>t}$. It is an exact MF. The factorization of Itô-Wanatabe is

$$\alpha_t^{(0)} = \exp\int_0^t n\circ 1_A(X_s)d\varphi_s\, 1_{T_\alpha>t},$$

$$\alpha_t^{(1)} = \exp-\int_0^t n\circ 1_A(X_s)d\varphi_s\, 1_{T_\alpha>t}.$$

The representation (3.2) corresponds to

$$\alpha_t^{(0)} = \exp Q_t(1_A)\cdot 1_{A^c}(X_{T-}, X_T)e^{-1_A(X_{T-}, X_T)}, \quad t < T_\alpha^a.$$

§4. Transformation by MF and the Lévy system.

Let α_t be a perfect MF such that $\alpha_t = 0$ for $t \geq \zeta$ a.s.. Set

$$Q_t(x, A) = \int_{X_t \in A} \alpha_t dP_x \qquad \text{if } A \subset E$$

$$Q_t(x, \Delta) = 1 - Q_t(x, E).$$

It is well known that Q_t is a transition probability. We shall define a family of probability measures Q_x, $x \in E_\Delta$ on F_t^0 as

$$Q_x(X_{t_1} \in A_t, \cdots, X_{t_n} \in A_n)$$
$$= \int\cdots\int_{A_1\times\cdots\times A_n} Q_{t_1}(x, dx_1)Q_{t_2-t_1}(x_1, dx_2)\cdots Q_{t_n-t_{n-1}}(x_{n-1}, dx_n).$$

Then Q_x is a standard Markov process. It satisfies

$$Q_x(B \cap \zeta > T) = E_x(\alpha_T ; B), \quad B \in F_T \tag{4.1}$$

for any stopping time T (see [9]).

The purpose of this section is to prove

Theorem 4.1. Assume hypothesis (K). Let $\alpha_t = \alpha_t^{(0)}\alpha_t^{(1)}$ be the decomposition of Itô-Watanabe, and let (3.2) and (3.3) be the representations of $\alpha_t^{(0)}$ and $\alpha_t^{(1)}$. Set

$$n^Q(x, dy) = n(x, dy)g(x, y) \quad \text{on } E \times E \tag{4.2}$$

$$n^Q(x, \Delta) = c(x).$$

Then (n^{Q}, φ_t) is a Lévy system of the process Q_x.

We shall consider the case where α_t is regular and is decreasing separately, and next combine two cases. We assume $T_\alpha > 0$ a.s.. Detailed discussion for the case $T_\alpha \geq 0$ is omitted.

<u>Lemma</u> 4.2. The assertion of the theorem is valid if α_t is regular.

<u>Proof.</u> We shall first observe that the lifetime of Q_x is accessible. Let T_n be an increasing sequence of stopping times with limit $\geq T_\alpha$ such that $\alpha_{t\wedge T_n}$ is a P_x-martingale. Then

$$Q_x(\zeta > T_n \wedge t) = E_x(\alpha_{T_n \wedge t}) = 1,$$

$$Q_x(\zeta > T_\alpha) = E_x(\alpha_{T_\alpha}) = 0,$$

proving that ζ is accessible.

Now, set $M_t = M_t^c + Q_t(g-1)$ as before. Then it holds $\alpha_t - 1 = \int_0^t \alpha_{s-} dM_s$. Let Z_t be a P_x-local martingale and let $Y_t = Z_t - \langle Z, M\rangle_t$. We shall prove that Y_t, $t \in [0, \zeta)$ is a Q_x-local martingale. By Itô's formula ([10]).

$$\begin{aligned}
\alpha_t Y_t &= (1 + \int_0^t \alpha_{s-} dM_s)(Z_t - \langle Z, M\rangle_t) \\
&= Z_t - \langle Z, M\rangle_t + \int_0^t \alpha_{s-}(Z_{s-} - \langle Z, M\rangle_{s-}) dM_s \\
&\quad + \int_0^t (\int_0^{s-} \alpha_{u-} dM_u) dZ_s - \int_0^t (\int_0^{s-} \alpha_{u-} dM_u) d\langle Z, M\rangle_s + \int_0^t \alpha_{s-} d\langle Z, M\rangle_s .
\end{aligned}$$

The 1st, 3rd and 4-th terms are local martingales. The sum of the remaining terms is 0. Hence $\alpha_t Y_t$ is a local martingale.

Now, let $\{T_n\}$ be an increasing sequence of stopping times such that $\lim_{n\to\infty} T_n \geq T_\alpha$ and that $\alpha_{t\wedge T_n}$ and $\alpha_{t\wedge T_n} Y_{t\wedge T_n}$ are P_x-martingale for each n.

Then $T_n < \zeta$ and $\lim_{n\to\infty} T_n \geq \zeta$ a.s. Q_x as before. It holds

$$E_x(\alpha_{t\wedge T_n} Y_{t\wedge T_n} ; B) = E_x(\alpha_{s\wedge T_n} Y_{s\wedge T_n} ; B)$$

for any $B \in F_s$. Denote the expectation by Q_x as E_x^Q. Then the above is equivalent to

$$E_x^Q(Y_{t\wedge T_n} ; B) = E_x^Q(Y_{s\wedge T_n} ; B)$$

by (4.1). Therefore Y_t, $t \in [0, \zeta)$ is a Q_x-local martingale.

Now, let f be a bounded $E\times E$-measurable function such that $f(x, x) = 0$ and $\int_0^t n\circ|f|(X_s)d\varphi_s$ is integrable. Set $Z_t = Q_t(f)$. Then

$$<Q(f), M>_t = <Q(f), Q(g-1)>_t = \int_0^t n\circ(f(g-1))(X_s)d\varphi_s.$$

Therefore,

$$Q_t(f) - <Q(f), M>_t = P_t(f) - \int_0^t n\circ(fg)(X_s)d\varphi_s, \quad t \in [0, \zeta),$$

is a Q_x-local martingale. Recall the definition of the Lévy system ; we obtain the assertion.

Lemma 4.3. The assertion of the theorem is valid if ζ is accessible (P_x) and α_t is decreasing.

Proof. Suppose that (3.3) is the representation of $\alpha_t = \alpha_t^{(1)}$. Set

$$\beta_t = \exp\int_0^t c(X_s)d\varphi_s.$$

Then $\beta_t 1_{\zeta>t} dQ_x = 1_{\zeta>t} dP_x$ on F_t. Therefore, $\beta_t 1_{\zeta>t}$, $t \in [0, \zeta)$ is a Q_x-local martingale. We shall prove that

$$P_t(1_\Delta) - \int_0^t c(X_s)d\varphi_s = 1_{\zeta\leq t} - \int_0^t c(X_s)d\varphi_s \tag{4.3}$$

is a Q_x-local martingale, where $1_\Delta(x, y)$ is 0 or 1 according as $y \neq \Delta$ or $y = \Delta$. It holds

$$\int_0^t \beta_{s-} d1_{\zeta>s} = 1_{\zeta>t}\beta_t - \int_0^t 1_{\zeta>s} d\beta_s = 1_{\zeta>t}\beta_t - \beta_t$$

and

$$-\int_0^t \beta_{s-} c(x_s) d\varphi_s = \beta_t - 1.$$

Therefore,

$$\int_0^t \beta_{s-} dP_s(1_\Delta) - \int_0^t \beta_{s-} c(X_s) d\varphi_s = 1_{\zeta>t}\beta_t - 1 = Q_x\text{-local martingale.}$$

This implies that (4.3) is a local martingale. We then see that $n^Q(x, \Delta) = c(x)$.

We shall next show that $Q_t(f)$, $t \in [0, \zeta)$ is a Q_x-local martingale. Set $Z_t = \beta_t 1_{\zeta>t}$. Then $Z_t Q_t(f)$ is a Q_x-local martingale, because

$$E_x^Q[Z_T Q_T(f) \ ; B] = E_x[Q_T(f) \ ; B \cap \zeta > t],$$

for any stopping time T such that both are well defined. Since Z_t and $Q_t(f)$ are processes with bounded variation, it holds

$$Z_t Q_t(f) = \int_0^t Z_s dQ_s(f) + \int_0^t Q_{s-}(f) dZ_s.$$

Denote the first term of the right hand as Y_t. Then Y_t is a Q_x-local martingale. Since Z_t and $Q_t(f)$ have no common jumps, we can write as $Y_t = \int_0^t Z_{s-} dQ_s(f)$. Now, consider the stochastic integral $\int_0^t Z_{s-}^{-1} dY_s$. Obviously, it equals $Q_t(f)$, proving that $Q_t(f)$ is a Q_x-local martingale. The proof is complete.

Proof of Theorem. Let $Q_x^{(0)}$ be the standard process such that

$1_{\zeta>t}dQ_x^{(0)} = \alpha_t^{(0)}dP_x$ on F_t. Then $(n(x, dy)g(x,y)1_{E\times E}(x,y), \mathcal{G}_t)$ is a Lévy system of $Q_x^{(0)}$ by Lemma 4.2. Note the relation $1_{\zeta>t}dQ_x = \alpha_t^{(1)}dQ_x^{(0)}$. Then Lemma 4.3 proves the theorem.

§5. Lebesgue decomposition and Radon-Nikodym density of Markov processes.

Let us consider two Hunt processes P_x, Q_x defined on the same state space E and the same sample space $(\Omega, F^0, F^0_{t+}, X_t, \theta_t)$. Recall that $F^0_t = \sigma(X_s, s \le t)$ and $F^0_{t+} = \bigcap_{\varepsilon>0} F^0_{t+\varepsilon}$. The purpose of this section is to prove

Theorem 5.1. There exists a terminal time T (unique up to the measures $P_x + Q_x$ for all x) and a right continuous MF α_t relative to P_x such that

(i) $P_x(T = \infty) = 1 \quad \forall x$

(ii) $Q_x(\cdot \cap T \le t)$ is singular to P_x on F^0_{t+}

(iii) $Q_x(\cdot \cap T > t)$ is absolutely continuous with respect to P_x and

$$Q_x(B \cap T > t) = \int_B \alpha_t dP_x \qquad \forall B \in F^0_{t+}. \tag{5.1}$$

(iv) The Lebesgue decomposition is written as

$$P_x(B) = \int_B \alpha_t dP_x + Q_x(B \cap T \le t). \tag{5.2}$$

The proof is divided to 4 lemmas.

Lemma 5.2. There exists a stopping time T and a right continuous F^0_{t+}-adapted process α_t which satisfy (i) $\sim$ (iv) of Theorem 5.1.

Proof. Since $Q_x << \frac{1}{2}(P_x+Q_x)$ on F^0_t for each x, there exists a density function $h_t^{(x)}(\omega)$ such that

$$Q_x(B) = \frac{1}{2}\int_B h_t^{(x)} d(P_x+Q_x).$$

For each $t \geq 0$, we can define $h_t^{(x)}(\omega)$ as a $E_\Delta \times F_t^0$-measurable function by a standard argument. Set $h_t(\omega) = h_t^{(X_0(\omega))}(\omega)$. It is a $\frac{1}{2}(P_x+Q_x)$-martingale such that $0 \leq h_t \leq 2$ a.s.. Denote the right continuous modification as $\bar{h}_t$. Then $(\bar{h}_t, F_{t+}^0)$ is a $\frac{1}{2}(P_x+Q_x)$-martingale for each x. Let

$$T = \inf\{t > 0 \ ; \ 2-\bar{h}_t = 0\}.$$

Then T is a F_{t+}^0-stopping time. It holds $2-\bar{h}_t = 0$ for $t \geq T$ a.s. $\frac{1}{2}(P_x+Q_x)$, since $2-\bar{h}_t$ is a nonnegative martingale.

Remark now the relation $\bar{h}_t dP_x = (2-\bar{h}_t)dQ_x$. Then

$$P_x(T \geq t) = \int_{T\geq t} \bar{h}_t dP_x = \int_{T\geq t} (2-\bar{h}_t)dQ_x = 0.$$

On the other hand, it holds $\frac{1}{2-\bar{h}_t}(2-\bar{h}_t) = 1$ on $T > t$. Hence for $B \in F_{t+}^0$,

$$Q_x(B \cap T > t) = \int_{B\cap T>t} \frac{1}{2-\bar{h}_t}(2-\bar{h}_t)dQ_x$$

$$= \int_{B\cap T>t} \frac{1}{2-\bar{h}_t}\bar{h}_t dP_x.$$

Define

$$\alpha_t = \frac{\bar{h}_t}{2-\bar{h}_t} \quad \text{if} \quad t < T$$

$$= 0 \quad \text{if} \quad t \geq T.$$

Then

$$Q_x(B \cap T > t) = \int_B \alpha_t dP_x.$$

We have thus the Lebesgue decomposition (5.2). The proof is complete.

Two σ-fields F_t^0 and F_{t+}^0 are different in general. Hence it may occur that $h_t \neq \bar{h}_t$ with positive probability. We denote as $N_t = \{h_t = 2\}$ and $f_t = \frac{h_t}{2-h_t}$ on N_t^c. Then the Lebesgue decomposition on F_t^0 is written as

$$P_x(B) = \int_B f_t dP_x + Q_x(B \cap N_t) \qquad B \in F_t^0.$$

f_t is a (F_t^0, P_x)-supermartingale (See Neveu [14]). It holds $\lim_{\varepsilon \downarrow 0} f_{t+\varepsilon} = \alpha_t$ a.s. P_x.

<u>Lemma</u> 5.3. The process f_t is a MF.

<u>Proof.</u> We follow the discussion of Dynkin [4]. Let $Q_t(x, dy)$ and $P_t(x, dy)$ be transition probabilities of Q_x and P_x, respectively. Consider the Lebesgue decomposition

$$Q_t(x, dy) = q_t(x, y)P_t(x, dy) + Q_t(x, dy)1_{N_t^{(x)}}(y).$$

We can assume that $1_{N_t^{(x)}}(y)$ is $E_\Delta \times E_\Delta$-measurable.

Let δ ; $0 = t_0 < t_1 < \cdots < t_n = t$ be a partition. Let $B_t^\delta = \sigma(X_{t_0}, X_{t_1}, \cdots, X_{t_n})$. Define

$$N_t^\delta = \{\omega \ ; X_{t_i}(\omega) \in N_{t_i - t_{i-1}}^{(X_{t_{i-1}}(\omega))} \quad \text{for some} \quad 1 \leq i \leq n\}$$

and

$$f_t^\delta = \prod_{i=1}^{n} q_{t_i - t_{i-1}}(X_{t_{i-1}}, X_{t_i}).$$

Then the Lebesgue decomposition on the σ-field B_t^δ is written as

$$Q_x(B) = \int_B f_t^\delta dP_x + Q_x(B \cap N_t^\delta), \quad B \in B_t^\delta.$$

Consider now a sequence of partitions $\delta_1 \propto \delta_2 \propto \cdots \propto \delta_n \propto \cdots (\delta_{n-1}$ is a subpartion of δ_n), such that $|\delta_n|$ $(= \max_i |t_i^{(n)} - t_{i-1}^{(n)}|)$ tends to 0. Then $(f_t^{\delta_n}, \mathcal{B}_t^{\delta_n}, P_x)_{n=1,\cdots,}$ is a supermatingale for each t. It converges to f_t a.s. P_x. (Neveu [14, Proposition III-2-7]).

Now let δ' ; $0 = s_0 < \cdots < s_m = s$ be a partion of $[0, s]$ and let $\delta \cup \delta'$; $0 = t_0 < \cdots < t_n = t < t_n + s_1 < \cdots < t_n + s_m$ be a partion of $[0, t+s]$. Then it holds

$$f_{t+s}^{\delta\cup\delta'} = f_t^{\delta} f_s^{\delta'} \circ \theta_t$$

Letting $|\delta| \to 0$ and $|\delta'| \to 0$, we have $f_{t+s} = f_t \cdot f_s \circ \theta_t$ a.s. P_x. The proof is complete.

The set $\{T > 0\}$ belongs to the germ field F_{0+}^0. It holds $Q_x(T > 0) = 1$ or 0 by the 0-1 law. Also, $\alpha_0 = f_{0+}$ is F_{0+}^0-measurable, so that $\alpha_0 =$ const a.s. P_x by the 0-1 law. Since $E_x(\alpha_0) = Q_x(T > 0)$, we see that

$$P_x(\alpha_0 = 1) = 1 \Leftrightarrow Q_x(T > 0) = 1$$

$$P_x(\alpha_0 = 0) = 1 \Leftrightarrow Q_x(T = 0) = 1.$$

Define

$$\hat{E} = \{x \ ; \ Q_x(T > 0) = 1\}.$$

Then $\hat{E}$ is $\mathcal{E}$-measurable. It holds $\alpha_0 = 1_{\hat{E}}(X_0)$ a.s..

<u>Lemma</u> 5.4. The process α_t is a MF. It holds

(5.3) $$\alpha_t = f_t 1_{\hat{E}}(X_t) = \alpha_t 1_{\hat{E}}(X_t) \quad \text{a.s.}.$$

<u>Proof</u>. Letting $\varepsilon \to 0$ in the equality $f_{t+\varepsilon} = f_t f_\varepsilon \circ \theta_t$, we have

$\alpha_t = f_t \alpha_0 \circ \theta_t$. Let $B \in F^0_{t+}$. Then

$$E_x(\alpha_0 \circ \theta_t \ ; \ B) = E_x(E_{X_t}(\alpha_0) \ ; \ B) = E_x(1_{\hat{E}}(X_t) \ ; \ B).$$

This implies $\alpha_0 \circ \theta_t = 1_{\hat{E}}(X_t)$ a.s. P_x, proving (5.3).

We shall next prove that α_t is a MF. Let $t, s \geq 0$. If $s = 0$, $\alpha_t \alpha_0 = \alpha_t$ is obvious since $\alpha_0 = 1_{\hat{E}}(X_0)$. If $s > 0$ and $\alpha_t = 0$, then $\alpha_{t+s} = \alpha_t \alpha_s \circ \theta_t$ holds because both are 0. If $s > 0$ and $\alpha_t > 0$, then $\alpha_t = f_t$. Therefore,

$$\alpha_{t+s} = f_t f_s \circ \theta_t 1_{\hat{E}}(X_{t+s}) = \alpha_t \alpha_s \circ \theta_t .$$

The proof is complete.

<u>Lemma</u> 5.5. T is a terminal time.

<u>Proof</u>. Let $\hat{Q}_x$ be the standard process defined by the relation $\hat{Q}_x(B \cap \zeta > t) = E_x(\alpha_t \ ; \ B)$, $B \in F^0_{t+}$, where α_t is the MF of the Radon-Nikodym density. Then $\hat{Q}_x \leq Q_x$ on $F^0_{t+} \cap \zeta > t$. The Radon-Nikodym density $\beta_t = d\hat{Q}_x / dQ_x$ equals $1_{T>t}$ obviously. The multiplicatively of β_t implies $1_{T>t+s} = 1_{T>t} 1_{T \circ \theta_t > s}$. This proves $T \circ \theta_t + t = T$ if $t < T$, i.e., T is a terminal time.

Theorem 5.1 follows immediately from Lemmas 5.2 ∿ 5.5.

A simple consequence of theorem is

<u>Proposition</u> 5.6. It holds

$$x \in \hat{E} \iff P_x = Q_x \quad \text{on} \quad F^0_{0+}$$

$$x \notin \hat{E} \Leftrightarrow P_x \perp Q_x \text{ (singular) on } F^0_{0+}.$$

Proof. If $x \in \hat{E}$ then $P_x >> Q_x$ on F^0_{0+} and $dQ_x = \alpha_0 dP_x$. Since $\alpha_0 = 1$ a.s. P_x, we have $Q_x = P_x$ on F^0_{0+}. The converse is obvious. If $x \notin \hat{E}$, then there is no absolute consinuous part. Hence $P_x \perp Q_x$ on F^0_{0+}. Then converse is also clear.

§6. Absolute continuity of Markov process.

The preceding theorem shows that $Q_x << P_x$ on $F^0_{t+} \cap \{T > t\}$. We shall study the terminal time T in details and find a criterion that $T \geq \zeta$ a.s. Q_x. We assume for simplicity that $T > 0$ a.s. Q_x for $x \in E$ except for the last remark in this section. Hence T is an exact terminal time and hence it has the representation.

(6.1) $$T = \inf\{t > 0 \; ; \; (X_{t-}, X_t) \in A\} \quad \text{a.s. } Q_x \text{ on } T < \zeta.$$

Observe that the Radon-Nikodym density α_t is an exact and is a perfect MF.

We shall denote by $\mu^P n^P (= \mu^P(dx) n^P(x,dy) 1_{E\times E}(x,y))$ and $\mu^Q n^Q$ $(= \mu^Q(dx) n^Q(x,dy) 1_{E\times E}(x,y))$ canonical measures of the processes P_x and Q_x, respectively. Note that $\mu^P n^P$ and $\mu^Q n^Q$ are measures restricted to $E\times E$.

Theorem 6.1. Assume hypothesis (K) for P_x and Q_x. Then $1_A \mu^Q n^Q$ and $\mu^P n^P$ are mutually singular and $1_{A^c} \mu^Q n^Q$ is absolutely continuous with respect to $\mu^P n^P$.

Remark. Let $\hat{Q}_x$ be the standard process defined by

$$\hat{Q}_x(B \cap \zeta > t) = \int_{B\cap\zeta>t} \alpha_t dP_x = Q_x(B \cap T \wedge \zeta > t).$$

Then $(gn^P, \mathcal{G}_t^P)$ and $(1_{A^c}n^Q, \mathcal{G}_t^Q)$ are Lévy systems of $\hat{Q}_x$ (restricted to E) by Theorem 4.1 and Example in §4. We can choose canonical measures of P_x and Q_x such that $g\mu^P n^P = 1_{A^c}\mu^Q n^Q$. Then the assertion of the theorem is equivalent to that

$$\mu^Q n^Q = g\mu^P n^P + 1_A \mu^Q n^Q,$$

is the Lebesgue decomposition of canonical measures.

The theorem states that the terminal time T is just the hitting time for the support of the singular part of $\mu^Q n^Q$ with respect to $\mu^P n^P$. Hence $\mu^Q n^Q << \mu^P n^P$ if and only if T is greater than ζ a.s. Q_x. This implies our main result.

Theorem 6.2. Assume hypothesis (K) for P_x and Q_x. Then $P_x = Q_x$ on F^0_{t+} for each x implies $Q_x << P_x$ on $F^0_{t+} \cap \{\zeta > t\}$ for each t and x if and only if $\mu^Q n^Q << \mu^P n^P$ on $E\times E$.

Remark 1. An immediate consequence of the theorem is $P_x = Q_x$ on F^0_{0+} for each x implies $Q_x \cong P_x$ (equivalent) on $F^0_{t+} \cap \{\zeta > t\}$ if and only if $\mu^Q n^Q \cong \mu^P n^P$ on $E\times E$. In particular, if P_x and Q_x are diffusions (up to ζ), then $P_x = Q_x$ on F^0_{t+} implies $P_x \cong Q_x$ on $F^0_{t+} \cap \{\zeta > t\}$, since $\mu^Q n^Q = \mu^P n^P = 0$. This fact was proved by Dawson [2] under a stronger condition.

Remark 2. Of course, it can occur that $Q_x << P_x$ on $F^0_{t+} \cap \{\zeta > t\}$ but $P_x << Q_x$ on $F^0_{t+} \cap \{\zeta > t\}$ fails. Such examples are given in §7. What we can show is that $P_x << Q_x$ on $F^0_{t+} \cap \{S > t\}$, where

$$S = \inf\{t > 0 \; ; \; (X_{t-}, X_t) \in K\}, \quad K = \{(x, y) \; ; \; g(x, y) = 0\}.$$

In fact, $1_K\mu^P n^P$ is the singular part of $\mu^P n^P$ with respect to $\mu^Q n^Q$.

The idea of the proof is as follows. Let $\bar{g}(x, y)$ be the Radon-Nikodym density of the absolute continuous part of $\mu^P n^P$ with respact to $\mu^Q n^Q$: here $\mu^P n^P$ and $\mu^Q n^Q$ are chosen so that $g\mu^P n^P = 1_{A^c}\mu^Q n^Q$. Then it holds $\bar{g} \geq g$ a.s. $\mu^P n^P$ and $\bar{g} = g$ on A^c. Theorem 6.1 is equivalent to that $\bar{g} = g$ a.s. $\mu^P n^P$.

For the proof of this fact, let us define a prefact MF

$$\bar{\alpha}_t = \exp[M_t^c - \frac{1}{2}\langle M^c\rangle_t + Q_t(g-1)] \prod_{\substack{s\leq t\\ X_s\neq X_{s-}}} \bar{g}(X_{s-}, X_s)e^{-(\bar{g}(X_{s-}, X_s)-1)}$$

$$\cdot\exp - \int_0^t c(X_s)d\varphi_s^P,$$

where M_t^c is the continuous local martingale defined in the representation of $\alpha_t^{(0)}$. We can extend M_t^c so that it has the additive property for $t < \zeta$. $c(x)$ is the function defined in the representation of $\alpha_t^{(1)}$. Then it holds $\bar{\alpha}_t = \alpha_t$ for $t < T_\alpha$ and $\bar{\alpha}_t \geq \alpha_t$ a.s.. We have further.

<u>Lemma</u> 6.2. $E_x(\bar{\alpha}_t) \leq 1$ for each t and x.

<u>Proof.</u> $\bar{\alpha}_t$ has the factorization $\bar{\alpha}_t = \bar{\alpha}_t^{(0)}\bar{\alpha}_t^{(1)}$, where

$$\bar{\alpha}_t^{(0)} = \exp[M_t^c - \frac{1}{2}\langle M^c\rangle_t + Q_t(\bar{g}-1)] \prod_{\substack{s\leq t\\ X_s\neq X_{s-}}}\cdot \bar{g}(X_{s-}, X_s)e^{-(\bar{g}(X_{s-}, X_s)-1)}$$

$$\bar{\alpha}_t^{(1)} = \exp\int_0^t \{n^P\circ(\bar{g}-g)(X_s) - c(X_s)\}d\varphi_t^P.$$

The first one is a regular MF. The killing rate $n^{\hat{Q}}(x, \Delta)$ of the process $\hat{Q}_x$ is $c(x) = \int_E n^Q(x, dy)1_A(x, y)$ by Theorem 4.1. Therefore $n^P\circ(\bar{g}-g)(x) \leq c(x)$, proving that $\overline{\alpha}_t^{(1)}$ is decreasing. Then $\overline{\alpha}_t^{(0)}\overline{\alpha}_t^{(1)}$ is a supermartingale for each P_x. The proof is complete.

Let us now define an another standard process $\overline{Q}_x$ as

$$\overline{Q}_x(B \cap \zeta > t) = \int_{B\cap\{\zeta>t\}} \overline{\alpha}_t dP_x \qquad B \in F_{t+}^0.$$

Then $\overline{Q}_x \geq \hat{Q}_x$ on $F_{t+}^0 \cap \{\zeta > t\}$ and $\overline{Q}_x = \hat{Q}_x$ on $F_{t+}^0 \cap \{T \wedge \zeta > t\}$. The next lemma shows that $\overline{Q}_x$ is again a subprocess of Q_x. But since $\hat{Q}_x$ is the maximal subprocess among absolutely continuous ones, we get $\hat{Q}_x = \overline{Q}_x$. This proves $g = \overline{g}$ a.s. $\mu^P n^P$ and then the theorem is established.

Lemma 6.3. It holds $\overline{Q}_x \leq Q_x$ on $F_{t+}^0 \cap \{\zeta > t\}$.

Proof. We may assume $T \leq \zeta$ without loss of generality. (Consider $T \wedge \zeta$ instead of T, if necessary). Define iterates of T as $T_1 = T$, $T_n = T_{n-1} + T\circ\theta_{T_{n-1}}$ and $T_\infty = \lim_{n\to\infty} T_n$. It holds $T_1 < T_2 < \cdots$ a.s., so that T_∞ is an accessible terminal time. The regular points of T_∞ is empty. Therefore $T_\infty \geq \zeta$ a.s. Q_x by Theorem 2.1. Hence it suffices to prove $\overline{Q}_x \leq Q_x$ on $F_{t+}^0 \cap \{T_n > t\}$ for each n. We shall prove the case T_2 only since the discussion for the general T_n is similar.

Let F_{T-}^0 be the σ-field generated by the sets $B \cap \{T > t\}$, where $B \in F_{t+}^0$. Let $\Phi(t, \omega)$ be a bounded positive left continuous F_{t+}^0-adapted process. Then $\Phi(T)$ is F_{T-}^0-measurable. Let Ψ be a bounded positive F_{T-}^0-measurable function. We shall prove

$$E_x^{\overline{Q}}(\Phi(T)\theta_T\circ\Psi \; ; \; T_2 < \zeta) \leq E_x^Q(\Phi(T)\theta_T\circ\Psi \; ; \; T_2 < \zeta). \tag{6.2}$$

Set $f(x) = E_x(\Psi \; ; \; T < \zeta)$. Then the right hand of the above equals

$E_x^Q(\Phi(T)f(X_T))$. Note that the Q_x-expectation of

$$\int_0^T \Phi(s)dQ_s(1_A f) = \Phi(T)f(X_T) - \int_0^T \Phi(s)n^Q\circ(1_A f)(X_s)d\varphi_s^Q$$

is 0. Then the right hand of (6.2) equals

$$E_x^Q[\int_0^T \Phi(s)n^Q\circ(1_A f)(X_s)d\varphi_s^Q]. \tag{6.3}$$

Similarly, the left hand of (6.2) equals

$$E_x^{\overline{Q}}[\int_0^T \Phi(s)n^{\overline{Q}}\circ(1_A f)(X_s)d\varphi_s^{\overline{Q}}], \tag{6.4}$$

since $f(x) = E_x^{\overline{Q}}(\Psi\ ;\ T < \zeta)$. Furthermore, we can choose a Lévy system $(n^{\overline{Q}}, \varphi^{\overline{Q}})$ such that $n^{\overline{Q}}(x, dy) = n^P(x, dy)\overline{g}(x, y)$ and $\varphi_t^{\overline{Q}} = \varphi_t^Q$ for $t < T$. Then $n^{\overline{Q}} \le n^Q$. Therefore (6.3) is larger than (6.4), proving (6.2).

Now, the σ-field $F_{T_2-}^0$ is generated by elements of F_{T-}^0 and $\theta_T F_{T-}^0$. The inequality (6.2) shows that $\overline{Q}_x \le Q_x$ on $F_{T_2-}^0 \cap \{T_2 < \zeta\}$ i.e., $\overline{Q}_x \le Q_x$ on $F_{t+}^0 \cap \{T_2 > t, \zeta > T\}$ for each x. While on the set $\zeta = T$, it holds $\zeta = T_2 = T$, so that $\{T_2 > t, \zeta = T\} = \{\zeta = T > t\}$. Hence $\overline{Q}_x = Q_x$ on $F_{t+} \cap \{T_2 > t, \zeta = T\}$. This proves $\overline{Q}_x \le Q_x$ on $F_{t+}^0 \cap \{T_2 > t\}$. The proof is complete.

<u>Remark</u>. In case where $\hat{E} \neq E$, the terminal time T may not be exact. Let $\hat{T}$ be the exact modification of T defined at the beginning of §2. $\hat{T}$ is represented as (2.1) with sets F and A. Since $\hat{T} \ge T$, the sets of regular points of $\hat{T}$ is included in the sets of regular points of T, i.e., one has $\hat{E} \subset E\text{-}F$. The set $(E\text{-}F) - \hat{E}$ is of Q_x-potential 0. One can show similarly that if $\mu^P n^P << \mu^Q n^Q$ on $(\overline{E\text{-}F})\times(E\text{-}F)$, then $P_x << Q_x$ on $F_{t+}^0 \cap \{T_{\hat{E}^c} > t\}$ for $x \in \hat{E}$.

§7. Examples.

7.1. Additive processes.

Let P_x and Q_x be temporollary homogeneous additive processes. Let $X_t = X_t^c + X_t^d$ be the decomposition of continuous additive process and the discontinuous one. We assume for simplicity that the laws of X_t^c relative to P_x and Q_x are the same. We denote Lévy measures of P_x and Q_x by σ^P and σ^Q respectively. Then

<u>Proposition</u> 7.1. $P_x >> Q_x$ on F_{t+}^0 for all $x \in R^1$ if and only if $\sigma^P >> \sigma^Q$ and the density function $g(x)\sigma^P(dx) = \sigma^Q(dx)$ satisfies

$$\int \frac{|g(x)-1|^2}{1+|g(x)-1|}\,\sigma^P(dx) < \infty. \tag{7.1}$$

Further, $P_x \cong Q_x$ on F_{t+}^0 if and only if $g(x) > 0$ a.s. σ^P.

Proof. A Lévy system of P_x is defined as

$$n^P(x, dy) = \sigma^P(dy-x), \quad \varphi_t^P = t.$$

A Lévy system of Q_x is defined similarly. If $P_x >> Q_x$ on F_{t+}^0 for all x, then there exists a R×R-measurable function $g(x, y)$ such that $n^Q(x, dy) = g(x, y)n^P(x, dy)$. Then $g(x, y)$ must be a function of $x-y$ a.s. n^Q. We shall write $g(x-y) = g(x, y)$. This g satisfies (7.1) in view of (3.1).

Conversely, let g be a function satisfying (7.1). We define a MF α_t by the right hand of (3.2) setting $M_t^c = 0$. Define the process $\hat{Q}_x$ by $\hat{Q}_x = \alpha_t P_x$. Then $\hat{Q}_x$ is an additive process with the Lévy measure $\sigma^P(dx)g(x) = \sigma^Q$ (See Skorohod [16]). Hence $\hat{Q}_x = Q_x$ holds, i.e. $P_x >> Q_x$. The last assertion will be obvious.

It should be noted that $\sigma^P >> \sigma^Q$ does not imply $P_x >> Q_x$ on F^0_{t+}. Actually the mass $\sigma^P(K)$ of the set $K = \{x \; ; \; g(x) = 0\}$ has to be finite if $P_x >> Q_x$. In fact, since

$$\frac{|g(x)-1|^2}{1+|g(x)-1|} \geq \frac{1}{2} 1_K(x).$$

The relation (7.1) implies $\sigma^P(K) < \infty$.

Conversely, if K is a set such that $\sigma^P(K) < \infty$ and $\sigma^Q(dx) = 1_{K^c}(x)\sigma^P(dx)$, then $P_x >> Q_x$ on F^0_{t+}, because

$$\frac{|1_{K^c}-1|^2}{1+|1_{K^c}-1|} = \frac{1}{2} 1_K$$

and the left hand side is integrable relative to σ^P.

<u>Corollary</u>. Let P^W_x be a Wiener process and let P_x be an additive process of the form "Wiener process + discontinuous additive process". Let σ be its Lévy measure. Then $P_x >> P^W_x$ on F^0_{t+}, $\forall t$ if and only if $\sigma(R^1) < \infty$. The Radon-Nikodym density is $\alpha_t = 1_{T>t}$, where T is the first jumping time of the process Q_x ; $T = \inf\{t > 0 : |X_t - X_{t-}| > 0\}$.

7.2. One dimensional diffusion.

Let P_x, $x \in R^1$ be a one dimensional regular diffusion and let

$$(7.2) \qquad \mathcal{G}u(\xi)m(d\xi) = dD_s u(\xi) - u(\xi)k(d\xi),$$

be its generator, where $s(x)$ is the canonical scale and $D_s u(\xi)$ is the derivative relative to $s(x)$. m is the speed measure and k is the killing measure. (Itô-McKean [6]).

<u>Proposition</u> 7.2. $P_x \underset{=}{\sim} P^W_x$ on $F^0_{t+} \cap \{\zeta > t\}$ for all x if and only

if there exists a function $f \in L^2_{loc}(R^1)$ such that $dm = 2e^B d\xi$, $ds = e^{-B} d\xi$, where $B(\xi) = \int^{\xi} f(y)dy$. The Radon-Nikodym density $\alpha_t P^W_x = P_x$ is represented as

$$(7.3) \qquad \alpha_t = \exp\left(\int_0^t f(X_s)dX_s - \frac{1}{2}\int_0^t |f(X_s)|^2 ds\right)\exp-\int_0^t \ell(t, x)k(dx),$$

where $\ell(t, x)$ is the local time at the point x.

Proof. Consider the case where P_x has no killing, i.e. $k \equiv 0$. If $P_x \underset{=}{\sim} P^W_x$ on $F^0_{t+} \cap \{\zeta > t\}$ for all x, α_t is a regular MF. Hence there exists a continuous local martingale AF M^c_t such that $\alpha_t = \exp(M^c_t - \frac{1}{2}\langle M^c\rangle_t)$. It is well known that M^c_t is represented as $M^c_t = \int_0^t f(X_s)dX_s$ with $\int_0^t |f(X_s)|^2 ds < \infty$ a.s. P^W_x. Also, it holds $\int_0^t |f(X_s)|^2 ds < \infty$ a.s. (P^W_x), if and only if $f \in L^2_{loc}(R^1)$ (Orey [15]). Then the generator of P_x is

$$\mathcal{J}u(\xi) = \frac{1}{2}\frac{d^2}{d\xi^2}u(\xi) + f(\xi)\frac{d}{d\xi}.$$

This proves the "only if" part. "If" part is well known.

It is easy to prove the case with killing. We omit the detail.

The process P^W_x is conservative. Hence $P_x >> P^W_x$ on F^0_{t+} ($\forall x$) under the condition of the proposition. But $P_x << P^W_x$ on F_{t+} is not true if P_x is not conservative. It holds $P_x \underset{=}{\sim} P^W_x$ on F^0_{t+} if and only if $k \equiv 0$, $f \in L^2_{loc}(R^1)$ and that P_x is conservative. (Orey [15]).

7.3. Markov chain.

Let P_x and Q_x be Markov chains on a countable set E and let $T_1 = \inf\{t > 0 ; X_t \neq X_0\}$. Set $(q^P_x)^{-1} = E_x[T_1]$ and $\pi^P(x, y) = P_x(X_{T_1} = y)$.

Then

$$n^P(x, dy) = q_x^P \pi^P(x, y)$$

and $\varphi_t^P = t$ is a Lévy system of P_x. Lévy system of Q_x is defined similarly. Then $P_x >> Q_x$ on $F_{t+}^0 \cap \{\zeta > t\}$ if and only if $n^P(x, dy) >> n^Q(x, dy)$. In fact, since n^P and n^Q are finite measures, condition (3.1) is always satisfied.

Nagoya university

REFERENCES

[1] R. M. Blumenthal-R. K. Getoor ; Markov processes and Potential theory, Academic press 1968.

[2] D. A. Dawson ; Equivalence of Markov processes, Trans. Amer. Math. Soc., 131, 1-31 (1968).

[3] C. D. Doléans-Dade ; Quelques applications de la formula de changement de variables les martingales Z, Wahlscheinlichkeitstheorie, 16, 181-194 (1970).

[4] E. B. Dynkin ; Markov processes, (English translation), Springer-Verlag, 1965.

[5] G. A. Hunt ; Markov process and potentials, III, Illinois J. Math. 2, 151-213 (1958).

[6] K. Itô-H. P. McKean ; Diffusion processes and their sample paths, Springer, Berlin, 1965.

[7] K. Itô-S. Watanabe ; Transformation of Markov processes by multiplicative functional, Ann Inst. Fourier 15, 13-30 (1965).

[8] H. Kunita ; Local martingale, in preparation.

[9] H. Kunita-T. Watanabe ; Notes on transformations of Markov processes connected with multiplicative functionals, Mem. Fac. Sci. Kyushu Univ. A17, 181-191 (1963).

[10] H. Kunita-S. Watanabe ; On square integrable martingales, Nagoya J. of Math. 30 (1967), 209-245.

[11] P. A. Meyer ; Fonctionnelles multiplicatives et additives de Markov, Ann. Inst. Fourier 12, 125-230 (1962).

[12] P. A. Meyer ; Probability and potentials, Ginn. (Blaisdall), 1966.

[13] P. A. Meyer ; La perfection en probabilité, Seminaire de Probabilités VI, Lecture Notes in Math., 258 (1972).

[14] J. Neveu ; Martingales à temps discret, Masson & cie, 1972.

[15] S. Orey ; Radon-Nikodym derivatives of probability measures ; martingale methods, Lecture note at Tokyo University of Education 1974.

[16] A. V. Skorokhod ; Studies in the theory of random processes Addison-Wesley, 1965.

[17] T. B. Walsh ; The perfection of multiplicative functionals, Seminarie de Probabilités VI, Lecture Notes in Math., 258 (1972).

[18] T. B. Walsh-M. Weil ; Représentation des temps terminaux et applications aux fonctionnelles additives et aux systémes de Lévy, Ann Sci. Ec. Norm. Sup 5, 121-155 (1972).

[19] S. Watanabe ; On discontinuous additive functionals and Lévy measures of a Markov process, Japanese J. of Math 34m 53-70 (1964).

Université de Strasbourg
Séminaire de Probabilités

Germ-Field Markov Property for Multiparameter Processes

by

V. Mandrekar
Michigan State University
and
EPF-Lausanne

0. <u>Introduction</u>: In recent years, interest has grown in the study of Markov property for multiparameter stochastic processes ([12], [8], [9], [3]) motivated by work on the Markov property for the so-called Lévy Brownian motion ([5], [7], [1], [2]). Unfortunately the general theory is not unified in the sense that various definitions are proposed without showing their equivalence. In view of this situation, it seems natural to show equivalences of these various definitions. In [4], F. Knight showed that in one-dimension various other equivalent definitions of "germ-field" Markov Property are possible if such property is presumed to hold on each set of the class of intervals $\{(0,t);\ t \text{ real}\}$. In section 2 we give an extension of the work in [4]. We show that in Gaussian case all definitions of Markov property coincide with the one presented in [3].

We need the following definition and Lemma throughout the paper.

0.1 <u>Definition</u> ([6], p. 30). Let (Ω,F,P) be a probability space and A,B,G be sub-σ-fields of F. Then A and B are said to be conditionally independent G if $P(A \cap B|G) = P(A|G)P(B|G)$ for all $A \in A$ and $B \in B$.

0.2 <u>Lemma</u> ([4]). Let A and B be sub-σ-fields of F conditionally independent given G.

(a) If $\tilde{G}$ is a sub-σ-field satisfying $G \subseteq \tilde{G} \subseteq G \vee B$ then A and B are conditionally independent given $\tilde{G}$.

(b) $G' \subseteq (G \vee B)$ then A and G' are conditionally independent given G.

1. <u>Markov Property on an open set</u>: Let (Ω,F,P) be a probability space and T be an open subset of R^n. Let $\{X_t,\ t \in T\}$ be a family of real (or complex)-valued random variables on (Ω,F,P). We associate the following σ-algebras with $\{X_t,\ t \in T\}$;

$F(X:A) = \sigma\{X_t,\ t \in A\}$[1)] for all $A \subseteq T$;

[1)] $\sigma\{\ \}$ denotes σ-algebra generated by $\{\ \}$.

$\Sigma_X(A) = F(X:A)$ if A is open subset of T;

$\Sigma_X(A) = \cap \Sigma_X(O)$ if A is a closed subset of A.

Here intersection is over all open subsets $O \subseteq T$ containing A.

1.1 Definition (Markov Property). Let $\{X_t, t \in T\}$ be a stochastic process defined on (Ω, F, P). We say that it has Markov property on a subset A of T if $\Sigma_X(\overline{A})$ and $\Sigma_X(\overline{T \setminus A})$ are conditionally independent given $\Sigma_X(\partial A)$, where ∂A is (topological) boundary of A.

1.2 Theorem: Let $\{X_t, t \in T\}$ be a stochastic process and D is an open subset of T. Then the following are equivalent:

(a) $\{X_t, t \in T\}$ has Markov property on D;

(b) $F(X:\overline{D})$ and $F(X:D^c)$ are conditionally independent given $\Sigma_X(\partial D)$

(c) $F(X:D)$ and $\Sigma_X(D^c)$ are conditionally independent given $\Sigma_X(\partial D)$.

Proof: (a) implies (b) and (c). We observe that (b) is equivalent to

(1.3) $F(X:\overline{D})$ and $F(X:D^c)$ are conditionally independent given $F(X:O)$ for all open sets O containing ∂D.

By Martingale convergence theorem we get (1.3) implies (b). To see the converse implication we use Lemma 0.2(a) with $G = \Sigma_X(\partial D)$, $\tilde{G} = F(X:O \cap \overline{D})$, $B = F(X:\overline{D})$ and $A = F(X:D^c)$ to get $F(X:\overline{D})$ and $F(X:D^c)$ are conditionally independent given $F(X:O \cap \overline{D})$. Now choose $G = F(X: O \cap \overline{D})$, $\tilde{G} = F(X:O)$ and $B = F(X:D^c)$ in Lemma 0.2(a) to get (b). Similar arguments show that (a) is equivalent to

(1.4) $\Sigma_X(\overline{D})$ and $\Sigma_X(D^c)$ are conditionally independent given $F(X:O)$ for all open O containing ∂D

and (c) is equivalent to

(1.5) $F(X:D)$ and $\Sigma_X(D^c)$ are conditionally independent given $F(X:O)$ for all open O containing ∂D.

Now (1.3), by Lemma 0.2(b) with $G = F(X:0)$, $G' = \Sigma_X(\overline{D})$, $B = F(X:\overline{D})$ and $A = F(X:D^c)$, we get $\Sigma_X(\overline{D})$ and $F(X:D^c)$ are conditionally independent given $F(X:0)$ for each 0 containing ∂D. Another use of Lemma 0.2(b) with $G' = \Sigma_X(D^c)$, $B = F(X:D^c)$, $G = F(X:0)$ and $A = \Sigma_X(\overline{D})$ gives (1.4). To show (1.5) implies (1.4) we use $G' = \Sigma_X(\overline{D})$, $B = F(X:D)$, $G = F(X:0)$ and $A = \Sigma_X(D^c)$ in Lemma 0.2(b).

1.6 Remark: Condition (b) was used by Pitt [12] in his definition of Markov property and condition (c) was used by Nelson [9].

2. Markov property on relatively compact open sets: We associate with a stochastic process $\{X_t, t \in T\}$ on (Ω, F, P) the following family of sub-σ-fields of F. Let O_∂ denote the family of all open subsets of T containing the boundary ∂D of an open subset D of T. $G_1(\partial D) = \bigcap_{0 \in O_\partial} F(X:0 \cap D)$, $G_2(\partial D) = \bigcap_{0 \in O_\partial} F(X:0 \cap \overline{D}^c)$, $G_3(\partial D) = \bigcap_{0 \in O_\partial} F(X:0 \cap \overline{D})$, $G_4(\partial D) = \bigcap_{0 \in O_\partial} F(X:0 \cap D^c)$, $G_5(\partial D) = \Sigma_X(\partial D)$. Also we introduce "past" and "future" fields $F_1(D) = F(X:D)$ and $F_i(D) = F(X:\overline{D})$ $(2 \le i \le 5)$, $F^2(D) = F(X:\overline{D}^c)$ and $F^i(D) = F(X:D^c)$ $(i = 1,3,4,5)$.

2.1 Definition: We say that $\{X_t, t \in T\}$ has "germ-field" Markov property (i) (for short, GFMP(i)) if $F_i(D)$ and $F^i(D)$ are conditionally independent givwn $G_i(D)$ $(1 \le i \le 5)$.

We note that GFMP(5) is equivalent to the Markov property over each D.

2.2 Theorem. Let C denote the family of relatively compact open sets. Then the following are equivalent

(i) $\{X_t, t \in T\}$ has GFMP(i) on each $D \in C$ $(i = 1,2,3,4,5)$.

Proof: (1) implies conditional independence $F(X:D)$ and $F(X:D^c)$ given $F(X:0 \cap D)$ for all open sets 0 containing ∂D by Lemma 0.2(a). Since for all open sets 0 containing ∂D, $F(X:0 \cap D) \subseteq F(X:0 \cap \overline{D}) \subseteq F(X:0) \subseteq \sigma(F(X:0 \cap D) \cup F(X:D^c)$, by Lemma 0.2(a) and Martingale convergence theorem we get $F(X{:}D)$ and $F(X{:}D^c)$ are conditionally independent given $G_3(\partial D)$ and $G_5(\partial D)$. Using Lemma 0.2(b) we get that $F(X{:}\bar{D})$ and $F(X{:}D^c)$ are conditionally independent, i.e. (1) ⇒ (3) or (5). Now (3) implies $F(X{:}D)$ and $F(X{:}D^c)$ are conditionally indpeendent given $G_3(0 \cap \bar{D})$ for all open $0 \supseteq \partial D$ and hence by Lemma 0.2(a) and Martingale convergence theorem (5) follows. Similarly, we can prove that (2) ⇒ (4) ⇒ (5). We now prove (5) ⇒ (1). Suppose (5) holds. As in the proof of Theorem (1.2) we observe that $F(X{:}D)$ and $F(X{:}D^c)$ are conditionally independent given $F(X{:}0_\varepsilon)$ for all 0_ε containing ∂D where $0_\varepsilon = \{x{:}\rho(x,\partial D) \leq \varepsilon\}$ for all $D \in C$ $(\varepsilon > 0)$ where ρ denotes the Euclidean distance. Denote by $D_\varepsilon = D \cap (D^c \cup 0_\varepsilon)^c$. Then D_ε lies in C for $\varepsilon \leq \varepsilon_0$ and hence $F(X{:}D_\varepsilon)$ and $F(X{:}D_\varepsilon^c)$ are conditionally independent given $F(X{:}\tilde{0}_\varepsilon)$ where $\tilde{0}_\varepsilon = \{x{:}\rho(x,\partial D_\varepsilon) < \varepsilon\}$. Since $F^5(D) \subseteq F^5(D_\varepsilon)$ this gives $F_5(D_\varepsilon)$ and $F^5(D)$ are conditionally independent given $F_X(\tilde{0}_\varepsilon)$ $\varepsilon > 0$. Hence $F_5(D_\varepsilon)$ and $F^5(D)$ are conditionally independent given $F(X{:}\tilde{0}_\delta)$ $\delta < \varepsilon$ since $F_5(D_\varepsilon) \subseteq F_5(D_\delta)$. But $\bigcap_{\delta<\varepsilon} F(X{:}\tilde{0}_\delta) = G_1(\partial D)$ giving $F_5(D_\varepsilon)$ and $F^5(D)$ conditionally independent given $G_1(\partial D)$. Therefore $\sigma(\bigcup_\varepsilon F_5(D_\varepsilon))$ and $F^5(D)$ are conditionally independent given $G_1(\partial D)$ giving the result.

3. <u>Markov Property for Gaussian Processes</u>: Let $\{X_t, t \in T\}$ be a Gaussian stochastic process[2)] ([10]) defined on a complete probability space. Throughout this section we assume all σ-fields involved contain all sets of measure zero. We denote by $H(X{:}0)$ the linear subspace of $L_2(\Omega,F,P)$ generated by $\{X_t, t \in T\}$ for an open subset 0. For a closed subset C of T, $H(X{:}C) = \cap H(X{:}0)$ where the intersection is over all open subsets 0 containing C. In [3], Markov property for $\{X_t, t \in T\}$ on D was defined by

---

[2)] See [10] for definition of Gaussian subspace also.

(3.1) $$Q_{H(X:\bar{D})}Q_{H(X:D^c)} = Q_{H(X:\partial D)}$$

where Q_M denotes the orthogonal projection on $H(X:T)$ onto its subspace M.

In view of Lemma 5 ([2], p. 69) we get that the condition (4.1) is equivalent to conditional independence of $\sigma\{H(X:\bar{D})\}$ and $\sigma(H(X:D^c))$ given $\sigma(H(X:\partial D))$. However our Markov property on D is equivalent to

(3.2) $\Sigma_X(\bar{D})$ and $\Sigma_X(D^c)$ are conditionally independent given $\Sigma_X(\partial D)$.

In this case, $\Sigma_X(\bar{D}) = \cap\sigma\{H(X:O)\}$ where intersection is over all open subsets containing $\bar{D}$. Similar expressions are possible for $\Sigma_X(D^c)$ and $\Sigma_X(\partial D)$. Thus (3.1) and (3.2) are equivalent if $\Sigma_X(\bar{D}) = \sigma(H(X:\bar{D}))$, $\Sigma_X(D^c) = \sigma(H(X:D^c))$ and $\Sigma_X(\partial D) = \sigma(H(X:\partial D))$. We achieve this through the following Lemma.

3.3 <u>Lemma</u>: Let (Ω,F,P) be a complete probability space.

(a) If H_1,H_2 are two subspaces of a Gaussian subspace H of $L_2(\Omega,F,P)$ then $\sigma(H_1 \cap H_2) = \sigma(H_1) \cap \sigma(H_2)$.

(b) If $\{H_i, i \in I\}$ are Gaussian subspaces of a Gaussian subspace H of $L_2(\Omega,F,P)$ then $\sigma(\bigcap_i H_i) = \bigcap_i \sigma(H_i)$.

<u>Proof</u>: (a) Let $Y \in H$ then $E^{\sigma(H_1)\cap\sigma(H_2)} Y = \lim_{n\to\infty} (p_1p_2)^n Y$ where p_i is the projection onto $L_2(\Omega,\sigma(H_i),P)$ $(i = 1,2)$ by alternating projection theorem ([13], p. 56). But for each i, $p_iY = Q_{H_i}Y$ by ([10], p. 24-25). Hence $E^{\sigma(H_1)\cap\sigma(H_2)} Y = \lim_{n\to\infty} (Q_{H_1}\cdot Q_{H_2})^n Y = Q_{H_1\cap H_2} Y \in H_1 \cap H_2$; by alternating projection theorem.

Now it suffices to prove that for each g bounded $\sigma(H)$-measurable $E^{\sigma(H_1)\cap\sigma(H_2)} g$ is measurable $\sigma(H_1 \cap H_2)$. Since g is bounded $g \in L_2(\Omega,\sigma(H),P)$. In view of Wiener's chaos expansion $g = \lim_{L_2(\Omega,\sigma(H),P)}$ of polynomials in elements of H. It therefore suffices to show that

$E^{\sigma(H_1)\cap\sigma(H_2)} Y_1^{\gamma_1} \dots Y_n^{\gamma_n}$ is $\sigma(H_1 \cap H_2)$ measurable. Let $Y_i = X_i + Z_i$ with $X_i = E^{\sigma(H_1)\cap\sigma(H_2)} Y_i$ and Z_i independent of $\sigma(H_1) \cap \sigma(H_2)$. Then $Y_1^{\gamma_1} \dots Y_n^{\gamma_n} = \prod_{i=1}^{n} (X_i + Z_i)^{\gamma_i}$, i.e. sum of polynomials in $X_1 \dots X_n$ with coefficients in $Z_1 \dots Z_n$. Hence $E^{\sigma(H_1)\cap\sigma(H_2)} Y_1^{\gamma_1} \dots Y_n^{\gamma_n}$ = polynomial in $X_1 \dots X_n$. Thus completing the proof of (a).

(b) In view of (a) we can assume I is directed set. Hence for $Y \in H$, $E^{\cap_i \sigma(H_i)} Y = \lim_i E^{\sigma(H_i)} Y = Q_{H_i} Y = \lim_i Q_{\cap_i H_i} Y \in \cap_i H_i$. Repeating argument as in (a) we get $E^{\cap_i \sigma(H_i)} Y_1^{\gamma_1} \dots Y_n^{\gamma_n}$ is $\cap_i \sigma(H_i)$ measurable.

4.4 Remarks. In [12], equality $G_i(\partial D)$ (Section 2) was assumed for $i = 1,2,5$ for validity of Markov property. In stationary case this condition is always satisfied by simple adaptation of the proof in [11]. In most of the standard examples ([3]) it can be shown that this condition is satisfied. In fact equality of these three fields in necessary and sufficient for $G_5(\partial D)$ being a minimal splitting field in the sense of [12] for $F(X:D)$ and $F(X:\overline{D^c})$. In a subsequent paper we shall present a class of (not necessarily) stationary processes for which this happens.

Acknowledgements: I thank Professor S.D. Chatterji and Monseur Carnal of EPF-Lausanne for discussions during the preparation of this work.

BIBLIOGRAPHY

[1] P. Assouad, Étude d'un espace reproduisant attaché au mouvement brownian à paramètre temporel dans R^n, C.R. Acad. Sc., Paris, 269 (1969), 36-37.

[2] P. Cartier, Introduction à l'étude des mouvements Browniens à plusieurs paramètres, Seminaire de Probabilités V., Springer-Verlag, (#191), (1971), 58-75.

[3] G. Kallianpur and V. Mandrekar, The Markov property for generalized Gaussian random fields, Ann. Inst. Fourier, Grenoble 24 (1974), 143-167.

[4] F. Knight, A remark on Markovian germ fields, Z. Wahrscheinlichkeitstheorie 15 (1970), 291-296.

[5] H.P. McKean, Jr., Brownian motion with a several dimensional time, Theory Prob. Applications, 8 (1963), 335-354.

[6] P.A. Meyer, Probability and Potentials. Blaisdell, 1966.

[7] G.M. Molchan, On some problems concerning Brownian motion in Lévy's sense, Theory Prob. Applications, 12 (1967), 682-690.

[8] G.M. Molchan, Characterization of Gaussian fields with Markovian property, Dokl. Akad. Nauk. SSSR, 197 (1971). Translation Soviet Math. Dokl, 12 (1971), 563-567.

[9] E. Nelson, Construction of quantum fields form Markoff fields, J. Functional Analysis 12 (1973), 97-112.

[10] J. Neveu, Processus aléatoires gaussiens. Univ. of Montréal Press, 1968.

[11] Y. Okabe, Stationary Gaussian processes with Markov property and M. Sato's hyperfunctions, Japanese J. of Math. 41 (1973), 69-122.

[12] L. Pitt, A Markov property for Gaussian processes with multidimensional time, J. Rational Mech. and Anal. 43 (1971), 367-391.

[13] J. Von Neumann, Functional Operators, Vol. 2. Princeton University Press, 1950.

Université de Strasbourg
Séminaire de Probabilités 1974/75

LA THEORIE DE LA PREDICTION DE F.KNIGHT

par P.A. Meyer

Cet exposé analyse un mémoire de Knight, " a predictive view of continuous time processes", à paraître aux Annals of Probability,* qui est extrêmement riche en idées nouvelles, et me semble être l'un des plus importants de ces dernières années.

Je remercie vivement Frank Knight pour son exposé au séminaire de Strasbourg, et les nombreuses conversations dont le présent travail est l'aboutissement.[1]

I. LE POINT DE VUE DE KNIGHT SUR LES PROCESSUS

Soit E un espace métrique séparable, muni de sa tribu borélienne $\underline{\underline{E}}$, et soit $(\xi_t)_{t\geqq 0}$ un processus mesurable à valeurs dans E, défini sur un espace probabilisé $(W,\underline{\underline{G}},P)$. Le point de départ de Knight est la remarque (qui est aussi à l'origine du point de vue des 'distributions aléatoires') que si le processus a des trajectoires peu régulières, l'inertie des appareils de mesure ne permet pas d' observer les valeurs instantanées $\xi_t(w)$, mais seulement des moyennes de la forme

(1) $$I_a^b(f,w) = \int_a^b f(\xi_s(w))ds$$

où f est borélienne bornée sur E. Ce point de vue amène à identifier deux trajectoires égales p.p. au sens de Lebesgue, et à filtrer W par la famille de tribus $G_t=\underline{\underline{T}}\ (\ I_a^b(f)\ ,\ a<b\leqq t\ )$. Il a été développé par plusieurs auteurs, par exemple Ito [1],[2], Dellacherie-Meyer [1], mais toujours avec l'intention de choisir de bonnes versions du processus. Knight, lui, prend une direction entièrement différente : il développe la théorie de la prédiction du processus par rapport aux tribus $\underline{\underline{G}}_t$. C'est cela qu'on va exposer.

---

1. La rédaction précédente a été considérablement améliorée à la suite de discussions avec Marc Yor, à qui vont aussi tous mes remerciements.
*. Vol 3, 1975, p.573-596.

Puisque le processus (ξ_t) est seulement supposé mesurable, ses trajectoires peuvent être très irrégulières. Décidons donc que le topologie de E ne nous intéresse pas, que seul l'espace mesurable $(E,\underline{\underline{E}})$ nous importe. Or c'est un espace mesurable séparable et séparé, il est bien connu qu'on peut l'identifier à une partie (non nécessairement borélienne) de l'intervalle $[0,1]$, munie de la tribu induite par $\underline{\underline{B}}([0,1])$. Grâce à cette identification, nous pouvons considérer (ξ_t) comme un processus mesurable <u>à valeurs dans</u> $[0,1]$.

Si la topologie nous intéressait, nous plongerions E comme sous-espace topologique de $[0,1]^{\mathbb{N}}$ - c'est ce que fait Knight, mais nous laisserons cela de côté.

Désignons maintenant par Ω l'ensemble de toutes les applications ω de $\mathbb{R}_+$ dans $\mathbb{R}$ telles que $\omega(0)=0$, croissantes, et lipschitziennes de rapport 1 $(|\omega(t)-\omega(s)|\leq|t-s|)$. Posons $L_t(\omega)=\omega(t)$, $\underline{\underline{F}}^o = \underline{\underline{T}}(L_s\ ,\ s\in\mathbb{R}_+)$, $\underline{\underline{F}}^o_t = \underline{\underline{T}}(L_s,\ s\leq t\ )$. Il est bien donnu qu'une application lipschitzienne est dérivable p.p., et l'intégrale de sa dérivée. Posons donc $\delta_0(\omega)=0$, $\delta_t(\omega) = \lim\sup_n n(\omega(t)-\omega(t-\frac{1}{n}))$. Le processus (δ_t) est mesurable sur Ω, à valeurs dans $[0,1]$, et l'on a $L_t(\omega) = \int_0^t \delta_s(\omega)ds$. Considérons l'application suivante de W dans Ω

$$\varphi(w) = \left(t \longmapsto \int_0^t \xi_s(w)ds \right) \in \Omega$$

Elle est mesurable de $\underline{\underline{G}}$ dans $\underline{\underline{F}}^o$, de $\underline{\underline{G}}_t$ dans $\underline{\underline{F}}^o_t$. Nous dirons que $\varphi(w)$ est la <u>pseudo-trajectoire</u> de w . Il faut noter cependant que φ dépend du plongement de E dans $[0,1]$ (une définition intrinsèque des pseudo-trajectoires est donnée dans Dellacherie-Meyer [1], mais cela n'apporterait rien au présent travail). On a $\varphi(w)=\varphi(w')$ si et seulement si $\xi_.(w)= \xi_.(w')$ p.p., et la connaissance de $\varphi(w)$ entraîne celle de $I_a^b(f,w)$ pour toute f borélienne bornée sur E. En effet, soit g borélienne bornée sur $[0,1]$ prolongeant f, on a

$$I_a^b(f,w) = \int_a^b g\circ\delta_s(\varphi(w))ds \quad .$$

Il en résulte aisément que $\underline{\underline{G}}_t=\varphi^{-1}(\underline{\underline{F}}^o_t)$. La méthode de Knight consiste à transporter P sur Ω au moyen de l'application φ , à utiliser les excellentes propriétés de $(\Omega,\underline{\underline{F}}^{\circ})$ pour faire une théorie de la prédiction sur Ω, et à revenir ensuite sur W. En revanche, cet exposé-ci va oublier le problème initial, omettre presque entièrement le retour sur W , et développer la théorie de Knight en utilisant aussi peu que possible les propriétés spéciales de l'espace Ω, de manière à pouvoir l'étendre à d'autres espaces "canoniques". Nous ne chercherons cependant pas le maximum de généralité.

PROPRIETES DE L'ESPACE Ω

Tout d'abord, Ω muni de la topologie de la convergence uniforme sur les compacts de $\mathbb{R}_+$ est un espace compact métrisable, dont $\underline{\underline{F}}^{\circ}$ est la tribu borélienne. Nous désignerons par M_1 l'ensemble des lois de probabilité sur Ω, par M l'ensemble $M_1\cup\{0\}$ - la mesure 0 jouant ici le rôle du point ∂ en théorie des processus de Markov - que nous munirons de la topologie de la convergence étroite sur Ω, pour laquelle il est compact, 0 étant isolé. La tribu borélienne de M sera notée $\mathfrak{M}$.

Pour tout $\omega\in\Omega$, nous définirons $\theta_t\omega\in\Omega$ par la formule

$$(2) \qquad L_s(\theta_t\omega) = L_{s+t}(\omega) - L_t(\omega)$$

Le lecteur familier avec les opérateurs θ_t de la théorie des processus de Markov pourra trouver cela inhabituel, mais il faut qu'il se rappelle que les "vraies" trajectoires sont les dérivées des fonctions ω , et que les θ_t opèrent vraiment par "translation" sur les dérivées. On a $\theta_0=I$, $\theta_s\theta_t=\theta_{s+t}$, et l'application $(t,\omega)\mapsto\theta_t\omega$ est mesurable de $\underline{\underline{B}}(\mathbb{R}_+)\times\underline{\underline{F}}^{\circ}$ dans $\underline{\underline{F}}^{\circ}$ - elle est même continue, mais ceci ne sera pas utilisé.

A côté des opérateurs de translation, il nous sera très commode d'utiliser les opérateurs de raccordement ainsi définis. Etant donnés $\omega,\omega'\in\Omega$, $t\in\mathbb{R}_+$, nous construisons $\omega/t/\omega'$ par la formule

$$(3) \qquad \begin{aligned} L_s(\omega/t/\omega') &= L_s(\omega) \text{ pour } s\leq t \\ &= L_t(\omega) + L_{s-t}(\omega') \text{ pour } s\geq t \end{aligned}$$

L'application $(\omega,t,\omega')\mapsto\omega/t/\omega'$ est continue, mais nous ne nous servirons que de sa mesurabilité. Noter que $\theta_t(\omega/t/\omega')=\omega'$.

Nous poserons $\underline{\underline{F}}^o_{0-} = \underline{\underline{F}}^o_0$. En raison de la continuité du processus (L_t), nous aurons donc $\underline{\underline{F}}^o_{t-}=\underline{\underline{F}}^o_t$ pour tout t, mais cette propriété ne sera pas utilisée non plus. Nous désignerons par $\underline{\underline{P}}$ (tribu prévisible) la tribu sur $\mathbb{R}_+\times\Omega$ engendrée par les processus adaptés à la famille $(\underline{\underline{F}}^o_{t-})$ et continus à gauche sur $]0,\infty[$, par $\underline{\underline{O}}$ (tribu optionnelle ou bien-mesurable) la tribu engendrée par les processus adaptés à $(\underline{\underline{F}}^o_{t+})$ et à trajectoires càdlàg. (continues à droite et limitues à gauche).

Nous allons raisonner sur Ω, mais en préparant le plus possible la généralisation à d'autres espaces, qui sera examinée dans un court paragraphe IV. Les considérations spéciales à l'espace des fonctions lipschitziennes seront placées entre astéristques $*...{}_*$.

II. THEORIE DE LA PREDICTION SUR L'ESPACE CANONIQUE Ω

Lorsqu'il a écrit son article, Knight ne connaissait pas le travail de Schwartz sur les désintégrations régulières, qu'il a en partie redécouvert. Ce travail fournit pourtant la voie d'approche la plus rapide et la plus compréhensible. J'aimerais renvoyer le lecteur à Schwartz [1], ou à l'exposé sur les résultats de Schwartz contenu dans le volume VII du séminaire, mais malheureusement (ou heureusement) c'est impossible. En effet, la théorie de Schwartz concerne un espace <u>probabilisé</u> filtré, alors que celle de Knight concerne un espace <u>mesurable</u> filtré, et construit un système de prédicteurs qui marche pour toutes les lois μ simultanément. Cela me semble une différence essentielle entre les deux points de vue.

Dans ce paragraphe, les opérateurs θ_t et ./././. ne sont pas utilisés. Bien que nous parlions de $\Omega,\underline{\underline{F}}^o$, $\underline{\underline{F}}^o_t$ avec leurs sens antérieurs, la généralisation est immédiate : $(\Omega,\underline{\underline{F}}^o)$ peut être un espace compact métrisable quelconque muni de sa tribu borélienne, et d'une filtration $(\underline{\underline{F}}^o_t)$ par des sous-tribus <u>séparables</u> de $\underline{\underline{F}}^o$.

μ désignant un élément de M, nous noterons au moyen de E_μ, P_μ des espérances ou probabilités , absolues ou conditionnelles, relatives à μ. En toute rigueur, P_μ est inutile : c'est μ tout simplement ! Mais la notation est plus parlante.

Première étape.

Le point de départ est le lemme suivant, dans lequel t est fixe.

LEMME 1. Pour toute mesure $\mu \in M$, il existe un noyau $\tilde{K}_t^\mu$ de $(\Omega, \underline{\underline{F}}_t^o)$ dans $(\Omega, \underline{\underline{F}}^o)$ possédant les propriétés suivantes

1) Pour tout $\omega \in \Omega$, la masse totale de $\tilde{K}_t^\mu(\omega)$ est 1 ou 0 (i.e., $\tilde{K}_t^\mu(\omega,.) \in M$), et si $\mu=0$, $\tilde{K}_t^\mu(\omega,.)=0$ pour tout ω.

2) Pour toute v.a. Y sur Ω, $\underline{\underline{F}}^o$-mesurable et bornée, $E_\mu[Y|\underline{\underline{F}}_t^o])=\tilde{K}_t^\mu(.,Y)$ μ-p.s..

3) L'application $(\mu,\omega) \mapsto \tilde{K}_t^\mu(\omega,.)$ de $(M\times\Omega, \mathfrak{M}\times\underline{\underline{F}}_t^o)$ dans $(M,\mathfrak{M})$ est mesurable.

(Esquisse de la démonstration : $\underline{\underline{F}}_t^o$ est séparable, donc engendrée par la réunion d'une suite croissante de tribus finies $\underline{\underline{H}}_n$. Pour toute loi μ, on construit de manière explicite le noyau d'espérance conditionnelle E_n^μ donnant $E_\mu[.|\underline{\underline{H}}_n]$, au moyen de la partition engendrant $\underline{\underline{H}}_n$, et en convenant que 0/0=0. Alors E_n^μ dépend mesurablement de μ, et les mesures $E_n^\mu(\omega,.)$ ont masse 1 ou 0. Puis on pose $\tilde{K}_t^\mu(\omega,.) = \lim_n E_n^\mu(\omega,.)$ si cette limite existe dans la topologie étroite, 0 si elle n'existe pas. Elle existe en fait μ-p.s. d'après le théorème de convergence des martingales).

Knight ne construit pas tout de suite des noyaux donnant $E_\mu[Y|\underline{\underline{F}}_t^o]$, mais plutôt des noyaux donnant $E_\mu[Y\circ\theta_t|\underline{\underline{F}}_t^o]$. Nous verrons qu'on passe aisément des uns aux autres.

Seconde étape : régularisation.

a) Pour t rationnel, on choisit arbitrairement $\tilde{K}_t^\mu$ comme dans le lemme 1. On le modifie - sans changer de notation - de la manière suivante : si pour un rationnel s<t, $\tilde{K}_s^\mu(\omega,.)=0$, alors on remplace $\tilde{K}_t^\mu(\omega,.)$ par 0.

b) Soit $\xi^\mu(\omega)$ la borne supérieure de l'intervalle $I^\mu(\omega)$[1] formé des t tels que : pour tout rationnel s<t, toute fonction $Y \in \underline{C}(\Omega)$, la fonction $\tilde{K}_.^\mu(\omega,Y)$ sur les rationnels ait une limite à droite en tout

1. $I^\mu(\omega) = [0,\xi^\mu(\omega)]$ ou $[0,\xi^\mu(\omega)[$.

point de $[0,s[$, une limite à gauche en tout point de $]0,s]$.

On a $t\notin I^\mu(\omega)$ si et seulement s'il existe un rationnel $s<t$ et deux rationnels $a<b$ tels que le nombre de montées de $\tilde{K}^\mu_\cdot(\omega,Y)$ par dessus $[a,b]$, sur les rationnels de $[0,s]$, soit égal à $+\infty$. Il en résulte que ξ^μ est un temps d'arrêt de la famille $(\underline{\underline{F}}^o_{t+})$, et que $(\mu,\omega)\mapsto \xi^\mu(\omega)$ est mesurable. D'autre part, la théorie des martingales entraîne que $\mu\{\xi^\mu<\infty\} = 0$ pour toute loi μ, Modifions alors $\tilde{K}^\mu_t(\omega,.)$ - sans changer de notations - en lui donnant la valeur 0 si $t\notin I^\mu(\omega)$. Le noyau ainsi modifié continue à satisfaire au lemme 1 pour t rationnel, et de plus la limite à droite le long des rationnels existe <u>partout</u>, la limite à gauche le long des rationnels existe <u>partout</u>, <u>sauf peut être au point</u> $\xi^\mu(\omega)$.

Nous convenons maintenant de poser, pour tout t

(4) - $K^\mu_t(\omega,.) = \tilde{K}^\mu_{t+}(\omega,.)$, limite à droite le long des rationnels.

- $K^\mu_{0-}(\omega,.)= \tilde{K}^\mu_0(\omega,.)$ et, pour $t>0$

- $K^\mu_{t-}(\omega,.)= \tilde{K}^\mu_{t-}(\omega,.)$ limite à gauche le long des rationnels si celle ci existe,

$=0$ si la limite n'existe pas.

Nous résumerons les propriétés de K^μ_t dans l'énoncé suivant :

LEMME 2. a) <u>Pour</u> $Y\in\underline{C}(\Omega)$, <u>le processus</u> $(K^\mu_t(.,Y))$ <u>est une version continue à droite de la martingale</u> $(E_\mu[Y|\underline{\underline{F}}^o_{t+}])$.

b) <u>Posons</u> $\zeta^\mu(\omega)=\inf\{t : K^\mu_t(\omega)=0\}$. <u>Alors</u> $K^\mu_t(\omega)=0$ <u>pour</u> $t\geq\zeta^\mu$, $K^\mu_t\in M_1$ <u>pour</u> $t<\zeta^\mu$, <u>et l'on a</u> $\mu\{\zeta^\mu<\infty\} = 0$.

c) <u>Pour</u> $Y\in\underline{C}(\Omega)$, <u>la fonction</u> $K^\mu_\cdot(\omega,Y)$ <u>admet une limite à gauche en tout point de l'intervalle</u> $]0,\zeta^\mu(\omega)[$.

d) <u>La fonction</u> $(\mu,t,\omega)\mapsto K^\mu_t(\omega,.)$ <u>est mesurable de</u> $\mathfrak{M}\times\underline{\underline{B}}(\mathbb{R}_+)\times\underline{\underline{F}}^o$ <u>dans</u> $(M,\mathfrak{M})$.

Il est facile de voir sur la construction que $(\mu,\omega)\mapsto K^\mu_{t-}(\omega)$ est $\mathfrak{M}\times\underline{\underline{F}}^o_{t-}$-mesurable, mais on peut seulement affirmer que $(\mu,\omega)\mapsto K^\mu_t(\omega)$ est $\mathfrak{M}\times\underline{\underline{F}}^o_{t+\varepsilon}$-mesurable pour tout $\varepsilon>0$, <u>ce qui n'est pas la même chose</u> qu'être $\mathfrak{M}\times\underline{\underline{F}}^o_{t+}$-mesurable. La rédaction précédente énonçait, à cet égard, un résultat faux. De même, il est facile de démontrer, soit directement, soit au moyen du théorème de Blackwell (la tribu $\underline{\underline{P}}$ étant une sous-tribu séparable de la tribu de Blackwell $\underline{\underline{B}}(\mathbb{R}_+)\times\underline{\underline{F}}^\circ$) que l'application $(\mu,(t,\omega))\mapsto K^\mu_{t-}(\omega,.)$ est $\mathbb{M}\times\underline{\underline{P}}$-mesurable, mais on n'a pas le même résultat pour $(\mu,(t,\omega))\mapsto K^\mu_t(\omega,.)$ relativement à $\mathbb{M}\times\underline{\underline{O}}$, car $\underline{\underline{O}}$ n'est pas une tribu séparable. Cela crée des difficultés techniques considérables par moment[1].

La topologie de Ω a entièrement disparu de l'énoncé suivant :

THEOREME 1. <u>Pour tout processus mesurable borné</u> $X=(X_t)$, <u>pour toute loi</u> μ, <u>le processus</u>

(5) $K^\mu.X \quad : \quad (t,\omega)\mapsto \int K^\mu_t(\omega,dw)X_t(w)$

<u>est une projection optionnelle de</u> X <u>pour</u> μ, <u>et le processus</u>

(6) $K^\mu_-.X \quad : \quad (t,\omega)\mapsto \int K^\mu_{t-}(\omega,dw)X_t(w)$

<u>une projection prévisible de</u> X <u>pour la loi</u> μ.

DEMONSTRATION. C'est un argument simple de classes monotones, à partir du cas où $X_t(\omega)=a(t)Y(\omega)$ avec $Y\in\underline{\underline{C}}(\Omega)$. Comme l'application $(t,\omega)\mapsto a(t)$ est $\underline{\underline{P}}$-mesurable, on se trouve ramené au fait que $K^\mu_\cdot(\cdot,Y)$ est une version continue à droite de la martingale $E_\mu[Y|\underline{\underline{F}}^\circ_t]$, et $K^\mu_{\cdot-}(.,Y)$ le processus des limites à gauche correspondant.

PROPRIETES DES NOYAUX K^μ_t

Nous pouvons améliorer le théorème 1 de la façon suivante - le lecteur énoncera le résultat analogue pour la tribu prévisible.

LEMME 3. <u>Soit</u> $X(t,\omega,t',\omega')$ <u>une fonction bornée mesurable par rapport à</u> $\underline{\underline{O}}\times\underline{\underline{B}}(\mathbb{R}_+)\times\underline{\underline{F}}^\circ$. <u>Alors une projection optionnelle</u> (<u>pour la loi</u> μ) <u>du processus</u> $X(t,\omega,t,\omega)$ <u>est donnée par</u>

(7) $(t,\omega)\mapsto \int K_t(\omega,dw)X(t,\omega,t,w)$.

DEMONSTRATION. On raisonne par classes monotones à partir du cas où $X(t,\omega,t',\omega')= a(t,\omega)b(t',\omega')$, $\underline{a}$ optionnel, $\underline{b}$ mesurable.

Dans l'énoncé qui suit, nous nous refusons à tenir compte du fait que $\underline{\underline{F}}^\circ_t=\underline{\underline{F}}^\circ_{t-}$ dans le cas particulier où Ω est l'espace des fonctions lipschitziennes : le résultat (dû à Schwartz) est bien plus général.

LEMME 4. <u>Pour</u> μ-<u>presque tout</u> ω, <u>pour tout</u> t, $K^\mu_t(\omega)$ <u>est portée par l'atome de</u> $\underline{\underline{F}}^\circ_{t-}$ <u>qui contient</u> ω.

1. Voir dans ce volume l'article de Yor

DEMONSTRATION. Les tribus $\underline{\underline{F}}_t^o$ étant séparables, il est bien connu que $\underline{\underline{P}}$ est séparable, de sorte qu'il existe une application $j(s,\omega)$ de $\mathbb{R}_+\times\Omega$ dans $[0,1]$ engendrant la tribu $\underline{\underline{P}}$. Ainsi $j(s,\omega)=j(s',\omega')$ si et seulement si (s,ω) et (s',ω') appartiennent au même atome de $\underline{\underline{P}}$, i.e. si $s=s'$ et ω et ω' appartiennent au même atome de $\underline{\underline{F}}_{s-}$. Si f est une fonction borélienne bornée sur $[0,1]\times[0,1]$, la fonction $X(t,\omega,t',\omega')= f(j(t,\omega),j(t',\omega'))$ satisfait aux hypothèses du lemme 3, comme on le voit aussitôt en partant du cas où $f(x,y)=a(x)b(y)$. Prenons alors $f(x,y) = I_{\{x\neq y\}}$: le processus $X(t,\omega,t,\omega)$ est identiquement nul, donc sa projection optionnelle est μ-indistinguable de 0. Ainsi le processus J^μ défini par

$$J^\mu(t,\omega) = \int K_t^\mu(\omega,dw)I_{\{j(t,\omega)\neq j(t,w)\}}$$

est μ-évanescent, et cela signifie exactement ce que l'on cherche.

Remarque. Le lemme 4 s'applique aussi aux K_{t-}^μ .

*Dans le cas qui nous intéresse, l'atome de $\underline{\underline{F}}_{t-}^o$ contenant ω est l'ensemble des w coïncidant avec ω sur $[0,t]_*$.

Le résultat suivant est également dû à Schwartz.

LEMME 5. Pour tout t, pour tout $s\leq t$, on a pour μ-presque tout ω

$$(8)\qquad K_t^\mu(\omega) = K_t^{K_s^\mu(\omega)}(\omega)$$

Plus généralement, on peut remplacer s par un temps d'arrêt de la famille $(\underline{\underline{F}}_{u+}^o)$ majoré par t .

DEMONSTRATION. Nous laissons au lecteur l'extension aux temps d'arrêt. Le membre de gauche est une fonction $\underline{\underline{F}}_{t+}^o$-mesurable. Du côté droit, on sait que $(\lambda,\omega)\longmapsto K_t^\lambda(\omega)$ est mesurable de $\mathfrak{M}\times\underline{\underline{F}}_{t+\varepsilon}^o$ dans $\mathfrak{M}$ pour tout $\varepsilon>0$, tandis que $\omega\mapsto K_s^\mu(\omega)$ est mesurable de $\underline{\underline{F}}_{t+\varepsilon}^o$ dans $\mathfrak{M}$ du fait que s est majoré par t. Par composition, on voit que $\omega\mapsto K_t^{K_s^\mu(\omega)}(\omega)$ est $\underline{\underline{F}}_{t+\varepsilon}^o$-mesurable pour tout $\varepsilon>0$, donc $\underline{\underline{F}}_{t+}^o$-mesurable. Ce point étant vérifié, il nous suffit de montrer que, pour toute Y bornée $\underline{\underline{F}}^o$-mesurable, toute U bornée $\underline{\underline{F}}_{t+}^o$-mesurable, on a

$$(9)\qquad E_\mu[U(\omega)K_t^\mu(\omega,Y)] = E_\mu[U(\omega)K_t^{K_s^\mu(\omega)}(\omega,Y)]$$

Le côté gauche vaut

$$E_\mu[U.E_\mu[Y|\underline{\underline{F}}_{t+}^o]]=E_\mu[UY] = E_\mu[E_\mu[UY|\underline{\underline{F}}_{s+}^o]]=E_\mu[K_s^\mu(.,UY)] =$$

$$= E_\mu[E_{K_s^\mu(\omega)}[UY]] = E_\mu[E_{K_s^\mu(\omega)}[E_{K_s^\mu(\omega)}[UY|\underline{\underline{F}}^o_{t+}]]$$

$$= E_\mu[E_{K_s^\mu(\omega)}[UK_t^{K_s^\mu(\omega)}(.,Y)]$$

Le côté droit : Posons $U(\omega)K_t^\lambda(\omega,Y) = f(\lambda,\omega)$, fonction $\mathfrak{M}\times\underline{\underline{F}}^o$-mesurable. Posons $K_s^\mu(\omega,.) = k(\omega)$, fonction $\underline{\underline{F}}^o_{s+}$-mesurable à valeurs dans M. Alors le côté droit de (9) s'écrit

$$E_\mu[f(k(\omega),\omega))] = E_\mu[E_\mu[f(k(\omega),\omega))|\underline{\underline{F}}^o_{s+}]$$

$$= E_\mu[\int K_s^\mu(\omega,dw)f(k(\omega),w)]$$

(argument de classes monotones à partir du cas où $f(\lambda,\ )=a(\lambda)b(\ )$, si l'on veut)

$$= E_\mu[E_{K_s^\mu(\omega)}[UK_t^{K_s^\mu(\omega)}(.,Y)]$$

qui est la même que l'expression obtenue pour le côté gauche. L'égalité (9) est bien vérifiée.

Traduisons ce lemme suivant les idées de Knight : le processus de prédiction (K_t^μ) à valeurs dans M est un processus de Markov non homogène .

PROPOSITION 1. <u>Posons pour</u> $s<t$, $\lambda\in M$, $A\in\mathfrak{M}$

(10) $$Q_{s,t}(\lambda,A) = \lambda\{\ \omega : K_t^\lambda(\omega)\in A\ \}^{(1)}$$

<u>Alors nous avons pour toute mesure</u> $\mu\in M_1$

(11) $$P_\mu\{\ \omega : K_t^\mu(\omega)\in A\ |\ \underline{\underline{F}}^o_{s+}\} = Q_{s,t}(K_s^\mu,A)\quad \mu\text{-}\underline{\text{p.s}}.$$

DEMONSTRATION. Soit $f(\lambda,\omega)$ l'indicatrice de l'ensemble $\{(\lambda,\omega) : K_t^\lambda(\omega)\in A\ \}$; elle est $\mathfrak{M}\times\underline{\underline{F}}^o$-mesurable. Soit aussi $k(\omega)=K_s^\mu(\omega)$, qui est $\underline{\underline{F}}^o_{s+}$-mesurable. Du côté gauche de (11), nous avons d'après le lemme 5 $P_\mu\{\ \omega : K_t^{K_s^\mu(\omega)}(\omega)\in A|\underline{\underline{F}}^o_{s+}\ \} = E_\mu[f(k(\omega),\omega))|\underline{\underline{F}}^o_{s+}]$. D'après la démonstration du lemme 5, cela s'écrit $\int K_s^\mu(\omega,dw)f(k(\omega),w))$, et c'est le côté droit de (11). Cette démonstration était fausse dans la première rédaction, et a été corrigée par B. Maisonneuve.

Nous allons maintenant nous occuper de perfectionner le lemme 4. Pour cela, nous allons introduire un langage abrégé. Nous dirons

---

1. Il n'y a pas d'erreur : s figure à gauche, mais non à droite.

qu'une loi λ est t_--dégénérée (resp. t_+-dégénérée) si la tribu $\underline{\underline{F}}^o_{t-}$ (resp. $\underline{\underline{F}}^o_{t+}$) est dégénérée pour la loi λ . Comme $\underline{\underline{F}}^o_{t-}$ est séparable, dire que λ est t_--dégénérée revient à dire que λ est portée par un atome de $\underline{\underline{F}}^o_{t-}$, et nous pouvons donc dire, de manière plus précise, que λ est t_--dégénérée en $\omega\in\Omega$ si λ est portée par l'atome de $\underline{\underline{F}}^o_{t-}$ qui contient ω. Ainsi, le lemme 4 s'énonce ainsi

Pour toute loi μ, pour μ-presque tout ω, pour tout $t\in\mathbb{R}_+$, la mesure $K^\mu_t(\omega,.)$ est t_--dégénérée en ω .

La méthode de Knight va nous donner le résultat suivant :

PROPOSITION 2. Pour toute loi μ, pour μ-presque tout $\omega\in\Omega$, on a la propriété suivante

pour tout $t\in\mathbb{R}_+$, $K^\mu_t(\omega)$ est t_+-dégénérée .

(Mais comme $\underline{\underline{F}}^o_{t+}$ n'est pas séparable en général, cela ne signifie pas que $K^\mu_t(\omega)$ est portée par l'atome de $\underline{\underline{F}}^o_{t+}$ contenant ω, i.e. par l'ensemble des ω' coïncidant avec ω sur un voisinage de $[0,t]$).

DEMONSTRATION. Nous commençons par un résultat auxiliaire : l'ensemble des (λ,t) tels que λ soit t_+-dégénérée est borélien.

En effet, à quoi reconnaît on que λ est t_+-dégénérée ? Au fait que l'opérateur d'espérance conditionnelle $E_\lambda[.|\underline{\underline{F}}^o_{t+}]$ est égal à l'opérateur d'espérance E_λ, ou encore au fait que $\lambda\{\omega : K^\lambda_t(\omega)\neq\lambda\}=0$. Or la fonction $(\lambda,\mu,\nu,t)\mapsto \lambda\{\omega : K^\mu_t(\omega)\neq\nu\}$ est borélienne (argument de classes monotones à partir de la fonction $E_\lambda[a(K^\mu_t(\omega))b(\nu)]$). Il en résulte que $(\lambda,t)\mapsto\lambda\{K^\lambda_t\neq\lambda\}$ est borélienne.

L'ensemble des (s,ω) tels que $K^\mu_s(\omega)$ ne soit pas s_+-dégénérée est alors l'image réciproque d'un borélien par la fonction optionnelle $(s,\omega)\mapsto(K^\mu_s(\omega),s)$; il est donc optionnel, et pour montrer qu'il est μ-évanescent, il suffit de montrer que pour tout temps d'arrêt S on a pour μ-presque tout ω

$$K^\mu_{S(\omega)}(\omega)\{\, w : K^{K^\mu_{S(\omega)}(\omega)}_{S(\omega)}(w)\neq K^\mu_{S(\omega)}(\omega)\} = 0$$

(pour mieux comprendre, d'abord, le lecteur pourra traiter le cas où S est constant !). Cela revient à montrer que

(12) $\int K^\mu_S(\omega,dw)f(k(\omega),w) = 0$

où f est la fonction sur $(M\times\mathbb{R}_+)\times\Omega$ indicatrice de $\{((\lambda,s,w) : K_s^{\lambda}(w)\neq\lambda\}$, qui est $(\mathfrak{M}\times\underline{\underline{B}}(\mathbb{R}_+))\times\underline{\underline{F}}^{o}$-mesurable, tandis que $k(\omega)$ est la fonction de Ω dans $M\times\mathbb{R}_+$ $\omega\longmapsto(K^{\mu}_{S(\omega)}(\omega),S(\omega))$, qui est $\underline{\underline{F}}^{o}_{S+}$-mesurable.

Un argument de classes monotones à partir du cas où $f(\lambda,s,\omega)= a(\lambda)b(s)c(\omega)$ montre que (12) s'interprète comme

$$E_{\mu}[f(k(\omega),\omega)|\underline{\underline{F}}^{o}_{S+}]$$

Il nous suffit donc de montrer que $f(k(\omega),\omega)=0$ μ-p.s. Or appliquons le lemme 5 à t rationnel et au temps d'arrêt $S\wedge t$. Il vient que pour tout t rationnel on a

$$K^{\mu}_t(\omega) = K_t^{K^{\mu}_S(\omega)}(\omega) \quad \text{sur } \{t>S\} \qquad (\ \mu\text{-p.s.}).$$

Par continuité à droite, on a μ-p.s. cela pour tout t réel $\geqq S(\omega)$. En particulier, pour $t=S(\omega)$, on a μ-p.s.

$$K^{\mu}_{S(\omega)}(\omega) = K_{S(\omega)}^{K^{\mu}_S(\omega)}(\omega) \quad \text{i.e. } f(K^{\mu}_S(\omega),S(\omega),\omega)=0\ \mu\text{-p.s.}\ .$$

III. PREDICTION DU FUTUR

Nous faisons intervenir maintenant les opérateurs θ_t (et ./././, dont l'emploi n'est pas indispensable, mais est très commode), et nous abordons la théorie de Knight proprement dite.

Nous définissons les mesures de Knight par

(13) $$Z^{\mu}_t(\omega,Y) = K^{\mu}_t(Y\circ\theta_t) \quad , \quad Z^{\mu}_{t-}(\omega,Y) = K^{\mu}_{t-}(Y\circ\theta_t)$$

* Nous rencontrons ici un trait particulier à l'espace Ω des fonctions lipschitziennes : celui-ci est compact pour une topologie naturellement liée à son opérateur de translation, et si Y appartient à $\underline{\underline{C}}(\Omega)$, $t\mapsto Y\circ\theta_t$ est continue pour la convergence uniforme, et $Y\circ\theta_t$ appartient à $\underline{\underline{C}}(\Omega)$. Il est alors très facile de déduire des propriétés des K^{μ}_t que le processus (Z^{μ}_t) est continu à droite pour la topologie étroite, limitu à gauche, et que le processus de ses limites à gauche est (Z^{μ}_{t-}). Mais il s'agit là d'une propriété qui ne s'étend pas à des espaces canoniques excellents, auxquels tout le reste de la théorie s'applique$_*$: <u>en général</u>, <u>on ne peut affirmer ni que le processus</u> (Z^{μ}_t) <u>soit continu à droite pour la topologie étroite de</u> M, <u>ni que le processus</u> (Z^{μ}_{t-}) <u>apparaisse comme le processus des limites à gauche de</u>

(Z_t^μ). Aussi n'utiliserons nous pas ces propriétés. Pour plus de détails, consulter dans ce volume l'article de Yor.

Le système des Z_t^μ rend les mêmes services que celui des K_t^μ. En effet, le lemme 4 nous dit que pour μ-presque tout ω, $K_t^\mu(\omega)$ est, pour tout t, $t\_$-dégénérée en ω. D'autre part

LEMME 6. Soient λ une mesure $t\_$-dégénérée en $\omega\in\Omega$, γ la mesure image de λ par θ_t, $C_{\omega,t}$ l'application $w\mapsto\omega/t/w$. Alors λ est l'image de γ par $C_{\omega,t}$.

DEMONSTRATION. Soit Y $\underline{\underline{F}}^\circ$-mesurable bornée ; on a

$< \lambda,Y> = \int\lambda(dw)Y(w/t/\theta_t w)$. Mais λ est portée par l'atome de $\underline{\underline{F}}^\circ_{s-}$ contenant ω, donc $w/t/\theta_t w=\omega/t/\theta_t w$ λ-p.s.

$= \int\lambda(dw)Y(\omega/t/\theta_t w)$

$= \int\mu(du)Y(\omega/t/u) = <\mu,Y\circ C_{\omega,t}>$.

Ainsi, nous pouvons exprimer explicitement les K_t^μ au moyen des Z_t^μ. Mais en fait nous n'avons pas besoin de ce lemme pour établir le théorème suivant, qui résume les propriétés des Z_t^μ :

THEOREME 2. a) L'application $(\mu,t,\omega)\mapsto Z_t^\mu(\omega)$ (resp. $Z_{t-}^\mu(\omega)$) est $\mathfrak{M}\times\underline{\underline{B}}(\mathbb{R}_+)\times\underline{\underline{F}}^\circ$-mesurable ; pour toute mesure μ, le processus (Z_t^μ) est optionnel, le processus (Z_{t-}^μ) prévisible.

b) Pour tout processus mesurable borné $X=(X_t)$, toute loi μ, le processus

(14) $(t,\omega)\mapsto \int Z_t^\mu(\omega,dw)X_t(\omega/t/w)$

est une projection optionnelle de X pour la loi μ, et le processus

(15) $(t,\omega)\mapsto \int Z_{t-}^\mu(\omega,dw)X_t(\omega/t/w)$

une projection prévisible de X.

DEMONSTRATION. a) Si H(t,w) est une fonction $\underline{\underline{B}}(\mathbb{R}_+)\times\underline{\underline{F}}^\circ$-mesurable bornée, les applications $(\mu,t,\omega)\mapsto\int K_t^\mu(\omega,dw)H(t,dw)$; $(t,\omega)\mapsto \int K_t^\mu(\omega,dw)H(t,w)$; $(t,\omega)\mapsto\int K_{t-}^\mu(\omega,dw)H(t,w)$ sont respectivement mesurable, optionnelle, prévisible (partir du cas où $H(t,\omega)=a(t)b(\omega)$). D'où a) en prenant $H(t,\omega)=Y(\theta_t\omega)$.

Pour b), traitons par exemple le cas optionnel. Nous nous ramenons au cas où X est de la forme a(t)H(w), puis où $X_t(\omega)=H(\omega)$ seulement.

Dans ce cas, le processus (14) vaut

$$\int Z_t^{\mu}(\omega,dw)H(\omega/t/w) = \int K_t^{\mu}(\omega,dw)H(\omega/t/\theta_t w)$$

Nous vérifions que l'application $((t,\omega),w) \longmapsto H(\omega/t/\theta_t w)$ est $\underline{\underline{P}}\times\underline{\underline{F}}^{\circ}$-mesurable. Alors, pour vérifier que le processus (14) est optionnel, il nous suffit de montrer que si $U((t,\omega),w)$ est $\underline{\underline{P}}\times\underline{\underline{F}}^{\circ}$-mesurable, le processus $(t,\omega) \longmapsto \int K_t^{\mu}(\omega,dw)U(t,\omega,\theta_t w)$ est optionnel. On commence alors par le cas où $U(t,\omega,w)=a(t,\omega)b(w)$, $\underline{a}$ prévisible, $\underline{b}$ mesurable , et on fait le raisonnement usuel de classes monotones.

Quant au fait que (14) est projection optionnelle de X, c'est le lemme 6 : ce processus est μ-indistinguable de $K^{\mu}\cdot X$.

Nous démontrons maintenant un lemme important, analogue au lemme 5 pour les K_t^{μ} . La première rédaction le présentait avec des notations un peu différentes, et en "laissant au lecteur" une extension aux temps d'arrêt présumée facile. A la relecture, je me suis aperçu que je ne savais pas la faire sous cette forme ! Voir la remarque suivant le lemme, et surtout l'article de Yor dans ce volume.

LEMME 7. <u>Pour tout couple</u> (s,t), <u>pour toute loi</u> μ, <u>on a</u>

(16) $$Z_{s+t}^{\mu}(\omega) = Z_t^{Z_s^{\mu}(\omega)}(\theta_s\omega) \quad \mu\text{-}\underline{p.s.}.$$

DEMONSTRATION. Il est clair que le côté gauche est une fonction $\underline{\underline{F}}^{\circ}_{(s+t)+}$-mesurable. Montrons le pour le côté droit. Nous écrivons que pour tout $\varepsilon>0$ $(\lambda,w) \longmapsto Z_t^{\lambda}(w)$ est $\mathfrak{M}\times\underline{\underline{F}}^{\circ}_{t+\varepsilon}$-mesurable, et que $\omega \longmapsto (Z_s^{\mu}(\omega),\theta_s\omega)$ est $\underline{\underline{F}}^{\circ}_{s+t+\varepsilon}/\mathfrak{M}\times\underline{\underline{F}}^{\circ}_{t+\varepsilon}$ -mesurable. Par composition, le côté droit est $\underline{\underline{F}}^{\circ}_{s+t+\varepsilon}$-mesurable pour tout ε, i.e. $\underline{\underline{F}}^{\circ}_{(s+t)+}$-mesurable.

Il nous suffit donc de montrer que pour toute v.a. U, $\underline{\underline{F}}^{\circ}_{(s+t)+}$-mes. bornée, toute Y $\underline{\underline{F}}^{\circ}$-mesurable bornée, on a

(17) $$E_{\mu}[U(\omega)Z_{s+t}^{\mu}(\omega,Y)] = E_{\mu}[U(\omega)Z_t^{Z_s^{\mu}(\omega)}(\theta_s\omega,Y)]$$

Je dis qu'il existe une fonction $\overline{U}(\omega,w)$ sur $\Omega\times\Omega$, $\underline{\underline{F}}^{\circ}_{s-}\times\underline{\underline{F}}^{\circ}$-mesurable [1], possédant les deux propriétés suivantes :

- pour tout ω, $\overline{U}(\omega,.)$ est $\underline{\underline{F}}^{\circ}_{t+}$-mesurable
- $U(\omega)=\overline{U}(\omega,\theta_s\omega)$.

C'est très facile : il suffit de poser $\overline{U}(\omega,w)=U(\omega/s/w)$. La vérification

1. Pour ce lemme, $\underline{\underline{F}}^{\circ}_{s+}\times\underline{\underline{F}}^{\circ}$ est ce qu'il nous faut : le $\underline{\underline{F}}^{\circ}_{s-}$ intervient dans l'énoncé analogue pour les $Z^{\mu}_{\cdot -}$.

des deux propriétés de mesurabilité ne pose pas de problème : si U est $\underline{\underline{F}}^{o}$-mesurable, $(\omega,w)\mapsto U(\omega/s/w)$ est $\underline{\underline{F}}^{o}_{s-}\times\underline{\underline{F}}^{o}$-mes. (regarder les générateurs), et si U est $\underline{\underline{F}}^{o}_{s+t+\varepsilon}$-mesurable, cette application est même $\underline{\underline{F}}^{o}_{s-}\times\underline{\underline{F}}^{o}_{t+\varepsilon}$-mes., donc pour ω fixe $U(\omega/s/.)$ est $\underline{\underline{F}}^{o}_{t+\varepsilon}$-mes., après quoi on fait tendre ε vers 0.

Calculons alors (17). Le côté gauche vaut, comme $Z^{\mu}_{s+t}(.,Y) = E_{\mu}[Y\circ\theta_{s+t}|\underline{\underline{F}}^{o}_{(s+t)+}]$ μ-p.s., et U est $\underline{\underline{F}}^{o}_{(s+t)+}$-mesurable

(*) $E_{\mu}[U.Y\circ\theta_{s+t}] = E_{\mu}[E_{\mu}[U.Y\circ\theta_{s+t}|\underline{\underline{F}}^{o}_{s+}]]$

On vérifie maintenant, par un argument de classe monotone, que pour toute fonction $V(\omega,w)$, $\underline{\underline{F}}^{o}_{s+}\times\underline{\underline{F}}^{o}$-mesurable[1] et bornée, on a

(18) $E_{\mu}[V(\omega,\theta_s\omega)|\underline{\underline{F}}^{o}_{s+}] = \int Z^{\mu}_{s}(\omega,dw)V(\omega,w)$ μ-p.s.

Prenant $V(\omega,w)=\overline{U}(\omega,w)Y(\theta_t w)$, l'espérance de droite en (*) devient

$$E_{\mu}[\ E_{Z^{\mu}_{s}(\omega)}[\overline{U}(\omega,.)Y\circ\theta_t(.)]\ ]$$

A l'intérieur de $E_{Z^{\mu}_{s}(\omega)}[\ ]$, remplaçons la v.a. par son espérance conditionnelle par rapport à $\underline{\underline{F}}^{o}_{t+}$, pour la mesure $Z^{\mu}_{s}(\omega)$: ici ω est fixe, donc $\overline{U}(\omega,.)$ est $\underline{\underline{F}}^{o}_{t+}$-mesurable, et la définition des Z^{λ}_{t} nous donne :

(19) $E_{\mu}[\ E_{Z^{\mu}_{s}(\omega)}[\ \overline{U}(\omega,.)Z_t^{Z^{\mu}_{s}(\omega)}(Y)]$.

Du côté droit de (17), maintenant, nous appliquons à nouveau (18), avec $V(\omega,w)=\overline{U}(\omega,w)Z_t^{Z^{\mu}_{s}(\omega)}(w,Y)$, qui est $\underline{\underline{F}}^{o}_{s+}\times\underline{\underline{F}}^{o}$-mesurable. Remplaçant la v.a. sous le signe E_{μ} par son espérance conditionnelle par rapport à $\underline{\underline{F}}^{o}_{s+}$, nous trouvons alors

(20) $E_{\mu}[\ \int Z^{\mu}_{s}(\omega,dw)\overline{U}(\omega,w)Z_t^{Z^{\mu}_{s}(\omega)}(w,Y)]$

qui est bien la même chose que (19). Le lemme est établi.

---

1. Voir note page précédente.

REMARQUE. Passons au remplacement de s par un temps d'arrêt S de la famille $(\underline{\underline{F}}^o_{t+})$, que nous supposerons fini. Quelles sont les modifications à apporter à la démonstration ?
Dans (16), tout d'abord, le côté gauche est $\underline{\underline{F}}^o_{(S+t)+}$-mesurable. Du côté droit, il nous faut savoir, pour recopier le raisonnement, que pour tout $\varepsilon>0$ θ_S est $\underline{\underline{F}}^o_{S+t+\varepsilon}/\underline{\underline{F}}^o_{t+\varepsilon}$-mesurable, et Z^μ_S $\underline{\underline{F}}^o_{S+t+\varepsilon}$-mesurable, ce qui est bien vrai.

Le point délicat est maintenant le suivant : <u>étant donnée une v.a.</u> U , $\underline{\underline{F}}^o_{(S+t)+}$<u>-mesurable, existe t'il une fonction</u> $\overline{U}(\omega,w)$, $\underline{\underline{F}}^o_{S-}\times\underline{\underline{F}}^o$<u>-mesurable, telle que pour tout</u> ω $U(\omega,.)$ <u>soit</u> $\underline{\underline{F}}^o_{t+}$<u>-mesurable, et que</u> $U(\omega) = \overline{U}(\omega,\theta_S\omega)$ <u>identiquement</u> ? La réponse est <u>oui</u>, mais le choix évident $\overline{U}(\omega,w)=U(\omega/S(\omega)/w)$ ne marche pas. Nous renverrons à l'article de Yor dans ce volume pour la démonstration.

Ce point étant admis, le reste de la démonstration est le même que pour les temps constants.

Nous en arrivons au théorème principal de Knight. C'est un résultat <u>très remarquable</u>, qui exprime que, pour toute loi μ , le processus (Z^μ_t) est un processus markovien homogène, avec un semi-groupe de transition (borélien par construction) qui ne dépend pas de la loi μ. Compte tenu de la remarque précédente, ce processus est même <u>fortement</u> markovien.

THEOREME 3. <u>Posons pour</u> $\lambda\in M$, $A\in\mathfrak{M}$

(21) $$J_t(\lambda,A) = \lambda\{\ \omega : Z^\lambda_t(\omega,.) \in A\ \}$$

<u>Alors on a pour toute loi</u> μ

(22) $$P_\mu\{\ Z^\mu_{s+t}\in A\ |\underline{\underline{F}}^o_{s+}\ \} = J_t(Z^\mu_s,A)\ \ \mu\text{-}\underline{p.s.}.$$

DEMONSTRATION. On a d'après (16)

$$P_\mu\{\ Z^\mu_{s+t}\in A\ |\ \underline{\underline{F}}^o_{s+}\ \} = P_\mu\{\ Z_t^{Z^\mu_s(\omega)}(\theta_s\omega)\in A\ |\underline{\underline{F}}^o_{s+}\ \}$$

Nous appliquons alors (18) avec $V(\omega,w) = I_A\circ Z_t^{Z^\mu_s(\omega)}(w)$, et nous obtenons pour cette espérance conditionnelle

$$P_{Z^\mu_s(\omega)}\{\ Z_t^{Z^\mu_s(\omega)}(.)\in A\ \} = J_t(Z^\mu_s(\omega),A)\ .\ \text{cqfd}\ .$$

REMARQUES. a) Vérifions que les J_t forment un vrai semi-groupe :

$J_{s+t}(\mu,A) = P_\mu\{Z^\mu_{s+t}\in A\} = E_\mu[P_\mu\{Z^\mu_{s+t}\in A|\underline{\underline{F}}^o_{s+}\}] = E_\mu[J_t(Z^\mu_s,A)] = J_s(\mu,J_tI_A)$.

b) On a $\varepsilon_\mu J_0=\varepsilon_\mu$ si et seulement si $\mu\{Z^\mu_0=\mu\}=1$, ou encore si μ-p.s. $E_\mu[Y|\underline{\underline{F}}^o_{0+}]=\mu(Y)$ pour toute Y $\underline{\underline{F}}^o$-mesurable bornée, ou encore si $\underline{\underline{F}}^o_{0+}$ est une tribu dégénérée pour la loi μ.

c)* Dans le cas particulier de l'espace des fonctions lipschitziennes, nous avons signalé au début du § III que le processus (Z^μ_t) a des trajectoires p.s. continues à droite et limitues à gauche dans la topologie étroite de M . Pour le cas général, voir l'article de Yor.*

d) Comme $\mu\{\zeta^\mu=+\infty\}=1$ pour $\mu\in M_1$, les K^μ_t , donc les Z^μ_t , appartiennent p.s. à M_1 si $\mu\in M_1$. Le semi-groupe (J_t) est donc markovien sur M_1.

e) Soit S l'ensemble des lois sur Ω pour lesquelles $\underline{\underline{F}}^o_{0+}$ est dégénérée. On a $\mu\in S$ si et seulement si $\varepsilon_\mu J_0=\varepsilon_\mu$, et S est borélien (prop.2 ou vérification directe). D'autre part, le processus (Z^μ_t) est μ-indistinguable d'un processus à valeurs dans S (prop. 2 ou vérification directe). C'est donc S qui est le véritable espace d'états du processus de prédiction. Pour une loi quelconque μ, la loi initiale du processus de Markov (Z^μ_t) est μJ_0 portée par S, et la formule

$$\mu(Y) = \int\mu(d\omega)J_0(\omega,Y)$$

"désintègre" μ suivant les mesures " extrémales", pour lesquelles $\underline{\underline{F}}^o_{0+}$ est dégénérée. Les mesures $\mu\notin S$ jouent le rôle de points de branchement pour le processus de prédiction.

IV. RETOUR AU PROBLEME INITIAL

*Si l'on connaît la trajectoire $Z^\mu_\cdot(\omega)$, on peut reconstruire complètement l'application lipschitzienne ω de la manière suivante : modifions légèrement les v.a. δ_t que nous avons définies au début de l'exposé, en posant

(23) $$\delta_0 = \lim\sup_n n\omega(1/n) , \quad \delta_t=\delta_0\circ\Theta_t$$

δ_0 est une v.a. $\underline{\underline{F}}^o_{0+}$-mesurable. Posons alors pour toute mesure $\mu\in M$

(24) $$p(\mu) = E_\mu[\delta_0]$$

Nous avons alors le lemme suivant :

LEMME 8. Pour μ-presque tout ω, on a pour tout t

(25) $$\omega(t) = \int_0^t p(Z_s^\mu(\omega))ds \ .$$

DEMONSTRATION. Considérons le processus mesurable $(\delta_t)=(\delta_0\circ\theta_t)$; le processus $\varepsilon_t = E_{Z_t^\mu}[\delta_0] = p(Z_t^\mu)$ en est une projection optionnelle pour la loi μ. Mais le processus (δ_t) est adapté à la famille $(\underline{\underline{F}}^\circ_{t+})$, donc $\delta_t=\varepsilon_t$ p.s. pour chaque t, et le théorème de Fubini entraîne que pour μ-presque tout ω on a $\delta_t(\omega)=\varepsilon_t(\omega)$ pour presque tout t, donc $\int_0^t \varepsilon_s(\omega)ds=\int_0^t \delta_s(\omega)ds$. On conclut en remarquant que, ω étant lipschitzienne, est l'intégrale de sa dérivée, donc $\omega(t)=\int_0^t \delta_s(\omega)ds$, d'où le même résultat pour ε_s.

Revenons alors au problème du début : nous sommes partis d'un espace probabilisé $(W,\underline{\underline{G}},P)$ sur lequel nous était donné un processus (ξ_t) mesurable, à valeurs dans l'intervalle $[0,1]$. Nous avons construit une première version " canonique" de ce processus, qui était en fait le processus (δ_t) ci-dessus, sur l'espace Ω des applications lipschitziennes. Puis nous avons construit le processus de prédiction (Z_t^μ) sur Ω... et maintenant nous venons de déterminer une seconde version canonique de (ξ_t) , qui est le processus $\varepsilon_t=p(Z_t^\mu)$. Le fait remarquable, c'est que (Z_t^μ) est un processus de Markov à semi-groupe de transition homogène. Ainsi, si l'on se place du point de vue de Knight, tout processus (ξ_t) a " même loi" qu'un processus de la forme $(p\circ Z_t)$, où (Z_t) est un processus de Markov droit, p une fonction borélienne sur l'espace d'états de (Z_t).

Cela éclaire peut être le rôle des processus de Markov en théorie générale des processus, et la raison pour laquelle tant de théorèmes ont été établis d'abord pour les Markov, puis généralisés. L'exposé suivant montrera tout de même les limites de l'analogie markovienne.*

V. GENERALISATIONS

En ce qui concerne la partie " Schwartzienne" de l'exposé, nous avons déjà signalé que tout s'étendait au cas où $(\Omega,\underline{\underline{F}}^\circ)$ était un espace compact métrisable muni de sa tribu borélienne, et d'une famille croissante $(\underline{\underline{F}}^\circ_t)$ se sous-tribus <u>séparables</u> de $\underline{\underline{F}}^\circ$. Ceci est plus général qu'il n'y paraît à première vue. En effet, soit $(\Omega,\underline{\underline{F}}^\circ)$ un espace mesurable lusinien non dénombrable (on suppose que $\underline{\underline{F}}^{\circ}$ sépare les points de Ω). Alors $(\Omega,\underline{\underline{F}}^{\circ})$ est isomorphe à l'intervalle $[0,1]$ muni de sa tribu borélienne (Dellacherie-Meyer [1], chap.III , n°80, p.248), de sorte qu'<u>il existe</u> une topologie compacte métrisable sur Ω - évidemment tout à fait artificielle - dont $\underline{\underline{F}}^{\circ}$ est la tribu borélienne.

Quant au reste de la théorie, je me garderai bien de faire de l'axiomatique. Je soulignerai simplement que tout ce qu'on a dit s'applique à l'espace des applications càdlàg. de $\mathbb{R}_+$ dans E polonais, muni de ses opérateurs usuels de translation et de raccordement, et que c'est là sans doute que la théorie de la prédiction s'avérera le plus utile. Les démonstrations de l'exposé ont été rédigées de telle manière qu'elles s'appliquent à cette situation sans en changer un mot.

BIBLIOGRAPHIE

C.Dellacherie et P.A.Meyer. [1]. Probabilités et potentiel, 2e éd. des chapitres I-IV. Hermann, Paris 1975.

K.Ito.[1]. The canonical modification of stochastic processes. J. M.Soc. Japan, 20, 1968, p.130-150

[2]. Canonical measurable random functions. Proc. Int.Conf. on Funct. Anal. p.369-377. Univ. of Tokyo Press, 1970.

L.Schwartz.[1]. Surmartingales régulières à valeurs mesures et désintégrations régulières d'une mesure. J.Anal. Math.,26,1973,p.1-168.

Université de Strasbourg
Séminaire de Probabilités 1974/75

SUR LA THEORIE DE LA PREDICTION, ET LE PROBLEME DE DECOMPOSITION DES TRIBUS $\mathcal{F}^o_{t+}$

par Marc Yor et P.A. Meyer

L'origine de ce travail en commun est un article de M. Yor , établissant une relation entre la théorie de la prédiction de Knight (présentée par P.A.Meyer dans l'exposé précédent de ce volume) et le problème suivant posé par K.L.Chung : étant donné un processus (X_t) réel à trajectoires càdlàg., désignons par $(\underline{\underline{F}}^o_t)$ sa famille de tribus naturelle, par S un temps d'arrêt de la famille $(\underline{\underline{F}}^o_{t+})$, par $(\underline{\underline{G}}^o_t)$ la famille de tribus naturelle du processus (X_{S+t}). A t'on dans ces conditions

(*) $\underline{\underline{F}}^o_{(S+t)+} = \underline{\underline{F}}^o_{S-} \vee \underline{\underline{G}}^o_{t+}$ aux ensembles de mesure nulle près,

comme dans le cas des processus de Markov ? La théorie de la prédiction fournissait un moyen naturel de démontrer cela, et l'article de Yor le démontrait en effet, modulo une erreur énorme de Meyer, signalée au bas de la p.6 de l'exposé précédent. Ceci étant, nous avons regroupé dans un premier paragraphe les résultats positifs du travail de Yor, qui apportent des compléments substantiels à la théorie de la prédiction, et dans un second paragraphe un exemple (trouvé avec l'aide de C. Dellacherie) d'un processus réel (X_t) à trajectoires càdlàg., dont la loi de probabilité est assez bizarre pour que l'on n'ait pas (*) avec S=1 : $\underline{\underline{F}}^o_{1+}$ n'est pas engendrée par $\underline{\underline{F}}^o_1$ et par la tribu des germes en 0 du processus $(X_{t+1})_{t\geq 0}$, aux ensembles de mesure nulle près ! Autrement dit, il faut se méfier des idées toutes faites sur les tribus de germes.

I. COMPLEMENTS A LA THEORIE DE LA PREDICTION

Au lieu de travailler sur l'espace canonique Ω de l'exposé précédent, nous allons travailler sur l'espace de toutes les applications de $\mathbb{R}_+$ dans $E\cup\{\partial\}$ - où E est un espace polonais - continues à droite et pourvues de limites à gauche, absorbées en ∂. Si ω appartient à Ω, nous poserons $X_t(\omega)=\omega(t)$, et nous poserons comme d'habitude

(1) $\underline{\underline{F}}^o = \underline{\underline{F}}^o_\infty = \sigma(X_s, s\in\mathbb{R}_+)$, $\underline{\underline{F}}^o_t = \sigma(X_s, s\leq t)$

Il est bien connu que l'espace mesurable $(\Omega, \underline{\underline{F}}^o)$ est lusinien ([4], IV.19, p.146), donc que Ω admet une topologie compacte métrisable dont $\underline{\underline{F}}^o$ est la tribu borélienne ([4], III.80, p.248). D'autre part, Ω admet les opérateurs de translation et de raccordement

(2) $X_s(\theta_t\omega) = X_{s+t}(\omega)$

(3) $X_s(\omega/t/w) = X_s(\omega)$ si $s<t$, $X_{s-t}(w)$ si $s\geq t$.

La théorie de la prédiction développée dans l'exposé précédent s'applique dans la présente situation, et nous en conservons toutes les notations : K^μ_t , Z^μ_t , M, etc. Afin de compléter la théorie de Knight, nous avons (comme dans l'exposé précédent, référence [7] de la bibliographie) isolé entre astériques *...* certaines considérations permettant de passer au cas de l'espace des fonctions lipschitziennes.

LEMMES DE MESURABILITE

LEMME 1. <u>Il existe une algèbre $\underline{\underline{U}}$ de fonctions $\underline{\underline{F}}^o$-mesurables bornées, contenant les constantes, fermée et séparable pour la cv. uniforme, engendrant la tribu $\underline{\underline{F}}^o$, et telle que pour tout $g\in\underline{\underline{U}}$ l'application $t\mapsto g\circ\theta_t$ soit continue pour la convergence uniforme.</u>

DEMONSTRATION. Il suffit de trouver un ensemble $\underline{\underline{V}}$ de fonctions mesurables bornées, séparable pour la convergence uniforme, engendrant $\underline{\underline{F}}^o$, et tel que toute $g\in\underline{\underline{V}}$ possède la propriété précédente. Car alors on prendra pour $\underline{\underline{U}}$ la fermeture uniforme de l'algèbre sur les rationnels engendrée par $\underline{\underline{V}}$ et 1. On construit $\underline{\underline{V}}$ ainsi : on prend une suite (f_n) de fonctions continues bornées sur E, engendrant $\underline{\underline{B}}(E)$, et pour $\underline{\underline{V}}$ l'ensemble de toutes les fonctions sur Ω de la forme

$$g = \int_0^\infty e^{-pu} f_n\circ X_u \, du \quad (p>0) \quad .$$

Avec les combinaisons linéaires de telles fonctions, on peut en effet approcher les $\int_0^\infty f_n\circ X_u \varphi(u)du$, où φ est continue à support compact, puis les $f_n\circ X_u$ elles mêmes (au sens de la convergence simple sur Ω), et $\underline{\underline{V}}$ engendre donc $\underline{\underline{F}}^o$. $\underline{\underline{V}}$ est évidemment séparable, et tout élément de $\underline{\underline{V}}$ possède la dernière propriété de l'énoncé.

Dans le cas lipschitzien, il suffit de prendre $\underline{\underline{U}}=\underline{\underline{C}}(\Omega)$.

On rappelle que $\underline{\underline{P}}$ désigne la tribu prévisible. Nous désignons par $\underline{\underline{H}}$ la tribu homogène sur $\mathbb{R}_+\times\Omega$, formée des ensembles $\underline{\underline{F}}^\circ$-mesurables A dont l'indicatrice est une fonction homogène $(I_A(s+t,\omega)=I_A(s,\theta_t\omega))$.

LEMME 2. $\underline{\underline{B}}(\mathbb{R}_+)\times\underline{\underline{F}}^\circ = \underline{\underline{P}}\vee\underline{\underline{H}}$[1].

DEMONSTRATION. Il suffit de montrer l'inclusion $\subset$. Nous remarquons que, quelle que soit la fonction $C((t,\omega),w)$, $\underline{\underline{P}}\times\underline{\underline{F}}^\circ$-mesurable, la fonction $(t,\omega)\mapsto C(t,\omega,\theta_t\omega)$ est $\underline{\underline{P}}\vee\underline{\underline{H}}$-mesurable, comme on le vérifie aussitôt par classes monotones à partir du cas où $C(t,\omega,w)=a(t,\omega)b(w)$ (a $\underline{\underline{P}}$-mesurable, b $\underline{\underline{F}}^\circ$-mesurable). Prenant

$$C(t,\omega,w)=\int_0^t e^{-pu}f\circ X_u(\omega)du + e^{-pt}\int_0^\infty e^{-pu}f\circ X_u(w)du$$

on a $C(t,\omega,\theta_t\omega) = \int_0^\infty e^{-pu}f\circ X_u(\omega)du$, et l'argument du lemme 1 montre qu'alors, pour toute fonction $b(\omega)$ $\underline{\underline{F}}^\circ$-mesurable, $(t,\omega)\mapsto b(\omega)$ est $\underline{\underline{P}}\vee\underline{\underline{H}}$-mesurable. De même, si a est $\underline{\underline{B}}(\mathbb{R}_+)$-mesurable, $(t,\omega)\mapsto a(t)$ est prévisible, donc $(t,\omega)\mapsto a(t)b(\omega)$ est $\underline{\underline{P}}\vee\underline{\underline{H}}$-mesurable, et ces fonctions engendrent $\underline{\underline{B}}(\mathbb{R}_+)\times\underline{\underline{F}}^\circ$.

*Dans le cas où Ω est l'espace des applications $t\mapsto L_t(\omega)$, nulles en 0, croissantes, lipschitziennes de rapport 1 - espace qui faisait l'objet de la théorie de Knight - il faut prendre

$$C(t,\omega,w) = \int_0^t e^{-pu}dL_u(\omega) + e^{-pt}\int_0^\infty e^{-pu}dL_u(w)$$ *

Voici une première conséquence de ce lemme :

PROPOSITION 1. <u>Soit</u> $\mu\in M$, <u>et soit</u> (H_t) <u>un processus réel</u>, <u>optionnel par rapport à la famille</u> $(\underline{\underline{F}}^\mu_{t+})$. <u>Alors</u> H <u>est</u> μ-<u>indistinguable d'un processus mesurable par rapport à la tribu sur</u> $\mathbb{R}_+\times\Omega$ <u>engendrée par</u> $\underline{\underline{P}}$ <u>et par le processus</u> (Z^μ_t).

Ou encore : $\underline{\underline{O}}^\mu = \underline{\underline{P}}\vee\sigma(Z^\mu)\vee\sigma(\underline{\underline{I}}^\mu)$, où $\underline{\underline{I}}^\mu$ est la classe des ensembles μ-évanescents.

DEMONSTRATION. Il est bien connu qu'un temps d'arrêt de la famille $(\underline{\underline{F}}^\mu_{t+})$ est égal μ-p.s. à un temps d'arrêt de la famille $(\underline{\underline{F}}^\circ_{t+})$. On en déduit que H est μ-indistinguable d'un processus $\underline{\underline{O}}$-mesurable, et

1. Voir [8].

par conséquent, en particulier, $\underline{\underline{B}}(\mathbb{R}_+)\times\underline{\underline{F}}^\circ$-mesurable. On se ramène alors à l'énoncé suivant : tout processus $\underline{\underline{B}}(\mathbb{R}_+)\times\underline{\underline{F}}^\circ$-mesurable borné (K_t) admet une projection optionnelle (K'_t) pour la loi μ, mesurable par rapport à $\underline{\underline{P}}\vee\sigma(Z^\mu)$ - en particulier, si K est $\underline{\underline{O}}$-mesurable, K et K' seront μ-indistinguables, et le lemme sera prouvé. Or d'après le lemme 2, il suffit de traiter le cas où $K_t(\omega)=a(t,\omega)b(\theta_t\omega)$, a étant prévisible, et b $\underline{\underline{F}}^\circ$-mesurable. Alors on peut prendre

$$K'_t(\omega) = a(t,\omega)Z^\mu_t(\omega,b)$$

qui est mesurable par rapport à $\underline{\underline{P}}\vee\sigma(Z^\mu)$.

REMARQUE. Si l'on ne dispose pas d'opérateurs de translation, le théorème est vrai - avec une preuve encore plus simple - pour la tribu $\underline{\underline{P}}\vee\sigma(K^\mu)$. Le point intéressant ici est le fait que les tribus $\underline{\underline{P}}\vee\sigma(K^\mu)$, $\underline{\underline{P}}\vee\sigma(Z^\mu)$ sont de bonnes tribus de Blackwell sur $\mathbb{R}_+\times\Omega$, tandis que $\underline{\underline{O}}$ est une mauvaise tribu.

REMARQUE. Pour tout t.d'a. S de $(\underline{\underline{F}}^\mu_{t+})$ la tribu $\underline{\underline{F}}^\mu_{S+}$ est engendrée par les v.a. H_S , où (H_t) est un processus optionnel de la famille $(\underline{\underline{F}}^\mu_{t+})$. D'après le résultat précédent, $\underline{\underline{F}}^\mu_{S+}$ est aussi engendrée, aux ensembles négligeables près, par les v.a. H_S où H est un processus <u>prévisible</u> , et par la seule v.a. Z^μ_S . Or les v.a. H_S où H est prévisible engendrent $\underline{\underline{F}}^\mu_{S-}$. Ainsi

(4) $$\underline{\underline{F}}^\mu_{S+} = \underline{\underline{F}}^\mu_{S-}\vee\sigma(Z^\mu_S)$$

il n'est pas nécessaire d'ajouter la tribu $\sigma(\underline{\underline{N}}^\mu)$ engendrée par les μ-négligeables : elle est déjà dans $\underline{\underline{F}}^\mu_{S-}$. Si S est un t.d'a. de $(\underline{\underline{F}}^\circ_{t+})$ on peut aussi écrire

(4') $$\underline{\underline{F}}^\mu_{S+} = \underline{\underline{F}}^\circ_{S-}\vee\sigma(Z^\mu_S)\vee\sigma(\underline{\underline{N}}^\mu).$$

REMARQUE. Continuons à décomposer (4') : comme processus prévisibles H dont on va regarder les traces H_S , on peut se borner aux processus de la forme $H(t,\omega) = f\circ X_u(\omega)I_{]u,\infty[}(t)$. D'autre part, $f\circ X_u = E_\mu[f\circ X_0\circ\theta_u|\underline{\underline{F}}^\circ_{u+}] = Z^\mu_u(f\circ X_0)$ μ-p.s.. Ainsi, $\underline{\underline{F}}^\circ_{S-}$ est engendrée aux ensembles μ-négligeables près par les v.a. $Z^\mu_u I_{\{u<S\}}$. Donc

(5) $$\underline{\underline{F}}^\mu_{S+} = \sigma(\ Z^\mu_u I_{\{u<S\}},\ u\in\mathbb{R}_+)\vee\sigma(Z^\mu_S)\vee\sigma(\underline{\underline{N}}^\mu)$$

HOMOGENEITE DU PROCESSUS DE PREDICTION

Ce paragraphe contient les résultats essentiels de l'exposé : d'une part le théorème sur la prédiction, qui apporte un complément important au th. de Knight , et d'autre part un résultat de décomposition des tribus utilisé dans [7] pour démontrer, précisément, le théorème de Knight. Il nous faut d'abord des résultats techniques.

LEMME 3. <u>Soit</u> $g \in \underline{\underline{U}}$ (lemme 1). <u>Alors pour</u> μ-<u>presque tout</u> ω <u>la fonction</u> $t \mapsto Z_t^\mu(\omega,g)$ <u>est continue à droite sur</u> $[0,\infty[$ <u>et pourvue de limites à gauche sur</u> $]0,\infty[$, <u>et l'on a</u> $(Z_\cdot^\mu(\omega,g))_{t-}=Z_{t-}^\mu(\omega,g)$ <u>sur</u> $]0,\infty[$.

DEMONSTRATION. Le processus $(g\circ\theta_t)$ est continu. Le lemme ne fait alors que traduire un résultat bien connu sur les projections optionnelle et prévisible d'un processus continu ([3], V.T20, p.101).

COMMENTAIRE. On a souligné à plusieurs reprises le caractère artificiel de la topologie compacte sur Ω, considérée dans l'exposé précédent *exception faite du cas des fonctions lipschitziennes* . Choisissons maintenant une suite (f_n) dense dans $\underline{\underline{U}}$, et considérons l'application de Ω dans $\mathbb{R}^{\mathbb{N}}$

$$j : \omega \mapsto (f_n(\omega))_{n\in\mathbb{N}}$$

Puisque les f_n engendrent $\underline{\underline{F}}^\circ$, donc séparent Ω, j est injective. <u>Identifions</u> Ω à son image par j, munissons Ω de la topologie induite par $\mathbb{R}^{\mathbb{N}}$; $\underline{\underline{F}}^\circ$ est alors la tribu borélienne de Ω, et comme Ω est lusinien, Ω est borélien dans $\mathbb{R}^{\mathbb{N}}$([4], III.21, p.76). Les f_n étant bornées, l' adhérence $\overline{\Omega}$ de Ω est compacte. Toute f_n se prolonge par continuité à $\overline{\Omega}$, il en est donc de même de toute fonction $g\in\underline{\underline{U}}$, et comme $\underline{\underline{U}}$ est une algèbre qui contient les constantes, et que les prolongements des f_n séparent $\overline{\Omega}$, il résulte du théorème de Stone-Weierstrass que $\underline{\underline{U}}$ est l'ensemble des restrictions à Ω des fonctions de $\underline{\underline{C}}(\overline{\Omega})$. Le lemme 3 nous dit alors que si l'on considère les Z_t^μ comme des mesures sur $\overline{\Omega}$ portées par Ω, le processus (Z_t^μ) est μ-indistinguable d'un processus càdlàg. pour la convergence étroite des mesures sur $\overline{\Omega}$, et que le processus (Z_{t-}^μ) est μ-indistinguable du processus des limites à gauche de (Z_t^μ). Mais les mesures Z_t^μ sont portées par Ω , donc ([4], III.58, p.114), la convergence étroite des Z_t^μ en tant que mesures sur $\overline{\Omega}$ est la même que leur convergence étroite en tant que mesures <u>sur Ω</u> , i.e. pour μ-presque tout ω on peut affirmer que, quelle que soit g $\in \underline{\underline{C}}_b(\Omega)$, $Z_\cdot^\mu(\omega,g)$ est continue à droite, avec limites à gauche égales à $Z_{\cdot-}^\mu(\omega,g)$ - et cela, bien que $\underline{\underline{C}}_b(\Omega)$ ne soit pas séparable en général. Ce choix de topologie (non compacte) sur Ω est donc assez plaisant.

Le second lemme est purement technique :

LEMME 4. Soit $G(\lambda,\omega)$ une fonction sur $M\times\Omega$, mesurable par rapport à la complétion universelle $(\mathfrak{M}\times\underline{\underline{F}}^{\circ})^*$ de $\mathfrak{M}\times\underline{\underline{F}}^{\circ}$. Alors pour tout temps optionnel S de la famille $(\underline{\underline{F}}^{\circ}_{t+})$ et toute loi μ, on a μ-p.s.

$$(6)\qquad E_{\mu}[G(Z^{\mu}_{S}(\omega),\theta_{S}\omega)\,|\,\underline{\underline{F}}^{\circ}_{S+}] = \int Z^{\mu}_{S}(\omega,dw)G(Z^{\mu}_{S}(\omega),w)$$

DEMONSTRATION. Soit $V(\omega,w) = G(Z^{\mu}_{S}(\omega),w)$. L'application $(\omega,w)\mapsto (Z^{\mu}_{S}(\omega),w)$ étant $\underline{\underline{F}}^{\circ}_{S+}\times\underline{\underline{F}}^{\circ}/\mathfrak{M}\times\underline{\underline{F}}^{\circ}$ -mesurable, elle est aussi $(\underline{\underline{F}}^{\circ}_{S+}\times\underline{\underline{F}}^{\circ})^*/(\mathfrak{M}\times\underline{\underline{F}}^{\circ})^*$-mesurable, et V est $(\underline{\underline{F}}^{\circ}_{S+}\times\underline{\underline{F}}^{\circ})^*$-mesurable. Soit alors λ la mesure sur $\Omega\times\Omega$, image de μ par $\omega\mapsto(\omega,\theta_{S}\omega)$: encadrant V entre deux fonctions $\underline{\underline{F}}^{\circ}_{S+}\times\underline{\underline{F}}^{\circ}$-mesurables égales λ-p.p. et appliquant la formule (18) de [7] - étendue aux t.d'a. - on obtient (6).

Voici enfin le résultat de décomposition des tribus qui joue un rôle essentiel dans la démonstration, de manière implicite (l'extension aux temps d'arrêt du lemme 7 de [7] repose sur lui). Nous consacrerons le paragraphe II à la discussion de ce résultat.

THEOREME 1. - Soient S et T deux temps d'arrêt de la famille $(\underline{\underline{F}}^{\circ}_{t+})$, et R le temps d'arrêt $S+T\circ\theta_{S}$. Soit U une v.a. $\underline{\underline{F}}^{\circ}_{R+}$-mesurable. Il existe alors une fonction $\overline{U}(\omega,w)$ sur $\Omega\times\Omega$, possédant les propriétés suivantes

a) $\overline{U}$ est $\underline{\underline{F}}^{\circ}_{S-}\times\underline{\underline{F}}^{\circ}$-mesurable, et $U(\omega)=\overline{U}(\omega,\theta_{S}\omega)$ identiquement .
b) Pour tout ω fixé, $\overline{U}(\omega,.)$ est $\underline{\underline{F}}^{\circ}_{T+}$-mesurable.

DEMONSTRATION. Nous vérifions d'abord que R est un temps d'arrêt. Nous écrirons que $\omega\equiv\omega'$ (t) pour exprimer que $X_{s}(\omega)=X_{s}(\omega')$ pour tout $s\leq t$. Le point à vérifier est le suivant ("test de Galmarino", cf. [5], et [4], IV.99-101, p.233), où ε désigne un nombre >0 .

$$(\ R(\omega)=t,\ \omega\equiv\omega'\ (t+\varepsilon)\ ) \Rightarrow\ R(\omega')=t\ .$$

Or soit $S(\omega)=u \leq t$. Comme S est un temps d'arrêt de $(\underline{\underline{F}}^{\circ}_{t+})$, la relation $\omega\equiv\omega'$ $(t+\varepsilon)$ entraîne $S(\omega')=u$. Alors $T(\theta_{t}\omega)=t-u$, et $\theta_{t}\omega\equiv\theta_{t}\omega'$ $(t-u+\varepsilon)$, donc $T(\theta_{t}\omega)=T(\theta_{t}\omega')$, et finalement on a bien $R(\omega)=R(\omega')$.

Dans [4], cette démonstration repose sur l'emploi d'opérateurs d'arrêt a_u , définis par $X_t(a_u(\omega))=X_{t\wedge u}(\omega)$. *Sur l'espace des fonctions lipschitziennes utilisé dans [7], avec les coordonnées L_t, on peut utiliser les opérateurs a_u tels que $L_t \circ a_u = L_{t\wedge u}$, mais le mot "opérateur d'arrêt" est légèrement impropre : la véritable trajectoire est en effet celle de la dérivée L_t' , définie presque partout, et sur celle-ci l'effet de a_u est un remplacement par 0 après u - plutôt donc un meurtre qu'un arrêt.*

Posons maintenant $V(\omega,w)= U(\omega/S(\omega)/w)$. Nous avons vérifié dans l'exposé [7] que $V(\omega,\theta_S\omega)=U(\omega)$, et que V est $\underline{\underline{F}}^o_{S-}\times\underline{\underline{F}}^o$-mesurable. Pour tout h>0 nous posons

$$V_h(\omega,w) = V(\omega, a_{T(w)+h}w)$$

Comme $w\mapsto a_{T(w)+h}(w)$ est $\underline{\underline{F}}^o_{T+h}$ /$\underline{\underline{F}}^o$-mesurable, V_h est $\underline{\underline{F}}^o_{S-}\times\underline{\underline{F}}^o_{T+h}$-mesurable. Vérifions que si U est $\underline{\underline{F}}^o_{R+}$-mesurable, on a encore $U(\omega)=V_h(\omega,\theta_S\omega)$. Posons $w=\theta_S\omega$, $w'=a_{T(w)+h}w$; nous avons par définition

$$U(\omega) = U(\omega/S(\omega)/w) \quad ; \quad V_h(\omega,\theta_S\omega) = U(\omega/S(\omega)/w')$$

Soit $S(\omega)=s$, $T(w)=t$; nous avons $R(\omega)=S(\omega)+T(\theta_S\omega)=S(\omega)+T(w)=s+t$, et $\omega=\omega/s/w=\omega/s/w'$ (s+t+h), donc comme U est $\underline{\underline{F}}^o_{R+}$-mesurable, $U(\omega)= U(\omega/s/w')= V(\omega,w')=V_h(\omega,w)$.

Ce point étant établi, posons $\overline{U}(\omega,w)= \liminf_n V_{1/n}(\omega,w)$. Cette fonction est mesurable par rapport à la tribu $\bigcap_n (\underline{\underline{F}}^o_{S-}\vee\underline{\underline{F}}^o_{T+1/n})$, qui est en général distincte de $\underline{\underline{F}}^o_{S-}\vee\underline{\underline{F}}^o_{T+}$, mais elle satisfait à la propriété b) de l'énoncé. Quant à a), la relation $U(\omega)=V_{1/n}(\omega,\theta_S\omega)$ passe bien à la limite, et le théorème est établi.

Nous démontrons maintenant le résultat principal de ce paragraphe.

THEOREME 2. <u>Soit</u> S <u>un temps d'arrêt de la famille</u> $(\underline{\underline{F}}^o_{t+})$. <u>Alors pour toute loi</u> μ <u>les processus</u>

(7) $$Z^{\mu}_{S+t}(\omega) \quad \underline{\text{et}} \quad Z_t^{Z^{\mu}_S(\omega)}(\theta_S\omega)$$

<u>sont</u> μ-<u>indistinguables sur</u> $[0,\infty[$, <u>et les processus</u>

(8) $$Z^{\mu}_{(S+t)-}(\omega) \quad \underline{\text{et}} \quad Z_{t-}^{Z^{\mu}_S(\omega)}(\theta_S\omega)$$

μ-<u>indistinguables sur</u> $]0,\infty[$.

REMARQUE. Si S est prévisible, on a un énoncé analogue, en remplacant $Z^{Z^{\mu}_{S}(\omega)}$ par $Z^{Z^{\mu}_{S-}(\omega)}$. Nous laissons cela au lecteur : l'idée de la démonstration est la même, mais il faut remplacer partout les formules du type $E_{\mu}[Y\circ\theta_S|\underline{\underline{F}}^o_{S+}]=Z^{\mu}_{S}(.,Y)$ par des formules du type $E_{\mu}[Y\circ\theta_S|\underline{\underline{F}}^o_{S-}]=Z^{\mu}_{S-}(.,Y)$.[1]

DEMONSTRATION. Nous commençons par invoquer le lemme 7 de [7], étendu aux temps d'arrêt, pour obtenir que pour t fixé

(9) $\quad Z^{\mu}_{S+t} = Z_t^{Z^{\mu}_S}(\theta_S .)$ μ-p.s. (l'ensemble négligeable dépendant de t)

Ce point étant acquis, démontrons par exemple 7). Il nous suffit de prouver que pour toute v.a. $g\in\underline{\underline{U}}$ (lemme 1) et pour μ-presque tout ω

(7') $\quad Z^{\mu}_{S(\omega)+t}(g) = Z_t^{Z^{\mu}_{S(\omega)}}(\theta_S\omega,g)$ identiquement en t .

La formule (9) nous dit que l'égalité a lieu μ-p.s. pour t fixé, donc pp en (t,ω) pour la mesure dt×dμ donc (Fubini), que pour presque tout ω, que (7') <u>a lieu presque partout pour la mesure</u> dt. D'autre part, d'après le lemme 3, le côté gauche de (7') est, pour μ-presque tout ω, une fonction continue à droite de t. <u>Il nous suffit donc de prouver la même chose pour le côté droit de</u> (7'). Nous allons prouver un peu plus, de manière à obtenir (8) du même coup.

Soit N l'ensemble des (λ,ω) pour lesquels la propriété suivante (Π) <u>n'est pas</u> satisfaite, et soit n(λ,ω) l'indicatrice de N.

(Π) : l'application $t\mapsto Z^{\lambda}_t(\omega,g)$ est continue à droite sur $[0,\infty[$, et pourvue de limites à gauche sur $]0,\infty[$,
l'application $t\mapsto Z^{\lambda}_{t-}(\omega,g)$ est continue à gauche sur $]0,\infty[$ et pourvue de limites à droite sur $[0,\infty[$,
on a $(Z^{\lambda}_{.}(\omega,g))_{t-} = Z^{\lambda}_{t-}(\omega,g)$ et $(Z^{\lambda}_{.-}(\omega,g))_{t+}=Z^{\lambda}_t(\omega,g)$ pour tout t.

Le lemme 3 nous dit que, pour toute loi λ, l'ensemble $N_{\lambda}=\{\omega:(\lambda,\omega)\in N\}$ est λ-négligeable. D'après le théorème 34, p.164 du chapitre IV de [4], N est le complémentaire d'un ensemble $(\mathfrak{M}\times\underline{\underline{F}}^o)$-analytique, donc appartient à la complétion universelle de $\mathfrak{M}\times\underline{\underline{F}}^o$. D'après le lemme 4, nous avons alors

1. En particulier, le processus (Z^{μ}_{t-}) est modérément markovien de semigroupe $J^-_t(\lambda,A)=\lambda\{Z^{\lambda}_{t-}\in A\}$. Aussi, si S est un t.d'a. prévisible, on a $\mu\{Z^{\mu}_S\in A|\underline{\underline{F}}^o_{S-}\} = J_0(Z^{\mu}_{S-},A)$ p.s. (notations de [7], th.3).

$$P_\mu\{\,\theta_S\omega \in N_{Z_S^\mu(\omega)} \,|\, \underline{\underline{F}}^o_{S+}\,\} = E_\mu[\, n(Z_S^\mu(\omega),\ \theta_S\omega)\,|\,\underline{\underline{F}}^o_{S+}\,]$$

$$= \int Z_S^\mu(\omega,dw)\,n(Z_S^\mu(\omega),w) = 0$$

car nous avons vu plus haut que $\int\lambda(dw)n(\lambda,w) = 0$ pour tout λ. Mais alors, le côté gauche est nul aussi, et on a pour μ-presque tout ω que $\theta_S\omega \notin N_{Z_S^\mu(\omega)}$, ce qui entraîne que le côté droit de (7') est une fonction continue à droite de t, d'où (7), et de même (8) par passage aux limites à gauche.

II. PREDICTION ET DECOMPOSITION DES TRIBUS

Supposons pour un instant que l'on puisse choisir, étant donné t fixé, les opérateurs de prédiction Z_t^μ de telle manière que

$(10^?)$ <u>l'application</u> $(\lambda,\omega)\longmapsto Z_t^\lambda(\omega)$ <u>soit</u> $\mathfrak{M}\times\underline{\underline{F}}^o_{t+}/\mathfrak{M}$ <u>-mesurable</u> ,

et tirons en quelques conséquences. Soit S un temps d'arrêt de la famille $(\underline{\underline{F}}^o_{t+})$. Alors (formule (4')), $\underline{\underline{F}}^\mu_{(S+t)+}$ est engendrée aux ensembles μ-négligeables près par $\underline{\underline{F}}^o_{(S+t)-}$ et Z^μ_{S+t}. D'autre part, nous avons

$$\underline{\underline{F}}^o_{(S+t)-} = \underline{\underline{F}}^o_{S-} \vee \theta_S^{-1}(\underline{\underline{F}}^o_{t-})$$

d'après la formule (9), p.95 de [1] - nous pourrions la redémontrer ici rapidement, mais comme tout ce qui suit est conditionnel modulo $(10^?)$ qui sera fausse, c'est un peu inutile ! Enfin, la v.a. Z^μ_{S+t} est égale μ-p.s. (si $(10^?)$ est vraie) à une v.a. $\underline{\underline{F}}^o_{S+}\vee\theta_S^{-1}(\underline{\underline{F}}^o_{t+})$-mes.. En effet, $\omega\longmapsto(Z_S^\mu(\omega),\theta_S\omega)$ est $\underline{\underline{F}}^o_{S+}\vee\theta_S^{-1}(\underline{\underline{F}}^o_{t+})/\mathfrak{M}\times\underline{\underline{F}}^o_{t+}$-mesurable, donc par composition avec $(10^?)$ $\omega\longmapsto Z_t^{Z_S^\mu(\omega)}(\theta_S\omega)$ est $\underline{\underline{F}}^o_{S+}\vee\theta_S^{-1}(\underline{\underline{F}}^o_{t+})$-mesurable, et cette dernière v.a. est égale μ-p.s. à Z^μ_{S+t} d'après (7). En regroupant les résultats obtenus, il vient, en notant $\underset{\mu}{=}$ l'égalité aux ensembles μ-négligeables près

$(11^?)$ $\underline{\underline{F}}^o_{(S+t)+} \underset{\mu}{=} \underline{\underline{F}}^o_{(S+t)-}\vee\sigma(Z_t^\mu) \underset{\mu}{=} \underline{\underline{F}}^o_{S+}\vee\,\theta_S^{-1}(\underline{\underline{F}}^o_{t+})$

qui répond de manière satisfaisante aux questions posées par Chung dans [1]. De même, si S est <u>prévisible</u>, en utilisant la remarque suivant l'énoncé du théorème 2, on a

(12?) $\underline{\underline{F}}^o_{(S+t)+} \underset{\mu}{=} \underline{\underline{F}}^o_{S-} \vee \theta_S^{-1}(\underline{\underline{F}}^o_{t+})$.

Nous allons démontrer que (11?) et (12?) peuvent être fausses, même lorsque S est une constante, et que par conséquent (10?) est fausse aussi.

Nous commençons par une remarque. Nous prendrons S=1 ou $\frac{1}{2}$. Soit (C_t) un processus quelconque à trajectoires càdlàg., défini sur un espace probabilisé $(W,\underline{\underline{G}},P)$ complet. Posons

$$\underline{\underline{G}}^o_t = \sigma(C_s,\ s\leq t)\ ,\ \underline{\underline{H}}^o_t = \sigma(C_s\ ,\ 1\leq s\leq 1+t),\ \underline{\underline{K}}^o_t = \sigma(C_s\ ,\ \tfrac{1}{2}\leq s\leq \tfrac{1}{2}+t)$$

Soit φ l'application de W dans Ω qui à w∈W associe sa trajectoire $C_.(w)$. Alors φ est mesurable, et l'on a

$$\underline{\underline{G}}^o_t = \varphi^{-1}(\underline{\underline{F}}^o_t)\ ,\ \underline{\underline{H}}^o_t = \varphi^{-1}(\theta_1^{-1}(\underline{\underline{F}}^o_t))\ ,\ \underline{\underline{K}}^o_t = \varphi^{-1}(\theta_{1/2}^{-1}(\underline{\underline{F}}^o_t))\ .$$

Si (11?) et (12?) sont vraies pour la loi $\mu=\varphi(P)$, alors nous avons aussi

(13?) $$\underline{\underline{G}}^o_{1+} \underset{P}{=} \underline{\underline{G}}^o_{1-} \vee \underline{\underline{H}}^o_{0+} \underset{P}{=} \underline{\underline{G}}^o_{1/2+} \vee \underline{\underline{K}}^o_{1/2+}$$

Nous allons prendre un processus C_t défini sur W=[0,1[×[0,1[, muni de sa tribu borélienne, et construit de la manière suivante. Etant donné w=(u,v)∈W , nous posons R(w)=u/2, nous désignons par $Y_i(w)$ ($i\geq 1$) la i-ième " décimale" du développement dyadique du nombre v, en excluant pour les v rationnels dyadiques le développement admettant des 1 à partir d'un certain rang. Puis nous posons

(14) $C_t(w)= 1$ pour $0\leq t<R(w)$

$C_t(w)= 0$ pour $R(w)\leq t\leq 1$

$C_t(w)= \Sigma_{i>n}\ 2^{-i}Y_i(w)$ pour $1+\frac{1}{n+1}\leq t< 1+\frac{1}{n}$ ($n\geq 0$)

Le processus est défini pour tout t, càdlàg, continu à l'instant 1. Comme $R(w)\leq 1/2$, on a $\underline{\underline{G}}^o_{1-}=\underline{\underline{G}}^o_{1/2+} = \sigma(R)$, tribu que nous noterons $\underline{\underline{B}}$. D'autre part, $\underline{\underline{H}}^o_{1/n-} = \underline{\underline{K}}^o_{(1/2+1/n)-} = \sigma(Y_i,\ i>n)$, tribu que nous noterons $\underline{\underline{F}}_n$. Alors

(15) $$\underline{\underline{G}}^o_{1+} = \bigcap_n (\underline{\underline{B}}\vee\underline{\underline{F}}_n)\quad ;\quad \underline{\underline{G}}^o_{1-}\vee\underline{\underline{H}}^o_{0+}=\underline{\underline{G}}^o_{1/2-}\vee\underline{\underline{K}}^o_{1/2+} = \underline{\underline{B}}\vee(\bigcap_n\underline{\underline{F}}_n)$$

Changeons légèrement de notations, en désignant par $\underline{\underline{F}}_n$ la tribu sur $[0,1[$ (second facteur) engendrée par les " décimales" dyadiques de rang $i>n$, et par $\underline{\underline{F}}_\infty$ la tribu $\bigcap_n \underline{\underline{F}}_n$. Notons aussi $\underline{\underline{B}}$ la tribu borélienne sur le premier facteur. Alors $\overline{\underline{\underline{B}}}\vee\overline{\underline{\underline{F}}}_n = \underline{\underline{B}}\times\underline{\underline{F}}_n$, $\overline{\underline{\underline{B}}}\vee(\bigcap_n \overline{\underline{\underline{F}}}_n)=\underline{\underline{B}}\times\underline{\underline{F}}_\infty$.

Nous allons achever l'exposé en trouvant <u>une loi</u> P <u>sur</u> $[0,1[\times[0,1[$ <u>telle que</u> $\underline{\underline{B}}\times\underline{\underline{F}}_\infty$ <u>soit égale à</u> $\overline{\underline{\underline{B}}}$ <u>aux ensembles de mesure nulle près</u>, <u>mais que ceci soit faux pour</u> $\bigcap_n(\underline{\underline{B}}\times\underline{\underline{F}}_n)$.

La tribu $\underline{\underline{F}}_\infty$ est la tribu asymptotique de la suite des " décimales" dyadiques. Elle est dégénérée pour la mesure de Lebesgue λ (car dans ce cas les "décimales" dyadiques sont indépendantes) , mais il existe aussi des lois$^{(*)}$ μ pour lesquelles $\underline{\underline{F}}_\infty$ n'est pas dégénérée. Choisissons une telle loi, et définissons la loi P sur $[0,1[\times[0,1[$ par

$$\int f(u,v)P(du,dv) = \int_{[0,1[} \lambda(du)\int_{[0,1[} f(u,u\dot{+}v)\mu(dv)$$

où $\dot{+}$ désigne l'addition mod.1. La projection de P sur le second facteur est égale à $\lambda*\mu$ (convolution sur $[0,1[$ identifié au tore), elle est donc égale à λ, et toute fonction de la forme $(u,v)\mapsto b(v)$, où b est $\underline{\underline{F}}_\infty$ -mesurable, est égale P-p.s. à une constante c. Donc toute fonction de la forme $(u,v)\mapsto a(u)b(v)$ est égale P-p.s. à une fonction $(u,v)\mapsto ca(u)$ $\overline{\underline{\underline{B}}}$-mesurable, et un raisonnement de classes monotones étend cela à toute fonction $\underline{\underline{B}}\times\underline{\underline{F}}_\infty$ -mesurable.

D'autre part, une fonction borélienne f(u,v) est $\underline{\underline{B}}\times\underline{\underline{F}}_n$-mesurable si et seulement si ses applications partielles ou " coupes" f(u,.) sont périodiques (sur le tore) de période 2^{-n}. Donc f est mesurable par rapport à $\bigcap_n(\underline{\underline{B}}\times\underline{\underline{F}}_n)$ si et seulement si ses coupes admettent toutes les périodes 2^{-n} , i.e. sont $\underline{\underline{F}}_\infty$ -mesurables. $\underline{\underline{F}}_\infty$ n'étant pas μ-dégénérée, choisissons une fonction h(v), $\underline{\underline{F}}_\infty$ -mesurable bornée, non constante μ-p.s.$^{(*)}$, et posons $f(u,v)=h(v\dot{-}u)$. Alors f est $\bigcap_n(\underline{\underline{B}}\times\underline{\underline{F}}_n)$-mesurable et l'on a, pour toute fonction $\underline{\underline{B}}$-mesurable a(u)

$$\int|f(u,v)-a(u)|P(du,dv)=\int\lambda(du)\int|h(v)-a(u)|\mu(dv) > 0$$

de sorte que f n'est pas égale P-p.s. à une fonction $\overline{\underline{\underline{B}}}$-mesurable.

Nous ne pensons pas que cet exemple soit nouveau : seule son interprétation en termes de familles de tribus l'est peut être. Notre conclusion sera, en tout cas, que le théorème 1 est le meilleur résultat de décomposition possible, et qu'il faut s'en contenter.

(*) Par exemple $\mu = \frac{1}{2}\varepsilon_0 + \frac{1}{2}\varepsilon_{1/3}$ et h = indicatrice de l'ensemble des dyadiques.

REMARQUES. Bien entendu, si l'on a une relation ($13^?$) fausse après adjonction des ensembles de mesure nulle

$$\underline{\underline{G}}^o_{1+} \underset{P}{\neq} \underline{\underline{G}}^o_{1-} \vee \underline{\underline{H}}^o_{0+}$$

on a aussi que $\underline{\underline{G}}^o_{1+} \neq \underline{\underline{G}}^o_{1-} \vee \underline{\underline{H}}^o_{0+}$ avant adjonction (bien que les deux tribus considérées aient les mêmes atomes). Cela semble un défi à l' intuition au premier abord, mais ensuite, en regardant l'exemple, on comprend très bien ce qui se passe. Pour la loi P que l'on a construite, la tribu $\underline{\underline{H}}^o_{0+}$ qui représente le germe de trajectoire à l'instant 1, est dégénérée, de sorte qu'ajouter $\underline{\underline{H}}^o_{0+}$ à $\underline{\underline{G}}^o_{1-}$, c'est ne rien ajouter du tout. Mais conditionnellement à R - c'est à dire à $\underline{\underline{G}}^o_{1-}$ - la tribu des germes n'est pas dégénérée, de sorte que $\underline{\underline{G}}^o_{1+}$ ne se réduit pas à $\underline{\underline{G}}^o_{1-}$ aux ensembles négligeables près. Et pourquoi ne peut on pas conclure de la dégénérescence de $\underline{\underline{H}}^o_{0+}$ pour la loi absolue, à sa dégénerescence pour les lois conditionnelles ? Parce que $\underline{\underline{H}}^o_{0+}$ n'est pas séparable. Nous verrons cela d'une autre manière au paragraphe III.

Une autre remarque : on peut montrer que les énoncés ($11^?$) ($12^?$) ($13^?$) sont des conséquences de ($10^?$) écrite pour t=0 seulement, c'est à dire

$$(\lambda,\omega) \longmapsto K_0^\lambda(\omega) = Z_0^\lambda(\omega) \text{ est } \mathfrak{M}\times\underline{\underline{F}}^o_{0+}/\mathfrak{M} \text{ - mesurable .}$$

Mais nous ne prouverons pas cela - établir des implications entre énoncés faux étant une activité réservée aux jours de grève des chercheurs. Sous cette forme, on rejoint aussi le problème du § 3 .

III. ESPACES DE BLACKWELL ET MESURABILITE D'ESPERANCES CONDITIONNELLES

Nous supposons ici que $(\Omega,\underline{\underline{F}}^o)$ est un espace mesurable lusinien. Quitte à supposer que les atomes sont les points de Ω, nous pouvons munir Ω d'une topologie compacte métrisable dont $\underline{\underline{F}}^o$ est la tribu borélienne, et comme on l'a fait plus haut, munir l'ensemble M des mesures de probabilité sur Ω (l'adjonction de la mesure 0 ne sert à rien ici) de sa tribu borélienne $\mathfrak{M}$ naturelle (associée par ex. à la convergence étroite).

Le résultat suivant a été obtenu avec l'aide de G. Mokobodzki.

THEOREME 3 . Soit $\underline{\underline{G}}$ une sous-tribu de $\underline{\underline{F}}^o$. Alors les deux assertions suivantes sont équivalentes

1) Il existe une application $(\lambda,\omega)\longmapsto K^\lambda(\omega,.)$ de $M\times\Omega$ dans M,

<u>$\mathfrak{M}\times\underline{\underline{G}}/\mathfrak{M}$-mesurable, telle que pour tout</u> $\lambda\in M$ $(\omega,A)\mapsto K^{\lambda}(\omega,A)$ <u>soit un noyau d'espérance conditionnelle de</u> λ <u>par rapport à</u> $\underline{\underline{G}}$.

2) $\underline{\underline{G}}$ <u>est séparable</u>.

DEMONSTRATION. 2)=>1) est classique (Doob) et fait l'objet du lemme 1 de [7]. Montrons que 1)=>2). L'application K étant $\mathfrak{M}\times\underline{\underline{G}}/\mathfrak{M}$-mesurable, il existe une suite de rectangles $A_n\times B_n$ ($A_n\in\mathfrak{M}$, $B_n\in\underline{\underline{G}}$) telle que K soit mesurable par rapport à la tribu qu'elle engendre. Soit $\underline{\underline{H}}=\sigma(B_n\ ,\ n\in\mathbb{N})$. Comme $\underline{\underline{H}}$ est séparable, contenue dans $\underline{\underline{G}}$, il nous suffit de montrer que $\underline{\underline{H}}=\underline{\underline{G}}$, ou encore, d'après le théorème de Blackwell, que $\underline{\underline{H}}$ et $\underline{\underline{G}}$ ont les mêmes atomes. Or soient x et y appartenant au même atome de $\underline{\underline{H}}$, et f une fonction $\underline{\underline{G}}$-mesurable bornée, montrons que f(x)=f(y). Si x=y, il n'y a rien à prouver. Sinon, soit $\lambda=\frac{1}{2}(\varepsilon_x+\varepsilon_y)$. Comme K est $\mathfrak{M}\times\underline{\underline{H}}$-mesurable, on a $K^{\lambda}(x)=K^{\lambda}(y)$, donc $K^{\lambda}(x,f)=K^{\lambda}(y,f)$. Comme f est $\underline{\underline{G}}$-mesurable, on a $K^{\lambda}f=f$ λ-p.s., donc $K^{\lambda}(x,f)=f(x)$, $K^{\lambda}(y,f)$ $=f(y)$, et finalement f(x)=f(y).

R E F E R E N C E S

[1]. K.L. CHUNG. Some Universal field equations. Séminaire de Probabilités VI, p.90-97 (Lecture Notes in M.).

[2]. K.L. CHUNG et J.L. DOOB. Fields, Optionality and Measurability. Amer.J.Math., 87, 1965, p. 397-424.

[3]. C. DELLACHERIE. Capacités et processus stochastiques. Springer Ergebnisse 67, 1972.

[4]. C. DELLACHERIE et P.A. MEYER. Probabilités et Potentiels. Version refondue. Hermann 1976.

[5]. Ph. COURREGE et P. PRIOURET. Temps d'arrêt d'une fonction aléatoire. Publ. ISUP, 14, 1965, p.245-274.

[6]. F. KNIGHT. A predictive view of continuous time processes. A paraître aux Annals of Probability.[1]

[7]. P.A. MEYER. La théorie de la prédiction de F. Knight. Séminaire de probabilités X.

[8]. R.K. GETOOR et M.J. SHARPE. Balayage and multiplicative functionals. Z.f.W. 28, 1974, p.139-164.

1. Il est paru : Vol.3 , 1975, p. 573-596 .

Université de Strasbourg
Séminaire de Probabilités 1974/75

GENERATION OF σ-FIELDS BY STEP PROCESSES

by P.A. Meyer

This paper was drafted during the stay of Frank Knight at Strasbourg University in 1974, as a result of many discussions with him on the subject of his paper " Markov processes with deterministic germ fields "([1]) . We hoped to write more about it, and publish something together - this is why English is used here instead of the customary Alsacian - but we found we had nothing more to add, and Frank Knight didn't accept to put his name below the title there † , so let me sign alone and tell the reader that nothing of this paper could have been written without Knight's contribution.

Let $(E,\underline{\underline{E}})$ be any <u>countably generated</u> measurable space. We say that a process (X_t), defined on some measurable space $(\Omega,\underline{\underline{F}})$ and with values in $(E,\underline{\underline{E}})$ is a <u>step process</u> if for every ω, every t, there exists some ε>0 such that $X_t(\omega)=X_{t+s}(\omega)$ for $0\leq s<\varepsilon$ (ε may depend on t and ω). That is, X is a right continuous process in the discrete topology of E (though usually $\underline{\underline{E}}$ isn't the Borel field of the discrete topology). Note that the process isn't required to have left limits in the discrete topology : "jumps" are allowed to accumulate from the left, so that the word " step process" is slightly distorted from its usual meaning.

The restriction that $\underline{\underline{E}}$ should be countably generated is basic. We aren't going to comment on this point : without it there isn't one single reasonable word that can be said on the subject.

Our purpose here is to decide whether, given an increasing family $(\underline{\underline{F}}_t)$ of σ-fields on some probability space $(\Omega,\underline{\underline{F}},P)$, we can find a step process (X_t) which generates $(\underline{\underline{F}}_t)$ " after discarding a null set" (a.d.n.s.) . This must be carefully explained : we are allowed to throw away one fixed (measurable) null set once and for all, and on the remaining part of Ω we must have $\underline{\underline{F}}_t=\sigma(X_s, s\leq t)$ without any kind of completion relative to P. So P plays a very small role, though it couldn't quite be dispensed with.

Our first remark is the fact that it makes no difference whether we allow our step process to take its values in an arbitrary (countably generated) measurable space $(E,\underline{\underline{E}})$, or just in the interval $[0,1] = \mathbb{I}$. Indeed, denote by (A_n) a sequence of elements of $\underline{\underline{E}}$ which generates $\underline{\underline{E}}$, and by φ the mapping $\Sigma_n 3^{-n} I_{A_n}$ from E to $\mathbb{I}$. It is well known that $\underline{\underline{E}}$ is generated by φ . Hence (X_t) generates exactly the same family of σ-fields as the process $(Y_t)=(\varphi(X_t))$ with values in $\mathbb{I}$. On the other hand, if (X_t) is a step process so is (Y_t).

SOME NECESSARY CONDITIONS

First of all, if we have $\underline{\underline{F}}_t=\sigma(X_s, s\leq t)$ with (X_t) a step process, then by right continuity we have $\underline{\underline{F}}_t=\sigma(X_{rt} , r$ rational, $0<r\leq 1)$, hence $\underline{\underline{F}}_t$ <u>is countably generated for every</u> t .

Next, let $\mathbb{Q}$ be the set of rationals in $[0,\infty[$, and let h be a random variable on Ω, measurable with respect to $\underline{\underline{F}}_{t+}$. There exists a function h_n measurable on $\mathbb{R}^{\mathbb{Q}}$ (given its product σ-field) such that $h(\omega) = h_n(X_{r\wedge(t+\frac{1}{n})}(\omega)$, r rational). Since X is a step process, we have for n large enough (depending on ω) $X_{r\wedge(t+\frac{1}{n})}(\omega) = X_{r\wedge t}(\omega)$ for <u>all</u> $r\in\mathbb{Q}$: namely, if $X_.(\omega)$ is equal to $X_t(\omega)$ on $[t,t+\varepsilon[$, the stopped paths at t and $t+\frac{1}{n}$ are equal for $n>1/\varepsilon$. Therefore

$$h(\omega) = \lim_{n\to\infty} h_n(X_{r\wedge t}(\omega), r \text{ rational})$$

is $\underline{\underline{F}}_t$-measurable. <u>Hence</u> $\underline{\underline{F}}_t=\underline{\underline{F}}_{t+}$ <u>for any</u> t. A nice consequence is the fact that we don't need to distinguish between strict sense and wide sense stopping times T, nor between the corresponding σ-fields $\underline{\underline{F}}_T$ and $\underline{\underline{F}}_{T+}$.

Let T be a stopping time. The σ-field $\underline{\underline{F}}_{T-}$ is generated by $\underline{\underline{F}}_0$ and all events $A\cap\{s<T\}$, $A\in\underline{\underline{F}}_s$. We may write as above $I_A=h(X_{r\wedge s}$, r rational). Then $I_{A\cap\{s<T\}} = I_{\{s<T\}}h(X_{r\wedge s\wedge T}$, r rational), and we see that $\underline{\underline{F}}_{T-}$ is contained in the σ-field generated by T and the stopped process $X_t^T=X_{t\wedge T}$. Since $\underline{\underline{F}}_{T+}$ is equal to $\bigcap_n \underline{\underline{F}}_{(T+\frac{1}{n})-}$, we deduce from it that for every $\underline{\underline{F}}_{T+}$-measurable r.v. h and every n there exists a function h_n on $\mathbb{R}\times\mathbb{R}^{\mathbb{Q}}$ such that $h(\omega)=h_n(T(\omega),X_r^{T+1/n}(\omega)$, r rat$^\ell$) As above, the stopped path at T+1/n being equal to the stopped path at T for n large, we deduce from it that h is measurable with respect to $\sigma(T,X_t^T$, $t\in\mathbb{R}_+)$. Hence $\underline{\underline{F}}_{T+}\subset\sigma(T, X_t^T, t\in\mathbb{R}_+)$, equality follows obviously , and we have proved that $\underline{\underline{F}}_{T+}=\underline{\underline{F}}_T$ <u>is countably generated for every</u> T , a significant stengthening of our first result.

We are going now to prove that the two necessary conditions we have underlined are " almost " sufficient.

SUFFICIENCY OF THE CONDITIONS A.D.N.S.

Let $(\Omega,\underline{\underline{F}})$ be a measurable space with an increasing family of σ-fields $\underline{\underline{F}}_t$, and a probability law P. Since we are interested only in $(\underline{\underline{F}}_t)$, we may assume that $\underline{\underline{F}}=\underline{\underline{F}}_\infty$ and collapse the atoms of $\underline{\underline{F}}$ into points. Our basic assumption is that P is carried by some $\Omega_0\subset\Omega$ such that the induced σ-field $\underline{\underline{F}}|_{\Omega_0}$ is Blackwell - since $\underline{\underline{F}}=\underline{\underline{F}}_\infty$ will be assumed to be countably generated, this means that P is an abstract Radon measure in the sense of Yen [2]. Our aim is

THEOREM 1. <u>Assume</u> 1) $\underline{\underline{F}}_t=\underline{\underline{F}}_{t+}$ <u>for every</u> t , 2) <u>for any stopping time</u> T $\underline{\underline{F}}_T$ <u>is countably generated</u>. <u>Then the family is generated by a step process after discarding a null set</u>.

We may assume that $(\Omega,\underline{\underline{F}})$ itself is a Blackwell space by discarding $\Omega\setminus\Omega_0$. This is a trivial step : the interesting things happen on a Blackwell space. According to standard results, we may assume that Ω is an analytic (Suslin) subset of the interval $\mathbb{I}=[0,1]$, and $\underline{\underline{F}}$ is the Borel field of Ω. See for inst. [3], II .25 p.79.

It is now convenient - though not essential - to use a remark of Yen [4] . Let (r_n) be an enumeration of the rationals (including 0) and let H_{nm} be a sequence generating $\underline{\underline{F}}_{r_n-}$, understanding $\underline{\underline{F}}_{0-}$ as $\underline{\underline{F}}_0$. Let also $(n,m)\mapsto a(n,m)$ be a 1-1 mapping from $\mathbb{N}\times\mathbb{N}$ onto $\mathbb{N}$. We set

$$A_t(\omega) = \Sigma_{n,m}\, 3^{-a(n,m)} I_{[r_n,\infty]}(t) I_{H_{nm}}(\omega) \quad (0\leq t\leq\infty)$$

This is a right continuous, increasing process. On the other hand, the σ-field on $[0,\infty]\times\Omega$ generated by $(t,\omega)\mapsto A_t(\omega)$ is also generated by the sets $[r_n,\infty]\times H_{nm}$, so it is just the <u>predictable</u> σ-field. Let T be any stopping time, and Y be a $\underline{\underline{F}}_{T-}$-measurable random variable . There exists a predictable process $(Z_t)_{0\leq t\leq +\infty}$ such that $Y=Z_T$ ([3], IV.67 b), p.199). Since the predictable σ-field is generated by A, we may find a Borel function $\varphi : \mathbb{R} \mapsto \mathbb{R}$ such that $Z=\varphi(A)$, hence $\varphi(A_T)$ and <u>$\underline{\underline{F}}_{T-}$ is generated by A_T for any stopping time</u> T. This includes the fact that A_0 generates $\underline{\underline{F}}_0$.

Next, we need two lemmas :

LEMMA 1. <u>Let ω and ω' belong to the same atom of $\underline{\underline{F}}_t$. Then they belong to the same atom of $\underline{\underline{F}}_{t+\varepsilon}$ for some $\varepsilon>0$.</u>

Assume the contrary : for any n there exists $L_n \in \underline{\underline{F}}_{t+1/n}$ such that $\omega\in L_n$, $\omega'\notin L_n$. Setting $L = \liminf_n L_n$ we have $L\in\underline{\underline{F}}_{t+}$, $\omega\in L$, $\omega'\notin L$. Since $\underline{\underline{F}}_t=\underline{\underline{F}}_{t+}$, ω and ω' do not belong to the same atom of $\underline{\underline{F}}_t$.

LEMMA 2. <u>There exists a measurable mapping</u> h : $(\Omega,\underline{\underline{F}}_0)$ <u>to</u> $(\Omega,\underline{\underline{F}})$ <u>such that</u> , <u>for</u> P-<u>a.e.</u> ω, $h(\omega)$ <u>belongs to the same atom of</u> $\underline{\underline{F}}_0$ <u>as</u> ω .

Let Q be the image measure $A_0(P)$ on $\mathbb{R}$. Imbed Ω as an analytic subset of $\mathbb{I}$ and denote by G the graph of A_0 in $\mathbb{R}\times\mathbb{I}$, that is the set of all $(r,w)\in\mathbb{R}\times\mathbb{I}$ such that $w\in W$, $r=A_0(w)$. One easily checks that G is an analytic set in $\mathbb{R}\times\mathbb{I}$. According to a standard section theorem ([3], III.44, p.102) there exists a borel set $K\subset\mathbb{R}$ carrying Q, and a Borel mapping k from K to $\mathbb{I}$ such that $(r,k(r))\in G$ for $r\in K$. Choose $\omega_0 \in\Omega$ and set

$h(\omega)=\omega_0$ if $A_0(\omega)\notin K$, an event which belongs to $\underline{\underline{F}}_0$ and has probability 0 ,

$h(\omega)= k(A_0(\omega))$ otherwise.

Then h is $\underline{\underline{F}}_0$-measurable, and we have P-a.s. that $A_0(\omega)=A_0(h(\omega))$, meaning that ω and $h(\omega)$ belong to the same atom of $\underline{\underline{F}}_0$.

We can now start the construction. Consider the random variable

$$T(\omega) = \inf \{ r \text{ rational} : A_r(\omega)\neq A_r(h(\omega)) \}$$

This is obviously a wide sense stopping time, hence a strict sense stopping time since the family $(\underline{\underline{F}}_t)$ is right continuous. According to lemma 2 we a.s. have $A_0(\omega)=A_0(h(\omega))$, and according to lemma 1 $A_r(\omega)=A_r(h(\omega))$ for r small enough, that is $T(\omega)>0$. Set $T(\omega)=u$. Since $A_r(\omega)=A_r(h(\omega))$ for $r<u$, ω and $h(\omega)$ belong to the same atom of $\underline{\underline{F}}_{u-}$, and this in turn implies $A_u(\omega)=A_u(h(\omega))$. So we have - now without assuming $T(\omega)>0$

$$A_T(\omega) = A_0(\omega)I_{\{T(\omega)=0\}} + A_{T(\omega)}(h(\omega))I_{\{T(\omega)>0\}}$$

Since h is $\underline{\underline{F}}_0$-measurable, A_T belongs to the σ-field generated by T and $\underline{\underline{F}}_0$. On the other hand, A_T generates $\underline{\underline{F}}_{T-}$ and we have proved

LEMMA 3. <u>There exists a stopping time</u> T <u>such that</u> $T>0$ <u>a.s.</u>, <u>and that</u> $\underline{\underline{F}}_{T-}$ <u>is generated by</u> T <u>and</u> $\underline{\underline{F}}_0$.

This signifies intuitively that " nothing happens between 0 and T" : T is the "first jump time after 0" . This will be the starting point of a transfinite induction.

Set $\underline{\underline{G}}_t=\underline{\underline{F}}_{T+t}$. Then it is well known that a r.v. S is a stopping time (a wide sense stopping time) of $(\underline{\underline{G}}_t)$ if and only if T+S is a stopping time (a wide sense s.t.) of $(\underline{\underline{F}}_t)$. Hence stopping times and wide sense stopping times of $(\underline{\underline{G}}_t)$ are the same, implying that $\underline{\underline{G}}_t = \underline{\underline{G}}_{t+}$. On the other hand, if S is a stopping time of $(\underline{\underline{G}}_t)$, $\underline{\underline{G}}_S = \underline{\underline{F}}_{T+S}$ is countably generated, and finally $(\underline{\underline{G}}_t)$ has the same properties à $(\underline{\underline{F}}_t)$. The argument that led to the construction of T can be applied again, and proceeding inductively we get the following result.

LEMMA 4. There exists a family (T_α) of stopping times, indexed by the countable ordinal, such that

i) $T_0=0$,

ii) $\alpha<\beta \Rightarrow T_\alpha \leq T_\beta$,

iii) if β is a limit ordinal, $T_\beta = \sup_{\alpha<\beta} T_\alpha$,

iv) $T_{\alpha+1} > T_\alpha$ a.s. on $\{T_\alpha < \infty\}$,

v) $\underline{\underline{F}}_{T_{\alpha+1}-}$ is generated by $\underline{\underline{F}}_{T_\alpha}$ and $T_{\alpha+1}$.

According to a well known result, there exists an ordinal δ such that $T_\delta = +\infty$ a.s. ([3], 0.8, p.6 and errata sheet). By going to the next limit ordinal if necessary, we may assume δ is a limit ordinal. We now discard the null sets $\{T_\delta < \infty\}$, and $\{T_\alpha = T_{\alpha+1} < \infty\}$ for $\alpha<\delta$. We denote by D the countable set $\{\alpha: \alpha<\delta\}$ and denote by E the product space $D\times\mathbb{R}$ with the obvious σ-field (this measurable space is isomorphic to $\mathbb{R}$). For each α, let f_α be a real valued random variable generating $\underline{\underline{F}}_{T_\alpha}$. We define the following step process (X_t) with values in E

$$X_t = (\alpha, f_\alpha) \text{ if } T_\alpha \leq t < T_{\alpha+1}$$

and show it generates the family $(\underline{\underline{F}}_t)$ on the set that hasn't been discarded. For simplicity we change notation, Ω being reduced to the remaining "good" set. Let $\underline{\underline{G}}_t$ be $\sigma(X_s, s\leq t)$.

We prove $\underline{\underline{G}}_t \subset \underline{\underline{F}}_t$, that is, (X_t) is adapted. Let h be any measurable function on E, and h_α be the Borel function on $\mathbb{R}$ defined by $h_\alpha(x) = h(\alpha, x)$. Then we have

$$h \circ X_t = \Sigma_{\alpha<\delta}\, h_\alpha \circ f_\alpha I_{\{T_\alpha \leq t\}} I_{\{t<T_{\alpha+1}\}}$$

and $\{t<T_{\alpha+1}\}$ belongs to $\underline{\underline{F}}_t$, as does $h_\alpha \circ f_\alpha I_{\{T_\alpha \leq t\}}$ since f_α is $\underline{\underline{F}}_{T_\alpha}$-measurable.

Conversely, the stopping times T_α are stopping times of $(\underline{\underline{G}}_t)$, since they are the successive jump times of (X_t). The random variable f_α is $\underline{\underline{G}}_{T_\alpha}$-measurable, since $X_{T_\alpha}=(\alpha,f_\alpha)$, hence $\underline{\underline{F}}_{T_\alpha} \subset \underline{\underline{G}}_{T_\alpha}$. On the other hand, for any stopping time T of $(\underline{\underline{F}}_t)$ such that $T_\alpha \leq T \leq T_{\alpha+1}$, $\underline{\underline{F}}_{T-}$ is generated by $\underline{\underline{F}}_{T_\alpha}$ and T (the argument has been given above for $\alpha=0$ in the proof of lemma 3, the key idea of which was the fact that $A_\cdot$ doesn't increase between 0 and T_1. It can be extended to any α). Let L be an element of $\underline{\underline{F}}_{t-}$. In order to prove $L\in\underline{\underline{G}}_{t-}$ we need only show $L\cap\{T_\alpha<t\leq T_{\alpha+1}\}\in\underline{\underline{G}}_{t-}$ for every α. Call this event M, set $T=T_\alpha \vee (T_{\alpha+1}\wedge t)$. We have $\{t\leq T_{\alpha+1}\} = \{T_{\alpha+1}<t\}^c \in\underline{\underline{F}}_{t-}$, $\{T_\alpha<t\}\in\underline{\underline{F}}_{t-}$, hence $M\in\underline{\underline{F}}_{t-}$, and $M\cap\{t\leq T\}\in\underline{\underline{F}}_{T-}$. Now this is just M, so M belongs to the σ-field generated by $\underline{\underline{F}}_{T_\alpha}$ and T, therefore to that generated by $\underline{\underline{G}}_{T_\alpha}$ and T. On the other hand, M is contained in $\{T_\alpha<t\}\in\underline{\underline{G}}_t$, and the intersection of this set with any element of $\underline{\underline{G}}_{T_\alpha}$, or of $\sigma(T)$, is $\underline{\underline{G}}_t$-measurable. Finally, we have proved $\underline{\underline{F}}_{t-}\subset\underline{\underline{G}}_{t-}$, taking right limits $\underline{\underline{F}}_{t+}\subset\underline{\underline{G}}_{t+}$, and since both families are right continuous $\underline{\underline{F}}_t \subset \underline{\underline{G}}_t$. This concludes the proof of theorem 1.

REFERENCES

F. Knight. [1]. Markov processes with deterministic germ fields. Ann. Math. Stat. 43, 1972, p.1968-1976.

K.A.Yen.[2]. Forme mesurable de la théorie des ensembles sousliniens, applications à la théorie de la mesure. Scientia Sinica 18, 1975, p.444-463.

C.Dellacherie et P.A.Meyer.[3]. Probabilités et potentiels, version refondue des chap.I-IV. Hermann 1975.

K.A.Yen.[4] (avec P.A.Meyer). Génération d'une famille de tribus par un processus croissant. Séminaire de Probabilités IX, p.466-470.

Université de Strasbourg
Séminaire de Probabilités 1974/75

DEMONSTRATION PROBABILISTE DE CERTAINES INEGALITES DE LITTLEWOOD-PALEY

(P.A. Meyer)

EXPOSE I : LES INEGALITES CLASSIQUES

Ce travail trouve son origine dans la lecture des deux livres de STEIN [1] et [2], et le désir d'aboutir à une démonstration des inégalités de LITTLEWOOD-PALEY classiques, à partir de la théorie des martingales. Il se trouve qu'une telle démonstration existe, et qu'elle n'est pas difficile. Elle figure dans l'exposé I.

On se pose ensuite le problème d'étendre la théorie de LITTLEWOOD-PALEY à des semi-groupes "presque" quelconques (travail entrepris par STEIN dans [2] pour des semi-groupes symétriques, mais dans une direction différente ; nous expliquerons la distinction entre les inégalités "harmoniques" et "paraboliques", et la raison pour laquelle le résultat de STEIN est plus profond). Pour cela, il faut savoir ce qui va remplacer, pour des semi-groupes quelconques, la notion de gradient : l'opérateur carré du champ de ROTH, dont la théorie est faite dans l' exposé II.

Les inégalités de LITTLEWOOD-PALEY générales sont présentées dans l'exposé III, qui est bref (les démonstrations reprennent presque mot pour mot celles de l'exposé I). Enfin, l'exposé IV contient des applications aux semi-groupes de convolution symétriques.

J'ai le sentiment que les méthodes de martingales doivent pouvoir donner des résultats beaucoup plus forts, mais aussi qu'il y faut " autre chose" que le calcul élémentaire d'espérances conditionnelles qui est la base de cet article. J'ai été incapable de retrouver la théorie de l'espace H^1 , développée dans les travaux récents de STEIN et FEFFERMAN. J'ai aussi été incapable, dans une autre direction, d'établir une conjecture sur les semi-groupes de convolution non symétriques, qui figure dans l'exposé IV, et semble exiger une méthode de " désymétrisation" qui m'échappe.

I. DEFINITIONS ET NOTATIONS

Le but de ce paragraphe est d'introduire les fonctions de LITTLEWOOD-PALEY, et les notations des quatre exposés. On va, en effet, utiliser dans le cas classique un système de notations qui s'étendra sans modifications au cas général.

Nous désignons par E l'espace $\mathbb{R}^n$, sur lequel la mesure de Lebesgue sera notée plus souvent ξ que dx. Nous notons $\hat{E}$ le produit $\mathbb{R}^{n+1}=E\times\mathbb{R}$ (coordonnées souvent notées x,t), $\hat{E}^+$ le demi-espace $E\times\mathbb{R}_+$, et nous identifions E au "bord" $E\times\{0\}$ de $\hat{E}^+$. Nous noterons souvent ξ_a, pour $a\in\mathbb{R}_+$, la mesure $\xi\otimes\varepsilon_a$ sur $\hat{E}^+$.

Pour comprendre la terminologie employée, il est bon de se représenter $E\times\mathbb{R}_+$ ainsi: E est "transversal", $\mathbb{R}_+$ "horizontal".

Etant donnée une bonne fonction f sur le bord (par exemple $f\in\underline{\underline{S}}$, $\underline{\underline{C}}^\infty$ à décroissance rapide), nous pouvons prolonger f à $\hat{E}^+$ au moyen de l'intégrale de Poisson dans le demi-espace. <u>Nous désignerons encore ce prolongement par</u> f :

$$(1)\quad f(x,t) = \int_E Q_t(x,dy)f(y) \quad \text{où } Q_t(x,dy) = \frac{c_n\, t\, dy}{(t^2+|y-x|^2)^{(n+1)/2}}$$

Cela peut aussi s'écrire avec la transformation de Fourier : soit $\hat{f}$ la transformée de Fourier de f : $\hat{f}(u) = \int e^{iu\cdot x}f(x)\tilde{d}x$, où $\tilde{d}x$ est la "mesure de Plancherel" $(2\pi)^{-n/2}dx$. Alors

$$(2)\quad f(x,t) = \int_E \hat{f}(u)e^{-t|u|}e^{-ix\cdot u}\,\tilde{d}u$$

(pour voir que (2)=(1), remarquer que (2) fournit une fonction harmonique bornée, qui se réduit à f au bord).

A côté de ce prolongement harmonique, nous considérerons de temps en temps le prolongement $f^\circ(x,t)$ de f au demi-espace en une solution de l'équation de la chaleur $D_t f^\circ(x,t)=\Delta_x f^\circ(x,t)$, prolongement que nous qualifierons de <u>parabolique</u> . Il est donné par

$$(3)\quad f^\circ(x,t) = \int_E P_t(x,dy)f(y) \quad , \text{ où } P_t(x,dy)=(4\pi t)^{-n/2}e^{-|y-x|^2/4t}\,dy$$

On reconnaît là le semi-groupe du mouvement brownien sur $\mathbb{R}^n$, admettant le générateur infinitésimal Δ (ce n'est pas le mouvement brownien standard des probabilistes, dont le générateur est $\frac{1}{2}\Delta$). Avec la transformation de Fourier

(4) $$f^{\circ}(x,t) = \int_E \hat{f}(u) e^{-t|u|^2} e^{-ix.u} \widetilde{du}$$

Quelle est la relation entre ces deux prolongements ? Les noyaux Q_t constituent le <u>semi-groupe de Cauchy</u> , qui est"subordonné"au semi-groupe du mouvement brownien, au sens de BOCHNER. Considérons en effet les mesures de probabilité μ_t sur $\mathbb{R}_+$, dont la transformée de Laplace est

(5) $$\int_0^{\infty} e^{-ps} \mu_t(ds) = e^{-t\sqrt{p}}$$

et dont l'expression explicite est connue

(6) $$\mu_t(ds) = \frac{t}{2\sqrt{\pi}} e^{-t^2/4s} s^{-3/2} ds$$

Elles forment un semi-groupe de convolution ($\mu_s * \mu_t = \mu_{s+t}$), et la formule (5) entraîne que $e^{-t|u|} = \int e^{-s|u|^2} \mu_t(ds)$, de sorte que

(7) $$Q_t = \int_0^{\infty} P_s \, \mu_t(ds), \text{ où } Q_t = \frac{1}{\sqrt{\pi}} \int_0^{\infty} \frac{e^{-u}}{\sqrt{u}} P_{t^2/4u} \, du$$

(changement de variables à partir de (6)) .

Dans la théorie générale, on conservera la formule (1), (Q_t) étant défini par (7) à partir d'un semi-groupe markovien (P_t), qui sera l'objet fondamental de l'étude : ici, le semi-groupe du mouvement brownien est doué de nombreuses propriétés particulières :

i - Il admet la mesure ξ comme <u>mesure invariante</u>.

ii - Il est <u>symétrique</u> (autoadjoint) par rapport à ξ : si f et g sont boréliennes positives, $< f, P_t g >_{\xi} = < P_t f, g >_{\xi}$.

iii- C'est un semi-groupe de <u>diffusion</u> (son générateur infinitésimal est un opérateur local).

iv - C'est un semi-groupe de <u>convolution</u>.

Le semi-groupe (Q_t), lui, possède seulement les propriétés i,ii,iv, mais non iii. Nous allons établir pour (P_t) une foule d'inégalités, qui se partageront ensuite, lorsque nous passerons au cas général, entre les semi-groupes satisfaisant à ii, à iii, à iv... <u>La propriété</u> i <u>restera toujours une exigence minimale</u>.

Du point de vue des notations, signalons tout de suite que, lorsque ii ne sera pas satisfaite, nous noterons au moyen d'un * l'adjoint de (P_t), qui satisfait à $< f, P_t g >_{\xi} = < P_t^* f, g >$.

Revenons à la situation concrète du mouvement brownien .

LES FONCTIONS DE LITTLEWOOD-PALEY

Nous introduisons d'abord les deux fonctions de L-P que nous qualifierons d'<u>harmoniques</u> , parce qu'elles sont relatives au prolongement harmonique de f. <u>Ce sont des fonctions sur</u> E

(8¹) $G_f(x) = [\int_0^\infty t\ \mathrm{grad}^2 f(x,t)\,dt\ ]^{1/2}$ (fonction complète)

(8²) $G_f^{\rightarrow}(x) = [\int_0^\infty t\ (D_t f(x,t))^2\,dt\ ]^{1/2}$ (fonction horizontale)

Il y a aussi une fonction $G_f^{\uparrow}$ "harmonique transversale", qui ne fait intervenir que les dérivations en x. Nous ne nous en servirons pas.

Ensuite, la fonction <u>parabolique horizontale</u>

(8³) $\rho_f^{\rightarrow}(x) = [\int_0^\infty t\ (D_t f^{\circ}(x,t))^2 dt\ ]^{1/2}$

Plus loin , lorsque nous ferons la théorie générale, la distinction entre fonctions harmoniques et paraboliques s'estompera : une fonction harmonique par rapport à (P_t) est parabolique par rapport à (Q_t)!

Il résulte sans peine du théorème de Plancherel et des expressions (2) et (4) que l'on a (les normes étant relatives à $L^2(\xi)$)

(9) $\|f\|_2 = 2\|G_f^{\rightarrow}\|_2 = \sqrt{2}\|G_f\|_2 = 2\|\rho_f^{\rightarrow}\|_2$

Les inégalités de LITTLEWOOD-PALEY affirment que, pour tout $p\in]1,\infty[$, on a des équivalences de normes dans $L^p(\xi)$

(10) $A_p\|f\|_p \leq \|G_f^{\rightarrow}\|_p, \|G_f\|_p, \|\rho_f^{\rightarrow}\|_p \leq A_p'\|f\|_p$

Les inégalités "harmoniques" sont établies par STEIN dans [1], avec bien des raffinements d'ailleurs. Ce sont elles que nous allons prouver ici par une méthode probabiliste. Nous saurons en déduire l'inégalité $\|f\|_p \leq c\|\rho_f^{\rightarrow}\|_p$, mais non l'inégalité inverse. Les inégalités paraboliques sont établies dans [2], par STEIN, pour <u>tous</u> les semi-groupes symétriques (de sorte que leur application à (Q_t) redonne l'inégalité harmonique horizontale). La méthode de STEIN utilise un procédé d'interpolation complexe, on ne "comprend" pas ce qui se passe.

UN EXEMPLE D'APPLICATION

Avant de démontrer les inégalités classiques, montrons à quoi elles peuvent servir : l'exemple sera généralisé plus tard.

Soit $f\in\underline{\underline{S}}$. Définissons une fonction $r_j \in L^2$ par sa transformée de Fourier :

(11) $\hat{r}_j(u) = \frac{u_j}{|u|}\hat{f}(u)$ (u_j est la j-ième coordonnée de u)

en fait, $\hat{r}_j$ est intégrable, donc r_j est aussi continue et nulle à l'infini. En regardant la formule (2), et en effectuant des dérivations sous le signe somme (justifiées par le facteur de convergence $e^{-t|u|}$) on a que

$$i\frac{\partial}{\partial t}\, r_j(x,t) = \frac{\partial}{\partial x_j} f(x,t)$$

donc $\quad G_{\vec{r}_j} \leqq G_f$

donc $\quad \|r_j\|_p \leqq c_p \|f\|_p \qquad (1<p<\infty)$

L'opérateur (11) se prolonge donc en un opérateur borné dans L^p. Comme on dit, "$u_j/|u|$ est un multiplicateur de $\mathcal{F}L^p$" . C'est le début du début de la théorie des opérateurs intégraux singuliers, mais ce n'est pas un résultat trivial - et c'est aussi un théorème important pour les probabilistes, car il donne juste ce qu'il faut pour lire les articles de STROOCK et VARADHAN sur les diffusions, du moins à coefficients indépendants du temps (cf. le séminaire de Strasbourg IV, p.262-263).

II. UN CALCUL D'ESPERANCES CONDITIONNELLES

Soit $(P_t^{\rightarrow})$ le semi-groupe du mouvement brownien sur $\mathbb{R}$, de générateur D^2 , la dérivée seconde. Le semi-groupe du mouvement brownien à n+1 dimensions est le produit des semi-groupes (P_t) et $(P_t^{\rightarrow})$. On le notera

(12) si $\hat{x}=(x,u)\in\hat{E}$, $\hat{P}_t(\hat{x},.) = P_t(x,.)\otimes P_t^{\rightarrow}(u,.)$

Soit Ω l'espace des applications continues de $\mathbb{R}_+$ dans $\hat{E}$, muni de ses applications coordonnées

$$B_t = (Y_t,Z_t) \quad (Y_t \text{ à valeurs dans } E,\ Z_t \text{ dans } \mathbb{R})$$

de sa famille de tribus naturelles $(\underline{\underline{F}}_t)$, et des mesures $\mathbb{P}^{\hat{x}}$ $(\hat{x}\in\hat{E})$ faisant de (B_t) un mouvement brownien à n+1 dimensions issu de $\hat{x}$.

Nous poserons $T_a(\omega) = \inf \{ t : Z_t(\omega)=a \}$: en particulier, T_0 est l'instant de rencontre du "bord" $E\times\{0\}$ du demi-espace $\hat{E}^+$. La mesure initiale du mouvement brownien sera toujours placée sur $\hat{E}^+$, et nous noterons V l'opérateur potentiel de Green du demi-espace, i.e. l'opérateur potentiel, sur $\hat{E}^+$, du semi-groupe tué à l'instant T_0.

Par abus de notation, nous noterons parfois $\mathbb{P}^x$, ou $\mathbb{P}^u$, des probabilités pour la loi $\mathbb{P}^{x,u}$ relatives à la composante (Y_t) seule, ou à la composante (Z_t) seule. Par exemple, il est classique (ITO et McKEAN [1], p.25) que l'on a

(13) $\quad \mathbb{E}^u[e^{-pT_0}] = e^{-u\sqrt{p}} \qquad (p>0)$

CONSTRUCTION D'UNE MARTINGALE (M_t), ET CALCUL DE $\langle M,M\rangle$

Soit f une bonne fonction sur le bord, par exemple $f\in\underline{\underline{S}}$. L'interprétation classique de la mesure harmonique, due à Paul LEVY, montre que son prolongement harmonique au demi-espace - encore noté f - est

(14¹) $f(x,u) = \mathbb{E}^{x,u}[f(B_{T_0})]$

Vérifions "à la main" que cela revient aux formules (1) et (7). On a $f(B_{T_0})=f(Y_{T_0},0)=f(Y_{T_0})$. Soit λ_u la loi de T_0 pour $\mathbb{P}^u$: les processus (Y_t) et (Z_t) étant indépendants

$$\mathbb{E}^{x,u}[f(B_{T_0})] = \int \mathbb{E}^x[f(Y_s)]\lambda_u(ds) = \int P_s(x,f)\lambda_u(ds)$$

D'après (5) et (13), on a $\lambda_u=\mu_u$, et la dernière intégrale vaut alors $Q_u(x,f)=f(x,u)$ d'après (7). Nous avons alors

$$\begin{aligned}\mathbb{E}[f(B_{T_0})|\underline{\underline{F}}_t] &= f(B_{T_0})I_{\{T_0\leq t\}} + \mathbb{E}[f(B_{T_0})I_{\{t<T_0\}}|\underline{\underline{F}}_t] \\ (14^2) \qquad &= f(B_{T_0})I_{\{T_0\leq t\}} + \mathbb{E}^{B_t}[f(B_{T_0})I_{\{t<T_0\}}] \\ &= f(B_{t\wedge T_0})\end{aligned}$$

<u>Nous désignerons par</u> (M_t) <u>la martingale</u> $f(B_{t\wedge T_0})$. Nous allons montrer que

(15) $\langle M,M\rangle_t = \int_0^{t\wedge T_0} 2\mathrm{grad}^2 f(B_s)\, ds$

Soit en effet a>0. Le processus $(B_{t\wedge T_a})$ est une martingale vectorielle , que nous désignons par (U_t) dans les quelques lignes qui suivent, avec des composantes notées U_t^i. La fonction f est deux fois continûment différentiable dans $E\times[a,\infty[$, avec des dérivées des deux premiers ordres D_if, D_iD_jf bornées. Appliquons alors la formule d'ITO

$$f(U_t) = f(U_0) + \sum_i \int_0^t D_if(U_s)dU_s^i + \sum_{ij} \frac{1}{2}\int_0^t D_iD_jf(U_s)d\langle U^i,U^j\rangle_s$$

Mais d'autre part $\langle U^i,U^j\rangle_s = 2\delta^{ij}.s\wedge T_a$. Comme f est harmonique, le terme complémentaire est nul, et $f(U_t)$ est une intégrale stochastique (on retrouve ainsi le fait que (M_t) est une martingale !) dont le processus croissant associé est $\sum_{ij}\int_0^t D_if(U_s)D_jf(U_s)d\langle U^i,U^j\rangle_s$, c'est à dire $2\int_0^{t\wedge T_a} \mathrm{grad}^2 f(B_s)ds$. Après quoi on fait tendre a vers 0.

<u>Dans toute la suite nous simplifierons les notations en écrivant</u> $g(x,t)$ <u>au lieu de</u> $\mathrm{grad}^2 f(x,t)$. Nous noterons g_t l'application partielle $g(.,t)$.

CALCUL D'UN POTENTIEL DE GREEN

Plaçons nous d'abord sur la droite , et calculons le potentiel de Green d'une fonction positive $h\in\underline{\underline{C}}_c^\infty$, à support contenu dans $]0,+\infty[$, c'est à dire

$$V(u,h) = \mathbb{E}^u[\int_0^{T_0} h\circ Z_s ds] \quad (u\geq 0)$$

C'est une fonction de u positive, nulle en 0, dont la dérivée seconde est égale à -h . Un bon candidat est

$$\int_0^\infty u\wedge a\ h(a)da$$

et il est classique que c'est bien l'expression correcte. Il en résulte que, si l'on passe maintenant à n+1 dimensions, le potentiel de Green d'une fonction $h(x,t)=h(t)$ ne dépendant que de la variable t est

$$V((x,u),h) = \mathbb{E}^{x,u}[\int_0^{T_0} h(B_s)ds] = \int_0^\infty u\wedge a\ h(a)da$$

Maintenant, soit $N>0$. Soient ξ_N la mesure $\xi\otimes\varepsilon_N$, j une fonction positive sur $\hat{E}^+$. Montrons que

(16) $\quad <\xi_N V,j> = \mathbb{E}^{\xi_N}[\int_0^{T_0} j(B_s)ds] = \int_{\hat{E}^+} N\wedge a\ j(x,a)\xi(dx)da$

Il suffit de vérifier cette formule jorsque $j(x,a)$ est de la forme $k(x)h(a)$. Le membre de droite vaut alors $<\xi,k>\int^\infty N\wedge a\ h(a)da$. Celui de gauche vaut $\mathbb{E}^{\xi_N}[\int_0^\infty k(Y_s).h(Z_s)I_{\{s<T_0\}}ds] = \int_0^\infty ds\,\mathbb{E}^\xi[k(Y_s)]\mathbb{E}^N[h(Z_s)I_{\{\}}]$

d'après l'indépendance des deux composantes. Comme ξ est invariante par P_s , cela vaut simplement $<\xi,k>\mathbb{E}^N[\int_0^{T_0} h(Z_s)ds]$; d'après le calcul fait plus haut sur le mouvement brownien linéaire, c'est le résultat cherché.

Il est important pour la suite de noter que seule l'invariance de ξ a été utilisée ici.

CALCUL D'UNE ESPERANCE CONDITIONNELLE

Voici le résultat principal de ce paragraphe. Là aussi, nous voulons préparer la suite en le mettant sous une forme aussi générale que possible, c'est pourquoi nous l'écrivons avec un noyau adjoint Q_t^* : ici nous avons $Q_t^*=Q_t$, mais plus loin nous aurons ainsi la vraie formule.

LEMME FONDAMENTAL. <u>Soit</u> j <u>une fonction positive sur</u> $E\times\mathbb{R}_+$. <u>Alors</u>

(17) $\quad \mathbb{E}^{\xi_N}[\int_0^{T_0} j(B_s)ds\ |Y_{T_0}] = \int_0^\infty N\wedge a\ Q_a^*(Y_{T_0},j(.,a))\ da \quad$ <u>p.s.</u> .

DEMONSTRATION. Soit f une fonction positive sur E, et aussi le prolongement harmonique à $\hat{E}^+$ qui lui correspond. Il s'agit de vérifier que

$$\mathbb{E}^{\xi_N}[f(Y_{T_0})\int_0^{T_0} j(B_s)ds] = \int_0^\infty \mathbb{E}^{\xi_N}[Q_a^*(Y_{T_0},j_a)f(Y_{T_0})]\ N\wedge a\ da$$

Du côté droit, nous remarquons que la répartition de Y_{T_0} pour la mesure $\mathbb{P}^{\xi_N}$ est ξ . En effet, si λ_N est la loi de T_0 pour $\mathbb{P}^N$

$$\mathbb{E}^{\xi N}[k(Y_{T_0})] = \int_0^\infty \lambda_N(ds)\mathbb{E}^{\xi}[k\circ Y_s] = \int_0^\infty \lambda_N(ds)<\xi P_s,k> = <\xi,k>$$

du fait que λ_N a une masse égale à 1 et que ξ est invariante. Le côté droit vaut donc

$$\int_0^\infty <\xi,\ f.Q_a^* j_a> N\wedge a\ da$$

Du côté gauche, nous intervertissons les intégrations :

$$\int_0^\infty ds\, \mathbb{E}^{\xi N}[f(Y_{T_0})j(B_s)I_{\{s<T_0\}}] = \int_0^\infty ds\, \mathbb{E}^{\xi N}[\mathbb{E}[f(Y_{T_0})|\underline{\underline{F}}_s]j(B_s)I_{\{s<T_0\}}]$$

Or cette espérance conditionnelle vaut $f(B_{t\wedge T_0})$, où maintenant f est vraiment un prolongement harmonique (cf.(14²)) . Ainsi nous avons

$$\int_0^\infty ds\, \mathbb{E}^{\xi N}[f(B_s)j(B_s)I_{\{s<T_0\}}] = \mathbb{E}^{\xi N}[\int_0^{T_0} fj(B_s)ds\ ]$$
$$= \int N\wedge a <\xi, f_a j_a> da$$

d'après (16). Il reste donc seulement à voir si $f_a j_a = Q_a f.j_a$ et $f.Q_a^* j_a$ ont la même intégrale par rapport à ξ, autrement dit à revenir à la définition de l'adjoint : $<Q_a f, j_a>_\xi = <f, Q_a^* j_a>_\xi$. On voit bien pourquoi il faut écrire Q_a^* dans (17), même simplement pour l'esthétique.

Nous avons donc abouti à la formule

$$(18)\qquad \mathbb{E}^{\xi N}[<M,M>_\infty\ |Y_{T_0}] = \int_0^\infty 2N\wedge a\ Q_a^*(Y_{T_0}, g_a)da$$
$$(g_a(x) = \ \text{grad}^2 f(x,a)\ )$$

qui nous donnera très simplement les inégalités de L-P. Cette formule a déjà fait des apparitions en analyse. HERZ la mentionne dans [1], p.148 (journées du potentiel, Lecture Notes 404) en termes un peu sibyllins (d'autant plus que HERZ étudie le cas des boules). GUNDY m'a cité une apparition beaucoup plus ancienne de la fonction au second membre : ZYGMUND, Proc. Nat. Acad. Sci. 42, 1956. ZYGMUND en donne une interprétation frappante au moyen des sommes partielles d'une série trigonométrique (là encore, il s'agit du disque, non du demi-espace).

III. LES INEGALITES DE LITTLEWOOD-PALEY

Nous allons introduire deux autres fonctions de LITTLEWOOD-PALEY, dont nous étudierons plus loin, de façon aussi approfondie que possible, les relations avec les fonctions usuelles.

$$(19)\qquad H_f(x) = \quad [\ \int_0^\infty a\ Q_a^*(x,g(.,a))\ da\ ]^{1/2}$$

$$(20)\qquad K_f(x) = \quad [\ \int_0^\infty a(Q_a^*(x,\sqrt{g(.,a)}))^2 da\ ]^{1/2}$$

- en ne gardant du gradient que la composante $D_t f(x,t)$, on obtiendrait les "fonctions horizontales" $H_f^{\rightarrow}$,$K_f^{\rightarrow}$ correspondantes. Ici, de manière explicite, H_f est la fonction introduite par ZYGMUND

(21) $$H_f(x) = c \left[\iint \frac{a}{(a^2+|y-x|^2)^{(n+1)/2}} \operatorname{grad}^2 f(y,a)\, a\,da\,dy \right]^{1/2}$$

Cette fonction est à rapprocher de l'une des fonctions introduites par STEIN dans [1]

(22) $$g^*_\lambda(x) = \left[\iint \frac{a^{\lambda n}}{(a+|y-x|)^{\lambda n}} a^{1-n} \operatorname{grad}^2 f(y,a)\, da\,dy \right]^{1/2}$$

En effet, pour $\lambda=(n+1)/n$, le rapport g^*_λ/H_f est borné supérieurement et inférieurement. Nous verrons plus loin les rapports entre la fonction K_f et d'autres fonctions de LITTLEWOOD-PALEY classiques.

Pour l'instant, nous nous bornerons à prouver que

(23) $$\frac{1}{2}G_f \leqq K_f \leqq H_f$$

(et les résultats analogues pour les fonctions horizontales). La relation $K_f \leqq H_f$ est simplement l'inégalité de Schwarz $(Q^*_a(\sqrt{h}))^2 \leqq Q^*_a(h)Q^*_a(1)$, avec le fait que $Q^*_a 1=1$. Pour la première, nous remarquons que si f est une "bonne fonction" sur $\mathbb{R}^n$, les fonctions $D_t f(x,t)$, $D_{x_i} f(x,t)$ sont aussi des prolongements harmoniques de fonctions bornées sur $\mathbb{R}^n$ - cela se voit parfaitement sur la formule (2) - et que par conséquent[1]

(24) $$Q_s(x, \operatorname{grad}f(.,t)) = \operatorname{grad}f(x,s+t)$$

en passant aux longueurs des vecteurs

$$Q_s(x, |\operatorname{grad}f(.,t)|) \geq |\operatorname{grad}f(x,s+t)|$$

et $K_f(x) \geqq \left[\int_0^\infty a\, g(x,2a)da \right]^{1/2} = \frac{1}{2}G_f(x)$.

Nous allons maintenant démontrer les inégalités de L-P dans l'ordre suivant : (c_p est une quantité qui varie de place en place)

1) Egalités de normes pour p=2
2) Inégalité $\|H_f\|_p \leqq c_p\|f\|_p$ pour $p\geqq 2$ (donc aussi $\|K_f\|_p, \|G_f\|_p \leqq c_p\|f\|_p$)
3) Inégalité $\|K_f\|_p \leqq c_p\|f\|_p$ pour $1<p\leqq 2$ (donc aussi $\|G_f\|_p \leqq c_p\|f\|_p$)
4) Inégalité $\|f\|_p \leqq c'_p\|G^{\to}_f\|_p$ pour tout p (donc aussi toutes les autres).

ETAPE 1 : EGALITE DE NORMES DANS L^2

Evaluons $\|G^{\to}_f\|_2^2$ à partir de la formule $D_t f(x,t) = \int -|u|\hat{f}(u)e^{-ixu}e^{-t|u|}\tilde{d}u$ de sorte que la transformée de Fourier de $D_t f(x,t)$ est $-|u|e^{-t|u|}\hat{f}(u)$. D'après Plancherel , $\int (D_t f(x,t))^2 \tilde{d}x = \int |u|^2 e^{-2t|u|}|\hat{f}(u)|^2 \tilde{d}u$. Alors

1.Ce raisonnement étant spécial au mouvement brownien, nous omettons les * .

$$\int (G_f^{\rightarrow}(x))^2 \tilde{d}x = \int t dt \int (D_t f(x,t))^2 \tilde{d}x = \int t|u|^2 e^{-2t|u|} dt \int |\hat{f}(u)|^2 \tilde{d}u$$
$$= \tfrac{1}{4}\int |\hat{f}(u)|^2 \tilde{d}u \;= \tfrac{1}{4}\int f^2(x)\tilde{d}x$$

On peut procéder de même pour G_f , mais là il vaut mieux faire autrement : nous écrivons que, pour la mesure initiale ξ_N

$$\|f\|_2^2 = \mathbb{E}[f^2 \circ Y_{T_0}] = \mathbb{E}[M_\infty^2] = \mathbb{E}[M_0^2 + \langle M,M\rangle_\infty]$$
$$= \mathbb{E}[M_0^2] + \mathbb{E}[\,\mathbb{E}[\langle M,M\rangle_\infty | Y_{T_0}]]$$
$$= \int f^2(x,N)\xi(dx) + \int \xi(dx)\int_0^\infty 2.N\wedge a.Q_a^*(x,g_a)da$$

Nous faisons tendre N vers $+\infty$. Le premier terme tend vers 0 d'après le théorème de Plancherel. Comme $\xi Q_a^* = \xi$, le second terme tend vers $\int \xi(dx)\int_0^\infty 2ag(x,a)da = 2\|G_f\|_2^2$. Ce raisonnement utilise très peu les caractères spéciaux du mouvement brownien, et s'étendra à des situations bien plus générales.

ETAPE 2 : INEGALITE $\|H_f\|_p \leqq c_p\|f\|_p$, $p\geqq 2$

Dans la démonstration de STEIN [1], c'est la partie délicate : STEIN démontre l'inégalité seulement pour $p\geqq 4$, et interpole entre 2 et 4. Pour nous, au contraire, c'est la partie facile.

Nous partons de l'inégalité de BURKHOLDER (élémentaire justement dans l'intervalle $[2,\infty[$

$$\|M_\infty\|_p^p \geqq c_p\|(M_0^2+\langle M,M\rangle_\infty)^{1/2}\|_p^p \geqq c_p\|\langle M,M\rangle_\infty\|_{p/2}^{p/2}$$
$$\geqq c_p\|\,\mathbb{E}[\langle M,M\rangle_\infty | Y_{T_0}]\|_{p/2}^{p/2}$$

Cette dernière inégalité, parce que $p/2\geqq 1$ (G.PISIER m'a fait remarquer qu'ici la mesure est infinie, et que la démonstration la plus usuelle de cette inégalité, dans le cas des lois de probabilité, est en défaut : la méthode qui marche bien consiste à calculer $\|\;\|_{p/2}$ comme sup sur la boule unité du $L^{q'}$ conjugué). Ici, explicitement avec la mesure $\mathbb{P}^{\xi_N}$

$$\|f\|_p^p \geqq c_p\int \xi(dx)(\int 2.N\wedge a\; Q_a^*(x,g(.,a))da)^{p/2}$$

d'où la relation cherchée lorsque $N\to\infty$

ETAPE 3 : INEGALITE $\|K_f\|_p \leqq c_p\|f\|_p$, $p\leqq 2$

Ici nous allons suivre exactement STEIN, par exemple [2], p.50. Nous n'utilisons pas d'inégalité de martingales, mais, assez curieusement, tout le raisonnement se transcrit en langage probabiliste.

<u>Nous pouvons nous borner au cas où</u> f <u>est positive</u>.

LEMME 1. <u>Soit</u> $f^{\times}(x) = \sup_t Q_t^*(x,f_t)$. Alors $\|f^{\times}\|_p \leq c_p\|f\|_p$ $(1<p<\infty)$

Ce lemme est une application de la théorie des martingales, due à ROTA [1] (cf. STEIN [2], p.106). Il n'est pas difficile.

Nous désignons maintenant par h la fonction positive $p(p-1)f^{p-2}g$ sur $\hat{E}^+$, par $I(x)$ la fonction $\int_0^{\infty} ah(x,a)da$ sur E, par $J(x)$ la fonction $\int_0^{\infty} aQ_a^*(x,h_a)da$ sur E. Nous prouvons

LEMME 2. $\|f\|_p^p \geqq \int_E I(x)\xi(dx) = \int_E J(x)\xi(dx)$

DEMONSTRATION. Il suffit de démontrer l'inégalité pour J, car les deux intégrales sont égales d'après la relation $\xi Q_a^* = \xi$.

Considérons la fonction deux fois différentiable $F(u)=(u+\varepsilon)^p$ sur $\mathbb{R}_+$. Appliquons lui la formule d'ITO :

$$(M_t+\varepsilon)^p = (M_0+\varepsilon)^{p-1} + \int_0^t p(M_s+\varepsilon)^{p-1}dM_s + \frac{1}{2}\int_0^t p(p-1)(M_s+\varepsilon)^{p-2}d\langle M,M\rangle_s$$

nous prenons une espérance par rapport à une mesure $\mathbb{P}^{\hat{x}}$ $(\hat{x}\in\hat{E}^+)$, ce qui fait disparaître la première intégrale, puis faisons tendre ε vers 0. Il vient par convergence monotone, comme $p\leqq 2$

$$\mathbb{E}^\cdot[f^p(B_{t\wedge T_0})] = f^p(\cdot) + \mathbb{E}^\cdot[\int_0^{t\wedge T_0} p(p-1)f^{p-2}(B_s)g(B_s)ds]$$

nous intégrons par rapport à ξ_N , utilisons le calcul d'espérances conditionnelles, il vient

(25) $\|f\|_p^p = \int f^p(x,N)\xi(dx) + \int\xi(dx)\int_0^{\infty} N\wedge a.Q_a^*(x,h_a)da$

Nous obtenons l'inégalité cherchée en négligeant le premier terme, et en faisant tendre N vers $+\infty$.

REMARQUE. On a aussi (25) pour $p\geqq 2$: dans ce cas on peut tout de suite prendre $\varepsilon=0$.

Le lemme 1 signifie aussi, dans le cas particulier où nous sommes $(Q=Q^*)$ que la fonction $f^*(x) = \sup_t f(x,t)$ appartient à L^p si f y appartient. Comme $f^p(x,N)$ est dominé par f^*, nous avons l'<u>égalité</u> dans l'énoncé du lemme 2, pour tout $p>1$, dès que nous savons que $f(x,t)\to 0$ simplement lorsque $t\to\infty$. Cela fait disparaître, par exemple, le dernier recours au th. de Plancherel dans la démonstration d'égalité pour p=2.

Dans STEIN [1], une formule de Green est utilisée à la place de la formule d'ITO.

Passons à la démonstration de l'inégalité de L-P. Nous écrivons

$$K_f^2(x) = \int_0^{\infty} a(Q_a^*(x,\gamma_a))^2da \quad \text{où } \gamma(x,t)=\sqrt{g(x,t)}$$

D'autre part, $\gamma = h^{1/2}f^{1-p/2}$ à un facteur près. D'après Schwarz

$$(Q_a^*(\gamma_a))^2 \leqq cQ_a^*(h_a)Q_a^*(f_a^{2-p}) \leqq cQ_a^*(h_a)(Q_a^*(f_a))^{2-p}$$

du fait que $2-p\leqq 1$

$$\leqq cQ_a^*(h_a)(f^\times)^{2-p}$$

Ainsi $K_f^2 \leqq c(f^\times)^{2-p}J(x)$. Elevons à la puissance p/2, et appliquons Hölder avec les exposants conjugués 2/p et 2/2-p. Il vient

$$\|K_f\|_p^p \leqq c_p \left(\int (f^\times(x))^p \xi(dx)\right)^{(2-p)/2} \left(\int J(x)\xi(dx)\right)^{p/2} \leqq c_p \|f\|_p^p$$

la dernière inégalité provenant des lemmes 1 et 2.

ETAPE 4 : INEGALITE $\|f\|_p^p \leqq c_p \|G_f^{\rightarrow}\|_p^p$ si $f\in L^2$

Le raisonnement est ici très simple , et nous suivons STEIN. Soit q l'exposant conjugué de p. Soit H un ensemble de "bonnes fonctions" sur E, dense dans la boule unité de L^q. Nous partons de l'égalité de L-P dans L^2, que nous polarisons :

$$\int f(x)h(x)\xi(dx) = c\iint t\, D_t f(x,t)\, D_t h(x,t)\, dt\xi(dx)$$

$$\leqq c \int G_f^{\rightarrow}(x) G_h^{\rightarrow}(x)\xi(dx) \quad (\text{ inégalité de Schwarz })$$

$$\leqq c\|G_f^{\rightarrow}\|_p \|G_h^{\rightarrow}\|_q \leqq c_q' \| G_f^{\rightarrow}\|_p \|h\|_q$$

d'après les majorations de $\|G_h^{\rightarrow}\|_q$ vues précédemment. Après quoi on passe au sup sur $h\in H$.

REMARQUE. Nous avons signalé plus haut la relation entre la fonction H_f (21) et la fonction $g_\lambda^*(f)$ (22) pour $\lambda=(n+1)/n$. STEIN ne prouve la relation $\|g_\lambda^*(f)\|_p \leqq c_p\|f\|_p$ que pour $p>2/\lambda$. Si l'on admet que ce résultat est le meilleur possible, il n'existe pas de résultat <u>indépendant de la dimension</u> n meilleur que $p\geqq 2$, et il est nécessaire de passer de H_f à K_f pour $p<2$.

Noter aussi que le procédé de l'étape 4 ne marche pas dans l'autre sens : les inégalités $\|f\|_p \leqq c_p \|G_f^{\rightarrow}\|_p$ ne semblent pas entraîner de manière simple les inégalités inverses.

IV. SUR DEUX INEGALITES "PARABOLIQUES"

Dans [2] STEIN démontre (par une méthode assez détournée) les inégalités de LITTLEWOOD-PALEY pour la fonction parabolique horizontale $\rho_f^{\rightarrow}$. Comme au paragraphe précédent, l'<u>égalité</u> de L-P dans L^2 relative à $\rho_f^{\rightarrow}$ permet de se limiter à une seule moitié : la majoration $\|\rho_f^{\rightarrow}\|_p \leqq c_p\|f\|_p$. Le théorème de L-P parabolique se scinde donc en deux moitiés, dont l'une est plus forte que l'autre.

Notre première remarque va consister à prouver que

(26) $$G_f^{\rightarrow}(x) \leqq c.P_f^{\rightarrow}(x)$$

de sorte que la moitié faible du théorème de L-P parabolique est une conséquence des inégalités harmoniques (tandis qu'en revanche, la moitié forte des inégalités paraboliques entraîne les inégalités harmoniques relatives à $G^{\rightarrow}$). La démonstration est entièrement générale, et vaut pour tous les semi-groupes.

Pour voir cela, fixons x , posons $p(t)=P_t f(x)$, $q(t)=Q_t f(x)$, ces deux fonctions étant liées par la relation (7)

$$q(t) = a \int_0^{\infty} \frac{e^{-u}}{\sqrt{u}}\, p(t^2/4u)du$$

où a est une constante. Dérivons sous le signe somme

$$|q'(t)| \leqq a \int_0^{\infty} \frac{te^{-u}}{u\sqrt{u}}\, |p'(t^2/4u)|du$$

$$|q'(\sqrt{t})| \leqq a \int_0^{\infty} \sqrt{t/u}\; e^{-u}|p'(t/4u)|\frac{du}{u} = a\int_0^{\infty} e^{-vt}|p'(\tfrac{1}{4v})|\frac{dv}{v\sqrt{v}}$$

(en fait, on a bien une égalité de dérivation sous le signe $\int$, mais il faut vérifier que sp'(s) reste borné au voisinage de l'infini, ce qui peut se voir pour une bonne fonction f, sur l'expression explicite du noyau de Poisson).

La fonction $q'(\sqrt{t})$ apparaît donc comme une transformée de Laplace, et la transformation de Laplace est un opérateur borné dans $L^2(\mathbb{R}_+)$. Nous avons donc

$$\int_0^{\infty} (q'(\sqrt{t}))^2 dt \leqq c \int (p'(\tfrac{1}{4v}))^2 \frac{dv}{v^3} = c' \int w(p'(w))^2 dw$$

ce qui équivaut à (26).

Notre second commentaire va consister à utiliser une méthode analogue à celle du paragraphe III, mais plus simple, pour établir une inégalité de L-P parabolique - probablement nouvelle ?

DEMONSTRATION D'UNE INEGALITE PARABOLIQUE "TRANSVERSALE"

Considérons une bonne fonction f sur le bord, et un mouvement brownien (Y_t) à n dimensions, avec la mesure initiale ξ . Soit N>0. Il est bien connu que le processus

(27) $$M_s = \mathbb{E}[f\circ Y_N|\underline{\underline{F}}_s] = P_{N-s}(Y_s,f) = f^{\circ}(Y_s,N-s)$$

est une martingale pour $0\leqq s\leqq N$. Il est facile de calculer $\langle M,M\rangle_s$ au moyen de la formule du changement de variables d'ITO :

(28) $$\langle M,M\rangle_s = 2\int_0^s \text{grad}_{\shortmid}^2 f^{\circ}(Y_t,N-t)dt \qquad (0\leqq s\leqq N)$$

où la flèche $\uparrow$ indique l'absence de la dérivation D_t. D'après les inégalités de BURKHOLDER, nous avons une équivalence de norme dans L^p entre $M_N=f(Y_N)=f^o(Y_N,0)$ et $(M_0^2+\langle M,M\rangle_N)^{1/2}$.

Introduisons la "fonction de LITTLEWOOD-PALEY parabolique transversale"

$$(29)\qquad \rho_f^{\uparrow}(x) = \left[\int_0^{\infty} \mathrm{grad}_{\uparrow}^2 f^o(x,t)dt \right]^{1/2}$$

et calquons la démonstration du paragraphe précédent :

MAJORATION DE $\|\rho_f^{\uparrow}\|_p$, $p\geqq 2$. Nous partons de l'inégalité de BURKHOLDER

$$\|f\|_p^p = \mathbb{E}^{\xi}[|M_N|^p] \geqq c_p\, \mathbb{E}^{\xi}[\langle M,M\rangle_N^{p/2}] \geqq c_p \mathbb{E}^{\xi}[(\mathbb{E}[\langle M,M\rangle_N|Y_N])^{p/2}]$$

Compte tenu de (28) , nous avons

$$\mathbb{E}[\langle M,M\rangle_N|Y_N] = \int_0^N P_{N-a}(Y_N,\mathrm{grad}_{\uparrow}^2 f^o(.,N-a))da = \int_0^N P_a(Y_N,\mathrm{grad}^2 f^o(.,a)da$$

d'où, la loi de Y_N étant ξ

$$\|f\|_p^p \geqq c_p \|(\int_0^N P_a(.,\mathrm{grad}_{\uparrow}^2 f^o(.,a))da)^{1/2}\|_p, \text{ après quoi } N\to\infty$$

Comme les composantes du gradient sont des fonctions paraboliques, on a $P_a(x,\mathrm{grad}_{\uparrow}^2 f^o(.,a))\geqq \mathrm{grad}^2 f^o(x,2a))$, et on en déduit que $\|f\|_p \geqq c_p\|\rho_f^{\uparrow}\|_p$ $(p\geqq 2)$.

REMARQUE. En fait nous avons démontré une inégalité pour la fonction correspondant à H_f dans le cas harmonique :

$$(30)\qquad H\rho_f^{\uparrow}(x) = \left[\int_0^{\infty} P_t^*(x,\mathrm{grad}_{\uparrow}^2 f^o(.,t))dt \right]^{1/2}$$

MAJORATION DE $\|\rho_f^{\uparrow}\|_p$, $p\leqq 2$. Le lemme 1 subsiste, avec $f^*(x)=\sup_t f^o(x,t)$ (f est supposée positive ici). Le lemme 2 subsiste, avec $h(x,t) = p(p-1)(f^o(x,t))^{p-2}\mathrm{grad}_{\uparrow}^2 f^o(x,t)$, et $I(x)=\int_0^{\infty} h(x,a)da$: la formule du changement de variable est appliquée à la martingale $f^o(Y_s,N-s)+\varepsilon$ sur $[0,N]$, et avec la même fonction x^p. Le reste de la démonstration est le même.

Le théorème s'applique en fait à la fonction correspondant à K_f :

$$(31)\qquad K\rho_f^{\uparrow}(x) = \left[\int_0^{\infty} (P_t^*(x,|\mathrm{grad}_{\uparrow} f^o(.,t)|))^2 dt \right]^{1/2}$$

MINORATION DE $\|\rho_f^{\uparrow}\|_p$. On démontre l'égalité $\|f\|_2^2=2\|\rho_f^{\uparrow}\|_2^2$ au moyen du théorème de Plancherel. puis on raisonne par dualité comme plus haut. Je n'ai pas trouvé de comparaison simple entre $\rho_f^{\uparrow}$ et $G_f^{\uparrow}$.

V. LIEN AVEC L'INTEGRALE DE LUSIN

Nous allons montrer ici que la fonction K_f introduite au §3 (formule 20) domine l'intégrale d'aire de LUSIN , fonction qui a été beaucoup utilisée dans l'étude du comportement des fonctions harmoniques à la frontière . Dans une rédaction précédente, on " montrait" aussi que K_f dominait la fonction maximale non tangentielle, mais le calcul comportait une faute à la dernière ligne (je remercie E.STEIN d'avoir exprimé des doutes quant à ce résultat, ce qui m'a permis de découvrir l'erreur).

Notons $\Gamma(a)$ le cône $\{|x|\leqq at\}$ de sommet 0, $\Gamma_x(a)$ son translaté de sommet x, et posons

(32) $$S(f)(x) = \Big[\int_{\Gamma_x(a)} t^{1-n}\, \mathrm{grad}^2 f(x,t)\, dxdt \Big]^{1/2}$$

S(f) est l'intégrale de LUSIN. Notre but est de prouver que $S(f)\leqq cK_f$, où c dépend de l'ouverture du cône (et de la dimension n). Nous nous placerons au point 0, et nous utiliserons les notations

$g(x,t) = |\mathrm{grad}\, f(x,t)|$ (attention, ce n'est pas la même notation que dans les paragr. I-IV)

B_t est la boule de centre $(0,t)$, tangente au cône $\Gamma(a)$, μ_t est la mesure "moyenne sur B_t" . De même, B_t^o et μ_t^o sont relatives au cône $\Gamma(2a)$, B_t^{oo} et μ_t^{oo} au cône $\Gamma(3a)$.

<u>Première étape</u>. Nous montrons que , au point 0

(33) $$S(f)^2 \leqq c\int_0^\infty tdt \int g^2(x,s)d\mu_t^o(x,s)$$

(ici et dans toute la suite, nous désignons par c une quantité qui peut dépendre de n et de a, et change de place en place). Considérons en effet le second membre : nous pouvons l'écrire

$$c \int_0^\infty tdt\; t^{-n-1}\int_{B_t^o} g^2(x,s)dxds$$

or $B_t^o \cap \Gamma$ contient un tronc de cône

$$\Gamma_t \;:\; |x|\leqq as,\; c_1 t\leqq s\leqq c_2 t$$

donc cette intégrale est minorée par

$$c\int_0^\infty g^2(x,s)t^{-n} I_{\{|x|\leqq as\ ,\ \frac{s}{c_2}\leqq t\leqq \frac{s}{c_1}\}} dxdsdt$$

et en intégrant d'abord en t

$$c \int_{|x|\leqq as} g^2(x,s)s^{1-n}dxds = cS(f)^2 \text{ au point } 0 .$$

<u>Seconde étape</u>. Nous appliquons les inégalités de HARNACK à la fonction harmonique vectorielle grad f . La norme L^2 de cette fonction pour μ_t^o est dominée par la norme L^1 pour la mesure μ_t^{oo} sur la boule B_t^{oo}.
Comment voir cela ? On se ramène au cas d'une fonction réelle positive harmonique dans B_t^{oo} . Connaître l'intégrale pour μ_t^{oo} , c'est connaître la valeur au centre. D'après HARNACK, cela permet de majorer la fonction sur B_t^o , et comme μ_t^o est de masse 1, la norme L^2 est plus petite que la norme L^∞. Ainsi nous avons

$$(34)\qquad \int_0^\infty t\,dt \int g^2(x,s)\,d\mu_t^o(x,s) \leq c\int_0^\infty t\,dt\,\left(\int g(x,s)\,d\mu_t^{oo}(x,s)\right)^2 = c\int_0^\infty t^{-2n-1}\left(\int_{B_t^{oo}} g(x,s)\,dx\,ds\right)^2 dt$$

<u>Troisième étape</u>. La boule B_t^{oo} est contenue dans un tronc de cône Γ_t^{oo} : $\{|x|\leqq 3at\ ,\ c_1t\leqq s\leqq c_2t\}$. Soit $j(s) = \int_{|x|\leqq 3as} g(x,s)\,dx$. D'après Schwarz la parenthèse dans la dernière intégrale de (34) est majorée par

$$\left(\int_{\Gamma_t^{oo}} g(x,s)\,dx\,ds\right)^2 = \left(\int_{c_1t}^{c_2t} j(s)\,ds\right)^2 \leqq ct.\int_{c_1t}^{c_2t} j^2(s)\,ds$$

D'où pour (33) et (34) la majoration

$$c\int_0^\infty t^{-2n}dt\int_{c_1t}^{c_2t} j^2(s)\,ds = c\int_0^\infty j^2(s)\,ds\int_{s/c_2}^{s/c_1} t^{-2n}dt = c\int s^{1-2n} j^2(s)\,ds$$

D'un autre côté, nous avons

$$K_f^2(0) \geqq \int_0^\infty ct\left(\int_{|x|\leqq 3t} \frac{t}{(t^2+|x|^2)^{\frac{n+1}{2}}} g(x,t)\,dx\right)^2 dt \geqq c\int_0^\infty t.t^{-2n}\left(\int_{|x|\leqq 3t} g(x,t)\,dx\right)^2 dt = c\int t^{1-2n} j^2(t)\,dt\ .$$

Et c'est fini.

REMARQUE. Soit $\varphi(t) = \sup_{(x,s)\in B_t^o} g(x,s)$. Nous venons de voir que $K_f^2(0)$ majore à un facteur près la seconde intégrale de (34)

$$(35)\qquad \int_0^\infty t\,dt\,\left(\int g(x,s)\,d\mu_t^{oo}(x,s)\right)^2$$

Mais connaissant la moyenne sur la grande boule B_t^{oo}, on sait majorer la valeur au centre, puis par HARNACK le sup sur une boule concentrique plus petite, donc $K_f^2(0)$ majore

$$(36)\qquad c\int_0^\infty t\,dt\,\left(\sup_{(x,s)\in B_t^o} g(x,s)\right)^2 = c\int_0^\infty t\,dt\,\varphi^2(t)$$

Cela précise bien la relation entre K_f et G_f .

BIBLIOGRAPHIE

E.M.STEIN. [1]. Singular Integrals and Differentiability Properties of Functions. Princeton University Press, 1970.

[2]. Topics in Harmonic Analysis Related to the Littlewood Paley Theory. Annals of Math. Studies 63, Princeton 1970.

[3]. Intégrales Singulières... Cours d'Orsay, 1966-67.

K.ITO et H.P.McKEAN.[1]. Diffusion processes and their sample paths. Grundlehren 125, Springer 1965.

R.M.BLUMENTHAL et R.K.GETOOR.[1]. Markov processes and potential theory. Academic Press 1968.

C.S.HERZ.[1].Généralisation de la notion des classes H_p de Hardy. Journées de Potentiel et Analyse Harmonique. Lecture Notes in M. n°404, Springer 1974.

G.C.ROTA.[1]. An Alternierende Verfahren for general positive operators. Bull. Amer. M. Soc. 68, 1962, 95-102.

P.A.MEYER.[1]. Probabilités et Potentiel. Hermann 1966.

C.FEFFERMAN et E.M.STEIN. H^p Spaces of several variables. Acta Math. 129, 1972, 137-192.

Université de Strasbourg
Séminaire de Probabilités 1974/75

DEMONSTRATION PROBABILISTE DE CERTAINES INEGALITES DE LITTLEWOOD-PALEY

(P.A. Meyer)

EXPOSE II : L'OPERATEUR CARRÉ DU CHAMP

Cet exposé est presque indépendant du premier, qui était consacré aux inégalités de LITTLEWOOD-PALEY classiques. Nous y considérons un semi-groupe de Markov (P_t) sur un espace d'états E LCD (par ex.), satisfaisant aux "hypothèses droites" usuelles de la théorie des processus de Markov (voir par exemple WALSH-MEYER [1], GETOOR [1]), avec sa réalisation continue à droite canonique $(\Omega, Y_t, \underline{\underline{F}}_t, \ldots)$, sa résolvante (U_p). La fin de l'exposé seulement contient un résultat lié au premier exposé, où l'on forme un semi-groupe $(\hat{P}_t)$ produit de (P_t) par un mouvement brownien $(P_t^{\rightarrow})$. Un peu partout, nous avons inclus des résultats analytiques faciles et ennuyeux, qui n'ont rien à voir avec le carré du champ, mais serviront plus tard.

I. L'OPERATEUR CARRÉ DU CHAMP

Nous introduisons d'abord le générateur infinitésimal A de (P_t), sur son domaine $\underline{\underline{D}}(A)$, en un sens faible

DEFINITION 1. $f \in \underline{\underline{D}}(A)$ <u>et</u> $Af=g$ <u>signifie que</u>

1) f <u>est universellement mesurable bornée sur</u> E,

2) g <u>est universellement mesurable sur</u> E, <u>et</u> $U_p|g|$ <u>est bornée sur</u> E <u>pour tout</u> $p>0$,

3) <u>pour tout</u> $p>0$, $f=U_p(pf-g)$.[(1)]

On obtient une variante intéressante en remplaçant "bornée" par "finie" dans l'assertion 2) - c'est sous cette forme que figurait la définition dans la rédaction précédente.

Pour tout $x \in E$, l'espérance $E^x[\int_0^\infty e^{-ps}(p|f|+|g|)\circ Y_s\, ds]$ est finie, et le processus

$$(1) \qquad C_t^{p,f} = e^{-pt}f\circ Y_t + \int_0^t e^{-ps}(pf-g)\circ Y_s\, ds = E[\int_0^\infty e^{-ps}(pf-g)\circ Y_s\, ds \,|\underline{\underline{F}}_t]$$

<u>est une martingale uniformément intégrable pour la loi</u> P^x. Faisant

(1) Noter que si l'on modifie g sur un ensemble de potentiel nul, ces propriétés restent satisfaites.

tendre p vers 0, nous obtenons que le processus

(2) $$C_t^f = f\circ Y_t - \int_0^t g\circ Y_s\, ds$$

est une martingale - non uniformément intégrable en général. Notre but consiste à montrer que cette martingale est localement de carré intégrable, et à calculer le processus croissant associé $<C^f,C^f>$.

Nous remarquons d'abord que

(3) $$C_t^{p,f} = \int_{[0}^{t]} e^{-ps}\, dC_s^f \quad (\text{ intégrale stochastique })$$

Dans cette formule, l'intervalle d'intégration contient 0, on convient que $C_{0-}^f=0$, de sorte qu'il y a une masse en 0 égale à $C_0^f = f\circ Y_0$.

Pour vérifier cela, nous intégrons par parties

$$\int_{[0,t]} e^{-ps}dC_s^f = C_t^f e^{-pt} + \int_0^t pC_s^f e^{-ps}\, ds$$

après quoi le calcul va tout seul, et nous laissons les détails de côté. Nous avons par conséquent

(4) $$d<C^{p,f},C^{p,f}>_t = e^{-2pt}d<C^f,C^f>_t \quad .$$

<u>Nous poserons</u> pf-g=h <u>pour alléger les notations</u>. Notre point de départ est un lemme qui améliore la vieille "formule de l'énergie" - on pourrait l'étendre du cas continu au cas prévisible. Pour tous ces calculs, cf. Probabilités et Potentiels, VII, n°s 16,23 et environs.

LEMME 1. <u>Soit</u> (A_t) <u>un processus adapté, à trajectoires continues et à variation intégrable</u>

(5) $$E[\int_0^\infty |dA_s|] < \infty$$

<u>et soit</u> $X_t=E[A_\infty|\underline{\underline{F}}_t]-A_t$ <u>le "potentiel" associé</u>. <u>Si l'on a</u> $|X_t|\leqq c$, <u>on a</u>

(6) $$E[A_\infty^2] = 2E[\int_0^\infty X_s dA_s] \leqq 2cE[\int_0^\infty |dA_s|]$$

DEMONSTRATION. Posons $T=\inf\{t : \int_0^t |dA_s|\geqq n\}$, $\bar{A}_t=A_{t\wedge T}$: c'est un processus continu, adapté, dont la variation totale sur $\mathbb{R}_+$ est bornée par n. Quel est le potentiel engendré ? c'est

$$\bar{X}_t = E[\bar{A}_\infty|\underline{\underline{F}}_t] - \bar{A}_t = X_{t\wedge T} - E[X_T|\underline{\underline{F}}_t]$$

la formule de l'énergie usuelle s'applique à $\bar{A}$ et nous donne

$$E[A_T^2] = E[\bar{A}_\infty^2] = 2E[\int_0^\infty \bar{X}_s d\bar{A}_s] = 2E[\int_0^T X_s dA_s] - 2E[\int_0^\infty E[X_T|\underline{\underline{F}}_t]d\bar{A}_t]$$
$$= 2E[\int_0^T X_s dA_s] - 2E[X_T A_T]$$

Faisons tendre n vers $+\infty$: alors $T \to +\infty$, la première intégrale tend vers $E[\int_0^\infty X_s dA_s]$ (domination par $c\int_0^\infty |dA_s|$), la seconde intégrale tend vers 0 (car $X_T \to 0$ en restant dominé par c), et d'après le lemme de Fatou nous obtenons que $E[A_\infty^2] < \infty$.

Mais alors la martingale $X_t + A_t = E[A_\infty | \underline{\underline{F}}_t]$ est de carré intégrable, donc dominée dans L^2 (inégalité de Doob) et comme $|X_t| \leq c$ le processus (A_t) est dominé dans L^2. Donc $E[A_T^2] \to E[A_\infty^2]$, et nous pouvons conclure.

Nous appliquons ce résultat à $A_t = \int_0^t e^{-ps} h \circ Y_s ds$ ($h=pf-g$), avec les lois P^x. Le potentiel X_t est alors $E[\int_t^\infty e^{-ps} h \circ Y_s ds | \underline{\underline{F}}_t] = e^{-pt} f \circ Y_t$ borné. Il vient, en nous conformant à la définition usuelle de $\langle C^{p,f}, C^{p,f} \rangle$ comme processus croissant prévisible nul en 0[1]

$$E^\bullet[(C_\infty^{p,f})^2] = E^\bullet[A_\infty^2] = 2E^\bullet[\int X_s dA_s] = 2U_{2p}(fh)$$

$$E^\bullet[\langle C^{p,f}, C^{p,f} \rangle_\infty] = E^\bullet[(C_\infty^{p,f})^2 - (C_0^{p,f})^2] = 2U_{2p}(fh) - f^2$$

Nous passons alors à C^f en utilisant (4)

$$E^\bullet[\int_0^\infty e^{-2ps} d\langle C^f, C^f \rangle_s] = 2U_{2p}(fh) - f^2 = E^\bullet[\int_0^\infty 2e^{-2ps}(fh) \circ Y_s ds] - f^2$$

Il est classique (KUNITA-WATANABE) que $\langle C^f, C^f \rangle$ est une fonctionnelle additive. Autrement dit, f^2 est le 2p-potentiel de la fonctionnelle additive $\int_0^t fh \circ Y_s ds - \langle C^f, C^f \rangle_t$, et par conséquent le processus

$$(7) \qquad e^{-2pt} f^2 \circ Y_t + 2\int_0^t e^{-2ps} f \circ Y_s (pf-g) \circ Y_s ds - \int_0^t e^{-2ps} d\langle C^f, C^f \rangle_t$$

est une martingale. Faisons tendre p vers 0, nous obtenons le résultat suivant :

LEMME 2. <u>Si $f \in \underline{\underline{D}}(A)$ et $g=Af$, la martingale (C_t^f) est localement de carré intégrable, et le processus</u>

$$(8) \qquad f^2 \circ Y_t - 2\int_0^t (fg) \circ Y_s ds - \langle C^f, C^f \rangle_t$$

<u>est une martingale pour toute loi P^x.</u>

A partir de là, nous allons pouvoir démontrer un résultat assez intéressant.[2] Disons qu'un ensemble $\underline{\underline{H}}$ de fonctions universellement mesurables bornées est <u>plein</u> si la mesure nulle est la seule mesure bornée (signée) nulle sur $\underline{\underline{H}}$. Alors

THEOREME 1. <u>Les propriétés suivantes sont équivalentes</u>

1) <u>$\underline{\underline{D}}(A)$ est une algèbre</u> .

1. Ce n'est pas celle du cours sur les intégrales stochastiques.
2. Voir la remarque p.II.18.

2) $\underline{\underline{D}}(A)$ <u>contient une algèbre pleine</u> $\underline{\underline{H}}$.

3) <u>Pour toute loi</u> P^μ, <u>toute martingale</u> (M_t) <u>sur</u> Ω <u>relative à</u> P^μ <u>et de carré intégrable, la mesure aléatoire</u> $d\langle M,M\rangle_t$ <u>est absolument continue par rapport à la mesure de Lebesgue</u> dt.

DEMONSTRATION. Montrons que 3)=>1). Supposons que pour $f\in\underline{\underline{D}}(A)$ $d\langle C^f,C^f\rangle_t$ soit absolument continue par rapport à dt. Alors, d'après un théorème célèbre de MOTOO (étendu à tous les semi-groupes droits par MOKOBODZKI et aussi GETOOR : cf. le séminaire de Strasbourg V, p.231) il existe une fonction positive j universellement mesurable sur E telle que $d\langle C^f,C^f\rangle_t = j\circ Y_t dt$. Nous avons alors d'après les calculs antérieurs

(9) $\qquad U_{2p}j = E^\bullet[\langle C^{p,f},C^{p,f}\rangle_\infty] \leqq 2U_{2p}(fh)$, fonction bornée

donc si nous posons $k=2fg+j$, $U_{2p}|k|$ est bornée, et l'on a

(10) $\qquad f^2 = U_{2p}(2pf^2-k)$ d'après la relation (7).

Cela signifie que $f^2\in\underline{\underline{D}}(A)$ et $Af^2=k=2fg+j$. Pour montrer que $\underline{\underline{D}}(A)$ est une algèbre, on polarise.

Il est clair que 1)=>2). Il reste à montrer que 2)=>3). Ce résultat est dû pour l'essentiel à KUNITA-WATANABE. Nous ne ferons qu'esquisser la démonstration, en renvoyant pour les détails au séminaire de probabilités de Strasbourg I, Lecture Notes n°39, <u>Intégrales stochastiques III</u>, p.131. Le lemme de KUNITA-WATANABE s'énonce ainsi :

LEMME 3.* <u>Si</u> $\underline{\underline{H}}$ <u>est un ensemble plein dans</u> $\underline{\underline{D}}(A)$, <u>et si</u> M <u>est une martingale de carré intégrable pour la mesure</u> P^μ (<u>μ bornée</u>) <u>orthogonale aux martingales</u> C^f, $f\in\underline{\underline{H}}$, <u>nulle en</u> 0 , <u>alors</u> M <u>est nulle</u>.

Ce point étant admis, supposons que $\underline{\underline{D}}(A)$ contienne une algèbre pleine $\underline{\underline{H}}$. Pour toute $f\in\underline{\underline{H}}$ on a $f^2\in\underline{\underline{H}}$, donc $\langle C^f,C^f\rangle_t = \int_0^t (Af^2-2fAf)\circ Y_s ds$ est absolument continue. L'ensemble $\underline{\underline{U}}$ des martingales de carré intégrable U telles que $\langle U,U\rangle$ soit absolument continu est un sous-espace stable, pour vérifier que c'est l'espace de toutes les martingales de carré intégrable il suffit de montrer que toute M orthogonale à $\underline{\underline{U}}$ est nulle, et cela résulte du lemme précédent.

REMARQUES. Les semi-groupes possédant la propriété 3) sont appelés semi-groupes de LEVY dans le séminaire I, p.149 (parce qu'ils admettent un "système de LEVY"). Il est montré p.150 du séminaire I que tout semi-groupe droit dont la famille de tribus est dépourvue de temps de discontinuité peut se ramener à un semi-groupe de LEVY par changement de temps (pour le lecteur qui voudrait regarder, signalons que

---

* v. page 162: Correction aux "Inégalités de Littlewood-Paley"

ces exposés sont rédigés pour des semi-groupes de HUNT, et que cette hypothèse n'intervient en réalité que par l'absence de temps de discontinuité dans la famille ($\underline{\underline{F}}_t$)). Inversement, il est bien connu que la propriété 3) entraîne l'absence de temps de discontinuité.

Le théorème 1 entraîne que tout semi-groupe tel que $\underline{\underline{D}}$(A) contienne $\underline{\underline{C}}_c^{\infty}$ est un semi-groupe de LEVY . Ce résultat était annoncé dans le séminaire I, p.160, th.7, mais avec une démonstration insuffisante : on n'y prouvait qu'un résultat un peu plus faible , dû à IKEDA-WATANABE, J.Math. Kyoto 1962.

Dans cet exposé-ci, nous ne parlerons pas de semi-groupes de LEVY. Nous emploierons la terminologie suivante, empruntée à la thèse récente de ROTH (Orsay 1975), qui montre l'importance des opérateurs carré du champ en théorie du potentiel.

DEFINITION 2. _On dit que_ (P_t) _admet un_ opérateur carré du champ _si les conditions équivalentes du th.1 sont satisfaites_. _Si_ f _et_ g _sont deux éléments de_ $\underline{\underline{D}}$(A), _on notera_ $\Gamma(f,g)$ _la densité de_ $\frac{1}{2}<C^f,C^g>$:

(11) $2\Gamma(f,g) = A(fg) - f.Ag - g.Af$ $(f,g \in \underline{\underline{D}}(A))$

Dans le cas du mouvement brownien, par exemple, $\Gamma(f,g)$= gradf.gradg. La valeur de $\Gamma(f,g)$ au point x sera notée $\Gamma_x(f,g)$ en général - mais noter que Af n'est pas, au sens de la définition p.1, une fonction : c'est une _classe_ de fonctions définies aux ensembles de potentiel nul près. **Les valeurs de l'opérateur carré du champ Γ sont donc définies p.p..**

Lorsque nous travaillerons sur des fonctions complexes, nous poserons

(12) $2\Gamma(f,g) = A(f\bar{g}) - f.A\bar{g} - \bar{g}.Af$

Le résultat fondamental concernant l'opérateur carré du champ est la positivité de la classe Γ(f,f) pour toute f complexe appartenant à $\underline{\underline{D}}$(A), tout simplement parce que c'est la densité de $<C^f,C^{\bar{f}}>_t/2$ p.r.à dt .

UNE APPLICATION DE LA FORMULE D'ITO

Le théorème suivant[1], dont la démonstration emploie des techniques probabilistes plus raffinées, ne nous servira pas dans la suite. Il exprime que, dès que la fonction $x \mapsto x^2$ opère sur $\underline{\underline{D}}$(A), toutes les fonctions deux fois différentiables opèrent (je voudrais ici poser une question : quand les fonctions de classe $\underline{C}^1$ opèrent elles ? On peut raisonnablement conjecturer, cf. la théorie des espaces de Dirichlet, qu'elles opèrent sur $\underline{\underline{D}}(\sqrt{-A})$, et cela caractérise peut être les générateurs B tels que $-B^2$ soit un générateur).

1.Voir la remarque p.II.18.

THEOREME 2. <u>Supposons que</u> (P_t) <u>admette un opérateur carré du champ</u> Γ. <u>Soient</u> $f^1,\dots,f^n$ n <u>éléments de</u> $\underline{\underline{D}}(A)$, F <u>une application deux fois continûment différentiable de</u> $\mathbb{R}^n$ <u>dans</u> $\mathbb{R}$. <u>Alors la fonction</u> $F(f^1,\dots,f^n)$ <u>appartient à</u> $\underline{\underline{D}}(A)$.

DEMONSTRATION. Pour simplifier les notations, nous prendrons n=1. Nous considérons donc $f\in\underline{\underline{D}}(A)$, $g=Af$, les processus $f\circ Y_t$,$g\circ Y_t$ notés respectivement f_t et g_t , la martingale $C_t = f_t-\int_0^t g_s ds$, enfin la fonction $j= 2\Gamma(f,f)$: si l'on pose $j_t=j\circ Y_t$, on a $d\langle C,C\rangle_t = j_t dt$.

Nous allons utiliser la théorie du système de LEVY. Comme la famille de tribus $(\underline{\underline{F}}_t)$ est dépourvue de temps de discontinuité, le processus (Y_t) admet des limites à gauche <u>dans E</u> , notées Y_{t-} , au sens de n'importe quelle topologie induite sur E par une compactification de RAY (voir WALSH-MEYER [1], th. 13). Comme f est un p-potentiel, les processus $(f\circ Y_{t-})$ et f_{t-} sont indistinguables (même réf., théorème 8). D'après KUNITA-WATANABE, débarrassé de l'hypothèse de continuité absolue par BENVENISTE [1] (cf. le séminaire VII, p.27), il existe un noyau N de E dans E, non borné en général, tel que $N(x,\{x\})=0$ pour tout $x\in E$ et que, pour toute fonction h positive sur $E\times E$ <u>nulle sur la diagonale</u> la projection prévisible de la mesure aléatoire

$$\Sigma_s\, h(Y_{s-},Y_s)\varepsilon_s$$

portée par les sauts de Y, soit la mesure aléatoire

$$N(Y_s,h)ds \text{ , où l'on pose } N(.,h)=\int N(.,dy)h(.,y)$$

Considérons la semimartingale $f_t = \int_0^t g_s ds + C_t$, et élevons la au carré. La formule d'ITO nous donne, en désignant par C^c la partie continue de la martingale C, et par γ la fonction positive, densité de la fonctionnelle $d\langle C^c,C^c\rangle_t$ par rapport à dt

$$(13)\qquad f_t^2 = f_0^2 + 2\int_0^t f_s g_s ds + 2\int_0^t f_{s-}dC_s + \frac{1}{2}\int_0^t 2\gamma_s ds + \Sigma_{s\leq t}\,(f_s-f_{s-})^2$$

Considérons la fonction $\rho(x,y)=(f(x)-f(y))^2$ sur $E\times E$, et prenons une espérance, en utilisant la définition du noyau de LEVY. Il vient

$$E^{\bullet}[\, f_t^2-f_0^2 -\int_0^t 2f_s g_s ds] = E^{\bullet}[\int_0^t(\gamma\circ Y_s+N(Y_s,\rho))ds$$

Mais le côté gauche est égal, par définition de l'opérateur carré du champ, à $E^{\bullet}[\int_0^t 2j_s ds$]. Ainsi nous avons

$$(14)\qquad 2j = \gamma+N\rho$$

et nous rappelons (cf. (9)) que $U_p j$ est une fonction bornée pour tout p>0. Maintenant, nous appliquons la formule d'ITO à la fonction deux fois dérivable F, et à la semimartingale précédente f_t. Il vient en posant F(f)=H

$$H\circ Y_t = H\circ Y_0 + \int_0^t F'(f_s)g_s ds + \int_0^t F'(f_{s-})dC_s$$
$$+ \frac{1}{2}\int_0^t F''(f_s)\gamma_s ds$$
$$+ \Sigma_{s\leqq t} (F(f_s)-F(f_{s-})-F'(f_{s-})(f_s-f_{s-}))$$

Notons $h(x,y)=F(f(y))-F(f(x))-F'(f(x))(f(y)-f(x))$. Comme f est bornée, soit K un nombre positif qui majore $|F'|,|F''|$ sur $[-2\|f\|,2\|f\|]$. Nous avons, d'après la majoration classique du reste de la formule de Taylor

$$|h(x,y)| \leqq \frac{1}{2}K\rho(x,y)$$

et par conséquent, nous pouvons prendre une espérance dans la formule ci-dessus, en appliquant la théorie du système de LEVY : il vient

$$P_t H = H + E^{\bullet}[\int_0^t \varphi\circ Y_s ds\ ] \text{ où } \varphi=(F'\circ f)g + \frac{1}{2}(F''\circ f)\gamma + Nh$$
$$|\varphi| \leqq K|g|+\frac{1}{2}K(\gamma+N\rho)$$

Il résulte de (14) que $U_p|\varphi|$ est une fonction bornée pour tout p>0, et cette relation signifie que H appartient à $\underline{\underline{D}}(A)$, avec AH=φ. Le théorème est établi.

UN EXEMPLE : LES SEMI-GROUPES DE CONVOLUTION SUR $\mathbb{R}^n$

Soit (P_t) un semi-groupe de convolution markovien sur $\mathbb{R}^n$: conformément aux notations généralement employées en probabilités

(15) $$P_t f(x) = \int f(x+y)\mu_t(dy)$$ (1)

où (μ_t) est un semi-groupe de convolution ($\mu_s*\mu_t=\mu_{s+t}$). La formule (15) est seulement un peu dangereuse du côté de la transformée de Fourier : on a $(P_t f)\hat{}(u) = \hat{f}(u)\hat{\mu}_t(-u)$. D'une manière générale, et malgré cette irrégularité, nous utiliserons la formule (15) pour définir le "noyau" H associé à une distribution η, en posant

(15') $$Hf(x) = \int f(x+y)\eta(dy)$$

comme s'il s'agissait d'une mesure, mais pour $f\in\underline{\underline{C}}_c^{\infty}$.

HUNT a montré (voir COURREGE [1], par exemple, pour un exposé relatif à $\mathbb{R}^n$, et non aux groupes de Lie) que (P_t) est un semi-groupe

---

(1) C'est seulement à cette condition que μ_t est la loi de X_t pour le processus de Markov issu de 0, admettant (P_t) comme semi-groupe de transition : $E^x[f\circ X_t] = P_t f(x)=E^0[f(x+X_t)]=\ldots$

fortement continu sur l'espace de Banach $\underline{\underline{C}}_u$ des fonctions bornées uniformément continues sur $\mathbb{R}^n$, que le domaine du générateur A contient l'algèbre $\underline{\underline{C}}_u^2$ des fonctions deux fois différentiables qui appartiennent à $\underline{\underline{C}}_u$ ainsi que leurs dérivées partielles d'ordre 1 et 2, et que A est continu de $\underline{\underline{C}}_u^2$ (muni de sa norme naturelle) dans $\underline{\underline{C}}_u$.

Nous noterons A_0 la <u>forme linéaire</u> $f \mapsto Af(0)$ sur $\underline{\underline{C}}_u^2$ - considérée comme forme linéaire sur $\underline{\underline{S}} \subset \underline{\underline{C}}_u^2$, c'est une distribution tempérée. Il est clair que Af est la "convolution" $\int f(x+y)A_0(dy)$. De même, nous désignerons par Γ_0 la forme hermitienne sur $\underline{\underline{C}}_u^2 \times \underline{\underline{C}}_u^2$

(16) $2\Gamma_0(f,g) = A_0(f\bar{g})-f(0)A_0(\bar{g})-A_0(f)\overline{g(0)}$

de sorte qu'au point x nous poserons

$$2\Gamma_x(f,g) = \text{"}\int f(x+y)g(x+z)\Gamma_0(dy,dz)\text{"} = A_x(f\bar{g})-f(x)A_x(\bar{g})-A_x(f)\overline{g(x)}$$

Si f=g, cette fonction - partout définie - est positive hors d'un ensemble de potentiel nul, donc $pU_p(\Gamma_{\cdot}(f,f))$ est positive partout. Comme $\Gamma_{\cdot}(f,f)$ est une fonction continue , on voit en faisant tendre p vers $+\infty$ que $\Gamma_{\cdot}(f,f)$ est positive partout. Autrement dit, <u>la forme hermitienne</u> Γ_0 <u>est positive sur</u> $C_u^2 \times C_u^2$ (mais peut être dégénérée)

On sait que $\hat{\mu}_t = e^{-t\psi}$, où $\psi(u) = \int e^{iuy}A_0(dy)$ est une fonction de type négatif nulle en 0. Si f et g sont deux éléments de $\underline{\underline{S}}$, leurs représentations de Fourier

$$f(x)=\int e^{-iux}\hat{f}(u)\tilde{d}u \quad , \quad g(y)=\int e^{-ivy}\hat{g}(v)\tilde{d}v$$

sont des intégrales au sens de la topologie forte de $\underline{\underline{C}}_u^2$, et comme la forme Γ_0 est continue, on a

$$\Gamma_0(f,g) = \int \Gamma_0(e^{-iu\cdot},e^{-iv\cdot})\hat{f}(u)\bar{\hat{g}}(v)\tilde{d}u\tilde{d}v$$

tandis que

(17) $$2\Gamma_0(e^{-iu\cdot},e^{-iv\cdot}) = A_0(e^{i(v-u)\cdot})-A_0(e^{-iu\cdot})-A_0(e^{iv\cdot}) = \psi(v)+\psi(-u)-\psi(v-u)$$

(18) $$2\Gamma_0(f,g) = \iint(\psi(v)+\psi(-u)-\psi(v-u))\hat{f}(u)\bar{\hat{g}}(u)du\tilde{d}v \ .$$

Ainsi, la positivité de la forme hermitienne Γ_0 exprime exactement le fait que ψ est de type négatif, mais de manière directe, sans transformée de Fourier. C'est pour cette raison que ROTH a pu obtenir, grâce aux opérateurs carré du champ, une formule de LEVY-KHINTCHINE d'une très grande généralité .

Nous donnons maintenant quelques formules liées, non pas à l'opérateur carré du champ, mais aux calculs de la théorie de LITTLEWOOD-PALEY. Pour commencer, le semi-groupe adjoint de (P_t) par rapport à la mesure de Lebesgue est donné par

(19) $P_t^* f = (P_t f^\vee)^\vee$

où l'opération $^\vee$ est la symétrie par rapport à 0 ($f^\vee(x)=f(-x)$).

Ensuite, soit (Q_t) le semi-groupe de Cauchy associé à (P_t), et soient ρ la fonction de type négatif, B le générateur correspondants . Nous avons - les mesures μ_t sur $\mathbb{R}_+$ étant reprises du premier exposé, formules (5),(6),(7), et ne devant pas être confondues avec celles de (15) de cet exposé ci

$$e^{-t\rho(u)} = \int_0^\infty e^{-s\psi(u)}\mu_t(ds)$$

Mais la formule $\int_0^\infty e^{-ps}\mu_t(ds)= e^{-t\sqrt{p}}$ se prolonge analytiquement au demi-plan $|\Re(p)>0|$, la racine étant celle dont la partie réelle est positive. Comme on a $|e^{-s\psi(u)}| \leqq 1$ pour tout s, $\psi(u)$ appartient à ce demi-plan et on peut écrire $\rho=\sqrt{\psi}$. D'où la formule donnant le prolongement "harmonique" f(x,t) d'une fonction $f\in\underline{\underline{S}}$ donnée sur le "bord"

(20) $$f(x,t) = \int_E \hat{f}(u)e^{-ixu}e^{-t\sqrt{\psi(-u)}}\widetilde{d}u$$

Revenons à l'opérateur carré du champ : sur l'espace $\underline{\underline{S}}$, considérons la forme bilinéaire symétrique, positive (éventuellement dégénérée) Γ_0. Soit (η_n) une suite d'éléments de $\underline{\underline{S}}$, totale dans $\underline{\underline{S}}$. En rejetant ceux qui sont de longueur nulle pour Γ_0 , en appliquant le procédé usuel d'orthogonalisation, nous pouvons supposer que

(21) $$\Gamma_0(f,f) = \Sigma_n (\Gamma_0(f,\eta_n))^2 \qquad (f\in\underline{\underline{S}})$$

ou encore, en introduisant les noyaux associés

$$H_n f(x) = \Gamma_0(f(x+.),\eta_n)$$

(22) $$\Gamma(f,f) = \Sigma_n(H_n f)^2 \qquad (f\in\underline{\underline{S}})$$

avec une conséquence intéressante pour nous : reprenons la fonction "harmonique" f(x,t), prolongement de f, et notons f_t la fonction f(.,t). Nous avons $Q_tH_nf=H_nQ_tf$, donc la fonction $(x,t)\mapsto H_nf_t(x)$ est le prolongement harmonique de H_nf. Donc la fonction

(23) $$\gamma_\dagger(x,t) = \Gamma_x(f_t,f_t)$$

est une somme de carrés de fonctions harmoniques : elle est sousharmonique, en ce sens que

(24) $Q_s(\gamma_\dagger(.,t)) \geqq \gamma_\dagger(.,s+t)$ et même $Q_s(\sqrt{\gamma_\dagger(.,t)}) \geqq \sqrt{\gamma_\dagger(.,s+t)}$

La fonction $D_{\to}f(.,.)$ est aussi harmonique, comme on le voit sur (20) : c'est le prolongement de la fonction "dérivée normale de f", de transformée de Fourier $-\sqrt{\psi(-u)}\hat{f}(u)$ (N.B. : il est classique que $|\psi(-u)| \leq C|u|^2$ au voisinage de l'infini). Il en résulte que si l'on pose

(25) $$\gamma = \gamma_{\dagger} + (D_{-}f)^2$$

γ est aussi une somme de carrés de fonctions harmoniques, et γ et $\sqrt{\gamma}$ sont encore sousharmoniques.

Continuons à noter quelques propriétés analytiques des semi-groupes de convolution. La forme exacte du générateur à l'origine, sur $\underline{\underline{C}}_u^2$, nous est donnée par la formule de KHINTCHINE-LEVY

$$A_0 f = L_0 f + \int_{|x|>1} (f(x)-f(0))\nu(dx) +$$

(26) $$+ \int_{|x|\leq 1} (f(x)-f(0)-x\cdot \mathrm{grad}_0 f)\nu(dx)$$

où L_0 est un opérateur différentiel du second ordre à l'origine (elliptique, peut être dégénéré), ν une mesure positive telle que $\int(|x|^2\wedge 1)\nu(dx) < +\infty$. Il en résulte que si des fonctions f_n de $\underline{\underline{C}}_u^2$ convergent simplement vers une fonction $f \in \underline{\underline{C}}_b^2$ (bornée ainsi que ses dérivées premières et secondes), avec convergence simple des dérivées d'ordre 1 et 2 vers celles de f , et les dérivées d'ordre 1 et 2 des f_n restant bornées uniformément, alors les fonctions Af_n convergent simplement en restant bornées, vers Af donnée par (26) au point 0, et ailleurs par translation. La convergence simple peut d'ailleurs être remplacée ici par la convergence compacte.

Quelques conséquences : D'abord $\underline{\underline{C}}_b^2$ est contenu dans $\underline{\underline{D}}(A)$, au sens où nous l'avons défini, et A applique $\underline{\underline{C}}_b^2$ dans $\underline{\underline{C}}_b$.

Ensuite, $\underline{\underline{S}}$ est dense dans $\underline{\underline{C}}_b^2$ pour la "norme hilbertienne" $\sqrt{\Gamma_0}$, et la formule (22) s'étend à $\underline{\underline{C}}_b^2$.

Un autre point de la théorie des semi-groupes de convolution, qui intéresse la théorie de LITTLEWOOD-PALEY (mais n'a rien à voir avec l'opérateur carré du champ) concerne l'existence de <u>fonctions invariantes</u> dans $L^r(\xi)$, où ξ est la mesure de Lebesgue.

Tout d'abord, si $f \in L^2$ et $f_t = P_t f$ (nous regardons (P_t) plutôt que (Q_t) pour la simplicité des notations, mais les résultats sont les mêmes) nous avons

$$\hat{f}_t(u) = \hat{f}(u) e^{-t\psi(-u)}$$

Comme $\psi(u)$ ne s'annule qu'à l'origine (résultat classique sur les semi-groupes de convolution sur $\mathbb{R}^n$) on ne saurait avoir $f = f_t$ pour tout t, et il n'existe pas de fonction invariante dans L^2 autre que 0.

D'autre part, le théorème ergodique pour les moyennes d'Abel (conséquence du théorème ergodique usuel pour les moyennes de Cesaro) dit que pU_pf converge dans L^2 , lorsque $p \to 0$, vers une fonction invariante. Celle-ci est donc nulle, et il existe des $p_n \downarrow 0$ tels que $p_n U_{p_n} f \to 0$ p.p..

Mais alors, soit f continue à support compact ; f appartient à L^r pour tout $r \geq 1$, et le théorème ergodique (abélien) nous dit que pU_pf converge dans L^r ($p \to 0$) . Comme $p_n U_{p_n} f \to 0$ p.p. pour une suite p_n la limite de pU_pf dans L^r ne peut être que 0. Mais alors, l'espace des $f \in L^r$ telles que $pU_pf \to 0$ dans L^r contient $\underline{\underline{C}}_c$, il est donc dense dans L^r ; comme il est fermé , c'est tout L^r, et on voit qu'il n'existe dans L^r aucune fonction invariante.

Une autre conséquence, qui sera développée plus en détail dans l'exposé IV : soit $f \in \underline{\underline{C}}_c^\infty$. Comme $f \in L^r$, et pU_pf tend vers 0 dans L^r lorsque $p \to 0$, les fonctions $f - pU_pf$ forment un ensemble dense dans L^r. Or $f - pU_pf = A(U_p(-f))$ appartient à <u>l'image</u> de A . Ainsi, non seulement le domaine de A , mais l'image de A, est dense dans L^r. Cela devra être repris (exposé IV, dém. du th.2), aussi est il inutile d'insister ici.

II. PASSAGE AU SEMI-GROUPE PRODUIT

Nous revenons maintenant à la situation du premier exposé, mais en la généralisant : nous supposons que (P_t) est un <u>semi-groupe markovien</u>[1] <u>sur</u> E (E sera $\mathbb{R}^n$ dans les applications, mais peut être un espace polonais, par exemple, dans la théorie générale), <u>admettant une mesure invariante σ-finie</u> ξ . Nous allons noter un certain nombre de faits analytiques concernant les "prolongements harmoniques" , mais notre but principal consiste ici, <u>en supposant que</u> (P_t) <u>admet un opérateur carré du champ</u> , à écrire explicitement les fonctions figurant dans les expressions de LITTLEWOOD-PALEY. Les résultats obtenus à cet égard ne laissent rien à désirer.

1. (P_t) satisfait aux hypothèses droites, comme au paragraphe I.

Reprenons d'abord les notations de l'exposé I, en les étendant à la situation générale.

Nous désignons par $\hat{E}$ le produit $E\times\mathbb{R}$ (coordonnées souvent notées (x,t)), $\hat{E}^+$ le "demi-espace" $E\times\mathbb{R}_+$, et nous identifions E au " bord " $E\times\{0\}$. Nous notons encore ξ_a la mesure $\xi\otimes\varepsilon_a$.

Soit $(P_t^{\rightarrow})$ le semi-groupe du mouvement brownien "horizontal" . Nous désignons par $(\hat{P}_t)$ le semi-groupe produit sur $\hat{E}$

$$\text{si } \hat{x}=(x,u)\in\hat{E} \quad , \quad \hat{P}_t(\hat{x},.) = P_t(x,.)\otimes P_t^{\rightarrow}(u,.)$$

Nous désignons par $\hat{\Omega}$ l'espace produit de l'espace Ω des applications continues à droite de $\mathbb{R}_+$ dans E, par l'espace W des applications continues de $\mathbb{R}_+$ dans $\mathbb{R}$. Les applications coordonnées sur Ω sont notées (Y_t) (applications à valeurs dans E) et (Z_t) (applications à valeurs dans $\mathbb{R}$). $\hat{\Omega}$ est muni de sa famille de tribus naturelle, des mesures $\mathbb{P}^{x,u}=\mathbb{P}^x\otimes\mathbb{P}^u$ faisant du processus (Y_t,Z_t) un processus de Markov admettant $(\hat{P}_t)$ comme semi-groupe de transition.
Comme dans le premier exposé, on désigne par T_0 le temps de rencontre de 0 par le processus (Z_t), ou encore de $E\times\{0\}$ par (Y_t,Z_t).
Une fonction f, positive ou bornée, donnée sur E, admet le "prolongement harmonique" à $\hat{E}^+$

(27) $$f(x,t) = \int Q_t(x,dy)f(y)$$

où l'on a posé, comme dans le premier exposé , formules (6) et (7)

$$Q_t = \int P_s\,\mu_t(ds) \quad , \quad \mu_t(ds)=\text{cte}\,e^{-t^2/4s}\,s^{-3/2}ds \;=\; m_t(s)ds$$

(Q_t) est le "semi-groupe de Cauchy" associé à (P_t) . Nous désignerons par A le générateur de (P_t), par B celui de (Q_t) , par $\hat{A}$ celui de $(\hat{P}_t)$.
Notre première remarque est la suivante :
LEMME 4. <u>Supposons</u> f <u>bornée</u>. <u>Le processus</u> $f(Y_{t\wedge T_0},Z_{t\wedge T_0})=M_t$ <u>est une martingale pour toute mesure</u> $\hat{\mathbb{P}}^{\hat{x}}$ $(\hat{x}\in\hat{E})$.

En effet, on vérifie comme dans l'exposé I que $M_t=E[f(Y_{T_0})|\underline{\underline{F}}_t]$.
Nous démontrons maintenant quelques résultats analytiques.
LEMME 5. <u>Supposons</u> f <u>bornée, et posons</u> $f_t=f(.,t)=Q_tf$.

a) <u>Pour tout</u> x, <u>la fonction</u> f(x,.) <u>est</u> $\underline{\underline{C}}^\infty$ sur $]0,\infty[$, <u>la fonction</u> $D_{\rightarrow}^n f(.,.)$ <u>est uniformément bornée sur</u> $E\times[a,\infty[$, <u>pour tout</u> n <u>et tout</u> $a>0$, <u>et l'application</u> $t\mapsto D_{\rightarrow}^n f(.,t)$ <u>est continue pour la convergence uniforme</u>.

b) <u>Pour tout</u> $t>0$, f_t <u>appartient à</u> $\underline{\underline{D}}(B)$ <u>et à</u> $\underline{\underline{D}}(A)$, <u>et on a</u>

$$Bf_t = D_{\rightarrow}f(.,t) \quad , \quad Af_t = -D_{\rightarrow}^2 f(.,t)$$

c) <u>Supposons que</u> f <u>appartienne à</u> $\underline{\underline{D}}(A)$, <u>avec</u> Af=g <u>bornée. Alors</u> f∈ $\underline{\underline{D}}(B)$, <u>et il existe</u> h∈$\underline{\underline{D}}(B)$ <u>telle que</u> Bf=h, Bh=-g.

DEMONSTRATION. Nous partons de la formule $Q_t = \int P_s m_t(s)ds$, que nous dérivons en t ; il vient $D_t^n Q_t f = \int_0^\infty P_s f\, m_t^{(n)}(s)ds$, où $\int |m_t^{(n)}(s)|ds$ est borné pour $t \geq a$. La partie a) ne demande que des vérifications de calculs.

Pour la partie b), on remarque que $m_t(.)$ est une bonne fonction $\underline{\underline{C}}^\infty$, infiniment plate à l'origine, d'où l'on déduit sans peine que

$$AQ_t f = \lim_{h\to 0} \frac{1}{h}(P_h - I)Q_t f = \int_0^\infty -P_s f . D_s m_t(s)ds$$

Mais $D_s m_t(s) = D_t^2 m_t(s)$, d'où l'on déduit que $AQ_t f = -D_\rightarrow^2 Q_t f$. L'assertion relative à B est encore plus facile.

Passons à c). Pour tout x, la fonction f(x,.) est deux fois dérivable sur $]0,\infty[$, avec une dérivée seconde égale à $-Af_t(x) = -Q_t g(x)$. La dérivée première vaut alors

$$h(x,t) = D_\rightarrow f(x,t) = D_\rightarrow f(x,1) + \int_1^t Q_s g\, ds$$

Comme g est bornée , $\int_0^1 Q_s|g|ds$ est bornée, et h(x,.) a une limite bornée h(x,0)=h(x) lorsque $t \to 0$ [il faut remarquer à cet égard que la condition que $U_p|g|$ soit bornée, dans la définition 1, ne joue pas un rôle naturel ici]. La relation $h_{s+t} = Q_t h_s$ passe à la limite lorsque $s \to 0$, par convergence dominée, et nous donne $h_s = Q_s h$. Pour chaque x, nous avons $f(x,t) = f(x,\varepsilon) + \int_\varepsilon^t h(x,s)ds$; lorsque $\varepsilon \to 0$, nous avons $f(x,t) = f(x) + \int_0^t h(x,s)ds = f(x) + \int_0^t Q_s h(x)ds$, exprimant que f∈$\underline{\underline{D}}(B)$ et Bf=h, tandis que la relation $D_t h(x,t) = -Q_t g(x)$ exprime que h∈$\underline{\underline{D}}(B)$ et Bh=-g.

La partie c) du lemme précédent est une manière d'exprimer la relation "$B = \sqrt{-A}$ " que nous avons déjà rencontrée à propos des semi-groupes de convolution.

Il nous faut maintenant calculer le générateur $\hat{A}$, et donner un sens à la relation formelle " $\hat{A} = A_x + D_t^2$ " . Faute d'une formulation agréable, nous allons avoir à démontrer cette relation dans trois situations différentes ! La première :

LEMME 6. <u>Si</u> u <u>appartient à</u> $\underline{\underline{D}}(A)$, v <u>à</u> $\underline{\underline{D}}(\Delta)$, <u>le générateur du mouvement brownien horizontal</u>, <u>la fonction</u> u⊗v : $(x,t) \mapsto u(x)v(t)$ <u>appartient à</u> $\underline{\underline{D}}(\hat{A})$, <u>et l'on a</u>

(28) $$\hat{A}(u\otimes v) = u\otimes\Delta v + Au\otimes v$$

(si v est dans $\underline{\underline{C}}_b^2(\mathbb{R})$, on peut bien entendu écrire explicitement le générateur Δv comme la dérivée seconde).

DEMONSTRATION. Posons $Au=f$, $\Delta v=g$, $u\otimes g+f\otimes v = h$. Comme u et v sont bornées par hypothèse (cf. définition 1), nous avons $|h| \leq K(1\otimes|g| + |f|\otimes 1)$, où K est une constante, donc $\hat{U}_p h(x,t) \leq K(U_p|f|(x)+U_p^{\rightarrow}|g|(t))$ est bornée. Montrons que, si l'on pose $U_t=u\circ Y_t$, $V_t=v\circ Z_t$, le processus

$$U_tV_t - \int_0^t h(Y_s,Z_s)ds$$

est une martingale , ce qui équivaut à la relation $\hat{A}(u\otimes v)=h$. Pour prouver cela, posons $F_t=\int_0^t f\circ X_s ds$, $G_t=\int_0^t g\circ Z_s ds$, $M_t=U_t-F_t$, $N_t=V_t-G_t$. Alors

$$U_tV_t = (M_t+F_t)(N_t+G_t) = M_tN_t + M_tG_t+F_tN_t+F_tG_t$$

M,N sont des martingales <u>indépendantes</u> pour toute mesure $\mathbb{P}^{\hat{x}}$, leur produit est une martingale. F et G sont des processus à variation finie continus. Nous appliquons la formule d'intégration par parties

$$d(UV) =\{d(MN)+G_-dM+F_-dN\} +\{M_-dG+F_-dG+N_-dF+G_-dF\} +\{d[M,G]+d[F,N]+d[G,F]\}$$

comme F et G sont continus, on peut enlever les - partout, les [ ] sont tous nuls, et il reste seulement

$$d(UV) = \{d(MN)+GdM+FdN\} + \{UdG+VdF\}$$

le premier { } est une martingale, et le second vaut $u(Y_t)g(Z_t)dt+ v(Z_t)f(Y_t)dt = h(Y_t,Z_t)dt$. C'est ce qu'on cherchait.

COROLLAIRE. <u>**Si**</u> (P_t) <u>**admet un opérateur carré du champ**</u>, <u>**il en est de même de**</u> $(\hat{P}_t)$.

En effet, l'algèbre formée par les combinaisons linéaires finies de fonctions de la forme $u\otimes v$, où u parcourt $\underline{\underline{D}}(A)$ et v parcourt $\underline{\underline{C}}_c^{\infty}(\mathbb{R})$, est une algèbre pleine contenue dans $\underline{\underline{D}}(\hat{A})$. On applique alors le th.1.

Le théorème 1 entraîne alors que le processus croissant $\langle M,M\rangle_t$ est absolument continu par rapport au processus croissant t. Nous pouvons préciser un peu.

THEOREME 3. <u>Si</u> (P_t) <u>admet un opérateur carré du champ, il existe une fonction positive</u> g <u>telle que</u> (notations du lemme 1, f bornée)

$$\langle M,M\rangle_t = \int_0^{t\wedge T_0} 2g(Y_s,Z_s)ds \tag{29}$$

<u>Même si</u> (P_t) <u>n'admet pas d'opérateur carré du champ, on peut affirmer que</u>

$$\langle M,M\rangle_t \geq 2\int_0^{t\wedge T_0} (D_-f(Y_s,Z_s))^2 ds \tag{30}$$

DEMONSTRATION. Le processus arrêté $W_t=(Y_{t\wedge T_0},Z_{t\wedge T_0})$ est un processus de Markov, pour lequel f est une fonction invariante . La martingale $(f(W_t)-f(W_0))$ est une fonctionnelle additive, le processus croissant associé $<M,M>_t$ est une fonctionnelle additive, d'après le théorème de MOTOO déjà utilisé dans la démonstration du théorème 1, la continuité absolue de $d<M,M>_t$ par rapport à dt entraîne alors l'existence d'une densité que l'on peut noter $2g(W_t)$. Comme $<M,M>$ ne croît plus après T_0 , g est nulle au bord, et on a (29).

Pour établir (30), tout revient à prouver

$$(31) \qquad <M,Z>_t = \int_0^{t\wedge T_0} 2D_{\rightarrow}f(Y_s,Z_s)ds$$

En effet, la projection de M sur Z est l'intégrale stochastique $L = \int_0^t H_s dZ_s$, où H est une densité de $d<M,Z>_t$ par rapport à $d<Z,Z>_t = 2dt$.

(31) nous dit que $H_s = D_{\rightarrow} f(Y_s,Z_s)I_{\{s\leq T_0\}}$. Comme L est une projection de M, on a $d<M,M>_t \geq d<L,L>_t = H_t^2 d<Z,Z>_t = 2H_t^2 dt$, c'est à dire (30).

Mais nous n'allons pas tout de suite établir (31) : nous allons avoir besoin d'un second lemme du type du lemme 6, avec des hypothèses d'ailleurs peu naturelles - et même, en vue de la suite, d'un troisième lemme du même type (énoncé comme seconde partie du lemme 7).

LEMME 7. <u>Soit</u> u(x,t) <u>une fonction bornée sur</u> $E\times\mathbb{R}$. <u>On suppose que pour</u> t <u>fixé</u> $u_t = u(.,t)$ <u>appartient à</u> $\underline{\underline{D}}(A)$, <u>et que pour</u> x <u>fixé</u> $u_x = u(x,.)$ <u>appartient à</u> $\underline{\underline{C}}_b^2(\mathbb{R})$, <u>et on pose</u>

$$A_x u(x,t) = a(x,t) \qquad , \quad D_t^2 u(x,t) = b(x,t)$$

<u>Faisons les hypothèses suivantes</u> :

1) b <u>est uniformément bornée</u>, b_t <u>est finement continue pour tout</u> t, <u>et l'application</u> $t \mapsto b_t$ <u>est continue pour la convergence uniforme</u>.

2) a <u>est uniformément bornée</u>, <u>et pour tout</u> t a_t <u>est finement continue sur</u> E .

<u>Alors</u> u <u>appartient à</u> $\underline{\underline{D}}(\hat{A})$ <u>et l'on a</u> $\hat{A}u = a+b$.

<u>Si l'on sait que</u> $u\in D(\hat{A})$, <u>l'hypothèse</u> 1) <u>suffit à elle seule à entraîner que</u> $\hat{A}u = a+b$ <u>presque partout pour la mesure</u> $\xi\otimes dt$.

DEMONSTRATION. Nous utiliserons deux résultats "classiques":

a) Si $\frac{1}{t}(\hat{P}_t u - u)$ converge partout vers une fonction ℓ, en restant bornée, alors $u\in\underline{\underline{D}}(\hat{A})$ et $\hat{A}u=\ell$.

b) Inversement, si $u\in\underline{\underline{D}}(\hat{A})$ et $\hat{A}u=\ell$, $\frac{1}{t}(\hat{P}_t u - u) = \frac{1}{t}\int_0^t \hat{P}_s \ell ds$ converge vers ℓ hors d'un ensemble de potentiel nul , donc négligeable pour la mesure invariante $\xi\otimes dt$. Ce dernier résultat est un théorème ergodique local, dû à Mokobodzki (séminaire IV, Lecture notes n°124). Je pense qu'on peut le remplacer par des résultats mieux connus, en vue de l' application que nous en ferons.

Nous écrivons maintenant au point (x,r)

$$\hat{P}_t((x,r),.) = P_t(x,.)\otimes P^{\rightarrow}_t(r,.)$$

$$\frac{1}{t}(\hat{P}_t u-u) = \frac{1}{t}\int (u(y,s)-u(x,r))P_t(x,dy)P^{\rightarrow}_t(r,ds)$$
$$= \frac{1}{t}\int [(u(y,r)-u(x,r))+(u(y,s)-u(y,r))]P_t(x,dy)P^{\rightarrow}_t(r,ds)$$
$$= \frac{1}{t}\int_0^t P_h(x,dy)a(x,r) + \int P_t(x,dy)\ \frac{1}{t}\int_0^t P^{\rightarrow}_h(r,ds)b(y,s)$$

Dans la dernière expression, en raison de la continuité de $s\mapsto b_s$ pour la convergence uniforme, nous ne changeons pas les limites inf ou sup en remplaçant b(y,s) par b(y,r) , et il nous reste donc

$$\lim\ {}^{\inf}_{\sup}\ \frac{1}{t}(\hat{P}_t u-u) = \lim\ {}^{\inf}_{\sup}\ [\ \frac{1}{t}\int_0^t P_h(x,dy)a(x,r) + \int P_t(x,dy)b(y,r)\ ]$$

En raison de l'hypothèse 1), b_r est finement continue, et le dernier terme converge vers b(x,r), en restant borné par la norme de b. Si a_r est finement continue, on a le même résultat pour le premier terme du second membre, $(\hat{P}_t u-u)/t$ converge partout vers a+b en restant borné, et on a la première conclusion du lemme.

Si l'hypothèse 2) n'est pas satisfaite, on peut seulement affirmer que pour tout r fixé, le premier terme au second membre converge vers a_r hors d'un ensemble de potentiel nul pour (P_t), donc ξ-p.p.. Par le théorème de Fubini, on a alors convergence p.p. pour $\xi\otimes dt$, et la seconde conclusion.

REMARQUE. Il y a une pathologie des produits de semi-groupes, dont l'étude est délicate : par exemple, dans le produit de deux semi-groupes de translation uniforme sur $\mathbb{R}$, la diagonale n'est pas de potentiel nul pour le produit, mais toutes ses coupes sont de potentiel nul pour les facteurs.

Du lemme 7, nous déduisons d'abord (31). Soit f bornée sur le "bord" et soit

$$u(x,t)=f(x,t)\varphi(t)$$

où φ appartient à $\underline{C}^3_b(\mathbb{R})$, avec un support contenu dans $[c,\infty[$, $c>0$. Il est facile de déduire du lemme 5 que u satisfait aux hypothèses 1) et 2) du lemme 7. Si nous posons $\hat{A}h=r$, nous avons

$$(32)\quad r(x,t) = A_x f(x,t)\varphi(t) + (D_t^2 f(x,t)\varphi(t)+2D_t f(x,t)D_t\varphi(t)+f(x,t)D_t^2\varphi(t))$$

Mais on a $A_x f(x,t)+D_t^2 f(x,t)=0$, et il ne reste que les deux derniers termes. Le processus $h(Y_t,Z_t)-\int_0^t r(Y_s,Z_s)ds$ est une martingale. Prenant

$\varphi(t)=t$ pour $t\in[2c,1/c]$, on voit que le processus

$$M_t Z_t - \int_0^t 2D_{\rightarrow}f(Y_s,Z_s)ds$$

arrêté au temps $T_{2c}\wedge T_{1/c}$, est une martingale, donc $\langle M,Z\rangle_t = \int_0^t 2D_{\rightarrow}f()ds$ jusqu'à cet instant. Après quoi on fait tendre c vers 0 et on a (31).

Voici le résultat final de cet exposé. Nous supposons que (P_t) admet un opérateur carré du champ Γ ; la fonction $f_t = f(.,t)$ appartient à $\underline{\underline{D}}(A)$ d'après le lemme 5, donc nous pouvons définir $\Gamma(f_t,f_t)$. D'après le lemme 5 aussi , $D_{\rightarrow}f(x,t)$ est une brave fonction pour $t>0$.

THEOREME 4. <u>Supposons que</u> (P_t) <u>admette un opérateur carré du champ</u> Γ . <u>Soit</u> M_t <u>la martingale</u> $f(Y_{t\wedge T_0},Z_{t\wedge T_0})$, <u>où</u> f <u>est le prolongement harmonique d'une fonction bornée sur le bord</u>. <u>Alors pour tout</u> $N>0$ <u>le processus croissant</u> $\langle M,M\rangle_t$ <u>est</u> $P^{\xi N}$ <u>indistinguable du processus</u>

$$2\int_0^{t\wedge T_0} g(Y_s,Z_s)ds \tag{33}$$

<u>où</u> g <u>est la fonction</u>

$$g(x,t) = \Gamma_x(f_t,f_t) + (D_{\rightarrow}f(x,t))^2 \tag{34}$$

DEMONSTRATION. Soit φ une fonction de $\underline{\underline{C}}_b^3(\mathbb{R})$, à support dans $[c,\infty[$, égale à 1 sur $[2c,+\infty[$ ($c>0$), et soit u la fonction

$$u(x,t) = f(x,t)\varphi(t)$$

Nous avons déjà vu que $u\in\underline{\underline{D}}(\hat{A})$, et nous avons calculé $\hat{A}u$ dans la formule (32). Dans $E\times[2c,\infty[$, nous avons

$$\hat{A}u(x,t) = D_t^2 f(x,t) \tag{35}$$

D'autre part, nous savons que $u^2\in\underline{\underline{D}}(\hat{A})$ (corollaire du lemme 6), et les hypothèses du lemme 7, seconde partie, s'appliquent à u^2. Nous avons donc, <u>cette fois p.p. pour la mesure</u> $\xi\otimes dt$

$$\hat{A}(u^2) = A_{\uparrow}(u^2) + D^2_{\rightarrow}(u^2) = 2uA_{\uparrow}u + 2\Gamma_{\uparrow}(u,u) + 2uD^2_{\rightarrow}u + 2(D_{\rightarrow}u)^2$$

Dans $E\times[2c,\infty[$, cela se réduit (compte tenu de $A_{\uparrow}f+D^2_{\rightarrow}f=0$) à

$$\hat{A}u^2(x,t) = -2f(x,t)D^2_{\rightarrow}f(x,t) + 2\Gamma_x(f_t,f_t) + \\ + 2f(x,t)D^2_{\rightarrow}f(x,t) + 2(D_{\rightarrow}f(x,t)) \quad \text{p.p.} \tag{36}$$

Ainsi, $\hat{A}u^2$ coïncide avec la fonction 2g (34) presque partout dans $E\times[2c,+\infty[$. Comme la mesure potentiel de ξ_N est absolument continue par rapport à $\xi\otimes dt$, les processus

$$u^2(Y_t,Z_t)-\int_0^t A\hat{u}^2(Y_s,Z_s)ds \quad , \quad u^2(Y_t,Z_t)-\int_0^t 2g(Y_s,Z_s)ds$$

sont indistinguables jusqu'à l'instant T_{2c} , et $u^2(Y_t,Z_t)$ peut aussi être remplacé par M_t^2 jusqu'à cet instant. D'autre part, le premier d'entre eux est une martingale, de sorte que

$$M_t^2 - 2\int_0^t g(Y_s,Z_s)ds \quad \text{arrêté à } T_{2c}$$

est une martingale pour P^{ξ_N} (plus correctement, il aurait fallu considérer P^{μ}, μ bornée $\leqq \xi_N$, et passer à la limite). D'où (33) en faisant tendre c vers 0.

REMARQUE. M.YOR m'a signalé qu'une forme du théorème 1 figure dans l'article de H.KUNITA : absolute continuity of Markov processes and generators, Nagoya Math.J., 36, 1969, p.1-26. En fait, cet article contient aussi une version du théorème 2 (mais les deux théorèmes y sont appliqués à des problèmes très différents).

BIBLIOGRAPHIE

BENVENISTE (A.). Application de deux théorèmes de Mokobodzki à l'étude du noyau de Lévy d'un processus de Hunt sans hypothèse (L). p.1-24 . Séminaire de Strasbourg VII, Lecture Notes n°321, Springer 1973

MEYER (P.A.). Une mise au point sur les systèmes de Lévy. Remarques sur l'exposé de A.Benveniste. Même réf. p.25-32.

WALSH (J.B.) et MEYER (P.A.). Quelques applications des résolvantes de Ray. Invent. Math. 14, 1971, p.143-166.

COURREGE (Ph.). Générateur infinitésimal d'un semi-groupe de convolution sur $\mathbb{R}^n$ et formule de Lévy-Khintchine. Bull.Sc.Math. 2e série, 88, 1964, p.3-30.

MEYER (P.A.). Intégrales stochastiques. Séminaire de Strasbourg I, Lecture Notes in M. n°37, Springer 1967.

KUNITA (H.) et WATANABE (S.). On square integrable martingales. Nagoya Math.J., 30, 1967, p.209-245.

HUNT (G.A.). Semigroups of measures on Lie groups. Trans. Amer.Math. Soc. 81, 1956, p.264-293.

GETOOR (R.K.). Markov processes : Ray processes and right processes. Lecture Notes in M. 440, 1975.

APPENDICE : CALCULS DANS L'ESPACE L^2

Nous supposons ici que E est localement compact, que ξ est une mesure (de Radon) invariante par le semi-groupe (P_t), et que (P_t) admet un opérateur carré du champ Γ . Nous nous proposons de reprendre certains calculs faits plus haut pour des fonctions bornées, mais cette fois dans L^2 : cela servira dans l'exposé IV.

Nous commençons par remarquer que les opérateurs P_t ou pU_p, qui sont de norme $\leqq 1$ dans L^1 et L^{∞} , sont aussi de norme $\leqq 1$ dans L^2 par le théorème d'interpolation usuel (il y a aussi des démonstrations directes très simples). Si f appartient à $\underline{\underline{C}}_c$ (continue à support compact), $pU_pf \rightarrow f$ simplement lorsque $p\rightarrow\infty$, en restant dominé dans L^2 d'après le théorème ergodique maximal. Donc $pU_pf \rightarrow f$ dans L^2 , l'image de la résolvante est dense, et le semi-groupe est fortement continu sur L^2.

DEFINITION. La phrase " $f\in\underline{\underline{D}}_{L^2}(A)$ et $Af=g$ " signifie que $f\in L^2$, $g\in L^2$, et que $f=U_p(pf-g)$ ξ-p.p. pour tout $p>0$.

C'est la définition habituelle du générateur d'un semi-groupe fortement continu - ou du moins, il est classique qu'elle équivaut à la définition par la dérivation à l'origine.

Si f appartient à $\underline{\underline{D}}_{L^2}(A)$, la fonction $U_p|pf-g|$ est p-excessive, et appartient à L^2 puisque U_p applique L^2 dans lui même. Elle est donc finie ξ-p.p.. Mais une fonction p-excessive finie ξ-p.p. est finie hors d'un ensemble ξ-polaire , i.e. que le processus de Markov (Y_t) ne rencontre P^{ξ}-p.s. pas. La fonction f peut donc être définie, non seulement ξ-p.p. , mais ξ-quasi-partout (ξ-q.p.), ce qui permet de parler sans ambiguïté du processus $(f\circ Y_t)$, par exemple.

Soit k une fonction positive. Nous avons d'après une formule classique (cf. le lemme 1)

$$(37)\qquad E^{\cdot}[\ (\int_0^{\infty} e^{-ps}k\circ Y_s ds)^2] = 2U_{2p}(k.U_pk)$$

et par conséquent , comme $\xi U_{2p} = \frac{1}{2p}\xi$, et $\|U_pk\|_{L^2} \leqq \frac{1}{p}\|k\|_2$

$$(38)\qquad E^{\xi}[\ ..] \leqq \frac{1}{p^2}\|k\|_2^2$$

Nous allons maintenant faire des calculs sur les martingales. Pour se ramener au cas d'espaces de mesure finie, il sera bon de raisonner sur P^{μ} ($\mu\leqq\xi$, bornée), puis de faire croître μ vers ξ. Mais nous négligerons cette étape dans la rédaction.

Tout d'abord, si $f\in\underline{\underline{D}}_{L^2}(A)$, $Af=g$, nous introduirons la martingale de carré intégrable correspondant à (1) :

(39) $$C_t^{p,f}=E[\int_0^\infty e^{-ps}(pf-g)\circ Y_s ds|\underline{\underline{F}}_t]=e^{-pt}f\circ Y_t-\int_0^t e^{-ps}\, pf-g)\circ Y_s ds$$

dont l'existence est justifiée par (38) avec $k=|pf-g|$. Le même calcul justifie la formule

(40) $$E^\xi[(C_\infty^{p,f})^2] = 2<\xi,U_{2p}((pf-g)U_p(pf-g))> = \frac{1}{p}<\xi,(pf-g)U_p(pf-g)>$$
$$= \frac{1}{p}<\xi,(pf-g)f> = <f,f>_\xi - \frac{1}{p}<f,g>_\xi$$

ou encore

(41) $$E^\xi[<C^{p,f},C^{p,f}>_\infty] = E^\xi[(C_\infty^{p,f})^2-(C_0^{p,f})^2] = -\frac{1}{p}<f,Af>_\xi$$

Lorsque $p\to 0$, les variables aléatoires $C_t^{p,f}$ convergent dans L^2 vers

(42) $$C_t^f = f\circ Y_t - \int_0^t g\circ Y_s ds$$

et on a sans changement les formules (3),(4) : la martingale C^f est localement de carré intégrable, et d'après l'hypothèse d'existence d'un opérateur carré du champ nous pouvons écrire

(43) $$<C^f,C^f>_t = 2\int_0^t \Gamma_{Y_s}(f,f)ds \qquad P^\xi\text{-p.s.}$$

Cette formule <u>étend</u> la définition de Γ à $\underline{\underline{D}}_{L^2}(A)$, mais il faut remarquer toutefois quelques nuances : par exemple , la fonction $\Gamma_\bullet$ est définie aux ensembles ξ-négligeables près, non aux ensembles de potentiel nul près. Nous avons, comme précédemment

(44) $$2\Gamma(f,f) = Af^2 - 2fg \qquad (g=Af)$$

Revenons à la formule (41) : elle s'écrit compte tenu de (4)

$$< \xi,2U_{2p}\Gamma(f,f) > \quad = -\frac{1}{p} <f,Af>_\xi$$

ou encore

(45) $$< \xi, \Gamma(f,f)> = -<Af,f>_\xi$$

Cette formule est vraie en toute généralité, sans symétrie. De même, il est vrai en toute généralité que si f appartient à $\underline{\underline{D}}_{L^2}(A)$, alors f appartient à $\underline{\underline{D}}_{L^2}(B)$, où B est le générateur de (Q_t), Bf appartient à $\underline{\underline{D}}_{L^2}(B)$, et $B^2f=-Af$: pour voir cela on peut adapter la démonstration donnée plus haut ou - dans le cas symétrique - utiliser la décomposition spectrale. Ainsi , $-<Af,f> = <B^2f,f>$. <u>Dans le cas symétrique</u> , cela peut s'écrire

(46) $$< \xi, \Gamma(f,f)> = <Bf,Bf>_\xi$$

où $\|\Gamma(f,f)\|_1 = \|Bf\|_2^2$. Cette formule est étroitement liée à la théorie de l'espace de Dirichlet, pour laquelle on consultera les travaux de DENY, FUKUSHIMA, ou l'ouvrage récent de SILVERSTEIN (Symmetric Markov Processes, Lecture Notes n° 426).

Université de Strasbourg
Séminaire de Probabilités 1975/76

CORRECTION AUX " INEGALITES DE LITTLEWOOD-PALEY "

par P.A.Meyer

Marc YOR vient de me signaler que la démonstration du théorème 1 de l'exposé II est insuffisante. Le lemme de KUNITA-WATANABE (p. II.4, lemme 3) est énoncé avec un optimisme excessif : pour vérifier qu' une martingale M de carré intégrable nulle en 0 est nulle, il ne suffit pas de vérifier qu'elle est orthogonale aux martingales C^f, f parcourant un ensemble plein $\underline{\underline{H}}$ contenu dans $\underline{\underline{D}}(A)$: il faut vérifier qu'elle est orthogonale aux martingales C^{f_q} , où $f_q=U_q f$, $q>0$, $f\in\underline{\underline{H}}$.

En conséquence, je sais démontrer seulement l'équivalence des propriétés 1) et 3) du théorème 1 (et en déduire le théorème 2). Si l'on continue à dire que (P_t) possède un opérateur carré du champ lorsque ces propriétés sont satisfaites, la vérification de cette propriété ne peut plus se faire au moyen d'une algèbre pleine contenue dans $\underline{\underline{D}}(A)$.

Heureusement, cela ne touche pas l'essentiel des exposés : il est classique que les semi-groupes de convolution admettent un opérateur carré du champ (ici, l'algèbre des fonctions C^∞ bornées ainsi que toutes leurs dérivées de tous les ordres est contenue dans $\underline{\underline{D}}(A)$, pleine, et <u>stable par la résolvante</u>, de sorte que la démonstration du th.1 s'applique avec le lemme de KUNITA-WATANABE correctement recopié). D'autre part, le critère douteux pour l'existence de l'opérateur carré du champ n'a été utilisé qu'une fois, dans le corollaire au lemme 6, qui peut s'énoncer ainsi :

<u>Si deux semi-groupes</u> (P_t) <u>et</u> (Q_t) <u>admettent un opérateur carré du champ, il en est de même de leur produit</u> $P_t\otimes Q_t$.

Cela peut se démontrer directement. Il suffit d'abord de prouver que pour toute loi $P^x\otimes Q^y$, toute martingale de la forme $Z_t=E[Z|\underline{\underline{F}}_t\otimes\underline{\underline{G}}_t]$ a un processus croissant < , > absolument continu par rapport à la mesure de Lebesgue dt . Par un argument de convergence dans L^2 , on se ramène au cas où Z=MN, où M est $\underline{\underline{F}}_\infty$-mesurable, N $\underline{\underline{G}}_\infty$-mesurable. La martingale $E[Z|\underline{\underline{F}}_t\otimes\underline{\underline{G}}_t]$ est alors le produit M_tN_t des martingales (indépendantes, donc orthogonales, et sans sauts communs) $M_t=E[M|\underline{\underline{F}}_t]$ et $N_t=E[N|\underline{\underline{F}}_t]$ Alors une application de la formule d'ITO donne

$$M_t^2N_t^2 = \text{martingale} + \int_0^t (M_{s-}^2 d\langle N,N\rangle_s + N_{s-}^2 d\langle M,M\rangle_s) + \sum_0^t (M_{s-}^2 \Delta N_s + N_{s-}^2 \Delta M_s)$$

et par compensation

$$d\langle Z,Z\rangle_s = M_{s-}^2 d\langle N,N\rangle_s + N_{s-}^2 d\langle M,M\rangle_s$$

d'où il résulte que, si $\langle M,M\rangle$ et $\langle N,N\rangle$ sont absolument continus par rapport à dt, il en est de même de $\langle Z,Z\rangle$.

Université de Strasbourg
Séminaire de Probabilités 1974/75

DEMONSTRATION PROBABILISTE DE CERTAINES INEGALITES DE LITTLEWOOD-PALEY

(P.A. Meyer)

EXPOSE III : LES INEGALITES GENERALES

Nous reprenons ici les notations et les hypothèses du paragraphe II de l'exposé précédent : semi-groupe markovien (P_t) sur E, mesure invariante ξ , semi-groupe adjoint (P_t^*) ; prolongement à $\hat{E}^+=E\times\mathbb{R}_+$ d'une fonction f sur E par la formule

(1) $$f(x,t) = Q_t(x,f)$$

où (Q_t) est le semi-groupe de Cauchy associé à (P_t) ($Q_t=\int_0^\infty P_s\mu_t(ds)$, formule (7) de l'exposé I). Processus $(B_t)=(Y_t,Z_t)$, martingale $M_t=f(B_{t\wedge T_0})$. Nous avons vu dans l'exposé II, que

- Si (P_t) admet un opérateur carré du champ, il existe une fonction mesurable positive g sur $E\times\mathbb{R}_+$ telle que

(2) $$\langle M,M\rangle_t = 2\int_0^{t\wedge T_0} g(B_s)ds$$

- Dans tous les cas, la projection de la martingale M sur la martingale Z est continue , et égale à

(3) $$M_t^{\rightarrow} = \int_0^{t\wedge T_0} D_{\rightarrow}f(Y_s,Z_s)dZ_s$$

de sorte que l'on a <u>dans tous les cas</u>, en posant $g^{\rightarrow}(x,t)= (D_tf(x,t))^2$

(4) $$\langle M^c,M^c\rangle_t \geqq 2\int_0^{t\wedge T_0} g^{\rightarrow}(B_s)ds .$$

Nous introduisons maintenant les mêmes fonctions de LITTLEWOOD-PALEY que dans l'exposé I :

(5¹) $$G_f(x) = [\int_0^\infty tg(x,t)dt]^{1/2}$$

(5²) $$K_f(x) = [\int_0^\infty t(Q_t^*(x,\sqrt{g(.,t)})^2dt]^{1/2}$$

(5³) $$H_f(x) = [\int_0^\infty tQ_t^*(x,g(.,t))dt]^{1/2}$$

et les trois fonctions $G_f^{\rightarrow},H_f^{\rightarrow}, K_f^{\rightarrow}$ obtenues en remplaçant partout g par $g^{\rightarrow}$. Nous allons adapter les méthodes de l'exposé I et prouver pour ces fonctions des inégalités de LITTLEWOOD-PALEY .

Malheureusement, il y a un grand nombre d'inégalités, et il est plus difficile d'en saisir l'ensemble que dans le cas classique. Il y a quatre types d'hypothèses qui interviennent :

- (P_t) admet un opérateur carré du champ.
- (P_t) est symétrique.
- (P_t) est un semi-groupe de convolution symétrique.
- (P_t) est une diffusion (Nous prenons cela au sens suivant : toutes les <u>martingales</u> pour les mesures P^μ sont <u>continues</u> . Cette propriété est bien connue pour le mouvement brownien et le processus de la chaleur ; ici, ce sera une définition).

RELATIONS ENTRE LES FONCTIONS DE L-P.

PROPOSITION 1. <u>Dans tous les cas, on a</u>[1]

(6) $$K_f \leqq H_f \quad , \; K_f^{\rightarrow} \leqq H_f^{\rightarrow}$$

(7) $$\|H_f\|_p \leqq c_p\|G_f\|_p \quad , \; \|H_f^{\rightarrow}\|_p \leqq c_p\|G_f^{\rightarrow}\|_p \quad \underline{\text{pour}}\ p\geqq 2$$

(8) $$\|K_f\|_p \leqq c_p\|G_f\|_p \quad , \; \|K_f^{\rightarrow}\|_p \leqq c_p\|G_f^{\rightarrow}\|_p \quad \underline{\text{pour}}\ p\geqq 1$$

<u>Dans le cas des semi-groupes symétriques, on a en sens inverse</u>

(9) $$G_f^{\rightarrow} \leqq 2K_f^{\rightarrow}$$

<u>et, si le semi-groupe est de convolution symétrique</u>

(10) $$G_f \leqq 2K_f .$$

DEMONSTRATION. (6) est une application de l'inégalité de Schwarz : $(Q_t^*(\sqrt{g_t}))^2 \leqq Q_t^*(g_t)$.

L'inégalité (9) est aussi une inégalité de convexité : posons $\delta_t = D_{\rightarrow}f_t$. Alors $Q_t\delta_s=\delta_{t+s}$, donc $|\delta_{t+s}|\leqq Q_t|\delta_s|$, et comme le semi--groupe est symétrique, cela s'écrit aussi $Q_t^*(\sqrt{g_s^{\rightarrow}}\,)\geqq \sqrt{g_{t+s}^{\rightarrow}}$. Prenant t=s, il vient

$$(K_f^{\rightarrow})^2 \geqq \int_0^\infty tg^{\rightarrow}(.,2t)dt \;=\; 4(G_f^{\rightarrow})^2$$

Dans le cas des semi-groupes de convolution symétrique, c'est la fonction $\sqrt{g}$ toute entière qui est sousharmonique (exposé II, formules (23) à (25)), d'où (10) par le même raisonnement.

Passons à (7). Sur l'espace des fonctions mesurables bornées a(x,t) sur $E\times\mathbb{R}_+$, introduisons l'opérateur linéaire L ainsi défini

$$La(x,t) = Q_t^*(x,a(.,t))$$

---

1. Une inégalité concernant H,K ou G, sans $\rightarrow$, suppose implicitement que (P_t) admet un opérateur carré du champ, tandis que les inégalités avec $\rightarrow$ ne le supposent pas.

Soit λ la mesure tdt sur $\mathbb{R}_+$; munissons l'espace de la norme $L^{p/2}(L^1(\lambda))$ (rappelons qu'ici, on suppose $p \geqq 2$)

$$\|a\|_{p/2,1} = [\int \xi(dx)(\int_0^\infty t|a(x,t)|dt)^{p/2}]^{2/p}$$

$L^{p/2}(L^1)$ est en dualité avec $L^{q'}(L^\infty)$, où $q'=\frac{2}{2-p}$ est l'exposant conjugué de p/2. Nous en désignerons par B la boule unité, formée des fonctions b(x,t) telles que

$$\|b\|_{q',\infty} = \|b^\circ\|_{L^{q'}(\xi)} \leqq 1 \text{ , où } b^\circ(x) = \sup_t |b(x,t)|$$

Nous allons montrer que $\|La\|_{p/2,1} \leqq c_p\|a\|_{p,1}$ - et cela nous donnera (7) en prenant a(x,t)=g(x,t). Pour voir cela, nous pouvons supposer a positive, donc La positive, et alors - en désignant par B_+ la partie positive de B

$$\|a\| = \sup_{b\in B_+} \int \xi(dx)\int_0^\infty ta(x,t)b(x,t)dt$$

donc

$$\|La\| = \sup_b \int \xi(dx)\int tQ_t^*(x,a_t)b(x,t)dt = \sup_b \int \xi(dx)\int ta(x,t)Q_t(x,b_t)dt$$

$$\leqq \sup_b \int \xi(dx)\int ta(x,t)Q_t(x,b^\circ)dt$$

$$= \sup_b \int \xi(dx)\int ta(x,t)b^\circ(x,t)dt$$

où b° désigne comme d'habitude aussi le prolongement harmonique de la fonction b° définie sur le bord, à $E\times\mathbb{R}_+$. Nous allons voir dans un instant (lemme 1) que

$$\| \sup_t b^\circ(.,t)\|_{L^{q'}} \leqq c\|b^\circ\|_{L^{q'}} \quad \text{(noter que } 1<q'\leqq+\infty \text{)}$$

ce qui se lit aussi $\|b^\circ\|_{q',\infty} \leqq c\|b^\circ\|_{L^{q'}} = c\|b\|_{q',\infty} \leqq c$ puisque $b\in B_+$.

On a alors

$$\int \xi(dx)\int ta(x,t)b^\circ(x,t) = \langle a,b^\circ\rangle \leqq \|a\|_{p/2,1}\|b^\circ\|_{q',\infty} \leqq c\|a\|_{p/2,1}$$

d'où en passant au sup $\|La\| \leqq c\|a\|$, ce qu'on cherchait.

Pour établir (8), on procède de même, mais en munissant l'espace de la norme de $L^p(L^2(\lambda))$

$$\|a\|_{p,2} = [\int \xi(dx)(\int t|a(x,t)|^2dt)^{1/2}]^{1/p}$$

Comme dans la démonstration précédente, il suffit de démontrer que $\|La\|_{p,2} \leqq c_p\|a\|_{p/2}$ pour $1<p<\infty$, et d'appliquer cela à $a(x,t)=\sqrt{g(x,t)}$. Or cette inégalité est déjà connue pour $p\geqq 2$, car c'est l'inégalité déjà vue pour les normes $\| \ \|_{p/2,1}$, appliquée à la fonction $a^2(x,t)$. Pour passer de l'autre côté de 2, on remarque que le dual de $L^p(L^2)$ est $L^q(L^2)$, où q est l'exposant conjugué de p, et que le transposé de L est l'opérateur analogue L^* relatif à Q_t^* . Le résultat précédent dit alors (comme $q\geqq 2$) que L^* est borné, et on a le même résultat pour L par dualité.

Etablissons maintenant (avec des notations un peu différentes) le lemme qui a été utilisé dans la démonstration. Il provient de STEIN [2] (bibl. exposé I), et il présente de l'intérêt par lui même.

LEMME . Soit f une fonction sur E, f(x,t) son prolongement harmonique, et $f^*(x) = \sup_t |f(x,t)|$. Alors

(11) $$\|f^*\|_p \leqq c_p\|f\|_p \quad (1<p\leqq\infty)$$

DEMONSTRATION. On peut supposer f positive, et écrire

$$Q_t f = a\int_0^\infty te^{-t^2/4s}\, s^{-3/2}P_s f\, ds$$
$$= a\int_0^\infty te^{-t^2/4s}s^{-3/2}\left(\frac{d}{ds}\int_0^s P_u f du\right) ds$$

soit $C_s f = \frac{1}{s}\int_0^s P_u f du$. Le lemme ergodique maximal nous dit d'abord que $C_s(f)$ est borné si $s\to\infty$, donc on peut intégrer par parties

$$Q_t f = at\int_0^\infty sC_s f\, \frac{d}{ds}(s^{-3/2}e^{-t^2/4s})ds$$

Le lemme ergodique maximal nous dit ensuite que $\sup_s C_s f = f^\times$ est tel que $\|f^\times\|_p \leqq c_p\|f\|_p$. Il nous reste donc seulement à voir si

$$t\int_0^\infty s\left|\frac{d}{ds}(s^{-3/2}e^{-t^2/4s})\right|ds$$

est uniformément borné en t . Posant $s=ut^2$ on voit apparaître

$$t\int_0^\infty ut^2.t^{-2}\left|\frac{d}{du}[(ut^2)^{-3/2}e^{-1/4u}]\right| t^2du = \int_0^\infty u\left|\frac{d}{du}(u^{-3/2}e^{-1/4u})\right|du$$

quantité finie, indépendante de t. Le lemme est établi.

INEGALITES DE L-P : MAJORATION, $p\geqq 2$

Nous procédons comme dans l'exposé I : majoration des fonctions de L-P , en séparant les cas $p\geqq 2$ et $p\leqq 2$ (celui-ci moins complet que dans le cas classique) ; égalité dans L^2 (cas symétrique seulement), puis minoration des fonctions de L-P par dualité.

Pour ce qui est de la première inégalité, il n'y a pas un mot à changer à la démonstration de l'exposé I, p.10.

INEGALITE I. Si $2\leqq p<\infty$, et si (P_t) admet un opérateur carré du champ, on a

(12) $$\|H_f\|_p \leqq c_p\|f\|_p$$

et $\|\vec{H}_f\|_p\leqq c_p\|f\|_p$ même sans opérateur carré du champ.

INEGALITES DE L-P : MAJORATION, $p\leq 2$

Ici, les inégalités sont incomplètes, sauf dans le cas des diffusions (martingales continues). Peut être qu'une étude plus approfondie de la formule du changement de variables donnerait quelque chose ? Dans l'exposé IV, heureusement, nous arriverons à nous passer des inégalités manquantes.

INEGALITE II. Si $1<p\leq 2$ on a

(13) $$\|K_f^{\to}\|_p \leq c_p\|f\|_p \quad \text{(inégalité analogue pour } G_f^{\to} \text{)}$$

si (P_t) admet un opérateur carré du champ et est une diffusion, on a

(14) $$\|K_f\|_p \leq c_p\|f\|_p \quad \text{(inégalité analogue pour } G_f \text{)}$$

DEMONSTRATION. Compte tenu de (8), nous pouvons démontrer les inégalités analogues, mais relatives à $G_f^{\to}$ ou G_f , qui sont un peu plus fortes. Cela fait une variante intéressante de la démonstration de l'exposé I, qui était relative à K_f .

Nous désignons par h la fonction positive $p(p-1)f^{p-2}g^{\to}$ dans le cas général, la fonction $p(p-1)f^{p-2}g$ dans le cas des diffusions, et par $I(x)$, $J(x)$ les fonctions sur E $\int_0^\infty ah(x,a)da$, $\int_0^\infty aQ_a^*(x,h_a)da$ respectivement, et nous prouvons , comme dans le lemme 2^0, p.11 de l'exposé I

(15) $$\|f\|_p^p \geq \int I(x)\xi(dx) = \int_E J(x)\xi(dx)$$

Nous appliquons la formule d'ITO à la fonction deux fois différentiable $F(u)=(u+\varepsilon)^p$ sur $\mathbb{R}_+$, et à la martingale (M_t) - comme dans l'exposé I, on peut se ramener au cas où f est positive. Il vient

$$F(M_t)=F(M_0) + \int_0^t F'(M_{s-})dM_s + \frac{1}{2}\int_0^t F''(M_s)d\langle M^c,M^c\rangle_s$$
$$+ \Sigma_{s\leq t}(F(M_s)-F(M_{s-})-F'(M_{s-})(M_s-M_{s-}))$$

Dans le cas des diffusions, le terme Σ_s est nul, et $d\langle M^c,M^c\rangle_s = 2g(B_s)ds$. Dans le cas général, le terme Σ_s est positif (car F est convexe) et la formule (3) nous dit que M^c est la somme de $M_t^{\to}$ et d'une martingale orthogonale à Z, donc $d\langle M^c,M^c\rangle_s \geq 2g^{\to}(B_s)ds$. Prenant une espérance, puis faisant tendre ε vers 0, puis intégrant par rapport à ξ_N, puis faisant tendre N vers $+\infty$, nous obtenons l'inégalité cherchée comme dans l'exposé I.

Plaçons nous par exemple dans le cas des diffusions, et démontrons (14). La démonstration - due à STEIN - est un peu plus simple que dans l'exposé I : nous écrivons que $g=cf^{2-p}h$, donc

$$G_f^2(x)= \int_0^\infty tg(x,t)dt \leq c(f^*(x))^{2-p}I(x)$$

après quoi nous appliquons (11), (15) et l'inégalité de Hölder comme dans l'exposé I. Il n'y a aucun mystère.

L'EGALITE DANS L^2

Nous rencontrons ici une petite difficulté. Supposons par exemple que la mesure ξ soit bornée, de sorte que la fonction 1 appartient à L^p. La martingale M correspondante étant constante, toutes les fonctions de LITTLEWOOD-PALEY de 1 sont nulles, et on ne saurait minorer $\|f\|_p$ au moyen de leurs normes.

Soit $f\in L^p$ ($1<p<\infty$). On sait d'après le théorème ergodique que $\frac{1}{t}\int_0^t P_s f ds$ converge p.p. et dans L^p vers une fonction invariante f_∞ (la convergence est même dominée dans L^p). Il résulte alors de la démonstration du premier lemme de cet exposé que $Q_t f$, qui est une moyenne des moyennes de Cesaro de (P_t), converge aussi vers f_∞ p.p. et dans L^p. Il est sous-entendu dans toutes les minorations qui suivent que les fonctions f considérées sont telles que $f_\infty=0$. Dans le cas du mouvement brownien sur $\mathbb{R}^n$, par exemple, c'est le cas de toutes les fonctions de L^p : on a en effet $f_\infty=0$ pour $f\in\underline{\underline{S}}$, et $\underline{\underline{S}}$ est dense dans L^p.

Cette restriction étant faite, nous montrons

(16) $\|f\|_2^2 = 2\|G_f\|_2^2$ (démonstration identique à celle de l'exposé I, p.10)

et surtout, dans le cas symétrique (sans opérateur carré du champ)

(17) $\|f\|_2^2 = 4\|G_f^{\rightarrow}\|_2^2$

Pour prouver cela, nous suivons STEIN, en introduisant la décomposition spectrale associée au générateur A dans L^2

$$-A = \int_0^\infty \lambda dE_\lambda \quad (E_{0-}=0 \text{ , mais il peut y avoir un saut en } 0 \text{)}$$

d'où pour les deux semi-groupes

$$P_t = \int_0^\infty e^{-t\lambda} dE_\lambda \quad , \quad Q_t = \int_0^\infty e^{-t\sqrt{\lambda}} dE_\lambda$$

$$D_t Q_t = -\int_0^\infty e^{-t\sqrt{\lambda}}\sqrt{\lambda}\, dE_\lambda$$

Si $f\in L^2$, on a alors

$$\|G_f^{\rightarrow}\|_2^2 = \int_0^\infty tdt\ \|D_t Q_t f\|_2^2 = \int_0^\infty tdt \int_0^\infty e^{-2t\sqrt{\lambda}}\lambda\, d\langle E_\lambda f,f\rangle$$

On intervertit les intégrations

$$\int_0^\infty d\langle E_\lambda f,f\rangle \int_0^\infty t\sqrt{\lambda}\, e^{-2t\sqrt{\lambda}}\sqrt{\lambda}dt$$

Cette dernière intégrale vaut 0 si $\lambda=0$, 1/4 si $\lambda>0$. Il reste donc $\frac{1}{4}\int_{0+}^\infty d\langle E_\lambda f,f\rangle$, ce qui est $\frac{1}{4}\|f\|_2^2$ si $f_\infty=0$.

DIGRESSION SUR L'EGALITE DANS L^2

Le point fondamental est ici "l'équipartition" de $\|G_f\|_2^2$ en un terme horizontal $\|G_f^{\rightarrow}\|_2^2$ et un terme vertical $\|G_f^{\uparrow}\|_2^2$. Peut on comprendre cela un peu mieux que par l'emploi de la décomposition spectrale ? Nous allons esquisser ici une démonstration directe (utilisant l'existence d'un opérateur carré du champ) qui éclaire parfaitement le rôle joué par la symétrie.

Nous avons $\|G_f\|_2^2 = \|G_f^{\rightarrow}\|_2^2 + \|G_f^{\uparrow}\|_2^2$ avec (exposé II, th.4)

$\|G_f^{\rightarrow}\|_2^2 = \int\xi(dx)\int t(D_{\rightarrow}f(x,t))^2 dt$

$\|G_f^{\uparrow}\|_2^2 = \int\xi(dx)\int t\Gamma_x(f_t,f_t)dt$

Pourquoi ces termes sont ils égaux ? Simplement parce qu'on a, pour tout $t>0$

(18) $\int\xi(dx)(D_{\rightarrow}f(x,t))^2 = \int\xi(dx)\Gamma_x(f_t,f_t)$

En effet, $D_t f(.,t) = Bf_t$, et $f_t = Q_t f$ appartient, pour $t>0$, à $\underline{\underline{D}}_{L^2}(A)$ (appendice de l'exposé II). La formule se ramène donc à

$$\int\xi(dx)(Bh(x))^2 = \int\xi(dx)\Gamma_{\bullet}(h,h) \quad \text{si } h\in\underline{\underline{D}}_{L^2}(A)$$

et ceci n'est rien d'autre que la formule (46) de l'appendice de l' exposé II, où la symétrie intervient à la dernière ligne pour dire que $<\xi,(Bh)^2> = <Bh,Bh> = <B^2h,h>$.

LES MINORATIONS

INEGALITE III. <u>Dans le cas symétrique</u>, <u>on a pour tout</u> p, $1<p<\infty$ (s'il n'y a pas de fonction invariante dans $L^2(\xi)$)

(19) $c_p\|f\|_p \leq \|G_f^{\rightarrow}\|_p$ ($\|K_f^{\rightarrow}\|_p$, $\|H_f^{\rightarrow}\|_p$, $\|\rho_f^{\rightarrow}\|_p$) <u>pour</u> $f\in L^2$

La dernière fonction est une fonction parabolique (exposé I, (8^3)). Rappelons que STEIN montre que $\|\rho_f^{\rightarrow}\|_p \leq c_p\|f\|_p$ dans le cas symétrique, résultat plus difficile que tous ceux que nous présentons ici.

DEMONSTRATION. Dans le cas symétrique, on a $G_f^{\rightarrow} \leq 2K_f^{\rightarrow} \leq 2H_f^{\rightarrow}$ (6) et (9) et $G_f^{\rightarrow} \leq c\rho_f^{\rightarrow}$ (exposé I, formule (26)). Il suffit donc de démontrer la première inégalité. D'autre part, on a $\|G_f^{\rightarrow}\|_p \leq c_p\|f\|_p$, d'après les inégalités rappelées ci-dessus et (12), (13). On procède alors comme dans l'exposé I, p.4, étape 4.

INEGALITES COMPLEMENTAIRES : CAS NON SYMETRIQUE

Simplement pour être complets, nous indiquons une ou deux inégalités qui ne présentent sans doute pas d'intérêt, et nous recommandons de les omettre.

On peut se servir de l'égalité dans L^2 $\|f\|_2^2 = c\|G_f\|_2^2 = c\|H_f\|_2^2$ pour démontrer par dualité que pour $f\in L^2$

(20) $\qquad c_p \|f\|_p \leqq \|H_f\|_p \qquad 1<p\leqq 2$

la polarisation est un peu délicate, et nous n'insisterons pas. Dans le cas des diffusions, on sait aussi dire quelque chose , pour $p\geqq 2$, par la méthode qui a servi dans la démonstration de (14). Esquissons cela On pose comme dans la démonstration de (14)

$$h = p(p-1)f^{p-2}g \quad , \ I(x)=\int_0^\infty ah(x,a)da \quad , \ J(x)=\int_0^\infty aQ_a^*(x,h_a)da$$

et on montre au moyen de la formule d'ITO que $\|f\|_p^p = \int I(x)\xi(dx) = \int J(x)\xi(dx)$ (comme $p\geqq 2$, $t\mapsto t^p$ est deux fois dérivable, et il n'est pas nécessaire de mettre d'$\varepsilon>0$. L'égalité vient du fait que la martingale est continue, et que $f_\infty=0$). On a alors

$$\|f\|_p^p = \int I(x)\xi(dx) = c\int\xi(dx)\int af_a^{p-2}g_a da \leqq c\int\xi(dx)(f^*(x))^{p-2}G_f^2(x)$$
$$\leqq c\|f^{*(p-2)}\|_{p/p-2}\|G_f^2\|_{p/2} \quad \text{(Hölder)}$$

et on conclut grâce à la formule (11) que

(21) $\qquad \|f\|_p \leqq c_p\|G_f\|_p \quad$ (diffusions, $p\geqq 2$)

INEGALITES COMPLEMENTAIRES : SEMI-GROUPES DE CONVOLUTION

Supposons pour commencer que le semi-groupe (P_t) soit <u>normal</u> , i.e. commute avec le semi-groupe adjoint (P_t^*) - c'est le cas des semi-groupes de convolution sur $\mathbb{R}^n$. Introduisons la fonction de L-P horizontale

(22) $\qquad M_f(x) = [\ \int_0^\infty t(Q_t^*(x,D_tf(.,t))^2dt\ ]^{1/2}$

qui est encore un peu plus petite que la fonction $K_f^{\rightarrow}$, puis qu'il n'y a pas de signe $|\ |$ à l'intérieur du $Q_t^*(\ )$. Nous avons d'après la théorie générale (6),(12) et (13)), pour $1<p<\infty$

(23) $\qquad \|M_f\|_p \leqq \|K_f^{\rightarrow}\|_p \leqq c_p\|f\|_p$

Nous établissons une inégalité dans l'autre sens. Nous avons

$$\|[\int_0^\infty t(Q_t^*D_tQ_tf+Q_tD_tQ_t^*f)^2dt]^{1/2}\|_p$$
$$\leqq \|[\int_0^\infty t(Q_t^*D_tQ_tf)^2dt]^{1/2}+[\int_0^\infty t(Q_tD_tQ_t^*f)^2dt]^{1/2}\|_p$$
$$\leqq \|\ldots\|_p+\|\ldots\|_p = \|M_f\|_p + \|M_f^*\|_p$$

où M_f^* est la fonction analogue, relative au semi-groupe (Q_t^*). D'autre part, le premier membre n'est rien d'autre que la fonction parabolique horizontale $P_f^{\rightarrow}$ relative au semi-groupe de convolution symétrique $Q_tQ_t^*$. Si celui-ci n'admet pas de fonction invariante de carré intégrable, (19) nous dit que $\|f\|_p \leqq c_p\|P_f^{\rightarrow}\|_p$, et l'on a finalement pour $f\epsilon L^2$

(24) $$c_p\|M_f\|_p \leqq \|f\|_p \leqq c_p'(\|M_f\|_p+\|M_f^*\|_p)$$

En particulier , dans le cas des semi-groupes de convolution on a $M_f^* = (M_{f^\vee})^\vee$, où $^\vee$ est l'opération de symétrie par rapport à 0 (exposé II, formule (19)). On peut donc remplacer la symétrie <u>du semi-groupe</u> par une majoration portant sur la fonction f <u>et sa symétrique</u> $f^\vee$. Dans une rédaction antérieure, j'avais cru pouvoir en déduire des conséquences intéressantes, mais il n'en reste rien.

RECAPITULATION

La situation étant assez compliquée, nous voulons extraire de ce qui précède au moins un énoncé facile à retenir.

THEOREME. <u>Supposons que</u> (P_t) <u>soit symétrique, et n'admette pas de fonctions invariantes de carré intégrable. Alors</u>

(25) $$c_p\|G_f^{\rightarrow}\|_p \leqq \|f\|_p \leqq c_p'\|G_f^{\rightarrow}\|_p \quad (f\epsilon L^2 \text{ , } 1<p<\infty)$$

<u>Si de plus</u> (P_t) <u>admet un opérateur carré du champ, on a</u>

(26) $$c_p\|H_f\|_p \leqq \|f\|_p \leqq c_p'\|H_f\|_p \quad (f\epsilon L^2\text{, } 2\leqq p<\infty)$$

Nous n'avons pas tout à fait établi les moitiés de gauche des inégalités pour $f\epsilon L^2$: nous avons travaillé tout du long avec des fonctions f <u>bornées</u>. Sans donner les détails, j'affirmerai simplement que tout marche bien, et que l'on peut soit transposer la démonstration au cas où $f\epsilon L^2$(ou $f\epsilon L^p$), soit - encore mieux - passer à la limite à partir du cas borné, en appliquant le lemme de Fatou.

L'hypothèse sur l'inexistence de fonctions invariantes de carré intégrable n'est pas essentielle . Si elle n'est pas satisfaite, il faut seulement restreindre les inégalités de droite aux $f\epsilon L^2$ dont la partie invariante est nulle.

Enfin, pour les <u>diffusions</u> symétriques, (26) s'étend à l'intervalle]1,2 [, avec K_f au lieu de H_f .

REMARQUE. La fonction $G_f^{\to}$ est la fonction de L-P <u>parabolique</u> relative au semi-groupe (Q_t) . Les inégalités (25) sont donc un cas particulier des inégalités de STEIN [2] (cf. bibliogr. de l'exposé I), qui semblent échapper à la théorie des martingales. Finalement, l'apport de ces exposés se réduit donc à (26).

APPENDICE : LE CAS VECTORIEL

Soit (f_n) une suite de fonctions sur E ; nous désignons par f la <u>suite</u> (f_n), et nous convenons de poser

(27) $$\|f\|_p = \|(\Sigma_n f_n^2)^{1/2}\|_p$$

Il s'agit d'une norme dans l'espace $L^p(\ell^2)$. De même, associant à chaque f_n son prolongement harmonique, et les fonctions $g_n(x,t)$ et $g_n^{\to}(x,t)$ correspondantes, nous posons

(28) $$g(x,t) = \Sigma_n\, g_n(x,t) \quad , \; g^{\to}(x,t) = \Sigma_n\, g_n^{\to}(x,t)$$

et nous définissons alors des fonctions de LITTLEWOOD-PALEY que nous notons $G_f, H_f, K_f, G_f^{\to}$, etc. Par exemple

(29) $$H_f(x) = [\, \int_0^\infty tQ_t^*(x,g(.,t))dt\,]^{1/2}$$

On a des notions parallèles pour les martingales : notons (M_t) une <u>suite</u> de martingales de carré intégrable $(M_t^1, M_t^2 \ldots)$ et convenons de poser

(30) $$\|M_\infty\|_p = \|(\Sigma\,(M_\infty^n)^2)^{1/2}\|_p \;, \quad \langle M,M\rangle_t = \Sigma_n \langle M^n,M^n\rangle_t$$

De sorte que, lorsque les v.a. $\|M_t\|^2 = \Sigma_n\,(M_t^n)^2$ sont intégrables, le processus croissant prévisible $\langle M,M\rangle$ est celui qui apparaît dans la décomposition de la sousmartingale $\|M_t\|^2$. Il n'y a aucune difficulté à étendre à cette situation les inégalités de martingales dont nous nous sommes servis. Par exemple,

$$\|M_\infty\|_p \geqq c_p \|\langle M,M\rangle_\infty^{1/2}\|_p \quad \text{si } p \geqq 2$$

est une simple inégalité relative à la sousmartingale réelle $\|M_t\|^2$ et au processus croissant prévisible associé $\langle M,M\rangle$, pour l'exposant $p/2 \geqq 1$ (voir par exemple le séminaire II, p.166 - mais ce n'est pas la meilleure démonstration !). De même, la formule

$$E[\|M_t\|^p] \geqq E[\|M_0\|^p] + E[p(p-1)\int_0^t \|M_s\|^{p-2} d\langle M^c,M^c\rangle_s] \ (p>1)$$

se démontre aisément par passage à la limite à partir du cas des suites finies, où la formule d'ITO est encore applicable.

Université de Strasbourg
Séminaire de Probabilités 1974/75

DEMONSTRATION PROBABILISTE DE CERTAINES INEGALITES DE LITTLEWOOD-PALEY

(P.A. Meyer)

EXPOSE IV : SEMI-GROUPES DE CONVOLUTION SYMETRIQUES

Les principales applications de cet exposé concernent la situation indiquée dans le titre. Néanmoins, les méthodes probabilistes ont l'avantage, sur les méthodes analytiques, de n'exiger que des structures pauvres, et peu de différentiabilité. Il serait donc regrettable d'aller tout de suite se placer sur $\mathbb{R}^n$! Le premier paragraphe reprend donc la méthode qui nous a servi, dans l'exposé I, à montrer que les transformations de RIESZ opèrent dans L^p, en lui donnant toute la généralité possible. Après quoi, nous passons aux semi-groupes de convolution symétriques et aux problèmes de multiplicateurs.

I. UN THEOREME DE MAJORATION DANS L^p

Nous reprenons les hypothèses de l'appendice de l'exposé II : E est LCD (localement compact à base dénombrable), (P_t) un semi-groupe markovien symétrique par rapport à la mesure ξ , qui est une mesure de Radon sur E (la symétrie entraîne l'invariance, puisque $P_t 1=1$). De plus, (P_t) possède un opérateur carré du champ Γ. Enfin, nous supposerons que (P_t) n'admet pas de fonction invariante de carré intégrable . Cette hypothèse est gênante, car elle exclut d'emblée le cas où ξ est bornée (la fonction 1 étant invariante). Elle n'est heureusement pas essentielle : si elle n'est pas satisfaite, il faudra simplement restreindre les inégalités à des fonctions f "sans partie invariante".

Nous désignons par $\underline{\underline{H}}$ un sous-espace de $\underline{\underline{D}}_{L^2}(A)$, par L une application linéaire de $\underline{\underline{H}}$ dans L^2. Nous dirons que L est admissible si les conditions 1) et 2) ci-dessous sont satisfaites.

A1) $\underline{\underline{H}}$ est stable par Q_t $(t>0)$ et $Q_t Lf = LQ_t f$ ξ-p.p. pour $f\in\underline{\underline{H}}$

A2) $(Lf)^2 \leqq (Bf)^2 + \Gamma(f,f)$ ξ-p.p. pour $f\in\underline{\underline{H}}$

Quelques commentaires . D'abord, nous aurions pu multiplier le second membre de A2 par une constante , mais il aurait fallu la traîner partout . Nous préférons donc laisser au lecteur cette extension immédiate, et laisser au mot "admissible" son sens restreint. Il faut noter que, si l'on travaillait sur des fonctions <u>complexes</u>, Γ serait une forme hermitienne , et A2 devrait être remplacée par

A2') $\quad |Lf|^2 \leq |Bf|^2 + \Gamma(f,f) \quad$ pour $f \in \underline{\underline{H}}$

Mais si L est réelle et satisfait à A2, son prolongement naturel à $\underline{\underline{H}}+i\underline{\underline{H}}$ satisfait à A2', et il n'y a donc pas lieu de s'inquiéter de cette nuance (qui interviendra plus loin, lorsque nous rencontrerons des transformations de Fourier).

Ensuite, désignons par Δ l'espace $\underline{\underline{D}}_{L^2}(B)$ muni de la norme $\|f\|_\Delta = (\|f\|_2^2+\|Bf\|_2^2)^{1/2}$, pour laquelle il est complet (c'est simplement le fait qu'un générateur infinitésimal, tel que B, est un opérateur fermé). On peut montrer que Δ est l'espace de Dirichlet usuel. Il résulte de A2), et de la formule (46) de l'exposé II (appendice) que L est continu pour la topologie de Δ.

Voici le résultat principal de cet exposé - les autres en seront surtout des commentaires. La démonstration reprend exactement celle de l'exposé I sur la transformation de RIESZ, mais - sauf dans le cas des diffusions, qui ne nous intéresse pas spécialement - nous n'atteignons que les valeurs de $p \geq 2$.

THEOREME 1. <u>Soit</u> L <u>un opérateur admissible</u>. <u>On a pour</u> $2 \leq p < \infty$

(1) $$\|Lf\|_p \leq c_p \|Bf\|_p \quad (f \in \underline{\underline{H}}) \quad .$$

Ici c_p ne dépend <u>que de</u> p (ni de L, ni du semi-groupe).

DEMONSTRATION. Nous posons $Bf=u \in L^2$, $Lf=r \in L^2$. Nous avons

(2) $$Q_t f = f + \int_0^t Q_s u \, ds$$

Mais puisque $f \in \underline{\underline{D}}_{L^2}(A)$, nous avons $Bf=u \in \underline{\underline{D}}_{L^2}(B)$. Posons $Bu=v$; alors $BQ_t u=Q_t v$ et, le semi-groupe (Q_t) étant fortement continu sur L^2, l'application $t \mapsto Q_t v$ est continue dans L^2 , donc $t \mapsto Q_t u$ est continue dans Δ. L'intégrale de (2), qui a priori était une intégrale forte dans L^2 , est donc une intégrale forte dans Δ. D'autre part, nous avons $u = \lim_{t \to 0} \frac{1}{t}(Q_t f-f)$ dans L^2 , et aussi $Bu = \lim \frac{1}{t}(Q_t Bf-Bf)$ dans L^2, donc $u = \lim \frac{1}{t}(Q_t f-f)$ dans Δ ; comme $Q_t f-f$ appartient à $\underline{\underline{H}}$, u appartient à l'adhérence $\overline{\underline{\underline{H}}}$ de $\underline{\underline{H}}$ dans Δ , et de même $Q_s u$. L se prolongeant par continuité à $\overline{\underline{\underline{H}}}$, nous appliquons L aux deux membres de (2) pour obtenir

(3) $$Q_t r = Q_t Lf = LQ_t f = Lf + \int_0^t LQ_s u \, ds$$

Dérivons dans L^2 et appliquons A2. Il vient

(4) $(D_tQ_tr)^2 = (LQ_tu)^2 \leq (BQ_tu)^2 + \Gamma(Q_tu,Q_tu) = (D_tQ_tu)^2 + \Gamma(Q_tu,Q_tu)$

Appliquant Q_t $(=Q_t^*)$ et intégrant par rapport à tdt, nous obtenons l'inégalité cruciale

(5) $H_r^{\rightarrow} \leq H_u$ ξ-p.p.

et par conséquent $\|r\|_p \leq c_p\|H_r^{\rightarrow}\|_p \leq c_p\|H_u\|_p \leq c'_p\|u\|_p$ pour $p \geq 2$.

Notons tout de suite une variante :

VARIANTE. <u>Si</u> A2 <u>est remplacée par</u>

(6) $(Lf)^2 \leq f^2 + (Bf)^2 + \Gamma(f,f)$ ξ-<u>p.p.</u>

<u>alors on a</u> $\|Lf\|_p \leq c_p(\|f\|_p + \|Bf\|_p)$ <u>pour</u> $f \in \underline{\underline{H}}$, $p \geq 2$.

DEMONSTRATION. Au second membre de (4) apparaît le terme supplémentaire $(Q_tu)^2 = (Q_tBf)^2 = (D_tQ_tf)^2$, et (5) est remplacée par

$$(H_r^{\rightarrow})^2 \leq (H_u)^2 + (H_f^{\rightarrow})^2$$

On conclut alors de la même manière.

Nous donnons une démonstration directe très simple (inspirée de STEIN) du théorème suivant. Mais cette démonstration modifie les constantes. Si on s'intéresse à celles-ci, il faut utiliser une forme vectorielle des inégalités de L-P, qui n'est pas difficile à établir (appendice de l'exposé III).

Ici encore, adoptons une terminologie brève : nous dirons qu'une suite (L_n) d'opérateurs admissibles sur $\underline{\underline{H}}$ est une <u>suite admissible</u> si l'on a

(7) $\Sigma_n (L_nf)^2 \leq (Bf)^2 + \Gamma(f,f)$ ξ-<u>p.p. pour</u> $f \in \underline{\underline{H}}$.

THEOREME 1'. <u>Si</u> (L_n) <u>est une suite admissible</u>, <u>on a pour</u> $2 \leq p < \infty$

(8) $\|(\Sigma_n(L_nf)^2)^{1/2}\|_p \leq c_p\|Bf\|_p$ <u>pour</u> $f \in \underline{\underline{H}}$.

DEMONSTRATION. Il suffit de considérer le cas où $L_n = 0$ pour $n \geq N$ assez grand. Soit (r_n) le système des fonctions de RADEMACHER sur l'espace auxiliaire $T = [0,1]$; nous appliquons le théorème 1 à $L_t = r_1(t)L_1 + \ldots + r_N(t)L_N$, ce qui nous donne

$$\|r_1(t)L_1f + \ldots + r_N(t)L_Nf\|_p \leq c_p\|Bf\|_p$$

et nous intégrons en t, puis appliquons le lemme de KHINTCHINE (voir STEIN, Singular integrals... p.104 et p.276 , [1] de la bibl. de l'exposé I). Cela donne le résultat cherché.

II. APPLICATION AUX SEMI-GROUPES DE CONVOLUTION

Nous supposons maintenant que (P_t) est un semi-groupe de convolution symétrique sur $\mathbb{R}^n$, et nous utilisons toutes les notations de l'exposé II. p.7-11. Nous allons construire des opérateurs de convolution admissibles de la manière suivante. Nous dirons qu'une <u>distribution</u> Λ est <u>admissible</u> si l'on a

(9) $\qquad (\Lambda f)^2 \leqq (B_o f)^2 + \Gamma_o(f,f) \qquad$ pour $f \in \underline{\underline{C}}_c^\infty$

Nous introduirons de même - en vue du théorème analogue à 2' - les <u>suites admissibles</u> (Λ_n), pour lesquelles le premier membre de (9) est remplacé par $\Sigma_n\ (\Lambda_n f)^2$.

Nous avons vérifié dans l'exposé II, p.10, sur la formule de KHINTCHINE-LEVY, que si des $f_n \in C_b^2$ convergent vers 0 ainsi que leurs dérivées d'ordre 1 et 2 tout en restant bornées dans $\underline{\underline{C}}_b^2$, alors $A_o f_n$, $B_o f_n$ (donc aussi $\Gamma_o(f_n,f_n) = \frac{1}{2}A_o f_n^2 - f_n(0)A_o f_n$ tend vers 0. On en déduit que $\underline{\underline{C}}_c^2$ est dense dans $\underline{\underline{C}}_b^2$ pour la topologie associée à la forme quadratique positive au second membre de (9), et que Λ se prolonge de manière unique en une forme linéaire sur $\underline{\underline{C}}_b^2$ satisfaisant à (9). Nous posons alors pour $f \in \underline{\underline{C}}_b^2$

(10) $\qquad Lf(x) = "\int f(x+y)\Lambda(dy)" = \Lambda(f(x+.))$

Quelle est la transformée de Fourier de Λ ? Pour abréger les notations, notons e_u la fonction $x \mapsto e^{iux}$, et posons

$$\lambda(u) = \Lambda(e_u)$$

Il est facile de vérifier que λ est la transformée de Fourier de Λ au sens des distributions, et l'on a $(Lf)\hat{}(u) = \lambda(-u)\hat{f}(u)$ si $f \in \underline{\underline{S}}$. Nous avons aussi d'après (9)

$$|\lambda(u)|^2 \leqq |B(e_u)|^2 + \Gamma_o(e_u,e_u) = 2\psi(u)$$

En effet, d'après l'exposé II, p.8

(11) $\qquad 2\Gamma_o(e_u,e_v) = \psi(u)+\psi(-v)-\psi(u-v) \quad$ - et ici $\psi(v)=\psi(-v)$.

Donc $|\lambda(u)|=O(1+|u|)$, et le bon espace à introduire est le suivant : <u>nous désignerons par $\underline{\underline{H}}$ l'espace des fonctions</u> f , <u>telles que</u> $(1+|u|^2)^n\hat{f}$ <u>appartienne à L^2 pour tout</u> n . Comme $(1+|u|^2)^n\ \hat{f}(u)$ appartient alors à L^1 pour tout n, on voit que f admet des dérivées de tous les ordres continues, et tendant vers 0 à l'infini. L'espace $\underline{\underline{H}}$ est stable par les Q_t, par B, par A, par les opérateurs admissibles L ci-dessus, et tous ces opérateurs commutent sur $\underline{\underline{H}}$.

Prenant n=0 dans la définition de $\underline{\underline{H}}$, on voit que toute $f\in\underline{\underline{H}}$ appartient à L^2. On peut donc écrire, pour $f,g \in \underline{\underline{H}}$

(12) $$\langle Lf,g\rangle_\xi = \langle f,L^*g\rangle_\xi$$

où L^* est l'opérateur de convolution associé à la distribution $\Lambda^\vee$, symétrique de Λ par rapport à 0. $\Lambda^\vee$ est aussi admissible (remplacer dans (9) f par $f^\vee$, et utiliser la symétrie du semi-groupe). Cela va nous permettre d'étendre le théorème 1 à l'intervalle $]1,\infty[$ tout entier (on aura un résultat analogue pour le théorème 1', mais nous ne le démontrerons pas en détail : on passe de 2 à 2' comme de 1 à 1').

THEOREME 2. <u>On a pour</u> $1<p<\infty$, <u>si</u> Λ <u>est une distribution admissible</u>

(13) $$\|Lf\|_p \leq c_p\|Bf\|_p \quad (f\in\underline{\underline{H}}) .$$

THEOREME 2'. <u>De même, si</u> $(\Lambda\ )$ <u>est une suite admissible, on a</u>

(14) $$\|(\Sigma_n (L_nf)^2)^{1/2}\|_p \leq c_p\|Bf\|_p \quad (f\in\underline{\underline{H}}).$$

DEMONSTRATION DE 2 . Le résultat découle du théorème 1 si $p\geq 2$. Supposons donc $p<2$, et soit q l'exposant conjugué de p. Soit (V_λ) la résolvante de (Q_t), qui laisse $\underline{\underline{H}}$ invariant. Soient $f\in\underline{\underline{H}}$, $j\in\underline{\underline{C}}_c^\infty$, et posons

$$h = V_\lambda(-j) \ , \quad g=j-\lambda V_\lambda j = Bh \qquad (\text{ h et g sont dans } \underline{\underline{H}})$$

Nous avons

$$\langle Lf,g\rangle = \langle Lf,Bh\rangle = \langle BLf,h\rangle = \langle LBf,h\rangle = \langle Bf,L^*h\rangle$$

Comme L^* est admissible et $q\geq 2$, nous avons

$$|\langle Lf,g\rangle| \leq \|Bf\|_p\|L^*h\|_q \leq c_q\|Bf\|_p\|Bh\|_q = c_q\|Bf\|_p\|g\|_q$$

Faisons tendre λ vers 0. Nous avons vu dans l'exposé II que $\lambda V_\lambda j$ tend vers j dans L^2 et dans L^q . Donc le premier membre tend vers $|\langle Lf,j\rangle|$, tandis que $\|g\|_q$ tend vers $\|j\|_q$. Ainsi

$$|\langle Lf,j\rangle| \leq c_q\|Bf\|_p\|j\|_q \quad \text{pour } j\in\underline{\underline{C}}_c^\infty$$, le résultat cherché.

REMARQUE. Le théorème 2 entraîne le résultat suivant, qui est le plus fréquemment utilisé en analyse : compte tenu de la relation $B^2=-A$, si Λ_1 et Λ_2 sont deux distributions admissibles, on a pour $f\in\underline{\underline{H}}$

$$\|L_1L_2f\|_p \leq c_p\|BL_2f\|_p = c_p\|L_2Bf\|_p \leq c_p^2\|Af\|_p$$

En particulier, les opérateurs $L_1L_2U_\lambda$ sont bornés dans L^p.

Nous démontrons maintenant un résultat plaisant d'équivalence de normes. On peut conjecturer qu'il est vrai pour des semi-groupes symétriques bien plus généraux que les semi-groupes de convolution.

THEOREME 3. On a pour $1<p<\infty$, et $f\in\underline{\underline{H}}$

(15) $c_p\|\sqrt{\Gamma(f,f)}\|_p \leqq \|Bf\|_p \leqq c'_p\|\sqrt{\Gamma(f,f)}\|_p$

DEMONSTRATION. Dans l'exposé II, p.9, nous avons construit une suite d'opérateurs admissibles H_n tels que pour $f\in\underline{\underline{S}}$ $\Gamma(f,f)=\Sigma_n(H_nf)^2$ (formule (22)), après quoi cette formule a été étendue, p.10, à $\underline{\underline{C}}_b^2$, donc à $\underline{\underline{H}}$. La suite (H_n) est évidemment admissible, et la moitié gauche de (15) résulte alors du théorème 2'.

Pour prouver la moitié droite, nous partons de la formule (45), page II.20 : si $f\in\underline{\underline{H}}$, $\langle Bf,Bf\rangle = -\langle Af,f\rangle = \int\Gamma(f,f)\xi$, que nous polarisons en

(16) si $f\in\underline{\underline{H}}, h\in\underline{\underline{H}}$, $\langle Bf,Bh\rangle = \int\Gamma(f,h)\xi$

Soit maintenant $j\in\underline{\underline{C}}_c^\infty$. Comme dans la démonstration du th.2, posons $h=V_\lambda(-j)$, $g=Bh = j-\lambda V_\lambda j$. Nous avons pour $f\in\underline{\underline{H}}$

$$|\langle Bf,g\rangle|=|\langle Bf,Bh\rangle| = |\int\Gamma(f,h)\xi| \leq \int\sqrt{\Gamma(f,f)}\sqrt{\Gamma(h,h)}\xi$$

$$\leqq \|\sqrt{\Gamma(f,f)}\|_p\|\sqrt{\Gamma(h,h)}\|_q \leqq c'_q\|\sqrt{\Gamma(f,f)}\|_p\|Bh\|_q = c_q\|\sqrt{}\|_p\|g\|_q$$

où l'on a appliqué la moitié gauche de (15). Après quoi, faisant tendre λ vers 0, on peut remplacer g par j comme dans la démonstration du théorème 2, et conclure, $j\in\underline{\underline{C}}_c^\infty$ étant arbitraire.

REMARQUE. La moitié droite de (15) est sûrement fausse pour les semi-groupes de convolution non symétriques (pour le semi-groupe de translation sur $\mathbb{R}$, Γ est identiquement nul). Mais se pourrait il que la moitié gauche reste vraie ?

Nous pouvons appliquer le théorème 3 à un théorème de commutateurs.

THEOREME 4. Soit k une fonction de $\underline{\underline{C}}_b^2$, et soit K l'opérateur linéaire sur $\underline{\underline{H}}$

(17) $$Kf = A(fk)-kAf$$

On a alors, pour $1<p<\infty$

(18) $$\|Kf\|_p \leqq c_p(\|f\|_p+\|Bf\|_p)$$

DEMONSTRATION. Il suffit de montrer que $|Kf|\leq C(|f|+\sqrt{\Gamma(f,f)})$, et d'appliquer le théorème 3 - on ne peut pas appliquer une variante du théorème 2 , car K n'est pas un opérateur de convolution ! Or c'est évident, car $Kf = f.Ak + 2\Gamma(f,k)$ est dominé par $|Ak||f|+2\sqrt{\Gamma(f,f)}\sqrt{\Gamma(k,k)}$, et les deux fonctions Ak et $\sqrt{\Gamma(k,k)}$ sont bornées.

Il est bien connu que les contractions opèrent dans les espaces de Dirichlet. Nous allons établir un résultat analogue (mais seulement pour les semi-groupes <u>de convolution</u> symétriques, hélas) pour les espaces $\underline{\underline{D}}_{L^p}(B)$ - on note ainsi le domaine du générateur infinitésimal du semi-groupe (Q_t) opérant sur L^p, avec la norme $(\|f\|_p^p+\|Bf\|_p^p)^{1/p}$, de sorte que $\underline{\underline{D}}_{L^2}(B)$ est l'espace de Dirichlet usuel. Ici on a $1<p<\infty$.

THEOREME 5. <u>Si</u> φ <u>est une fonction lipschitzienne de rapport</u> 1 <u>sur</u> $\mathbb{R}$[1], <u>telle que</u> $\varphi(0)=0$, <u>et si</u> f <u>appartient à</u> $\underline{\underline{C}}_c^\infty\cap\underline{\underline{D}}_{L^p}(B)$, <u>on a</u> $\varphi\circ f\in\underline{\underline{D}}_{L^p}(B)$ <u>et</u>

(19) $\qquad \|B(\varphi\circ f)\|_p \leq c_p\|Bf\|_p$

DEMONSTRATION. Nous remarquons d'abord que si f appartient à $\underline{\underline{C}}_c^\infty$, Bf appartient à L^2 et à L^∞, donc à tout L^p intermédiaire. On n'a donc besoin de spécifier que f appartient à $\underline{\underline{D}}_{L^p}(B)$ que pour p<2. Considérons une suite de fonctions indéfiniment dérivables φ_n , lipschitziennes de rapport 1, nulles en 0, convergeant simplement vers φ - une telle suite se construit par régularisation, en retranchant de plus, à chaque fois, la valeur à l'origine. Les fonctions $\varphi_n\circ f$ appartiennent alors à C_c^∞. Posons pour abréger $\varphi_n\circ f=F_n$,$BF_n=G_n$, $\varphi\circ f=G$.

Comment calcule t'on $2\Gamma_\circ(f,f)$? C'est $A_\circ((f-f(0)^2) = \lim_{t\to 0}$ $\frac{1}{t}\int P_t(0,dy)(f(y)-f(0))^2$. Comme φ_n est lipschitzienne de rapport 1, on en déduit que $\Gamma_\circ(F_n,F_n) \leq \Gamma_\circ(f,f)$, puis, par translation, la même inégalité partout.

Nous avons alors, d'après la moitié gauche de (15), $\|\sqrt{\Gamma(F_n,F_n)}\|_p$ $\leq c_p\|Bf\|_p$, puis d'après la moitié droite de (15) $\|BF_n\|_p\leq c'_p\|Bf\|_p$. Quitte à extraire une sous-suite, on peut supposer ques les $BF_n=G_n$ convergent faiblement dans L^p vers une fonction $G\in L^p$. La relation

$$Q_tF_n = F_n + \int_0^t Q_sG_n\, ds$$

passe alors à la limite faible pour donner $Q_tF=F+\int_0^t Q_sG\, ds$, donc $F\in\underline{\underline{D}}_{L^p}$ et BF=G. On conclut en remarquant que $\|\,\|_p$ est une fonction semi-continue inférieurement pour la convergence faible.

Un passage à la limite simple permet d'étendre (19) à l'<u>adhérence</u> de $\underline{\underline{C}}_c^\infty\cap\underline{\underline{D}}_{L^p}$ dans $\underline{\underline{D}}_{L^p}$, mais je ne sais pas dire quand cette adhérence est $\underline{\underline{D}}_{L^p}$ tout entier.

1. On pourrait considérer des fonctions lipschitziennes de n variables. Nous laisserons cela de côté.

Pour finir, nous allons transformer le théorème 2 en un énoncé concernant les multiplicateurs de Fourier. Il faut remarquer que ce n'est pas un théorème d'un type usuel : aucune condition de régularité n'est imposée à λ (transformée de Fourier de Λ) ou à ψ . La structure différentiable de $\mathbb{R}^n$ semble oubliée (bien qu'en fait nous l' ayons utilisée dans les démonstrations !), et la condition A2 s'écrit de manière intrinsèque en termes de transformation de Fourier sous la forme suivante : pour toute partie finie I de $\mathbb{R}^n$, la forme hermitienne suivante, où u et v parcourent I

(20) $\frac{1}{2}\Sigma(\psi(u)+\psi(-v)-\psi(u-v))x_u\overline{x}_v + \Sigma\sqrt{\psi}(u)\sqrt{\psi}(-v)x_u\overline{x}_v - \Sigma\ \lambda(u)\overline{\lambda}(v)x_u\overline{x}_v$

est positive sur $\mathbb{C}^I$(nous avons oublié à dessein que $\psi(v)=\psi(-v)$).

THEOREME 6. <u>Si</u> Λ <u>est admissible</u>, $\lambda/\sqrt{\psi}$ <u>est un multiplicateur de</u> $\mathcal{F}L^p$, $1<p<\infty$ (avec une norme en tant que multiplicateur qui dépend seulement de p).

DEMONSTRATION. Soit $\underline{\underline{S}}_0$ l'espace formé des $g\in\underline{\underline{S}}$ dont la transformée de Fourier est à support compact disjoint de 0. On peut montrer que $\underline{\underline{S}}_0$ est dense dans tous les L^p $(1<p<\infty)$. Pour $g\in\underline{\underline{S}}_0$, définissons f par la formule

$$\hat{f}(u) = \frac{\hat{g}(u)}{\sqrt{\psi(u)}}$$

C'est une fonction bornée à support compact, donc f appartient à $\underline{\underline{C}}_b^2$ et nous pouvons définir Lf, et vérifier que Bf=g. Alors le théorème 2 nous donne que, pour $g\in\underline{\underline{S}}_0$, $\|Lf\|_p \leq c_p\|g\|_p$. Comme $(Lf)\hat{}=\lambda\hat{g}/\sqrt{\psi}$, $\lambda/\sqrt{\psi}$ est un multiplicateur de $\mathcal{F}L^p$.

EXEMPLE. Pour construire des distributions admissibles, il suffit de choisir des distributions de la forme $f\mapsto\Gamma_0(f,g)$, où $g\in\underline{\underline{C}}_b^2$ est telle que $\Gamma_0(g,g)\leq 1$. Par exemple, pour $z\in\mathbb{R}^n$, la fonction

$$g_z = \frac{e_z}{\sqrt{\psi(z)}} \quad \text{telle que } \Gamma_0(g_z,g_z)=1$$

nous donne les multiplicateurs suivants - dont les normes ne dépendent que de p, non de z ou de ψ

$$m_z(u) = \frac{\psi(u)+\psi(z)-\psi(u-z)}{\sqrt{\psi(z)}\sqrt{\psi(u)}}$$

(l'expression donnée ici tient compte de la symétrie de ψ). Par exemple, si $\psi(u)=|u|^2$ et z est le vecteur de composantes (1,0,..,0), on retrouve la transformation de Riesz : $m_z(u)=\frac{u_1}{|u|}$. Plus généralement, si au lieu de $|u|^2$ on prend $\psi(u)=|u|^{2\alpha}$ $(0<\alpha\leqq 1)$, on obtient un curieux multiplicateur dipôlaire

$$f(P) = \frac{AP^{2\alpha} - A'P^{2\alpha}}{OP^{\alpha}}$$

Une autre remarque que l'on peut faire sur l'énoncé du théorème 6 . Supposons que l'on ait $(\Lambda f)^2 \leqq \Gamma(f,f)$ pour $f\in \underline{\underline{C}}_c^\infty$, i.e. que Λ soit admissible sans la présence au second membre du terme $(Bf)^2$. Si l'on considère un second semi-groupe (P'_t) dont l'opérateur carré du champ est <u>plus grand</u> que Γ , alors Λ reste admissible. Par exemple, si Λ est la dérivée suivant la première coordonnée $(\lambda(u)=iu_1)$, et Γ est l'opérateur carré du champ du mouvement brownien grad^2, la condition ci-dessus est satisfaite, et l'on voit que $u_1/\sqrt{|u|^2+\varphi(u)}$ est un multiplicateur pour toute fonction φ symétrique de type négatif.

Tout cela m'amène à poser le problème suivant : <u>le théorème</u> 6 <u>ne serait il pas vrai aussi pour des semi-groupes de convolution non nécessairement symétriques</u> ? Le seul pas que j'aie pu faire dans cette direction est le suivant : si (P_t) est un semi-groupe de convolution non nécessairement symétrique, si Λ est une distribution admissible par rapport à (P_t), alors pour $2\leqq p<\infty$

(21) $\quad \|Lf\|_p \leqq c_p(\|Bf\|_p+\|Bf^\vee\|_p)$ pour $f\in\underline{\underline{C}}_c^\infty$

où $f^\vee$ désigne, comme d'habitude, la symétrique de f par rapport à 0. La démonstration est semblable à celle du th.1, mais utilise l'inégalité de L-P de l'exposé III, p.9 (formule (24)). Si cette conjecture était vraie, on pourrait retrouver, par exemple, les transformées de RIESZ relatives à l'équation de la chaleur (th. de JONES) et bien d'autres multiplicateurs intéressants.

A PROBABILISTIC APPROACH TO NON-LINEAR DIRICHLET PROBLEM

By Masao Nagasawa

(1) Given a continuous strong Feller process (x_t, P_x) on a nice topological state space S (which will be called the base process), an open set D of S, a bounded continuous non-negative function $c(x)$ in D (put $c = 0$ on the complement D^c of D), and bounded continuous functions $q_n(x)$ in D ($q_n = 0$ on D^c) satisfying

$$\sum_{n=0}^{\infty} |q_n(x)| = 1, \quad \text{for } x \in D.$$

Let us consider a non-linear Dirichlet problem, given a bounded measurable function ϕ on the boundary ∂D,

$$(1) \quad \begin{cases} \mathbf{A}u(x) + c(x)\left(\sum_{n=0}^{\infty} q_n(x)u(x)^n - u(x)\right) = 0, \text{ in } D, \\ u(b) = \phi(b), \text{ on } \partial D, \end{cases}$$

where $\mathbf{A}$ is Dynkin's characteristic operator for the base process (x_t, P_x).

We will show that solutions (not necessarily unique) of the non-linear Dirichlet problem can be obtained in terms of a branching Markov process under the condition $\|\phi\| \leq 1$.

(2) As is well known in the theory of Markov processes, the unique solution of linear Dirichlet problem

$$(2) \quad \begin{cases} \mathbf{A}u(x) = 0 \text{ in } D, \\ u(b) = \phi(b) \text{ on } \partial D, \\ \lim\limits_{\substack{x \in D \\ x \to b \in \partial D}} u(x) = \phi(b), \text{ if } b \text{ is regular and } \phi \text{ is continuous at } b, \end{cases}$$

is obtained in terms of the base process under the assumption

$$P_x[T < \infty] = 1, \text{ for } x \in \bar{D},$$

where $T = \inf\{t \geqq 0;\ x_t \in \partial D\}$ is the first hitting time to the boundary ∂D. One expression is

$$u(x) = E_x[\phi(x_T)],$$

(cf. e.g. [1] p.32, Theorem 13.1). We have another expression in terms of the stopped process at the boundary

$$\bar{x}_t = x_{t\wedge T}.$$

Let $\bar{P}_t$ be the transition probability of $\bar{x}_t$, and f be a bounded measurable function on $\bar{D}$ which coincides with ϕ on the boundary. Then

(3) $$u(x) = \lim_{t\to\infty} \bar{P}_t f(x)$$

gives the same solution. The solution does not depend on the value of f in D. For, since $P_x[T < \infty] = 1$,

$$\begin{aligned} u(x) &= \lim_{t\to\infty} E_x[f(\bar{x}_t)] = E_x[\lim_{t\to\infty} f(\bar{x}_t)] \\ &= E_x[\phi(x_T)]. \end{aligned}$$

We will express solutions of (1) in the form of (3) taking the transition probability of a branching Markov process and $\hat{f}$ instead of $\bar{P}_t$ and f ($\hat{f}$ will be defined by (4)).

(3) For simplicity, we assume $q_n(x) \geqq 0$, but the same arguments can be carried over for general case.

Let (X_t, P_x) be $(\bar{x}_t, c, q_n)$-branching Markov process (*) on $\mathbf{S}$, where $\bar{x}_t$ is the stoped process of x_t at ∂D and

$$\mathbf{S} = \bigcup_{n=0}^{\infty} \bar{D}^n \cup \{\Delta\}. \text{ (**)}$$

For a bounded measurable function f on $\bar{D}$, we define $\hat{f}$ on $\mathbf{S}$ by

(*) Cf. [2],[3]. Here, we take $\pi_n(x,dy) = \delta_{(x,\cdots,x)}(dy)$, i.e. n-particles created at x start continuously.

(**) $\bar{D}^n$ is the n-fold Cartesian product of $\bar{D}$, and $\bar{D}^0 = \{\delta\}$ an extra point.

$$(4)\quad \begin{cases} \hat{f}(\mathbf{x}) = f(x_1)\times\cdots\times f(x_n), \text{ when } \mathbf{x} = (x_1,\cdots,x_n), \\ \hat{f}(\delta) = 1, \\ \hat{f}(\Delta) = 0. \end{cases}$$

If $\|f\| \leqq 1$, $\hat{f}$ is bounded on **S**.

Let $\mathbf{P}_t$ be the transition probability of the branching Markov process. Taking a bounded measurable function f on $\bar{D}$ with the uniform norm $\|f\| \leqq 1$, we assume the existence of the limit

$$(5)\qquad u(\mathbf{x}) = \lim_{t\to\infty} \mathbf{P}_t\hat{f}(\mathbf{x}).$$

(We will discuss the existence of the limit in the next section.)

(I) $u(\mathbf{x})$ <u>is $\mathbf{P}_t$-invariant</u>.

For, $\mathbf{P}_s u(\mathbf{x}) = \lim_{t\to\infty} \mathbf{P}_{t+s}\hat{f}(\mathbf{x}) = u(\mathbf{x})$.

(II) $u(\mathbf{x})$ <u>is multiplicative</u>, <u>i.e</u>., $u(\mathbf{x}) = \hat{u}(\mathbf{x})$.

For, since $\mathbf{P}_t$ satisfies the branching property

$$\mathbf{P}_t\hat{f}(\mathbf{x}) = \widehat{\mathbf{P}_t f}(\mathbf{x}),$$

we have

$$u(\mathbf{x}) = \lim_{t\to\infty} \widehat{\mathbf{P}_t f}(\mathbf{x}) = \hat{u}(\mathbf{x}).$$

(III) <u>If $\hat{f}$ belongs to the domain of the weak generator</u> **G** <u>of $\mathbf{P}_t$, then</u> f <u>belongs to the domain of the weak generator of $\bar{P}^0_t$, the transition probability of the killed process of $\bar{x}_t$ by</u> $\exp(-\int_0^t c(\bar{x}_s)ds)$.

Proof. $\mathbf{P}_t\hat{f}$ satisfies S-equation; for $x \in \bar{D}$,

$$\mathbf{P}_t\hat{f}(x) = \bar{P}^0_t f(x) + \int_0^t ds \int \bar{P}^0_s(x,dy)c(y)F(y,\mathbf{P}_{t-s}\hat{f}).$$

where $F(x,u) = \sum_{n=0}^{\infty} q_n(x)u(x)^n$. Therefore

$$\frac{P_t\hat{f}(x) - f(x)}{t} = \frac{\bar{P}^0_t f(x) - f(x)}{t} + \frac{1}{t}\int_0^t ds \bar{P}^0_s (cF(\cdot, P_{t-s}\hat{f}))(x).$$

The second term of the right hand side converges to $cF(x,f)$ when t tends to zero. Therefore, if the left hand side converges, then so does the first term of the right hand side.

(IV) $u(x)$ <u>defined by</u> (5) <u>belongs to the domain of the weak generator</u> **G** <u>of</u> P_t <u>and</u> $Gu(x) = 0$.

Since u is P_t-invariant, u belongs to the domain of **G**, and $Gu(x) = 0$.

Therefore, $u(x)$, $x \in \bar{D}$ belongs to the domain of the weak generator of $\bar{P}^0_t$, and by Kac's theorem it belongs to the domain of the weak generator of $\bar{P}_t$. Thus we have, by (II), (III) and (IV),

PROPOSITION 1. <u>If</u> $u(x)$, $x \in \bar{D}$, <u>defined by</u> (5) <u>exists, then it satisfies</u>

$$\mathbf{A}u(x) + c(x)\{\sum_{n=0}^{\infty} q_n(x)u(x)^n - u(x)\} = 0 \text{ in } D,$$

<u>and</u> $u(b) = f(b)$, $b \in \partial D$, <u>where</u> **A** <u>is Dynkin's characteristic operator of the base process.</u>

Remark. Even when $\|f\| \not\leq 1$, if the limit in (5) exists and if $F(\cdot,f)$ is bounded, then (I)~(IV) and Proposition 1 hold.

(4) Let τ be the killing time of the base process by $\exp(-\int_0^t c(x_s)ds)$ and T be the first hitting time to the boundary ∂D, and we assume

(6) $$P_x[T < \tau] \geqq \varepsilon > 0, \quad \text{for all } x \in \bar{D}.$$

Remark. (6) is satisfied if $E_x[\exp(-\|c\| T)] \geqq \varepsilon$. For, $P_x[T < \tau] = E_x[\exp(-\int_0^T c(x_s)ds)] \geqq E_x[\exp(-\|c\| T)]$.

LEMMA 1. Under the assumption (6)

$P_x[X_t^i \in \partial D$ for all i or $\mathbf{X}_t = \delta$ at some $t < \infty$, or the number of particles in D tends to ∞ when $t \to \infty] = 1$,

where $\mathbf{X}_t = (X_t^1, \cdots, X_t^{n(t)})$.

Proof. Let σ be the first hitting time to $\bar{D}^m$, and define sequences of Markov times $\{\sigma_n\}$ and $\{\eta_n\}$ by

$$\sigma_1 = \sigma, \qquad \eta_1 = \sigma_1 + \tau\circ\theta_{\sigma_1},$$
$$\sigma_2 = \eta_1 + \sigma_1\circ\theta_{\eta_1} \qquad \eta_2 = \sigma_2 + \tau\circ\theta_{\sigma_2},$$

and so on. Then

$$\begin{aligned} &P_x[\mathbf{X}_t \text{ visits } \bar{D}^m \text{ infinitely often}] \\ &= P_x[\bigcap_n \{\sigma_n < +\infty\}] \\ &= \lim_{n\to\infty} P_x[\sigma_n < +\infty] \\ &\leqq \lim_{n\to\infty} (1-\varepsilon)(1-\varepsilon^m)^n = 0, \end{aligned}$$

because

$$\begin{aligned} P_x[\sigma_1 < +\infty] &\leqq 1 - P_x[T < \tau] \leqq 1 - \varepsilon, \\ P_x[\sigma_2 < +\infty] &= E_x[P_{\mathbf{X}_{\sigma_1}}[\tau + \sigma_1\circ\theta_\tau < +\infty]; \sigma_1 < +\infty] \\ &\leqq E_x[(1 - \prod_{i=1}^m P_{X^i_{\sigma_1}}[T < \tau]); \sigma_1 < +\infty] \\ &\leqq (1-\varepsilon)(1-\varepsilon^m), \end{aligned}$$

and so on. Thus we have the lemma.

As a corollary of Lemma 1, we have

PROPOSITION 2. Given a measurable function ϕ on the boundary ∂D with $\|\phi\| \leqq 1$, set

$$f = \begin{cases} \phi & \text{on } \partial D \\ 0 & \text{in } D. \end{cases} \tag{7}$$

Then,

(8) $$u(x) = \lim_{t\to\infty} \mathbf{E}_x[\hat{f}(\mathbf{X}_t)], \quad x \in \bar{D}, \text{ exists.}$$

PROPOSITION 3. Given ϕ and define f as in Proposition 2, then u defined by (8) satisfies

(9) $$\lim_{\substack{x\in D\\ x\to b\in\partial D}} u(x) = \phi(b),$$

if b is a regular point of the boundary ∂D and if ϕ is continuous at b.(*)

Proof.

$$|u(x) - \phi(b)| \leq \lim_{t\to\infty} \mathbf{E}_x[|\hat{f}(\mathbf{X}_t) - \phi(b)|].$$

Put $B = \{X_t$ hits first to the boundary before branching$\}$.

$$I = \lim_{t\to\infty} \mathbf{E}_x[|\hat{f}(\mathbf{X}_t) - \phi(b)|;B]$$

$$= \lim_{t\to\infty} \mathbf{E}_x[|f(\bar{x}_t) - \phi(b)|;B],$$

because $\mathbf{X}_t = \bar{x}_t = x_{t\wedge T}$ on B;

$$\leq E_x[|\phi(x_T) - \phi(b)|;\ T < \tau]$$

$$\leq E_x[|\phi(x_T) - \phi(b)|],$$

where E_x is the expectation with respect to the base process. If b is regular and if ϕ is continuous at b, then there exists a neighbourhood U_b of b and

(10) $$E_x[|\phi(x_T) - \phi(b)|] < \varepsilon \quad \text{for all } x \in U_b,$$

(cf.e.g. [1] p.32, Theorem 13.1). Thus we have $I < \varepsilon$.

$$II = \lim_{t\to\infty} \mathbf{E}_x[|\hat{f}(\mathbf{X}_t) - \phi(b)|;B^c]$$

$$\leq 2\|\phi\| \mathbf{P}_x[B^c] \leq 2P_x[T \geq \tau] \leq 2(1-P_x[T < \tau])$$

$$\leq 2(1 - P_x[T < s < \tau]), \quad \text{for any } s > 0.$$

(*) The regularity is for the base process.

$$P_x[T < s < \tau] = P_x[\exp(-\int_0^s c(x_s)ds),\ T < s]$$

$$\geqq \exp(-\|c\| s)P_x[T < s].$$

Take s sufficiently small so that $\exp(-\|c\| s) \geqq 1 - \varepsilon$. Since $P_x[T < s]$ is lower semicontinuous in x (cf.e.g.[1] p.28 Lemma 13.2) and $P_b[T < s] = 1$ because b is regular, there exists a neighbourhood U_b' of b such that

$$P_x[T < s] \geqq 1 - \varepsilon, \quad \text{for all } x \in U_b'.$$

Therefore

$$P_x[T < s < \tau] \geqq (1-\varepsilon)^2 > 1 - 2\varepsilon.$$

Thus we have $II < 4\varepsilon$, and

$$|u(x) - \phi(b)| < 5\varepsilon, \text{ for all } x \in U_b \cap U_b'.$$

Since ε is arbitrary, (9) is proved.

Remark. We assumed $\|\phi\| \leqq 1$ in Proposition 3. However, if ϕ is bounded and if the limit exists in (8), then (9) is valid.

Thus we have

THEOREM. *Under the assumption* (6), *there exists*

$$u(x) = \lim_{t\to\infty} E_x[\hat{f}(X_t)], \quad x \in \bar{D},$$

where f *is defined by* (7) *for a given* ϕ *on* ∂D ($\|\phi\| \leqq 1$), *and* u *is a solution of non-linear Dirichlet problem* (1) *satisfying the boundary limit property* (9).

We proved Theorem in the case of $q_n \geqq 0$. When q_n is not non-negative, we can prove the theorem using the branching Markov process with sign (cf.[3],[4]) instead of usual branching Markov process.

Moreover, there is no difficulty to generalize the result to the system

$$\begin{cases} A_i u_i + c_i\{\sum_{n_1=0}^{\infty}\cdots\sum_{n_k=0}^{\infty} q^i_{n_1\ldots n_k}(u_1)^{n_1}\cdots(u_k)^{n_k} - u_i\} = 0 \\ \qquad\qquad\qquad\qquad \text{in } D, \text{ for } i = 1,2,\cdots,k, \\ u_i(b) = \phi_i(b) \text{ on } \partial D, \end{cases}$$

where $\Sigma\cdots\Sigma|q^i_{n_1\ldots n_k}(x)| = 1$, $x \in D$ (= 0 outside D).

To do this, what we need is just to introduce an appropriate branching Markov processes(cf. [3] pp.505-507).

(5) Instead of (7), let us take

$$f = \begin{cases} \phi & \text{on } \partial D, \\ g & \text{in } D, \end{cases} \tag{11}$$

as an initial value, where g is a measurable function in D with $\|g\| \leq 1$. When $\|g\| < 1$, the limit

$$u(x) = \lim_{t\to\infty} \mathbf{E}_x[\hat{f}(\mathbf{X}_t)] \tag{12}$$

exists and it does not depend on the choice of the initial value g in D. Let n^D_t be the number of particles in D at t. By lemma 1,

$$u(x) = \lim_{t\to\infty} \mathbf{E}_x[\hat{f}(\mathbf{X}_t);\ x^i_s \in \partial D \text{ for all } i \text{ or } \mathbf{X}_s = \delta \text{ at some } s < \infty] + \lim_{t\to\infty} \mathbf{E}_x[\hat{f}(\mathbf{X}_t);\ n^D_s \uparrow \infty \text{ when } s \uparrow \infty], \tag{13}$$

where the second term is equal to zero when $\|g\| < 1$ and the first term does not depend on g.

In general, the limit in (12) depends on the choice of the initial value g in D if

$$\mathbf{P}_x[n^D_t \uparrow \infty \text{ when } t \uparrow \infty] > 0 \tag{14}$$

at some point x_0 in D. For example, taking $\phi \equiv 1$ on the boundary for simplicity, if we take $f_1 \equiv 1$ on $\bar{D}$, then

$$u_1(x) = \lim_{t\to\infty} \mathbf{E}_x[\hat{f}_1(\mathbf{X}_t)] = 1, \text{ for all } x \in \bar{D},^{(*)}$$

while if we take $f_0 = 1$ on ∂D (= 0 in D), then

$$u_0(x) = \lim_{t\to\infty} \mathbf{E}_x[\hat{f}_0(\mathbf{X}_t)]$$

takes value less than one at $x_0 \in D$, because of (13) and (14). Actually, $u_0(x)$ is the extinction probability of particles from D (cf. [5], [6]).

Remark. In order to express the stochastic solution, defined in (5) or (8), in terms of "the first hitting time to the boundary", we must introduce a vector of hitting times of every branches of the branching Markov process. When $X_t^i \in \partial D$ for all i or $\mathbf{X}_t = \delta$ at some $t < \infty$, let T_i be the first hitting time of X_t^i to the boundary, where $\mathbf{X}_t = (X_t^1, \cdots, X_t^{n(t)})$. Then put

$$\mathbf{T} = (T_1, T_2, \cdots, T_n),$$

(under the assumption, the total number of paticles is finite, say, n). When the number of particles in D tends to infinity, let's put $\mathbf{T} = \infty$. Let us call $\mathbf{T}$ the first hitting time of the branching Markov process to the boundary. Then we have

$$\text{(15)} \qquad u(x) = \lim_{t\to\infty} \mathbf{E}_x[\hat{f}(\mathbf{X}_t)]$$

$$= \mathbf{E}_x[\hat{f}(\mathbf{X}_\mathbf{T}); \mathbf{T} < \infty] = \mathbf{E}_x[\hat{\phi}(\mathbf{X}_\mathbf{T}); \mathbf{T} < \infty],$$

where

$$\mathbf{X}_\mathbf{T} = (X_{T_1}^1, X_{T_2}^2, \cdots, X_{T_n}^n).$$

(*) We assume here that the branching Markov process does not explode in finite time. When explosion occurs, $u_1(x) = 1$ - explosion probability.

References

[1] E.B.Dynkin, Markov Processes, Vol.II.(1965) Springer.

[2] N.Ikeda-M.Nagasawa-S.Watanabe, Branching Markov processes I,II,III, Journal of Math.Kyoto Univ. Vol.8 (1968)233-278,365-410, Vol.9(1969)95-160.

[3] M.Nagasawa, Construction of branching Markov processes with age and sign, Kodai Math.Sem.Rep. Vol.20(1968) 469-508.

[4] M.Nagasawa, Branching property of Markov processes, Lecture note in Math. Vol.258, Séminaire de Probabilités de Strasbourg VI,(1973)177-198, Springer.

[5] B.A.Sevast'yanov, Branching stochastic processes for particles diffusing in a bounded domain with absorbing boundaries, Theory of Probability and its application Vol.3(1958)111-126(English translation).

[6] S.Watanabe, On the branching process for Brownian particles with an absorbing boundary, Journal of Math.Kyoto Univ. Vol.4(1965)385-398.

Department of Applied Physics
Tokyo Institute of Technology
Oh-okayama, Meguro, Tokyo.

Université de Strasbourg
Séminaire de Probabilité

SKOROKHOD STOPPING TIMES OF MINIMAL VARIANCE

by H. Rost

1) Introduction.

One of the many possible ways of stopping one-dimensional Brownian motion in such a form that the stopped process has a desired distribution is due to ROOT([5]). In that article, the author introduces the notion of a barrier as a subset B of $R \times R_+$, for which $(x,t) \in B$, $t'>t$ implies $(x,t') \in B$, and establishes the following theorem :

Let $(X_t)_{t \geq 0}$ be Brownian motion on R, $X_0 = 0$; let ν be a probability measure on R satisfying $\int x\,\nu(dx) = 0$, $\int x^2 \nu(dx)$ Then there exists a closed barrier B such that the stopping time $T := \inf\{t: t \geq 0, (X_t,t) \in B\}$ has the following properties: X_T has distribution ν and $\mathcal{E}T = \int x^2 \nu(dx)$.

The question of uniqueness of the barrier B given ν has not been treated by ROOT, but a theorem of LOYNES([3]) says that at least the time T is uniquely determined by ν (with probability one, of course).

In a paper of KIEFER([2]) on Skorokhod embedding of a random walk into Brownian motion the conjecture is made that among all stopping times S satisfying

(1) $\qquad X_S$ has distribution ν and $\mathcal{E}S = \int x^2 \nu(dx)$

the time T constructed by ROOT has minimal second moment and hence is the most appropriate candidate for Skorokhod embedding (provided $\mathcal{E}T^2 < \infty$ or, equivalently, $\int x^4 \nu(dx) < \infty$).

The aim of the present paper is to prove that conjecture and to state the theorem in a general, merely potential theoretic, form. The key notion thereby will be that of a <u>stopping time of minimal residual expectation</u>, which in the discrete time case has been introduced by DINGES([1]); the argument can be summarized as follows:

a) suppose one has a stopping time which in the class of all times satisfying (1) minimizes for each $t \in R_+$ the expectation

$$\mathcal{E}\int_{S\wedge t}^{S} du = \int_t^{\infty} P(S>u)\,du \ ;$$

then it minimizes for all $p>1$ the moments *)

$$\mathcal{E}\, S^p = p(p-1)\int_0^{\infty} t^{p-2}dt\ \left(\int_t^{\infty} P(S>u)\,du\right) \ ;$$

b) such a time exists; call it stopping time of minimal residual expectation with respect to ν. It is obtained by a construction like that of a réduite, from which it turnes out that it even minimizes all integrals of the form

$$\mathcal{E}\int_{S\wedge t}^{S} f\circ X_u\,du = \int_t^{\infty}(\mathcal{E}\, f\circ X_u \cdot 1_{\{S>u\}})du \quad , \ t\in R_+,\ f\geq 0 \ \text{ on } R \ .$$

In this paper we will carry out the construction of those times in a quite general framework in Theorem 1. The proof of the theorem yields a possible potential theoretic interpretation of the family of distributions of $X_{T\wedge t}$, $t\geq 0$, for such a time T . The main result of this article is contained in Theorem 2 ,

*) By the way, it <u>maximizes</u> for $0<p<1$ the moments

$$\mathcal{E}\, S^p = p(1-p)\cdot\int_0^{\infty} t^{p-2}dt\left(\mathcal{E}\, S - \int_t^{\infty} P(S>u)\,du\right) ,$$

in particular $\mathcal{E}S^{1/2}$, the expected quadratic variation of the martingale $X_{S\wedge t}$, $t\geq 0$.

which states that every first hitting time T to a barrier - in an obvious generalization of ROOT's definition - is of minimal residual expectation (with respect to the distribution of X_T) and hence of minimal second moment if it exists; any time S satisfying

$$\mathcal{E}\int_{S\wedge t}^{S} f\circ X_u du = \mathcal{E}\int_{T\wedge t}^{T} f\circ X_u du \text{ for all } t\in R_+,\ f\geq 0$$

is almost surely equal to T (Corollary to Th.2). This implies that under the assumptions of ROOT's theorem any stopping time S satisfying (1) and of the same variance as ROOT's time T is equal to T (if the variance is finite).

Conversely, any stopping time of minimal residual expectation with respect to some measure is essentially of the ROOT type : it can be included between the hitting times corresponding to two barriers which differ only by a "graph" , i.e. a set of the form $\{(x,t(x)): x \text{ in the state space}\}$ (Theorem 3). It is easy to see that in the Brownian motion case, more generally, if the one-point sets are regular for the process, these two hitting times coincide and hence any time of minimal residual expectation is the first hitting time to a barrier (Corollary to Th.3). (Technical remark : in order to simplify notations we will formulate and prove the results only for transient processes; so, rigorously speaking, KIEFER's conjecture will only be proved, in the case of a measure ν of bounded support, because in this case we pass to Brownian motion killed after leaving some finite intervall. But it should be clear that all definitions and statements make still sense in the recurrent case if we limit ourselves to the class of stopping times T for which the measure $f \mapsto \mathcal{E}\int_0^T f\circ X_u du$ is σ-finite.)

2) Basic assumptions and notations.

We consider a Borel set E in a compact metric space; denote by $\mathcal{E}_+$ the positive Borel measurable functions on E . $(X_t)_{t\geq 0}$ is a Markov process on E which we assume to satisfy the "right hypotheses" (right continuous paths, strong Markov property); we denote by (P_t) its transition semigroup and by $U = \int_0^\infty P_t dt$ its potential kernel. On (the Borel sets of) E we are given a probability measure μ with σ-finite potential μU .

The process (X_t) is defined on a fixed probability space $(\Omega, \mathcal{F}, P^\mu)$ and Markovian with respect to a family $(\mathcal{F}_t)$ of σ-fields; the distribution of X_0 is μ . We assume that $\mathcal{F}$ admits a random variable with atomfree distribution and independent of the process. The notion of stopping time is always understood with respect to $(\mathcal{F}_t)$; all stopping times T are normalized so that $T = \infty$ on the set $\{T \geq \zeta\}$, where ζ is the lifetime of the process.

The measure μP_T on E is defined as usual by

$$\langle \mu P_T, f \rangle = \mathcal{E}^\mu f\circ X_T \cdot 1_{\{T<\infty\}} , \quad f \in \mathcal{E}_+,$$

($= \mathcal{E}^\mu f\circ X_T$ if we make the convention $f\circ X_t = 0$ for $t = \infty$).

If A is an almost Borel set in E we denote by μH_A the measure μP_{D_A} , where $D_A = \inf \{t: t \geq 0 , X_t \in A\}$.

We will use the following characterization of balayage order, which holds under these assumptions (see e.g. [4]):

Every finite measure ν on E with νU σ-finite admits a decomposition $\nu = \bar{\nu} + \nu_\infty$, where $\nu_\infty U$ is the réduite of $(\nu - \mu)U$ and

$\bar{\nu}$ is of the form μP_T , T a stopping time. Further, there exists a finely closed set A which carries ν_∞ and for which $\nu_\infty = (\nu - \mu) H_A$ or $(\bar{\nu}-\mu) H_A = 0$. In the special case $\nu U \leq \mu U$ one has $\nu_\infty = 0$ and $\nu = \mu P_T$ for some T .

3) Stopping times of minimal residual expectation.

Definition 1. Let ν be a measure on E with $\nu U \leq \mu U$. We say that a stopping time T is of minimal residual expectation (m. r.e.) with respect to ν , if $\mu P_T = \nu$ and if for all S such that $\mu P_S = \nu$ one has

$$\mathcal{E}^{\mu} \int_{T \wedge t}^{T} f \circ X_u du \leq \mathcal{E}^{\mu} \int_{S \wedge t}^{S} f \circ X_u du \quad \text{for all } f \in \mathcal{E}_+ ,\ t \in R_+$$

(or, equivalently, $\mu P_{T \wedge t} U \leq \mu P_{S \wedge t} U$ for all $t \in R_+$).

Theorem 1. If a measure ν satisfies $\nu U \leq \mu U$ then there exists a stopping time of minimal residual expectation with respect to ν.

Proof. 1) One introduces in $E \times R$ the semigroup of the space-time process $(\bar{P}_t)_{t \geq 0}$:

$$\bar{P}_t(x,r;\ A \times B) = P_t(x,A) \cdot 1_{\{r+t \in B\}},\ A \subset E,\ B \subset R\ ;$$

on $E \times R$ one defines the measure M by

$$M(A \times B) = \int_B M_t(A)\,dt \quad \text{where} \quad M_t = \mu U \cdot 1_{\{t<0\}} + \nu U \cdot 1_{\{t \geq 0\}} .$$

Let S be a stopping time with $\mu P_S = \nu$ (such a time exists under our assumptions); then the measure L on $E \times R$ is defined by

$$L(A \times B) = \int_B L_t(A)\,dt \quad \text{where} \quad L_t = \mu U \cdot 1_{\{t<0\}} + \mu P_{S \wedge t} U \cdot 1_{\{t \geq 0\}} .$$

It is easy to see that $L \geq M$ holds and that L is $(\bar{P}_t)$-excessive. If one writes the $(\bar{P}_t)$-réduite $\hat{M}$ of M in the form

$$\hat{M}(A \times B) = \int_B \hat{M}_t(A)\,dt \quad \text{with } \hat{M}_. \text{ decreasing, right continuous}$$

the theorem will be proved, because of $\hat{M}_t \leq L_t$, if we can show that there exists a stopping time T satisfying

(✱) $\mu P_T = \nu$ and $\mu P_{T\wedge t} U = \widehat{M}_t$ for all $t \in R_+$.

2) As in [6] one sees that the second condition in (✱) can be satisfied if there exists a family μ_t, $t \in R_+$, of measures with

$$\mu_0 \leq \mu \; ; \; \mu_s P_t \geq \mu_{t+s} \quad , t,s \geq 0 ;$$

$$\mu U - \widehat{M}_t = \int_0^t \mu_s ds \; , \; t \geq 0.$$

For then one chooses a T such that $\langle \mu_t , f \rangle = \mathcal{E}^\mu f \circ X_t \cdot 1_{\{T>t\}}$ for all $f \in \mathcal{E}_+$. Now, the existence of the family (μ_t) follows from the following inequalities, if we set $\mu_t = -\frac{d}{dt} \widehat{M}_t$:

(a) $\widehat{M}_{t+s} \leq \widehat{M}_t$, $t,s \geq 0$;

(b) $\mu U - \widehat{M}_t \leq \int_0^t \mu P_s ds$, $t \geq 0$;

(c) $(\widehat{M}_t - \widehat{M}_{t+s}) P_u \geq \widehat{M}_{t+u} - \widehat{M}_{t+u+s}$, $t,u,s \geq 0$.

So the problem is reduced to make evident these inequalities.

(a) holds, since $M_.$ is a decreasing family;

(b) is true because $\widehat{M}$ is excessive, what implies

$$\widehat{M}_t \geq \mu U P_t = \mu U - \int_0^t \mu P_s ds \quad ;$$

(c) follows from a possible construction for a réduite :

$\widehat{M}_t = \uparrow \lim_k M_t^{(k)}$, where $M_t^{(k)} = \widehat{M}^{(k)}_{[t \cdot 2^k]+1}$ and the sequence $\widehat{M}_n^{(k)}$ is recursely defined by

$$\widehat{M}_0^{(k)} = \mu U \; , \; \widehat{M}_{n+1}^{(k)} = \nu U \vee \widehat{M}_n^{(k)} P_{2^{-k}} \text{ for } n \geq 0 .$$

The relation (c) follows in the limit $k \to \infty$ from

$$(\widehat{M}_n^{(k)} - \widehat{M}_{n+1}^{(k)}) P_{2^{-k}} \geq \widehat{M}_{n+1}^{(k)} - \widehat{M}_{n+2}^{(k)} ,$$

what is obviously true.

3) The proof is complete if we show that the second condition in (✱) implies the first one, or that $\nu U = \downarrow \lim_{t \to \infty} \widehat{M}_t$. Let S be

the stopping time introduced in 1). Because of

$$\mu P_{S\wedge t}U = L_t \geq \hat{M}_t$$

we get, passing to the limit $t \to \infty$,

$$\mu P_S U = \nu U \geq \downarrow\lim_t \hat{M}_t .$$

The converse inequality follows from

$$\hat{M}_t \geq M_t = \lim_{t\to\infty} M_t = \nu U \quad \text{for } t \geq 0.$$

4) ROOT stopping times.

Definition 2. A subset B of $E \times R_+$, which is nearly Borel with respect to the space-time process $t \mapsto (X_t, t)$ is called a barrier, if $(x,t) \in B$ and $t' > t$ implies $(x,t') \in B$ (or, equivalently, if the family of its sections $B_t = \{x: (x,t) \in B\}$ is increasing in t).

Definition 3. If B is a barrier, the time

$$T = \inf\{t : t \geq 0, (X_t, t) \in B\} = \inf\{t: X_t \in B_t, t \geq 0\}$$

is called the ROOT stopping time defined by the barrier B. A stopping time is called simply ROOT stopping time if it is the ROOT time for some barrier.

Theorem 2. Every ROOT stopping time T is of minimal residual expectation (with respect to μP_T).

Proof. Let T be defined by the barrier B. We suppose without loss of generality B to be finely closed for the space-time process, what implies that the sections B_t are finely closed for the original process. Set

$$\nu = \mu P_T \quad \text{and} \quad N_t = \mu U \cdot 1_{\{t<0\}} + \mu P_{T\wedge t} U \cdot 1_{\{t \geq 0\}}, \; t \in R,$$

$$N(A \times C) = \int N_t(A) \cdot 1_C dt \quad \text{for } A \subset E, \; C \subset R ;$$

Let M and $\hat{M}$ be as in the proof of theorem 1. Then the assertion of theorem 2 is equivalent to $\hat{M} = N$, or

$$\hat{M} \geq N \text{ , or } \hat{M}_t \geq N_t \text{ for } t \geq 0 .$$

The proof is carried out by proving three auxiliary results.

Proposition 1. For fixed $t \in R_+$ define

$$M_s^t = N_s \cdot 1_{\{s<t\}} + \nu U \cdot 1_{\{s \geq t\}},$$

$$M^t(A \times C) = \int M_s^t(A) \cdot 1_C ds \quad \text{for } A \subset E \text{ , } C \subset R \text{ ;}$$

let $\hat{M}^t$ be the $(\bar{P}_t)$-réduite of M^t and $\hat{M}_s^t$ defined by

$$\hat{M}^t(A \times C) = \int \hat{M}_s^t(A) \cdot 1_C ds \text{ , } \hat{M}_\cdot^t \text{ right continous.}$$

Then the following estimate is true

$$\hat{M}_{t+s}^t \leq \hat{M}_{t+s} + (N_t - \hat{M}_t)P_s \text{ , } s \geq 0 .$$

Proof. The measure $\tilde{N}$, defined by

$$\tilde{N}(A \times C) = \int_C (N_s \cdot 1_{\{s<t\}} + (\hat{M}_s + (N_t - \hat{M}_t)P_{s-t}) \cdot 1_{\{s \geq t\}}) ds$$

is $(\bar{P}_t)$-excessive and greater than M^t ; hence it is also greater than $\hat{M}^t$. The proposition follows by "desintegration" .

The following lemma is of some interest in itself and sounds rather plausible; in the special case $B = A \times R_+$ for some $A \subset E$ it is exactly the statement of the theorem.

Lemma. Let A be a finely closed subset of E and $D = D_A$ (the first hitting time to A). If S is any stopping time satisfying $\mu P_S U \geq \mu P_D U$ then $S \leq D$ a.s. (P^μ).

Proof. The inequality $\mu P_S U \geq \mu P_D U$ implies under our general assumptions that there exists a stopping time D' with

$$D' \geq S \quad \text{and} \quad \mu P_{D'} = \mu P_D .$$

(If necessary one has to enlarge for this the basic probability space; but the wanted result $S \leq D$ holds in Ω if it is true in the enlarged space.) Since $X_D \in A$ a.s. μP_D and hence

$\mu P_{D'}$ is carried by A ; this means $X_{D'} \in A$ a.s. and therefore $D' \geq D$ by definition of D. From equality of the potentials $\mu P_D U = \mu P_{D'} U$ follows that $D' = D$ a.s. and so $D \geq S$ a.s.

Proposition 2. $\lim\limits_{t\to 0} t^{-1}\langle \mu U - \hat{M}_t, 1\rangle \leq \lim\limits_{t\to 0} t^{-1}\langle \mu U - N_t, 1\rangle$.

Proof. Apply the lemma with $A = B_0$ (section of B at $t = 0$) and S some stopping time of m.r.e. with respect to $\nu = \mu P_T$. (The assumptions of the lemma are satisfied, because of $D \geq T$, what implies $\mu P_D U \leq \mu P_T U = \mu P_S U$.) The lemma gives us $D \geq S$ and therefore $\hat{M}_t = \mu P_{S\wedge t} U \geq \mu P_{D\wedge t} U$ for all $t \geq 0$. So it suffices to prove

$$\lim_t t^{-1}\langle \mu U - \mu P_{D\wedge t} U, 1\rangle \leq \lim_t t^{-1}\langle \mu U - N_t, 1\rangle.$$

But this follows from

$$\lim_t t^{-1}\langle N_t - \mu P_{D\wedge t} U, 1\rangle = \lim_t t^{-1}\, \mathcal{E}^{\mu}(D\wedge t - T\wedge t) \leq$$

$$\lim_t P^{\mu}(T \leq t,\, D > 0) = P^{\mu}(T = 0,\, D > 0) = P^{\mu}(X_0 \in B_0,\, X_0 \notin B_0) = 0$$

($\{D > 0\} = \{X_0 \notin B_0\}$ because B_0 is finely closed .)

Only a notational generalization of Proposition 2 is

Proposition 2'. For all $t \in R_+$ one has

$$\lim_{h\to 0} h^{-1}\langle N_t - \hat{M}^t_{t+h}, 1\rangle \leq \lim_{h\to 0} h^{-1}\langle N_t - N_{t+h}, 1\rangle.$$

Proof of the theorem (continuation): We consider the two functions on R_+, m and n, defined as

$$m(t) = \langle \mu U - \hat{M}_t, 1\rangle, \quad n(t) = \langle \mu U - N_t, 1\rangle$$

and show, that $m \leq n$. This will complete the proof. Since both functions are Lipschitz-continuous and $m(0) = n(0)$, it is sufficient to compare the right derivatives :

$$\left.\frac{d^+ n}{ds}\right|_{s=t} = \lim_{h\to 0} h^{-1}\langle N_t - N_{t+h}, 1\rangle \geq \lim_h h^{-1}\langle N_t - \hat{M}^t_{t+h}, 1\rangle \geq$$

$$\lim_h h^{-1}\langle N_t - \widehat{M}_{t+h} - (N_t - \widehat{M}_t)P_h, 1\rangle \geq \lim_h h^{-1}\langle \widehat{M}_t - \widehat{M}_{t+h}, 1\rangle = \\ = \frac{d^+m}{ds}\bigg|_{s=t}$$

where the first inequality holds by Prop.2′ and the last by Prop.1 . So the theorem is proved.

Corollary. (Uniqueness of the ROOT stopping time). Let T be a ROOT stopping time and S of m.r.e with respect to μP_T .Then one has $S = T$ a.s. (P^μ).

Proof. Since T is also of m.r.e. with respect to μP_T by the theorem, we have for all $t \geq 0$

$$\mu P_{S\wedge t}U = \mu P_{T\wedge t}U .$$

It follows

$$\mathcal{E}^\mu\int_0^{S\wedge t} f\circ X_u du = \mathcal{E}^\mu\int_0^{T\wedge t} f\circ X_u du \ , \ f \in \mathcal{E}_+, \ t \geq 0$$

$$\mathcal{E}^\mu\int_0^S F(X_u,u)\,du = \mathcal{E}^\mu\int_0^T F(X_u,u)\,du \ , \ F \geq 0 \text{ on } E \times R_+ .$$

Now we apply the lemma to the space-time process (because T is the first hitting time to a finely closed set) and obtain $S \leq T$ a.s. (P^μ). But since $\mu P_S U = \mu P_T U$ one has $S = T$.

Remark. If S and T are stopping times , $\mu P_S = \mu P_T = \nu$, and T is of m.r.e. then obviously S is of m.r.e., too, if for some strictly positive $f \in \mathcal{E}_+$ and all $t \in R_+$

$$\langle \mu P_{T\wedge t}U - \mu P_T U, f\rangle = \langle \mu P_{S\wedge t}U - \mu P_S U, f\rangle < \infty$$

This holds, in particular,with $f = 1$ if

$$\mathcal{E}^\mu S^2 = 2\int_0^\infty dt(\mathcal{E}^\mu\int_{S\wedge t}^S du) = 2\int_0^\infty dt(\mathcal{E}^\mu\int_{T\wedge t}^T du) = \mathcal{E}^\mu T^2$$,because for each t the inequality $\mathcal{E}^\mu\int_{S\wedge t}^S du \geq \mathcal{E}^\mu\int_{T\wedge t}^T du$ is true by the m.r.e. property of T . So we get from the corollary the final result : if a ROOT time T with $\mu P_T = \nu$ exists and $\mathcal{E}^\mu T^2 < \infty$, then any time S with $\mu P_S = \nu$ and $\mathcal{E}^\mu S^2 = \mathcal{E}^\mu T^2$ is

equal to T a.s. (P^{μ}).

5) The converse problem.

Under general hypotheses the following theorem does not yield very strong estimates for a stopping time of m.r.e. It is easy to construct examples of a deterministic process and a measure ν where the upper and lower estimate for a m.r.e. time with respect to ν are $+\infty$ and 0 , respectively. The corollary, however, makes sure that for a nontrivial class of processes the ROOT times are exactly the times of m.r.e.

Theorem 3. If T is of m.r.e. with respect to μP_T then there exists a barrier B (with sections B_t) such that

$$\inf\{t: t \geq 0,\ X_t \in B_{t+}\} \leq T \leq \inf\{t: t \geq 0,\ X_t \in B_t\} \quad \text{a.s.}\ (P^{\mu}),$$

where $B_{t+} = \bigcap_{s>t} B_s$.

Corollary. If the one-point sets are regular for the process (X_t) any time T of m.r.e with respect to μP_T is a ROOT time.

Proof of the corollary. We apply the theorem to a given T of m.r.e.; we assume that B is finely closed in space-time (passage to the fine closure of B does not change the upper bound for T , whereas the lower bound can only decrease). If we show that $B_{s+} \subset B_s$ then we see that both estimates agree and that T is defined by the barrier B.

Now let x be in B_{s+} ; this means $(x,h) \in B$ for all $s < h$. The regularity of the set $\{x\}$ implies that almost all paths of the space-time process starting from (x,s) in an arbitrary small time intervall hit the set $\{(x,h): h > s\}$ and hence B. Since B is finely closed we have $(x,s) \in B$ or $x \in B_s$.

<u>Proof of the theorem</u>. Let T be of m.r.e. with respect to μP_T; define the measures λ_t and μ_t for $t \in R_+$ by

$$\langle \lambda_t, f\rangle = \mathcal{E}^{\mu} f\circ X_T \cdot 1_{\{T<t\}}, \quad \langle \mu_t, f\rangle = \mathcal{E}^{\mu} f\circ X_t \cdot 1_{\{T\geq t\}}, \quad f \in \mathcal{E}_+.$$

(The idea of the proof is to show that λ_t and μ_t are something like disjoint; choose B_t as a carrier of λ_t which is not charged by μ_t and B as the set with sections B_t ; B is a barrier since λ_t is increasing and μ_t decreasing in t.) First we prove two propositions.

<u>Proposition 3</u>. Let $t \in R_+$ be fixed; for any stopping time S the measures $f \mapsto \mathcal{E}^{\mu} f\circ X_S \cdot 1_{\{t\leq S<T\}}$ and λ_t are disjoint.

<u>Proof</u>. 1) If the assertion is wrong then in a suitably enlarged probability space there exists a stopping time S with

$$0 \neq \mu P_S \leq \lambda_t, \quad t \leq S < T \quad \text{in } \{S<\infty\}$$

and a time H with

$$\mu P_H = \mu P_S, \quad H = T < t \quad \text{in } \{H<\infty\};$$

finally, by our interpretation of balayage order, a time K with

$$K \geq H, \quad \mathcal{E}^{\mu}\int_H^K f\circ X_u \cdot 1_{\{H<t\}} du = \mathcal{E}^{\mu}\int_S^T f\circ X_u \cdot 1_{\{S<\infty\}} du, \quad f \in \mathcal{E}_+.$$

Here the set $A := \{H<K\} \subset \{H<t\}$ is disjoint to $B := \{S<T\} = \{S<\infty\}$, since $T<t$ on A and $T>t$ on B; $P^{\mu}(A)$ and $P^{\mu}(B)$ are strictly positive. We define a new stopping time T' by setting

$$T' = K \text{ on } A, \quad T' = S \text{ on } B, \quad T' = T \text{ elsewhere.}$$

2) We shall show that $\mu P_T = \mu P_{T'}$ and $\mu P_{T'\wedge t} U \lneqq \mu P_{T\wedge t} U$, what contradicts the m.r.e. property of T. Let us suppose $f \in \mathcal{E}_+$ is μU-integrable; then one has

$$\langle \mu P_T U - \mu P_{T'} U, f\rangle = \mathcal{E}^{\mu}\left(\int_0^{T'} f\circ X_u du - \int_0^T f\circ X_u du\right) =$$

$$= \mathcal{E}^{\mu}(1_A \cdot \int_H^K f \circ X_u du - 1_B \cdot \int_S^T f \circ X_u du) = 0 \ ;$$

if in addition f is strictly positive we have

$$\langle \mu P_{T \wedge t} U - \mu P_{T' \wedge t} U , f \rangle = \mathcal{E}^{\mu}(\int_0^{T' \wedge t} f \circ X_u du - \int_0^{T \wedge t} f \circ X_u du) =$$

$$= \mathcal{E}^{\mu}(1_A \cdot \int_{H \wedge t}^{K \wedge t} f \circ X_u du - 1_B \cdot \int_{S \wedge t}^{T \wedge t} f \circ X_u du) = (\text{since } S \wedge t = T \wedge t = t$$

on B) $= \mathcal{E}^{\mu}(1_A \cdot \int_H^{K \wedge t} f \circ X_u du) > 0$, since $H < K \wedge t$ on A and $P^{\mu}(A) > 0$.

<u>Proposition 4</u>. Let ρ, ν be finite measures on E and W a stopping time, for every stopping time S (even in a enlarged probability space) the measure $f \mapsto \mathcal{E}^{\rho} f \circ X_S \cdot 1_{\{S < W\}}$ be disjoint to ν . Then there exists a finely closed carrier A of ν for which $W \leq D_A$ a.s. (P^{ρ}) .

<u>Proof</u>. 1) Let $A_s \subset E$ be a finely closed set for which

$$(*) \qquad \nu_{\infty}^{s} U := \text{Réd } (\nu - s \cdot \rho) U = (\nu - s\rho) H_{A_s} U$$

for each fixed $s \in (0,1)$.

Since ν_{∞}^{s} is carried by A_s and ν_{∞}^{s} tends to ν as s tends to 0 , ν is carried by $A' := \bigcup_{s \text{ rational}} A_s$ and hence by A , the fine closure of A'. Since $D_A = D_{A'} = \inf \{D_{A_s} : s \text{ rational}\}$ it is sufficient to prove that $W \leq D_{A_s}$, for every $s \in (0,1)$.

2) Fix s and choose a time R so that $\overline{\nu}^{s} := \nu - \nu_{\infty}^{s} = s \cdot \rho P_R$; it follows $\nu H_{A_s} - \nu_{\infty}^{s} = s \cdot \rho P_R H_{A_s}$, hence, in virtue of $(*)$, $s \cdot \rho P_R H_{A_s} = s \cdot \rho H_{A_s}$. This leads to $\rho P_R U \geq \rho H_{A_s} U$ and finally by our lemma to $R \leq D_{A_s}$ a.s. (P^{ρ}).

3) To conclude the proof we show that $W \leq R$ a.s.

From $\nu \geq s \cdot \rho P_R$ it follows

$$s^{-1} \cdot \langle \nu , f \rangle \geq \mathcal{E}^{\rho} f \circ X_R \cdot 1_{\{R < W\}} , \ f \in \mathcal{E}_+$$

and, by hypothesis on W ,

$$\mathcal{E}^{\rho} f\circ X_R \cdot 1_{\{R<W\}} = 0 \text{ for all } f\in\mathcal{E}_+, \text{ i.e. } W \leq R \text{ a.s.} (P^{\rho}).$$

Proof of the theorem (continuation). From the propositions we get by setting $\rho = \mu_t$, $\nu = \lambda_t$:

there exists a finely closed set A_t such that

(i) A_t carries λ_t , (ii) $T \leq t + D_{A_t} \circ \theta_t$ a.s. (P^{μ}).

If one defines B by $B := \bigcup_{t \text{ rational}} A_t \times [t,\infty)$ then B is a barrier and (ii) implies

$$T \leq \inf \{t : t \geq 0, X_t \in B_t\} \text{ a.s.}$$

Conversely, by (i) we have for almost all (P^{μ}) $\omega\in\Omega$:

$$X_{T(\omega)}(\omega) \in A_t \text{ for all } t \text{ rational, } t > T(\omega)$$

and, because of $A_t \subset B_t$ for t rational,

$$X_{T(\omega)}(\omega) \in B_{u+} \text{ if } T(\omega) = u \;;$$

this means $T \geq \inf \{t : t \geq 0, X_t \in B_{t+}\}$

as was to be proved.

References.

[1] Dinges, H.: Stopping sequences. Séminaire de Probabilités VIII, 27-36. Lecture Notes in Mathematics 381: Berlin-Heidelberg New York 1974.

[2] Kiefer, J.: Skorokhod imbedding of multivariate RV's and the sample DF. Z.Wahrscheinlichkeitstheorie 24, 1-35(1972).

[3] Loynes, R.M.: Stopping times of Brownian motion : some roperties of Root's construction. Z.Wahrscheinlichkeitstheorie 16, 211-218(1970).

[4] Meyer, P.A.: Le schéma de remplissage en temps continu. Séminaire de Probabilités VI, 130-150. Lecture Notes in Mathematics 258 : Berlin-Heidelberg-New York 1972.

[5] Root, D.H.: On the existence of certain stopping times on Brownian motion. Annals math. Statistics 40, 715-718(1969).

[6] Rost, H.: The stopping distributions of a Markov process. Inventiones math. 14,1-16(1971).

Hermann Rost

D 69 Heidelberg (West Germany)

Institut für Angewandte Mathematik

Im Neuenheimer Feld 5

Université de Strasbourg
Séminaire de Probabilités

ON THE KRICKEBERG DECOMPOSITION OF CONTINUOUS MARTINGALES

TAKESHI SEKIGUCHI

1. NOTATIONS AND THEOREMS.

By a system $(\Omega, \underline{\underline{F}}, \underline{\underline{F}}_t, P)$ is meant a complete probability spce $(\Omega, \underline{\underline{F}}, P)$ together with an increasing right continuous family $(\underline{\underline{F}}_t)_{0 \leq t \leq \infty}$ of sub-σ-fields of $\underline{\underline{F}}$ with $\underline{\underline{F}}_\infty = \bigvee_{0 \leq t < \infty} \underline{\underline{F}}_t$ such that $\underline{\underline{F}}_0$ contains all P-null sets. The reader is assumed to familiar with the basic notations of the general theory of processes as expounded in [3] and [5]. We define $\underline{\underline{M}}^p$, $\underline{\underline{M}}^p_c$, $\underline{\underline{G}}_t$ and $\underline{\underline{H}}$ as the following.

$\underline{\underline{M}}^p$ = the family of all L^p-bounded $\underline{\underline{F}}_t$-martingales.

$\underline{\underline{M}}^p_c = \{ X \in \underline{\underline{M}}^p ;\ X \text{ is continuous} \}$.

$\underline{\underline{G}}_t = \bigcap_{\varepsilon > 0} \sigma(X_s ;\ s < t+\varepsilon,\ X \in \underline{\underline{M}}^2_c)$.

$\underline{\underline{H}} = \{ X_\infty ;\ X \in \underline{\underline{M}}^2_c \}$.

It is immediate from the definition of $\underline{\underline{G}}_t$ that all continuous $\underline{\underline{F}}_t$-martingales are $\underline{\underline{G}}_t$-martingales.

Let $X = X^{\oplus} - X^{\ominus}$ denote the Krickeberg decomposition for $X \in \underline{\underline{M}}^1$. That is, $X^{\oplus}$ and $X^{\ominus}$ are positive martingales such that

$$\sup_t E[|X_t|] = E[X^{\oplus}_0] + E[X^{\ominus}_0].$$

In this note, we will investigate the condition for the Krickeberg decomposition preserving the continuity of the paths of martingales, and then the property of paths of continuous martingales. Namely, we will prove the following theorems.

THEOREM 1. The following statements (1) – (5) are equivalent.

(1) $X^{\oplus}$ is continuous for every $X \in \underline{\underline{M}}^\infty_c$.

(2) $X^{\oplus}$ is continuous for every $X \in \underline{\underline{M}}^1_c$.

(3) $\underline{\underline{H}} = L^2(\underline{\underline{G}}_*)$.

(4) All bounded $\underline{\underline{G}}_t$-martingales are continuous $\underline{\underline{F}}_t$-martingales.

(5) All $\underline{\underline{G}}_t$-martingales are continuous $\underline{\underline{F}}_t$-martingales.

THEOREM 2. Suppose the statements in THEOREM 1 hold. Let T be a totally inaccessible $\underline{\underline{F}}_t$-stopping time with $P(T<\infty) > 0$, and let X be a continuous $\underline{\underline{F}}_t$-martingale. Then

(6) $t \longrightarrow X_t$ are almost surely constant on some right neighbourhood at $T < \infty$, and

(7) $t \longrightarrow X_t$ are constant on some left neighbourhood at T with positive probability.

In THEOREM 2, we can replace $t \longrightarrow X_t$ by $t \longrightarrow \langle X,X \rangle_t$, because of [2] p.248, LEMMA (4.1). That implies the following corollary.

COROLLARY. If there exist a totally inaccessible $\underline{\underline{F}}_t$-stopping time T with $P(T<\infty) > 0$ and a continuous $\underline{\underline{F}}_t$-martingale M such that $t \longrightarrow \langle M,M \rangle_t$ is strictly increasing, then there exists $X \in \underline{\underline{M}}_c^\infty$ such that $X^\oplus$ is not continuous

REMARK. We can construct a system $(\Omega, \underline{\underline{F}}, \underline{\underline{F}}_t, P)$ that satisfies the assumption in COROLLARY as the following. Let M and N be a Brownian motion with $M_o = 0$ and a Poisson process with $N_o = 0$ on some probability space $(\Omega, \underline{F}, P)$ respectively, and let both processes are independent. We define $\underline{\underline{F}}_t = \sigma(M_s, N_s;\ s \leq t)$. Then $T = \inf \{ t;\ N_t = 1 \}$ and M have the required properties. That gives the another proof of the result in [6].

2. PROOF OF THEOREM 1.

First of all we are going to give the following lemmas.

LEMMA 1. Let X be a uniformely integrable martingale. If there exists a sequence $\{X^n\}$ of uniformely integrable continuous martingales such that

$$X^n_\infty \longrightarrow X_\infty \text{ in } L^1 \text{ as } n \to \infty,$$

then X is continuous.

PROOF. See [4] p.115 – 116.

LEMMA 2. Let $\underline{\underline{K}}$ be a closed subspace of $L^2(\underline{\underline{G}}_\infty)$ containing all constant functions. If $\sigma(\underline{\underline{K}}) = \underline{\underline{G}}_\infty$ and $f \vee 0 \in \underline{\underline{K}}$ for each $f \in \underline{\underline{K}}$, then $\underline{\underline{K}} = L^2(\underline{\underline{G}}_\infty)$.

PROOF. See [6] LEMMA 1.

LEMMA 3. For each $X \in \underline{\underline{M}}^1$, $X^\oplus - X^+$ and $X^\ominus - X^-$ are the same potential of the class (D). Here $X^+ = (X_t \vee 0)_t$ and $X^- = ((-X_t) \vee 0)_t$.

PROOF. Let $X^+ = M + A$ and $X^- = N + B$ be the Doob-Meyer decomposition of submartingales X^+ and X^- respectively. That is, M and N are martingales and A and B are previsible increasing processes. Hence

$$A - B = X - M + N$$

is a martingale, from which $A = B$. (See [1] p.109 - 111, V.T36, T38.) Since A is integrable by $X \in \underline{\underline{M}}^1$, the Krickeberg decomposition of X is given by

$$X^\oplus_t = M_t + E[A_\infty | \underline{\underline{F}}_t]$$

and

$$X_t^{\ominus} = N_t + E[A_\infty \mid \underline{\underline{F}}_t].$$

Consequently, we obtain

$$X_t^{\oplus} - X_t^+ = E[A_\infty \mid \underline{\underline{F}}_t] - A_t = X_t^{\ominus} - X_t^-.$$

This establishes LEMMA 3. (See [5] p.142, VII.T7.)

We come now the proof of THEOREM 1.

(1)⇒(2) : Let $X \in \underline{\underline{M}}_c^1$. We can choose a sequence $\{T^n\}$ of stopping times such that $T^n \uparrow \infty$, $T^n \leq n$ and X^{T^n} is bounded. Each martingale $(E[X_{T^n}^+ \mid \underline{\underline{F}}_t])_t$ is continuous by (1), and so it suffices to show that

(8) $\qquad E[X_{T^n}^+ \mid \underline{\underline{F}}_t] \longrightarrow X_t^{\oplus}$ in L^1 as $n \longrightarrow \infty$

for each t, because of LEMMA 1. From LEMMA 3 (See [5] p.138, VI.T20.)

$$E[\,|X_{T^n \wedge t}^{\oplus} - E[X_{T^n}^+ \mid \underline{\underline{F}}_t]|\,]$$
$$= E[\,|E[X_{T^n}^{\oplus} - X_{T^n}^+ \mid \underline{\underline{F}}_t]|\,]$$
$$= E[X_{T^n}^{\oplus} - X_{T^n}^+] \longrightarrow 0 \quad \text{as} \quad n \to \infty,$$

and obviously

$$X_{T^n \wedge t}^{\oplus} \longrightarrow X_t^{\oplus} \quad \text{in} \quad L^1 \quad \text{as} \quad n \to \infty,$$

from which we obtain (8).

(2)⇒(3) : According to the definition of $\underline{\underline{H}}$ and $\underline{\underline{G}}_t$, $\underline{\underline{H}}$ contains all constant functions and $\sigma(\underline{\underline{H}}) = \underline{\underline{G}}_\infty$. Moreover, $\underline{\underline{H}}$ is a closed subspace of $L^2(\underline{\underline{G}}_\infty)$ by LEMMA 1 and from (2) $f \vee 0 \in \underline{\underline{H}}$ for each $f \in \underline{\underline{H}}$. Consequently $\underline{\underline{H}} = L^2(\underline{\underline{G}}_\infty)$, because of LEMMA 2.

(3)⇒(4) : Let X be a bounded $\underline{\underline{G}}_t$-martingale. According to (3) there exists a continuous $\underline{\underline{F}}_t$-martingale Y with $Y_\infty = X_\infty$. Since Y is a $\underline{\underline{G}}_t$-martingale, we obtain X = Y.

(4) ⇒ (5) : It is an immediate consequence of LEMMA 1.

(5) ⇒ (1) : Let $X \in \underline{\underline{M}}_c^\infty$. Then X is a $\underline{\underline{G}}_t$-martingale. According to (5) the Krickeberg decomposition for X with respect to $\underline{\underline{G}}_t$-is identical with $X = X^\oplus - X^\ominus$ and so $X^\oplus$ is continuous.

The proof of THEOREM 1 is now complete.

3. PROOF OF THEOREM 2.

Let T be a totally inaccessible $\underline{\underline{F}}_t$-stopping time with $P(T<\infty) > 0$ and X be a continuous $\underline{\underline{F}}_t$-martingale. Put

$$U = \inf \{ t;\ \langle X,X \rangle_t > \langle X^T,X^T \rangle_t \}$$

and

$$V = \sup \{ t;\ \langle X,X \rangle_t < \langle X^T,X^T \rangle_\infty \}.$$

Since $\langle X,X \rangle$ and $\langle X^T,X^T \rangle$ are $\underline{\underline{G}}_t$-adapted by [3] p.92, THEOREM 2, U is a $\underline{\underline{G}}_t$-stopping time and V is $\underline{\underline{G}}_\infty$-measurable. From (5) all $\underline{\underline{G}}_t$-stopping times are accessible with respect to $\underline{\underline{G}}_t$ and so with respect to $\underline{\underline{F}}_t$. (See [1] p.112, V.T41.) This implies that U is an accessible $\underline{\underline{F}}_t$-stopping time, from which T < U a.s. on $\{T<\infty\}$. Consequently we obtain (6).

Before coming to the proof of (7) we will give the following lemma.

LEMMA 4. If all $\underline{\underline{G}}_t$-martingales are $\underline{\underline{F}}_t$-martingales, then for each t

$$\underline{\underline{G}}_t = \underline{\underline{F}}_t \cap \underline{\underline{G}}_\infty.$$

PROOF. It suffices to show that $\underline{\underline{G}}_t \supset \underline{\underline{F}}_t \cap \underline{\underline{G}}_\infty$. Let $\Lambda \in \underline{\underline{F}}_t \cap \underline{\underline{G}}_\infty$. From the assumption $(P(\Lambda|\underline{\underline{G}}_t))_t$ is a $\underline{\underline{F}}_t$-martingale with $P(\Lambda|\underline{\underline{G}}_\infty) = 1_\Lambda$. On the other hand $(P(\Lambda|\underline{\underline{F}}_t))_t$ is a $\underline{\underline{F}}_t$-martingale with $P(\Lambda|\underline{\underline{F}}_\infty) = 1_\Lambda$. Consequently we have

$$1_\Lambda = P(\Lambda|\underline{\underline{F}}_t) = P(\Lambda|\underline{\underline{G}}_t).$$

Hence $\Lambda \in \underline{\underline{G}}_t$. This establishes LEMMA 4.

Finally let us show (7). Suppose that $P(V = T) = 1$. Then T is $\underline{\underline{G}}_\infty$-measurable and from LEMMA 4 T is a $\underline{\underline{G}}_t$-stopping time. Thus T is accessible. This contradicts the fact T is totally inaccessible. This contradiction implies $P(V<T) > 0$ and hence we obtain (7). Thus the proof of THEOREM 2 is now complete.

Mathematical Institute
Tohoku University
Sendai, Japan

REFERENCES

[1] C.Dellacherie, Capacités et processus stochastiques, Ergebnisse der Math. 67, Springer 1972.

[2] R.K.Getoor and M.J.Sharpe, Conformal martingales, Inventions Math. 16 (1972), 271 - 308.

[3] P.A.Meyer, Integrales stochastiques I,II, Séminaire de Probabilités 1, Lecture Notes in Math. 39 (1967) 72 -117.

[4] P.A.Meyer, Processus de Markov, Lecture Notes in Math. 26 (1967).

[5] P.A.Meyer, Probabilités et potentiel, Paris, Hermann 1966.

[6] T.Sekiguchi, Oh the Krickeberg decomposition, Tohoku Math. Journ. to appear.

Université de Strasbourg
Séminaire de Probabilités

THE Q-MATRIX PROBLEM

by

David Williams

Part 1. Introduction

(a) One object of this paper is to prove a theorem (announced in [20]) which solves the "Q-matrix problem for Markov chains" for the case when all states are instantaneous. The solution for that case is amazingly simple.

That is all very well, but if this paper has any value, it derives from the following considerations. The proof of the 'necessity' part of our theorem is rather 'new-fangled' in that it involves RAY compactifications. By contrast, the proof of the 'sufficiency' part is in the 'bare-hands' spirit of (what many would regard as) the 'good old days' when probabilistic intuition, free from technicalities, guided LEVY's work and the 'analytic' work of FELLER, KENDALL, NEVEU and REUTER. The fact that our theorem is tight (that is: our conditions are both necessary and sufficient) does something to fuse the 'old' and 'new' traditions. It is interesting that we have to go back to the quite astonishing 1958 paper [8] by KENDALL in order to find the necessary escape route from the tyranny of last-exit decompositions modulo a finite set.

It is obvious that the 'tightness' of our theorem means that "nothing can be thrown away at any stage of the argument". However, I respectfully ask the reader to bear this in mind throughout. (Thus, for example, the local character condition, which is an essential feature of the RAY topology, must be reflected in the later 'bare-hands' construction.)

Acknowledgements. P.D SEYMOUR proved the very important combinatorial Lemma 9. I could only prove it under an extra hypothesis.

G.E.H. REUTER's comments and questions on early drafts of this paper have been a great help.

P.A. MEYER and J. NEVEU invited me to talk in France and thereby gave a sense of urgency to my attempts at the 'if' part of the theorem. Otherwise, I would have taken my time about it. (I knew the 'only if' part in 1967 - it is implicit in [16].)

(b) Let I be a countably infinite set. Let $(P(t))$ be a (subMarkovian) transition function (TF) on I with coefficients

$$p_{ij}(t) \equiv P(t;i,j) \equiv P(t;i,\{j\}).$$

(The symbol "$\equiv$" will signify "is <u>defined</u> to be equal to".) We always make the usual assumption that $(P(t))$ is "standard" in CHUNG's sense:

$$\lim_{t\downarrow 0} p_{ii}(t) = 1 \qquad (\forall i).$$

The <u>Q-matrix</u>, Q, of $(P(t))$ is the componentwise derivative $Q \equiv P'(0)$. We normally write q_{ij} for $Q(i,j)$ and q_i for $-q_{ii}$. In detail,

$$q_i \equiv -q_{ii} \equiv \lim_{t\downarrow 0} t^{-1}[1-p_{ii}(t)] \leq \infty;$$

$$q_{ij} \equiv \lim_{t\downarrow 0} t^{-1}p_{ij}(t) \qquad (i \neq j).$$

It is well known that the DOOB-KOLMOGOROV limits q_{ij} exist and satisfy the (DK) conditions:

DK(1) $$0 \leq q_{ij} < \infty \qquad (i \neq j),$$

DK(2) $$\sum_{j\neq i} q_{ij} \leq q_i \leq \infty.$$

A state i in I is called <u>stable</u> (for Q, $(P(t))$, or the associated chain X) if $q_i < \infty$ and <u>instantaneous</u> if $q_i = \infty$.

We shall concentrate on the case of chains which are <u>totally instantaneous</u>, that is, which satisfy the hypothesis

(TI): $$q_i = \infty \qquad (\forall i).$$

One detail of notation before we state our theorem: for $i \in I$ and $J \subseteq I\backslash i$, we write

$$Q(i,J) \equiv \sum_{j\in J} q_{ij}.$$

<u>Note</u>. The sense in which $Q(\cdot,\cdot)$ is a <u>restriction</u> of the true LEVY kernel of X will be explained shortly.

THEOREM. <u>Suppose that</u> Q <u>is an</u> $I \times I$ <u>matrix satisfying</u>

(TI): $$q_i \equiv -q_{ii} = \infty \qquad (\forall i)$$

<u>and</u>

DK(1): $$0 \leq q_{ij} < \infty \qquad (i \neq j).$$

(<u>Condition</u> DK(2) <u>is then automatically satisfied</u>.) <u>Then</u> $Q = P'(0)$ <u>for</u>

some subMarkovian TF(P(t)) if and only if the following two conditions (N) and (S) hold:

(N): $$\sum_{j \notin \{a,b\}} q_{aj} \wedge q_{bj} < \infty \qquad (\forall\, a,b:\ a \neq b);$$

(S): there exists an infinite subset K of I such that

$$Q(i, K\backslash i) < \infty \qquad (\forall\, i).$$

Further, (P(t)) may be chosen to be "honest" in the sense that

$$P(t)1 = 1, \qquad \forall t \geq 0.$$

Notes. (i) For us, the old term "honest" is much better than "(strictly) Markovian". We wish to be able to say that " X is honest" (which amounts to saying that X has almost surely infinite lifetime). "Conservative" has a special meaning in chain theory (see Proposition 8).

(ii) The "N" is in deference to NEVEU in whose work condition (N) is implicit. The "S" stands for "safety factor": there has to be a big set K which is fairly safe from hits.

(c) This section (c) of the Introduction can be skipped on a first reading. It summarises in coded form the present state of knowledge about "Q-matrix problems". Here is the key to the code:

($\mathscr{E}$): existence; ($\mathscr{U}$): uniqueness; ($\mathscr{H}$): honest;

(TI): totally instantaneous; (TS): totally stable.

Thus, for example, Problem ($\mathscr{EUH}$|TS) reads: "find a necessary and sufficient condition on an I × I matrix Q satisfying

(TS): $$q_i < \infty \qquad (\forall i)$$

for there to exist ($\mathscr{E}$) a unique ($\mathscr{U}$) honest ($\mathscr{H}$) transition function with Q-matrix Q".

($\mathscr{E}$|TS), ($\mathscr{EUH}$|TS) were solved long ago by FELLER.

($\mathscr{EH}$|TS), ($\mathscr{EU}$|TS) were recently solved in HOU [6]. REUTER [14] gives a much better proof of HOU's results.

($\mathscr{E}$|TI), ($\mathscr{EH}$|TI) are solved by our theorem.

($\mathscr{EU}$|TI), ($\mathscr{EUH}$|TI) are nonsensical because there is no possibility of uniqueness under hypothesis (TI).

The ($\mathscr{EU}$) problem is completely solved because it reduces to the ($\mathscr{EU}$|TS) problem solved by HOU. I have 'effectively' solved the ($\mathscr{EUH}$) problem and shall discuss it and the general ($\mathscr{E}$) problem elsewhere. The nice ($\mathscr{E}$) problem under the assumption that X is purely discontinuous and Q is the full LEVY kernel of X will also be treated.

Part 2. Proof of the 'only if' part of the theorem

MARKOV CHAINS AS RAY PROCESSES

Let $(P(t))$ be a ("standard") strictly honest transition function on the countable set I. Let U^α be the resolvent of $(P(t))$. Let $\mathcal{S}$ be the smallest $\wedge$-stable cone, stable under the kernels U^α, containing the constant function 1 and the functions $U^\alpha(\cdot,\{j\})$. Then $\mathcal{S}$ separates points of I. Let $\bar{E}$ be the compactification of I relative to $\mathcal{S}$. Then $(P(t))$ extends to a RAY transition function on 'the' RAY-KNIGHT (RK) compactification $\bar{E}$ of I relative to $(P(t))$. Let

$$E \equiv \{x \in \bar{E} : P(t;x,I) = 1, \ \forall t > 0\},$$

and let D be the set of non-branch points in E. Then D is a Polish space containing I.

The space E is the RAY-NEVEU-KNIGHT-DOOB- ... state-space of a right process:

$$X = (X_t, \theta_t, \mathcal{F}_t^0, \mathcal{F}_t, \dots, P^x : x \in E)$$

with transition function $(P(t))$ such that

1(i) $$X_{t+}(\omega) = X_t(\omega) \in D \qquad (\forall t \geq 0, \ \forall \omega),$$

1(ii) $$X_{t-}(\omega) \text{ exists in } E \qquad (\forall t > 0, \ \forall \omega).$$

The fundamentals of the theory of RAY processes and right processes have now attained their definitive form in GETOOR [4] and GETOOR-SHARPE [5]. Brief indication of the equivalence of RAY-KNIGHT, NEVEU [13] and DOOB [2] E-spaces for chains is given in my paper [17].

Definition. Points of $D\backslash I$ are called fictitious states of X.

[[Two confessions. (i) There is an obvious error in the definition of V in the discussion of R-K compactification on page 298 of my expository paper [19]. (ii) In my earlier paper [17], the definition of the RAY-NEVEU (= RK) topology is correct but my conjecture about its probabilistic significance is little short of idiotic. LAMB and ARCHINARD quickly gave counter-examples.]]

Q-MATRICES AND EXCURSIONS

X and $(P(t))$ have the same meanings as above.

The probabilistic significance of $Q \equiv P'(0)$ is perhaps best explained as follows:

2(i) $$q_i = \nu_i(V_i),$$

2(ii) $$q_{ij} = \nu_i\{w_i \in V_i : w_i(0+) = j\} \qquad (j \neq i).$$

Here V_i is the space of excursions w_i from i. A typical element w_i of V_i is a map

$$w_i : (0, \zeta_i(w_i)) \to D\backslash\{i\}$$

from a 'random' interval $(0,\zeta_i(w_i))$ to $D\setminus\{i\}$ which satisfies conditions analogous to those at (1):

3(i) $\quad w_i(t+) = w_i(t) \quad (0 < t < \zeta_i(w_i) \le \infty)$,

3(ii) $\quad w_i(0+)$ exists in D and $w_i(t-)$ exists in E for $0 < t < \zeta_i(w_i)$.

We define the σ-cylinder algebra $\mathcal{V}_i$ on V_i as usual. ITO ([7]) showed that in terms of the local time $L(\cdot,i)$ at i:

(4) $$L(t,i) \equiv \text{meas}\{s \le t : X_s = i\},$$

the excursions from i form a 'Poisson' point process with values in $(V_i,\mathcal{V}_i)$. He defined the <u>ITO excursion law</u> ν_i <u>at</u> i as the 'characteristic measure' of this point process. MAISONNEUVE [9] has a fine treatment of excursions and of the important related concept of <u>incursions</u>.

Equation 2(ii) is equivalent to FREEDMAN's result ([3]) on 'pseudo-jumps'.

(5) [[EXAMPLE (FELLER-MCKEAN-LEVY). Let I be the set of rational numbers. Let m be a probability measure on I with $m(i) > 0$, $\forall i$. Let B be Brownian motion on $\underset{\sim}{R}$ and let ℓ be its jointly continuous local time Put

$$\gamma(t) \equiv \sum_{i\in I} \ell(t,i)m(i), \qquad X_t \equiv B \circ \gamma^{-1}(t).$$

Then X is a Markov chain on I and, from (2),

$$q_i = \infty \ (\forall i), \qquad q_{ij} = 0 \ (\forall i,j : i \neq j).]]$$

The interpretation (2) allows us to derive some simple necessary conditions for a matrix to be a Q-matrix. Here is an example. For $i \neq j$,

$$\nu_i\{w_i : w_i(s) = j, \forall s \le t\} = q_{ij}e^{-q_jt}.$$

Hence

$$\nu_i\{\zeta_i > t\} \ge \sum_{j\neq i} q_{ij}e^{-q_jt}.$$

But $\nu_i \circ \zeta_i^{-1}$ is the <u>classical</u> LEVY-BLUMENTHAL-GETOOR measure associated with the local time $L(i)$ at the regular state i of X. Hence

(6) $$\sum_{j\neq i} q_{ij}(q_j+1)^{-1} \le \int_0^\infty e^{-t}\nu_i\{\zeta > t\}dt < \infty.$$

<u>Results like</u> (6) <u>explain why it is natural to impose hypothesis</u> (TI) <u>in our theorem</u>.

Every result which may be obtained by the type of argument just used is an immediate consequence of NEVEU's analytic work on entrance laws and excursion laws. Result (N) is a more subtle consequence of NEVEU's theory. We shall soon see why this result reflects the Hausdorff property of the RK topology.

THE LEVY SYSTEM OF X

The theory of LEVY kernels provides a simple probabilistic interpretation of the off-diagonal elements q_{jk} $(j \neq k)$ of Q.

For $j, k \in I$ with $j \neq k$, define

$$J_t(j,k) \equiv \#\{s \leq t : X_{s-} = j, X_s = k\},$$

so that $J_t(j,k)$ is the number of jumps from j to k during time t. Then for $i \in I$,

$$E^i J_t(j,k) = \int_0^t p_{ij}(s)\, q_{jk}\, ds .$$

Important discussion. The full LEVY kernel N of X is defined on $E \times D$. (See BENVENISTE-JACOD [1] for the latest and best account of LEVY systems.) It is extremely important that the kernel N carries much more information than the Q-matrix which is the restriction of N to $I \times I$. The way in which (in general) we force

$$N(i, D \setminus I) > 0$$

in our construction for the 'if' part of the theorem should be especially noted.

THE 'LOCAL CHARACTER' CONDITION

The following simple lemma, which is reminiscent of local-character conditions for establishing continuity or right-continuity of paths, is the key to the application of the RK topology to the study of Q-matrices.

(7) LEMMA. Let G be an open subset of E and let $h \in G \cap I$. Put $G^c \equiv E \setminus G$. Then

$$Q(h, G^c \cap I) < \infty .$$

Note. The analogous result for the LEVY kernel N would be more natural.

Proof. Since G is open, the equations

$$X^G_t \equiv X_t \qquad (t < T_{G^c} \equiv \inf\{s > 0 : X_s \in G^c\}),$$

$$\equiv \partial \qquad (t \geq T_{G^c}),$$

define a "standard" Markov chain X^G on $(G \cap I) \cup \partial$.

On applying DK(1) to the Q-matrix of X^G, we obtain

$$\infty > \lim_{t \downarrow 0} t^{-1} P^h[X^G_t = \partial] \geq \liminf_{t \downarrow 0} t^{-1} P(t; h, G^c \cap I)$$

$$\geq Q(h, G^c \cap I) .$$

Proof of (N). Let a, b be distinct points of I. By the Hausdorff property for E, there exist disjoint open subsets G_a, G_b of E with $a \in G_a$, $b \in G_b$. But then

$$\sum_{j \notin \{a,b\}} q_{aj} \wedge q_{bj} \leq Q(a, G^c_a) + Q(b, G^c_b) < \infty .$$

(8) PROPOSITION. Suppose that H is a finite subset of I such that

8(i) $$\liminf_{j} \sum_{h \in H} q_{hj} > 0 .$$

Then every i in $I\setminus H$ is both stable and 'conservative' in the sense that

$$\sum_{j\neq i} q_{ij} = q_i < \infty \qquad (\forall\, i \in I\setminus H).$$

Proof. It is clearly enough to consider the case when H is minimal subject to the requirement 8(i). Then every state in H is instantaneous and, by right continuity of paths, is an accumulation point of I. Let G be an open subset of E which contains H. Then Lemma 7 and hypothesis 8(i) imply that G^c contains only finitely many points of I. Thus I is homeomorphic to the disjoint union of $|H|$ copies of $\mathbb{N} \cup \{\infty\}$ and is already compact: $I = \bar{E}$. In particular, X takes all its values in I.

Now fix i in $I\setminus H$. Then i is isolated in the RK topology. By right continuity of paths, i is stable. An excursion path w_i from i must satisfy $w_i(0+) \in I$ because $I = \bar{E}$. Further $w_i(0+) \neq i$ (for obvious topological reasons and for the probabilistic reason that $w_i(0+) = i$ would contradict the strong Markov property). Hence $w_i(0+) \in I\setminus\{i\}$ and

$$q_i = \nu_i(V_i) = \sum_{j\neq i} \nu_i\{w_i : w_i(0+) = j\} = \sum_{j\neq i} q_{ij}.$$

In other words, i is conservative.

Notes. (i) One can adapt NEVEU's methods to prove that 8(i) implies that each i in $I\setminus H$ is stable. However, I can not give any 'analytic' proof that each i in $I\setminus H$ is conservative.

(ii) A number of 'analytic' results about Markov chains can be obtained by similar use of the RK topology. Among these are the result quoted at the very end of my paper [18] on Markov groups and Theorems 1, 2 and 3 of REUTER-RILEY [15].

(iii) The above proof of Proposition 8 modernises that given in my 1967 paper [16].

Proof of (S). Now assume that (TI) holds. Then by Proposition 8, the following statement is true: (S^*): for every finite subset H of I,

$$\liminf_j \sum_{h\in H} q_{hj} = 0.$$

Condition (S^*) is easily shown to be equivalent to condition (S). For imagine I labelled as the set $\mathbb{N}$ of natural numbers. Then condition (S^*) implies that there is an infinite set

$$K = \{k(1), k(2), k(3), \ldots\} \subseteq I$$

such that

$$\sum_{i\leq n} q_{i,k(n)} < 2^{-n} \qquad (\forall n).$$

Then

(S): $$Q(i, K\setminus i) < \infty \qquad (\forall n).$$

That $(S) \Rightarrow (S^*)$ is trivial.

Notes. (i) We have now proved the 'only if' part of our theorem under the assumption that $(P(t))$ is honest. But all the more is it true if $(P(t))$ is not honest!

(ii) The full strength of Proposition 8 was not needed for proving (S) but will become important during proof of the 'if' part of the theorem. See the remark following (10) below.

Part 3. Sketched proof of the 'if' part of the theorem.

Proof of the 'if' part of the theorem is much more difficult, both for technical reasons and for reasons of greater substance. I give here the gist (but not the technical details) of a proof based on "KENDALL's branching procedure". To be honest, I have to say that my proof of the more technical parts (I shall indicate these below) is too clumsy to inflict upon readers.

I hope to publish later in Proc. London Math Soc. either a complete and tidy account of the entire branching-procedure proof or a totally different proof based on diffusion theory. My first attempt at a proof via diffusion theory failed but I am determined to have another shot at it after Professor MEYER independently suggested the diffusion approach.

As I see things now, the combinatorial Lemma 9, for which the present branching-procedure proof provides the motivation, will have to be used in any diffusion approach. Lemma 9 provides the only way that I can see of picking out the 'correct' RAY topology from Q. The hope that a 'diffusion' proof will work rests in part upon the theorem that every countable metric space without isolated points is homeomorphic to the rationals. Lemma 9 guarantees that we can imbed I in $\mathbb{R}$ in a manner consistent with the local character condition.

We now suppose that I is a countably infinite set and that Q is an $I \times I$ matrix satisfying conditions (TI), DK(1), (N) and (S) of our theorem. We construct explicitly an honest chain X with Q-matrix Q.

Though a desire for clarity has persuaded me to separate out the statement of the combinatorial Lemma 9, I have presented the remainder of the proof in the order in which I thought it through. I apologise to those readers who would have preferred the 'systematic' approach, but I never did like those elementary analysis books which begin proofs: "Suppose $\varepsilon > 0$ and choose

$$\delta < \varepsilon(163\pi^{\frac{1}{4}} + he/c^2)^{-137} \ldots " .$$

A COMBINATORIAL LEMMA

The motivation for Lemma 9 will become clear in the next section.

We shall say that I is tree-labelled if I is labelled as the set of vertices of the infinitely ramified tree:

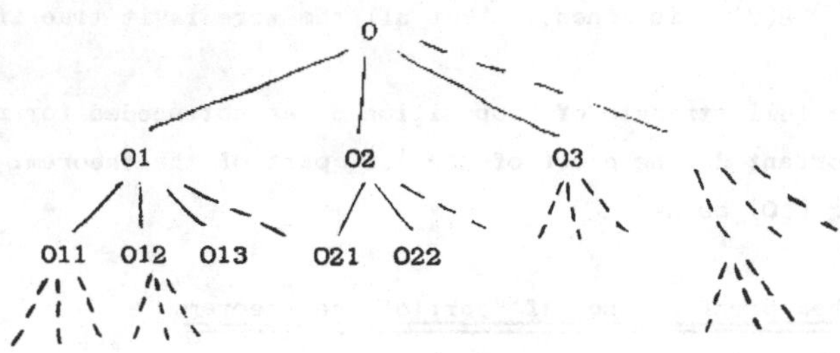

We shall then write $Z(i)$ for the set of <u>immediate successors</u> of i so that we have the following local picture of $i \cup Z(i)$:

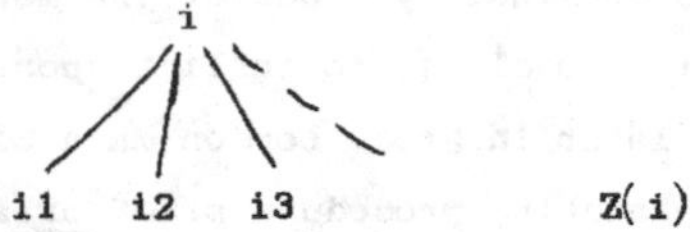

(9) LEMMA (P.D. SEYMOUR). I <u>may be tree-labelled in such a way that for every</u> i <u>in</u> I,

9(i): <u>there exists an infinite subset</u> $K(i)$ <u>of</u> $Z(i)$ <u>such that</u>

$$Q(i,K(i)) < \infty;$$

9(ii)

$$c(i) \equiv \sum_{j \neq i} [q_{ij} - q^{-}_{ij}] < \infty,$$

<u>where</u>

$$q^{-}_{ij} \equiv q_{ij} \text{ if } j \in i \cup Z(i),$$
$$\equiv 0 \text{ otherwise.}$$

The point of 9(i) is that the safety set K of hypothesis S is big enough to allow <u>local</u> safety. Note that the only "I to I jumps" permitted under Q^{-} are from a state to an immediate successor. Condition 9(ii) states that the pair (Q,I) may be "approximately tree-ordered": Q differs only "finitely" from Q^{-}. The function $c(\cdot)$ on I should be remembered as a <u>correction</u> term.

SEYMOUR's proof of Lemma 9 is deferred until Part 4(b) so as not to interrupt the probabilistic construction. <u>We therefore assume now that</u> I <u>is already tree-labelled in accordance with Lemma 9</u>. We write I_n for the n-th level of the tree so that

$$I_0 \equiv \{0\}, \quad I_1 = \{01,02,03,\dots\},$$

and generally for $n \geq 1$,

$$I_n = \{0m_1m_2\dots m_n : m_k \in \underset{\sim}{N}, \forall k \leq n\}.$$

THE BASIC IDEA: KENDALL'S BRANCHING PROCEDURE

For each i in I we shall later construct an honest chain $X^{(i)}$ (of a certain special "LEVY-FELLER (LF)" type) having minimal state-space $i \cup Z(i)$, and with Q-matrix $Q^{(i)}$ satisfying

10(i) $\quad q_i^{(i)} = \infty, \quad q_{ij}^{(i)} = q_{ij} \qquad (j \in Z(i)),$

10(ii) $\quad q_j^{(i)} < \infty, \quad q_{jk}^{(i)} = 0 \qquad (j \in Z(i), k \in [i \cup Z(i)] \setminus j).$

Note that by Proposition 8, condition 9(i) is necessary for the existence of an honest chain with Q-matrix $Q^{(i)}$ satisfying conditions (10). It follows from arguments similar to those used to prove Proposition 8 that $X^{(i)}$ is necessarily a very complicated chain with infinitely many fictitious states. But let us not look for difficulties.

Let us

(i) assume that "suitable" $X^{(i)}$ exist,

(ii) see how to piece them together via KENDALL's branching procedure,

(iii) collect together all the properties which the various $X^{(i)}$ must have in order that the branching procedure will work,

(iv) finally prove that suitable $X^{(i)}$ do exist.

By <u>KENDALL's branching procedure</u> we mean the ingenious probabilistic idea which motivated the analysis in KENDALL's 1958 paper [8]. That remarkable paper should be compulsory reading for all who are interested in LEVY systems and their relation to infinitesimal generators. The paper has a nice RAY-KNIGHT compactification too!

The chains $X^{(i)}$ are our basic building-blocks. We piece them together as instructed by KENDALL. Begin with $X^{(0)}$ which has minimal state-space

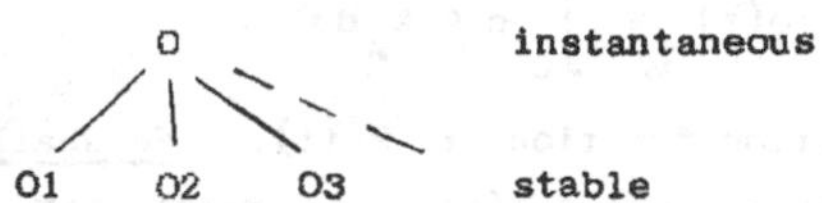

(<u>Important</u>: <u>we shall start</u> $X^{(0)}$ <u>at</u> 0, so we always work with the $P^{(0)}$ law of $X^{(0)}$.) Each visit by $X^{(0)}$ to its stable state 01 will be exponentially distributed with some rate a_{01}. During each such visit to 01, replace $X^{(0)}$ by a chain with minimal state-space

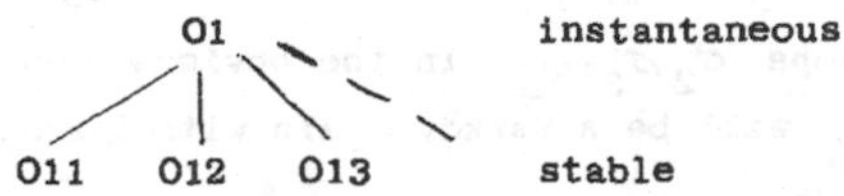

and with the $P^{(01)}$ law of $X^{(01)}$. (In effect, each of these $P^{(01)}$ chains is killed at rate a_{01} but it is essential that <u>for each</u> ω the "lives of the

$P^{(01)}$ chains are exactly the visits by $X^{(0)}$ to 01. This is a matter of paths, not merely of laws.) The resulting 'wedge' or 'join' of $X^{(0)}$ and $X^{(01)}$ is a Markov chain with minimal state-space

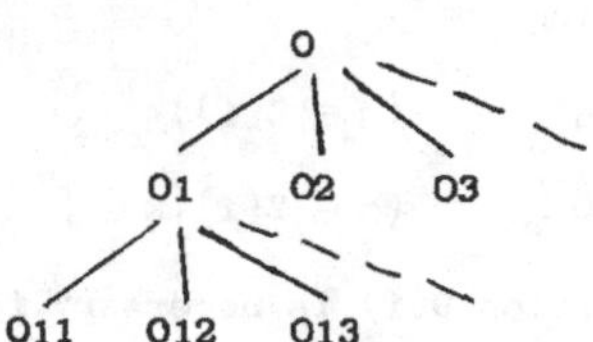

of which states 0 and 01 (and only these) are instantaneous. (I take the Markov property just asserted as intuitively obvious. It is!) Note that the wedging operation has "transferred a certain proportion of the time originally spent at 01 down to the set Z(01)".

We now apply the obvious induction to fill out the entire tree I. We must ensure however that (almost) no time is pushed right off the end of the tree. (This statement is formulated precisely in the section below entitled "Invariant Measures: filling out the time".) Then the resulting limit process X^- should be a Markov chain with minimal state-space I and with Q-matrix Q^-. Of course, equations (10) arrange that the various $Q^{(i)}$ fit together to produce Q^-.

INCREASING THE LEVY SYSTEM

Before we begin an attempt to make the branching procedure rigorous, we must take account of the final step in the proof of the theorem. This involves "increasing the LEVY kernel" so as to produce from X^- (which has Q-matrix Q^-) a chain X with Q-matrix Q.

Define

$$\varphi(t) \equiv \int_0^t c \circ X_s^- ds \tag{11}$$

where $c(\cdot)$ is the correction function at 9(ii). We shall have to choose the $X^{(i)}$ so as to guarantee that φ is a (finite-valued) CAF of X^-. Define a new process $\tilde{X}$ which agrees with X^- up to the time σ_1 of the first "new" jump of $\tilde{X}$, where

$$P[\sigma_1 > t \mid X^-] = \exp[-\varphi(t)]$$

$$P[\tilde{X}(\sigma_1) = j \mid \tilde{X}(\sigma_1-) = i] = c(i)^{-1}[q_{ij} - q_{ij}^-].$$

Introduce further "new" jumps $\sigma_2, \sigma_3, \ldots$ in the obvious way. Then $\tilde{X}$, defined for $t < \sigma_\infty$ ($\sigma_\infty = \lim \sigma_n$), will be a Markov chain with Q-matrix Q.

Provided that we do not wish to insist that X is honest, we are home: take $X = \tilde{X}$. The only way that I can see of obtaining an honest X involves an elaborate trick. I now sketch it for those who are interested. (Those who are not can proceed to the next section.)

Adjoin to I a new (instantaneous) state α to produce $I^* \equiv I \cup \{\alpha\}$. Extend Q to an $I^* \times I^*$ matrix Q^* by

$$q^*_\alpha = \infty, \quad q^*_{\alpha i} = q^*_{i\alpha} = 0 \qquad (i \in I).$$

Then Q^* on I^* satisfies the hypotheses of the theorem. By Lemma 9, we can tree-label I^* and find c^*, Q^{*-} etc., etc.. We can obtain X^{*-} (with Q-matrix Q^{*-}) with minimal state-space I^*. Define

$$\varphi^*(t) \equiv 2\int_0^t c^* \circ X^{*-}_s \, ds.$$

Now produce a definitely honest chain X^* via

$$P[\sigma^*_1 > t \mid X^{*-}] = \exp[-\varphi(t)],$$

$$P[X^*(\sigma^*_1) = j \mid X^*(\sigma^*_1-) = i] = \tfrac{1}{2}c^*(i)^{-1}[q^*_{ij} - q^{*-}_{ij}],$$

$$P[X^*(\sigma^*_1) = \alpha \mid X^*(\sigma^*_1-) = i] = \tfrac{1}{2},$$

etc.. Then X^* does not necessarily have Q-matrix Q^* but the Q-matrix of X^* will agree with Q on $I \times I$. Now time-transform X^* by ignoring the time spent by X^* in state α. This produces an honest chain X with Q-matrix Q. The state α becomes a regular <u>fictitious</u> state of X.

INVARIANT MEASURES: FILLING OUT THE TIME

We now return to the problem of ensuring that "almost no time is pushed off the end of the tree". First we must formulate this idea precisely.

Let $X_{[n]}$ be the chain (<u>starting at</u> 0) with minimal state-space

$$I_0 \cup I_1 \cup \ldots \cup I_n \cup I_{n+1}$$

which is obtained after applying KENDALL's branching procedure down to the n-th level. The states in $I_0 \cup I_1 \cup \ldots \cup I_n$ are instantaneous for $X_{[n]}$ and the states in I_{n+1} are stable for $X_{[n]}$. Note that

(12) $$X_{[n]}(t) \in \bigcup_{k \le n} I_k \Rightarrow X_{[m]}(t) = X_{[n]}(t), \ \forall m \ge n.$$

Thus, on the set

$$\mathcal{J} \equiv \bigcup_n \{t : X_{[n]}(t) \in \bigcup_{k \le n} I_k\}$$

we may define

$$X^-(t) \equiv \lim_n X_{[n]}(t),$$

the limit existing in the discrete topology of I. What we have to do is to choose the $X^{(i)}$ in a way which guarantees that

(13) (<u>a.s</u>) $\mathcal{J}$ <u>is of full measure</u>.

Define

$$\ell_{[n]}(t,i) \equiv \text{meas}\{s \le t : X_{[n]}(s) = i\} \qquad \left(i \in \bigcup_{k \le n+1} I_k\right).$$

Then, for $i \in I_n$,

$$\ell_{[n]}(t,i) = \ell_{[m]}(t,i) = \ell^-(t,i) \quad (\text{say}) \quad (\forall m \geq n),$$

and, for $j \in I_{n+1}$,

(14) $$\ell^-(t,j) \leq \ell_{[n]}(t,j).$$

It is clear that (13) amounts to the same thing as the statement:

(15) $$\sum_{j \in I_{n+1}} \ell_{[n]}(t,j) \downarrow 0 \quad (n \uparrow \infty), \quad \underline{\text{a.s.}}.$$

Set

$$\tau \equiv \inf\{t : \ell^-(t,0) > 1\}.$$

If we can ensure that

(16) $$\sum_{j \in I_{n+1}} \mathbb{E}\ell_{[n]}(\tau,j) \downarrow 0 \quad (n \uparrow \infty),$$

then (15) is guaranteed and moreover (if for the moment we take the Markov property of X^- for granted) X^- will exist as a positive recurrent Markov chain. DOEBLIN's result that

$$\mu\{j\} \equiv \mathbb{E}\ell^-(\tau,j) \quad (j \in I)$$

then defines the unique invariant measure μ for X^- normalised via the condition

$$\mu\{0\} = 1$$

tells us how to obtain the necessary control over the $X^{(i)}$: control their invariant measures! We need to know that we can do this.

(17) **LEMMA.** Fix i in I. Let $\mu^{(i)}$ be any totally finite measure on $i \cup Z(i)$ such that

$$\mu^{(i)}\{i\} = 1, \quad \mu^{(i)}\{j\} > 0 \quad (j \in Z(i)).$$

Then there exists an irreducible, positive-recurrent chain $X^{(i)}$ with Q-matrix $Q^{(i)}$ and invariant measure $\mu^{(i)}$.

The proof of this lemma (which is the most illuminating part of the paper) is deferred to Part 4(a).

We are now free to choose the $\mu^{(i)}$ in any way we wish. Can we choose them so that (16) holds and (11) does define a CAF of X^-? Yes, we can. Absolutely straightforward calculations confirm the formula

(18) $$\mathbb{E}\ell_{[n]}(\tau,j) \leq \mu^{(0)}\{0j_1\}\mu^{(0j_1)}\{0j_1j_2\} \cdots \mu^{(0j_1j_2\cdots j_n)}\{j\},$$

where

$$j_1, j_2, \ldots, j_{n+1} \in \mathbb{N}$$

and

$$j = 0j_1j_2\ldots j_{n+1} \in I_{n+1}.$$

The intuitive reason for (18) is clear. From (18), we can easily see (and prove) that the $\mu^{(i)}$ may be chosen so as to arrange both that (16) holds and (recall (14)) that

(19) $$\sum c(i)\, \mathbb{E}\ell^-(\tau,i) < \infty.$$

The inequality (19) guarantees that φ at (11) <u>is</u> a CAF of X^-.

USE OF FREEDMAN'S METHOD

<u>How can we prove rigorously that</u> X^- <u>is indeed a Markov chain with Q-matrix</u> Q^-?

We can certainly do this by utilising the method in Chapter 3 of FREEDMAN's book [3]. (Note that our use of (16) mirrors an idea used very effectively by FREEDMAN.) However, FREEDMAN's method is unnecessarily complicated for our situation in which the logic of (12) makes things simple.

Giving a neat rigorous proof of the Markov property of X^- is one of the main "technicalities" which I would like to think further about before publishing a more complete account of Q-matrices. It would be advantageous

(i) to exploit martingales,

(ii) to consider <u>superposition</u> operations more general than the wedging operation of the branching procedure.

<u>Note</u>. The conjecture about the (γ) problem for Q-matrices at the end of §3.2 in [3] ("The following statements have a good chance to be right ...") is very wrong.

<u>Exercise</u>. Give a counter-example to FREEDMAN's conjecture by considering the <u>non-existent</u> FELLER-McKEAN chain (see (5) above) based on the <u>inallowable</u> measure m on the set I of rationals with

$$m(i) \equiv 1 \qquad (\forall i).$$

Part 4. Proofs of Lemmas 17 and 9

a) PROOF OF LEMMA 17

Now everything becomes clear.

Recall the set-up. <u>Fix</u> i <u>in</u> I. Let $\mu^{(i)}$ be any totally finite measure on $i \cup Z(i)$ such that

$$\mu^{(i)}\{i\} = 1, \ \mu^{(i)}\{j\} > 0 \qquad (j \in Z(i)).$$

We wish to prove that there exists an irreducible, positive-recurrent chain $X^{(i)}$ with $\mu^{(i)}$ as invariant measure and with Q-matrix $Q^{(i)}$ satisfying (10):

$$q_i^{(i)} = \infty, \ q_{ij}^{(i)} = q_{ij} \qquad (j \in Z(i)),$$
$$q_j^{(i)} = \infty, \ q_{jk}^{(i)} = 0 \qquad (j \in Z(i): \ k \in [i \cup Z(i)] \setminus j).$$

We know that we can only hope to do this because the local safety condition holds: there exists an <u>infinite</u> subset $K(i)$ of $Z(i)$ such that

$$Q^{(i)}(i, K(i)) < \infty.$$

Set up a one-one correspondence ρ of $i \cup Z(i)$ with the <u>entire</u> set $\mathbb{Q}^+$ of non-negative rationals in such a way that $\rho(i) = 0$ and $\rho(Z(i) \setminus K(i))$ has no point of accumulation in $[0,\infty]$ other than 0. We can do this precisely because $K(i)$ is infinite.

Let us regard ρ as an identification. We may then think of

$$\mu^{(i)} \text{ as the measure } \tilde{\mu} \equiv \mu^{(i)} \circ \rho^{-1} \text{ on } \mathcal{Q}^+,$$

$$q_{i\cdot}^{(i)} \text{ as the function } \tilde{q}_{0\cdot} \equiv q_{i\cdot}^{(i)} \circ \rho^{-1} \text{ on } \mathcal{Q}^{++}.$$

(Notation. We write $\mathcal{Q}^{++}$ for the set of strictly positive rationals.)

By our choice of ρ, we have arranged that $\tilde{q}_{0\cdot}$ satisfies the local character condition with respect to the Euclidean topology of $\mathcal{Q}^+$:

$$(20) \qquad \tilde{Q}(0,[x,\infty)) \equiv \sum_{j\in \mathcal{Q}^+\cap[x,\infty)} q_{0j} < \infty \qquad (\forall x > 0).$$

We can now drop annoying superscripts (i) by thinking about $Y = \rho \circ X^{(i)}$ and reformulating Lemma 17 as follows.

LEMMA 17*. Let $\tilde{\mu}$ be a totally finite measure on $\mathcal{Q}^+$ such that

$$\tilde{\mu}\{0\} = 1, \quad \tilde{\mu}\{j\} > 0 \qquad (j \in \mathcal{Q}^{++}).$$

Let $\tilde{q}_{0\cdot}$ be a function on $\mathcal{Q}^{++}$ which satisfies the local character condition (20). Then there exists an irreducible positive-recurrent chain Y with minimal state-space $\mathcal{Q}^+$, with invariant measure $\tilde{\mu}$ and with Q-matrix Q^Y satisfying

$$q_0^Y = \infty, \; q_{0j}^Y = \tilde{q}_{0j} \qquad (j \in Q^{++}),$$

$$q_j^Y < \infty, \; q_{jk}^Y = 0 \qquad (j \in Q^{++}, \; k \in \mathcal{Q}^+).$$

Proof. The full state-space of Y will be the entire half-time $[0,\infty)$. First, we choose the full LEVY kernel

$$N(\cdot) = N^Y(0,\cdot)$$

of Y at 0.

Choose for N any measure on $((0,\infty), \mathcal{B}(0,\infty))$ such that

21(i) $\qquad 0 < N[x,\infty) < \infty \qquad (x > 0),$

21(ii) $\qquad N(0,\infty) = \infty,$

21(iii) $\qquad N\{j\} = \tilde{q}_{0j} \qquad (j \in \mathcal{Q}^{++}).$

We can choose such an N because of (20).

Next define

$$(22) \qquad q_j^Y \equiv \tilde{\mu}\{j\}^{-1} N[j,\infty).$$

It follows from standard theory that there exists a simple (but not strong!) Markov process Y with state-space $[0,\infty)$ such that

23(i) Y spends almost all its time in $\mathcal{Q}^+$ and so is a chain with minimal state-space $\mathcal{Q}^+$;

23(ii) each j in $\mathcal{Q}^{++}$ is a stable state of Y with rate q_j^Y;

23(iii) the paths of Y are continuous and non-increasing on the set $\{t : Y_t \neq 0\}$;

23(iv) state 0 is an instantaneous (but not fictitious) state of Y;

23(v) $N^Y(0,\cdot) = N(\cdot)$.

Properties 23 completely characterise the law of Y. The idea of using chains with random Cantor functions as paths is due to LEVY. The way to build-in the LEVY system at 0 is due to FELLER (in 'analytic' work which was developed by NEVEU and REUTER).

We 'cooked' $q^Y_{0j} = \tilde{q}_{0j}$ $(j \in \mathbb{Q}^{++})$ via 21(iii). Since Y can move from j in $\mathbb{Q}^{++}$ to $k(\neq j)$ in $\mathbb{Q}^+$ only via countably many other rationals, it follows that

(24) $$q^Y_{jk} = 0 \qquad (j \in \mathbb{Q}^{++}, k \in \mathbb{Q}^+).$$

The picture

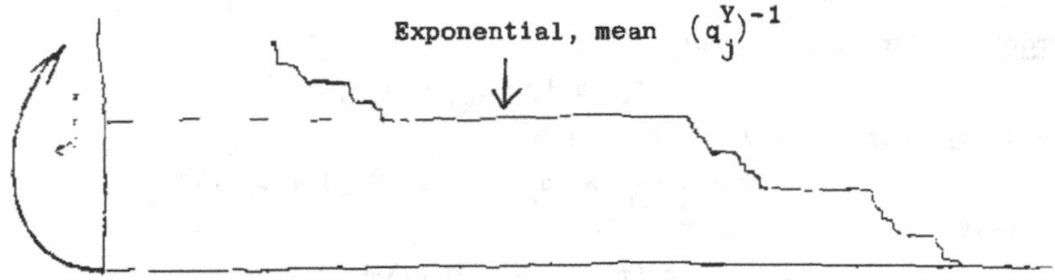

LEVY measure $N[j,\infty)$

Exponential, mean $(q^Y_j)^{-1}$

and DOEBLIN's description (see the discussion before (17)) of invariant measures make it clear that the unique invariant measure μ^Y of Y satisfying $\mu^Y\{0\} = 1$ is given by

$$\mu^Y\{j\} = N[j,\infty)(q^Y_j)^{-1}.$$

Thus (22) 'cooks' the result: $\mu^Y = \tilde{\mu}$.

The proof of Lemma 17 is complete, but one further comment might be helpful. It is easy to "split each rational" so as to obtain the RAY-KNIGHT version of Y. On leaving a "true" state of j in $\mathbb{Q}^{++}$, the RK version of Y will jump to a non-branch fictitious state in the D-space for Y. Of course, (24) rules out the possibility of a jump from j to $\mathbb{Q}^+\setminus\{j\}$. The fact that in general we are forced to choose

$$N([0,\infty)\setminus\mathbb{Q}^+) > 0$$

further emphasises that the construction only works because we allow jumps to fictitious states.

b) SEYMOUR'S PROOF OF LEMMA 9.

Since the diagonal elements of Q play only a nuisance rôle, we may as well modify things a little (and simplify notation too).

So suppose that I is the countable set $\{0,1,2,\ldots\}$ of non-negative integers. Suppose that Q is an $I \times I$ matrix with

$$0 \le q_{ij} < \infty \text{ for all pairs } (i,j).$$

We shall now use the kernel notation $Q_i(\cdot)$ in preference to $Q(i,\cdot)$.

Our assumptions are the following:

(N) $$\sum_j q_{aj} \wedge q_{bj} < \infty \qquad (\forall a,b : a \neq b);$$

(S) there exists an <u>infinite</u> subset K of I with
$$Q_i(K) < \infty, \quad \forall i .$$

We may and shall assume that
$$0 \notin K .$$

We wish to show that I may be tree-labelled in such a way that for each i,

25(i) there is an infinite subset K_i of $Z_i \equiv Z(i)$ such that $Q_i(K_i) < \infty$;

25(ii) $Q_i(I\backslash Z_i) < \infty$.

(Recall that $Z_i \equiv Z(i)$ is the set of immediate successors of i.)

<u>Proof</u>. For $a \neq b$, put
$$T_{ab} \equiv \{j : q_{aj} < q_{bj}\} .$$

Then, by property (N), for $a \neq b$,
$$\infty > \sum_j q_{aj} \wedge q_{bj} = Q_a(T_{ab}) + Q_b(I\backslash T_{ab}) ,$$
so that
$$Q_a(T_{ab}) < \infty, \quad Q_b(I\backslash T_{ab}) < \infty .$$

Hence (for $a \neq b$) there exists $S_{ab} \subseteq T_{ab}$ with $T_{ab}\backslash S_{ab}$ finite such that
$$Q_a(S_{ab}) < 2^{-b}, \quad Q_b(I\backslash S_{ab}) < \infty .$$

Put
$$W_a \equiv I\backslash \left[\bigcup_{c\neq a} S_{ac}\right].$$

Then

(26) $$Q_a(I\backslash W_a) \leq \sum_{c\neq a} Q_a(S_{ac}) < \infty$$

and for $b \neq a$

(27) $$Q_b(W_a) < Q_b(I\backslash S_{ab}) < \infty.$$

For each i, put
$$J_i \equiv (I\backslash K) \cap (W_i \cup \{i+1\}).$$

Then
$$\bigcup_i J_i \geq (I\backslash K) \backslash \{0\}$$

Note that (by (26)) for each i,

(28) $$Q_i(I\backslash (K\cup J_i)) \leq Q_i(I\backslash W_i) < \infty$$

and (by (27)) for each $i \neq h$,

(29) $$Q_i(J_i \cap J_h) \leq Q_i(J_h) \leq Q_i(W_h) + Q(i,h+1) < \infty.$$

Now put
$$J_i^- \equiv (J_i \cap \{j : j > i\}) \backslash \left[\bigcup_{h<i} J_h\right].$$

Then $J_0^-, J_1^-, J_2^-, \ldots$ are <u>disjoint</u> and
$$\bigcup_i J_i^- = I\backslash K .$$

Further, for each i,

(30) $$Q_i(J_i\backslash J_i^-) \le Q_i(\{j : j \le i\}) + \sum_{h<i} Q_i(J_i \cap J_h) < \infty$$

from (29).

Express K as a <u>disjoint</u> union

$$K = \bigcup_i K_i$$

where each K_i is <u>infinite</u> and

$$K_i \subseteq \{j : j > i\}.$$

Put

$$Z_i \equiv J_i^- \cup K_i \subseteq \{j : j > i\}.$$

Then $Z_0, Z_1, Z_2, \ldots$ are disjoint and

$$\cup Z_i = I\backslash\{0\}.$$

It is clear that the Z_i induce a tree-labelling of I (more precisely: a family of tree-labellings of I) and that all that remains is to prove that

$$Q_i(I\backslash Z_i) < \infty.$$

However,

$$Q_i(I\backslash Z_i) \le Q_i(K\backslash K_i) + Q_i(I\backslash(K\cup J_i^-))$$
$$\le Q_i(K) + Q_i(I\backslash(K\cup J_i)) + Q_i(J_i\backslash J_i^-) < \infty$$

from (28), (30) and our assumption that $Q_i(K) < \infty$.

BIBLIOGRAPHY

[1] A. BENVENISTE ans J. JACOD, Systèmes de Lévy des processus de Markov, Invent. Math. 21 (1973), pp. 183-198.

[2] J.L. DOOB, State-spaces for Markov chains, Trans. Amer. Math. Soc. 149 (1970), pp. 279-305.

[3] D. FREEDMAN, Approximating Markov chains, Holden-Day 1972.

[4] R.K. GETOOR, Markov processes: Ray processes and right processes, Lecture Notes vol. 440, Springer 1975.

[5] R.K. GETOOR and M.J. SHARPE. The Ray space of a right process, to appear in Ann. Inst. Fourier Grenoble.

[6] C.T. HOU, The criterion for uniqueness of a Q process, Scientia Sinca vol. XVII No. 2 (1974), pp. 141-159.

[7] K. ITO, Poisson point processes attached to Markov processes, Proc. 6th Berkeley Symposium, vol. III, (1971), pp. 225-240.

[8] D.G. KENDALL, A totally unstable denumerable Markov process, Quarterly J. Math., Oxford, vol. 9, No. 34 (1958), pp. 149-160.

[9] B. MAISONNEUVE, Systèmes régénératifs, Astérisque 15, Société Mathématique de France (1974).

[10] J. NEVEU, Lattice methods and subMarkovian processes, Proc. 4th Berkeley Symposium, vol. 2 (1960), pp. 347-391.

[11] J. NEVEU, Une généralisation des processus à accroissements positifs indépendants, Abh. Math. Sem. Univ. Hamburg 25 (1961), pp. 36-61.

[12] J. NEVEU, Sur les états d'entrée et les états fictifs d'un processus de Markov. Ann. Inst. Henri Poincaré 17 (1962), pp. 323-337.

[13] J. NEVEU, Entrance, exit and fictitious states for Markov chains, Proc. Aarhus Colloq. Combinatorial Probability (1962), pp. 64-68.

[14] G.E.H. REUTER, paper on HOU's uniqueness theorem (to appear in Z f W).

[15] G.E.H. REUTER and P.W. RILEY, The Feller property for Markov semigroups on a countable state-space, J. London Math. Soc. (2), 5(1972), pp. 267-275.

[16] D. WILLIAMS, A note on the Q-matrices of Markov chains, Z. Wahrscheinlichkeitstheorie verw. Gebiete 7 (1967), pp. 116-121.

[17] D. WILLIAMS, Fictitious states, coupled laws and local time, Z f W 11 (1969), pp. 288-310.

[18] D. WILLIAMS, On operator semigroups and Markov groups, Z f W 13 (1969), pp. 280-285.

[19] D. WILLIAMS, Brownian motions and diffusions as Markov processes, Bull. London Math. Soc. 6 (1974), 257-303.

[20] D. WILLIAMS, The Q-matrix problem for Markov chains (to appear).

Department of Pure Mathematics,
University College,
Swansea SA2 8PP,
Great Britain.

ON A STOPPED BROWNIAN MOTION FORMULA OF H.M. TAYLOR

by DAVID WILLIAMS

University College, Swansea

1. This note illustrates the usefulness of local time theory and the Cameron-Martin formula by giving two very short proofs of a stopped Brownian motion formula obtained in H.M. Taylor's paper [8] and applied there to problems in process control and in playing the stock market. The reader will easily find in the literature other applied problems for which local time theory may be effectively employed.

Let Ω be the space of continuous functions $\omega : [0,\infty) \to \underset{\sim}{R}$. For $t \geq 0$, let X_t be the t-th coordinate function so that $X_t(\omega) = \omega(t)$. Let $\mathcal{F}^0 = \sigma\{X_t : t \geq 0\}$ be the smallest σ-algebra on Ω which 'measures' each X_t. Define

$$M_t = \max_{0 \leq s \leq t} X_s .$$

(As usual, we suppress the ω's.) Fix $a > 0$ and define

$$T = \inf\{t : M_t - X_t = a\},$$

so that T is the first time that the process X drops a units below its maximum-to-date. We make the usual convention that $\inf\{\emptyset\} = \infty$. Note that $X_T = M_T - a$ on the set $\{T < \infty\}$.

On $(\Omega,\mathcal{F}^0)$ introduce the measures:

$\underset{\sim}{W}$: Wiener measure, the law of standard Brownian motion starting at 0;

$\underset{\sim}{D}_\mu$: the law of a Brownian motion starting at 0 with drift constant μ and variance coefficient 1, so that $\underset{\sim}{D}_0 = \underset{\sim}{W}$ and

$$\{X_t : t \geq 0 ; \underset{\sim}{D}_\mu\} \sim \{X_t + \mu t ; t \geq 0, \underset{\sim}{W}\},$$

"$\sim$" denoting "is identical in law to".

If $\underset{\sim}{P}$ denotes any probability measure on $(\Omega,\mathcal{F}^0)$ and ξ is (say) a positive random variable on $(\Omega,\mathcal{F}^0)$, we write

$$\underset{\sim}{P}\{\xi\} = \int \xi \, d\underset{\sim}{P} = \int \xi(\omega)\underset{\sim}{P}(d\omega)$$

for the $\underset{\sim}{P}$-expectation of ξ. We use $\underset{\sim}{E}$ for expection when the appropriate "$\underset{\sim}{P}$" is obvious.

Taylor's formula characterises the joint $\underset{\sim}{D}_\mu$-distribution of X_T and T as follows:

(1.1i) $$\underset{\sim}{D}_\mu\{\exp(\alpha X_T - \beta T)\} = \frac{\delta \exp[-(\alpha+\mu)a]}{\delta\cosh(\delta a) - (\alpha+\mu)\sinh(\delta a)}$$

which holds for $\alpha > 0$ and $\beta < \theta$, where

(1.1ii) $$\delta = [\mu^2 + 2\beta]^{\frac{1}{2}}, \quad \theta = \delta\coth(\delta a) - \mu > 0.$$

(Note. The discussion in Section 3 of Taylor's paper misses the fact that $M_T = X_T + a$ is exactly exponentially distributed. This follows either by an obvious "lack of memory" argument or directly from 1.1(i).)

Notice that because of the Cameron-Martin formula:

(1.2) $$\underset{\sim}{D}_\mu\{\exp(\alpha X_T - \beta T)\} = \underset{\sim}{W}[\exp(\alpha X_T - \beta T)\exp(\mu X_T - \tfrac{1}{2}\mu^2 T)]$$

(see §3.7 of McKean [5]), it is enough to establish the "$\mu = 0$" case of (1.1) in the form:

(1.3i) $$\underset{\sim}{W}\{\exp(\alpha M_T - \beta T)\} = \delta[\delta\cosh(\delta a) - \alpha\sinh(\delta a)]^{-1}$$

for $\beta > 0$ and $\alpha < \theta$, where, from now on,

(1.3ii) $$\delta = (2\beta)^{\frac{1}{2}}, \quad \theta = \delta\coth(\delta a).$$

For rigorous justification of (1.2), it is necessary to check that

(1.4) $$\underset{\sim}{W}\{T < \infty\} = \underset{\sim}{D}_\mu\{T < \infty\} = 1.$$

The validity of (1.4) will become clear in a moment.

Lévy tells us that under $\underset{\sim}{W}$, the process $Y = M - X$ is standard reflecting Brownian motion starting at 0 and M is the local time $L(\cdot, 0)$ at 0 for Y:

$$M_t = L(t, 0).$$

Recall that local time $L(t,y)$ at y before t for Y may be defined as follows:

$$L(t,y) = \lim_{\varepsilon \downarrow 0} (2\varepsilon)^{-1} \operatorname{meas}\{s \le t : Y_s \in [y, y+\varepsilon)\}.$$

(We are not bothering about "almost surely", etc..) See McKean [6] for a recent expository article on Brownian local time which contains all of the results which we shall need.

Since $M_T = L(T,0)$, we need only prove

(1.5) $\quad \underset{\sim}{W}\{\exp[\alpha L(T,0) - \beta T]\} = \delta[\delta \cosh(\delta a) - \alpha \sinh(\delta a)]^{-1}$

for $\beta > 0$ and $\alpha < \theta$.

Note. Of course, under $\underset{\sim}{D}_\mu$, $M - X$ is a reflecting Brownian motion with drift constant $(-\mu)$ and M is again local time at 0. Result (1.4) is absolutely obvious if $\mu < 0$ while for $\mu \geq 0$ it is obvious on the grounds that "what can happen eventually will happen" (after an exponentially distributed local time M_T). But now to return to the case when $\mu = 0, \ldots$

2. First proof of (1.5). Let Y be a standard reflecting Brownian motion. In the case which concerns us, Y starts at 0 but we are entitled to consider other starting points. Suppose that $\alpha < 0$. Consider the function h on $[0,a]$ where

$$h(y) = \underset{\sim}{E}\{\exp[\alpha L(T,0) - \beta T] \mid Y_0 = y\} \qquad (0 \leq y \leq a)$$

where T is still defined by $T = \inf\{t : Y_t = a\}$. Then, according to the theory of elastic Brownian motion (sketched below - see §2.3 of Itô-McKean [2] for more information),

(2.1i) $\quad h'' = \beta h$, so $h(y) = K_1 \cosh(\delta y) + K_2 \sinh(\delta y)$;

(2.1ii) $\quad h^+(0) = -\alpha h(0)$, so $\delta K_2 = -\alpha K_1$ and $K_1 = K\delta$, $K_2 = -K\alpha$;

(2.1iii) $\quad h(a) = 1$, so $K[\delta \cosh(\delta a) - \alpha \sinh(\delta a)] = 1$.

(We have written $h^+(0)$ for the right-hand derivative of h at 0.) Hence

$$\begin{aligned}\underset{\sim}{W}\{\exp[\alpha L(T,0) - \beta T]\} &= h(0) = K_1 = K\delta \\ &= \delta[\delta \cosh(\delta a) - \alpha \sinh(\delta a)]^{-1},\end{aligned}$$

as required. That the formula extends to the range $\alpha < \theta$ is just (Abel-Dirichlet) analysis.

Sketched proof of (2.1). The formula (2.1i) is well-known and depends on the fact that for $0 \leq y - \varepsilon \leq y \leq y + \varepsilon \leq a$,

$$h(y) = \tfrac{1}{2}[h(y) - \varepsilon) + h(y + \varepsilon)] \operatorname{sech}(\delta\varepsilon),$$

the term $\operatorname{sech}(\delta\varepsilon)$ arising because (see Problem 2.3.2(a) of McKean [5] for instantaneous proof)

$$\operatorname{sech}(\delta\varepsilon) = \underset{\sim}{W}\{\exp(-\beta\tau_\varepsilon)\}, \quad \tau_\varepsilon = \inf\{t : |X_t| = \varepsilon\}.$$

Formula (2.1iii) is obvious. Formula (2.1ii) is true because (for $\varepsilon < -\alpha^{-1}$),

$$\begin{aligned} h(0) &= h(\varepsilon)\underset{\sim}{W}\{\exp[\alpha L(T_\varepsilon,0) - \beta T_\varepsilon]\} \\ &= h(\varepsilon)\underset{\sim}{W}\{1 + \alpha L(T_\varepsilon,0) - \beta T_\varepsilon + \dots\} \\ &= h(\varepsilon)\{1 + \alpha\varepsilon - \beta\varepsilon^2 + O(\varepsilon^2)\} \\ &= h(0) + \varepsilon[\alpha h(0) + h^+(0)] + O(\varepsilon^2), \end{aligned}$$

because $\underset{\sim}{W}\{L(T_\varepsilon,0)\} = \varepsilon$. See Theorem 4.2 of Williams [11] for a simple proof that under $\underset{\sim}{W}$, $L(T_\varepsilon,0)$ is exponentially distributed with mean ε. (In particular, under $\underset{\sim}{W}$, M_T is exponentially distributed with mean a.)

3. Second proof of (1.5). The most profound results on Brownian local time are the Markov properties discovered by Ray ([7]) and Knight ([3]). The basic Markov property which they discovered is the following:

(3.1) $$\{L(T,a-y) : 0 \le y \le a \,;\, \underset{\sim}{W}\} \sim \{\tfrac{1}{2}R_y^2 : 0 \le y \le a\},$$

where R is a "2-dimensional" Bessel process starting at 0. Thus R is a continuous process identical in law to the radial part of standard 2-dimensional Brownian motion starting at 0. Williams ([9]) gave a simple proof of (3.1) and ([10,11]) showed that all the other Ray-Knight properties follow from (3.1) via time-reversal, time-substitution, etc.. See also McKean [6].

We now calculate

$$\begin{aligned} \underset{\sim}{W}\{\exp[\alpha L(T,0) - \beta T]\} &= \underset{\sim}{W}\{\exp[\alpha L(T,0) - 2\beta\int_0^a L(T,a-y)dy]\} \\ &= \underset{\sim}{E}\{\exp[\tfrac{1}{2}\alpha R_a^2 - \beta\int_0^a R_y^2\,dy]\} \quad \text{(by (3.1))} \\ &= \underset{\sim}{W}\{\exp[\tfrac{1}{2}\alpha X_a^2 - \beta\int_0^a X_y^2\,dy]\}^2 \quad \text{(Pythagoras)} \\ &= \underset{\sim}{E}\{\exp[\tfrac{1}{2}(\alpha+\delta)U_a^2 - \tfrac{1}{2}\delta]\}^2 \quad \text{(Cameron-Martin)} \end{aligned}$$

where U is an Ornstein-Uhlenbeck process with generator $\frac{1}{2}D^2 - \delta x D$ $(D = d/dx)$ and starting at 0. Now (see Chapter 16 of Breiman [1]) U_a is Gaussian with mean 0 and variance $(2\delta)^{-1}[1 - e^{-2\delta a}]$. Let V_a be a variable independent of U_a and with the same distribution as U_a. Then

$$\underline{W}\{\exp[\alpha L(T,0)-\beta T]\} = \underline{E}\{\exp[\tfrac{1}{2}(\alpha+\delta)(U_a^2+V_a^2)-\delta a]\}$$
$$= \delta[\delta \cosh(\delta a) - a\sinh(\delta a)]^{-1}$$

because $\frac{1}{2}(U_a^2+V_a^2)$ is exponentially distributed with mean $(2\delta)^{-1}[1-e^{-2\delta a}]$. That the range of validity of (1.5) extends to $\alpha < \theta$ is now obvious.

Notes (i). The Ray-Knight theorems and Cameron-Martin formula have been used in conjunction before. See for example Knight [4] , Williams [10] .

(ii) It is no accident that the proof of the Ray-Knight theorm in [9] depends on the theory of elastic Brownian motion.

REFERENCES

[1] BREIMAN, L. (1968). Probability. Addison-Wesley, Reading, Mass..

[2] ITÔ, K. and McKEAN, H.P. (1965). Diffusion processes and their sample paths. Springer, Berlin.

[3] KNIGHT, F.B. (1963). Random walks and a sojourn density process of Brownian motion. Trans. Amer. Math. Soc. 109 56-86.

[4] ———— (1969). Brownian local times and taboo processes. ibid. 143 173-85.

[5] McKEAN, H.P. (1969). Stochastic integrals. Academic Press, New York.

[6] ———— (1975). Brownian local times. Advances in Math. 15 91-111.

[7] RAY, D.B. (1963). Sojourn times of diffusion processes. Illinois J. Math. 7 615-30.

[8] TAYLOR, H.M. (1975). A stopped Brownian motion formula. Ann. Probability 3 234-246.

[9] WILLIAMS, D. (1969). Markov properties of Brownian local time. Bull. Amer. Math. Soc. 75 1035-36.

[10] ———— (1970). Decomposing the Brownian path. ibid. 76 871-73.

[11] ———— (1974). Path decomposition and continuity of local time for one-dimensional diffusions, I. Proc. London Math. Soc. (3) 28 738-68.

DEPARTMENT OF PURE MATHEMATICS,
UNIVERSITY COLLEGE,
SINGLETON PARK,
SWANSEA SA2 8PP,
GREAT BRITAIN.

On the uniqueness of solutions of stochastic differential equations with reflecting barrier conditions.

By Toshio Yamada.

Let $\sigma(t,x)$ and $b(t.x)$ be defined on $[0,\infty]\times R^1$, bounded continuous in (t,x).

We consider the following stochastic differential equation with reflecting barrier condition. (Skorohod equation).

$$(1)\quad \begin{cases} dx_t = \sigma(t,x_t)\, dB_t + b(t,x_t)dt + d\varphi_t \\ x_t \geq 0 \end{cases}$$

A precise formulation is as follows; by a probability space $(\Omega,\mathfrak{F},P)$ with an increasing family $\{\mathfrak{F}_t\}_{t\in[0,\infty)}$ which is denoted as $(\Omega,\mathfrak{F},P : \mathfrak{F}_t)$ we mean a probability space $(\Omega,\mathfrak{F},P)$ with a system $\{\mathfrak{F}_t\}_{t\in[0,\infty)}$ of sub-Borel fields of $\mathfrak{F}$ such that $\mathfrak{F}_t \subset \mathfrak{F}_s$ if $t < S$.

DEFINITION 1. - By a solution of the equation (1), we mean a probability space with an increasing family of Borel fields $(\Omega, \mathfrak{F}, P : \mathfrak{F}_t)$ and a family of stochastic processes $X = \{x_t, B_t, \varphi_t\}$ defined on it such that

(i) with probability one, x_t, B_t and φ_t are continuous in t,

(ii) they are adapted to $\mathfrak{F}_t$ i.e.; for each t, x_t, B_t and φ_t are $\mathfrak{F}_t$- measurable,

(iii) B_t is a continuous $\mathfrak{F}_t$- martingale such that $E((B_t - B_s)^2/\mathfrak{F}_s) = t-s$, $t \geq s \geq 0$. $B_o = 0$.

(iv) with probability one, φ_t is non-decreasing function and does not increase at any t where $x_t > 0$.

(v) $x = \{x_t, B_t, \varphi_t\}$ satisfies

$$x_t = x_o + \int_o^t \sigma(s.x_s)\, dB_s + \int_o^t b(s.x_s) ds + \varphi_t : \ x_t \geq 0 \ .$$

where the integral by dB_s is understood in the sense of stochastic integral.

DEFINITION 2. - (pathwise uniqueness)

We shall say that pathwise uniqueness holds for (1) if, for any two solutions $x = (x_t, B_t, \varphi_t)$ and $\tilde{x} = (\tilde{x}_t, \tilde{B}_t, \tilde{\varphi}_t)$ defined on a same space $(\Omega, \mathfrak{F}, P : \mathfrak{F}_t)$ $x_o = \tilde{x}_o$ and $B_t \equiv \tilde{B}_t$ implt $x_t = \tilde{x}_t$ and $\varphi_t = \tilde{\varphi}_t$.

When σ and b are Lipschitz continuous, then, an is well known, by Skorohod theory [1] the pathwise uniqueness holds.

This can be strengthened and the uniqueness holds in certain non-Lipschitzian case.

In fact, we can prove the following. (cf. S. Nakao [2] , S. Manabe - T. Shiga [3]).

THEOREM. -

$$\text{Let (1)} \quad \begin{cases} dx_t = \sigma(t,x_t)\, dB_t + b(t,x_t)dt + d\varphi_t \\ x_t \geq 0 \end{cases}$$

<u>be the Skorohod equation such that</u>

(i) <u>there exists a positive increasing function</u> $\rho\,(u)$, $u \in [0,\infty)$ <u>such that</u>

$$|\sigma(t,x) - \sigma(t,y)| \leq \rho(|x-y|) \quad \forall x,y \in R^1$$

<u>and</u>

$$(2) \qquad \int_{0+} \rho^{-2}(u)\, du = +\infty$$

(ii) <u>there exists a positive increasing concave function</u> $K(u)$, $u \in [0,\infty)$ <u>such that</u>

$$|b(t,x) - b(t,y)| \leq K(|x-y|) \quad \forall x,y \in R^1$$

and

$$\int_{0+} \kappa^{-1}(u)du = +\infty$$

<u>Then, the pathwise uniqueness holds for</u> (1)

(<u>Proof</u>.)

Let $1 = a_0 > a_1 > \ldots . > a_m > \ldots . \downarrow 0$ be defined by

$$\int_{a_1}^{a_0} \rho^{-2}(u)du = 1 , \ldots . \int_{a_m}^{a_{m-1}} \rho^{-2}(u)du = m, \ldots .$$

Then, thre exists a twice continuonsly differentiable function $\varphi_m(u)$ on $[0,\infty)$ such that $\varphi_m(0) = 0$

$$\varphi_m'(u) = \begin{cases} 0 & \text{if } 0 \le u \le a_m \\ \text{between 0 and 1} & a_m < u < a_{m-1} \\ 1 & u \ge a_{m-1} \end{cases}$$

and

$$\varphi_m''(u) = \begin{cases} 0 & 0 \le u \le a_m \\ \text{between 0 and } \frac{2}{m}\rho^{-2}(u) & a_m < u < a_{m-1} \\ 0 & u \ge a_{m-1} \end{cases}$$

We extend $\varphi_m(u)$ on $(-\infty,\infty)$ symmetrically, i.e.; $\varphi_m(u) = \varphi_m(|u|)$. Clearly $\varphi_m(u)$ is a twice continously differentiable function on $(-\infty,\infty)$ such th... $\varphi_m(u) \uparrow |u|$, $m \to \infty$.

Now, let $x^{(1)} = (x_t^{(1)}, B_t^{(1)}, \varphi_t^{(1)})$ and $x^{(2)} = (x_t^{(2)}, B_t^{(2)}, \varphi_t^{(2)})$ be two solutions on the same probability space with an incrasing family of Borel fields, such that $x_0^{(1)} = x_0^{(2)}$, $B_t^{(1)} = B_t^{(2)} = B_t$

Then
$$x_t^{(1)} - x_t^{(2)} = \int_0^t \{\sigma(s,x_s^{(1)}) - \sigma(s,x_s^{(2)})\}\, dB_s + \int_0^t \{b(s,x_s^{(1)}) - b(s, x_s^{(2)})\} ds + \varphi_t^{(1)} - \varphi_t^{(2)}$$

and by Ito's formula

$$\varphi_m(x_t^{(1)}-x_t^{(2)}) = \int_0^t \varphi_m'(x_s^{(1)}-x_s^{(2)})\{\sigma(s,x_s^{(1)})-\sigma(s,x_s^{(2)})\}dB_s$$

$$+\int_0^t \varphi_m'(x_s^{(1)}-x_s^{(2)})\{b(s,x_s^{(1)})-b(s,x_s^{(2)})\}ds$$

$$+\tfrac{1}{2}\int_0^t \varphi_m''(x_s^{(1)}-x_s^{(1)})\{\sigma(s,x_s^{(1)})-\sigma(s,x_s^{(2)})\}ds$$

$$+\int_0^t \varphi_m'(x_s^{(1)}-x_s^{(2)})d\varphi_s^{(1)}-\int_0^t \varphi_m'(x_s^{(1)}-x_s^{(2)})\,d\varphi_s^{(2)} = I_1+I_2+I_3+I_4-I_5\text{: say}$$

Then, $E[I_1] = 0$

and since φ_m' is uniformly bounded, $(|\varphi_m'(u)| \le 1)$ we get ,

$$|E[I_2]| \le \int_0^t E[K(|x_s^{(1)}-x_s^{(2)}|]ds \le \int_0^t K(E|x_s^{(1)}-x_s^{(2)}|)ds$$

by Jensen's inequality .

We have for I_3

$$|I_3| \le \tfrac{1}{2}\int_0^t \varphi_m''(x_s^{(1}-x_s^{(2)})\ \rho^2(|x_s^{(1)}-x_s^{(2)}|)ds$$

$$\le \tfrac{1}{2}\ t.\ \sup_{a_m\le|u|\le a_{m-1}} (\varphi_m''(u).\rho^2(u)) \le \tfrac{1}{2}.t.\tfrac{2}{m} \to 0 \ \text{ as } m\to\infty .$$

For I_4 since $x_s^{(1)}$ and $x_s^{(2)}$ are non-negative functions and since $\varphi_m'(0)$ and $\varphi_m'(u) \le 0$ $(u \le 0)$ we can see the follings,

(i) when it occurs $x_s^{(1)} > x_s^{(2)} > 0$ then it follows $x_s^{(1)} > 0$ and $d\varphi_s^{(1)} = 0$

(ii) when it occurs $x_s^{(1)} = x_s^{(2)}$ then it follows $\varphi_m'(x_s^{(1)}-x_s^{(2)}) = 0$

(iii) when it occurs $x_s^{(1)}-x_s^{(2)} < 0$ then it follows $\varphi_m'(x_s^{(1)}-x_s^{(2)}) < 0$

Then we get $E[I_4] \le 0$

By the similar treatment we have $E[I_5] \ge 0$.

Also, $\varphi_m(x_t^{(1)}-x_t^{(2)}) \uparrow |x_t^{(1)}-x_t^{(2)}|$ as $m\to\infty$.

Then we have

$$E|x_t^{(1)}-x_t^{(2)}| \le \int_0^t K(E|x_s^{(1)}-x_s^{(2)}|)ds$$

As is well known, by the condition (ii) $\int_{0+} \frac{du}{K(u)} = +\infty$, this implies $E|x_t^{(1)} - x_t^{(2)}| = 0$ and therefore $x_t^{(1)} = x_t^{(2)}$, and hence we have $\varphi_t^{(1)} = \varphi_t^{(2)}$.

C.Q.F.D.

Remark. - For example, $\rho(u) = u^\alpha : \alpha \geq \frac{1}{2}$ satisfies the condition (i) .

REFERENCES

[1] Skorohod, A.V. Stochastic equations for diffusion processes in a bounded region. Theory of Prob. and its Applications. Vol. 6 , 1961 .

[2] Nakao, S. Comparison theorems for solutions of one-dimensional stochastic differential equations. Proceedings of the second Japan-USSR symposium on Probability thory. Lecture Notes in Mathematics 330, Springer, 1973.

[3] Manabe, S. Shiga T. On one-dimensional stochastic differential equations with non-sticky boundary conditions. J. Math. Kyoto Univ. vol. 13 N° 3 1973.

[4] Yamada, T. Watanabe, S. On the uniqueness of solutions of stochastic differential equations. J. Math. Kyoto Univ. Vol. 11, n° 1, 1971 .

Université de Strasbourg
Séminaire de Probabilités 1974/75

UN COURS SUR LES INTEGRALES STOCHASTIQUES

(Octobre 1974 / Décembre 1975)

Parmi les auditeurs du séminaire, tous mes remerciements vont à MM. G. Letta, M. Pratelli, C. Stricker, Yen Kia-An, Ch. Yoeurp pour de nombreuses corrections et améliorations. La première rédaction a été relue par Catherine Doléans - Dade, B. Maisonneuve, M. Weil et Ch. Yoeurp, qui y ont relevé d'innombrables erreurs matérielles ou mathématiques . Qu'ils trouvent ici l'expression de ma gratitude.

P.A. Meyer

INTRODUCTION ET NOTATIONS GENERALES

Intégrer f par rapport à g, c'est rechercher la limite de sommes de la forme $\Sigma_i f(t_i)(g(t_{i+1})-g(t_i))$, lorsque les subdivisions (t_i) de l'intervalle $[0,t]$ deviennent arbitrairement fines. La limite, si elle existe, se note $\int_0^t fdg$. Le cas classique est celui où g est une fonction à variation bornée sur tout intervalle $[0,t]$, et où f est borélienne, par exemple bornée sur tout intervalle $[0,t]$. Lorsque f et g sont des processus, i.e. dépendent d'un paramètre ω parcourant un espace probabilisé, le résultat de l'intégration est une fonction à la fois de t et de ω, i.e. un nouveau processus, et on a affaire à un problème d'<u>intégrale stochastique</u>.

C'est WIENER qui a remarqué le premier que l'on pouvait donner un sens à des intégrales de la forme suivante[1]

$$\int_0^t f(s)dB_s(\omega) \quad (\ B_t \text{ est le mouvement brownien, f est certaine})$$

par un procédé global sur Ω, alors que l'intégrale individuelle, pour chaque ω fixé, est dépourvue de sens du fait que les trajectoires du mouvement brownien ne sont nulle part à variation bornée. Mais l'étape essentielle a été franchie par ITO[2], qui a défini des intégrales de la forme

$$\int_0^t f_s(\omega)dB_s(\omega) = I_t(\omega)$$

pour certains processus (f_t), adaptés à la famille de tribus de (B_t). Dans la présentation des résultats d'ITO qui figure dans le livre [3] de DOOB, celui-ci met bien en évidence le fait que **la définition de l'intégrale** n'utilise que deux propriétés du mouvement brownien : (B_t) et (B_t^2-t) sont des martingales. Aussi la première application de la décomposition des surmartingales fut l'extension de la définition d'ITO à toutes les martingales de carré intégrable.

Nous verrons cela en détail plus loin. Mais le travail d'ITO n'aurait pas été aussi fondamental s'il en était resté à la définition de l'intégrale : ITO a développé tout un calcul différentiel et intégral sur.

1. WIENER considérait même des intégrales multiples (de telles intégrales interviennent en physique, où dB est le "bruit blanc"). Voir aussi ITO [5] et [6].
2. Référence [4].

le mouvement brownien, même à plusieurs dimensions, même dans des variétés. La pièce maîtresse en est la <u>formule du changement de variables</u> : si F est une fonction sur la droite, deux fois différentiable, et si I_t est le processus défini plus haut par l'intégrale stochastique, alors

$$F(I_t) = F(0) + \int_0^t F'(I_s)f_s dB_s + \frac{1}{2}\int_0^t F''(I_s)f_s^2 ds$$

Il y a une formule analogue pour le mouvement brownien à valeurs dans $\mathbb{R}^n$.

Toute une série de travaux font suite à ceux d'ITO, en particulier ceux de l'école Russe (le théorème de SKOROKHOD sur la représentation des martingales du mouvement brownien à n dimensions comme intégrales stochastiques, les innombrables applications à la construction de diffusions). En même temps, l'intérêt se porte sur des martingales non continues. A vrai dire, des travaux de mathématiques appliquées utilisaient depuis longtemps les intégrales stochastiques du processus de Poisson, mais celles-ci ont une apparence triviale, puisqu'elles se réduisent à des sommes finies !

Le lecteur pourra trouver un très bel exposé des intégrales stochastiques browniennes dans le livre de McKEAN [7].

Après ITO, l'étape essentielle est le travail de KUNITA-WATANABE [8], sur lequel repose toute la théorie ultérieure. L'apport de KUNITA-WATANABE est triple : l'extension de la formule d'ITO à toutes les martingales continues ; la démonstration d'une forme assez générale de la formule du changement de variables pour les martingales discontinues (mais qui, utilisant le système de LEVY, ne pouvait encore s'étendre aux martingales quelconques). Enfin, alors que les travaux antérieurs ne faisaient intervenir que le processus croissant $\langle M,M\rangle$ associé à une martingale de carré intégrable, KUNITA et WATANABE le "polarisent" en une fonction bilinéaire $\langle M,N\rangle$, qu'ils utilisent pour la démonstration de théorèmes de projection. A cet égard, le travail de KUNITA-WATANABE devait être grandement simplifié par CORNEA et LICEA [9].

L'article de KUNITA-WATANABE a été étudié en détail à Strasbourg [10] (exposés sur les intégrales stochastiques dans le volume I du séminaire), avec pour résultat la découverte de la forme générale des formules de changement de variables, du second processus croissant $[M,M]$ associé à une martingale de carré intégrable, du rôle de la tribu prévisible

visible. L'emploi de $[M,M]$ au lieu de $<M,M>$ a permis d'étendre l'intégrale stochastique aux <u>martingales locales</u>, introduites par ITO et WATANABE [11]. Depuis lors, et avec les améliorations apportées par Catherine DOLEANS-DADE ([12],et DOLEANS-MEYER [1]), la théorie semble avoir atteint une forme à peu près définitive.

Seulement, alors qu'autrefois il suffisait de deux heures d'exposé pour traiter l'intégrale d'ITO, et qu'ensuite les belles applications commençaient, il faut à présent un cours de six mois sur les définitions. Que peut on y faire ? Les mathématiques et les mathématiciens ont pris cette tournure. Il est temps de commencer.

NOTATIONS. Tous les processus considérés dans ce cours sont en principe définis sur un même espace probabilisé complet $(\Omega,\underline{\underline{F}},P)$, muni d'une famille croissante $(\underline{\underline{F}}_t)_{t\geq 0}$ de sous-tribus de $\underline{\underline{F}}$ satisfaisant aux conditions habituelles :

$$\underline{\underline{F}}_t = \underline{\underline{F}}_{t+} = \bigcap_{s>t} \underline{\underline{F}}_s \quad \text{pour tout } t$$

et $\underline{\underline{F}}_0$ contient tous les ensembles P-négligeables (d'où la même propriété pour tout $\underline{\underline{F}}_t$). Nous supposerons de plus que $\underline{\underline{F}}=\bigvee_t \underline{\underline{F}}_t$. On convient que $\underline{\underline{F}}_t=\underline{\underline{F}}_0$ pour $t<0$.

Toutes les notions de théorie des processus que nous rencontrerons : processus adaptés, temps d'arrêt, martingales... seront relatives à la famille $(\underline{\underline{F}}_t)$. Toutes les martingales sont continues à droite et pourvues de limites à gauche. Si $M=(M_t)$ est une martingale, ou plus généralement un processus à trajectoires continues à droite et pourvues de limites à gauche ("càdlàg"), on note M_{t-} la limite à gauche en t - <u>en convenant toujours que</u> $M_{0-}=0$ (ce qui ne préserve pas la propriété de martingale en général, mais c'est sans importance) et que $M_t=0$ pour $t<0$. On note ΔM_t le saut M_t-M_{t-} en t, et on abrège $(\Delta M_t)^2,(\Delta M_t)^p$ en ΔM_t^2, ΔM_t^p malgré la légère ambiguité de ces notations.

Nous ne faisons aucune distinction dans le langage entre deux processus $X=(X_t)$, $Y=(Y_t)$ <u>indistinguables</u> , c.à.d. tels que pour presque tout $\omega\in\Omega$ on ait $X_.(\omega)=Y_.(\omega)$. En particulier, tous les énoncés d'unicité de processus figurant dans le cours établissent en réalité l'unicité d' une classe de processus indistinguables.

Les rappels de théorie générale des processus dans l'exposé I figurent en note , avec références soit à DELLACHERIE [2], aussi noté [D], soit à la nouvelle édition [13] de Probabilités et Potentiels, aussi notée [P], et dont seuls les chapitres I-IV sont parus.

CHAPITRE I. INTEGRALES DE STIELTJES STOCHASTIQUES

Ce chapitre n'introduit aucune définition nouvelle de l'intégrale : il s'agit d'un bout à l'autre d'intégrales de Stieltjes ordinaires sur la droite. Et cependant, il est loin de se réduire à des évidences. A mon avis, il est même plus difficile que le chapitre concernant les martingales de carré intégrable.

PROCESSUS CROISSANTS ET PROCESSUS A VARIATION FINIE

Soit $(A_t)_{t\geq 0}$ un processus. Nous dirons que (A_t) est un processus croissant brut (c'est la terminologie de GETOOR : "raw additive functional") si les trajectoires $A_.(\omega)$ sont des fonctions croissantes et continues à droite, un processus à variation finie (VF) brut si les trajectoires $A_.(\omega)$ sont des fonctions à variation bornée sur tout intervalle de $\mathbb{R}_+$, continues à droite. Rappelons qu'elles ont alors des limites à gauche A_{t-}, et que $A_{0-}=0$ par convention.

Conformément aux bons principes de "rectification des noms", qui exigent que les êtres les plus fréquemment utilisés aient les noms les plus beaux et les plus simples, nous appellerons simplement processus croissant, processus à variation finie (VF) un processus croissant brut (resp. VF brut) adapté à la famille $(\underline{\underline{F}}_t)$.

Soit (A_t) un processus VF brut. La variation totale $\int_{[0,\infty[}|dA_s|$ se calcule comme la limite de sommes $|A_0|+\Sigma_i|A_{t_{i+1}}-A_{t_i}|$ relatives à des subdivisions dyadiques $t_i=i2^{-n}$ de la droite : c'est donc une variable aléatoire. Nous dirons que A est à variation intégrable (VI) brut si $\|A\|_v = E[\int_{0-}^{\infty}|dA_s|] < +\infty$. Comme plus haut, l'omission du mot brut signifie que le processus est adapté. Sur l'ensemble des processus VI bruts, l'application $A\mapsto\|A\|_v$ est une norme.

Nous noterons $\underline{\underline{V}}$ l'espace des processus VF (adaptés !).

Etant donné un processus VI brut (A_t), posons pour tout processus mesurable borné X

$$\mu(X) = E[\int_{0-}^{\infty}X_s dA_s] \tag{2.1}$$

Il est évident que l'on définit ainsi une mesure signée sur $\mathbb{R}_+\times\Omega$ muni de la tribu produit $\underline{\underline{B}}(\mathbb{R}_+)\times\underline{\underline{F}}$, bornée, qui ne charge pas les ensembles évanescents (N1)

N1. Une partie H de $\mathbb{R}_+\times\Omega$ est dite évanescente si elle est contenue dans une "bande" $\mathbb{R}_+\times U$, où U est négligeable dans Ω - autrement dit, si la projection de H sur Ω est P-négligeable.

La réciproque est à la fois facile et importante :

THEOREME. <u>Si μ est une mesure bornée sur $\mathbb{R}_+\times\Omega$ qui ne charge pas les ensembles évanescents, il existe un processus VI brut</u> (A_t) <u>unique tel que l'on ait</u> (2.1), <u>et</u> $\|A\|_v$ <u>est la norme de la mesure</u> μ.

DEMONSTRATION. On décompose μ en deux mesures positives μ^+ et μ^- comme toujours, et celles-ci ne chargent pas les ensembles évanescents. On se trouve donc ramené au cas où μ est positive. On définit alors une mesure α_t sur Ω ($t\geqq 0$) par $\alpha_t(B)=\mu([0,t]\times B)$ pour $B\in\underline{\underline{F}}$. Comme μ ne charge pas les ensembles évanescents, α_t est absolument continue et admet une densité A_t^1 par rapport à P, que l'on régularise en posant successivement $A_t^2 = \sup_r A_r^1$, le sup étant pris sur les r rationnels $\leqq t$, et $A_t=A_{t+}^2$. Les détails sont laissés au lecteur (cf.[D]IV.T41, p.90).

3 Comment reconnaître sur la mesure μ si le processus VI brut (A_t) est adapté (resp. prévisible : N2) ? C'est l'objet d'un important théorème dû à Catherine DOLEANS-DADE.

N2. La tribu <u>optionnelle</u> (aussi appelée <u>bien-mesurable</u>), sur $\mathbb{R}_+\times\Omega$, est engendrée par les ensembles évanescents (N1) et par les processus adaptés à trajectoires continues à droite et pourvues de limites à gauche - en particulier, pour les processus VI bruts, "adapté" et "optionnel" sont synonymes . De même, la tribu <u>prévisible</u> est engendrée par les processus adaptés, à trajectoires continues à gauche sur $]0,\infty[$; elle est contenue dans la tribu optionnelle.

La tribu optionnelle est engendrée par les intervalles stochastiques $[\![T,\infty[\![= \{(t,\omega) : t\geqq T(\omega)\}$, où T est un temps d'arrêt. La tribu prévisible est engendrée par les intervalles $[\![T,\infty[\![$, où T est un <u>temps</u> (d'arrêt) <u>prévisible</u>, i.e. il existe une suite croissante (T_n) de temps d'arrêt telle que $T_n\uparrow T$ partout, et $T_n<T$ partout sur l'ensemble $\{T>0\}$ (on dit que la suite (T_n) <u>annonce</u> T).

Voir [D]IV.D2, p.67, [D]IV.D36, ou [P]IV.61, IV.64, IV.67, IV.69-77.

N3. Etant donné un processus mesurable borné $X=(X_t)$, il existe un processus optionnel X^o unique tel que l'on ait, pour tout temps d'arrêt T, $X_T^o I_{\{T<\infty\}} = E[X_T I_{\{T<\infty\}}|\underline{\underline{F}}_T]$ p.s.. X^o est la <u>projection optionnelle</u> de X. Par exemple, soit Y une v.a. bornée, et soit (Y_t) la martingale $E[Y|\underline{\underline{F}}_t]$. Alors la projection optionnelle du processus $X_t(\omega)=I_{[a,b[}(t)Y(\omega)$ est le processus $X_t^o=I_{[a,b[}(t)Y_t(\omega)$. L'extension du cas borné au cas positif, par convergence monotone, ne présente aucune difficulté.

Voir [D]V.T14, p.98.

THEOREME. <u>Le processus VI</u> (A_t) <u>associé à la mesure μ est adapté</u> (<u>resp. prévisible</u>) <u>si et seulement si μ commute avec la projection optionnelle</u> (N3) (<u>resp. la projection prévisible</u> (N4)).

Cela signifie que si X est un processus mesurable borné, si X^o est sa projection optionnelle (resp. X^p sa projection prévisible) on a $\mu(X^o)=\mu(X)$ (resp. $\mu(X^p)=\mu(X)$). Noter que cela a bien un sens : X^o et X^p sont des classes de processus indistinguables, mais $\mu(X^o)$ et $\mu(X^p)$ sont bien définis, du fait que μ ne charge pas les ensembles évanescents.

DEMONSTRATION. Nous ne donnerons pas tous les détails (voir [D]V.T26) et nous traiterons uniquement le cas prévisible, qui est plus délicat.

Soit T un temps prévisible, et soit Y une variable aléatoire bornée, orthogonale à $\underline{\underline{F}}_{T-}$. La projection prévisible du processus $X = I_{[[0,T]]}Y$ est nulle (N5,N4 ; vérification laissée au lecteur). Donc, si μ commute avec la projection prévisible, on a $\mu(X)=E[\int_0^\infty X_s dA_s]=0$, donc $E[YA_T]=0$, et comme Y est arbitraire A_T est $\underline{\underline{F}}_{T-}$-mesurable. En particulier A_t est $\underline{\underline{F}}_t$-mesurable, et A est adapté.

N4. Pour tout temps d'arrêt T, on note $\underline{\underline{F}}_{T-}$ la tribu engendrée par $\underline{\underline{F}}_0$ et les ensembles $A\cap\{t<T\}$, $A\in\underline{\underline{F}}_t$ ([D]III.27, p.52 ; [P]IV.54). Si T est un temps prévisible, et T_n est une suite annonçant T, on a $\underline{\underline{F}}_{T-}=\bigvee_n \underline{\underline{F}}_{T_n}$.

Etant donné un processus mesurable borné $X=(X_t)$, il existe un processus prévisible X^p unique tel que l'on ait, pour tout temps prévisible T, $X^p_T I_{\{T<\infty\}} = E[X_T I_{\{T<\infty\}}|\underline{\underline{F}}_{T-}]$ p.s.. X^p est la <u>projection prévisible</u> de X. Avec les notations de 3 ci-dessus, la projection prévisible du processus (X_t) est le processus $I_{[a,b[}(t)Y_{t-}(\omega)$, en convenant que $Y_{0-}=Y_0$.

Voir [D]V.T14, p.98.

N5. Si S et T sont deux temps d'arrêt tels que $S\leq T$, $[[S,T]]$ est l'ensemble des (t,ω) tels que $S(\omega)\leq t\leq T(\omega)$. On définit de même les intervalles stochastiques $[[S,T[[$ etc. En particulier, $[[T]]=[[T,T]]$ désigne le <u>graphe</u> de T ([D]III.17, p.49 ; [P]IV.60).

N6. Un temps d'arrêt T est dit <u>totalement inaccessible</u> si $P\{S=T<\infty\}=0$ pour tout temps prévisible S ([D]III.D39, p.58 ; [P]IV.80-81). La caractérisation inverse, à laquelle on s'attend : S est prévisible si et seulement si $P\{S=T<\infty\}=0$ pour tout T totalement inaccessible, n'est pas toujours vraie : en général, cette propriété signifie seulement que le graphe de S est contenu dans la réunion d'une suite de graphes $[[S_n]]$ de temps d'arrêt prévisibles, que l'on peut supposer disjoints ([D]III. 39-41 ; [P]IV.80-81). On dit alors que S est accessible.

Si T est un temps totalement inaccessible (N6), la projection prévisible du processus $X=I_{[[T]]}$ est nulle (la vérification est très simple, et laissée au lecteur). Comme μ commute avec la projection prévisible, $E[\int X_s dA_s]=E[\Delta A_T]=0$. Remplaçant T par les temps d'arrêt T_B, $B\in\underline{\underline{F}}_T$ (N7) on voit que $E[\Delta A_T|\underline{\underline{F}}_T]=0$. Or nous avons vu que A est adapté, donc ΔA_T est $\underline{\underline{F}}_T$-mesurable, et $\Delta A_T=0$: A ne charge pas les temps totalement inaccessibles.

Il est facile de représenter l'ensemble $\{(t,\omega) : \Delta A_t(\omega)\neq 0\}$ comme une réunion de graphes de temps d'arrêt U_n (regarder le premier, le 2è,..., le n-e saut $>\varepsilon$, puis faire tendre ε vers 0 : on n'exige pas ici que les graphes soient disjoints). Comme A ne charge pas les temps totalement inaccessibles, les U_n sont accessibles (N6), donc la réunion des graphes $[[U_n]]$ est contenue dans une réunion dénombrable de graphes prévisibles $[[T_n]]$, que l'on peut rendre disjoints ([D]IV.T17, [P]IV.88). On a alors, comme les trajectoires de A sont des fonctions à variation bornée

(3.1) $$A_t = A_t^c + \Sigma_n \Phi_n I_{\{t\geq T_n\}}$$ où A^c est continu et adapté, et $\Phi_n=\Delta A_{T_n}$

Φ_n est $\underline{\underline{F}}_{T_n-}$-mesurable d'après ce qui précède. On vérifie alors sans peine que le processus VI $\Phi_n I_{\{t\geq T_n\}}$ est prévisible (en approchant Φ_n par des v.a. étagées, et en considérant des temps d'arrêt de la forme $(T_n)_B$ où $B\in\underline{\underline{F}}_{T_n-}$, on se ramène à démontrer que si S est prévisible, le processus $I_{\{t\geq S\}}$ est prévisible : cela résulte aussitôt de l'existence d'une suite annonçant S. Mais cf. N8). Par sommation, A^c étant continu , donc prévisible, on voit que A est prévisible, et la moitié du théorème est établie.

Inversement, supposons A prévisible. Comme le processus (A_{t-}) est adapté et continu à gauche. il est aussi prévisible, donc le processus

---

N7. Si T est un temps d'arrêt, et $B\in\underline{\underline{F}}_T$, la v.a. $T_B=\begin{cases} T \text{ sur } B \\ +\infty \text{ sur } B^c\end{cases}$ est un temps d'arrêt. De même, si T est prévisible et $B\in\underline{\underline{F}}_{T-}$, T_B est prévisible ([D]III.40 p.58, III.49 p.61 ; [P]IV.73).

Si T est un temps d'arrêt quelconque, il existe $B\in\underline{\underline{F}}_T$ tel que T_B soit totalement inaccessible, T_{B^c} accessible.

N8. Le raisonnement indiqué ci-dessus correspond à l'ordre de l'exposé de [D], mais non à celui de [P]. On a tendance maintenant à <u>définir</u> un temps prévisible comme une v.a. T telle que $[[T,\infty[[$ soit un ensemble prévisible, et à <u>démontrer</u> qu'il existe alors une suite annonçant T.

$\Delta A_t = A_t - A_{t-}$ est prévisible, et l'ensemble $\{(t,\omega) : |\Delta A_t| \geq \varepsilon\}$ est prévisible. Son début T est alors prévisible (N9), car cet ensemble est à coupes fermées. D'autre part, ΔA_T est $\underline{\underline{F}}_{T-}$-mesurable (N10), et nous avons déjà signalé plus haut qu'alors le processus $\Delta A_T I_{\{t \geq T\}}$ est prévisible. Recommençant l'opération sur $A_t - \Delta A_T . I_{\{t \geq T\}}$, et ainsi de suite indéfiniment, on débarrasse A des sauts $>\varepsilon$. Puis faisant tendre ε vers 0, on arrive à une représentation de A du type (3.1).

Nous regardons maintenant $\int_0^t |dA_s| = \int_0^t |dA_s^c| + \Sigma_n |\Phi|_n I_{\{t \geq T_n\}}$. Du côté droit, le 1er processus croissant est continu, donc <u>prévisible</u>, et ceux de la somme aussi. Par différence, on voit que (A_t) peut s'écrire $(B_t - C_t)$, où B et C sont deux processus <u>prévisibles croissants</u> à variation intégrable.

On est donc ramené à démontrer que la mesure μ associée à un processus prévisible à variation intégrable <u>croissant</u> A commute avec la projection prévisible. On utilise alors la représentation (3.1), où maintenant A^c est <u>croissant</u>, et les Φ_n sont <u>positives</u> . Soit X un processus mesurable positif, et soit X^p sa projection prévisible. On a

$$E[\Phi_n X_{T_n}] = E[\Phi_n X^p_{T_n}] \quad \text{puisque } X^p_{T_n} = E[X_{T_n} | \underline{\underline{F}}_{T_n -}] \text{ sur } \{T_n < \infty\}$$

$$E[\int_0^\infty X_s dA_s^c] = \int_0^\infty ds\, E[X_{C_s} I_{\{C_s < \infty\}}] = \int_0^\infty ds\, E[X^p_{C_s} I_{\{C_s < \infty\}}]$$

$$= E[\int_0^\infty X^p_s dA^c_s]$$

N9. Le début d'un ensemble prévisible à coupes fermées à droite est un temps prévisible : [D]IV.T16, p.74. Cela résulte du théorème de section prévisible (N11).

N10. Si T est un temps d'arrêt (prévisible ou non) et X un processus prévisible, X_T est $\underline{\underline{F}}_{T-}$-mesurable (et toute v.a. $\underline{\underline{F}}_{T-}$-mesurable s'obtient ainsi). Cf. [D]IV.T20, p.77.

N11. Toute la théorie générale des processus repose sur les <u>théorèmes de section</u> , conséquences du théorème de Choquet sur les capacités, que nous n'aurons guère l'occasion d'utiliser directement ici. En voici l'énoncé : soit H une partie optionnelle (resp. prévisible) de $\mathbb{R}_+ \times \Omega$, et soit h la probabilité de sa projection sur Ω. Il existe alors pour tout $\varepsilon > 0$ un temps optionnel (resp. prévisible) T, tel que $(T(\omega),\omega) \in H$ pour tout ω tel que $T(\omega) < \infty$ - le graphe de T passe dans H - et que $P\{T < \infty\} \geq h - \varepsilon$.

où pour tout ω, $C_{\cdot}(\omega)$ est la fonction inverse continue à gauche de $A^c_{\cdot}(\omega)$. Chaque C_s est un temps d'arrêt prévisible, donc $E[X_{C_s} I_{\{C_s<\infty\}}] = E[X^p_{C_s} I_{\{C_s<\infty\}}]$ par définition de la projection prévisible.

Le cas optionnel est analogue, mais plus simple.

La démonstration précédente a des conséquences importantes.

4 THEOREME. Soit (A_t) un processus à V.I. prévisible (resp. adapté) On peut alors écrire

(4.1) $$A_t = A^c_t + \Sigma_n \lambda_n I_{\{t \geq T_n\}}$$

où les λ_n sont des constantes , les T_n des temps d'arrêt prévisibles (resp. des t.d'a.) – à graphes non nécessairement disjoints –, où (A^c_t) est un processus V.I. continu, où la série converge absolument :

(4.2) $$\int_0^t |dA_s| = \int_0^t |dA^c_s| + \Sigma_n |\lambda_n| I_{\{t \geq T_n\}}$$

La différence avec (3.1) est ici le remplacement des v.a. Φ_n par des constantes : il suffit pour cela de représenter Φ^+_n et Φ^-_n comme sommes de v.a. étagées. Mais noter que chaque T_n de (3.1) se trouve ainsi décomposé en temps d'arrêts à graphes non disjoints.

5 THEOREME. Si μ commute avec la projection optionnelle (resp. prévisible), il en est de même de $|\mu|$.

En effet, si μ est associée au processus V.I. brut (A_t), $|\mu|$ est associée à $(\int_0^t |dA_s|)$.

6 THEOREME. Si λ et μ commutent toutes deux avec la projection prévisible (resp. optionnelle) et λ est absolument continue par rapport à μ , λ admet par rapport à μ une densité prévisible (resp. optionnelle).

DEMONSTRATION. Traitons par exemple le cas prévisible. Soit ℓ une densité de λ par rapport à $|\lambda|$ sur la tribu prévisible , ne prenant que les valeurs ± 1 : ℓ est un processus prévisible, et on a $\lambda=\ell.|\lambda|$, $|\lambda|=\ell.\lambda$. Comme les deux mesures commutent toutes deux avec la projection prévisible, cette relation valable sur la tribu prévisible a lieu sur $\underline{\underline{B}}(\mathbb{R}_+)\times\underline{\underline{F}}$. On peut de même écrire $\mu=m.|\mu|$, $|\mu|=m.\mu$ où m est prévisible à valeurs dans $\{+1,-1\}$. De même, on peut écrire $|\lambda|=a|\mu|$, où a est un processus prévisible positif (pour vérifier que cette relation s'étend de la tribu prévisible à la tribu produit, il faut la positivité, car a n'est pas borné) . Et enfin on a $\lambda=a\ell m.\mu$.

PROJECTION DE MESURES, COMPENSATION DE PROCESSUS V.I.

Soit μ une mesure bornée sur $\underline{\underline{B}}(\mathbb{R}_+)\times\underline{\underline{F}}$, qui ne charge pas les ensembles évanescents. Nous définissons ses <u>projections</u> μ^o (optionnelle) et μ^p (prévisible) par les formules suivantes, où X est un processus mesurable borné

(7.1) $\mu^o(X)=\mu(X^o)$; $\mu^p(X)=\mu(X^p)$

Il est clair que μ^o commute avec la projection optionnelle, μ^p avec la projection prévisible. Du point de vue des processus V.I., partons d' un processus V.I. brut A et faisons les constructions

$$A \longleftrightarrow \mu \begin{cases} \rightarrow \mu^o \longleftrightarrow \hat{A}^o, \text{ processus V.I.} \\ \rightarrow \mu^p \longleftrightarrow \hat{A}^p, \text{ processus V.I. prévisible} \end{cases}$$

Nous avons mis un chapeau ^ pour souligner que $\hat{A}^o$, $\hat{A}^p$ ne sont pas les projections optionnelle et prévisible du <u>processus</u> A : on les appelle projections <u>duales</u> de A. De toute façon, ces notations ne sont pas très souvent utilisées. En revanche, la suivante l'est beaucoup en théorie des martingales :

DEFINITION. <u>Soit</u> A <u>un processus V.I.</u> (<u>adapté</u> !). <u>La projection duale prévisible de</u> A <u>est appelée le</u> compensateur <u>de</u> A, <u>et notée</u> $\tilde{A}$, <u>et le processus</u> $A-\tilde{A}$ <u>est appelé le</u> compensé <u>de</u> A, <u>et noté</u> $\overset{c}{A}$.

(On espère que, malgré la ressemblance des notations, le lecteur ne confondra pas le compensé $\overset{c}{A}$ avec la partie continue A^c de A).

La notion qui vient d'être introduite est fondamentale. Elle a été introduite par Paul LEVY en théorie des processus à accroissements indépendants : si (X_t) est un processus à accroissements indépendants réel, les trajectoires de X ne sont pas en général des fonctions à variation bornée, et la somme des sauts de X entre 0 et t n'est en général pas convergente. Mais si l'on considère la somme des sauts ΔX_t dont l'amplitude est comprise entre $\varepsilon>0$ et 1, soit

$$A_t^\varepsilon = \Sigma_{s\leqq t} \Delta X_s I_{\{\varepsilon\leqq|\Delta X_s|\leqq 1\}}$$

on peut montrer que A^ε est un processus VI sur tout intervalle fini. Ce processus est adapté, mais n'est absolument pas prévisible : il ne saute en fait qu'en des temps totalement inaccessibles. Son compensateur est de la forme $\tilde{A}_t^\varepsilon = c_\varepsilon t$. Lorsque $\varepsilon\rightarrow 0$, ni c_ε ni A^ε n'ont de limite, mais en revanche la <u>somme compensée des sauts</u> $A_t^\varepsilon - c_\varepsilon t$ a, comme LEVY l'a montré, une limite (au sens de L^2, par exemple), et ce résultat donne la clé de la structure des processus à accroissements indépendants.

Cette idée de Paul LEVY pourra être suivie tout le long du cours.

9 THEOREME. Pour qu'un processus VI M soit une martingale, il faut et il suffit qu'il soit de la forme $M_t = M_0 + \overset{c}{A}_t$, où A est un processus VI. On peut choisir pour A le processus VI sans partie continue et nul en 0

$$(9.1) \qquad A_t = \Sigma_{0<s\leq t}\ \Delta M_s$$

dont le compensateur $\widetilde{A}$ est continu.

Pour toute martingale bornée N, on a

$$(9.2) \qquad E[M_\infty N_\infty] = E[\ \Sigma_s\ \Delta M_s \Delta N_s]\ (\ \text{y compris } \Delta M_0 \Delta N_0 = M_0 N_0\ )$$

et le processus

$$(9.3) \qquad M_t N_t - \Sigma_{s\leq t}\ \Delta M_s \Delta N_s$$

est une martingale uniformément intégrable nulle en 0.

DEMONSTRATION. a) Montrons d'abord que si A est un processus VI, $\overset{c}{A}$ est une martingale nulle en 0 . La mesure μ associée à $\overset{c}{A}$ est nulle sur la tribu prévisible, en particulier

$$(9.4) \qquad \begin{aligned} &\mu(\{0\}\times B) = 0 \text{ si } B \in \underline{\underline{F}}_0 \\ &\mu(]s,t]\times B) = 0 \text{ si } s<t\leq+\infty\ ,\ B\in\underline{\underline{F}}_s \end{aligned}$$

La première condition entraîne que $\overset{c}{A}_0 = 0$. La seconde s'écrit

$$E[\int_0^\infty I_{]s,t]\times B}(r,\omega)d\overset{c}{A}_r(\omega)\ ] = E[(\overset{c}{A}_t - \overset{c}{A}_s)I_B]$$

et cela exprime que $\overset{c}{A}$ est une martingale.

Inversement, soit (A_t) une martingale VI nulle en 0, et soit μ la mesure associée à A. Les réunions finies d'ensembles disjoints de la forme $\{0\}\times B$ ($B\in\underline{\underline{F}}_0$) et $]s,t]\times B$ ($s<t$, $B\in\underline{\underline{F}}_s$) forment une algèbre de Boole qui engendre la tribu prévisible ([P] IV.67). Donc μ est nulle sur celle ci, et $\widetilde{A} = 0$, donc $A = \overset{c}{A}$.

Soit M une martingale VI nulle en 0, et soit A le processus donné par (9.1). Posons $D = M - A$: c'est un processus VI nul en 0 et continu, donc prévisible, et $\widetilde{D} = D$. Donc $D = \widetilde{D} = \widetilde{M} - \widetilde{A} = 0 - \widetilde{A}$, et $M = D + A = A - \widetilde{A} = \overset{c}{A}$. On a vu aussi que $\widetilde{A}$ est continu, et cela achève la première partie.

b) Passons à (9.2). La projection optionnelle du processus constant égal à N_∞ est la martingale (N_t), et la mesure dM commute avec la projection optionnelle. On a donc (comme $M_{0-} = 0$)

$$E[M_\infty N_\infty] = E[\int_{[0,\infty[} N_\infty dM_s\ ] = E[\int_{[0,\infty[} N_s dM_s\ ]$$

D'autre part, la mesure dM est nulle sur tout ensemble prévisible contenu dans $]0,\infty[\times\Omega$ (nous ne supposons pas $M_0=0$!), et le processus (N_{t-}) est prévisible, nul pour t=0 par convention. Donc

$$0 = E[\int_{[0,\infty[} N_{s-}dM_s]$$

d'où par différence $E[M_\infty N_\infty] = E[\int \Delta N_s dM_s] = E[\Sigma_s \Delta M_s \Delta N_s]$.

Soit T un temps d'arrêt. Appliquons ce résultat à la martingale arrêtée (bornée) $N_{t\wedge T}$. Il vient

$$E[M_\infty N_T] = E[\Sigma_{s\leq T} \Delta M_s \Delta N_s] .$$

Le côté gauche vaut aussi $E[M_T N_T]$. Si nous notons $L_t=M_tN_t-\Sigma_{s\leq t}\Delta M_s\Delta N_s$, nous avons donc $E[L_T]=0$ pour tout temps d'arrêt T. Un petit lemme nous permet alors de conclure la démonstration :

LEMME. Soit $(L_t)_{t\leq+\infty}$ un processus adapté continu à droite, tel que $E[|L_T|]<\infty$, $E[L_T]=0$ pour tout temps d'arrêt T. Alors L est une martingale uniformément intégrable.

DEMONSTRATION. Comme on va le voir, les hypothèses de l'énoncé sont beaucoup trop fortes ! Prenons $t\in\mathbb{R}_+$, $A\in\underline{\underline{F}}_t$, $T=t_A$= t sur A, $+\infty$ sur A^c (N7), il vient

$$\int_A L_t + \int_{A^c} L_\infty = 0, \text{ et aussi } \int_A L_\infty + \int_{A^c} L_\infty = 0$$

donc $\int_A L_t = \int_A L_\infty$ et $L_t=E[L_\infty |\underline{\underline{F}}_t]$.

REMARQUE. La démonstration précédente n'exige pas que N soit bornée, mais seulement que $E[N^*.\int_{[0,\infty[} |dM_s|] < \infty$, où $N^*= \sup_s|N_s|$.

Il faut expliciter les résultats obtenus, suivant l'idée de LEVY citée au n°8 : la première partie de l'énoncé (formule (9.1)) exprime que toute martingale VI est la somme compensée de ses sauts. Les formules (9.2) et (9.3) entraînent des propriétés d'orthogonalité d'une martingale VI, et d'une martingale qui n'a pas de saut commun avec elle. Tout cela sera bien développé plus loin.

Il faut noter que l'application $A\mapsto\tilde{A}$ diminue la norme $\| \|_v$ (décomposer A en deux processus croissants). Il résulte alors du théorème précédent que

$$(10.1) \qquad E[\int_0^\infty |dM_s|] \leq 2E[\Sigma_s|\Delta M_s|]$$

pour toute martingale VI (M_t) .

INTEGRALES DE STIELTJES STOCHASTIQUES

11 Soit (A_t) un processus V.I., et soit (H_t) un processus optionnel tel que $E[\int_0^\infty |H_s||dA_s|] < \infty$. on peut alors définir le processus $I_t = \int_0^t H_s dA_s$ hors d'un ensemble de mesure nulle. Comme nous ne travaillons qu'à des processus indistinguables de 0 près, nous le considérons comme bien défini : il est manifestement adapté et continu à droite, donc optionnel, et c'est un processus V.I. Dans toute la suite, nous le noterons $H\cdot A$, rarement $H\underset{s}{\cdot}A$ pour rappeler qu'il est construit au moyen de l'intégrale de Stieltjes ordinaire sur chaque trajectoire.

Rappelons que nous avons convenu que ΔA_0, la masse en 0, est égale à A_0 . Cela entraîne que $I_0=H_0A_0$.

Cette notion d'intégrale stochastique est évidemment tout à fait terre à terre, et sans intérêt apparent... et cependant, nous allons rencontrer ici, après l'idée de la compensation des processus croissants, une deuxième idée fondamentale de la théorie des intégrales stochastiques : le rôle des processus prévisibles : à quelle condition, lorsque A est une martingale VI, peut on affirmer que $H\cdot A$ est aussi une martingale VI ? La réponse est dans le petit théorème suivant :

12 THEOREME. Soit M une martingale VI, et soit H un processus prévisible tel que $E[\int|H_s||dM_s|] < \infty$. Alors $H\cdot M$ est encore une martingale VI.

DEMONSTRATION. On se ramène aussitôt au cas où $M_0=0$. Soit μ la mesure bornée associée à M (n°2) ; μ est nulle sur la tribu prévisible, H est prévisible et μ-intégrable, donc $H\mu$ est une mesure bornée, nulle sur la tribu prévisible. C'est la mesure associée au processus VI $H\cdot M$, donc celui-ci est une martingale (cf. n°9).

Nous poserons la définition suivante : on évitera de confondre $\underline{\underline{W}}$, qui est un espace de martingales, avec l'espace $\underline{\underline{V}}$ des processus VF, défini au n°I.1.

13 DEFINITION. Nous notons $\underline{\underline{W}}$ l'espace des martingales VI, muni de la norme variation $\|M\|_v = E[\int_{[0,\infty[} |dM_s|]$.

CARACTERISTIQUES D'UN PROCESSUS VI ET DECOMPOSITION

Nous n'avons encore jamais utilisé les théorèmes de décomposition des surmartingales : notre construction du compensateur d'un processus VI, par exemple, n'utilisait que le théorème de Radon-Nikodym. Nous allons énoncer brièvement les résultats dont nous aurons besoin plus loin.

4 DEFINITION. Soit (A_t) un processus V.I.. On appelle potentiel droit (ou simplement potentiel) associé à A la projection optionnelle (X_t) du processus $(A_\infty - A_t)$, potentiel gauche la projection optionnelle $(X_t^!)$ du processus $(A_\infty - A_{t-})$.

Il est facile de calculer (X_t) : en effet, la projection optionnelle de A_∞ est la martingale continue à droite $E[A_\infty | \underline{\underline{F}}_t]$, et par conséquent ($(A_t)$ étant un processus optionnel)

(14.1) $X_t = E[A_\infty | \underline{\underline{F}}_t] - A_t$ (aussi $X_{0-} = E[A_\infty | \underline{\underline{F}}_0]$)

Il est évident que X est continu à droite. En revanche,

(14.2) $X_t^! = E[A_\infty | \underline{\underline{F}}_t] - A_{t-}$

n'est continu ni à droite, ni à gauche.

Les résultats d'unicité suivants font comprendre l'intérêt de la notion de potentiel gauche (qui n'est pas tout à fait classique : elle figure sous une forme implicite dans un travail de MERTENS, d'où elle a été dégagée par AZEMA).

THEOREME. Un processus croissant prévisible nul en 0 est uniquement déterminé par son potentiel.

Un processus croissant optionnel est uniquement déterminé par son potentiel gauche.[1]

DEMONSTRATION. Soit A un processus croissant prévisible nul en 0, et soit μ la mesure associée à A. Si l'on a $s<t$, $B \in \underline{\underline{F}}_s$, on a

$$\mu(]s,t] \times B) = \int_B (A_t - A_s) P = \int_B (X_s - X_t) P \quad \text{où X est le potentiel de A}$$

Comme $A_0 = 0$, on a $\mu(\{0\} \times B) = 0$ pour $B \in \underline{\underline{F}}_0$. La mesure μ est donc connue sur une algèbre de Boole qui engendre la tribu prévisible, donc sur celle-ci, donc sur la tribu $\underline{\underline{B}}(\mathbb{R}_+) \times \underline{\underline{F}}$ puisqu'elle commute avec la projection prévisible, et finalement μ détermine A (n°2).

Si A n'était pas nul en 0, il faudrait introduire une v.a. supplémentaire $X_{0-} = E[A_\infty | \underline{\underline{F}}_0]$ (A_{0-} est nulle par convention, mais X_{0-} n'est pas nulle !), et on aurait alors $\mu(\{0\} \times B) = \int_B (X_{0-} - X_0) P$.

Passons au cas optionnel. Soient S et T deux temps d'arrêt tels que $S \leq T$; on a , X' désignant le potentiel gauche de A

$$\mu([\![S,T [\![) = E[A_{T-} - A_{S-}] = E[(A_\infty - A_{S-}) - (A_\infty - A_{T-})] = E[X_S^! - X_T^!]$$

Les réunions finies d'ensembles disjoints de la forme $[\![S,T [\![$ forment

---

1. Dans les deux cas, l'extension aux processus VI est évidente.

une algèbre de Boole qui e gendre la tribu optionnelle ([D]IV.1, p.67). X' détermine donc la restriction de μ à la tribu optionnelle. Mais μ commute à la projection optionnelle, et on conclut comme dans le cas prévisible.

Il nous reste enfin à rappeler le théorème de décomposition des surmartingales, sous sa forme usuelle (nous n'aurons pas besoin de la forme relative aux potentiels gauches)

16 THEOREME. Pour qu'un processus X soit le potentiel droit d'un processus croissant intégrable prévisible A tel que $A_0=0$, il faut et il suffit que

X soit une surmartingale positive continue à droite,

X appartienne à la classe (D) : toutes les v.a. X_T, T parcourant l'ensemble des temps d'arrêt p.s. finis, sont uniformément intégrables.

X soit nul à l'infini : $\lim_{t\to\infty} X_t=0$, p.s. ou dans L^1.

(voir [D]V.T49, p.116, la démonstration de Catherine DOLEANS. Il existe des démonstrations plus élémentaires, telles que celle de RAO [14].

La condition de nullité à l'infini n'est pas essentielle : on a un théorème de représentation analogue, au moyen d'un processus croissant présentant un saut à l'infini $A_\infty - A_{\infty-} = X_\infty$, qui s'interprète au moyen d'une mesure μ sur $[0,\infty]\times\Omega$.

Le théorème suivant est fréquemment utilisé. L'égalité (17.1) est une conséquence simple de la définition de X, et du fait que ΔA_T est $\underline{\underline{F}}_{T-}$-mesurable. Voir [D] V.T52, p.119.

17 THEOREME. Si X satisfait aux propriétés précédentes, soit A l'unique processus croissant intégrable prévisible dont X est le potentiel, et soit T un temps prévisible. Alors

(17.1) $\quad \Delta A_T = X_{T-} - E[X_T | \underline{\underline{F}}_{T-}]$ (conventions pour 0 : $X_0 = X_{0-}$, $A_0 = 0$, $\Delta A_0 = 0$, $\underline{\underline{F}}_{0-} = \underline{\underline{F}}_0$)

En particulier, A est continu si et seulement si X est régulier : pour toute suite croissante $(S_n)\uparrow S$ de temps d'arrêt, on a $E[X_S] = \lim_n E[X_{S_n}]$

UN COURS SUR LES INTEGRALES STOCHASTIQUES

(P.A.Meyer)

CHAPITRE II . MARTINGALES DE CARRÉ INTEGRABLE

La théorie de l'intégrale stochastique est un édifice que l'on construit avec deux sortes de briques : la théorie de l'intégrale de Stieltjes stochastique (chap.I) et la théorie de l'intégrale dans L^2 que l'on va développer maintenant. Ce chapitre contient aussi des résultats sur la structure des martingales de carré intégrable.

DEFINITION. ORTHOGONALITÉ

$\underline{\underline{M}}$ est l'ensemble des (classes de) martingales $(M_t)_{t\geq 0}$ telles que $\sup_t E[M_t^2] < \infty$. Les éléments de $\underline{\underline{M}}$ sont appelés <u>martingales de carré intégrable</u> . Le sous-espace de $\underline{\underline{M}}$ formé des martingales M nulles en 0 est noté $\underline{\underline{M}}_0$.

On rappelle qu'une telle martingale M admet une limite à l'infini, $M_\infty = \lim_{t\to\infty} M_t$, que $M_T=E[M_\infty|\underline{\underline{F}}_T]$ pour tout temps d'arrêt T, que $\sup_t E[M_t^2] = \lim_{t\to\infty} E[M_t^2] = E[M_\infty^2]$, et cette quantité est notée $\|M\|_2^2$.

Comme $\underline{\underline{F}}=\underline{\underline{F}}_\infty$, la correspondance $M \leftrightarrow M_\infty$ est une bijection entre $\underline{\underline{M}}$ et $L^2(\underline{\underline{F}})$. Cela permet de considérer $\underline{\underline{M}}$ comme un espace de Hilbert, avec le produit scalaire $(M,N)\mapsto E[M_\infty N_\infty]$. L'orthogonalité au sens de ce produit scalaire sera dite <u>faible</u>.

Rappelons l'inégalité de DOOB : soit $M\in\underline{\underline{M}}$, et soit $M_\infty^* = \sup_t|M_t|$. Alors

$$(1.1)\qquad \| M_\infty^* \|_2^2 \leq 4\| M_\infty \|_2^2$$

Avec une conséquence bien connue : si des martingales $M^n \in \underline{\underline{M}}$ convergent vers $M\in\underline{\underline{M}}$ en norme, il existe une suite $(n_k)\uparrow+\infty$ telle que $(M^{n_k} - M)^*$ tende vers 0 p.s., et par conséquent telle que p.s. la trajectoire $M^{n_k}_\cdot(\omega)$ converge <u>uniformément sur</u> $\mathbb{R}_+$ vers $M_\cdot(\omega)$, ce qui permet de passer à la limite sur les limites à gauche, les sauts, etc.

DEFINITION. Deux martingales M et N $\in \underline{\underline{M}}$ sont dites <u>orthogonales</u> si $E[M_T N_T]=0$ pour tout temps d'arrêt T (avec la convention que sur $\{T=\infty\}$ on a $M_T=M_\infty$, $N_T= N_\infty$) et si $M_0N_0 = 0$.

Prenant T=+∞ , on voit que M et N sont alors faiblement orthogonales.

3 THEOREME. Deux martingales M et $N \in \underline{\underline{M}}$ sont orthogonales si et seulement si leur produit MN est une martingale nulle en 0.

DEMONSTRATION. Il n'y a aucun problème d'intégrabilité, car le processus MN est dominé par la v.a. $M^*N^* \in L^1$.

Si MN est une martingale d'espérance nulle, nous avons $M_T N_T = E[M_\infty N_\infty | \underline{\underline{F}}_T]$, donc $E[M_T N_T] = E[M_\infty N_\infty] = E[M_t N_t] = 0$.

Inversement, le raisonnement de la démonstration de I.9, dernier lemme , montre que si $E[M_T N_T]=0$ pour tout T, alors $M_T N_T = E[M_\infty N_\infty | \underline{\underline{F}}_T]$.

La notation suivante sera utilisée dans toute la suite :

4 NOTATION. Si X est un processus, T un temps d'arrêt, X^T désigne le processus X arrêté à T (i.e. $X_t^T = X_{t\wedge T}$).

La définition suivante est due à KUNITA-WATANABE en substance, mais sous cette forme très commode, elle est empruntée à CORNEA-LICEA.

5 DEFINITION. On appelle sous-espace stable de $\underline{\underline{M}}$ un sous-espace fermé $\underline{\underline{H}}$, stable par arrêt, et tel que si $M \in \underline{\underline{H}}$, $A \in \underline{\underline{F}}_0$, on ait $I_A M \in \underline{\underline{H}}$.

6 THEOREME. Soit $\underline{\underline{H}}$ un sous-espace stable, et soit $\underline{\underline{H}}^\perp$ son orthogonal faible dans $\underline{\underline{M}}$. Alors $\underline{\underline{H}}^\perp$ est stable, et si M et N appartiennent à $\underline{\underline{H}}$ et $\underline{\underline{H}}^\perp$ respectivement, M et N sont orthogonales (sens fort !).

DEMONSTRATION. Remarquer que nous n'utiliserons pas le fait que $\underline{\underline{H}}$ est fermé, ni la stabilité pour les opérations vectorielles. Soient $M \in \underline{\underline{H}}$, $N \in \underline{\underline{H}}^\perp$, T un t.d'a.. Comme nous avons $E[L_\infty N_\infty]=0$ pour $L \in \underline{\underline{H}}$, et $\underline{\underline{H}}$ est stable par arrêt, prenant $L=M^T$, il vient que $E[M_T N_\infty]=0$. Or $E[M_T N_\infty] = E[M_T N_T]$, donc $E[M_T N_T]=0$ pour tout t.d'a.. De même, remplaçant M par $I_A M \in \underline{\underline{H}}$ ($A \in \underline{\underline{F}}_0$), on a $E[I_A M_T N_T]=0$, d'où pour T=0 la relation $M_0 N_0 = 0$. On a établi l'orthogonalité forte de M et N.

La relation $E[I_A M_T N_T]=0$ s'écrit aussi $E[M_\infty (I_A N^T)_\infty]=0$, et montre que $I_A N^T$ appartient à $\underline{\underline{H}}^\perp$, de sorte que $\underline{\underline{H}}^\perp$ est stable.

COMMENTAIRE. La théorie usuelle ne se fait que pour les martingales nulles en 0. Nous avons un peu modifié la définition des sous-espaces stables pour tenir compte de M_0 .

6 bis COROLLAIRE. Si $\underline{\underline{H}}$ est un sous-espace stable, tout élément M de $\underline{\underline{M}}$ admet une décomposition $M=N+N'$, où N appartient à $\underline{\underline{H}}$, N' est orthogonale à $\underline{\underline{H}}$ (au sens des martingales), et $N_0 N'_0 = 0$

C'est la décomposition ordinaire de M en sa projection N sur $\underline{\underline{H}}$ et le morceau restant $M-N=N' \in \underline{\underline{H}}^\perp$.

EXEMPLES DE SOUS-ESPACES STABLES

Dans les énoncés qui suivent, la continuité en 0 doit s'entendre en tenant compte de la convention $M_{0-}=0$.

DEFINITION. On note $\underline{\underline{M}}^c$ l'espace des martingales continues, et $\underline{\underline{M}}^d$ l'orthogonal de $\underline{\underline{M}}^c$. Les martingales $M\in\underline{\underline{M}}^d$ sont dites purement discontinues (on verra plus loin que ce sont aussi les sommes compensées de sauts).

On a $\underline{\underline{M}}^c\subset\underline{\underline{M}}_0$ d'après la convention ci-dessus, et $\underline{\underline{M}}^c$ est évidemment stable par arrêt, fermé d'après l'inégalité de DOOB (n°1), donc stable. $\underline{\underline{M}}^d$ est donc également stable.

Les projections de $H\in\underline{\underline{M}}$ sur $\underline{\underline{M}}^c$ (partie continue de H) et $\underline{\underline{M}}^d$ (partie discontinue) sont en général notées H^c, H^d.

On va étudier des sous-espaces remarquables de $\underline{\underline{M}}^d$

NOTATION. Soit T un temps d'arrêt. On désigne par $\underline{\underline{M}}[T]$ l'espace des martingales $H\in\underline{\underline{M}}$ purement discontinues, continues hors du graphe de T.

1) Prenons T=0. Si H appartient à $\underline{\underline{M}}[0]$, la martingale $M_t=H_t-H_0$ est continue partout, aussi purement discontinue, donc orthogonale à elle même, donc nulle. $\underline{\underline{M}}[0]$ est l'espace des martingales constantes (en t , non en ω) : $H_t=H_0$ pour tout t.

2) Nous supposons maintenant T >0 partout .D'après la convention du haut de la page, on a $\underline{\underline{M}}[T]\subset\underline{\underline{M}}_0$. $\underline{\underline{M}}[T]$ est évidemment un sous-espace stable.

Nous avons alors les deux théorèmes suivants

THEOREME . Supposons T totalement inaccessible. Alors $\underline{\underline{M}}[T]\subset\underline{\underline{W}}_0$, et est constitué de toutes les martingales de la forme $M=\overset{c}{A}$, où A est le processus V.I. à un seul saut

(9.1) $\quad A_t = \Phi I_{\{t\geq T\}}$ avec $\Phi\in L^2(\underline{\underline{F}}_T)$ (cf. I.8)

Pour toute martingale $N\in\underline{\underline{M}}$, le processus

(9.2) $\quad M_tN_t - \Delta N_T\Delta M_T I_{\{t\geq T\}}$

est alors une martingale uniformément intégrable, nulle en 0. En particulier on a que

(9.3) $\quad M_t^2- \Delta M_T^2 I_{\{t\geq T\}}$ est une martingale, $E[M_\infty^2] = E[\Delta M_T^2]$.

Pour toute $N\in\underline{\underline{M}}$, la projection de N sur $\underline{\underline{M}}[T]$ est $M=\overset{c}{A}$ (9.1), avec $\Phi=\Delta N_T$.

THEOREME. Supposons T partout >0 et prévisible. Alors l'énoncé précédent reste valable, avec la seule modification que $\Phi\in L^2(\underline{\underline{F}}_T)$ doit être assujetti à la condition $E[\Phi|\underline{\underline{F}}_{T-}]=0$, et qu'alors $\overset{c}{A}=A$.

La démonstration sera divisée en plusieurs parties assez simples.

1) Vérifions que si A est donné par (9.1), alors $\overset{c}{A}$ est une martingale de carré intégrable. Il suffit de traiter le cas où Φ est positive, et de montrer que $E[\widetilde{A}_\infty^2]<\infty$ (I.8).

Le processus VI $\tilde{A}$ est <u>continu</u>. Il suffit en effet de vérifier que la mesure associée à $\tilde{A}$ (qui est prévisible) ne charge aucun temps prévisible. Or elle coincide sur la tribu prévisible avec la mesure associée à A, et celle ci est portée par le graphe de T totalement inaccessible.

On applique alors la formule d'intégration par parties, puis le fait que $d\tilde{A}$ commute avec la projection optionnelle, pour obtenir

$$E[\tilde{A}_{\infty}^2] = 2E[\int_0^{\infty}(\tilde{A}_{\infty}-\tilde{A}_s)d\tilde{A}_s] = 2E[\int_0^{\infty}(A_{\infty}-A_s)d\tilde{A}_s]$$

En effet, les deux processus $(\tilde{A}_{\infty}-\tilde{A}_t)$ et $(A_{\infty}-A_t)$ ont même projection optionnelle (cela signifie juste que $\tilde{A}$-A est une martingale). Donc, comme $\Phi\geqq 0$

$$E[\tilde{A}_{\infty}^2] \leqq 2E[\Phi\tilde{A}_{\infty}]$$

d'où d'après l'inégalité de Schwarz $\|\tilde{A}_{\infty}\|_2 \leqq 2\|\Phi\|_2$ dès que l'on sait que le premier membre est fini. On commence par supposer $\Phi\leqq c$, puis l'on atteint le cas général par troncation.

Dans le cas prévisible, le calcul est explicite : $A_{\infty}=\Phi-E[\Phi|\underline{\underline{F}}_{T-}]=\Phi$. Donc il n'y a rien à démontrer. Dans tous les cas, noter que $\Phi=\Delta M_T$.

2) La martingale M appartient à $\underline{\underline{M}}[T]$.

D'abord, le processus A n'est discontinu qu'à l'instant T. Dans les deux cas, le processus $\tilde{A}$ est continu (dans le cas prévisible, il est nul). Donc $M=\overset{c}{A}$ n'est discontinue qu'à l'instant T. Il faut montrer que $M\in\underline{\underline{M}}^d$. Nous allons prouver mieux : pour toute martingale $N\in\underline{\underline{M}}$ nous avons

(10.1) $\quad E[M_{\infty}N_{\infty}] = E[\Delta M_T\Delta N_T] = E[\Phi.\Delta N_T]$

En effet, le résultat est connu lorsque N est bornée puisque M est une martingale V.I. (I.9), et le passage à la limite est immédiat. Il en résulte que M est orthogonale, non seulement à toute martingale continue $N\in\underline{\underline{M}}$, mais à toute martingale $N\in\underline{\underline{M}}$ continue à l'instant T.

3) Si $N\in\underline{\underline{M}}$, $M_tN_t - \Delta M_T\Delta N_T I_{\{t\geqq T\}}$ est une martingale.

Notons L_t ce processus. Soit S un temps d'arrêt. Appliquons (10.1) à la martingale arrêtée N^S. Il vient comme $N_{\infty}^S=N_S$, $E[M_{\infty}N_{\infty}^S] = E[M_SN_S]$:

$$E[M_SN_S] = E[\Delta M_T\Delta N_T I_{\{T\leqq S\}}]$$

ou encore $E[L_S]=0$. On en conclut que L est une martingale par le lemme du chap.I, n°9.

(On notera que cette martingale est dominée par $5M^*N^*$, donc uniformément intégrable).

4) Si N appartient à $\underline{\underline{M}}$, sa projection sur $\underline{\underline{M}}[T]$ est $M=\overset{c}{A}$, avec $\Phi=\Delta N_T$.

Dans le cas prévisible comme dans le cas totalement inaccessible, on a vu plus haut que $\Delta M_T = \Delta N_T$. Donc N-M est continue à l'instant T. D'après 2) on a $M \in \underline{\underline{M}}[T]$, N-M est continue à l'instant T donc orthogonale à $\underline{\underline{M}}[T]$, et M est bien la projection de N sur $\underline{\underline{M}}[T]$.

La démonstration est achevée.

STRUCTURE DES MARTINGALES PUREMENT DISCONTINUES

Soit $M \in \underline{\underline{M}}_0$, et soit (T_n) une suite de temps d'arrêt, soit totalement inaccessibles, soit prévisibles, tous > 0, à graphes disjoints, et tels que $\{(t,\omega): \Delta M_t(\omega) \neq 0\}$ soit contenu dans la réunion des graphes $[\![T_n]\!]$ (N12). Posons pour tout n

$$(11.1) \qquad A_t^n = \Delta M_{T_n} I_{\{t \geq T_n\}} \qquad\qquad M_t^n = \overset{c}{A}{}_t^n$$

M^n est une martingale de carré intégrable, qui est continue hors de $[\![T_n]\!]$, et dont le saut à cet instant est exactement ΔM_{T_n} . Posons aussi

$$H^k = M^1 + \ldots + M^k$$

La martingale $M-H^k$ est continue aux instants $T_1,\ldots,T_k$, donc orthogonale à $M^1 \ldots M^k$, donc à leur somme H^k . Les martingales $M^1,\ldots,M^k$ sont orthogonales entre elles, et nous avons

$$E[M_\infty^2] = E[(H_\infty^k)^2] + E[(M-H^k)_\infty^2] = \Sigma_0^k E[(M_\infty^n)^2] + E[(M-H^k)_\infty^2]$$

$$= \Sigma_0^k E[\Delta M_{T_n}^2] + E[(M-H^k)_\infty^2]$$

Nous en déduisons que la série orthogonale $\Sigma_n M^n$ converge dans $\underline{\underline{M}}$ vers une martingale H . Comme $M-H^k$ est orthogonale à H^k, M-H est orthogonale à H. En utilisant une sous-suite de H^k qui converge p.s. uniformément vers H (n°1) on voit que M-H n'a plus de sauts : elle est continue et nous avons

$$(11.2) \qquad E[M_\infty^2] = E[\Sigma_n \Delta M_{T_n}^2] + E[(M-H)_\infty^2]$$

N12. Soit A une réunion dénombrable de graphes de temps d'arrêt U_n. Alors A est contenue dans une réunion dénombrable de graphes <u>disjoints</u> de temps d'arrêt, <u>soit</u> totalement inaccessibles <u>soit</u> prévisibles.

En effet, quitte à remplacer $[\![U_n]\!]$ par $[\![U_n]\!] \setminus \cup_{m<n} [\![U_m]\!]$, nous pouvons supposer les graphes des U_n disjoints. Nous représentons chaque $[\![U_n]\!]$ comme la réunion de deux graphes $[\![U_n^i]\!]$ et $[\![U_n^a]\!]$, l'un totalement inaccessible, l'autre accessible (N7). Les graphes $[\![U_n^i]\!]$ sont disjoints, quant à ceux des U_n^a , nous les recouvrons au moyen d'une réunion dénombrable de graphes prévisibles (N6), que nous rendons disjoints à leur tour par différence comme ci-dessus (cf.[D]IV.T15, p.74).

Si M n'était pas nulle en 0, on ajouterait à la suite $T_1,T_2,\ldots$ le temps d'arrêt $T_0=0$, avec la martingale correspondante $M^0_t=M_0$, et on poserait $H^k=M^0+\ldots+M^k$. Les résultats seraient les mêmes.

Il est clair que M-H est la projection de M sur l'espace $\underline{\underline{M}}^c$ des martingales continues nulles en 0, et que H est la projection de M sur $\underline{\underline{M}}^d$. Nous en déduisons les propriétés suivantes.

D'abord, si M est purement discontinue, M-H=0, donc $M=\lim_k H^k$ dans $\underline{\underline{M}}$. Ainsi

12 THEOREME. <u>Toute martingale purement discontinue</u> M <u>est la somme compensée de ses sauts</u>. M <u>est orthogonale</u> (non seulement à toute martingale continue, mais) <u>à toute martingale</u> $N\in\underline{\underline{M}}$ <u>sans discontinuité commune avec</u> M.

13 THEOREME. <u>Pour toute martingale</u> $M\in\underline{\underline{M}}$, <u>on a</u>

(13.1) $$E[\Sigma_s \Delta M_s^2\,] \leq E[M_\infty^2\,] \qquad (\Delta M_0=M_0\,)$$

<u>avec l'égalité si et seulement si</u> M <u>est purement discontinue</u>.

(Cela découle aussitôt de (11.2)).

Nous écrivons maintenant que, si M et N sont deux éléments de $\underline{\underline{M}}$

(13.2) $$\Sigma_s|\Delta M_s\Delta N_s| \leq (\Sigma_s\ \Delta M_s^2)^{1/2}(\Sigma_s\ \Delta N_s^2)^{1/2}$$

Le second membre appartient à L^1 d'après (13.1). Plus précisément

(13.3) $$E[\Sigma_s|\Delta M_s\Delta N_s|] \leq \|M\|_2\|N\|_2 \ .$$

14 THEOREME. <u>Soient</u> M <u>et</u> N <u>deux éléments de</u> $\underline{\underline{M}}$, <u>dont l'un au moins est sans partie continue</u>. <u>On a alors</u>

(14.1) $$E[M_\infty N_\infty\,] = E[\Sigma_s\Delta M_s\Delta N_s]$$

(14.2) $M_tN_t - \Sigma_{s\leq t}\ \Delta M_s\Delta N_s$ <u>est une martingale nulle en</u> 0, <u>dominée dans</u> L^1.

DEMONSTRATION. Lorsque M et N sont toutes deux sans partie continue, (14.1) résulte de l'<u>égalité</u> (13.1) appliquée à M+N, M et N, et (14.2) découle de (14.1) appliquée aux martingales arrêtées M^T et N^T, et du lemme du chap.I n°9. Le processus (14.2) est toujours dominé par la v.a. $M^*N^*+\Sigma_s|\Delta M_s\Delta N_s|$ qui appartient à L^1.

Supposons ensuite que M seule soit purement discontinue. Nous écrivons que $N=N^c+N'$, où N' est la projection de N sur $\underline{\underline{M}}^d$; comme M appartient à $\underline{\underline{M}}^d$, $E[M_\infty N^c_\infty\,]=0$, et $M_tN^c_t$ est une martingale nulle en 0, dominée dans L^1, d'où aussitôt l'énoncé par addition.

15 Soit M une martingale qui appartient à la fois à $\underline{\underline{M}}$ et à l'espace $\underline{\underline{W}}$ des martingales VI. Nous savons d'après I.9 que l'on a

(15.1) $E[M_\infty N_\infty\,] = E[\Sigma_s\ \Delta M_s\Delta N_s]$ pour toute martingale <u>bornée</u> N.

D'après (13.3), les deux membres sont des formes linéaires continues en N pour la norme de $\underline{\underline{M}}$, donc l'égalité vaut aussi pour $N\in\underline{\underline{M}}$. Prenant

N=M, on voit que <u>toute martingale</u> $M \in \underline{\underline{M}} \cap \underline{\underline{V}}$ <u>est purement discontinue en tant qu'élément de</u> $\underline{\underline{M}}$, i.e. n'admet pas de partie <u>martingale-continue</u> (en tant qu'élément de $\underline{\underline{V}}$, elle peut avoir une partie continue).

On voit donc que l'emploi de la notion de sous-espace stable, dû à CORNEA-LICEA [9], permet d'obtenir avec très peu de moyens des résultats intéressants sur la structure des martingales de carré intégrable. Nous n'avons pas encore utilisé la decomposition des surmartingales ! Nous arrivons maintenant au point où nous allons l'utiliser - mais un peu de réflexion montrera au lecteur qu'elle n'est réellement indispensable que pour définir le processus croissant $\langle M,M\rangle$ associé à une martingale <u>continue</u>. D'une manière générale, ce sont les martingales continues dont l'étude est délicate, et la structure mal connue : nous retrouverons cela plus loin, à propos de la formule du changement de variables.

LES PROCESSUS CROISSANTS ASSOCIES A UNE MARTINGALE

Soit $M \in \underline{\underline{M}}$. Le processus M_t^2 est une sousmartingale dominée dans L^1 par M^{*2} , donc le processus $E[M_\infty^2 | \underline{\underline{F}}_t] - M_t^2$ est une surmartingale de la classe (D) (I.16) ; comme elle est positive et nulle à l'infini, on peut lui appliquer la théorie de la décomposition des surmartingales :

DEFINITION. <u>On note</u> $\langle M,M\rangle$ <u>l'unique croissant prévisible tel que</u> $\langle M,M\rangle_0 = M_0^2$, <u>et que</u> $M^2 - \langle M,M\rangle$ <u>soit une martingale</u>.

DEFINITION. <u>Soit</u> M^c <u>la partie continue de</u> $M \in \underline{\underline{M}}$. <u>On pose</u>

(17.1) $$[M,M]_t = \langle M^c,M^c\rangle_t + \Sigma_{s \leq t} \Delta M_s^2$$

D'après (14.2), si M est purement discontinue ($M^c=0$) $M_t^2 - [M,M]_t$ est une martingale, et $\langle M,M\rangle$ est la compensatrice prévisible de $\langle M,M\rangle$. Compte tenu de l'orthogonalité des projections de M sur $\underline{\underline{M}}^c$ et $\underline{\underline{M}}^d$, il est <u>toujours vrai</u> que [M,M] est un processus croissant intégrable, que $M^2 - [M,M]$ est une martingale, $\langle M,M\rangle$ la compensatrice prévisible de [M,M]. On ne sait pas se passer de la décomposition des surmartingales pour définir $\langle M^c,M^c\rangle$. Noter que $\langle M^c,M^c\rangle$ est continu !

D'après KUNITA-WATANABE [8], nous "polarisons" maintenant les "formes quadratiques" $\langle M,M\rangle$ et [M,M] :

DEFINITION. <u>Soient</u> M <u>et</u> N <u>deux éléments de</u> $\underline{\underline{M}}$. <u>On pose</u>

(18.1) $$\langle M,N\rangle = \tfrac{1}{2}(\langle M+N,M+N\rangle - \langle M,M\rangle - \langle N,N\rangle)$$

<u>l'unique processus prévisible VI tel que</u> $\langle M,N\rangle_0 = M_0 N_0$ <u>et que</u> $MN - \langle M,N\rangle$ <u>soit une martingale, et</u>

(18.2) $$[M,N] = \tfrac{1}{2}([M+N,M+N] - [M,M] - [N,N]) .$$

On a évidemment

(18.3) $[M,N]_t = \langle M^c,N^c\rangle_t + \Sigma_{s\leq t} \Delta M_s \Delta N_s$.

Les processus $[M,N]-\langle M,N\rangle$, $MN-[M,N]$ sont des martingales. Les deux martingales M et N sont orthogonales si et seulement si $\langle M,N\rangle$ est nul.

Les deux processus VI $\langle M,N\rangle$ et $[M,N]$ sont intéressants à des titres différents, mais c'est le second sans doute qui est le plus utile : nous en étendrons plus loin la définition à des martingales locales quelconques.

19 Le processus croissant prévisible $\langle M,M\rangle$ est uniquement caractérisé (I.14) par son potentiel X, donné par

(19.1) $X_T = E[\langle M,M\rangle_\infty - \langle M,M\rangle_T | \underline{\underline{F}}_T] = E[M^2_\infty | \underline{\underline{F}}_T] - M^2_T$

avec la convention $X_{0-} = E[M^2_\infty | \underline{\underline{F}}_0]$. Le processus croissant $[M,M]$ est caractérisé par son potentiel gauche X', donné par

(19.2) $X'_T = E[[M,M]_\infty - [M,M]_{T-} | \underline{\underline{F}}_T] = E[M^2_\infty | \underline{\underline{F}}_T] - M^2_T + \Delta M^2_T$

En effet, $[M,M]-\langle M,M\rangle$ étant une martingale, nous avons $E[[M,M]_\infty - [M,M]_T | \underline{\underline{F}}_T] = E[\langle M,M\rangle_\infty - \langle M,M\rangle_T | \underline{\underline{F}}_T] = E[M^2_\infty | \underline{\underline{F}}_T] - M^2_T$, et d'autre part $[M,M]_T - [M,M]_{T-} = \Delta M^2_T$.

20 Soit T un temps d'arrêt ; on a $\langle M,N^T\rangle = \langle M,N\rangle^T$ (arrêt à T), d'où aussitôt par (18.3) $[M,N^T] = [M,N]^T$.

En effet, d'après le théorème d'arrêt de DOOB $(MN)^T - \langle M,N\rangle^T$ est une martingale, et $M.N^T-(MN)^T$ est la martingale $E[(M_\infty - M_T)N_T | \underline{\underline{F}}_t]$, de sorte que $M.N^T - \langle M,N\rangle^T$ est une martingale. Comme $M.N^T - \langle M,N^T\rangle$ en est une par définition de $\langle M,N^T\rangle$, $\langle M,N\rangle^T - \langle M,N^T\rangle$ est constante, et il ne reste plus qu'à remarquer qu'elle est nulle en 0.

LES INEGALITES DE KUNITA-WATANABE

Soit un intervalle $[0,t]$, et soit $t^n_i = it2^{-n}$ pour $0 \leq i \leq 2^n$. C.DOLEANS a montré que l'on a, au sens de la convergence L^1

$$\langle M,N\rangle_t = \lim_n \Sigma_i E[(M_{t^n_{i+1}} - M_{t^n_i})(N_{t^n_{i+1}} - N_{t^n_i}) | \underline{\underline{F}}_{t^n_i}] + M_0 N_0$$

$$[M,N]_t = \lim_n \Sigma_i (M_{t^n_{i+1}} - M_{t^n_i})(N_{t^n_{i+1}} - N_{t^n_i}) + M_0 N_0 .$$

Nous n'aurons pas l'occasion d'utiliser ce résultat, et ne le prouverons pas. Mais il est clair sur ces expressions que ces deux processus donnent lieu à des "inégalités de Schwarz" . Nous allons démontrer celles ci maintenant, d'après KUNITA-WATANABE (noter cependant que KUNITA-WATANABE n'en donnaient dans [8] que la forme intégrée - mais la forme "trajectorielle" fait partie du folklore des martingales).

THEOREME. <u>Si</u> M <u>et</u> N <u>sont deux éléments de</u> $\underline{\underline{M}}$, H <u>et</u> K <u>deux processus mesurables, on a p.s.</u>

(KW1) $\int_0^\infty |H_s||K_s||d\langle M,N\rangle_s|] \leq (\int_0^\infty H_s^2 d\langle M,M\rangle_s)^{1/2}(\int_0^\infty K_s^2 d\langle N,N\rangle_s)^{1/2}$

(KW2) $\int_0^\infty |H_s||K_s||d[M,N]_s|] \leq (\int_0^\infty H_s^2 d[M,M]_s)^{1/2}(\int_0^\infty K_s^2 d[N,N]_s)^{1/2}$

COROLLAIRE. <u>Si</u> p <u>et</u> q <u>sont deux exposants conjugués, on a</u>

$$E[\int|H_s||K_s||d\langle M,N\rangle_s|] \leq \|\sqrt{\int H_s^2 d\langle M,M\rangle_s}\|_p \|\sqrt{\int K_s^2 d\langle N,N\rangle_s}\|_q$$

<u>et l'inégalité analogue avec des</u> [ ].

DEMONSTRATION. Celle-ci nous a été suggérée par P. PRIOURET, qui a débarrassé le théorème d'une hypothèse inutile sur H et K.

1) Prenons s et t rationnels, s<t, et écrivons que l'on a pour tout λ rationnel $\langle M+\lambda N,M+\lambda N\rangle_t - \langle M+\lambda N,M+\lambda N\rangle_s \geq 0$ p.s.. Il vient, avec des notations abrégées claires

$$|\langle M,N\rangle_s^t| \leq (\langle M,M\rangle_s^t)^{1/2}(\langle N,N\rangle_s^t)^{1/2}$$

et aussi en 0 $|\Delta\langle M,N\rangle_0| = |\Delta\langle M,M\rangle_0||\Delta\langle N,N\rangle_0|$.

Prenons maintenant une subdivision finie de la droite : $0=t_0<t_1<\ldots<t_{n+1}=+\infty$, des v.a. H_0,K_0, H_{t_i},K_{t_i} ($0\leq i\leq n$) bornées, et posons

$$H_t = H_0 I_{\{t=0\}} + \Sigma_i H_{t_i} I_{]t_i,t_{i+1}]}(t)$$

et K_t de même. Ecrivons les inégalités précédentes pour $s=t_i, t=t_{i+1}$, multiplions les par $|H_{t_i}K_{t_i}|$, sommons, et appliquons l'inégalité de Schwarz. Il vient

$$|\int H_s K_s d\langle M,N\rangle_s| \leq |H_0K_0\Delta\langle M,N\rangle_0| + \Sigma_0^n |H_{t_i}K_{t_i}||\langle M,N\rangle_{t_i}^{t_{i+1}}|$$

$$= (H_0^2\Delta\langle M,M\rangle_0 + \Sigma H_{t_i}^2 \langle M,M\rangle_{t_i}^{t_{i+1}})^{1/2}(K_0^2\Delta\langle N,N\rangle_0 + \Sigma K_i^2\langle N,N\rangle_{t_i}^{t_{i+1}})^{1/2}$$

c'est à dire l'inégalité (KW1) dans le cas particulier de deux processus étagés continus à gauche H et K, à cela près que le signe | | est hors du symbole $\int$ au lieu d'être à l'intérieur.

2) Les processus étagés du type précédent forment une algèbre qui engendre la tribu produit sur $\mathbb{R}_+\times\Omega$. Un argument de classes monotones permet alors d'étendre l'inégalité (toujours avec le signe | | hors de l'intégrale) à deux processus mesurables H et K bornés.

3) Soit J_s un processus mesurable à valeurs dans $\{-1,1\}$ tel que $|d\langle M,N\rangle_s| = J_s d\langle M,N\rangle_s$; en appliquant le résultat précédent aux processus H_s et K_sJ_s on fait entrer le signe | | dans l'intégrale. Après quoi l'inégalité se trouve ramenée au cas positif, et la dernière extension au cas non borné se fait par troncation et convergence monotone.

Le raisonnement pour $[M,N]$ est identique.

REMARQUE. Nous verrons au chapitre V une autre majoration de $E[\int|d[M,N]_s|]$ liée à la dualité entre $\underline{\underline{H}}^1$ et $\underline{\underline{BMO}}$, et plus profonde que 22.

INTEGRALE STOCHASTIQUE DE PROCESSUS PREVISIBLES

Nous abordons maintenant la théorie de l'intégrale stochastique proprement dite, en suivant d'abord exactement la définition d'ITO. Seulement, dans la théorie relative au mouvement brownien, l'importance du caractère prévisible du processus à intégrer n'apparaissait pas.

23 Nous remarquons d'abord que l'on peut toujours définir l'intégrale d'une fonction étagée continue à gauche f définie sur $\mathbb{R}_+$

$t_0=0<t_1\ldots<t_n<+\infty=t_{n+1}$ $\qquad f(t) = f_i$ pour $t\in]t_i,t_{i+1}]$

par rapport à une fonction g définie sur $\mathbb{R}_+$, continue à droite et pourvue de limites à gauche :

$$\int_0^\infty f dg = f(0)g(0) + \Sigma_0^n f_i(g(t_{i+1})-g(t_i))$$

$$\int_0^t f dg = \int_0^\infty f I_{[0,t]} dg = f(0)g(0) + \Sigma_0^n f_i g(t\wedge t_{i+1})-g(t\wedge t_i))$$

La fonction $\int_0^t f dg$ est continue à droite avec des limites à gauche, et son saut en t vaut $f(t)\Delta g(t)$.

Désignons maintenant par Λ l'espace des processus prévisibles bornés (H_t) étagés sur $\mathbb{R}_+$: Il existe une subdivision (t_i) comme ci-dessus telle que $H_t=H_i$ pour $t\in]t_i,t_{i+1}]$, les v.a. h_i étant $\underline{\underline{F}}_{t_i}$-mesurables bornées, et H_0 $\underline{\underline{F}}_0$-mesurable bornée.

Dans ces conditions, soit $M\in\underline{\underline{M}}$. Nous avons le lemme très facile

LEMME. Le processus $H\cdot M = (\int_0^t H_s dM_s)$ appartient à $\underline{\underline{M}}$, et on a

$$E[(H\cdot M)_\infty^2] = E[\int_{0-}^\infty H_s^2 d\langle M,M\rangle_s] \; (= E[\int_{0-}^\infty H_s^2 d[M,M]_s])^1.$$

et maintenant, nous avons le théorème d'ITO :

THEOREME. Soit $\dot{L}^2(M)$ l'espace des processus prévisibles H tels que $\|H\|_{\dot{L}^2(M)} = (E[\int H_s^2 d\langle M,M\rangle_s])^{1/2} < \infty$. Alors l'application linéaire $H\mapsto H.M$ de Λ dans $\underline{\underline{M}}$ se prolonge de manière unique en une application linéaire continue (une isométrie) de $\dot{L}^2(M)$ dans $\underline{\underline{M}}$, encore notée $H\mapsto H\cdot M$. Pour tout $H\in\dot{L}^2(M)$, les processus

(23.1) $\qquad \Delta(H\cdot M)_t \qquad$ et $\qquad H_t\Delta M_t$

sont indistinguables.

1. On rappelle que $[M,M]-\langle M,M\rangle$ est une martingale VI, et induit donc une mesure nulle sur la tribu prévisible.

DEMONSTRATION. $\dot{L}^2(M)$ (le rôle du $\cdot$ apparaîtra plus tard, quand $L^2(M)$ sera défini) est l'espace L^2 d'une certaine mesure sur la tribu prévisible. L'espace Λ est dense dans $\dot{L}^2(M)$, l'isométrie $H\mapsto H\cdot M$ de Λ dans $\underline{\underline{M}}$ se prolonge donc de manière unique en une isométrie de $\dot{L}^2(M)$ dans $\underline{\underline{M}}$. La dernière assertion résulte de l'inégalité de DOOB (n°1), et d'un argument de convergence uniforme p.s. à partir du cas étagé.

EXEMPLE. Si T est un temps d'arrêt, et $H = I_{[0,T]}$, $H\cdot M$ est la martingale arrêtée M^T (approcher T par une suite décroissante de temps d'arrêt étagés).

Nous suivons maintenant l'idée fondamentale de KUNITA-WATANABE, qui consiste à caractériser uniquement, non pas un opérateur de $\dot{L}^2(M)$ dans $\underline{\underline{M}}$, mais individuellement le processus $H\cdot M$.

THEOREME. <u>Soit</u> $H\in\dot{L}^2(M)$. <u>Alors pour tout</u> $N\in\underline{\underline{M}}$ <u>on a</u>

(25.1) $$E[\int_{0-}^{\infty} |H_s||d\langle M,N\rangle_s|] < \infty \quad (\underline{\text{et}}\ E[\int |H_s||d[M,N]_s|]<\infty)$$

<u>L'intégrale stochastique</u> $L=H\cdot M$ <u>est uniquement caractérisée, comme le seul élément de</u> $\underline{\underline{M}}$ <u>tel que, pour tout</u> $N\in\underline{\underline{M}}$

(25.2) $$E[L_\infty N_\infty] = E[\int_{0-}^{\infty} H_s d\langle M,N\rangle_s] \quad (=E[\int_0^{\infty} H_s d[M,N]_s)$$

<u>et on a alors pour tout</u> N

(25.3) $$\langle L,N\rangle = H\cdot\langle M,N\rangle \quad , \ [L,N] = H\cdot[M,N]$$

(les intégrales au second membre sont des intégrales de Stieltjes).

DEMONSTRATION. Les inégalités (25.1) sont des conséquences des inégalités KW1 et KW2 (n°22). Pour montrer que L satisfait à (25.2), on remarque que la forme $H\mapsto E[(H\cdot M)_\infty N_\infty - \int_0^\infty H_s d\langle M,N\rangle_s]$ sur $\dot{L}^2(M)$ est continue (inégalité KW1), on vérifie aussitôt qu'elle est nulle sur Λ, donc sur tout $\dot{L}^2(M)$. Quant aux deux espérances de droite de (25.2), elles sont égales du fait que $[M,N]-\langle M,N\rangle$ est une martingale VI, et induit donc sur la tribu prévisible une mesure nulle. Pour établir (25.3), introduisons le processus $J_t=L_tN_t-\int_0^t H_s d\langle M,N\rangle_s$, dominé par L^*N^* + $\int|H_s||d\langle M,N\rangle_s| \in L^1$. Appliquant (25.2) à la martingale arrêtée N^T, et le n°20, nous voyons que $E[J_T]=0$ pour tout temps d'arrêt T, de sorte que J est une martingale (chap.I, lemme du n°9). Mais alors $\langle L,N\rangle_t - \int_0^t H_s d\langle M,N\rangle_s$ est une martingale prévisible, nulle en 0, donc nulle, et cela nous donne la première relation (25.3). Pour établir la seconde, nous décomposons M et N en leurs parties continue et discontinue M^c, M^d et N^c,N^d, et nous remarquons que $H\cdot M^c$ est la partie continue de L : en effet, elle est continue, et $H\cdot M^d$ est orthogonale à toute martingale continue nulle en 0 (si K est une telle martingale, on a $<H.M^d,K> = H\cdot<M^d,K> = 0$). Alors (23.1)

$$[L,N]_t = <L^c,N^c>_t + \Sigma_{s\leq t}\Delta L_s\Delta N_s = H\cdot<M^c,L^c>_t + \Sigma_{s\leq t}H_s\Delta M_s\Delta N_s$$
$$= \int_{0}^{t} H_s d[M,N]_s$$

c'est à dire la seconde égalité (25.3).

Il reste donc un seul point à établir, le fait que (25.2) caractérise uniquement L . Or le second membre est une forme linéaire continue en N connue lorsqu'on connaît H et M, tandis que le premier membre est la forme linéaire $N\mapsto (L,N)$ associée à L par le produit scalaire de l'espace de Hilbert $\underline{\underline{M}}$.

Notons explicitement un point de la démonstration précédente, qui sera d'ailleurs contenu aussi dans un énoncé plus général au paragraphe suivant , relatif aux sous-espaces stables.

26 COROLLAIRE. Si $H\in\dot{L}^2(M)$, les parties continue et purement discontinue de $H\cdot M$ sont respectivement $H\cdot M^c$ et $H\cdot M^d$.

Nous verrons plus loin que le théorème 25, caractérisant l'intégrale stochastique, permet d'en étendre la définition à des processus H optionnels , et à des processus M qui sont des martingales locales et non plus des éléments de $\underline{\underline{M}}$. Indiquons en une conséquence (dont la démonstration est laissée en exercice au lecteur).

27 THEOREME. Soient $H\in\dot{L}^2(M)$, K prévisible borné, alors $(KH)\cdot M=K\cdot(H\cdot M)$.

INTEGRALES STOCHASTIQUES ET SOUS-ESPACES STABLES

28 THEOREME. Soit $\underline{\underline{S}}$ un sous-espace stable de $\underline{\underline{M}}$ (5). Alors pour tout $M\in\underline{\underline{S}}$, tout $H\in\dot{L}^2(M)$, on a $H\cdot M\in\underline{\underline{S}}$.

(Inversement, comme les opérations $M\mapsto M^T$, $M\mapsto I_A M$ sont des intégrations stochastiques avec $H=I_{[[0,T]]}$,$H=I_{\mathbb{R}_+\times A}$, cette propriété entraîne la stabilité).

DEMONSTRATION. Il suffit de démontrer que $H\cdot M\in\underline{\underline{S}}^{\perp\perp}$. Or si $N\in\underline{\underline{S}}^{\perp}$ on a $M_0N_0=0$ et M et N sont orthogonales au sens des martingales (6), donc $<M,N>=0$ (17), donc $H\cdot<M,N>=0$, $<H\cdot M,N>=0$, $E[(H\cdot M)_\infty N_\infty]=0$ et $H\cdot M\in\underline{\underline{S}}^{\perp\perp}$.

29 THEOREME. Soit $M\in\underline{\underline{M}}$. Le sous-espace stable engendré par M est l'ensemble des intégrales stochastiques $H\cdot M$, $H\in\dot{L}^2(M)$. Si $N\in\underline{\underline{M}}$, la projection

<u>de</u> N <u>sur ce sous-espace est</u> $D\cdot M$, <u>où</u> D <u>est une densité prévisible de</u> $\langle M,N\rangle$ <u>par rapport à</u> $\langle M,M\rangle$.

DEMONSTRATION. Comme l'application $H\mapsto H\cdot M$ de $\dot{L}^2(M)$ dans $\underline{\underline{M}}$ est une isométrie, l'image $\underline{\underline{I}}$ est fermée, évidemment stable, et contenue dans tout espace stable contenant M d'après 28. C'est donc le sous-espace stable engendré par M.

Ecrivons $N=N'+N"$, où N' est la projection de N sur $\underline{\underline{I}}$, et $N"\in\underline{\underline{I}}^{\perp}$. On a vu dans la démonstration de 28 que $\langle M,N"\rangle=0$, donc $\langle M,N\rangle=\langle M,N'\rangle$. D'autre part, par définition de $\underline{\underline{I}}$ on peut écrire $N'=D\cdot M$, avec $D\in\dot{L}^2(M)$. Alors $\langle N',M\rangle=\langle D\cdot M,M\rangle = D\cdot\langle M,M\rangle$, et D est une densité prévisible de $\langle M,N\rangle$ par rapport à $\langle M,M\rangle$. On remarquera que si $\bar{D}$ est une seconde telle densité, on a $D=\bar{D}$ $\langle M,M\rangle$-p.p., donc $E[\int(D_s-\bar{D}_s)^2 d\langle M,M\rangle_s]=0$, donc $\bar{D}\in\dot{L}^2(M)$ et $D\cdot M=\bar{D}\cdot M$.

COMMENTAIRE. Ces deux théorèmes ont des conséquences importantes en théorie des processus de Markov, en permettant des représentations de processus au moyen d'intégrales stochastiques. Il y a à ce sujet des résultats très utiles de KUNITA-WATANABE. Mais nous laisserons cela de côté pour l'instant. J'espère avoir le courage d'écrire un chapitre d'applications.

INTEGRALES STOCHASTIQUES ET INTEGRALES DE STIELTJES

Le résultat suivant est fondamental : il explique le rôle joué par les processus prévisibles en théorie de l'intégrale stochastique (cf. plus loin le n°34 au sujet des processus optionnels), et il sera à la base de la définition de l'intégrale stochastique par rapport aux martingales locales.

THEOREME. <u>Soit</u> $M\in\underline{\underline{M}}\cap\underline{\underline{W}}$, <u>et soit</u> H <u>un processus prévisible tel que l'on ait à la fois</u> $E[\int_{0-}^{\infty} H_s^2 d[M,M]_s] < \infty$ <u>et</u> $E[\int_{0-}^{\infty} |H_s||dM_s|]<\infty$. <u>Alors l'intégrale stochastique</u> $H\cdot M$ <u>et l'intégrale de Stieltjes stochastique</u> $H\underset{s}{\cdot}M$ <u>sont égales.</u>

DEMONSTRATION.Nous savons déjà (I.12) que $H\underset{s}{\cdot}M$ est une martingale à V.I., donc (I.9) que pour toute martingale bornée N on a

(30.1) $$E[N_{\infty}\,.(H\underset{s}{\cdot}M)_{\infty}] = E[\Sigma_s\, H_s\Delta M_s\Delta N_s]$$

D'après 15, d'autre part, M est une martingale purement discontinue, donc $[M,N]_t = \Sigma_{s\leq t}\,\Delta M_s\Delta N_s$ et on a , pour toute $N\in\underline{\underline{M}}$ (en particulier N bornée)

(30.2) $$E[N_{\infty}\,.(H\cdot M)_{\infty}] = E[\int H_s d[M,N]_s] = E[\Sigma_s H_s\Delta M_s\Delta N_s]$$

Comme N_{∞} est une v.a. bornée arbitraire, on a $(H\cdot M)_{\infty}=(H\underset{s}{\cdot}M)_{\infty}$, d'où $H\cdot M= H\underset{s}{\cdot}M$ en conditionnant.

INTEGRALES STOCHASTIQUES DE PROCESSUS OPTIONNELS

Le lecteur fera sans doute bien d'omettre en première lecture le court paragraphe qui suit : en effet, cette notion d'intégrale stochastique n'a pas encore connu d'applications intéressantes, et nous verrons aussi qu'elle ne s'étend pas bien aux semimartingales (en revanche, nous l'étendrons plus loin aux martingales locales).

Quoi qu'il en soit, ces intégrales stochastiques <u>existent</u>. La définition en est d'une simplicité enfantine.

31 DEFINITION. <u>Soit</u> $M\in\underline{\underline{M}}$. <u>On note</u> $L^2(M)$ <u>l'espace des processus optionnels</u> H <u>tels que</u> $\|H\|_{L^2(M)} = (E[\int_{[0,\infty[} H_s^2 d[M,M]_s])^{1/2} < \infty$.

$\dot{L}^2(M)$ est le sous-espace de $L^2(M)$ constitué par les processus prévisibles.

32 DEFINITION. <u>Soit</u> $H\in L^2(M)$. <u>On désigne par</u> $H\cdot M = (\int_{0-}^{t} H_s dM_s)_{t\in\mathbb{R}_+}$ <u>l'unique élément</u> L <u>de</u> $\underline{\underline{M}}$ <u>tel que</u>

(32.1) <u>pour tout</u> $N\in\underline{\underline{M}}$, $E[L_\infty N_\infty] = E[\int_{0-}^{\infty} H_s d[M,N]_s]$.

En effet, d'après l'inégalité KW2 (21), $E[\int |H_s||d[M,N]_s|]<\infty$, et le côté droit de (32.1) est une forme linéaire continue sur l'espace de Hilbert $\underline{\underline{M}}$. D'après (25.2), cela étend la définition de l'intégrale stochastique prévisible.

33 En arrêtant N à un temps d'arrêt T arbitraire on vérifie , comme au n°I.9, que

(33.1) pour toute $N\in\underline{\underline{M}}$, $L_tN_t - \int_{0-}^{t} H_s d[M,N]_s$ est une martingale (dominée dans L^1 par $L^*N^*+\int_0^\infty |H_s||d[M,N]_s|$)

34 Nous allons calculer explicitement H·M

1) Si M est une martingale indépendante de t, $M_t=M_0$, alors $(H\cdot M)_t=H_0M$. la vérification est immédiate.

2) Si M est continue, choisissons H' prévisible tel que pour presque tout ω $\{t : H_t(\omega)\neq H'_t(\omega)\}$ soit dénombrable ([D]V.T19, p.101, [P]IV.66). On vérifie alors aussitôt que $H'\in\dot{L}^2(M)$, et que $L=H'\cdot M$ satisfait à (32.1). Donc $H\cdot M = H'\cdot M$, et dans ce cas l'intégrale stochastique optionnelle ne représente rien de nouveau.

3) Supposons que $M\in\underline{\underline{M}}[T]$ (n°8), où T est <u>totalement inaccessible</u>. Je dis que l'intégrale stochastique $L=H\cdot M$ appartient aussi à $\underline{\underline{M}}[T]$, et qu'elle est égale à $\overset{c}{A}$, où A est le processus V.I. $H_T\Delta M_T I_{\{t\geq T\}}$ ($H_T\Delta M_T\in L^2$ puisque $H\in L^2(M)$, et $\overset{c}{A}$ appartient à $\underline{\underline{M}}$ d'après le 1) du n°9-10). Nous savons en effet que $\overset{c}{A}\in\underline{\underline{M}}[T]$ (n°9-10, 2)), que $\Delta\overset{c}{A}_T=H_T\Delta M_T$, et que (10.1) pour tout $N\in\underline{\underline{M}}$

$$E[\overset{c}{A}_\infty N_\infty] = E[H_T\Delta M_T\Delta N_T]$$

ce qui équivaut à (32.1), car $[\overset{c}{A},N]_t= \Delta\overset{c}{A}_T\Delta N_T I_{\{t\geq T\}}$.

Noter que dans les trois cas qui précèdent, on a

(34.1) $\Delta(H\cdot M)_t = H_t\Delta M_t$ (processus indistinguables)

(34.2) $[H\cdot M,N] = H\cdot[M,N]$

(34.3) $E[(H\cdot M)^2_\infty] = E[\int H^2_s d[M,M]_s]$

Les choses bizarres se passent dans le cas suivant :

4) Supposons que $M\in\underline{\underline{M}}[T]$, où T partout >0 est <u>prévisible</u> . Je dis que $L=H\cdot M$ appartient à $\underline{\underline{M}}[T]$ et est égale à $\overset{c}{A}$, où A est défini comme au 3) précédent. Mais il y a ici une différence, car $\Delta\overset{c}{A}_T=H_T\Delta M_T-E[H_T\Delta M_T|\underline{\underline{F}}_{T-}]$ Alors si $N\in\underline{\underline{M}}$

(34.4) $$E[\overset{c}{A}_\infty N_\infty]=E[\Delta\overset{c}{A}_T\Delta N_T]=E[H_T\Delta M_T\Delta N_T]-E[\ E[H_T\Delta M_T|\underline{\underline{F}}_{T-}]\Delta N_T]$$
$$= E[H_T\Delta M_T\Delta N_T] = E[\int_0^\infty H_s d[M,N]_s]$$

c'est à dire (32.1). Mais on peut affirmer (34.1) et (34.2) seulement si $E[H_T\Delta M_T|\underline{\underline{F}}_{T-}]=0$, en particulier si H est prévisible... ou M=0. De même

(34.5) $$E[(H\cdot M)^2_\infty] = E[\Delta\overset{c}{A}{}^2_T]=E[(H_T\Delta M_T-E[H_T\Delta M_T|\underline{\underline{F}}_{T-}])^2] \leqq E[H^2_T\Delta M^2_T]$$
$$= E[\int H^2_s d[M,M]_s]$$

5) Nous passons maintenant au cas général : soit $M\in\underline{\underline{M}}$, que nous décomposons M à la manière des n^{os}11-12

(34.6) $M=M_0+M^c + \Sigma_n M^n$ ($M^n=\overset{c}{B}{}^n$, où $\Delta M_{T_n} I_{\{t\geqq T_n\}}$ est noté B^n)

les T_n étant des temps d'arrêt partout >0, à graphes disjoints, dont chacun est soit totalement inaccessible , soit prévisible.

Soit $H\in L^2(M)$, alors $H\in L^2(M^c)$, $L^2(M^n)$, puisque $[M,M]=M_0^2+[M^c,M^c] + \Sigma_n[M^n,M^n]$; les intégrales stochastiques $H\cdot M_0$, $H\cdot M^c$, $H\cdot M^n$ ont été définies plus haut, et nous avons vu qu'elles sont toutes orthogonales (elles appartiennent aux espaces stables orthogonaux $\underline{\underline{M}}[0]$, $\underline{\underline{M}}^c$,$\underline{\underline{M}}[T_n]$). D'après (34.3) et (34.5), la série $H\cdot M_0 + H\cdot M^c + \Sigma_n H\cdot M^n$ converge dans $\underline{\underline{M}}$, et si nous notons L sa somme, il est facile de voir que (32.1) est satisfaite (argument de convergence dominée au second membre).

Nous allons maintenant donner des énoncés formels de quelques uns des résultats obtenus :

THEOREME. <u>Si</u> $M\in\underline{\underline{M}}$ <u>admet la décomposition orthogonale</u> (34.6), <u>et</u> $H\in L^2(M)$, <u>alors</u> $L=H\cdot M$ <u>admet la décomposition orthogonale</u>

(35.1) $$H\cdot M = H_0M_0 + H\cdot M^c + \Sigma_n H\cdot M^n$$

<u>On a</u>

(35.2) $$E[L^2_\infty] \leqq E[\int H^2_s d[M,M]_s$$

<u>avec l'égalité si et seulement si</u> $E[H_T \Delta M_T | \underline{\underline{F}}_{T-}]=0$ <u>pour tout temps prévisible</u> T <u>partout</u> >0. <u>Cette condition est aussi équivalente à chacune des deux suivantes</u>

(35.3) <u>les processus</u> ΔL_t et $H_t \Delta M_t$ <u>sont indistinguables</u>

(35.4) <u>pour tout</u> $N \in \underline{\underline{M}}$ <u>on a</u> $[L,N] = H \cdot [M,N]$

DÉMONSTRATION. a) Nous avons vu la décomposition orthogonale (35.1) au n°34, ainsi que l'inégalité (35.2), qui est une égalité <u>si et seulement si</u> $E[H_{T_n} \Delta M_{T_n} | \underline{\underline{F}}_{T_n-}]=0$ pour tout n tel que T_n soit prévisible. Comme la condition d'égalité dans (35.2) est indépendante de la suite (T_n) choisie, et comme n'importe quel temps prévisible T partout >0 peut être pris comme temps d'arrêt T_0 d'une telle suite, cela nous donne la condition $E[H_T \Delta M_T | \underline{\underline{F}}_{T-}]=0$ (exprimant que la projection prévisible du processus $(H_t \Delta M_t)$ est nulle sur $]0,\infty[\times \Omega$).

Cette condition est satisfaite si (35.3) l'est, car $E[\Delta L_T | \underline{\underline{F}}_{T-}]=0$ pour toute martingale $L \in \underline{\underline{M}}$. Enfin, (35.4) entraîne l'égalité (35.2), car si (35.4) a lieu, en prenant N=L , puis N=M

$$E[L^2_\infty]=E[[L,L]_\infty] = E[\int_{0-}^{\infty} H_s d[M,L]_s] = E[\int_{0-}^{\infty} H^2_s d[M,M]_s].$$

36 On dit qu'une martingale M est <u>quasi-continue à gauche</u> si $\Delta M_T=0$ p.s. pour tout temps prévisible T>0 . Il arrive assez fréquemment que la famille de tribus $(\underline{\underline{F}}_t)$ soit telle que <u>toutes les martingales</u> soient quasi-continues à gauche, ce qui revient à dire que $\underline{\underline{F}}_T=\underline{\underline{F}}_{T-}$ pour tout temps prévisible T (la famille est alors dite quasi-continue à gauche, ou sans temps de discontinuité, et tout temps accessible est prévisible. Nous n'aurons pas besoin de ces résultats pour l'instant ([D]III,D38, p. 57, T51, p.62, T42 p.112). Lorsque M est quasi-continue à gauche, toute la pathologie de l'intégrale stochastique optionnelle disparaît. Il faut noter en particulier l'associativité $(HK) \cdot M = H \cdot (K \cdot M) = K \cdot (H \cdot M)$.

37 **UN EXEMPLE. M. PRATELLI et C. YOEURP ont calculé l'intégrale**

(37.1) $\int_0^t \Delta M_s dM_s = [M,M]_t - \langle M,M \rangle_t$ $\qquad M \in \underline{\underline{M}}$ **, nulle en 0,** $\Delta M \in L^2(M)$

qui, compte tenu de la formule classique $2\int_0^t M_{s-} dM_s$ **(III.9) permet de calculer** $\int M_s dM_s$ **. Noter par exemple la jolie formule**

(37.2) $\int_0^t (M_s + M_{s-}) dM_s = M_t^2 - \langle M,M \rangle_t$

Le principe de la démonstration de (37.1) est simple : les deux membres sont des sommes compensées de sauts, et ils ont les même sauts aux temps prévisibles ou totalement inaccessibles. Mais on est gêné pour traiter (37.1) dans $\underline{\underline{M}}$ **, car** ΔM **n'appartient pas nécessairement à** $L^2(M)$**. On y reviendra au n°V.21.**

UN COURS SUR LES INTEGRALES STOCHASTIQUES

(P.A.Meyer)

CHAPITRE III : LA FORMULE DU CHANGEMENT DE VARIABLES forme préliminaire

Nous allons interrompre ici l'ordre logique du cours, pour des raisons pédagogiques : ayant développé une théorie de l'intégration, nous voulons nous en servir pour faire des calculs avant de passer à une théorie plus générale. Nous y perdrons en pureté (nous serons amenés à poser des définitions provisoires, nous serons gênés par des restrictions d'intégrabilité inutiles...) mais nous ne commettrons tout de même aucun crime : la démonstration de la vraie formule du changement de variables passe obligatoirement par la réduction au cas traité dans ce chapitre.

DEFINITION DE DIVERS ESPACES DE PROCESSUS

Rappelons les espaces déjà définis :

$\underline{\underline{V}}$ espace des processus (adaptés) à variation finie sur tout intervalle compact $[0,t]$.

$\underline{\underline{W}}$ espace des martingales à variation intégrable.

$\underline{\underline{M}}$ espace des martingales de carré intégrable.

Nous y ajouterons ici :

$\underline{\underline{A}}$ espace des processus (adaptés) à variation intégrable ($\underline{\underline{W}}\subset\underline{\underline{A}}\subset\underline{\underline{V}}$), muni de la norme $\|\ \|_v$ de la variation totale.

et nous poserons la définition provisoire suivante

DEFINITION. Un processus $X=(X_t)$ est une semimartingale au sens restreint (abrégé en : semimartingale (r)) s'il appartient à l'espace $\underline{\underline{S}}=\underline{\underline{M}}+\underline{\underline{A}}$.

La vraie définition des semimartingales sera donnée au chapitre IV. La présence d'un $_0$: $\underline{\underline{M}}_0,\underline{\underline{A}}_0,\underline{\underline{S}}_0$... sert à désigner un espace de processus nuls à l'instant 0.

X appartient à $\underline{\underline{S}}$ si et seulement s'il admet une décomposition

(1.1) $$X_t = X_0 + M_t + A_t \quad , \; X_0\in L^1(\underline{\underline{F}}_0),\; M\in\underline{\underline{M}}_0 \;,\; A\in\underline{\underline{A}}_0$$

Mais cette décomposition n'est pas unique. Quels en sont les éléments intrinsèques ? Les résultats des chapitres I-II donnent aussitôt

THEOREME. Dans (1.1), la partie continue M^c de M est indépendante de la décomposition, et sera appelée la partie martingale continue de X, et notée X^c. On posera

(2.1) $$[X,X]_t = \langle X^c,X^c\rangle_t + \Sigma_{s\leq t}\Delta X_s^2 \quad (\text{ y compris } \Delta X_0^2=X_0^2)$$

<u>Soit</u> H <u>un processus prévisible borné</u>. <u>Le processus</u>

(2.2) $\quad H_0X_0 + \int_0^t H_s dM_s + \int_0^t H_s dA_s$ (<u>intégrales respectivement dans</u> $\underline{\underline{M}}$, <u>et de Stieltjes</u>)

<u>ne dépend pas de la décomposition</u> (1.1), <u>et appartient à</u> $\underline{\underline{S}}$. <u>Nous le noterons</u> H·X.

DEMONSTRATION. Nous considérons deux décompositions analogues

$$X = X_0+M+A \;= X_0+\overline{M}+\overline{A}\,,$$

nous avons alors $M-\overline{M} = \overline{A}-A \in \underline{\underline{M}}_0 \cap \underline{\underline{W}}_0$. Il résulte de II.15 que $M-\overline{M}$ n'a pas de partie martingale continue, donc que $M^c = \overline{M}^c$. Il résulte de II.30 que $H\cdot(M-\overline{M})$ est égale à l'intégrale de Stieltjes $H \underset{s}{\cdot} (\overline{A}-A)$. C'est tout.

REMARQUES. 1) X admet une décomposition (1.1) canonique, où $A \in \underline{\underline{A}}_0$ est prévisible, mais nous ne nous en servirons pas.
2) L'inégalité $\Delta X_s^2 \leq 2(\Delta M_s^2+\Delta A_s^2)$ prouve que $[X,X]$ est un processus croissant à valeurs finies sur $[0,\infty]$.

LA FORMULE DU CHANGEMENT DE VARIABLES

Nous en donnons un énoncé complet, et nous passerons le reste du chapitre à le démontrer - la principale difficulté tenant au cas des martingales continues.

3 THEOREME. <u>Soit</u> X <u>une semimartingale (r)</u>, <u>et soit</u> F <u>une fonction sur</u> $\mathbb{R}$, <u>deux fois continûment dérivable</u>, <u>admettant des dérivées</u> bornées <u>des deux premiers ordres</u>. <u>On a alors deux processus indistinguables</u>

$$(3.1)\quad F\circ X_t = F\circ X_0 + \int_0^t F'\circ X_{s-}dX_s + \frac{1}{2}\int_0^t F''\circ X_{s-}d\langle X^c,X^c\rangle_s$$
$$+ \Sigma_{0<s\leq t}\,(F\circ X_s - F\circ X_{s-} - F'\circ X_{s-}\Delta X_s)$$

<u>où la première intégrale au second membre est celle d'un processus prévisible borné par rapport à</u> X, <u>et où la série est p.s. absolument convergente sur</u> $[0,+\infty]$.

La convergence absolue résulte aussitôt de la formule de Taylor : si C est une borne de $|F''|$

$$\Sigma_s\,|F\circ X_s - F\circ X_{s-} - F'\circ X_{s-}\Delta X_s| \leq \frac{C^2}{2}\Sigma_s\,\Delta X_s^2$$

Nous verrons plus tard que la condition que les dérivées de F soient bornées est trop forte, et tient à une définition trop restrictive de l'intégrale stochastique. Par exemple, $F(t)=t^2$ est exclue !

Dans la formule (3.1), nous avons écrit $\int F''\circ X_{s-}d\langle X^c,X^c\rangle_s$ pour l'esthétique, car $\langle X^c,X^c\rangle$ est continu, et l'intégrale précédente est égale à $\int F''\circ X_s d\langle X^c,X^c\rangle_s$. Le lecteur préférera peut être aussi écrire la somme des deux derniers termes de (3.1) sous la forme suivante

$\frac{1}{2}\int_0^t F''\circ X_{s-}d[X,X]_s + \Sigma_{0<s\leq t}(F\circ X_s - F\circ X_{s-} - F'\circ X_{s-}\Delta X_s - \frac{1}{2}F''\circ X_{s-}\Delta X_s^2)$

l'intérêt étant ici que la partie martingale continue $<X^c,X^c>$ dépend de la loi P sur Ω, tandis que la variation quadratique $[X,X]$ n'en dépend pas . Nous reviendrons plus tard sur tout cela.

Passons à la démonstration. Nous commençons par réduire le problème.

LEMME. Si la formule est vraie pour des semimartingales (r) $Y=Y_0+N+B$, où Y_0 parcourt un ensemble dense dans L^1, N un ensemble dense dans $\underline{\underline{M}}_0$, B un ensemble dense dans $\underline{\underline{A}}_0$, alors elle est vraie en toute généralité.

DEMONSTRATION. Choisissons des semimartingales $Y^n=Y_0^n+N^n+B^n$ pour lesquelles la formule soit vraie, et telles que, étant donnée $X=X_0+M+A$, on ait

$$\Sigma_n \|Y_0^n-X_0\|_1 < \infty \ , \ \Sigma_n\|N_\infty^n-M_\infty\|_2 < \infty \ , \ \Sigma_n\|B^n-A\|_v < \infty \ .$$

La première inégalité entraîne que $Y_0^n \to X_0$ p.s. et dans L^1. La seconde, d'après l'inégalité de DOOB, entraîne que $(N^n-M)^* \to 0$ p.s., d'où la convergence p.s. des trajectoires de N^n vers celles de M, et en particulier la convergence des limites à gauche. Noter aussi que $N^{n*} \leq M^* + \Sigma_k(M-N^k)^*$ est dominé dans L^2.

Nous comparons alors les termes de l'égalité (3.1) écrite pour Y^n, aux termes correspondants relatifs à X.

1) Il est évident que $F\circ Y_t^n \to F\circ X_t$, $F\circ Y_0^n \to F\circ X_0$ p.s., donc en mesure.

2) Soit $I_1=\int_0^t F'\circ Y_{s-}^n dN_s^n - \int_0^t F'\circ X_{s-}dM_s$. Nous allons montrer que $I_1\to 0$ dans L^2 , donc en mesure. Pour cela, nous écrivons $I_1=I_2+I_3$

$$I_2=\int_0^t(F'\circ Y_{s-}^n - F'\circ X_{s-})dM_s \ , \ I_3 = \int_0^t F'\circ Y_{s-}^n d(N_s^n-M_s)$$

On majore $\|I_3\|_2^2$ par $C^2E[(N_s^n-M_s)_\infty^2]$, où C borne $|F'|$, de sorte que $I_3\to 0$

On a $\|I_2\|_2^2 = E[\int_0^t(F'\circ Y_{s-}^n - F'\circ X_{s-})^2 d<M,M>_s]$, qui tend vers 0 par convergence dominée (dominée par $4C^2<M,M>_\infty$).

3) Soit $I_4=\int_0^t F'\circ Y_{s-}^n dB_s^n - \int_0^t F'\circ X_{s-}dA_s$. Nous allons montrer que $I_4\to 0$ dans L^1, donc en mesure. Pour cela, nous écrivons $I_4=I_5+I_6$

$$I_5=\int_0^t(F'\circ Y_{s-}^n - F'\circ X_{s-})dA_s \ , \ I_6 = \int_0^t F'\circ Y_{s-}^n d(B_s^n-A_s)$$

On majore $\|I_6\|_1$ par $CE[\int|dB_s^n-dA_s|]$, qui tend vers 0

On a $\|I_5\|_1 \leq E[\int|\ldots||dA_s|]$, qui tend vers 0 par convergence dominée (dominée par $2C\int|dA_s|$).

4) Soit $I_7 = \int_0^t F''\circ Y_{s-}^n d<Y_s^{nc},Y_s^{nc}> - \int_0^t F''\circ X_s d<X^c,X^c>_s$. Le raisonnement est le même qu'en 3) si nous savons montrer que $E[\int|d<Y^{nc},Y^{nc}>_s - d<X^c,X^c>_s|] \to 0$. Or cela vaut aussi $E[\int|d<Y^{nc}+X^c,Y^{nc}-X^c>_s|]$, et d'après l'iné-

galité KW1 c'est majoré par $\|Y^{nc}+X^c\|_{\underline{\underline{M}}}\|Y^{nc}-X^c\|_{\underline{\underline{M}}}$. Mais nous avons par définition $Y^{nc}=N^{nc}$, $X^c=M^c$, et $N^n \rightarrow M$ dans $\underline{\underline{M}}$, donc $N^{nc}\rightarrow M^c$ d'après la continuité des projections. D'où la conclusion.

5) Soit $I_8 = \Sigma_{s\leqq t}\ ((F\circ Y^n_s - F\circ Y^n_{s-} - F'\circ Y^n_{s-}\ \Delta Y^n_s) - (F\circ X_s - F\circ X_{s-} - F'\circ X_{s-}\ \Delta X_s))$.

La somme est en réalité étendue à une réunion dénombrable de graphes de temps d'arrêt T_n. Nous allons démontrer que I_8 tend p.s. vers 0, donc aussi en mesure. Comme chaque terme de la somme tend vers 0, et que l'on a domination par $2C(\Delta Y^{n2}_s + \Delta X^2_s)$ - où cette fois C borne $\|F''\|$ - il nous suffit de démontrer que $\sup_n \Sigma_s\ \Delta Y^{n2}_s$ est p.s. fini.

Il suffit de démontrer cela séparément pour $\sup_n \Sigma_s\ \Delta B^{n2}_s$ et $\sup_n \Sigma_s \Delta N^{n2}_s$, et cela revient à $\sup_n \Sigma_s\ \Delta(A-B^n)^2_s$, $\sup_n \Sigma_s \Delta(M-N^n)^2_s$.

Pour la première somme, on majore par $(\sup_n \Sigma_s|\Delta(A-B^n)_s|)^2$, et on remarque que $\Sigma_n\Sigma_s|\Delta(A-B^n)|_s$ a une espérance finie, donc est finie p.s..

Pour la seconde, on remarque de même que $\Sigma_n\Sigma_s\ \Delta(M-N^n)^2_s$ a une espérance finie.

Ayant montré la convergence en mesure de tous les termes de l'égalité (3.1) relative aux Y^n, vers le terme correspondant de (3.1) relative à X, on voit que (3.1) passe à la limite, et le lemme est établi.

REMARQUE. Dans l'approximation de X par les Y^n qui sera effectivement utilisée par la suite, la discussion des parties 4) et 5) se simplifie. Mais il me semble qu'on gagne en clarté à énoncer formellement le lemme, en dehors de tout procédé particulier d'approximation.

5 Nous décrivons maintenant l'approximation utilisée.

Nous choisissons une suite de temps d'arrêt T_n à graphes disjoints, partout >0, soit prévisibles soit totalement inaccessibles (note N12, p.21) portant tous les sauts de M et A. Nous posons

(5.1) $$K^n_t = \Delta M_{T_n} I_{\{t\geqq T_n\}} \qquad C^n_t = \Delta A_{T_n} I_{\{t\geqq T_n\}}$$

Alors nous avons

$$M = M^c + \Sigma_n\ K^n \text{ dans } \underline{\underline{M}}\ ,\ A = A^c + \Sigma_n\ C^n \text{ dans } \underline{\underline{A}}$$

Notre première approximation va consister à remplacer Σ_n par $\Sigma_{n\leqq N}$ dans chacune des deux sommes, où N est assez grand. Autrement, dit, à nous ramener au cas de martingales et de processus croissants ayant des sauts uniquement en N temps d'arrêt $T_1 \dots T_N$.

Seulement, les martingales $\overset{c}{K}^1,\dots,\overset{c}{K}^N$ sont aussi des processus VI, et nous pouvons oublier que ce sont des martingales, en les faisant entrer dans la partie VI. Autrement dit, nous pouvons nous ramener à la situation suivante :

(5.2) $X = X_0+M+A$
$M\in\underline{\underline{M}}_0$ est une martingale continue
$A\in\underline{\underline{A}}_0$ possède au plus N sauts

Nous rangerons ces N sauts dans leur ordre naturel : $0<R_1\leq\dots\leq R_N\leq+\infty$. Une seconde approximation commode consiste à remplacer M,A,X_0 par

$$\bar{M}_t = M_{t\wedge S} \quad , \bar{A}_t = A_{t\wedge S} \quad , \bar{X}_0 = X_0 \cdot I_{\{|X_0|\leq k\}}$$

où S est le temps d'arrêt $\inf\{ t : |M_t|\geq k \text{ ou } \int_0^t |dA_s|\geq k \}$. Si k est assez grand, $\bar{M}$ et $\bar{A}$ sont très près de M et de A respectivement, et de plus , la martingale $\bar{M}$ est continue bornée, et la variation totale du processus VI continu $\bar{A}^c$ est bornée. Ainsi, grâce au lemme,

(5.3) Dans (5.2) on peut supposer de plus M bornée, $\int_0^\infty |dA_s^c|$ bornée et X_0 bornée.

Nous faisons une réduction supplémentaire : supposons la formule établie lorsque A est continu (et $\int_0^\infty |dA_s|$ bornée) en plus des hypothèses précédentes, et déduisons en le cas général. Nous nous appuyons sur la remarque suivante

LEMME. Les deux membres de (3.1) ont les mêmes sauts.

En effet, le saut du côté droit à l'instant t vaut , comme $<X^c,X^c>$ est continu ,

$$F'\circ X_{t-}\Delta X_t + (F\circ X_t - F\circ X_{t-} - F'\circ X_{t-}\Delta X_t)$$

et c'est aussi le saut du côté gauche.

Reprenons alors la situation (5.2)-(5.3). Introduisons la semimartingale auxiliaire, continue

$$\bar{X}_t = X_0+M+A^c$$

Nous avons $X_t=\bar{X}_t$ sur $[[0,R_1[[$, donc $X_{t-}=\bar{X}_{t-}$ sur $[[0,R_1]]$, et aussi $\int_0^t F'\circ X_{s-}dM_s = \int_0^t F'\circ\bar{X}_{s-}dM_s$ sur $[[0,R_1]]$. Sur $[[0,R_1[[$ nous avons $\int_0^t F'\circ X_{s-}dA_s = \int_0^t F'\circ\bar{X}_{s-}dA_s^c$ (il s'agit d'intégrales de Stieltjes ordinaires). Les autres termes pour les deux semimartingales sont égaux, X et $\bar{X}$ ayant même partie martingale continue, sur l'intervalle $[[0,R_1[[$. La formule du changement de variables, supposée vraie pour $\bar{X}$ sur $[[0,\infty[[$, est donc vraie pour X sur $[[0,R_1[[$. Mais les deux membres ont le même saut en R_1 d'après le lemme, et la formule est donc vraie sur $[[0,R_1]]$.

Mais alors, en décalant, le même raisonnement permet d'avoir l'égalité sur $[[R_1,R_2]]$, et ainsi de suite jusqu'à $[[R_N,+\infty]]$. Le théorème sera donc complètement établi.

LA FORMULE D'ITO : DEMONSTRATION POUR LE CAS CONTINU

7 Nous écrivons $X=X_0+M+A$: $|X_0|\leq K$, $M\in\underline{M}_0$ continue bornée par K , $A\in\underline{A}_0$ continu avec $\int_0^\infty |dA_s|\leq K$, et nous voulons établir la formule d'ITO

$$(7.1)\quad F(X_t)-F(X_0) = \int_0^t F'(X_s)dM_s + \int_0^t F'(X_s)dA_s + \frac{1}{2}\int_0^t F''(X_s)d\langle M,M\rangle_s$$
$$= I_1 + I_2 + \frac{1}{2} I_3$$

Le processus X prend ses valeurs dans l'intervalle $[-3K,+3K]$. Nous désignons par C une constante majorant $|F'|,|F''|$ sur cet intervalle, et nous écrivons la formule de Taylor pour deux points de $[-3K,+3K]$

$$(7.2)\quad F(b)-F(a) = (b-a)F'(a) + \frac{1}{2}(b-a)^2F''(a) + r(a,b)$$

où d'après la continuité uniforme de F" sur l'intervalle

$$(7.3)\quad |r(a,b)| \leq \varepsilon(|b-a|).(b-a)^2 \qquad \varepsilon(t) \text{ fonction croissante de } t,\ \varepsilon(t)\to 0 \text{ lorsque } t\to 0$$

Nous considérons maintenant une subdivision (t_i) de l'intervalle $[0,t]$. Bien que notée avec des t et non des T, il s'agira d'une subdivision <u>aléatoire</u> ainsi définie : $a>0$ étant choisi , $t_o=0$ et

$$t_{i+1} = t\wedge(t_i+a)\wedge\inf\{s>t_i : |M_s-M_{t_i}|>a \text{ ou } |A_s-A_{t_i}|>a\}$$

ainsi, lorsque $a\to 0$, le pas de la subdivision $\sup_i(t_{i+1}-t_i)\leq a$ tend vers 0 uniformément, et la v.a. $\sup_i |M_{t_{i+1}}-M_{t_i}|\leq a$ tend vers 0 uniformément. Plus précisément, l'oscillation du processus X sur chaque intervalle $[[t_i,t_{i+1}]]$ est majorée par 4a. Nous écrivons

$$(7.4)\quad F(X_t)-F(X_0) = \Sigma_i[F(X_{t_{i+1}})-F(X_{t_i})]$$
$$= \Sigma_i F'(X_{t_i})(X_{t_{i+1}}-X_{t_i})+\frac{1}{2}\Sigma_i F''(X_{t_i})(X_{t_{i+1}}-X_{t_i})^2+ \Sigma_i r(X_{t_i},X_{t_{i+1}})$$
$$= S_1 + \frac{1}{2}S_2 + R$$

et nous allons montrer successivement que S_1 tend vers I_1+I_2 en mesure, que S_2 tend vers I_3 en mesure, que R tend vers 0 en mesure, lorsque $a\to 0$. Cela achèvera la démonstration.

ETUDE DE S_1. Nous coupons la somme en deux

$$U_1 = \Sigma_i F'(X_{t_i})(M_{t_{i+1}}-M_{t_i}) \qquad U_2 = \Sigma_i F'(X_{t_i})(A_{t_{i+1}}-A_{t_i})$$

et nous montrons que $U_1 \to I_1$ dans L^2, $U_2 \to I_2$ dans L^1 lorsque $a \to 0$.

Première somme : Nous écrivons $\int_0^t = \Sigma_i \int_{t_i}^{t_{i+1}}$, puis en utilisant l'orthogonalité des différents termes de la somme

$$\|U_1-I_1\|_2^2 = \Sigma_i \| \int_{t_i}^{t_{i+1}}(F'(X_s)-F'(X_{t_i}))dM_s\|_2^2$$

$$= E[\Sigma_i \int_{t_i}^{t_{i+1}} (F'(X_s)-F'(X_{t_i}))^2 d\langle M,M\rangle_s]$$

$$\leq E[\{\sup_i \sup_{s\in[t_i,t_{i+1}]}(F'(X_s)-F'(X_{t_i})^2\}.\langle M,M\rangle_t]$$

Le sup entre { } converge uniformément vers 0 sur Ω, $\langle M,M\rangle_t$ est intégrable, d'où le résultat annoncé plus haut.

Seconde somme. Raisonnement analogue, plus simple : nous majorons directement $|U_2-I_2|$ par

$$\Sigma_i \int_{t_i}^{t_{i+1}} |F'(X_s)-F'(X_{t_i})||dA_s|$$

qui se majore encore par $\{\sup_i \sup_{s\in..} | \ |\}.\int_0^t |dA_s|$ et on conclut comme ci-dessus.

ETUDE DE S_2. Nous coupons la somme en trois

$$V_1 = \Sigma_i F''\circ X_{t_i}(A_{t_{i+1}}-A_{t_i})^2 \ , \ V_2 = 2\Sigma_i F''\circ X_{t_i}(A_{t_{i+1}}-A_{t_i})(M_{t_{i+1}}-M_{t_i})$$

$$V_3 = \Sigma_i F''(X_{t_i})(M_{t_{i+1}}-M_{t_i})^2$$

Nous montrons que V_1 et V_2 tendent vers 0 p.s. et dans L^1, et que $V_3 \to I_3$ en mesure.

Traitons par exemple V_1 : nous la majorons par C. $\sup_i|A_{t_{i+1}}-A_{t_i}|.\int_0^t |dA_s|$.

Le $\sup_i$ est majoré par a, d'où aussitôt la conclusion.

L'étude de V_3 est plus délicate. Nous aurons besoin de savoir que $\langle M,M\rangle_\infty \in L^2$, du fait que M est bornée, de sorte que la martingale $M^2-\langle M,M\rangle$ appartient à $\underline{\underline{M}}$. Pour voir cela, nous écrivons que

$E[\langle M,M\rangle_\infty - \langle M,M\rangle_t | \underline{\underline{F}}_t] = E[M^2_\infty | \underline{\underline{F}}_t] - M_t^2 \leq K^2$, donc

$$E[\langle M,M\rangle^2_\infty] = 2E[\int_0^\infty (\langle M,M\rangle_\infty - \langle M,M\rangle_t)d\langle M,M\rangle_t]$$

(7.5) $$= 2E[\int_0^\infty (E[M^2_\infty | \underline{\underline{F}}_t]-M_t^2)d\langle M,M\rangle_t] \leq 2K^2E[\langle M,M\rangle_\infty]\leq 2K^4$$

Nous allons montrer que $V_3-J_3 \to 0$ dans L^2, donc en mesure, où J_3 est la somme

$$J_3 = \Sigma_i F''(X_{t_i}) <M,M>_{t_i}^{t_{i+1}}$$

Un argument déjà utilisé montre aisément que $I_3-J_3 \to 0$ dans L^1, donc en mesure, et nous en déduirons bien que $V_3-I_3 \to 0$ en mesure, achevant ainsi l'étude de S_2.

La v.a. $<M,M>_{t_i}^{t_{i+1}} -(M_{t_{i+1}}-M_{t_i})^2$ est orthogonale à $\underline{\underline{F}}_{t_i}$ (propriété de martingale de $<M,M>-M^2$) et le reste après multiplication par $F''(X_{t_i})$, donc les différents termes de la somme V_3-J_3 sont orthogonaux et on a

$$\|V_3-J_3\|_2^2 = \Sigma_i \, E[(F''\circ X_{t_i})^2(<M,M>_{t_i}^{t_{i+1}}-(M_{t_{i+1}}-M_{t_i})^2)^2]$$

Nous majorons $(F''\circ X_{t_i})^2$ par C^2, et pour l'autre terme nous utilisons la majoration grossière $(x-y)^2 \leqq 2(x^2+y^2)$. Nous sommes ramenés à montrer que les espérances suivantes tendent vers 0

$$E[\Sigma_i(<M,M>_{t_i}^{t_{i+1}})^2] \quad , \quad E[\, \Sigma_i(M_{t_{i+1}}-M_{t_i})^4]$$

La première est semblable à la somme V_1 : nous la majorons par

$$E[(\sup_i <M,M>_{t_i}^{t_{i+1}}).<M,M>_t]$$

Le $\sup_i$ tend vers 0 simplement (continuité uniforme de $<M,M>$), en restant dominé par $<M,M>_t$; comme nous avons vu que $<M,M>_t \in L^2$, le théorème de Lebesgue s'applique.

La seconde est majorée par

$$E[(\sup_i (M_{t_{i+1}}-M_{t_i})^2).\Sigma_i(M_{t_{i+1}}-M_{t_i})^2]$$
$$\leqq a^2E[\Sigma_i\ldots] = a^2E[M_t^2]$$

qui tend bien vers 0. C'est ici, et ici seulement, que le caractère aléatoire de la subdivision (t_i) a été utilisé, dans le fait que $|M_{t_{i+1}}-M_{t_i}| \leqq a$ identiquement. Sans cela, on a besoin de raisonnements plus compliqués.

ETUDE DE R. Conformément à (7.3), nous majorons R par

$$\Sigma_i(X_{t_{i+1}}-X_{t_i})^2\varepsilon(|X_{t_{i+1}}-X_{t_i}|) \leqq 2\varepsilon(2a).\Sigma_i((A_{t_{i+1}}-A_{t_i})^2+(M_{t_{i+1}}-M_{t_i})^2)$$

$E[\Sigma_i(M_{t_{i+1}}-M_{t_i})^2]=E[M_t^2]$ reste fixe, $E[\Sigma_i(A_{t_{i+1}}-A_{t_i})^2] \leqq aE[\Sigma_i|A_{t_{i+1}}-A_{t_i}|]$ reste borné, $\varepsilon(2a)$ tend vers 0 avec a, et la démonstration est finie.

Il est bon de jeter un regard en arrière : la démonstration est elle vraiment compliquée ? Dans une première étape, au n°4, nous nous sommes débarrassés des sauts pour n'en laisser qu'un nombre fini. Au n°6, nous nous sommes ramenés au cas continu. Au n°7, nous avons traité ce dernier cas, où se présentent les difficultés tenant au fait qu' une

martingale continue n'est pas un processus à variation finie, mais a en quelque sorte une "variation finie d'ordre 2". Tout cela a pris du temps - et cependant il n'y a rien de réellement difficile : on a été tout droit, en utilisant comme seul outil la formule de Taylor à l'ordre 2, ajoutée aux résultats élémentaires sur les martingales.
Au chapitre IV, nous étendrons la formule à une classe de processus plus générale, mais sans grand effort.

La formule de changement de variables admet l'extension suivante à n dimensions : si $X^1,\dots,X^n$ sont n semi-martingales (r), si F est une fonction sur $\mathbb{R}^n$, deux fois continûment différentiable , avec des dérivées partielles bornées du premier et du second ordre, notées D_iF, D_iD_jF, on a l'identité

$$F(X^1_t,\dots,X^n_t) = F(X^1_0,\dots,X^n_0) + \sum_i \int_0^t D_iF(X^1_{s-},\dots,X^n_{s-})dX^i_s +$$

$$(8.1) \qquad + \frac{1}{2}\sum_{i,j}\int_0^t D_iD_jF(X^1_{s-},\dots,X^n_{s-})d\langle X^{ic},X^{jc}\rangle_s$$

$$+ \Sigma_s(F(X^1_s,\dots X^n_s)-F(X^1_{s-},\dots,X^n_{s-})-\Sigma_i D_iF(X^1_{s-},\dots X^n_{s-})\Delta X^i_s)$$

La démonstration est exactement la même, avec des notations plus lourdes.

EXEMPLE D'APPLICATIONS . Si M est une martingale bornée, il suffit évidemment que F soit continûment dérivable à l'ordre 2, sans que l'on ait à exiger des dérivées bornées. On peut alors appliquer le résultat à $F(t)=t^2$, et obtenir

$$(9.1) \qquad M^2_t = M^2_0 + 2\int_0^t M_{s-}dM_s + \langle M^c,M^c\rangle_s + \Sigma_{0<s\leq t}\,\Delta M^2_s$$

ou encore la formule bien connue (on l'étendra plus tard aux martingales locales, sans aucune restriction)

$$(9.2) \qquad 2\int_0^t M_{s-}dM_s = M^2_t - [M,M]_t$$

et en polarisant, la formule d'intégration par parties, qui sera aussi étendue plus loin

$$d(M_sN_s) = M_{s-}dN_s + N_{s-}dM_s + d[M,N]_s$$

Cette formule est vraie plus généralement pour les semi-martingales (r) bornées, en posant (cf. (2.1)) $[X,Y]_t = \langle X^c,Y^c\rangle_t + \Sigma_{s\leq t}\,\Delta X_s\Delta Y_s$. Elle contient en particulier la formule d'intégration par parties pour les processus croissants déterministes !
Nous reprendrons cela plus tard.

APPLICATION AU MOUVEMENT BROWNIEN ET AU PROCESSUS DE POISSON

Nous reproduisons maintenant la magnifique démonstration, due à KUNITA-WATANABE [8], du théorème de LEVY caractérisant le mouvement brownien, et du théorème analogue relatif au processus de Poisson. DELLACHERIE a remarqué ([15],[16]) que ces théorèmes sont étroitement liés au théorème de SKOROKHOD sur la représentation de martingales au moyen d'intégrales stochastiques. Ici, nous allons donner une démonstration commune des deux théorèmes, après quoi nous dirons quelques mots de la démonstration de DELLACHERIE.

10 THEOREME. *Soit* (B_t) *une martingale à trajectoires continues de la famille* $(\mathcal{F}_t)$, *telle que* B_t^2-t *soit une martingale*. *Alors* (B_t) *est un mouvement brownien : pour tout couple* (s,t) *tel que* $s<t$, B_t-B_s *est gaussienne centrée de variance* $t-s$, *indépendante de* $\mathcal{F}_s$.

Soit $(\mathcal{G}_t)$ *la famille de tribus naturelle de* (B_t), *rendue continue à droite*[1] *et complétée*. *Toute v.a.* $X\in L^2(\mathcal{G}_\infty)$ *admet une représentation comme intégrale stochastique*

(10.1) $X=E[X|\mathcal{G}_0]+\int_0^\infty H_s dB_s$ *où* H *est prévisible*/$(\mathcal{G}_t)$ *et* $E[\int H_s^2 ds]<\infty$

et l'on a

(10.2) $$E[X|\mathcal{G}_t] = E[X|\mathcal{F}_t] \text{ p.s. pour tout } t .$$

DEMONSTRATION. Tout tient dans le calcul suivant. Soit $X\in L^2(\mathcal{F}_\infty)$, et soit X_t la martingale $E[X|\mathcal{F}_t]$. *Supposons que le produit* X_tB_t *soit une martingale*. Alors, pour tout $u\in\mathbb{R}$, pour tout couple (s,t) tel que $s<t$

(10.3) $$E[e^{iu(B_t-B_s)}X_t|\mathcal{F}_s] = X_s e^{-(t-s)u^2/2}$$

Pour démontrer cela, nous simplifions les notations en nous ramenant, par décalage, au cas où $\boxed{s=0,\ B_0=0}$ (poser pour $u\geq 0$: $\mathcal{F}'_u=\mathcal{F}_{s+u}$, $X'_u=X_{s+u}$, $B'_u=B_{s+u}-B_s$, $t'=t-s$, et appliquer le cas particulier à ces tribus et processus). Le changement de notation étant fait, écrivons la formule du changement de variables entre les instants 0 et t, avec la fonction deux fois dérivable $F(x)=e^{iux}$

(10.4) $$e^{iuB_t} = 1 + iu\int_0^t e^{iuB_s}dB_s - \frac{u^2}{2}\int_0^t e^{iuB_s}\,ds$$

puisque $\langle B,B\rangle_s=s$. Soit $A\in\mathcal{F}_0$, et soit

$$j(s) = \int_A e^{iuB_s}X_s P$$

Multiplions (10.4) par X_t , intégrons sur A, et regardons. Du côté gauche, nous trouvons $j(t)$. Du côté droit, nous trouvons successivement : $\int_A X_t P = \int_A X_0 P$. Puis 0 : en effet, X est orthogonale à B, donc à

1. En fait, l'adjonction des ens. P-négligeables rend la famille c.à d..

toute intégrale stochastique de B , donc $\int_A X_t P \int_0^t e^{iuB_s} dB_s = 0$. Enfin $\int_A X_t P \int_0^t e^{iuB_s} ds = \int_0^t j(s)ds$. Donc

$$j(t) = \int_A X_0 P - \frac{u^2}{2} \int_0^t j(s)ds$$

équation différentielle qui se résout aisément

$$j(t) = (\int_A X_0 P)\, e^{-tu^2/2}$$

qui équivaut à $E[e^{iuB_t} X_t | \underline{\underline{F}}_0] = X_0 e^{-tu^2/2}$, la formule cherchée.

1) Prenons X=1. La formule s'écrit alors (après décalage de s)

$$E[e^{iu(B_t-B_s)} | \underline{\underline{F}}_s] = e^{-(t-s)u^2/2}$$

qui nous dit que la loi conditionnelle de (B_t-B_s) connaissant $\underline{\underline{F}}_s$ est une loi fixe, gaussienne centrée de variance t-s. Cela nous donne la première assertion.

Pour la seconde, nous pouvons nous restreindre à la famille $(\underline{\underline{G}}_t)$, et supposer que $X_0 = E[X|\underline{\underline{G}}_0]=0$. Soit (Y_t) la projection de la martingale (X_t) sur (B_t) - il y a ici une minuscule difficulté, due au fait que (B_t) n'est de carré intégrable que sur tout intervalle compact, et n'appartient pas à $\underline{\underline{M}}$, mais elle se lève très facilement . D'après II.29, (Y_t) est une intégrale stochastique H•B . Quitte à remplacer X_t par $X_t - Y_t$, nous pouvons supposer que (X_t) <u>est orthogonale à</u> (B_t). Il s'agit alors de montrer que $X = X_\infty = 0$.

D'après (10.3) nous avons, quels que soient $t_1 < t_2 \ldots < t_n$, $u_1 \ldots u_n \in \mathbb{R}$

(10.5) $E[e^{iu_1 B_{t_1}} e^{iu_2(B_{t_2}-B_{t_1})} \ldots e^{iu_n(B_{t_n}-B_{t_{n-1}})} X_\infty]$

$$= E[X_0 e^{-t_1 u_1^2/2} \ldots e^{-(t_n-t_{n-1})u_n^2/2}] = 0$$

Soit μ la mesure bornée X.P sur $\underline{\underline{G}}_\infty$: la mesure image de μ par le vecteur aléatoire $(B_{t_1}, B_{t_2}-B_{t_1}, \ldots, B_{t_n}-B_{t_{n-1}})$ est nulle, puisque sa transformée de Fourier est nulle. Il en est de même de la mesure image de μ par $(B_{t_1}, B_{t_2}, \ldots, B_{t_n})$ puis, par limites projectives, de μ elle même. Cela entraîne que X=0 P-p.s. Si le lecteur n'aime pas raisonner sur des mesures signées, il pourra séparer μ en μ^+ et μ^- et montrer que $\mu^+ = \mu^-$!

Enfin, pour la troisième assertion, soit (Z_t) une version continue à droite de la martingale $E[X|\underline{\underline{G}}_t]$. Comme elle s'écrit comme intégrale stochastique (10.1), et que (B_t) est une martingale de $(\underline{\underline{F}}_t)$, (Z_t) est aussi une martingale de $(\underline{\underline{F}}_t)$, bornée dans L^2 : donc elle admet une limite à l'infini Z_∞ dans L^2 et p.s., et $Z_t = E[Z_\infty | \underline{\underline{F}}_t]$. Mais comme X est $\underline{\underline{G}}_\infty$ -mesurable on a d'après le théorème de convergence appliqué dans $(\underline{\underline{G}}_t)$ que $Z_\infty = X$, et cela donne (10.2).

11 Le théorème admet une extension à $\mathbb{R}^n$, qui se démontre de la même manière : si $(B_t)=(B_t^1,\ldots,B_t^n)$ est une martingale vectorielle à valeurs dans $\mathbb{R}^n$, à trajectoires continues, et si l'on a $\langle B^i,B^j\rangle_t=\delta^{ij}t$, alors (B_t) est un mouvement brownien à n dimensions, et les martingales (X_t) de carré intégrable, de la famille naturelle $(\underline{\underline{G}}_t)$ de (B_t), sont des sommes d'intégrales stochastiques $\Sigma_1^n \int_0^t H_s^i dB_s^i$. Seules les notations sont plus lourdes.

L'application au processus de Poisson est en substance beaucoup plus triviale : le calcul différentiel stochastique qui y intervient est celui des martingales V.I. Nous en donnons deux formes.

12 THEOREME. <u>Soit</u> (P_t) <u>un processus croissant</u> (<u>adapté à la famille</u> $(\underline{\underline{F}}_t)$) <u>purement discontinu</u>, <u>dont tous les sauts sont égaux à</u> +1. <u>On désigne par</u> $S_1,\ldots,S_n$ .. <u>les instants de sauts successifs</u>. <u>Si le processus</u> $Q_t = P_t-t$ <u>est une martingale</u>, (P_t) <u>est un processus de Poisson</u> : <u>les v.a.</u> $S_1, S_2-S_1,\ldots S_n-S_{n-1}$ <u>sont exponentielles de paramètre</u> 1, <u>indépendantes respectivement de</u> $\underline{\underline{F}}_0,\underline{\underline{F}}_{S_1},\ldots,\underline{\underline{F}}_{S_{n-1}}$.

<u>Soit</u> $(\underline{\underline{G}}_t)$ <u>la famille de tribus naturelle de</u> (P_t), <u>rendue continue à droite et complétée</u>[1] . <u>Toute v.a.</u> $X\in L^2(\underline{\underline{G}}_\infty)$ <u>admet une représentation comme intégrale stochastique</u>

(12.1) $X = E[X|\underline{\underline{G}}_0] + \int_0^\infty H_s dQ_s$, <u>où</u> H <u>est prévisible</u>/$(\underline{\underline{G}}_t)$ <u>et</u> $E[\int H_s^2 ds]<\infty$.

<u>et l'on a</u>

(12.2) $E[X|\underline{\underline{G}}_t] = E[X|\underline{\underline{F}}_t]$ <u>p.s. pour tout</u> t.

13 VARIANTE. <u>Soit</u> (Q_t) <u>une martingale telle que</u> $E[Q_t^2]<\infty$ <u>pour tout</u> t, <u>purement discontinue en tant que martingale, dont tous les sauts sont égaux à</u> +1. <u>Si</u> Q_t^2-t <u>est une martingale</u>, $P_t=Q_t+t$ <u>est un processus de Poisson</u>.

14 VARIANTE. <u>Soit</u> S <u>un temps d'arrêt de</u>$(\underline{\underline{F}}_t)$. <u>Si le processus</u> $I_{\{t\geq S\}}-t\wedge S$ <u>est une martingale</u>, <u>on a pour tout</u> t

(14.1) $P\{S\geq t+u|\underline{\underline{F}}_t\} = e^{-u}I_{\{S\geq t\}}$.

DEMONSTRATION. Nous donnerons moins de détails que pour le cas brownien. Nous laisserons entièrement de côté la variante 14, et supposerons $Q_0=P_0=0$. Ramenons d'abord à 12 la variante 13. Comme (Q_t) est purement discontinue en tant que martingale

$$E[[Q,Q]_t] = E[Q_t^2]<\infty \quad , [Q,Q]_t = \Sigma_{s\leq t}\, \Delta Q_s^2 = \Sigma_{s\leq t}\, \Delta Q_s$$

1. En fait, l'adjonction des ens. P-négligeables rend la famille c.à d..

puisque tous les sauts sont égaux à +1. $P_t = \Sigma_{s\leq t} \Delta Q_s$ est un processus croissant, et l'intégrabilité de $[Q,Q]_t$ entraîne celle de P_t . Comme[1] Q est la somme compensée de ses sauts, $Q=P-\tilde{P}$. Comme $P=[Q,Q]$ et $[Q,Q]_t-t = (Q_t^2-t)+([Q,Q]_t-Q_t^2)$ est une martingale, on a $\tilde{P}_t=t$, d'où finalement $Q_t=P_t-t$.

Passons à la démonstration de 12. Nous écrivons la formule du changement de variables entre les instants 0 et $S=S_1$, pour la martingale Q et la fonction $F(x)=e^{iux}$:

$$e^{iuQ_S} = 1 + iu\int_0^S e^{iuQ_{r-}}dQ_r + 0 + (e^{iuQ_S} - e^{iuQ_{S-}} - iue^{iuQ_{S-}}\Delta Q_S)$$

puisqu'il n'y a pas de partie continue et qu'il y a un seul saut entre 0 et S compris. A vrai dire, ce calcul n'est pas absolument rigoureux, du fait que Q n'est pas de carré intégrable sur $\mathbb{R}_+$ entier, et que S n'est pas borné, mais la justification est facile (appliquer à $S\wedge n$ et passer à la limite) et nous ne voulons pas donner les détails. On a $\Delta Q_S=1$, $Q_{S-}= -S$, il reste donc

$$0 = 1 + iu\int_0^S e^{iuQ_{r-}}dQ_r -(1+iu)e^{-iuS}$$

Prenons une espérance conditionnelle par rapport à $\underline{\underline{F}}_0$, il vient que $E[e^{-iuS}|\underline{\underline{F}}_0]=1/(1+iu)$, donc S est indépendante de $\underline{\underline{F}}_0$ avec une loi exponentielle de paramètre 1. Par décalage, S_n-S_{n-1} est indépendante de $\underline{\underline{F}}_{n-1}$ avec une loi exponentielle de paramètre 1, et (P_t) est bien un processus de Poisson.

Sachant cela, nous pouvons vérifier que $(Q_{t\wedge S})$ appartient à $\underline{\underline{M}}$, et mettre dans le calcul la martingale (X_t) orthogonale à (Q_t), et voir

$$E[e^{iuS}X_\infty |\underline{\underline{F}}_0] = X_0/(1+iu) \qquad E[e^{iu(S_n-S_{n-1})}X_\infty|\underline{\underline{F}}_{S_{n-1}}]=X_{S_{n-1}}/(1+iu)$$

et finalement

$$E[e^{iu_1S_1}e^{iu_2(S_2-S_1)}..e^{iu_n(S_n-S_{n-1})}X]=E[X_0]/(1+iu_1)...(1+iu_n)$$

qui est nul si $E[X_0]=0$. Comme la tribu $\underline{\underline{G}}_\infty$ est engendrée par les v.a. $S_1,\dots,S_n-S_{n-1}\dots$ aux ensembles de mesure nulle près, on en déduit comme pour 10 que si X est $\underline{\underline{G}}_\infty$-mesurable et $E[X_0]=0$, alors X est nulle, ce qui entraîne (12.1) et (12.2) comme au n°10.

5 Indiquons maintenant, en suivant DELLACHERIE, le rapport direct entre le théorème d'unicité en loi (caractérisation des lois du mouvement brownien et du processus de Poisson) et le théorème de représentation des martingales comme intégrales stochastiques. Traitons le cas du mouvement brownien, qui est plus simple. Nous pouvons prendre pour Ω

1.Ecrire la décomposition du n°II.11, et constater qu'elle converge en $\| \|_v$.

l'espace des applications continues de $\mathbb{R}_+$ dans $\mathbb{R}$, avec ses applications coordonnées B_t et ses tribus naturelles $\underline{\underline{F}}_t$. Soit (X_t) une martingale <u>bornée</u> ($|X_t| \leq M$) orthogonale à (B_t), telle que $X_0=0$, et soit Q la loi de probabilité $(1+\frac{X_\infty}{2M}).P$, équivalente à P. Comme (X_t) est orthogonale à (B_t), elle est aussi orthogonale à toute intégrale stochastique de (B_t), donc à la martingale (B_t^2-t). On vérifie alors aussitôt que

- B_t est une martingale de carré intégrable <u>pour la loi</u> Q ,
- B_t^2-t est une martingale <u>pour la loi</u> Q

Mais alors, (B_t) est un mouvement brownien pour la loi Q, et comme B_0 a la même loi pour Q et pour P, on a Q=P, donc $X_\infty=0$.

Cela ne suffit pas à montrer le théorème de représentation : il faudrait savoir que toute martingale <u>de carré intégrable</u>, orthogonale à (B_t), est nulle. DELLACHERIE explique dans [16] comment on peut ramener cela au cas borné avec un minimum de travail.

Une démonstration analogue vaut pour le processus de Poisson compensé (Q_t), mais il est moins évident que Q_t^2-t soit une intégrale stochastique de (Q_t), et le passage du cas borné au cas des martingales de carré intégrable n'est pas aussi facile.

POLYNOMES D'HERMITE ET MARTINGALES BROWNIENNES

16 Nous allons profiter des calculs précédents pour indiquer un résultat amusant sur le mouvement brownien. Plaçons nous par exemple à deux dimensions. La formule (10.3) - avec X=1 - nous dit que le processus

$$\exp(iu_1B_t^1+iu_2B_t^2+\tfrac{1}{2}|u|^2t) \qquad (|u|^2=u_1^2+u_2^2)$$

est une martingale . Autrement dit, si s<t, $A\in\underline{\underline{F}}_s$, on a

$$(16.1)\qquad \int_A \exp(iu_1B_t^1+iu_2B_t^2+\tfrac{1}{2}t|u|^2).P=\int_A \exp(iu_1B_s^1+iu_2B_s^2+\tfrac{1}{2}s|u|^2).P$$

Les deux membres sont des fonctions indéfiniment différentiables de u_1,u_2, et ont les mêmes dérivées de tous ordres en 0. Pour calculer celles-ci, nous partons de la série génératrice des polynômes d'HERMITE

$$(16.2)\quad \exp(u_1x_1+u_2x_2-\tfrac{1}{2}|u|^2) = \Sigma_{n,m}\frac{u_1^n\,u_2^m}{n!\;m!}H_{nm}(x_1,x_2)$$

que nous transformons en

$$(16.3)\quad \exp(iu_1x_1+iu_2x_2-\tfrac{1}{2}t|u|^2)=\Sigma\,\frac{i^{n+m}t^{(n+m)/2}u_1^nu_2^m}{n!m!}H_{nm}(\frac{x_1}{\sqrt{t}},\frac{x_2}{\sqrt{t}})$$

Portant cela dans (16.1), nous voyons que pour tout (n,m) le processus $t^{(n+m)/2}H_{nm}(B_t^1/\sqrt{t},\,B_t^2/\sqrt{t})$ est une martingale.

UN COURS SUR LES INTEGRALES STOCHASTIQUES

(P.A. Meyer)

CHAPITRE IV . MARTINGALES LOCALES
CHANGEMENT DE VARIABLES, FORMULES EXPONENTIELLES

Dans ce chapitre, en introduisant la notion de <u>martingale locale</u> (ITO et WATANABE [11]) puis celle de <u>semimartingale</u>, nous donnons au calcul sur les intégrales stochastiques toute la souplesse nécessaire. Nous étendons la formule du changement de variables, et en donnons des applications aux "formules exponentielles" . Cependant, nous nous limitons ici à l'intégration d'une classe restreinte de processus : les processus prévisibles localement bornés. Au chapitre V, nous traiterons plus en détails la théorie de l'intégrale stochastique par rapport aux martingales locales (et non plus par rapport aux semimartingales), en utilisant les espaces $\underline{\underline{H}}^1$ et $\underline{\underline{BMO}}$.

MARTINGALES LOCALES

DEFINITION. <u>Soit</u> M <u>un processus adapté</u>, <u>nul en</u> 0. <u>On dit que</u> M <u>est une</u> martingale locale <u>s'il existe des temps d'arrêt</u> $T_n\uparrow +\infty$ <u>tels que les processus arrêtés</u> M^{T_n} <u>soient des martingales uniformément intégrables</u>.

<u>On dit que</u> M <u>est</u> localement dans $\underline{\underline{M}}$ (localement de carré intégrable) <u>si l'on peut choisir les</u> T_n <u>de telle sorte que</u> M^{T_n} <u>soit de carré intégrable pour tout</u> n.

<u>Si</u> M <u>n'est pas nulle en</u> 0, <u>on dit que</u> M <u>est une martingale locale</u> (<u>est localement dans</u> $\underline{\underline{M}}$) <u>si</u> $M-M_0$ <u>possède cette propriété</u>.

REMARQUES. a) Une martingale locale est un processus à trajectoires continues à droite et pourvues de limites à gauche.

b) M est une martingale locale si et seulement s'il existe des $T_n\uparrow\infty$ tels que les processus $M^{T_n}I_{\{T_n>0\}}$ soient des martingales uniformément intégrables.

NOTATIONS. L'espace des martingales locales (nous verrons dans un instant que c'en est un !) est noté $\underline{\underline{L}}$. L'espace des martingales locales nulles en 0 est noté $\underline{\underline{L}}_0$. L'espace des martingales locales localement de carré intégrable est noté $\underline{\underline{M}}_{loc}$.

Soit H un processus adapté nul en 0. Nous dirons qu'un temps d'arrêt S <u>réduit</u> H si H^S est une martingale uniformément intégrable.

Nous énonçons maintenant quelques propriétés simples des martingales locales : le lecteur énoncera les résultats analogues pour $\underline{\underline{M}}_{loc}$.

4 a) Si le temps d'arrêt T réduit H, et S est un temps d'arrêt tel que $S\leqq T$, alors S réduit H.

b) La somme de deux martingales locales est une martingale locale (on se ramène à $\underline{\underline{L}}_0$. Si les $S_n \uparrow +\infty$ réduisent M, si les $T_n \uparrow +\infty$ réduisent N, alors les $S_n \wedge T_n$ réduisent M+N).

c) *Soit* M *une martingale locale nulle en* 0. *Alors un temps d'arrêt* S *réduit* M *si et seulement si le processus* M^S *appartient à la classe* (D). On rappelle qu'un processus H appartient à la classe (D) si et seulement si toutes les v.a. H_T , où T est un temps d'arrêt fini, sont uniformément intégrables.

DEMONSTRATION. Si S réduit M, M^S est une martingale uniformément intégrable, donc appartient à la classe (D) (résultat cité dans [D],V.T9, p.98, avec renvoi à la première édition de [P], V.T19). Inversement, soient des $T_n \uparrow \infty$ réduisant M. Soit s<t. Alors $M_{s\wedge S\wedge T_n} = E[M_{t\wedge S\wedge T_n} | \underline{\underline{F}}_s]$ puisque $M^{S\wedge T_n} = (M^{T_n})^S$ est une martingale. Grâce à l'intégrabilité uniforme on peut faire tendre n vers $+\infty$, ce qui donne $E[M_{s\wedge S}] = E[M_{t\wedge S} | \underline{\underline{F}}_s]$, donc M^S est une martingale.

d) *Si* M *est une martingale locale nulle en* 0, *si* S *et* T *réduisent* M, *alors* $S\vee T$ *réduit* M.

En effet, le processus $|M^{S\vee T}|$ majoré par $|M^S|+|M^T|$ appartient à la classe (D).

e) *Soit* M *un processus quelconque. S'il existe des temps d'arrêt* $T_n \uparrow \infty$ *tels que les* M^{T_n} *soient des martingales locales*, M *est une martingale locale*.

DEMONSTRATION. On se ramène au cas où $M_0=0$. Pour chaque n soient des $R_{nm}\uparrow\infty$ réduisant M^{T_n} , et soit $S_{nm}=R_{nm}\wedge T_n \uparrow T_n$. Rangeons les S_{nm} en une seule suite S_k et posons $H_k=S_1\vee\ldots\vee S_k \uparrow\infty$. Il suffit de voir que les H_k réduisent M. Or en revenant aux notations à deux indices, soit $S_1=S_{n_1m_1}$,..., $S_k=S_{n_km_k}$, et soit $r=n_1\vee\ldots\vee n_k$. $S_{n_im_i}$ réduit $M^{T_{n_i}}$; or $M^{T_{n_i}}$ et M^{T_r} ont la même arrêtée à l'instant $S_{n_im_i}$, donc $S_{n_im_i}$ réduit M^{T_r} . D'après d) il en est de même de H_k . Comme M et M^{T_r} ont même arrêtée à l'instant H_k, H_k réduit M.

Avant de passer à des propriétés plus fines des martingales locales, on va indiquer la raison pour laquelle celles-ci ont été introduites par ITO et WATANABE dans [11]. Considérons une surmartingale positive (X_t). Il est bien connu que la limite $X_\infty = \lim_t X_t$ existe et est finie, de sorte que les temps d'arrêt

$$T_n = \inf \{t : X_t \geqq n\}$$

tendent p.s. vers $+\infty$ avec n - **il est même vrai que pour presque tout** ω on a $T_n(\omega)=+\infty$ pour n grand. D'après le théorème d'arrêt de DOOB, la v.a. X_{T_n} est intégrable, de sorte que la surmartingale arrêtée X^{T_n} est dominée par la v.a. $n \vee X_{T_n}$, et admet donc une décomposition de DOOB

$$X_{t\wedge T_n} = M_t^n - A_t^n$$

où (A_t^n) est un processus croissant intégrable prévisible nul en 0, (M_t^n) une martingale uniformément intégrable. D'après l'unicité de la décomposition, il existe un processus M, un processus A tels que l'on ait pour tout n $M_t^n = M_{t\wedge T_n}$, $A_t^n = A_{t\wedge T_n}$

On vérifie aussitôt que A est un processus croissant, prévisible, et l'inégalité $E[A_\infty] = \lim_n E[A_\infty^n] \leqq E[X_0]$ montre que A est intégrable. Quant à M, c'est une martingale locale d'après la définition 1. Il n'y a aucune difficulté à prouver l'unicité d'une telle décomposition.

On voit donc que la notion de martingale locale s'introduit de manière parfaitement naturelle, et toute la suite ne fera que confirmer cela : c'est la "bonne" extension de la notion de martingale.

REDUCTION FORTE : UN LEMME FONDAMENTAL

On va maintenant établir un résultat concernant la structure des martingales locales, qui va permettre de les ramener aux deux éléments avec lesquels on a travaillé jusqu'à maintenant : martingales de carré intégrable, processus VI. Ce lemme (8 ci-dessous) est lié à la "décomposition de GUNDY" des martingales discrètes.

DEFINITION. Soit M une martingale locale nulle en 0. On dit que le temps d'arrêt T réduit fortement M si T réduit M et si la martingale $E[|M_T||\underline{\underline{F}}_s]$ est bornée sur $[\![0,T[\![$.

Alors , si $S \leqq T$, et si l'on note (Y_s) la martingale $E[|M_T||\underline{\underline{F}}_s]$, on a $E[|M_S||\underline{\underline{F}}_s] \leqq Y_{S\wedge s}$, et on peut en déduire que S réduit fortement M.

LEMME. Si S et T réduisent fortement M, il en est de même de $S\vee T$.

DEMONSTRATION. $S\vee T$ réduit M. Il suffit de montrer que $I_{\{t<T\}}E[|M_{S\vee T}||\underline{\underline{F}}_t]$

est une martingale bornée (remplacer T par S et ajouter). Or c'est majoré par

$$E[|M_T||\underline{\underline{F}}_t]I_{\{t<T\}} + E[|M_S|I_{\{S>T\}}|\underline{\underline{F}}_t]I_{\{t<T\}}$$

Le premier terme est borné (T réduit fortement M). Le second vaut

$$E[|M_S|I_{\{t<T<S\}}|\underline{\underline{F}}_t] \leq E[|M_S|I_{\{t<S\}}|\underline{\underline{F}}_t] \quad \text{qui est borné.}$$

7 LEMME. <u>Si</u> M <u>est une martingale locale nulle en</u> 0, <u>il existe des temps d'arrêt</u> $T_n\uparrow\infty$ <u>réduisant fortement</u> M.

DEMONSTRATION. Nous utiliserons la remarque suivante, qui devrait être classique : si S et T sont deux temps d'arrêt, $E[\cdot|\underline{\underline{F}}_T|\underline{\underline{F}}_S]=E[\cdot|\underline{\underline{F}}_{S\wedge T}]$ (en terme d'arrêt, cela revient à $(X^T)^S=X^{S\wedge T}$).

On prend des $R_n\uparrow\infty$, réduisant M. Puis on pose

$$S_{nm} = R_n \wedge \inf \{t : E[|M_{R_n}||\underline{\underline{F}}_t] \geq m \}$$

On les range en une seule suite S_n , et on prend $T_n=S_1\vee\ldots\vee S_n$. D'après le lemme précédent, il suffit de montrer que S_{nm} réduit fortement M , ou encore - en enlevant les indices - que $E[|M_S||\underline{\underline{F}}_t]$ est bornée sur $[[0,S[[$.

Or soit (Y_t) la martingale $E[|M_R||\underline{\underline{F}}_t]$, bornée sur $[[0,S[[$ par la constante m. On a $E[|M_S|I_{\{t<S\}}|\underline{\underline{F}}_t] = E[|E[M_R I_{\{t<S\}}|\underline{\underline{F}}_S] \mid \underline{\underline{F}}_t] \leq$ $E[E[|M_R|I_{\{t<S\}}|\underline{\underline{F}}_S|\underline{\underline{F}}_t] = E[|M_R|I_{\{t<S\}}|\underline{\underline{F}}_{S\wedge t}] = Y_{S\wedge t}I_{\{t<S\}} = Y_t I_{\{t<S\}} \leq m$.

8 THEOREME. <u>Soit</u> M <u>une martingale locale. Alors il existe des temps d'arrêt</u> $T_n\uparrow\infty$ <u>tels que la martingale arrêtée</u> M^{T_n} <u>puisse s'écrire</u> (de manière non unique)

(8.1) $$M_0 + U^n + V^n$$

<u>où</u> U^n <u>appartient à</u> $\underline{\underline{M}}_0$ (est de carré intégrable), <u>et</u> V^n <u>à</u> $\underline{\underline{W}}_0$ (est à variation intégrable), U^n <u>et</u> V^n <u>étant aussi arrêtées à</u> T^n.

DEMONSTRATION. Compte tenu de ce qui précède, il suffit de prouver que si M est une martingale locale <u>nulle en 0</u> , et T <u>réduit fortement</u> M , alors M^T admet une décomposition $M^T=U+V$ du type précédent.

Par définition , $|M_T|$ (éventuellement prolongé par sa limite sur $\{T=\infty\}$) est intégrable, et la martingale $E[|M_T||\underline{\underline{F}}_t]$ est bornée sur $[[0,T[[$ par une constante K. Nous pouvons aussi supposer que $M=M^T$.

Posons $C_t=M_T I_{\{t\geq T\}}=M_t I_{\{t\geq T\}}$

$X_t=M_t I_{\{t<T\}}$

C est un processus à variation intégrable, soit $\tilde{C}$ sa compensatrice prévisible. Nous posons $V=C-\tilde{C}$, martingale à variation intégrable (la norme variation de V est au plus $2E[|M_T|]$), et $U=X+\tilde{C}$. C'est U qu'il faut étudier.

Nous introduisons les divers processus suivants (et les processus analogues avec des - au lieu de +)

$$\overset{+}{M}_t = E[M_T^+|\underline{\underline{F}}_t] \ , \ C_t^+=M_T^+I_{\{t\geq T\}} \ , \ \overset{+}{X}_t=M_t^+I_{\{t<T\}} \ , \ \overset{+}{U}_t = \overset{+}{X}_t+\tilde{C}_t^+$$

Le processus $\overset{+}{X}$ est une <u>surmartingale bornée</u> positive, le processus $\overset{+}{U}$ une martingale, donc $\tilde{C}^+$ est le processus croissant intégrable prévisible engendrant la partie potentiel de $\overset{+}{X}$, qui est elle aussi bornée par K. Nous allons montrer qu'alors $E[(\tilde{C}^+_\infty)^2]\leq 2K^2$ (cf. le début de la démonstration de II.10). Pour alléger les notations, nous écrirons x_t, c_t au lieu de $\overset{+}{X}_t$, $\tilde{C}^+_t$. Nous avons (intégration par parties)

$$c_\infty^2 = \int_{0-}^{\infty} [(c_\infty-c_s)+(c_\infty-c_{s-})]dc_s \leq 2\int_{0-}^{\infty}(c_\infty-c_{s-})dc_s$$

Prenons une espérance. Comme (c_t) est prévisible, on peut remplacer le processus $(c_\infty-c_{s-})$ par sa projection prévisible. Comme on a $x_T=E[c_\infty-c_T|\underline{\underline{F}}_T]$ pour tout temps d'arrêt T, on a aussi $x_{T-}=E[c_\infty-c_{T-}|\underline{\underline{F}}_{T-}]$ pour tout temps prévisible T (utiliser une suite annonçant T). Donc la projection prévisible en question est le processus (x_{t-}) et on a

$$E[c_\infty^2] \leq 2E[\int x_{s-}dc_s] \leq 2KE[\int dc_s] = 2KE[x_o] = 2K^2 \ .$$

REMARQUES. La martingale U a de bien meilleures propriétés que l'appartenance à $\underline{\underline{M}}$: on verra plus loin (n°V.5) qu'elle appartient à l'espace $\underline{\underline{BMO}}$.

L'inégalité que nous venons d'utiliser est <u>la seule</u> inégalité sur les martingales et surmartingales que nous utilisons dans ce cours, et qui ne figure pas dans le livre de DOOB. Les inégalités plus récentes seront établies au chap.V, par les méthodes de GARSIA, mais il est bon de souligner que la théorie de l'intégrale stochastique repose, en fin de compte, sur des résultats plutôt élémentaires.

APPLICATIONS

Soit M une martingale locale, que nous supposons d'abord nulle en 0. Si T est un temps d'arrêt qui réduit fortement M, $M^T \in \underline{\underline{M}}_0+\underline{\underline{W}}_0$ est une "semimartingale au sens restreint" (n°III.1), et nous pouvons lui appliquer les résultats du chap.III - en particulier, définir les processus

$(M^T)^c$, partie martingale continue de M^T

$[M^T,M^T]_t = <(M^T)^c,(M^T)^c>_t + \Sigma_{s\leq t\wedge T}\ \Delta M_s^2$

Si maintenant S et T réduisent tous deux fortement M, les processus que l'on vient de construire coïncident jusqu'à l'instant $S\wedge T$. Faisant tendre S et T vers l'infini, on en déduit sans peine que

THEOREME. Si M est une martingale locale nulle en 0, il existe une martingale locale continue M^c nulle en 0, la partie continue de M, telle que pour tout t.d'a. T réduisant fortement M on ait

(9.1) $$(M^c)^T = (M^T)^c$$

On désigne par $<M^c,M^c>$ l'unique processus croissant continu nul en 0 tel que l'on ait

(9.2) $$<M^c,M^c>_{t\wedge T} = <(M^T)^c,(M^T)^c>_t$$

pour tout T réduisant fortement M. On désigne par [M,M] le processus croissant (fini pour t fini)

(9.3) $$[M,M]_t = <M^c,M^c>_t + \Sigma_{s\leq t}\ \Delta M_s^2$$

et [M,N] se définit par polarisation. Si M n'est pas nulle en 0, soit $\bar{M}_t=M_t-M_0$; on pose $M_t^c=\bar{M}_t^c$, $[M,M]_t=[\bar{M},\bar{M}]_t+M_0^2$ (de même pour [M,N]).

10 REMARQUES. L'inégalité KW2 (II.21) s'étend aussitôt aux martingales locales par arrêt.

On peut définir $<M,M>$ pour une martingale locale M localement de carré intégrable. Nous verrons plus loin (j'espère) que l'on a dans certains cas avantage à définir $<M,N>$ sans supposer l'existence de $<M,M>$ et $<N,N>$.

PROCESSUS A VARIATION LOCALEMENT INTEGRABLE

11 DEFINITION. On dit qu'un processus A est un processus à variation localement intégrable s'il est à VF (adapté) et s'il existe des t.d'a. $T_n\uparrow\infty$ tels que $E[\int_{]0,T_n]}|dA_s|] < \infty$ pour tout n.

L'espace des processus à variation localement intégrable est noté $\underline{\underline{A}}_{loc}$ ($\underline{\underline{A}}$ était, rappelons le, l'espace des processus à variation intégrable).

Rien n'est exigé quant à l'intégrabilité de A_0.

Si l'on sait à l'avance que A est un processus à VF, on dira souvent " A est localement intégrable" pour " A est à variation localement intégrable".

THEOREME. a) <u>Tout</u> $A \in \underline{\underline{V}}$ <u>prévisible, ou à sauts bornés, est localement intégrable</u>.

b) <u>Si</u> $A \in \underline{\underline{V}}$ <u>est localement intégrable, il existe un processus</u> $\tilde{A} \in \underline{\underline{V}}$ <u>prévisible unique tel que le processus</u> $\overset{c}{A} = A - \tilde{A}$ <u>soit une martingale locale nulle en</u> 0. <u>On dit que</u> $\tilde{A}$ <u>est le</u> compensateur <u>de</u> A, $\overset{c}{A}$ <u>le</u> compensé <u>de</u> A.

c) <u>Tout</u> $A \in \underline{\underline{V}}$ <u>qui est aussi une martingale locale est localement intégrable</u>.

DEMONSTRATION. a) On se ramène aussitôt au cas où $A_0=0$. On vérifie comme au n°I.4 que si A est prévisible, le processus $\int_0^t |dA_s|$ est prévisible. Soit alors

$$S_k = \inf \{ t : \int_0^t |dA_s| \geqq k \}$$

Comme A_0 est nul, S_k est partout >0, et il est prévisible (N9, p.9). Soit (S_{km}) une suite annonçant S_k. La variation de A sur $[[0,S_{km}]]$ est $\leqq k$, donc intégrable, et pour obtenir une suite $T_n \uparrow \infty$ satisfaisant à la définition 12 il suffit de prendre $T_n = \sup_{k \leqq n, m \leqq n} S_{km}$.

Le cas des processus à sauts bornés est immédiat : prendre $T_n = S_n$. Démontrons maintenant c). On se ramène au cas où $A_0=0$. Soit $R_n \uparrow \infty$ une suite de t.d'a. réduisant fortement la martingale locale A. Soit $S_n = \inf \{ t : \int_0^t |dA_s| \geqq n \}$, et soit $T_n = R_n \wedge S_n$. Il nous suffit de montrer que $E[\int_{[0,T_n]} |dA_s|] < \infty$. Comme $E[\int_{[0,T_n[} |dA_s|] \leqq n$, il suffit de prouver que $E[|\Delta A_{T_n}|] < \infty$. Cela résulte de 8, T_n réduisant fortement A : A^{T_n} s'écrit $U+V$, $U \in \underline{\underline{M}}$, $V \in \underline{\underline{A}}$, de sorte que $\Delta U_{T_n} \in L^2$, $\Delta V_{T_n} \in L^1$.

Passons à b). On peut supposer que $A_0=0$. A étant localement intégrable, considérons des $T_n \uparrow +\infty$ tels que $E[\int_0^{T_n} |dA_s|] < \infty$; les processus A^{T_n} à VI admettent des compensateurs B^n, et on vérifie aussitôt que si $n<m$ $B^n = (B^m)^{T_n}$, de sorte qu'il existe un processus B tel que $B^n = B^{T_n}$ pour tout n. Il n'y a aucune difficulté à vérifier que B est prévisible, que B est un processus à variation loc. intégrable, et que A-B est une martingale locale (réduite par les T_n). L'unicité résulte du lemme plus précis suivant :

13 LEMME. <u>Toute martingale locale prévisible</u> M <u>est continue</u>. <u>Toute martingale locale prévisible à VF est constante</u> (<u>et donc nulle si</u> $M_0=0$).

DEMONSTRATION. Par arrêt à un t.d'a. réduisant fortement M, on se ramène au cas où M est une martingale uniformément intégrable. Pour tout temps d'arrêt prévisible S on a alors $\Delta M_S = M_S - M_{S-} = M_S - E[M_S | \underline{\underline{F}}_{S-}]$ (utiliser une suite annonçant S). Or M_S est $\underline{\underline{F}}_{S-}$-mesurable puisque M est prévisible (N10, p.9), donc $\Delta M_S = 0$. M étant prévisible, on en déduit que M est continue (N11, p.9, par exemple). Si M est VF, $\int_0^t |dM_s|$ est continue, et par arrêt on peut supposer que M est VI. Mais alors M, prévisible et ayant un potentiel droit nul, est constante (I.15).

14 NOTATIONS . On notera $\underline{\underline{W}}_{loc}$ l'espace des martingales locales à VF (donc à variation localement intégrable : cf. $\underline{\underline{W}}$, espace des martingales VI).

Pour tout couple de martingales locales M,N tel que [M,N] soit loc. intégrable, on notera $\langle M,N \rangle$ la compensatrice prévisible de [M,N].

SEMIMARTINGALES

Nous pouvons maintenant donner la vraie définition des semimartingales (cf. III.1 pour la définition provisoire). Nous en donnons plus loin une forme plus facile à vérifier (n°33).

15 DEFINITION. Un processus adapté X est une semimartingale s'il admet une décomposition de la forme

(15.1) $$X_t = X_0 + M_t + A_t$$

où M est une martingale locale nulle en 0, A un processus VF nul en 0.

On n'impose à A aucune restriction d'intégrabilité. La décomposition n'est, bien entendu, pas unique.

EXEMPLE. Soit X un processus à accroissements indépendants (non homogène) à trajectoires continues à droite. Il est bien connu que les trajectoires de X sont alors càdlàg (cf. [3]). Soit Z_t la somme des sauts de X d'amplitude ≥ 1 entre 0 et t ; c'est un processus à VF. Il est bien connu que Y=X-Z est un processus à accroissements indépendants, admettant des moments de tous les ordres, de sorte que le processus $Y_t - E[Y_t]$ est une martingale. Ainsi, X est une semimartingale si et seulement si la fonction $t \mapsto E[Y_t]$ est à variation bornée.

16 Considérons deux décompositions du type (15.1)

$$X = X_0 + M + A = X_0 + \bar{M} + \bar{A}$$

alors $M - \bar{M} = \bar{A} - A$ appartient à $\underline{\underline{L}}_0 \cap \underline{\underline{V}}_0$, d'après 12 c) c'est un processus à variation localement intégrable. En tant que martingale locale elle est sans partie continue d'après II.15[1], donc $M^c = \bar{M}^c$. Nous poserons $M^c = X^c$, et nous l'appellerons la partie martingale continue de X (on devrait ajouter "locale", mais c'est trop lourd). On pose aussi

(16.1) $$[X,X]_t = \langle X^c, X^c \rangle_t + \Sigma_{s \leq t} \Delta X_s^2 \ (2)$$

1. C'est trop rapide. Voir p.75. 2. Voir aussi p.75 , et le chap.VI, n°4.

INTEGRALES STOCHASTIQUES

Notre but est d'arriver maintenant à la formule du changement de variables pour les semimartingales. A cette fin, nous définissons une notion très simple d'intégrale stochastique, d'abord par rapport aux martingales locales, puis par rapport aux semimartingales.

DEFINITION. Un processus optionnel (H_t) est dit localement borné s'il existe des temps d'arrêt $T_n \uparrow \infty$ et des constantes K_n tels que

$$(17.1) \qquad |H_t| I_{\{0<t\leq T_n\}} \leq K_n$$

(Quant à H_0, on exige simplement qu'il soit fini).

18 THEOREME. a) Soit M une martingale locale, et soit H un processus prévisible localement borné. Il existe alors une martingale locale $H \cdot M$ et une seule telle que l'on ait, pour toute martingale bornée N

$$(18.1) \qquad [H \cdot M, N] = H \cdot [M, N]$$

(au second membre, il s'agit d'une intégrale de Stieltjes ordinaire).

b) On a $(H \cdot M)_0 = H_0 M_0$, $(H \cdot M)^c = H \cdot M^c$, et les processus $\Delta(H \cdot M)_s$ et $H_s \Delta M_s$ sont indistinguables.

c) Si M appartient à $\underline{\underline{W}}_{loc}$, $H \cdot M$ se calcule comme une intégrale de Stieltjes sur les trajectoires.

DEMONSTRATION. a) Nous supposerons que $M_0=0$, en laissant au lecteur le soin de passer au cas général, ce qui est immédiat. Nous pouvons alors supposer également que $H_0=0$. Il existe alors des temps d'arrêt $T_n \uparrow \infty$, à la fois réduisant fortement M et tels que H^{T_n} soit un processus borné. On sait alors décomposer la martingale $M^n = M^{T_n}$ en $U^n + V^n$, où U^n appartient à $\underline{\underline{M}}_0$, V^n à $\underline{\underline{A}}_0$, et U^n, V^n sont arrêtées à T_n. On peut alors définir (III.2, b)) l'intégrale stochastique $H \cdot M^n = H \cdot U^n + H \cdot V^n$, qui est une martingale uniformément intégrable. Si $n<p$, on a par arrêt (l'arrêt étant une opération d'intégrale stochastique, si l'on veut !)

$$H \cdot M^n = (H \cdot M^p)^{T_n} \quad \text{du fait que } M^n = (M^p)^{T_n}$$

Il en résulte qu'il existe un processus $H \cdot M$ tel que pour tout n $H \cdot M^n = (H \cdot M)^{T_n}$. Il est clair que $H \cdot M$ est une martingale locale, et que l'on a (par recollement)

$$\Delta(H \cdot M)_t = H_t \Delta M_t$$

Il résulte aussi de la définition de M^c (9), et de II.26 que l'on a $H \cdot M^c = (H \cdot M)^c$. Il en résulte que l'on a , par addition

$$[H\cdot M,N]_t = [H\cdot M^c,N^c]_t + \Sigma_{s\leq t} H_s \Delta M_s \Delta N_s = (H\cdot[M,N])_t$$

pour toute martingale bornée N. Enfin, si M appartient à $\underline{\underline{W}}_{loc}$, on peut choisir les T_n de telle sorte que les martingales M^n appartiennent à $\underline{\underline{W}}$, les intégrales $H\cdot M^n$ sont alors des intégrales ordinaires (II.30), d'où c).

S'il existait deux martingales $H\cdot M$ et $\overline{H\cdot M}$ satisfaisant à (18.1), leur différence L serait une martingale locale telle que $[L,N]=0$ pour toute martingale bornée N. Nous allons montrer que cela entraîne $L=0$. Même mieux :

19 THEOREME. <u>Soit</u> L <u>une martingale locale</u>.

a) <u>Le processus</u> $[L,N]\in\underline{\underline{V}}$ <u>est localement intégrable pour toute martingale bornée</u> N. <u>Plus précisément, si</u> T <u>réduit fortement</u> L, $\int_{0+}^{T}|d[L,N]_s|$ <u>est intégrable</u>.

b) <u>S'il existe des</u> $T_n\uparrow\infty$ <u>réduisant fortement</u> L <u>tels que</u> $E[[L,N]_{T_n}]=0$ <u>pour toute martingale bornée</u> N, <u>on a</u> $L=0$.

DEMONSTRATION. Nous supposerons que $L_0=0$. Ecrivons que $L^T=U+V$, $U\in\underline{\underline{M}}_0$, $V\in\underline{\underline{W}}_0$. D'après l'inégalité KW2 (II.21), comme U et N appartiennent à $\underline{\underline{M}}$ nous avons $E[\int|d[U,N]_s|]<\infty$ et $E[\int d[U,N]_s]=E[U_\infty N_\infty]$ d'après la définition de $[U,N]$ par polarisation (et II.18). De même, V n'a pas de partie continue, de sorte que $[V,N]_t=\Sigma_{s\leq t}\Delta V_s\Delta N_s$. Comme N est bornée, V à variation intégrable, $\int|d[V,N]_s|$ est intégrable, et $E[\int d[V,N]_s]=E[V_\infty N_\infty]$ d'après I.9. Finalement, la relation $E[[L,N]_T]=0$ s'écrit $E[L_T N_\infty]=0$. Comme N_∞ est une v.a. bornée arbitraire, cela entraîne $L_T=0$, puis (comme L^T est une martingale uniformément intégrable) que $L^T=0$. D'où b). Le lecteur étendra cela au cas où $L_0\neq 0$.

REMARQUE. a) permet de définir $\langle M,N\rangle$ si M est une martingale locale, et N une martingale locale <u>localement bornée</u>, **comme compensatrice de [M,N].**

Nous définissons maintenant l'intégrale stochastique d'un processus prévisible localement borné par rapport à une semimartingale.

20 THEOREME. <u>Soient</u> $X=X_0+M+A$ <u>une semimartingale</u> ($M\in\underline{\underline{L}}_0$, $A\in\underline{\underline{V}}_0$) <u>et</u> H <u>un processus prévisible localement borné</u>. <u>Le processus</u>

(20.1) $\qquad H\cdot X = H_0X_0 + H\cdot M + H\cdot A$

<u>ne dépend pas de la décomposition choisie</u>. $H\cdot X$ <u>est une semimartingale et l'on a</u> (<u>à des processus évanescents près</u>)

(20.2) $\qquad H\cdot X^c = (H\cdot X)^c \quad , \quad H_t\Delta X_t = \Delta(H\cdot X)_t$

<u>et, si</u> T <u>est un temps d'arrêt</u>

(20.3) $\qquad H\cdot X^T = (H\cdot X)^T$.

DEMONSTRATION. Considérons deux décompositions

$$X=X_0+M+A = X_0+\bar{M}+\bar{A} \quad (M,\bar{M} \in \underline{\underline{L}}_0 \ , \ A,\bar{A}\in \underline{\underline{V}}_0)$$

Alors $M-\bar{M} = \bar{A}-A$ appartient à $\underline{\underline{L}}_0$ et à $\underline{\underline{V}}_0$ (est une martingale locale à VF), donc est à variation localement intégrable (12,c)). Mais alors l'intégrale $H\cdot(M-\bar{M})$ se calcule comme une intégrale de Stieltjes (18,c)), donc $H\cdot(M-\bar{M})=H\cdot(\bar{A}-A)$. Le reste est immédiat d'après 18.

LA FORMULE DU CHANGEMENT DE VARIABLES (CAS GENERAL)

Comme au chapitre III, nous ne démontrerons que le cas des semimartingales réelles, mais nous énoncerons le théorème pour les semimartingales à valeurs dans $\mathbb{R}^n$.

THEOREME. Soit X un processus à valeurs dans $\mathbb{R}^n$, dont les n composantes X^i sont des semimartingales. Soit F une fonction deux fois continûment différentiable sur $\mathbb{R}^n$ (on ne suppose pas les dérivées partielles bornées). Alors le processus $F\circ X$ est une semimartingale et on a l'identité

(21.1) $$F\circ X_t = F\circ X_0 + \Sigma_i \int_{]0,t]} D^iF\circ X_{s-}dX_s^i + \frac{1}{2}\Sigma_{i,j}\int_0^t D^iD^jF\circ X_{s-}d\langle X^{ic},X^{jc}\rangle_s$$
$$+ \Sigma_{0<s\leqq t} (F\circ X_s-F\circ X_{s-}-\Sigma_i D^iF\circ X_{s-}\Delta X_s^i)$$

DEMONSTRATION (une dimension). Nous vérifions d'abord que le côté droit de (21.1) a un sens. Le processus $F'\circ X_s$ étant continu à droite et pourvu de limites à gauche, $(F'\circ X_{s-})$ est prévisible localement borné (arrêter à $S=\inf\{t : |F'\circ X_s|\geqq n\}$). De même, $F''\circ X_{s-}$. Les deux intégrales au second membre ne posent donc pas de problème. Pour tout $\omega\in\Omega$, la trajectoire $X_\cdot(\omega)$ reste sur $[0,t]$ dans un intervalle compact $[-C(t,\omega),+C(t,\omega)]$, sur lequel la dérivée seconde de F reste bornée en valeur absolue par une constante $K(t,\omega)$. Nous avons alors si $s\leqq t$

$$|F\circ X_s(\omega)-F\circ X_{s-}(\omega)-F'\circ X_{s-}(\omega)\Delta X_s(\omega)|\leqq \frac{1}{2}K(t,\omega)\Delta X_s^2(\omega)$$

Dans la décomposition $X=X_0+M+A$ ($M\in\underline{\underline{L}}_0, A\in\underline{\underline{V}}_0$), nous savons que $\Sigma_{s\leqq t}\Delta M_s^2<\infty$ p.s., que $\Sigma_{s\leqq t}\Delta A_s^2<\infty$ p.s.. Il en résulte que la série au second membre de (21.1) est p.s. absolument convergente.

Supposons maintenant qu'il existe un temps d'arrêt T possédant les propriétés suivantes : soit $X=X_0+M+A$, $M\in\underline{\underline{L}}_0$, $A\in\underline{\underline{V}}_0$, alors

T réduit fortement M, en particulier M est bornée sur $[[0,T[[$

$\int_{]0,T[}|dA_s|$ est bornée, X_0 est bornée sur $\{T>0\}$

M,A sont arrêtés à l'instant T .

Désignons alors par K une constante dominant $|X|$ sur $[[0,T[[$, par Y le processus

$$Y_t = X_t - \Delta X_T I_{\{t\geqq T\}} \quad \text{(en particulier } Y_t=0 \text{ sur } \{T=0\} \text{)}$$

et par G une fonction deux fois dérivable, à dérivées premières et secondes bornées, coincidant avec F sur l'intervalle [-K,+K]. Le processus Y s'écrit de la manière suivante (T réduisant fortement M, on peut poser $M=U+V$, $U\in\underline{\underline{M}}_0$, $V\in\underline{\underline{W}}_0$, U et V arrêtés à l'instant T)

$$Y_t = X_0 I_{\{T>0\}} + U_t + (V_t - \Delta V_T I_{\{t\geqq T\}} + A_t - \Delta A_T I_{\{t\geqq T\}} - \Delta U_T I_{\{t\geqq T\}})$$

qui montre que Y est une semimartingale au sens restreint (III.1) : U_t est de carré intégrable, et la dernière parenthèse est un processus à variation intégrable . Nous appliquons alors la formule du changement de variables du chap.III à Y et à G . Puis, comme F et G coincident sur l'intervalle [-K,+K], où Y prend ses valeurs, nous remplaçons G par F. Ainsi, écrivant $Y=Y_0+M+B$, où $B_t=A_t-\Delta X_T I_{\{t\geqq T>0\}}$

$$F\circ Y_t = F\circ Y_0 + \int_0^t F'\circ Y_{s-} dM_s + \int_0^t F'\circ Y_{s-} dB_s + \frac{1}{2}\int_0^t F''\circ Y_{s-} d\langle M^c, M^c\rangle_s + \Sigma_{s\leqq t}\cdots$$

Les processus X et Y coïncident sur l'intervalle [[0,T[[, donc X_- et Y_- sont égaux sur [[0,T]] (pourvu que T soit >0). Comme M est arrêtée à l'instant T et nulle en 0, on a pour tout processus prévisible H

$$H\cdot M = H'\cdot M \text{ , où } H'_t = H_t I_{\{0<t\leqq T\}}$$

et par conséquent $\int_0^t F'\circ Y_{s-} dM_s = \int_0^t F'\circ X_{s-} dM_s$ pour tout t

De même, mais plus simplement, on a $\int_0^t F''\circ Y_{s-} d\langle M^c,M^c\rangle_s = \int_0^t F''\circ X_{s-} d\langle M^c,M^c\rangle_s$.

D'autre part, B et A coincident sur l'intervalle [[0,T[[, et les propriétés de l'intervalle de Stieltjes ordinaire entraînent que

$$\int_0^t F'\circ Y_{s-} dB_s = \int_0^t F'\circ X_{s-} dA_s \text{ pour } t<T .$$

Par conséquent, nous obtenons que pour t<T

$$F\circ X_t = F\circ X_0 + \int_0^t F'\circ X_{s-} dX_s + \frac{1}{2}\int_0^t F''\circ X_{s-} d\langle X^c, X^c\rangle_s + \Sigma_{0<s\leqq t}\cdots$$

Seulement, nous avons vérifié au n°III.6 que les deux membres de (21.1) ont les mêmes sauts : ils sont donc égaux, non seulement sur [[0,T[[, mais sur [[0,T]] (sur {T=0} tout est évident). Comme ils sont tous deux arrêtés à l'instant T, l'identité (21.1) est établie sur toute la droite, pour les semimartingales du type particulier considéré. Il faut bien remarquer que toutes les difficultés ont été résolues au chap.III : on n'a fait ici que de petits déplacements de processus croissants du côté des martingales à celui des processus VF, dans les décompositions.

Il reste à ramener le cas général au cas particulier qui vient d'être traité ici. Pour cela, nous choisissons des temps d'arrêt $R_n\uparrow+\infty$, réduisant fortement M. Nous posons aussi

$$S_n = \inf \{ t : \int_0^t |dA_s| \geq n \}$$
$$U_n = 0 \text{ si } |X_0|>n, +\infty \text{ sinon}$$
$$T_n=R_n \wedge S_n \wedge U_n$$

Les temps d'arrêt T_n croissent vers $+\infty$, et la semimartingale X^{T_n} satisfait aux hypothèses de la première partie de la démonstration. La formule du changement de variables est donc vraie pour X^{T_n}. Cela revient à dire qu'elle est vraie pour X si $t \leq T_n$, d'où le théorème lorsque $n \to +\infty$.

Le corollaire suivant peut se démontrer directement (mais ce n'est pas très facile).

COROLLAIRE. Pour toute martingale locale M, le processus $M_t^2-[M,M]_t = 2\int_0^t M_{s-}dM_s$ est une martingale locale nulle en 0.

On a aussi la formule générale d'intégration par parties

COROLLAIRE. Pour tout couple X,Y de semimartingales , le produit XY est une semimartingale, et l'on a

(23.1) $$d(XY)_t = X_{t-}dY_t + Y_{t-}dX_t + d[X,Y]_t$$

ou plus explicitement

$$X_tY_t = \int_{]0,t]} X_{s-}dY_s + \int_{]0,t]} Y_{s-}dX_s + [X,Y]_t$$

et, si X est un processus à variation finie

(23.2) $$d(XY)_t = X_{t-}dY_t + Y_t dX_t$$. Voir aussi le n°38 .

(En effet, si X est à VF $<X^c,Y^c>=0$, $[X,Y]_t=\Sigma_{s\leq t}\Delta X_s \Delta Y_s$, et $d[X,Y]_t= \Delta Y_t.dX_t$, de sorte que $Y_{t-}dX_t+d[X,Y]_t=Y_t dX_t$).

L'EXPONENTIELLE D'UNE SEMIMARTINGALE

Nous illustrons l'emploi du changement de variables en résolvant, dans l'ensemble des semimartingales, l'"équation différentielle" $\frac{dZ}{Z_-}=X$. La théorie est due à C. DOLEANS-DADE, avec ici quelques allègements dus à Chantha YOEURP. Voir aussi le n°36 ci-dessous.

Nous commençons par rappeler quelques résultats élémentaires sur les fonctions à variation bornée sur $\mathbb{R}$. Dans les quelques formules qui suivent, a(t), b(t)... sont des fonctions à variation bornée, continues à droite, pouvant présenter un saut en 0 : on convient que a(0-)=0, a(t)= 0 pour t<0, de sorte que la masse en 0 est a(0). On a la formule (23.2) d'intégration par parties

(24.1) $$a(t)b(t)=\int_{[0,t]}a(s-)db(s) + \int_{[0,t]}b(s)da(s)$$

et la formule du changement de variables (l'hypothèse que F est deux fois différentiable est ici trop forte, du moins pour la seconde

formule

(24.2) $F(a(t))=F(0)+\int_{[0,t]} F'(a(s-))da(s)+$

$+\Sigma_{0\leqq s\leqq t} F(a(s))-F(a(s-))-F'(a(s-))\Delta a(s)$

$= \int_0^t F'(a(s))da^c(s) + \Sigma_{0\leqq s\leqq t} F(a(s))-F(a(s-))$

où a^c est la partie continue de la fonction à variation bornée a. Comme application de (24.1) ou (24.2), nous notons que si a est une fonction croissante

(24.3) $d(a(t))^n \geqq na(t)^{n-1}da(t)$

et nous en déduisons le lemme suivant

LEMME. <u>Soit</u> a(t) <u>une fonction à variation bornée</u>. <u>Il existe au plus une solution de l'équation</u>

(24.4) $z(t)-z(0-) = \int_{[0,t]} z(s-)da(s)$

<u>localement bornée sur</u> $[0,\infty[$.

DEMONSTRATION. Considérant la différence de deux solutions, nous nous ramenons à prouver que 0 est la seule solution de (24.4) telle que $z(0-)=0$. **Sous cette condition, la masse de a en 0 n'intervient pas, et** nous pouvons supposer que $a(0-)=0$. Soit $b(t)=\int_0^t|da(s)|$, et soit $K = \sup_{s\leqq t} |z(s)|$. Nous avons successivement si $0\leqq r\leqq t$

$$|z(r)| =|\int_0^r z(s-)da(s)| \leqq \int_0^r|z(s-)|db(s) \leqq Kb(r)$$

$$|z(r)| \leqq \int_0^r|z(s-)|db(s) \leqq K\int_0^r b(r-)db(r) \leqq K\frac{b^2(r)}{2}$$

$$|z(r)| \leqq \int_0^r |z(s-)|db(s) \leqq \frac{K}{2}\int_0^r b^2(r-)db(r) \leqq K\frac{b^3(r)}{3!}$$

etc (on utilise à chaque fois (24.3)). Pour finir, comme $b^n(t)/n!$ tend vers 0, on a que z est nulle.

Ces lemmes étant établis, nous prouvons :

25 THEOREME. <u>Soit</u> X <u>une semimartingale</u>. <u>Il existe une semimartingale</u> Z <u>et une seule telle que</u>

(25.1) $Z_t = Z_{0-}+\int_{[0,t]} Z_{s-}dX_s$ <u>pour</u> $t\geqq 0$ ($X_{0-}=0$ <u>par convention</u>)

<u>Elle est donnée par la formule</u>

(25.2) $Z_t = Z_{0-}\exp(X_t- \frac{1}{2}\langle X^c,X^c\rangle_t) \prod_{0\leqq s\leqq t} (1+\Delta X_s)e^{-\Delta X_s}$ $(t\geqq 0)$

<u>où le produit infini est p.s. absolument convergent</u>.

NOTATION. On écrit $Z=Z_{0-}\mathcal{E}(X)$. Le cas le plus familier est celui où $X_0=0$, $Z_{0-}=Z_0$; l'équation s'écrit alors $Z_t=Z_0+\int_0^t Z_{s-}dX_s$.

DEMONSTRATION. 1)Nous allons d'abord prouver que le processus (Z_t) défini par (25.2) existe, est une semimartingale, et satisfait à (25.1). A cet effet, nous commençons par l'existence, qui se ramène évidemment à celle du produit infini. Nous prendrons $Z_{0-}=1$ pour simplifier.

LEMME. Le produit infini est p.s. absolument convergent, et le processus

(25.3) $$V_t = \prod_{s\leq t} (1+\Delta X_s)e^{-\Delta X_s} \qquad (V_{0-}=1)$$

est à variation finie, purement discontinu.

DEMONSTRATION. Le produit d'un nombre fini de fonctions à variation finie purement discontinues est encore du même type (formule d'intégration par parties). Nous écartons alors les sauts tels que $|\Delta X_s|\geq 1/2$, qui sont en nombre fini sur tout intervalle fini, et nous sommes ramenés à démontrer le même résultat pour

$$V'_t = \prod_{s\leq t}(1+\Delta X_s I_{\{|\Delta X_s|<1/2\}})e^{-\Delta X_s I_{\{\ \}}}$$

Mais nous avons alors $\log V'_t = \Sigma_{s\leq t} (\log(1+\Delta X_s I_{\{\}})-\Delta X_s I_{\{\}})$, série absolument convergente puisque $\Sigma_{s\leq t} \Delta X_s^2$ converge, et $\log V'_t$ est un processus à variation finie purement discontinu. Il en est alors de même, d'après (24.2), de $V'_t= e^{\log V'_t}$.

2) Posons $K_t=X_t-\frac{1}{2}<X^c,X^c>_t$, et soit $F(x,y)=e^x y$; on a $Z_t=F(K_t,V_t)$, de sorte que Z est une semimartingale. Appliquons la formule du changement de variables

$$Z_t-Z_{0-} = \underbrace{\int_{[0}^{t]} Z_{s-}dK_s}_{I_1} + \underbrace{\int_{[0}^{t]} e^{K_{s-}} dV_s}_{I_2} + \underbrace{\frac{1}{2}\int_0^t Z_{s-}d<K^c,K^c>_s}_{I_3}$$

$$+ \underbrace{\Sigma_{0\leq s\leq t} (Z_s-Z_{s-}-Z_{s-}\Delta K_s -e^{K_{s-}}\Delta V_s)}_{I_4}{}^{(*)}$$

Dans I_1 , nous remplaçons dK_s par $dX_s - \frac{1}{2}d<X^c,X^c>_s$, et dans I_3 nous remplaçons K^c par X^c. Il y a une simplification et il reste simplement

$$\int_{[0}^{t]} Z_{s-}dX_s \quad .$$

Dans I_2 , nous utilisons le lemme, pour dire que V étant à V.F. purement discontinu, I_2 vaut $\Sigma_{0\leq s\leq t} e^{K_{s-}}\Delta V_s$.

Dans I_4 , nous remarquons que $Z_s=Z_{s-}(1+\Delta X_s)$, $Z_{s-}\Delta K_s = Z_{s-}\Delta X_s$, et il y a simplification avec I_2.

(*) La formule est légèrement différente de la formule usuelle en raison du Z(0-) au premier membre.

3) Pour établir l'unicité, nous désignons par $\bar{Z}_t$ une solution de (25.1) telle que $\bar{Z}_{0-}=1$, nous posons $\bar{V}_t = e^{-K_t}\bar{Z}_t$, de sorte que (avec la même fonction F que ci-dessus) $\bar{V}_t = F(-K_t,\bar{Z}_t)$, et nous appliquons la formule du changement de variables. Nous avons $\bar{V}_{0-}=1$ et

$$\bar{V}_t-\bar{V}_{0-} = \int_{[0}^{t]} -\bar{V}_{s-}dK_s + \int_{[0}^{t]} e^{-K_{s-}}d\bar{Z}_s + \frac{1}{2}\int_0^{t-}\bar{V}_s d\langle K^c,K^c\rangle_s$$

$$-\int_0^t e^{-K_s}d\langle K^c,\bar{Z}^c\rangle + \Sigma_0^t(\bar{V}_s-\bar{V}_{s-}+\bar{V}_{s-}\Delta K_s-e^{-K_{s-}}\Delta\bar{Z}_s)$$

$$= I_1+I_2+I_3+I_4+I_5$$

Maintenant, nous écrivons que $d\bar{Z}_s=\bar{Z}_{s-}dX_s$, $dK_s=dX_s-\frac{1}{2}d\langle X^c,X^c\rangle_s$, $K^c=X^c$. Aussi $d\langle K^c,\bar{Z}^c\rangle_s = d\langle X^c,\bar{Z}^c\rangle_s = \bar{Z}_{s-}d\langle X^c,X^c\rangle_s$. La somme I_1+I_2 s'écrit $\int-\bar{V}_{s-}dK_s + \int e^{-K_{s-}}\bar{Z}_{s-}dX_s = \int-\bar{V}_{s-}dX_s+\frac{1}{2}\int\bar{V}_{s-}d\langle X^c,X^c\rangle_s + \int\bar{V}_{s-}dX_s$. Deux termes disparaissent, et $I_1+I_2+I_3 = 2I_3$. D'autre part, $I_4 = -\int e^{-K_s}\bar{Z}_{s-}d\langle X^c,X^c\rangle_s = -\int\bar{V}_s d\langle X^c,X^c\rangle_s = -2I_3$. Reste donc seulement I_5 . Nous avons $\Delta\bar{Z}_s = \bar{Z}_{s-}\Delta X_s$, $\Delta K_s = \Delta X_s$, donc il reste seulement

$$\bar{V}_t-\bar{V}_{0-} = \Sigma_{0\leq s\leq t}\,\Delta\bar{V}_s$$

série absolument convergente (ce qui exprime que $\bar{V}$ est un processus à V.F. purement discontinu). Nous avons $\bar{V}_s = e^{-K_s}\bar{Z}_s$, donc $\bar{V}_s = e^{-K_{s-}}.e^{-\Delta X_s}\bar{Z}_{s-}(1+\Delta X_s)=\bar{V}_{s-}e^{-\Delta X_s}(1+\Delta X_s)$, enfin $\Delta\bar{V}_s = \bar{V}_{s-}((1+\Delta X_s)e^{-\Delta X_s}-1)$. Introduisons le processus à V.F. purement discontinu

$$A_t = \Sigma_{0\leq s\leq t}(e^{-\Delta X_s}(1+\Delta X_s)-1)$$

(la série étant absolument convergente p.s.), nous avons alors que

$$\bar{V}_t-\bar{V}_{0-} = \int_{[0}^{t]}\bar{V}_{s-}dA_s \qquad \bar{V}_{0-}=1$$

d'après le lemme 24 cela caractérise uniquement $\bar{V}$, et donc $\bar{Z}=\bar{V}e^K$ est aussi unique.

La propriété fondamentale d'une exponentielle est évidemment sa multiplicativité : celle-ci n'a pas toujours lieu, mais[1]

26 THEOREME. <u>Si</u> X <u>et</u> Y <u>sont des semimartingales et</u> $[X,Y]=0$, <u>alors</u> $\mathcal{E}(X+Y)=\mathcal{E}(X)\mathcal{E}(Y)$.

En effet, $[X,Y]=0$ veut dire que X et Y n'ont pas de sauts communs, et que $\langle X^c,Y^c\rangle=0$, i.e. $\langle(X+Y)^c,(X+Y)^c\rangle = \langle X^c,X^c\rangle+\langle Y^c+Y^c\rangle$.

1. YOR vient de découvrir la jolie formule $\mathcal{E}(X)\mathcal{E}(Y)=\mathcal{E}(X+Y+[X,Y])$.

L'essentiel du chapitre est dit. Il reste à présent diverses questions à traiter, dont les liens sont assez lâches. Nous allons d'abord énoncer un théorème assez simple et frappant sur les intégrales stochastiques de processus prévisibles. Puis définir une sous-classe importante de la classe des semimartingales, celle des <u>semimartingales spéciales</u>, dont nous donnerons diverses applications. Ensuite, nous définirons une autre exponentielle, qui apparaît en liaison avec les problèmes de décomposition multiplicative des surmartingales positives. Enfin, nous donnerons en appendice divers résultats qui sont tous plus ou moins liés à la théorie - jusqu'à présent peu développée - des intégrales stochastiques multiples.

Il n'est pas recommandé de lire cela à la suite. Il pourrait être raisonnable, par exemple, de lire la définition des semimartingales spéciales (31-32) et de passer au chapitre V.

CARACTERE LOCAL DE L'INTEGRALE STOCHASTIQUE

Dans le cas discret, tout processus (X_n) est à VF, et l'intégrale stochastique d'un processus prévisible (H_n) (H_0 $\underline{\underline{F}}_0$-mesurable, H_n $\underline{\underline{F}}_{n-1}$-mesurable pour $n\geq 1$) est le processus

$$(H\cdot X)_n = H_0X_0+H_1(X_1-X_0)+\dots+H_n(X_n-X_{n-1})$$

Si l'on connaît les trajectoires $X_\cdot(\omega)$, $H_\cdot(\omega)$, on sait donc calculer la trajectoire $(H\cdot X)_\cdot(\omega)$. Il n'est pas évident que l'on puisse démontrer une propriété analogue dans le cas continu. Il en est pourtant ainsi :

THEOREME. <u>Soient</u> X <u>et</u> $\bar{X}$ <u>deux semimartingales</u>, H <u>et</u> $\bar{H}$ <u>deux processus prévisibles localement bornés</u>, I <u>et</u> $\bar{I}$ <u>les processus</u> $H\cdot X$ <u>et</u> $\bar{H}\cdot\bar{X}$. <u>Alors</u>

(27.1) <u>Sur l'ensemble</u> $C=\{\omega : H_\cdot(\omega)=\bar{H}_\cdot(\omega),\ X_\cdot(\omega)=\bar{X}_\cdot(\omega)\}$ <u>on a p.s.</u> $I_\cdot(\omega)=\bar{I}_\cdot(\omega)$.

DEMONSTRATION. Il suffit de traiter séparément les cas où $X=\bar{X}$, et où $H=\bar{H}$.

1) Supposons $H=\bar{H}$, et montrons que $H\cdot X$ et $H\cdot\bar{X}$ sont indistinguables sur l'ensemble $C=\{X_\cdot=\bar{X}_\cdot\}$. On peut se borner au cas où $H_0=0$.

Nous pouvons d'abord restreindre l'espace à $\{X_0=\bar{X}_0\}$, puis nous ramener au cas où $X_0=\bar{X}_0=0$. Nous décomposons $X=M+A$, $\bar{X}= \bar{M} + \bar{A}$ ($M,\bar{M}\in\underline{\underline{L}}_0$, $A,\bar{A}\in\underline{\underline{V}}_0$, et il s'agit de savoir si $H\cdot(M-\bar{M})=H\cdot(\bar{A}-A)$ sur l'ensemble $C = \{M-\bar{M}=\bar{A}-A\}$. Notons N la martingale locale $M-\bar{M}$, B le processus à VF $\bar{A}-A$, de sorte que $C=\{N_\cdot=B_\cdot\}$. Soit T un temps d'arrêt réduisant fortement N; il nous suffit de démontrer que $H\cdot N^T=H\cdot B^T$ sur C. Quitte à diminuer T, on peut supposer aussi que H - qui est localement borné par hypothèse- est borné sur $[[0,T]]$. Comme on a $I_{]]T,\infty[[}\cdot N^T = I_{]]T,\infty[[}\cdot B^T = 0$, on peut remplacer H par $HI_{[[0,T]]}$, et on peut donc supposer H borné partout. D'autre part, N^T peut s'écrire U+V ($U\in\underline{\underline{M}}_0$, $V\in\underline{\underline{W}}_0$), et il suffit de montrer que $H\cdot U = H\cdot(B-V)$ sur C. On utilise pour cela un raisonnement par classes monotones à partir des processus prévisibles élémentaires, pour lesquels la propriété est évidente.

2) Supposons $X=\bar{X}$, et montrons que $H\cdot X$ et $\bar{H}\cdot X$ sont indistinguables sur l'ensemble $C=\{H_{.}=\bar{H}_{.}\}$.

La propriété est évidente pour les éléments de $\underline{\underline{V}}$. On se ramène donc au cas où X est une martingale locale, que l'on peut supposer nulle en 0. Soit T un temps d'arrêt réduisant fortement X : il suffit de montrer que $H\cdot X^T=\bar{H}\cdot X^T$ sur C . Décomposant X^T en U+V ($U\in\underline{\underline{M}}_0$, $V\in\underline{\underline{W}}_0$) on se ramène à l'égalité $H\cdot U=\bar{H}\cdot U$. On peut aussi supposer H et $\bar{H}$ bornés comme ci-dessus. Finalement, posant $K=H-\bar{H}$, on est ramené à prouver que <u>si</u> $U\in\underline{\underline{M}}_0$, <u>si</u> K <u>est prévisible borné</u>, $L=K\cdot U$ <u>est nulle sur</u> $\{\omega : K_{.}(\omega)=0\}$ ou encore, si l'on se rappelle que $\langle L,L\rangle = K^2\cdot\langle U,U\rangle$, que $L\in\underline{\underline{M}}_0$ <u>est nulle sur l'ensemble</u> $J=\{\langle L,L\rangle_\infty=0\}$.

Soit $T_n = \inf\{ t : \langle L,L\rangle_t \geqq \frac{1}{n}\}$. Ces temps d'arrêt décroissent vers $T_\infty = \inf\{t : \langle L,L\rangle_t>0\}$, ils sont >0 partout, égaux à $+\infty$ sur J . D'autre part, T_n est prévisible en tant que début d'un ensemble prévisible fermé à droite (N9, p.9). Par conséquent on a ($L_s^2-\langle L,L\rangle_s$ étant une martingale uniformément intégrable nulle en 0)

$$E[L^2_{T_n-}] = E[\langle L,L\rangle_{T_n-}] \leqq 1/n$$

puis pour tout t

$$(L_t^2-\langle L,L\rangle_t)I_{\{t<T_n\}} = E[(L^2_{T_n-}-\langle L,L\rangle_{T_n-})|\underline{\underline{F}}_t]I_{\{t<T_n\}}$$

d'où $\qquad E[L_t^2 I_{\{t<T_n\}}] \leqq \frac{2}{n}$

et finalement $E[L_t^2 I_{\{t<T_\infty\}}]=0$, donc L_t est nulle sur $[[0,T_\infty[[$ - en particulier, $L_{.}$ est nulle sur J.

28 Voici un raffinement du théorème 27, partie 1. Soient X et $\bar{X}$ deux semimartingales, H un processus prévisible localement borné, T un temps d'arrêt, et C l'ensemble

$$\{\omega : X_t(\omega) = \bar{X}_t(\omega) \text{ pour } 0\leqq t<T(\omega)\}$$

alors on a p.s. sur C $(H\cdot X)_t(\omega) = (H\cdot\bar{X})_t(\omega)$ pour tout $t<T(\omega)$. Si l'on avait mis $0\leqq t\leqq T(\omega)$ dans la définition de C, le résultat se réduirait à 27 appliqué à X^T et $\bar{X}^T$, mais ici il faut faire plus attention.

Soit $Y=XI_{[[0,T[[}$, $\bar{Y}=\bar{X}I_{[[0,T[[}$; nous pouvons alors écrire $X^T=Y+V$, $\bar{X}^T=\bar{Y}+\bar{V}$, où V et $\bar{V}$ sont nuls avant T, constants après T, et sont à VF. D'après 27, nous avons $H\cdot Y=H\cdot\bar{Y}$ sur C. D'autre part, $H\cdot V$ et $H\cdot\bar{V}$ sont des intégrales de Stieltjes, donc nulles sur $[[0,T[[$ où V et $\bar{V}$ sont nuls. Par différence on voit que $(H\cdot X^T)_t(\omega),(H\cdot\bar{X}^T)_t(\omega)$ sont égales pour $\omega\in C$, $t<T(\omega)$, et on conclut en remarquant que $H\cdot X^T=(H\cdot X)^T$, $H\cdot\bar{X}^T=(H\cdot\bar{X})^T$.

On a un raffinement analogue pour la partie 2. Soient X une semimartingale, H et $\bar{H}$ deux processus prévisibles localement bornés, T un temps d'arrêt, et C l'ensemble

$$\{\,\omega : H_t(\omega)=\bar{H}_t(\omega) \text{ pour } 0\leq t<T(\omega)\}$$

alors on a p.s. sur C $(H\cdot X)_t(\omega)=(\bar{H}\cdot X)_t(\omega)$ pour tout $t<T(\omega)$. Ici encore, on peut se ramener par arrêt au cas où H et $\bar{H}$ sont bornés, supposer que $H_0=0$. Puis se ramener au cas où X est une martingale locale, puis par arrêt à un t.d'a. réduisant fortement X, au cas où $X=U\in\underline{\underline{M}}_0$. Finalement, en posant $K=H-\bar{H}$, $L=K\cdot U$ comme dans la démonstration de 27, à montrer que <u>si</u> $\langle L,L\rangle_t(\omega)=0$ <u>pour</u> $t<T(\omega)$, <u>alors</u> $L_t(\omega)=0$ <u>pour</u> $t<T(\omega)$ $(L\in\underline{\underline{M}}_0)$. Or nous avons vu dans la démonstration de 27 que L est nulle sur $[[0,T_\infty[[$, et la relation $\langle L,L\rangle_t(\omega)=0$ pour $t<T(\omega)$ entraîne $T(\omega)\leq T_\infty(\omega)$.

Les raisonnements précédents entraînent une autre conséquence intéressante. Soit X une semimartingale, et soit H un processus prévisible localement borné. Soit C l'ensemble des ω tels que $X_.(\omega)$ soit une fonction à variation finie - comme la variation peut se calculer avec des subdivisions finies appartenant aux rationnels, C est mesurable. Alors

<u>Pour presque tout</u> $\omega\in C$, <u>la trajectoire</u> $(H\cdot X)_.(\omega)$ <u>est donnée par l'intégrale de Stieltjes</u> $\int_0^t H_s(\omega)dX_s(\omega)$.

Cela "localise" le théorème 18, c). Pour voir cela, on se ramène aussitôt par décomposition de X au cas où X est une martingale locale nulle en 0 ; par arrêt, au cas où $H_0=0$, où H est borné ; par arrêt à un t.d'a. réduisant fortement X, au cas où X est de carré intégrable. Et alors, il ne reste plus qu'à utiliser un argument de classe monotone à partir du cas des processus prévisibles élémentaires, pour lesquels le résultat est évident - le passage à la limite reposant sur l'inégalité de DOOB.

SEMIMARTINGALES SPECIALES

30 Notre point de départ va être la remarque suivante, qui sera exploitée systématiquement au chapitre V.

Soit M une martingale locale nulle en 0, et soit T un temps d'arrêt réduisant fortement M. Alors (8) M^T peut s'écrire U+V, où U appartient à $\underline{\underline{M}}$, et V est à variation intégrable. Nous avons d'après l'inégalité KW2 étendue aux martingales locales (10)

$$([M,M]_T)^{1/2} = [M^T,M^T]_\infty^{1/2} \leq [U,U]_\infty^{1/2} + [V,V]_\infty^{1/2}$$

Comme U est de carré intégrable, $[U,U]_\infty^{1/2}$ appartient à L^2 , donc à L^1. D'autre part, V est à variation intégrable, donc dépourvue de partie continue (II.15, III.2,...), donc $[V,V]_\infty^{1/2} = (\Sigma_s \Delta V_s^2)^{1/2} \leq \Sigma_s |\Delta V_s| \in L^1$. Nous avons **prouvé**

(30.1) . Pour toute martingale locale M , le processus croissant $[M,M]_t^{1/2}$ est localement intégrable .

31 DEFINITION. Une semimartingale X est dite spéciale s'il existe une décomposition

(31.1) $$X_t = X_0 + M_t + A_t \quad (M \in \underline{\underline{L}}_0 \ , \ A \in \underline{\underline{V}}_0 \ )$$

pour laquelle le processus A est à variation localement intégrable.

32 THEOREME. Les conditions suivantes sont équivalentes

a) X est spéciale.

b) Pour toute décomposition (31.1), A est à variation localement intégrable.

c) Il existe une décomposition (31.1) pour laquelle A est prévisible.

d) Le processus croissant $(\Sigma_{0<s\leq t} \Delta X_s^2)^{1/2}$ est localement intégrable.

De plus, si ces conditions sont satisfaites, la décomposition c) est unique : on l'appellera la décomposition canonique de la semimartingale spéciale X.

DEMONSTRATION. Nous procéderons suivant l'ordre c)=>a)=>d)=>b)=>c).

c)=>a) . C'est le n°12, a) : tout processus à variation finie prévisible est localement intégrable.

a)=>d) . On écrit que si $X = X_0 + M + A$, $(\Sigma \Delta X_s^2)^{1/2} \leq (\Sigma \Delta M_s^2)^{1/2} + (\Sigma \Delta A_s^2)^{1/2} \leq [M,M]^{1/2} + \Sigma |\Delta A_s| \leq [M,M]^{1/2} + \int |dA_s|$ est localement intégrable si A est localement intégrable ((30.1)), donc si X est spéciale.

d)=>b) . On a de même $(\Sigma \Delta A_s^2)^{1/2} \leq (\Sigma \Delta X_s^2)^{1/2} + [M,M]^{1/2}$, donc si d) est satisfaite, le premier membre est un processus croissant localement intégrable. Soit $R_n = \inf\{t : \int_0^t |dA_s| \geq n\}$; soient des $S_n \uparrow +\infty$ tels que

$E[(\Sigma_{s\leq S_n}\Delta A_s^2)^{1/2}]<\infty$. Alors si $T_n=R_n\wedge S_n$ on a $E[|\Delta A_{T_n}|]<\infty$, donc $E[\int_0^{T_n}|dA_s|] \leq n+E[|\Delta A_{T_n}|] < \infty$.

b)=>c) . Soit $X=X_0+M+A$, où A est localement intégrable, et soit $\tilde{A}$ la compensatrice prévisible de A. Alors $X=X_0+(M+A-\tilde{A})+\tilde{A}$, la parenthèse est une martingale locale, et $\tilde{A}$ est prévisible.

Prouvons l'unicité de la décomposition canonique : soit $X=X_0+M+A=X_0+\bar{M}+\bar{A}$, où A et $\bar{A}$ sont prévisibles. Alors $A-\bar{A} = \bar{M}-M$. Posons $N=\bar{M}-M$, **et appliquons le lemme 13 : une martingale locale à VF prévisible, nulle en 0, est nulle. D'où aussitôt la conclusion.**

Nous allons utiliser d'abord la notion de semimartingale spéciale pour donner des semimartingales une définition équivalente, mais plus facile à vérifier. Voir aussi la note p.68.

THEOREME. Soit X un processus. Supposons qu'il existe des temps d'arrêt T_n tels que $\sup_n T_n = +\infty$, et que pour chaque n le processus arrêté X^{T_n} soit une semimartingale. Alors X est une semimartingale.

DEMONSTRATION. a) Supposons que X^S et X^T soient des semimartingales. Alors $X^{S\vee T}= X^S+I_{]]S\wedge T,T]]}\cdot X^T$ est une semimartingale (la notation des intégrales stochastiques recouvre ici quelque chose de bien trivial !)

b) Cela permet de se ramener au cas où la suite T_n tend vers + ∞ en croissant. Nous remarquons alors que le processus X a des trajectoires continues à droite et pourvues de limites à gauche. Par conséquent, le processus

$$V_t = \Sigma_{0<s\leq t,|\Delta X_s|\geq 1} \Delta X_s$$

est à variation finie sur tout intervalle fini. Nous posons Y=X-V. Il nous suffit de montrer que Y est une semimartingale. Quitte à remplacer Y par $Y-X_0$, nous pouvons supposer que $Y_0=0$.

Pour tout n, le processus Y^{T_n} est une semimartingale à sauts bornés, donc spéciale (32,d) , donc admet une décomposition unique en

$$Y^{T_n} = M^n + A^n$$

où M^n est une martingale locale, nulle en 0, et A^n un processus à variation localement intégrable nul en 0, et prévisible. Mais alors l'unicité entraîne que les A^n se recollent bien en un processus prévisible A à variation loc. int. , les M^n se recollent en une martingale locale (4,e)) M, et alors $X=X_0+V+A+M$ est bien une semimartingale.

34 Le théorème précédent va nous servir à vérifier un résultat très intéressant, dû à N.KAZAMAKI : la notion de semimartingale est préservée par les changements de temps.

Nous appellerons changement de temps une famille $(R_t)_{t\geq 0}$ de temps d'arrêt de la famille $(\underline{\underline{F}}_t)$, telle que pour tout $\omega\in\Omega$ la fonction $R_.(\omega)$ soit croissante et continue à droite. Nous supposerons de plus ici que chaque R_t est fini (hypothèse que l'on ne fait pas toujours, en théorie des processus de Markov, par exemple). La famille de tribus $\overline{\underline{\underline{F}}}_t=\underline{\underline{F}}_{R_t}$ satisfait alors aux conditions habituelles ([D], III.T34, p.54). Si (X_t) est un processus adapté à $(\underline{\underline{F}}_t)$ et continu à droite, le processus transformé $\overline{X}_t=X_{R_t}$ est encore continu à droite, et adapté à la famille $(\overline{\underline{\underline{F}}}_t)$ ([D], III.T20, p.50). Le changement de temps transforme donc les processus optionnels en processus optionnels, mais on ne peut rien dire en général sur les processus prévisibles. En particulier, si T est un temps d'arrêt de $(\underline{\underline{F}}_t)$ et si X est le processus $I_{[[T,\infty[[}$, on a $\overline{X} = I_{[[\overline{T},\infty[[}$, où $\overline{T}=\inf\{u : R_u\geq T\}$; $\overline{T}$ est donc un temps d'arrêt de $(\overline{\underline{\underline{F}}}_t)$.

Il est clair que si (A_t) est un processus croissant, $(\overline{A}_t)=(A_{R_t})$ en est un aussi. Tout processus à VF étant différence de deux processus croissants, le résultat énoncé au début est équivalent au suivant : pour toute martingale locale M, le processus transformé $(\overline{M}_t)=(M_{R_t})$ est une semimartingale. D'après le théorème d'arrêt de DOOB, si M est une martingale uniformément intégrable, $\overline{M}$ est une martingale uniformément intégrable : on s'attend donc plutôt à ce que $\overline{M}$ soit une martingale locale, mais ce n'est pas toujours vrai[1].

Soit (T_n) une suite de t.d'a. réduisant M. Le processus $M^n_t=M_{t\wedge T_n}$ est une martingale uniformément intégrable, et le processus $\overline{M}^n_t$ obtenu par changement de temps à partir de M^n est donc une martingale de la famille $(\overline{F}_t)$. Seulement, les processus $\overline{M}^n$ ne sont pas nécessairement des processus arrêtés du processus $\overline{M}$ transformé de M, si le changement de temps "saute" par dessus la valeur T_n. On peut tout de même dire ceci : introduisons les temps d'arrêt $\overline{T}_n = \inf\{u : R_u\geq T_n\}$; les R_u étant finis, on

1. Les raisons en apparaîtront bien dans le cas discret. On montre facilement qu'un processus (X_n) adapté à $(\underline{\underline{F}}_n)$ est une martingale locale si et seulement si $|X_n|.P$ est σ-finie sur $\underline{\underline{F}}_{n-1}$ pour tout $n\geq 1$, et $E[X_n|\underline{\underline{F}}_{n-1}] =X_{n-1}$. Il est facile avec ce critère de fabriquer un exemple où $|X_n|.P$ n'est σ-finie sur $\underline{\underline{F}}_{n-2}$ pour aucun n. Mais alors le processus X_{2n} n'est pas une martingale locale par rapport à la famille $(\underline{\underline{F}}_{2n})$, de sorte que le changement de temps $n\mapsto 2n$, vraiment le plus anodin, ne préserve pas les martingales locales.

a $\lim_n \overline{T}_n=+\infty$. D'autre part, la relation $t<\overline{T}_n$ entraîne $R_t<T_n$, donc $\overline{M}^n_t = M^n_{R_t} = M_{R_t\wedge T_n} = M_{R_t} = \overline{M}_t = \overline{M}_{t\wedge\overline{T}_n}$. Ainsi le processus transformé $\overline{M}$ possède la propriété suivante :

(34.1) Il existe des t.d'a. $\overline{T}_n\uparrow+\infty$ et des martingales uniformément intégrables $\overline{M}^n$ tels que $\overline{M}=\overline{M}^n$ sur l'intervalle ouvert $[[0,\overline{T}_n[[$.(*)

Compte tenu de 33, $\overline{M}$ est alors une semimartingale : en effet, sur l'intervalle fermé $[[0,\overline{T}_n]]$ $\overline{M}$ coincide avec un processus de la forme $\overline{M}^n+U^n$, où $U^n_t = (\overline{M}_{\overline{T}_n}-\overline{M}^n_{\overline{T}_n})I_{\{t\geq\overline{T}_n\}}$ est un processus à VF. Cela démontre ce que nous voulions.

KAZAMAKI a étudié dans [17] les processus satisfaisant à (34.1), sous le nom de "weak martingales". Il a montré aussi que les changements de temps continus préservent les martingales locales et les processus prévisibles, donc les semimartingales spéciales.

Nous allons maintenant résoudre une autre "équation différentielle stochastique" ressemblant à celle du n°25. Soit X une semimartingale spéciale, que nous supposerons nulle en 0 pour simplifier, et dont nous désignerons par X=M+A la décomposition canonique. Soient T_n des temps d'arrêt croissant vers $+\infty$, réduisant fortement la martingale locale M, et tels que $E[\int_0^{T_n}|dA_s|]<\infty$ pour tout n. Il est immédiat que le processus arrêté X^{T_n} est alors dominé par une v.a. intégrable, il admet donc une projection prévisible. Ces projections prévisibles se "recollent" bien en un processus prévisible, que nous appellerons la projection prévisible de la semimartingale spéciale X, et que nous noterons $\dot{X}$. Le calcul en est immédiat : on sait que la projection prévisible d'une martingale uniformément intégrable (M_t) telle que $M_0=0$ est égale à (M_{t-}), et cela passe aux martingales locales. Donc

(35.1) $$\dot{X}_t = M_{t-}+A_t = X_{t-}+\Delta A_t$$

Noter que c'est un processus localement borné, et nous pouvons nous proposer de résoudre l'équation différentielle stochastique $dZ_t=\dot{Z}_t dX_t$ dans l'ensemble des semimartingales spéciales. Le théorème suivant est dû à Ch.YOEURP (avec une démonstration simplifiée par K.A. YEN). J'en donne une démonstration complète, bien que le travail de YOEURP doive sans doute paraître dans le même volume du séminaire que ce cours.

(*). Cet argument permet d'améliorer 33 : si X coïncide sur chaque intervalle ouvert $[[0,T[[$ avec une semimartingale, X est une semimartingale.

36 THEOREME. Soit $X=M+A$ la décomposition canonique d'une semimartingale spéciale nulle en 0. On suppose que le processus $1-\Delta A_t$ ne s'annule jamais. Il existe alors une semimartingale spéciale Z et une seule telle que

(36.1) $$Z_t = 1 + \int_0^t \dot{Z}_s dX_s$$

On la note $Z=\mathcal{E}^{\bullet}(X)$. Elle est égale à l'exponentielle ordinaire $\mathcal{E}(Y)$, où Y est la semimartingale spéciale nulle en 0

(36.2) $$Y_t = \int_0^t \frac{dX_s}{1-\Delta A_s}$$

intégrale stochastique qui a un sens, car le processus $1/1-\Delta A_t$ est prévisible et localement borné.

(On donnera au n°37 une expression explicite de $\mathcal{E}^{\bullet}(X)$).

DEMONSTRATION. Prouvons d'abord que $1/1-\Delta A_t$ est localement borné. Soit $H_n = \{ t : |1-\Delta A_t| \leqq 1/n+1 \}$; c'est un ensemble prévisible dont les coupes n'ont aucun point d'accumulation dans $\mathbb{R}_+$, car $(t,\omega)\in H_n \Rightarrow |\Delta A_t(\omega)| \geqq 1/2$. Les H_n décroissent, leur intersection est vide puisque $1-\Delta A_t$ ne s'annule jamais, leurs débuts T_n tendent donc vers $+\infty$. D'autre part, d'après la note N9 p.9, les T_n sont des temps d'arrêt prévisibles. En considérant des temps d'arrêt S_{nm} annonçant T_n, on voit que $1/1-\Delta A_t$ est localement borné, et cela entraîne la possibilité de définir Y (qui est évidemment spéciale).

Soit Z une solution - spéciale par hypothèse - de (36.1). Z admet la décomposition canonique (on rappelle que si Z est spéciale, $\dot{Z}$ est localement borné)

$$Z_t = 1 + \int_0^t \dot{Z}_s dM_s + \int_0^t \dot{Z}_s dA_s = 1 + N_t + B_t$$

Alors ((35.1)) $\dot{Z}_t = Z_{t-} + \Delta B_t = Z_{t-} + \dot{Z}_t \Delta A_t$, donc $\dot{Z}_t = Z_{t-} / 1-\Delta A_t$, et (36.1) s'écrit

$$Z_t = 1 + \int_0^t \frac{Z_{s-}}{1-\Delta A_s} dX_s = 1 + \int_0^t Z_{s-} dY_s$$

d'où l'unique possibilité $Z=\mathcal{E}(Y)$.

Inversement, $Z=\mathcal{E}(Y)$ satisfait elle à (36.1) ? Comme Y est spéciale, $Z=1+Z_{-}\cdot Y$ est spéciale, et Z admet la décomposition canonique

$$Z_t = 1 + \int_0^t \frac{Z_{s-}}{1-\Delta A_s} dM_s + \int_0^t \frac{Z_{s-}}{1-\Delta A_s} dA_s = 1 + \overline{N}_t + \overline{B}_t .$$

Alors $\dot{Z}_t = Z_{t-} + \Delta\overline{B}_t$ ((35.1)) $= Z_{t-} + Z_{t-}\Delta A_t / 1-\Delta A_t = Z_{t-}/1-\Delta A_t$, de sorte que

$$Z_t = 1 + \int_0^t Z_{s-} dY_s = 1 + \int_0^t \dot{Z}_s (1-\Delta A_s) dY_s = 1 + \int_0^t \dot{Z}_s dX_s$$

et Z satisfait à (36.1).

THEOREME. <u>Avec les notations du n°36, on a</u>

$$(37.1)\qquad Z_t = \exp(X_t - \tfrac{1}{2}\langle X^c, X^c\rangle_t) \prod_{s \leq t} \frac{1+\Delta M_s}{1-\Delta A_s} e^{-\Delta X_s}$$

<u>où le produit infini est absolument convergent</u> (<u>ainsi</u> $\mathcal{E}^{\bullet}(X) = \mathcal{E}(M)/\mathcal{E}(-A)$)

DEMONSTRATION. Posons $H=\mathcal{E}(M)$, $K=\mathcal{E}(-A)$, $L=1/K$, $Z=HL$; il nous faut vérifier que $dZ=\dot{Z}dX$: cela entraînera que $Z=\mathcal{E}^{\bullet}(X)$, et compte tenu de l'expression explicite de l'exponentielle $\mathcal{E}$, le lecteur en déduira (37.1) sans aucune peine.

Nous commençons par remarquer que K et L sont des processus à VF, et que la relation $KL=1$, avec la formule usuelle d'intégration par parties (24.1), nous donne

$$0 = d(KL) = K_- dL + LdK$$

mais par définition de l'exponentielle $\mathcal{E}$, $dK=-K_-dA$: nous en déduisons que L est solution de l'équation différentielle $dL/L = dA$, avec la condition initiale $L_0=1$.

Ensuite, nous utilisons le fait que L est un processus à VF <u>prévisible</u> (vérification facile sur la relation $K=\mathcal{E}(-A)$). Alors, la formule d'intégration par parties donnée ci-dessous au n°38 nous donne

$$dZ = H_- dL + LdH \quad \text{ou } Z|_t = 1 + \int_0^t L_s dH_s + \int_0^t H_{s-} dL_s$$

ce qui nous donne la décomposition canonique de Z. Rappelons que $\dot{Z}$ est la projection prévisible de $Z=HL$; comme la projection prévisible de H est H_- , et L est prévisible localement borné, on a $\dot{Z}=H_-L$. Alors

$$\frac{dZ}{\dot{Z}} = \frac{dZ}{H_-L} = \frac{dL}{L} + \frac{dH}{H_-} = dA + dM = dX$$

la relation cherchée.

Voici la formule d'intégration par parties[1] dont nous avons eu besoin, sous une forme un peu plus générale. Ci dessus, $X=L$, $Y=H$

THEOREME. <u>Soient</u> X <u>un processus à VF prévisible</u>, Y <u>une semimartingale</u>. <u>Alors</u>

$$(38.1)\qquad d(XY) = XdY + Y_-dX$$

(lorsque X est à VF non prévisible, XdY n'a pas de sens, et on doit se contenter de (23.2) : $d(XY)=X_-dY+YdX$).

DEMONSTRATION. Nous décomposons $Y = Y_0+N+B$, où N appartient à $\underline{\underline{L}}_0$, B à $\underline{\underline{V}}_0$. La vérification pour Y_0 et B étant triviale ((24.1)), nous pouvons nous borner à regarder N. Par arrêt à un temps d'arrêt T qui réduit fortement N , nous pouvons supposer que $N=U+V$, où U est de carré intégrable, V à variation intégrable. L'intégrale stochastique par rapport à V étant une intégrale de Stieltjes, on retombe à nouveau sur la formule d'intégration par parties usuelle, et il suffit de regarder U.

1. Due à C. YOEURP.

Nous avons vu au n°I.3 que le processus croissant $J_t=\int_0^t|dX_s|$ est prévisible. D'après N9, p.9, le temps d'arrêt $T_n = \inf\{t: J_t\geq n\}$ est prévisible. Quitte à remplacer le processus VF (X_t) par $(X_{t\wedge T_{nm}})$, où la suite (T_{nm}) annonce T_n, on peut se ramener au cas où le processus VF (X_t) est tel que $\int_0^\infty|dX_s|$ soit une variable aléatoire bornée. Nous décomposons ensuite X comme au n°I.4, formule (4.1)

$$X_t = X_t^c + \Sigma_n \lambda_n I_{\{t\geq\tau_n\}} = X_t^c + \Sigma_n X_t^n$$

où X^c est à VF continu, où les λ_n sont des constantes telles que $\Sigma_n|\lambda_n|<\infty$, et les τ_n des temps d'arrêt prévisibles tels que $\tau_0=0$. L'intégrale stochastique $X\cdot U$ se décompose alors en $X^c\cdot U + \Sigma_n X^n\cdot U$, série convergente dans $\underline{\underline{M}}$, et il suffit de démontrer la formule pour X^c et les X^n. Pour X^c, elle se réduit à (23.2). Posons $X^n/\lambda_n = W= I_{\{t\geq S\}}$, où $S=\tau_n$ est prévisible. La formule à établir est

$$d(WU) = WdU + U_-dW$$

Comme nous avons aussi $d(WU)= W_-dU+U_-dW+d[W,U]$, tout revient à montrer que l'intégrale stochastique $(W-W_-)\cdot U$ est égale à $[W,U]$. Or

$$[W,U]_t = \Delta U_S I_{\{t\geq S\}} \quad ;$$

d'autre part, soit (S_k) une suite annonçant S ; $W-W_-$ est l'indicatrice du graphe $[[S]]$, donc la limite de $I_{[[0,S]]} - I_{[[0,S_k]]}$, donc

$$I_{[[S]]}\cdot U = \lim_k U^S-U^{S_k} = (U_S-U_{S-})I_{[[S,\infty[[} .$$

Le théorème est établi.

DECOMPOSITION MULTIPLICATIVE DES SURMARTINGALES POSITIVES

Il est tout naturel de se demander si toute surmartingale positive X peut être représentée comme un <u>produit</u> d'une <u>martingale</u> positive et d'un processus <u>décroissant</u> positif. La solution de ce problème, dans le cas où la famille de tribus est quasi-continue à gauche, est due à ITO-WATANABE [11], et C.DOLEANS a montré comment, dans ce cas, la décomposition multiplicative peut se rattacher à l'exponentielle $\mathcal{E}$. Le cas général a été traité dans [18], mais cet article est si obscur que même son auteur ne peut le relire, et l'a cru faux. Nous allons nous borner ici au cas plus simple où (la famille de tribus étant quelconque), X <u>ne s'annule jamais</u> . Nous suivons une démonstration de YOEURP, et nous renvoyons au travail de YOEURP[1] pour le cas général où X peut s'annuler.

1. Dans ce volume.

THEOREME. <u>Soit</u> X <u>une surmartingale positive qui ne s'annule jamais. Alors</u> X <u>admet une décomposition unique de la forme</u> $X_t=X_0L_tD_t$, <u>où</u> L <u>est une martingale locale positive telle que</u> $L_0=1$, D <u>un processus décroissant prévisible positif tel que</u> $D_0=1$.

DEMONSTRATION. Nous pouvons évidemment supposer que $X_0=1$.

Nous avons vu au n° 4bis que X admet une décomposition unique de la forme X=M-A, où M est une martingale locale, A un processus croissant prévisible nul en 0. X est donc une semimartingale spéciale (32), et nous pouvons considérer sa projection prévisible $\dot{X} = M_- - A$ [1]. L'essentiel de la démonstration est contenu dans le lemme suivant, dû à YOEURP :

LEMME. <u>Le processus prévisible</u> $1/\dot{X}$ <u>est localement borné</u>.

Nous remarquons d'abord que, la surmartingale positive X étant nulle à partir du temps d'arrêt inf $\{t : X_{t-}=0\}$ (voir la première édition de [P], VI.T15), le processus X_- ne s'annule jamais ; le processus $1/X_-$ est alors fini et continu à gauche, donc localement borné. Nous écrivons alors $1/\dot{X} = (1/X_-)/(\dot{X}/X_-)$, ce qui nous ramène à montrer que le processus $\dot{X}/X_-$ est localement borné inférieurement. Comme X=M-A, la seconde formule (35.1) montre que $\dot{X}/X_- = 1-\Delta A/X_-$. Posons $C_t = \Sigma_{s\leq t}\, \Delta A_s/X_{s-}$; C est un processus croissant prévisible, à valeurs finies puisque $1/X_-$ est localement borné, donc l'ensemble $\{ s : \Delta C_s \geqq 1-1/n\}$ n'a aucun point d'accumulation à distance finie ; comme il est prévisible, son début T_n est prévisible (N9, p.9). Prenant une suite T_{nm} annonçant T_n, on voit que $1-\Delta A_t/X_{t-} \geqq 1/n$ pour $t\leqq T_{nm}$, le résultat désiré.

Nous pouvons alors définir la semimartingale spéciale nulle en 0

$$Y_t = \int_0^t \frac{dX_s}{\dot{X}_s} \tag{39.1}$$

dont la décomposition canonique est

$$Y_t = N_t+B_t = \int_0^t \frac{dM_s}{\dot{X}_s} - \int_0^t \frac{dA_s}{\dot{X}_s} \tag{39.2}$$

Nous avons $\Delta B_t \leqq 0$ pour tout t, donc $1-\Delta B_t$ ne s'annule jamais , et nous pouvons appliquer 36 et 37 : X étant solution de $X_t=1+\int_0^t \dot{X}_s dY_s$, on a $X=\mathcal{E}^\bullet(Y)= \mathcal{E}(N)/\mathcal{E}(-B)$. D'autre part, $\mathcal{E}(N)=L$ est une martingale locale. Calculons $D=1/\mathcal{E}(-B)$ en nous rappelant que, en tout temps prévisible T, $\Delta A_T=X_{T-}-E[X_T|\underline{\underline{F}}_{T-}] \leqq X_{T-}$, et $\Delta B_T = -\Delta A_T/E[X_T|\underline{\underline{F}}_{T-}] = -\Delta A_T/\dot{X}_T$

$$D_t = e^{-B_t} \prod_{0<s\leqq t} \frac{1}{1-\Delta B_s} e^{-\Delta B_s} = e^{-B^c_t} \prod_{0<s\leqq t} (1-\Delta B_s)^{-1}$$

$$\overset{(2)}{=} \exp\left(-\int_0^t \frac{dA^c_s}{\dot{X}_s}\right) \prod_{0<s\leqq t} \left(1-\frac{\Delta A_s}{X_{s-}}\right) = \exp(\ \ ) \prod \frac{X_{s-}}{\dot{X}_s}$$

1. Evidemment positive. 2. $\Delta A_s=X_{s-}-\dot{X}_s$, donc $(1+\frac{\Delta A_s}{\dot{X}_s})^{-1}=1-\frac{\Delta A_s}{X_{s-}}$

C'est la première expression de la dernière ligne (où A^c est la partie continue du processus croissant A, et où l'on a écrit X_s au lieu de $\dot{X}_s$, l'intégrale étant la même) qui montre que D est un processus décroissant prévisible. Cela prouve l'existence de la décomposition multiplicative.

Quant à l'unicité, supposons que X=LD , L martingale locale égale à 1 en 0, D processus décroissant prévisible égal à 1 en 0. Alors $\dot{X}=L_-D$ par projection prévisible. Puis $dY = dX/\dot{X} = (DdL+L_-dD)/L_-D$ d'après la formule d'intégration par parties du n°38, et finalement

(39.3) $$dY = \frac{dX}{\dot{X}} = \frac{dL}{L_-} + \frac{dD}{D}$$

Comme la décomposition canonique de Y , Y=N+B , est unique, nous avons

(39.4) $$\frac{dL}{L_-} = dN\ ,\ \text{donc } Y=\mathcal{E}(N)\quad ,\quad \frac{dD}{D} = dB\ ,\ \text{donc } D=1/\mathcal{E}(-B)$$

Le lecteur écrira les expressions explicites de N et D pour son propre usage : elles sont utiles.

DEVELOPPEMENT DE L'EXPONENTIELLE

40 Nous allons démontrer ici une formule de KAILATH-SEGALL [19], liée aux calculs faits sur le mouvement brownien au n°III.16.

Soit X une semimartingale. Nous convenons comme d'habitude que $X_{0-}=0$ et nous définissons par récurrence les semimartingales

(40.1) $$P_t^0 = 1\ ,\ P_t^1 = X_t\ \ldots\ldots\qquad P_t^n = \int_{[0,t]} P_{s-}^{n-1}dX_s\qquad (P_{0-}^n=0)$$

En abrégé, $dP^n=P_-^{n-1}dX$. Lorsque X est une fonction certaine continue, P^n est égale à $X^n/n!$; les P^n sont donc des "puissances symboliques", de là la lettre P. Elles sont liées à la formule exponentielle par la propriété suivante : posons

(40.2) $$E^\lambda = (1+\lambda X_0)\mathcal{E}(\lambda X),\ \text{où } \lambda \text{ est un paramètre complexe}$$

et par récurrence

(40.3) $$F_t^{\lambda,0} = E_t^\lambda\quad ,\ F_t^{\lambda,n} = \int_{[0,t]} F_{s-}^{\lambda,n-1}dX_s\qquad (F_{0-}^{\lambda,n}=0\ )$$

Si l'on fait la convention que $E_{0-}^\lambda=1$, E^λ satisfait à l'égalité

(40.4) $$E_t^\lambda = 1 + \lambda\int_{[0,t]} E_{s-}^\lambda dX_s$$

et on a alors , par une récurrence facile

(40.5) $$E^\lambda = 1 + \lambda P^1 + \lambda^2P^2\ldots+\lambda^nP^n + \lambda^nF^{\lambda,n}$$

de sorte que les P^n sont les coefficients de Taylor de E^λ à l'origine. On suppose d'habitude que $X_0=0$ (alors $E^\lambda=\mathcal{E}(\lambda X)$), et que X est une martingale locale (alors les P^n sont aussi des martingales locales).

Introduisons d'autre part les crochets d'ordre n, de la manière suivante :

(40.6) $C_t^1 = X_t$, $C_t^2=[X,X]_t=<X^c,X^c>_t+\Sigma_{s\leq t}\Delta X_s^2$, $C_t^n = \Sigma_{s\leq t}\Delta X_s^n$ (n>2)[1]

Notre but est de démontrer la formule de récurrence de KAILATH-SEGALL :

THEOREME. On a

(41.1) $$P^n = \frac{1}{n}[P^{n-1}C^1-P^{n-2}C^2+P^{n-3}C^3+\ldots+(-1)^{n+1}P^0C^n].$$

DEMONSTRATION. **Par récurrence : supposons** (41.1) vraie au rang n, passons au rang n+1. Multiplions par n les deux membres de (41.1), prenons une limite à gauche, et intégrons par rapport à dX :

$$nP^n_-dX = P^{n-1}_-C^1_-dX - P^{n-2}_-C^2_-dX + P^{n-3}_-C^3_-dX - \ldots$$
$$= C^1_-dP^n - C^2_-dP^{n-1} + C^3_-dP^{n-2}$$

d'après la définition des P^i. Ajoutons $P^n_-dX = P^n_-dC^1$, il vient

$$(n+1)dP^{n+1} = (P^n_-dC^1+C^1_-dP^n) - C^2_-dP^{n-1} + C^3_-dP^{n-2}\ldots$$
$$= d(P^nC^1)-d[P^n,C^1] - C^2_-dP^{n-1} + C^3_-dP^{n-2}\ldots$$

Or $P^n = P^{n-1}_-.X$, $C^1= X$, donc $[P^n,C^1]= P^{n-1}_-.[X,X]= P^{n-1}_-.C^2$ d'après la définition de C^2. Ainsi $d[P^n,C^1] = P^{n-1}_-dC^2$ et

$$(n+1)dP^{n+1} = d(P^nC^1) -(P^{n-1}_-dC^2+C^2_-dP^{n-1}) + C^3_-dP^{n-2}\ldots$$
$$= d(P^nC^1) - d(P^{n-1}C^2) + d[P^{n-1},C^2] + C^3_-dP^{n-2}$$

C^2 est un processus à variation bornée, donc le crochet se réduit à $\Sigma\ \Delta P^{n-1}_s \Delta C^2_s = \Sigma\ (P^{n-2}_{s-}\Delta X_s)(\Delta X^2_s)$ et finalement $d[P^{n-1},C^2]=P^{n-2}_-dC^3$, et le télescopage continue.

Nous renvoyons à [19] pour le cas des semimartingales vectorielles.

Exemples

a) Martingales locales continues. Si X est une martingale locale continue **nulle en** 0, **posons** $A_t=<X,X>_t$, **et écrivons** (41.1), **qui se réduit à**

(42.1) $$P^n= \frac{1}{n}[XP^{n-1}-AP^{n-2}] \quad (P^1=X,\ P^2= \frac{1}{2}(X^2-A))$$

Rappelons la formule de récurrence des polynômes d'Hermite

(42.2) $$H_n(x)= \frac{1}{n}(xH_{n-1}(x)-H_{n-2}(x)) \quad (H_1=x\ ,\ H_2= \frac{1}{2}(x^2-1))$$

Alors il est clair que

(42.3) $$P^n = A^{n/2}H_n(X/\sqrt{A})$$

car le second membre satisfait à la formule (42.1), et a les bonnes valeurs au départ. **On rapprochera cela de III.16.**

b) Processus ponctuels . Soit (N_t) un processus croissant, **admettant** des sauts égaux à 1, constant entre ces sauts, **nul en** 0. N est alors localement intégrable, et admet donc un compensateur prévisible A_t. Nous supposerons ici A continu, ce qui revient à dire que les sauts de

1. **La sommation exclut s=0 pour n=2, et l'inclut pour n>2.**

N sont totalement inaccessibles. Soit X la martingale locale N-A : elle est purement discontinue, donc $[X,X]_t=\Sigma_{s\leq t}\Delta X_s^2 = \Sigma_{s\leq t}\Delta N_s^2 = N_t$. De même, tous les crochets d'ordre supérieur C_t^n sont égaux à N_t pour $n\geq 2$, et la formule (41.1) prend la forme

$$(42.4)\quad P^n = \frac{1}{n}[P^{n-1}(N-A)-P^{n-2}N+P^{n-3}N\ldots + (-1)^{n+1}P^0N]$$
$$= \frac{1}{n}[P^{n-1}X - P^{n-2}(X+A)+ P^{n-3}(X+A)+\ldots+(-1)^{n+1}P^0(X+A)]$$

Il existe des polynômes de degré n (appelés polynômes de CHARLIER par KAILATH-SEGALL), $C_n(x,y)$, satisfaisant à la relation de récurrence

$$C_n = \frac{1}{n}[\, xC_{n-1}-(x+y)(C_{n-2}-C_{n-3}+C_{n-4}\ldots+(-1)^nC_0]\ ,\ C_0=1$$

et on voit que dans ce cas $P_t^n = C_n(X_t,A_t)$. Par exemple, $C_2(x,y) = \frac{1}{2}(x^2-x-y)$, et $P_t^2= \frac{1}{2}(X_t^2-X_t-A_t)=\frac{1}{2}(X_t^2-[X,X]_t)$ comme d'habitude.

c) <u>Relations d'orthogonalité</u>. **Supposons que X soit une martingale telle que $\langle X,X\rangle_t=t$, nulle en 0 , et que X_t admette des moments de tous les ordres pour tout $t<\infty$. Nous verrons au chapitre V qu'alors $[X,X]_t$ admet aussi des moments de tous les ordres. Il est alors facile de démontrer le même résultat pour tous les C_n , et pour tous les P^n grâce à (41.1). La relation $P^n=P_-^{n-1}\cdot X$ nous donne alors**

$$E[P_t^iP_t^j] = E[\int_0^t P_s^{i-1}P_s^{j-1}d\langle X,X\rangle_s\ ] = \int_0^t E[P_s^{i-1}P_s^{j-1}]ds$$

d'où l'on déduit aussitôt que $E[P_t^iP_t^j] = 0$ si $i\neq j$, $E[(P_t^i)^2]= t^i/i!$. Nous reviendrons dans l'appendice sur les martingales telles que $\langle X,X\rangle_t=t$.

Correction à la p.53. Le raisonnement est trop rapide : pour montrer qu'une martingale locale M appartenant à $\underline{\underline{L}}_0\cap\underline{\underline{V}}_0$ est sans partie continue, on regarde T qui la réduit fortement, et tel aussi que la variation de M^T soit intégrable (12.c)). On écrit $M^T=U+V$ ($U\in\underline{\underline{M}}_0$, V à variation intégrable) et <u>alors</u> $U\in\underline{\underline{M}}_0\cap\underline{\underline{W}}$ est sans partie continue d'après II.15, et M elle même est sans partie continue d'après 9.

Complément à la p.53. Il faut noter que l'inégalité de KUNITA-WATANABE s'applique au crochet de semimartingales [X,Y]. La démonstration de II.21 exige seulement que le crochet soit une fonction bilinéaire et positive.

APPENDICE AU CHAPITRE IV
NOTIONS SUR LES INTEGRALES MULTIPLES

Les physiciens emploient de temps en temps, de manière plus ou moins formelle , des intégrales multiples du type

$$\int f(t_1,\dots,t_n)dX_{t_1}\dots dX_{t_n}$$

où f dépend parfois de ω, et X est un processus plus ou moins concret. De telles intégrales, lorsque f est une fonction certaine et X est le mouvement brownien, sont presque aussi anciennes que les intégrales stochastiques "simples", puisqu'elles remontent à WIENER. La théorie générale n'en est pas faite. Elle est liée à celle des processus à temps n-dimensionnel, qui commence tout juste à se préciser un peu, avec les travaux de CAIROLI et WALSH, WONG et ZAKAI... Je voudrais ici donner quelques principes pour la construction des intégrales multiples.

Tout d'abord, il est clair qu'on ne restreint pas la généralité en considérant uniquement des intégrales prises sur le domaine $0\leqq t_1, 0\leqq t_2, \dots 0\leqq t_n$. Dans la suite, les t_i <u>seront toujours supposés positifs</u>.

La première idée, pour définir l'intégrale multiple, consiste à la considérer comme une intégrale itérée. Seulement, même lorsque f au départ est une fonction certaine, la première intégration partielle suffit à faire apparaître une fonction de $t_1,\dots,t_{n-1}$, <u>et ω</u>. Comme on ne sait intégrer par rapport à dX que des fonctions aléatoires <u>prévisibles</u>, il se pose un problème d'adaptation. Celui-ci (c'est l'idée d'ITO dans sa définition des intégrales stochastiques multiples browniennes) est facile à résoudre si l'on se borne à intégrer sur l'ensemble $0\leqq t_1<t_2\dots<t_n$, et sur les ensembles qui s'en déduisent par permutation des t_i . Mais on laisse ainsi échapper des ensembles " diagonaux" de dimension $<n$. Faut il négliger ces ensembles "dégénérés" ? Nous allons voir que la formule (41.1) donne des indications intéressantes sur cette question.

L'appendice est divisé en trois parties. D'abord, nous interprétons la formule (41.1) en termes d'intégrales multiples. Puis, nous en déduisons quelques principes de définition d'intégrales multiples très générales, mais sans aller loin dans la théorie. Enfin, nous poussons un peu plus loin la théorie de l'intégrale multiple <u>étendue à l'ensemble</u> $0<t_1\dots<t_n$, lorsque X est une martingale telle que $\langle X,X\rangle_t=t$ (intégrales multiples d'ITO).

Cet appendice est certainement destiné à se démoder très rapidement. Du moins, je l'espère !

INTERPRETATION DE LA RELATION (41.1)

43 Nous supposons ici que la semimartingale X de la formule (41.1) est un processus à variation finie (en fait, tout ce qui suit se ramène au cas où X est une fonction certaine, à variation bornée). Nous nous éviterons aussi de regarder ce qui se passe en 0 en supposant que $X_0=0$. Nous pouvons écrire

(43.1) $P^1_t = \int_0^t dX_u \quad , \quad P^2_t=\int_0^t dX_{u_2}\int_0^{u_2-} dX_{u_1} \; , \; .. \; P^n_t = \int_0^t dX_{u_n} \dots \int_0^{u_2-} dX_{u_1}$

Ces intégrales itérées peuvent s'interpréter comme des intégrales multiples. Ecrivons (41.1) pour n=2 :

(43.2) $\qquad 2P^2_t = P^1_t C^1_t - C^2_t$

Regardons le premier terme du côté droit : $P^1=C^1=X$, donc c'est l'intégrale de la mesure $dX_{u_1} dX_{u_2}$ sur l'ensemble $\{0<u_1\leqq t,\ 0<u_2\leqq t\}$, que nous coupons en trois morceaux (en sous-entendant la positivité des u_i)

$\{ u_1<u_2\leqq t \} \ , \ \{ u_2<u_1\leqq t \} \ , \ \{ u_2=u_1\leqq t \}$

Les intégrales sur les deux premiers morceaux se calculent comme intégrales itérées, et valent toutes deux $2P^2_t$, c'est à dire le côté gauche de (43.2). La troisième intégrale est donc " en trop" , il faut la retrancher. D'après le théorème de Fubini, elle vaut $\Sigma_{s\leqq t}\ \Delta X^2_s$, qui est bien égale à C^2_t.

Passons au cas où n=3. La formule s'écrit

$$3P^3_t = P^2_t X_t - P^1_t C^1_t + C^3_t$$

considérons le premier terme du côté droit : il correspond à une intégration par rapport à la mesure $dX_{u_1} dX_{u_2} dX_{u_3}$ sur le domaine $\{u_1<u_2\leqq t,\ u_3\leqq t\}$ (positivité toujours sous-entendue) , domaine qui se coupe en 5 :

$\{u_3<u_1<u_2\} \ , \ \{u_1<u_3<u_2\}, \ \{u_1<u_2<u_3\}$

$\{u_3=u_1<u_2\} \ , \ \{u_1<u_2=u_3\}$

les trois intégrales de la première ligne sont égales , et se calculent comme des intégrales itérées : leur somme vaut $3P^3_t$, c'est à dire le côté gauche. Les deux autres sont "en trop".

Le second terme du côté droit correspond à une intégration sur $\{u_1\leqq t \ , \ u_2=u_3\leqq t\}$, domaine qui se coupe en trois

$\{u_1<u_2=u_3\} \ , \ \{u_2=u_3<u_1\} \ , \ \{u_1=u_2=u_3\}$

Les deux premières intégrales , affectées du coefficient -1, se télescopent avec les deux intégrales "en trop" précédentes. Quant à C^3_t =

$\Sigma_{s\leq t}\,\Delta X_s^3$, c'est justement d'après le théorème de Fubini l'intégrale de $dX_{u_1}dX_{u_2}dX_{u_3}$ sur la diagonale $\{u_1=u_2=u_3\}$, d'où la disparition de la dernière intégrale.

Ainsi, lorsque X est un processus à variation finie, la formule de KAILATH-SEGALL (41.1) peut se démontrer par des arguments combinatoires, à partir de la théorie de l'intégrale multiple. Nous allons maintenant procéder en sens inverse : la validité de la formule (41.1) donne des indications sur la manière de définir l'intégrale multiple par rapport à une semimartingale, de telle sorte que les arguments combinatoires mentionnés ci-dessus s'appliquent.

PROBLEMES LIES A LA DEFINITION DE L'INTEGRALE MULTIPLE

La première remarque que l'on peut faire est celle ci : dans le cas de l'intégrale multiple ordinaire, nous savons ce qu'est une mesure sur $\mathbb{R}_+^n$. Ici, l'analogue serait une théorie de l'intégrale multiple du type $\int f(u_1,\ldots,u_n)dX_{u_1,\ldots,u_n}$ - étendue, comme on l'a dit au début, à l'ensemble $0\leq u_1,\ldots,0\leq u_n$ - par rapport à une " semimartingale à temps n-dimensionnel" . Mais pour l'instant on n'a qu'une idée imprécise de ce que doivent être de tels processus, et on se bornera à considérer des intégrales multiples par rapport à des " mesures produit"

$$(44.1)\qquad \int f(u_1,\ldots,u_n)dX^1_{u_1}\ldots dX^n_{u_n}$$

où les X^i sont des semimartingales réelles, et f une fonction borélienne sur $\mathbb{R}_+^n$ - donc une fonction certaine . On peut évidemment supposer les X^i nulles en 0.

Nous commencerons par illustrer les difficultés dans le cas de l'intégrale double. On peut alors partager l'intégrale en trois

$$\int_{u_1<u_2} f(u_1,u_2)dX^1_{u_1}dX^2_{u_2} + \int_{u_2<u_1} f(u_1,u_2)dX^1_{u_1}dX^2_{u_2} + \int_{\{u_2=u_1\}} f(u_1,u_2)dX^1_{u_1}dX^2_{u_2}$$

Les deux premiers morceaux ne diffèrent que par l'échange de u_1 et u_2. Nous étudierons plus loin dans l'appendice des intégrales de ce type - par rapport à des martingales particulières - et nous nous bornerons ici au principe de définition. L'idée naturelle consiste à les considérer comme des intégrales itérées. Le premier morceau par exemple s'écrira

$$(44.2)\qquad \int_0^\infty dX^2_{u_2}\int_0^{u_2-} f(u_1,u_2)dX^1_{u_1}$$

à prendre au sens suivant : pour u_2 fixé, on peut définir un processus

$$F_+(u_2,t,\omega) = \int_0^t f(u_1,u_2)dX^1_{u_1}(\omega)$$

qui est - sous réserve de conditions d'intégrabilité convenables sur f - une semimartingale, pourvue de limites à gauche

$$\int_0^{t-} f(u_1,u_2)dX^1_{u_1}(\omega) = F_+(u_2,t-,\omega) \text{ , notées } F_-(u_2,t,\omega)$$

Seulement, F_+ n'est pas vraiment un processus, mais une classe de processus indistinguables, pour chaque u_2. Le problème consiste à choisir pour chaque u_2 une version de ce processus, de telle sorte que

$$(v,(t,\omega)) \longmapsto F_-(v,t,\omega)$$

soit mesurable par rapport à la tribu produit $\underline{\underline{B}}(\mathbb{R}_+)\times\mathcal{P}$ (la tribu prévisible). Alors le processus

$$F(v,\omega) = \int_0^{v-} f(u_1,v)dX^1_{u_1}(\omega) \quad = F_-(v,v,\omega)$$

sera prévisible, et l'on pourra - sous des conditions d'intégrabilité à préciser - définir

$$\int_0^\infty dX^2_{u_2}\int_0^{u_2-} f(u_1,u_2)dX^1_{u_1} = \int_0^\infty F(v,.)dX^2_v(.)$$

à condition toutefois de savoir montrer que cette intégrale stochastique ne dépend pas du choix accompli précédemment. Il reste donc beaucoup de points techniques obscurs[1]. Cependant, l'étude du choix de bonnes versions a été commencée par Catherine DOLEANS dans [20].

Maintenant, le dernier morceau : si l'on veut que la formule (41.1) puisse s'interpréter comme un résultat sur les intégrales multiples, <u>il faut</u> poser

$$(44.3) \qquad \int_{\{u_1=u_2\}} f(u_1,u_2)dX^1_{u_1}dX^2_{u_2} = \int_0^\infty f(v,v)d[X^1,X^2]_v$$

Sauf erreur de ma part, WIENER et ITO ont négligé ce terme dans leur définition de l'intégrale stochastique double par rapport au mouvement brownien. (NB : M.ZAKAI m'a dit que la méthode de WIENER en tient compte).

Passons aux intégrales d'ordre supérieur. Une intégrale triple

$$\int f(u_1,u_2,u_3)dX^1_{u_1}dX^2_{u_2}dX^3_{u_3}$$

se décompose en

- six intégrales du type $\int_{\{u_1<u_2<u_3\}}$, à interpréter comme des intégrales itérées.
- trois intégrales du type $\int_{\{u_1=u_2<u_3\}}$, à interpréter comme intégrales

1. Cependant, si $f(u_1,u_2)$ est une somme de produits $a(u_1)b(u_2)$, il n'y a aucune difficulté de mesurabilité, et l'on peut souvent procéder par complétion à partir de ce cas. C'est ainsi qu'on fera plus loin.

itérées $\int dX^3_{u_3} \int_0^{u_3-} f(v,v,u_3)\, d[X^1,X^2]_v$.

- trois intégrales du type $\int_{\{u_1<u_2=u_3\}}$, à interpréter comme $\int d[X^2,X^3]_v \int_0^{v-} f(u_1,v,v)dX^1_{u_1}$.
- une intégrale $\int_{\{u_1=u_2=u_3\}}$, à interpréter comme $\Sigma_v f(v,v,v)\Delta X^1_v \Delta X^2_v \Delta X^3_v$.

Pour n>3, on voit apparaître des dégénérescences plus compliquées, que la formule (41.1) ne semble pas éclairer, par exemple pour n=4 $\int_{\{u_1=u_2<u_3=u_4\}}$. Il me semble clair que l'intégrale correspondante est $\int_{\{v<w\}} f(v,v,w,w)d[X^1,X^2]_v d[X^3,X^4]_w$, la règle générale étant la suivante : une dégénérescence simple $\{u_i=u_j\}$ fait apparaître le crochet d'ordre 2 $[X^i,X^j]$, qui comporte en plus de $\Sigma_v\ \Delta X^i\Delta X^j$ la contribution $<X^{ic},X^{jc}>$ des martingales continues. Une dégénérescence d'ordre plus élevé $\{u_i=u_j...=u_\ell\}$ fait apparaître $\Sigma_v\ \Delta X^i_v\Delta X^j_v...\Delta X^\ell_v$, sans contribution des martingales continues.

On n'a jamais éprouvé le besoin, jusqu'à maintenant, de considérer des intégrales multiples aussi générales, et il n'est pas utile de pousser plus loin ces remarques. Il vaut sans doute mieux étudier plus en détail un cas particulier, qui comprend les intégrales multiples par rapport au mouvement brownien. On va restreindre à la fois les processus par rapport auxquels on intègre, et l'ensemble d'intégration, mais en revanche on va intégrer des fonctions $f(u_1,...,u_n,\omega)$ aléatoires, et non plus certaines. La classe de fonctions aléatoires qu'on va savoir intégrer semble intéressante du point de vue de la théorie générale des processus.

I.S. MULTIPLES PAR RAPPORT A CERTAINES MARTINGALES

NOTATIONS. C_n désigne le cône $\{0<u_1<u_2...<u_n\}$ dans $\mathbb{R}^n$; $C_n(t)$ et $C_n(t-)$ sont les ensembles $C_n\cap\{u_n\leq t\}$, $C_n\cap\{u_n<t\}$ respectivement. μ_n est la restriction à C_n de la mesure de Lebesgue sur $\mathbb{R}^n$.

(M_t) est une martingale nulle en 0, localement de carré intégrable, telle que $<M,M>_t = t$.

Il semble que la théorie s'étende sans peine au cas où $<M,M>_t=F(t)$ (fonction certaine) ou bien où $d<M,M>$ est une mesure aléatoire majorée par dt. Mais nous ne cherchons pas la généralité.

Pour éviter une accumulation de difficultés, nous allons intégrer d'abord des fonctions certaines sur C_n . Nous désignons par $\underline{\underline{H}}$ le sous-espace de $L^2(C_n,\mu_n)$ consitué par les combinaisons linéaires finies d'indicatrices de rectangles contenus dans C_n, semi-ouverts du type (46.1) ci-dessous ; $\underline{\underline{H}}$ est évidemment dense dans L^2.

46 Soit A un rectangle contenu dans C_n, de la forme

(46.1) $A=]a_1,b_1]\times]a_2,b_2]\ldots\times]a_n,b_n]$ $(a_1\leq b_1\leq a_2\leq b_2\ldots\leq a_n\leq b_n)$

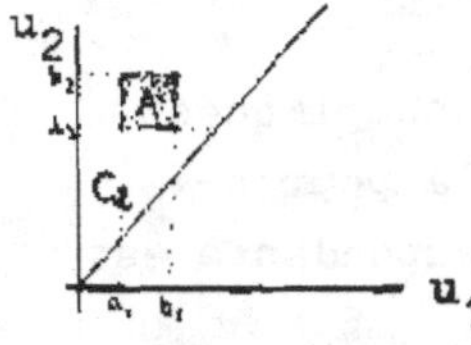

Il y a évidemment une seule manière raisonnable de définir l'intégrale multiple $S_A=\int_A dM_{u_1}\ldots dM_{u_n}$; c'est de poser

(46.2) $S_A = (M_{b_1}-M_{a_1})(M_{b_2}-M_{a_2})\ldots(M_{b_n}-M_{a_n})$

L'application $A\longmapsto S_A$ se prolonge évidemment, par linéarité, en une application $f\longmapsto S_f$ sur $\underline{\underline{H}}$. Soit $\bar{A}=]\bar{a}_1,\bar{b}_1]\times\ldots\times]\bar{a}_n,\bar{b}_n]$ un second rectangle du même type. Nous allons prouver le résultat suivant, en soulignant qu'on ne postule pas l'existence de moments d'ordre >2 .

LEMME. On a

(46.3) $E[S_A^2] = E[(M_{b_1}-M_{a_1})^2\ldots(M_{b_n}-M_{a_n})^2] = \int_A \mu_n$

de sorte que S_A appartient à L^2, et alors

(46.4) $E[S_A S_{\bar{A}}] = \int_{A\cap\bar{A}} \mu_n$.

DEMONSTRATION. Pour établir la première formule, on écrit

$$E[\{k_1\wedge(M_{b_1}-M_{a_1})^2\}\ldots\{k_{n-1}\wedge(M_{b_{n-1}}-M_{a_{n-1}})^2\}(M_{b_n}-M_{a_n})^2] =$$

$$=(b_n-a_n)E[\{k_1\wedge(\quad)^2\}\ldots\{k_{n-1}\wedge(\quad)^2\}]$$

après quoi on fait tendre k_{n-1} vers + ∞, et on recommence jusqu'à obtenir $E[S_A^2] = (b_n-a_n)\ldots(b_1-a_1)$, c'est à dire (46.3). Pour établir (46.4), on coupe les rectangles en petits morceaux pour se ramener à la situation suivante : pour tout i , les intervalles $]a_i,b_i]$ et $]\bar{a}_i,\bar{b}_i]$ sont, ou bien égaux, ou bien disjoints. S'ils sont égaux pour tout i, la formule se réduit à (46.3). Sinon, soit j le plus grand des i tels qu'ils soient disjoints, et supposons pour fixer les idées que $a_j\leq b_j\leq \bar{a}_j\leq\bar{b}_j$. Soit $t\in[b_j,\bar{a}_j]$. La fonction $S_A S_{\bar{A}}$ est alors le produit des deux fonctions f et g suivantes

$$f = \prod_{k\leq j} (M_{b_k}-M_{a_k})(M_{\bar{b}_k}-M_{\bar{a}_k}) \cdot (M_{b_j}-M_{a_j})$$

$$g = (M_{\bar{b}_j}-M_{\bar{a}_j}).\prod_{k>j}(M_{b_k}-M_{a_k})^2$$

Nous vérifions d'abord, par troncation comme plus haut, que $E[|g|] = \prod_{k>j}(b_k-a_k).E[|M_{\bar{b}_j}-M_{\bar{a}_j}|] < +\infty$, ce qui entraîne l'existence de $E[g|\underline{\underline{F}}_t]$, puis que $E[g|\underline{\underline{F}}_t]=E[g|\underline{\underline{F}}_{\bar{a}_j}|\underline{\underline{F}}_t] = \prod_{k>j}(b_k-a_k).E[M_{\bar{b}_j}-M_{\bar{a}_j}|\underline{\underline{F}}_{\bar{a}_j}|\underline{\underline{F}}_t] = 0$. Nous en déduisons alors, comme f est finie et $\underline{\underline{F}}_t$-mesurable, que $E[gfI_{\{|f|\leq m\}}] = E[E[g|\underline{\underline{F}}_t].fI_{\{|f|\leq m\}}] = 0$. Lorsque $m\to+\infty$, on peut appliquer le théorème de Lebesgue avec domination par $|S_AS_{\bar{A}}|$ intégrable, et il vient que $E[S_AS_{\bar{A}}]=0$, c'est à dire (46.4) puisque A et $\bar{A}$ sont disjoints.

Ce qui vient d'être prouvé revient à dire que l'application $f\mapsto S_f$ est une isométrie de $\underline{\underline{H}}\subset L^2(C_n,\mu_n)$ dans $L^2(\Omega)$. Comme $\underline{\underline{H}}$ est dense, nous pouvons définir pour $f\in L^2(C_n,\mu_n)$ l'intégrale stochastique multiple

(47.1) $$S_f = \int_{C_n} f(u_1,\dots,u_n)dM_{u_1}\dots dM_{u_n} \quad .$$

Il y a plus : posons

(47.2) $$M_t^f = \int_{C_n(t)} f(u_1,\dots,u_n)dM_{u_1}\dots dM_{u_n}$$

($C_n(t)=C_n\cap\{u_n\leq t\}$ a été défini au n°45). Un passage à la limite facile à partir du cas de $\underline{\underline{H}}$ montre que, si f est nulle sur $C_n(t)$, $E[S_f|\underline{\underline{F}}_t]=0$. On en déduit que

$$E[S_f-M_t^f|\underline{\underline{F}}_t] = E[\int_{C_n\setminus C_n(t)} f\ |\underline{\underline{F}}_t] = 0$$

de sorte que M^f est une martingale de carré intégrable. Nous prouvons maintenant un résultat classique, dû à WIENER dans le cas du mouvement brownien

8 THEOREME. Soient $f\in L^2(C_n)$, $g\in L^2(C_m)$, $m\neq n$. Alors S_f et S_g sont orthogonales .

(Les martingales M^f et M^g sont faiblement orthogonales).

DEMONSTRATION. Il suffit de montrer que si A est un rectangle $\prod_{i\leq n}]a_i,b_i]$, $\bar{A}$ un rectangle $\prod_{i\leq m}]\bar{a}_i,\bar{b}_i]$, alors $E[S_AS_{\bar{A}}]=0$. En coupant les rectangles en petits bouts, on peut supposer que les intervalles $]a_i,b_i]$ et $]\bar{a}_j,\bar{b}_j]$ sont, ou égaux, ou disjoints . Le produit $S_AS_{\bar{A}}$ s'écrit alors sous la forme $\prod (M_{d_i}-M_{c_i})^{\alpha_i}$, où les c_i,d_i sont tels que $c_1\leq d_1\leq c_2 \leq d_2\dots$, où les exposants α_i sont égaux à 1 ou 2 suivant que le facteur figure dans S_A ou $S_{\bar{A}}$ seulement, ou dans les deux. Comme $m\neq n$, l'un au moins des α_i est égal à 1, et on voit alors comme dans la démonstration de 46 que $E[S_A S_{\bar{A}}]=0$.

PROCESSUS PREVISIBLES SUR C_n

Nous voudrions maintenant arriver à calculer les intégrales multiples comme des intégrales itérées. Pour cela, il faut savoir intégrer des fonctions $f(u_1,\dots,u_n,\omega)$, prévisibles en un sens convenable.

48 DEFINITION. <u>La tribu</u> prévisible $\mathcal{P}_n$ <u>sur</u> $C_n\times\Omega$ <u>est engendrée par les ensembles</u> (<u>dits</u> prévisibles élémentaires) <u>de la forme</u> $A\times B$, <u>où</u> A <u>est un rectangle</u> $]a_1,b_1]\times\dots\times]a_n,b_n]$ $(a_1\leq b_1\leq a_2\dots\leq a_n\leq b_n)$ <u>contenu dans</u> C_n, <u>et où</u> B <u>appartient à</u> $\underline{\underline{F}}_{a_1}$.

Il n'y a ici, contrairement à la définition usuelle à une dimension, aucune spécification concernant 0 : en effet, les coordonnées des points de C_n sont strictement positives ($C_1=]0,\infty[$).

Comme d'habitude, une fonction $f(t_1,\dots,t_n,\omega)$ est dite <u>prévisible</u> si elle est $\mathcal{P}_n$-mesurable. Nous désignerons par $\underline{\underline{H}}'$ l'espace des combinaisons linéaires d'indicatrices d'ensembles prévisibles élémentaires. Il est ~~facile~~ impossible de vérifier que les réunions finies d'ensembles prévisibles élémentaires disjoints forment une algèbre de Boole qui engendre $\mathcal{P}_n$: $\underline{\underline{H}}'$ est donc dense dans $L^2(\mathcal{P}_n,\bar{\mu}_n)$, où $\bar{\mu}_n$ est la mesure $\mu_n\otimes P$.

voir p.86 !

Reprenons les notations de l'énoncé, et posons $f=I_{A\times B}$, puis

(48.1) $$S_f = I_B.(M_{b_1}-M_{a_1})\dots(M_{b_n}-M_{a_n}) .$$

L'application $f\longmapsto S_f$ se prolonge à $\underline{\underline{H}}'$ par linéarité, et on vérifie exactement comme au n°46 que c'est alors une isométrie de $\underline{\underline{H}}'\subset L^2(\mathcal{P}_n,\bar{\mu}_n)$ dans $L^2(\Omega)$, que l'on peut alors prolonger. En langage clair, si f est une fonction prévisible de carré intégrable par rapport à $\bar{\mu}_n$

(48.2) $$E[S_f^2]=E[(\int f(t_1,\dots,t_n,\omega)dM_{t_1}..dM_{t_n})^2] = E[\int_{C_n} f^2(t_1,\dots,t_n,\omega)dt_1\dots dt_n]$$

et de plus si f est nulle sur $C_n(t)\times\Omega$

(48.3) $$E[\int fdM_{t_1}\dots dM_{t_n}|\underline{\underline{F}}_t] = 0$$

d'où la possibilité de définir les martingales M_t^f comme pour les fonctions certaines. Nous désignerons respectivement par

(48.4) $$\int_{C_n(t)} fdM_{t_1}\dots dM_{t_n} \quad \text{et} \int_{C_n(t-)} fdM_{t_1}\dots dM_{t_n}$$

la version continue à droite de M^f, et le processus de ses limites à gauche. Le théorème 48 (orthogonalité des intégrales stochastiques d'ordres différents) s'étend sans modification.

Nous allons maintenant illustrer sur un exemple le calcul d'intégrales multiples comme intégrales itérées. L'exemple n'étant pleinement significatif qu'à partir de la dimension 4, les notations seront un peu lourdes. C_2 désignera l'ensemble $\{(t_1,t_2) : 0<t_1<t_2\}$, $\overline{C}_2$ l'ensemble $\{(t_3,t_4) : 0<t_3<t_4\}$. Il faut remarquer que l'ordre des intégrations joue ici un rôle : nous intégrons d'abord par rapport à (t_1,t_2) (les plus petites variables) , (t_3,t_4) étant fixées. Est ce qu'on pourrait donner un sens à l'intégrale de manière à fixer (t_2,t_4) et intégrer en (t_1,t_3), par exemple ? J'avoue ne pas avoir regardé.

THEOREME. <u>Soit</u> $f(t_1,t_2,t_3,t_4,\omega)$ <u>une fonction prévisible sur</u> $C_4\times\Omega$, <u>telle que</u>

$$E[\int f^2(u_1,u_2,u_3,u_4,.)du_1du_2du_3du_4] < \infty \ .$$

a) <u>Pour tout</u> (t_3,t_4), <u>la fonction</u> $f(.,.,t_3,t_4,.)$ <u>est prévisible sur</u> $C_2\times\Omega$. <u>L'ensemble</u> N <u>des</u> (t_3,t_4) <u>tels que</u>

$$E[\int f^2(u_1,u_2,t_3,t_4,.)du_1du_2] < \infty$$

<u>est borélien dans</u> $\overline{C}_2$, <u>et négligeable pour la mesure</u> dt_3dt_4 .

b) <u>Il existe des fonctions</u> $g(t_3,t_4,\omega)$, $\overline{f}(t_3,t_4,\omega)$, <u>respectivement mesurable sur</u> $\overline{C}_2\times\Omega$, <u>prévisible sur</u> $\overline{C}_2\times\Omega$, <u>telles que pour presque tout</u> $(t_3,t_4)\notin N$ <u>on ait</u>

(49.1) $$g(t_3,t_4,\omega) = \int_{C_2} f(u_1,u_2,t_3,t_4,\omega)dM_{u_1}(\omega)dM_{u_2}(\omega) \text{ p.s.}$$

(49.2) $$\overline{f}(t_3,t_4,.)=E[g(t_3,t_4,.)|\underline{\underline{F}}_{t_3-}] = \int_{C_2(t_3-)} f(u_1,u_2,t_3,t_4,.)dM_{u_1}dM_{u_2} \text{ p.s.}$$

c) <u>On a alors</u> $E[\int_{\overline{C}_2} \overline{f}(t_3,t_4,.)dt_3dt_4] < \infty$, <u>et</u>

(49.3) $$\int_{C_4} fdM_{u_1}dM_{u_2}dM_{u_3}dM_{u_4} = \int_{\overline{C}_2} \overline{f}dM_{u_3}dM_{u_4} \ .$$

DEMONSTRATION. La première assertion de a) se démontre par classes monotones à partir des fonctions prévisibles élémentaires, et la seconde résulte aussitôt du théorème de Fubini.

Pour établir b), traitons le cas où f est une fonction prévisible élémentaire : f s'écrit $I_A(t_1,t_2).I_{\overline{A}}(t_3,t_4)I_B(\omega)$, où $A=]a_1,b_1]\times]a_2,b_2]$, $\overline{A} =]a_3,b_3]\times]a_4,b_4]$, avec $a_1\leqq b_1\leqq a_2\ldots\leqq b_4$ et $B\in\underline{\underline{F}}_{a_1}$. Nous avons alors

$$\int_{C_4} fdM_{u_1}dM_{u_2}dM_{u_3}dM_{u_4} = I_B(M_{b_1}-M_{a_1})\ldots(M_{b_4}-M_{a_4})$$

$$g(t_3,t_4,\omega) =[(M_{b_1}-M_{a_1})(M_{b_2}-M_{a_2})I_B]I_{\overline{A}}(t_3,t_4)$$

Notons U le crochet : nous avons $E[U|\underline{\underline{F}}_t]=U$ pour $t\geq a_3$, donc $E[U|\underline{\underline{F}}_{t-}]=U$ (version continue à gauche de la martingale) pour $t>a_3$, donc

$\overline{f}(t_3,t_4,\omega) = E[U|\underline{\underline{F}}_{t-}]I_{\overline{A}}(t_3,t_4)|_{t=t_3} = UI_{\overline{A}}(t_3,t_4) = g(t_3,t_4,\omega)$

car $I_{\overline{A}}(t_3,t_4)\neq 0 \Rightarrow t_3>a_3$. Comme U est $\underline{\underline{F}}_{a_3}$-mesurable, cette fonction est prévisible élémentaire sur $\overline{C}_2$. Enfin, on vérifie aussitôt que

$\int_{\overline{C}_2} \overline{f}dM_{u_3}dM_{u_4} = U(M_{b_3}-M_{a_3})(M_{b_4}-M_{a_4})$

et cela est égal à l'intégrale quadruple calculée plus haut. Le cas élémentaire est donc vérifié.

Soit ensuite f prévisible ; supposons qu'il existe des f_n prévisibles, des $g_n,\overline{f}_n$ associés aux f_n et satisfaisant à (49.1), (49.2) et (49.3), et que f_n converge vers f dans $L^2(P_n,\overline{\mu}_n)$. Quitte à extraire une sous-suite, nous pouvons supposer que

(49.4) $\Sigma_n \left(E[\int_{C_4}(f_n-f_{n+1})^2du_1du_2du_3du_4]\right)^{1/2} < +\infty$

Posons alors

$g(t_3,t_4,\omega) = \lim_n g_n(t_3,t_4,\omega)$ si cette limite existe, 0 sinon,

$\overline{f}(t_3,t_4,\omega) = \lim_n \overline{f}_n(t_3,t_4,\omega)$ '''''''''''''''''''''''''''''''

et montrons que ces fonctions satisfont à (49.1), (49.2) et (49.3). Il est clair d'abord qu'elles possèdent les propriétés de mesurabilité requises. Ensuite, soit N' la réunion de N et de l'ensemble des (t_3,t_4) tels que $\Sigma_n(E[\int_{C_2}(f_n(u_1,u_2,t_3,t_4,.)-f_{n+1}(u_1,u_2,t_3,t_4,.))^2du_1du_2])^{1/2}=\infty$; N' est négligeable d'après (49.4) et le théorème de Fubini, et pour $(t_3,t_4)\notin N'$ on a

$$\Sigma_n \|g_n(t_3,t_4,.)-g_{n+1}(t_3,t_4,.)\|_{L^2(\Omega)} < +\infty$$

et le même résultat avec $\overline{f}_n$ au lieu de g_n pour presque tout (t_3,t_4), car on a pour presque tout (t_3,t_4)

$$\overline{f}_n(t_3,t_4,.) = E[g_n(t_3,t_4,.)|\underline{\underline{F}}_{t_3-}] \quad \text{pour tout } n$$

et l'espérance conditionnelle diminue la norme L^2. Alors, pour presque tout (t_3,t_4), $g_n(t_3,t_4,.)$ et $\overline{f}_n(t_3,t_4,.)$ convergent vers $g(t_3,t_4,.)$ et $\overline{f}(t_3,t_4,.)$ respectivement, p.s. et dans L^2 , et (49.1), (49.2) et (49.3) passent alors à la limite sans aucune peine.

Par un argument de convergence à partir des fonctions prévisibles élémentaires, on établit alors aisément qu'il existe pour toute f prévisible, des fonctions $g,\overline{f}$ satisfaisant à 49.1,2,3.

Mais en fait l'énoncé, sous une forme un peu cachée, dit un peu plus que cela : il dit (c) : on a <u>alors</u>) que (49.3) est satisfaite dès que (49.1) et (49.2) le sont pour presque tout (t_3,t_4). A cet effet, considérons un second couple $(g',\overline{f}')$ satisfaisant à (49.1) et (49.2). On a alors pour presque tout (t_3,t_4) $g(t_3,t_4,.)=g'(t_3,t_4,.)$ p.s., donc $\overline{f}(t_3,t_4,.)=\overline{f}'(t_3,t_4,.)$ p.s.. On a alors $E[\int(\overline{f}-\overline{f}')^2 du_3 du_4]=0$, donc $E[(\int_{C_2}(\overline{f}-\overline{f}')dM_{u_3}dM_{u_4})^2]=0$, et finalement la relation (49.3) établie pour $\overline{f}$ est également vraie pour $\overline{f}'$.

REMARQUE. D'habitude, on construit la fonction prévisible $\overline{f}$ de la manière suivante : on construit d'abord une version $g(t_3,t_4,\omega)$ de $\int f dM_{u_1} dM_{u_2}$, mesurable en (t_3,t_4,ω). Puis une version càdlàg de la martingale $g(t,t_3,t_4,.)=E[g(t_3,t_4,.)|\underline{\underline{F}}_t]$, mesurable en (t,t_3,t_4,ω) . Puis le processus $g_-(t,t_3,t_4,.) = g(t-,t_3,t_4,.)$, et enfin on prend $\overline{f}(t_3,t_4,\omega) = g_-(t_3,t_3,t_4,\omega)$. Nous n'insisterons pas là dessus.

EXEMPLE. Il résulte aussitôt de la formule de récurrence (40.1) que les "puissances symboliques" P^n sont des intégrales multiples

$$P^n_t = \int_{C_n(t)} dM_{u_1}\ldots dM_{u_n} \tag{50.1}$$

Dans le cas où (M_t) est le mouvement brownien, on peut montrer (c'est un résultat ancien, dû à WIENER) que les espaces orthogonaux d'intégrales stochastiques de fonctions <u>certaines</u>

$$\underline{\underline{H}}_n = \{ \int_{C_n} f(u_1,\ldots,u_n)dM_{u_1}\ldots dM_{u_n} , f\in L^2(C_n,\mu_n) \}$$

engendrent tout $L^2(\Omega)$. Une démonstration[1] de ce fait (un peu sommaire) figure dans le séminaire V, p.280-281 : elle repose sur la formule (50.1), et la formule (42.3) suivant laquelle $P^n_t=t^{n/2}H_n(M_t/\sqrt{t})$, de sorte qu'on sait exprimer tout polynôme en M_t comme combinaison linéaire d'intégrales stochastiques multiples. Nous renvoyons le lecteur au séminaire V (LN volume 191) pour plus de détails.

---

1. La définition des i.s. dans cet exposé n'est pas correcte (p.279, ligne 7 du bas, le processus considéré n'est pas continu).

CORRECTION A LA PAGE 83. Le complémentaire d'un ensemble prévisible élémentaire n'est pas une réunion <u>finie</u> d'ensembles prévisibles élémentaires disjoints, mais une réunion dénombrable de tels ensembles, et les conséquences sont les mêmes.

UN COURS SUR LES INTEGRALES STOCHASTIQUES

(P.A. Meyer)

CHAPITRE V . LES ESPACES $\underline{\underline{H}}^1$ ET $\underline{\underline{BMO}}$

Nous revenons ici à la théorie de l'intégrale stochastique par rapport aux martingales locales, abordée au chapitre IV, mais avec un esprit très différent. Nous n'avions défini alors que l'intégrale stochastique de processus prévisibles localement bornés (mais, en revanche, nous intégrions par rapport à une semimartingale quelconque). Ici, nous allons considérer une martingale locale M, et dire exactement pour quels processus prévisibles H - non localement bornés - on peut définir de manière raisonnable l'intégrale stochastique H·M. Nous allons aussi définir un espace de martingales uniformément intégrables qui contient à la fois l'espace $\underline{\underline{M}}$ des martingales de carré intégrable, l'espace $\underline{\underline{W}}$ des martingales à variation intégrable, et qui est admirablement adapté à la théorie de l'intégrale stochastique des processus prévisibles, et même optionnels. Cet espace est l'espace $\underline{\underline{H}}^1$, son dual est l'espace $\underline{\underline{BMO}}$ (les lettres signifient "bounded mean oscillation", mais cette terminologie est empruntée à l'analyse, et ne suggère rien en théorie des martingales, aussi parle t'on des espaces " achun" et " béhèmeau" sans s' arrêter au sens des initiales). L'inégalité qui permet de les mettre en dualité est une forme de l'inégalité de KUNITA-WATANABE (II.21), mais plus profonde que celle-ci, que l'on appelle l'inégalité de FEFFERMAN. On peut même dire que c'est la plus importante de toute la théorie, si l'on considère son caractère élémentaire, et le fait que GARSIA a su en déduire les inégalités difficiles de BURKHOLDER, DAVIS, GUNDY, etc.

De l'histoire de cette théorie, je ne dirai que ce que je sais : $\underline{\underline{H}}^1$ et $\underline{\underline{BMO}}$ ont été inventés pour les besoins de l'analyse : le H de $\underline{\underline{H}}^1$ signifie sans doute HARDY , le cas de la dimension 1 (*) a été étudié par HARDY, LITTLEWOOD..., le cas général surtout par STEIN ; $\underline{\underline{BMO}}$ semble avoir été introduit par JOHN et NIREMBERG (en dimension 1), la dualité entre $\underline{\underline{H}}^1$ et $\underline{\underline{BMO}}$ découverte par FEFFERMAN, l'étude approfondie de la dualité à plusieurs dimensions étant due à FEFFERMAN et STEIN. Quant à l'analogie avec les martingales, elle s'est développée au long d'une série d'articles, souvent non publiés, circulant entre BURKHOLDER, GARSIA, GUNDY, HERZ, STEIN... dont je ne connais qu'une petite partie.

(*) En analyse, $\underline{\underline{H}}^1$, $\underline{\underline{BMO}}$ sont des espaces de fonctions mesurables sur $\mathbb{R}^n$, ou sur la sphère.

I. L'INEGALITE DE FEFFERMAN

L'ESPACE BMO

Soit M une martingale de carré intégrable. Nous rappelons la formule II.(19.2), qui donne le potentiel gauche du processus croissant [M,M]. Pour tout temps d'arrêt T

(1.1) $E[[M,M]_\infty|\underline{F}_T]-[M,M]_{T-} = E[M_\infty^2|\underline{F}_T]-M_T^2+\Delta M_T^2 = E[(M_\infty-M_{T-})^2|\underline{F}_T]$

DEFINITION. Soit M une martingale locale. On dit que M appartient à BMO si M est de carré intégrable, et s'il existe une constante c telle que l'on ait, pour tout temps d'arrêt T

(1.2) $E[(M_\infty-M_{T-})^2|\underline{F}_T] \leq c^2$ p.s.

La plus petite constante possédant cette propriété est appelée la norme BMO de M , et notée $\|M\|_{BMO}$. S'il n'existe pas de telle constante, ou si M n'est pas de carré intégrable, on convient que $\|M\|_{BMO} = +\infty$.

REMARQUES. a) c^2 majore $E[M_\infty^2|\underline{F}_0]$ (rappelons la convention $M_{0-}=0$), donc $\|M\|_2 \leq \|M\|_{BMO}$. En particulier $\|M\|_{BMO}=0 \Rightarrow M=0$.

La possibilité de remplacer T par T_A , $A\in\underline{F}_T$ (N7, p.8) montre que (1.2) équivaut à

(2.1) $E[(M_\infty-M_{T-})^2] \leq c^2 P\{T<\infty\}$ pour tout temps d'arrêt T

donc

(2.2) $$\|M\|_{BMO} = \sup_T \frac{E[(M_\infty-M_{T-})^2]}{P\{T<\infty\}}$$

ce qui montre que $\|\ \|_{BMO}$ est une semi-norme, puisque c'est un sup de semi-normes quadratiques. Nous verrons plus tard que BMO est complet.

Noter l'interprétation de (2.1) : sur $\Omega'=\{T<\infty\}$ considérons les tribus induites $\underline{F}'_t$, la loi induite renormalisée $P'=\frac{1}{P(\Omega')}P|_{\Omega'}$, et la martingale $M'_t=M_{T+t}-M_{T-}|_{\Omega'}$. Alors (2.1) signifie que la norme de M' dans L^2 est bornée par c, quel que soit le temps d'arrêt T. Etant donnée la fréquence de telles opérations de translation en théorie des martingales, on voit le caractère parfaitement naturel de la norme BMO.

b) Compte tenu du théorème de section (N11, p.9) des ensembles optionnels, on voit que (1.2) exprime en fait que le processus $E[[M,M]_\infty|\underline{F}_t]-[M,M]_{t-}=E[M_\infty^2|\underline{F}_t]-M_t^2+\Delta M_t^2$, projection optionnelle du processus $(M_\infty-M_{t-})^2$, est majoré par c^2 aux ensembles évanescents près.

c) M appartient à BMO si et seulement si les sauts de M (y compris le saut M_0 en 0) sont uniformément bornés , et si le processus

(2.3) $$E[[M,M]_\infty|\underline{F}_t] - [M,M]_t = E[\langle M,M\rangle_\infty|\underline{F}_t] - \langle M,M\rangle_t = E[M_\infty^2|\underline{F}_t] - M_t^2$$

qui est continu à droite, est uniformément borné. Par exemple, le mouvement brownien arrêté à N fini appartient à BMO , puisqu'il est continu, et que le crochet <,> associé est égal à $N\wedge t$.

d) Si H est une variable aléatoire intégrable, on dit assez souvent que H appartient à $\underline{\underline{BMO}}$ (ou, dans le langage oral[1] " est $\underline{\underline{BMO}}$ ") si la martingale $H_t=E[H|\underline{\underline{F}}_t]$ appartient à $\underline{\underline{BMO}}$, et on définit $\|H\|_{\underline{\underline{BMO}}}$ comme la norme de cette martingale. Cet usage est illustré dans l'énoncé 4 .

EXEMPLES DE MARTINGALES APPARTENANT A $\underline{\underline{BMO}}$

Le premier exemple est évident .

3 THEOREME. Si (M_t) est une martingale bornée, on a $\|M\|_{\underline{\underline{BMO}}} \leq \sqrt{5}\|M_\infty\|_{L^\infty}$ [2]

DEMONSTRATION. Si c majore M_∞ on a

$$E[M_\infty^2|\underline{\underline{F}}_t] - M_t^2 + \Delta M_t^2 \leq c^2+(2c)^2 = 5c^2 .$$

On en déduit aussitôt des exemples de martingales qui appartiennent à $\underline{\underline{BMO}}$ sans être bornées : soit H un processus prévisible majoré par 1 en module, et soit $N=H\cdot M$; alors $[N,N]_\infty-[N,N]_{T-} \leq [M,M]_\infty-[M,M]_{T-}$, et on a aussi $\|N\|_{\underline{\underline{BMO}}} \leq c\sqrt{5}$.

Le second exemple est particulièrement important . C'est sous cette forme que l'on rencontre le plus souvent $\underline{\underline{BMO}}$.

4 THEOREME. a) Soit (A_t) un processus croissant (adapté) dont le potentiel gauche est majoré par une constante c. Alors $\|A_\infty\|_{\underline{\underline{BMO}}} \leq c\sqrt{3}$.

b) Soit (A_t) un processus croissant prévisible, nul en 0, dont le potentiel (X_t) est majoré par une constante c. Alors $\|A_\infty\|_{\underline{\underline{BMO}}} \leq 2c\sqrt{3}$.

DEMONSTRATION. Le cas prévisible se ramène au cas adapté : soit (Y_t) le potentiel gauche du processus croissant prévisible (A_t) : (Y_t) est projection bien-mesurable de $(A_\infty-A_{t-})$, (X_t) projection bien-mesurable de $(A_\infty-A_t)$, donc $Y_t=X_t+\Delta A_t$. Le saut ΔA_T en T prévisible est égal à $-E[\Delta X_T|\underline{\underline{F}}_T]$ (I.17), donc $\Delta A_T\leq c$ (comme X_T et X_{T-} sont tous deux compris entre 0 et c, leur différence est au plus c), et comme (A_t) est prévisible on a identiquement $\Delta A_t\leq c$, donc $Y_t\leq 2c$, et b).

Prouvons donc a). Soit M_t la martingale $E[A_\infty|\underline{\underline{F}}_t] = X_t+A_{t-}$. Nous avons $M_\infty-M_{T-} = (A_\infty-A_{T-})-X_{T-}$ pour tout temps d'arrêt T, et aussi

$$E[(M_\infty-M_{T-})^2|\underline{\underline{F}}_T] = E[(A_\infty-A_{T-})^2|\underline{\underline{F}}_T]+X_{T-}^2-2X_{T-}E[A_\infty-A_{T-}|\underline{\underline{F}}_T]$$
$$\leq E[(A_\infty-A_{T-})^2|\underline{\underline{F}}_T] + X_{T-}^2 \leq E[\ \ ] + c^2$$

D'autre part, on a pour toute fonction croissante a(t) (a(0-)=0)

$$a(\infty)^2 = \int_{[0,\infty[} [(a(\infty)-a(s))+(a(\infty)-a(s-))]da(s)$$
$$\leq 2\int_{[0,\infty[} (a(\infty)-a(s-))da(s) \qquad (\text{cf. IV.24 }).$$

---

1. On ne dit pas qu'une variable aléatoire est"béhèmelle".
2. $E[(M_\infty-M_{T-})^2|\underline{\underline{F}}_T] < (2c)^2$, on peut donc prendre 2 au lieu de $\sqrt{5}$

$$(A_\infty - A_{T-})^2 \leqq 2 \int_{[T,\infty[} (A_\infty - A_{s-}) dA_s$$

Nous prenons une espérance, en remarquant que la projection optionnelle du processus $(A_\infty - A_{s-})$ est (X_s), et que la mesure dA_s commute à la projection optionnelle (I.3). Ainsi

$$E[(A_\infty - A_{T-})^2] \leqq 2E[\int_{[T,\infty[} X_s dA_s] \leqq 2cE[A_\infty - A_{T-}] = 2cE[X_T]$$
$$\leqq 2c^2 P\{T<\infty\}$$

Remplaçant T par T_B (N7, p.8) où B parcourt $\underline{\underline{F}}_T$, il vient que $E[(A_\infty - A_{T-})^2 | \underline{\underline{F}}_T] \leqq 2c^2$, l'inégalité désirée.

REMARQUES. a) Le théorème 4 s'étend aux processus croissants présentant un saut à l'infini. La méthode consiste à utiliser une bijection croissante φ de $[0,1]$ sur $[0,\infty]$, à poser $A'_t = A_{\varphi(t)}$ pour $t \leqq 1$, $A'_t = A_\infty$ pour $t>1$, à définir les $\underline{\underline{F}}'_t$ de manière analogue, et à appliquer le th.4.

b) En réalité , on a pour le cas prévisible la même constante , sans nécessité de doublement : il suffit de suivre la même méthode que pour le cas optionnel, en remarquant que la projection prévisible du processus $(A_\infty - A_{s-})$ est alors le processus (X_{s-}). Pour plus de détails, voir la démonstration du th. IV.8.

c) En se reportant à la démonstration du théorème IV.8, on verra la propriété suivante : si M est une martingale locale nulle en 0, si T est un temps d'arrêt qui réduit fortement M, alors M^T peut s'écrire U+V, où V est à variation intégrable, et U <u>appartient à</u> BMO .

Le troisième exemple (emprunté à GARSIA, et qui servira plus loin dans la démonstration de l'inégalité de DAVIS) montre comment on peut construire des martingales de BMO au moyen d'intégrales stochastiques. Noter qu'il contient le premier exemple (B=1).

THEOREME. <u>Soient</u> H <u>une martingale locale</u>, B <u>un processus croissant</u> (adapté ; on ne suppose pas $B_{0-}=0$). <u>Si le processus</u> $(|H_t B_t|)$ <u>est borné par</u> 1 , <u>la martingale locale</u> $L=B_- \cdot H$ <u>appartient à</u> BMO, <u>avec</u> $\|L\|_{BMO} \leqq \sqrt{6}$

DEMONSTRATION. Quitte à arrêter H à un temps d'arrêt S qui réduit à la fois les martingales locales H et $M=H^2-[H,H]$, nous supposerons qu'elles sont toutes deux uniformément intégrables. Après quoi, il restera à faire tendre S vers l'infini, passage à la limite simple que nous laisserons au lecteur.

Nous allons montrer, d'une part que les sauts ΔL_t sont uniformément bornés, et d'autre part que le potentiel $E[[L,L]_\infty - [L,L]_t | \underline{\underline{F}}_t]$ est borné, et nous appliquerons alors la remarque 2 c).

Tout d'abord les sauts : nous avons $|\Delta L_t| = |B_{t-}(H_t-H_{t-})| \leq |B_{t-}H_{t-}|+ |B_{t-}H_t| \leq |B_{t-}H_{t-}|+|B_tH_t| \leq 2$.

Passons au potentiel. Nous avons $[L,L] = B_-^2\cdot[H,H]$, donc

$$[L,L]_\infty-[L,L]_t = \int_t^\infty B_{s-}^2 d[H,H]_s = \int_t^\infty ([H,H]_\infty-[H,H]_s)dB_s^2 + \\ + ([H,H]_\infty-[H,H]_t)B_t^2$$

Noter que $[H,H]_\infty$ est finie, car la martingale $H_t^2-[H,H]_t=M_t$ est uniformément intégrable ; on a aussi $[H,H]_\infty-[H,H]_s = H_\infty^2 - H_s^2 -(M_\infty-M_s)$, donc $E[[H,H]_\infty-[H,H]_T|\underline{\underline{F}}_T] = E[H_\infty^2|\underline{\underline{F}}_T]-H_T^2$ pour tout temps d'arrêt T - ceci n'est pas absolument évident, car H n'est pas supposée de carré intégrable ! Alors, comme dB_s^2 commute à la projection optionnelle

$$E[\int_t^\infty([H,H]_\infty-[H,H]_s)dB_s^2|\underline{\underline{F}}_t]\leq E[\int_t^\infty H_\infty^2 dB_s^2|\underline{\underline{F}}_t] \leq E[H_\infty^2B_\infty^2|\underline{\underline{F}}_t] \leq 1$$

$$E[([H,H]_\infty-[H,H]_t)B_t^2|\underline{\underline{F}}_t] = B_t^2(E[H_\infty^2|\underline{\underline{F}}_t]-H_t^2) \leq E[H_\infty^2B_\infty^2|\underline{\underline{F}}_t] \leq 1$$

Cela achève la démonstration ($2^2+1+1=6$). GARSIA dans le cas discret indique 5 au lieu de 6, mais j'ai perdu mon exemplaire de son livre et je ne sais pas comment il fait. De toute façon, ce n'est pas grave !

REMARQUE. On utilise plus souvent le corollaire suivant : soit U un processus prévisible, tel qu'il existe un processus croissant (B_t) tel que $|U|\leq B_-$ et $|H\mathbb{B}|\leq 1$. Alors l'intégrale stochastique U·H appartient à BMO, etc. Voir la remarque suivant l'exemple du n°3.

Nous reviendrons plus loin sur les propriétés de BMO - en particulier, nous montrerons que les éléments de BMO sont bornés, non seulement dans L^2, mais dans tous les L^p (n°V.27).

L'ESPACE $\underline{\underline{H}}^1$

7 DEFINITION. Soit M une martingale locale. On pose $\|M\|_{\underline{\underline{H}}^1} = E[\sqrt{[M,M]_\infty}]$, et on dit que M appartient à $\underline{\underline{H}}^1$ si $\|M\|_{\underline{\underline{H}}^1} < \infty$.

8 REMARQUES. a) $\|M\|_{\underline{\underline{H}}^1}$ est une seminorme : l'homogénéité est évidente, et la sous-additivité se ramène à $[M+N,M+N]^{1/2}\leq [M,M]^{1/2}+[N,N]^{1/2}$, soit encore à $[M,N]\leq [M,M]^{1/2}[N,N]^{1/2}$ (inégalités KW). La relation $\|M\|_{\underline{\underline{H}}^1} =0$ entraîne que M n'a pas de sauts (y compris le saut M_0 en 0), elle est donc continue, donc localement de carré intégrable, et on vérifie alors aussitôt que M=0.

Nous verrons plus loin que M appartient à $\underline{\underline{H}}^1$ si et seulement si $M^*= \sup_t|M_t|$ appartient à L^1, et que la norme $\underline{\underline{H}}^1$ est équivalente à $\|M^*\|_{L^1}$; il en résultera aussitôt que $\underline{\underline{H}}^1$ est complet.

b) Nous avons $E[\sqrt{[M,M]_\infty}] \leq (E[[M,M]_\infty])^{1/2}$, donc $\underline{\underline{M}}\subset\underline{\underline{H}}^1$, avec une norme plus forte. De même, si M est une martingale locale à VI, nous avons $[M,M]_\infty = \Sigma_s \Delta M_s^2 \leq (\Sigma_s|\Delta M_s|)^2$, donc $\|M\|_{\underline{\underline{H}}^1} \leq \|M\|_V$, et $\underline{\underline{W}} \subset \underline{\underline{H}}^1$ avec une norme plus forte.

L'INEGALITE DE FEFFERMAN[1]

Sous sa forme usuelle, c'est le résultat suivant : soient M et N deux martingales locales. Alors

(9.1) $E[\int_{[0,\infty[} |d[M,N]_s|] \leq c\|M\|_{\underline{\underline{H}}^1}\|N\|_{\underline{\underline{BMO}}}$

où c est une constante dont la valeur importe peu ($c=\sqrt{2}$ convient). Cette inégalité ressemble aux inégalités de KUNITA-WATANABE du chapitre II, n°22, mais elle n'existe que sous forme intégrale, alors que les inégalités KW s'obtenaient en appliquant l'inégalité de HÖLDER aux inégalités du n°21, vraies pour presque toute trajectoire.

Nous allons montrer en fait une inégalité plus générale, dont nous aurons besoin par la suite. (9.1) correspond au cas où U=1 .

THEOREME. <u>Soient</u> M <u>et</u> N <u>deux martingales locales</u>, U <u>un processus optionnel</u>. <u>Alors</u>

(9.2) $E[\int_{[0,\infty[} |U_s||d[M,N]_s|] \leq cE[(\int_{[0,\infty[} U_s^2 d[M,M]_s)^{1/2}]\|N\|_{\underline{\underline{BMO}}}$ $(c=\sqrt{2})$

DEMONSTRATION. Posons $C_t=\int_0^t U_s^2 d[M,M]_s$, et introduisons les deux processus optionnels positifs H et K définis par

$$H_t^2 = U_t^2/\sqrt{C_t} + \sqrt{C_{t-}} \quad , \quad K_t^2=\sqrt{C_t}$$

Nous avons les propriétés

- $H_t^2 d[M,M]_t = dC_t/\sqrt{C_t}+\sqrt{C_{t-}} = d\sqrt{C_t}$ (intégration par parties)
- $H_t^2K_t^2 \geq \frac{1}{2}U_t^2$ presque partout pour la mesure $d[M,M]_t$, donc aussi pour la mesure $|d[M,N]_t|$, absolument continue par rapport à $d[M,M]_t$.

Appliquons l'inégalité de KUNITA-WATANABE :

$$\frac{1}{\sqrt{2}}E[\int|U_s||d[M,N]_s|] \leq E[\int H_sK_s|d[M,N]_s|] \leq \sqrt{E_1}\sqrt{E_2}$$

où $E_1 = E[\int_{[0,\infty[} H_s^2 d[M,M]_s]$, $E_2=E[\int_{[0,\infty[} K_s^2 d[N,N]_s]$

Calculons d'abord E_1 : comme $H_s^2 d[M,M]_s = d\sqrt{C_t}$, c'est $E[\sqrt{C_\infty}-\sqrt{C_{0-}}]$ et

$$E_1 = E[(\int_{[0,\infty[} U_s^2 d[M,M]_s)^{1/2}] \text{ par définition de } C_t$$

Pour calculer E_2 , intégrons par parties : (K_t^2) est un processus croissant, donc

$$\int_{[0,\infty[} K_s^2 d[N,N]_s = \int_{[0,\infty[} ([N,N]_\infty-[N,N]_{s-})dK_s^2$$

Intégrons : la mesure dK_s^2 commute avec la projection optionnelle, et la projection optionnelle du processus $([N,N]_\infty-[N,N]_{s-})$ est majorée

1. Première extension au cas continu : GETOOR-SHARPE [25].

par $\|N\|^2_{\mathbf{BMO}}$ par définition de $\mathbf{BMO}$ (2,b)). Donc

$$E_2 \leq \|N\|^2_{\mathbf{BMO}} . E[\int_0^\infty dK_s^2] = \|N\|^2_{\mathbf{BMO}} E[\sqrt{C_\infty}] = \|N\|^2_{\mathbf{BMO}} . E_1$$

. Ainsi $\sqrt{E_1}\sqrt{E_2} \leq E_1 \|N\|_{\mathbf{BMO}}$, et c'est tout juste (9.2).

APPLICATION A LA DUALITE ENTRE $\mathbf{H}^1$ ET $\mathbf{BMO}$

Nous allons déduire de l'inégalité de FEFFERMAN trois types de conséquences :

- le " théorème de FEFFERMAN" sur la dualité entre $\mathbf{H}^1$ et $\mathbf{BMO}$ (pour les martingales, démontré indépendamment par HERZ, GARSIA, FEFFERMAN-STEIN).
- La possibilité de définir les intégrales stochastiques par rapport aux martingales locales, pour des processus prévisibles ou optionnels non localement bornés (§ II de ce chapitre).
- D'après GARSIA, les principales inégalités de la théorie des martingales (§ III de ce chapitre).

10 Nous commençons par la partie facile du théorème de dualité. Si M appartient à $\mathbf{H}^1$, N à $\mathbf{BMO}$, la variable aléatoire $\int_{[0,\infty[} |d[M,N]_s|$ est intégrable, donc p.s. finie, donc $\int_{[0,\infty[} d[M,N]_s$ existe et est intégrable. Nous pouvons donc définir sur $\mathbf{H}^1 \times \mathbf{BMO}$ la forme bilinéaire

(10.1) $$C(M,N) = E[\int_{[0,\infty[} d[M,N]_s] = E[[M,N]_\infty]$$

Lorsque M est de carré intégrable, cela vaut $E[M_\infty N_\infty]$. Lorsque M appartient à $\mathbf{H}^1$, M est uniformément intégrable (nous verrons cela plus loin), mais on n'a pas nécessairement $E[[M,N]_\infty]=E[M_\infty N_\infty]$, le produit au second membre pouvant n'être pas intégrable.

L'inégalité de FEFFERMAN affirme que la forme linéaire C(.,N) est continue pour la topologie de $\mathbf{H}^1$. Si l'on a C(.,N)=0 , comme $\mathbf{BMO} \subset \mathbf{M} \subset \mathbf{H}^1$ on a C(N,N)=0, donc N=0. Ainsi, $\mathbf{BMO}$ se plonge dans le dual de $\mathbf{H}^1$. Et nous avons la partie plus délicate :

11 THEOREME. <u>Toute forme linéaire continue</u> φ <u>sur</u> $\mathbf{H}^1$ <u>est de la forme</u> C(.,N), <u>où</u> N <u>appartient à</u> $\mathbf{BMO}$.

DEMONSTRATION. Nous supposerons que $\|\varphi\|=1$. Comme $\mathbf{M} \subset \mathbf{H}^1$ avec une norme plus grande, φ induit sur $\mathbf{M}$ une forme linéaire de norme ≤ 1, et il existe donc une martingale de carré intégrable N telle que

(11.1) pour $M \in \mathbf{M}$, $\varphi(M) = E[M_\infty N_\infty]$

Nous allons montrer que N appartient à $\mathbf{BMO}$. Bornons d'abord les sauts de N . Soit T un temps d'arrêt, soit prévisible, soit totalement inaccessible[1], et soit U une variable aléatoire bornée , $\mathcal{F}_T$-mesurable, telle que $\|U\|_{L^1} \leq 1$. Soit M la martingale compensée du processus $UI_{\{t \geq T\}}$.

1. Nous supposons T partout > 0 , laissant au lecteur l'étude en 0.

M est à VI , avec $\|M\|_v \leq 2\|U\|_{L^1} \leq 2$, donc (8,b)) $\|M\|_{\underline{\underline{H}}^1} \leq 2$. D'autre part, comme U est bornée, M est de carré intégrable (II.9), donc $\varphi(M)=E[M_\infty N_\infty]$, et toujours d'après II.9 cela vaut $E[\Delta M_T \Delta N_T]$. Ainsi dans le cas totalement inaccessible $\Delta M_T = U$, et

$|E[U\Delta N_T]| = |\varphi(M)| \leq 2$, et en passant au sup sur U $\|\Delta N_T\|_{L^\infty} \leq 2$.

Dans le cas prévisible, $\Delta M_T = U - E[U|\underline{\underline{F}}_{T-}]$, mais ΔN_T est orthogonale à $\underline{\underline{F}}_{T-}$, et on a encore $E[\Delta M_T \Delta N_T]=E[U\Delta N_T]$, avec la même conclusion.

Nous montrons ensuite que $E[[N,N]_\infty - [N,N]_T | \underline{\underline{F}}_T] \leq 1$ pour tout temps d'arrêt T. Posons $Z = [N,N]_\infty - [N,N]_T$; comme d'habitude, il suffit de montrer que $E[Z] \leq P\{T<\infty\}$ pour tout T, et d'appliquer ce résultat aux T_A $(A \in \underline{\underline{F}}_T)$. Or soit M la martingale $N-N^T$; comme N^T est l'intégrale stochastique $I_{[[0,T]]} \cdot N$, M est l'intégrale stochastique $D\cdot N$, où $D = I_{]]T,\infty[[}$. Donc $[M,N]=D\cdot[N,N]$, tandis que $[M,M]=D^2\cdot[N,N]$, et comme $D^2=D$ on a $[M,M]_\infty = [M,N]_\infty = Z$, et $\|M\|_{\underline{\underline{H}}^1} = E[\sqrt{Z}]$. Or Z est nulle sur $\{T=\infty\}$, donc $E[\sqrt{Z}] \leq (E[Z])^{1/2}(P\{T<\infty\})^{1/2}$.

Nous avons alors d'une part

$E[M_\infty N_\infty] = E[[M,N]_\infty] = E[Z]$

et d'autre part

$|E[M_\infty N_\infty]| = |\varphi(M)| \leq \|M\|_{\underline{\underline{H}}^1} = E[\sqrt{Z}] \leq E[Z]^{1/2} (P\{T<\infty\})^{1/2}$

d'où finalement l'inégalité $E[Z] \leq P\{T<\infty\}$, le résultat cherché. En mettant tout ensemble, il vient que

(11.2) $\|\varphi\| \leq 1 \Rightarrow \|N\|_{\underline{\underline{BMO}}} \leq \sqrt{5}$

La démonstration n'est pas tout à fait finie : les formes linéaires φ et C(.,N) coïncident sur $\underline{\underline{M}}$, mais coïncident elles sur $\underline{\underline{H}}^1$? Cela résulte aussitôt du lemme suivant

THEOREME. $\underline{\underline{M}}$ est dense dans $\underline{\underline{H}}^1$.

DEMONSTRATION. Soit M une martingale locale qui appartient à $\underline{\underline{H}}^1$, et soit T_n une suite de temps d'arrêt réduisant fortement M, qui tend en croissant vers $+\infty$. On vérifie aussitôt sur la définition de $\underline{\underline{H}}^1$ que les martingales arrêtées M^{T_n} convergent vers M dans $\underline{\underline{H}}^1$. D'autre part, M^T (omettons l'indice n !) s'écrit U+V, où U appartient à $\underline{\underline{M}}$, et V est la compensée de $M_T I_{\{t\geq T\}}$; M_T est intégrable, approchons la dans L^1 par des variables aléatoires $\underline{\underline{F}}_T$-mesurables bornées m_k , et notons V^k la compensée de $m_k I_{\{t\geq T\}}$; la martingale V^k appartient à $\underline{\underline{M}}$ (V.4*),et converge vers V en norme $\|\ \|_v$, plus forte que la norme $\underline{\underline{H}}^1$. En définitive, M est bien approchée dans $\underline{\underline{H}}^1$ par des éléments de $\underline{\underline{M}}$.

(*) Même à $\underline{\underline{BMO}}$!

COROLLAIRE. Les martingales bornées sont denses dans $\underline{\underline{H}}^1$.

En effet, elles sont denses dans $\underline{\underline{M}}$, pour une norme plus forte que celle de $\underline{\underline{H}}^1$.

14 COROLLAIRE. <u>Toute martingale locale</u> $M\in\underline{\underline{H}}^1$ <u>est uniformément intégrable, et on a</u> $\|M_\infty\|_{L^1} \leq c\|M\|_{\underline{\underline{H}}^1}$ (on verra bien mieux plus loin).

DEMONSTRATION. Supposons d'abord $M\in\underline{\underline{M}}$, et soit N une martingale bornée. L'inégalité de FEFFERMAN nous donne, compte tenu du fait que $E[[M,N]_\infty] = E[M_\infty N_\infty]$ et du n°3 (la constante c varie de place en place)

$$|E[M_\infty N_\infty]| \leq c\|M\|_{\underline{\underline{H}}^1}\|N\|_{\underline{\underline{BMO}}} \leq c\|M\|_{\underline{\underline{H}}^1}\|N_\infty\|_{L^\infty}$$

Donc $\|M_\infty\|_{L^1} \leq c\|M\|_{\underline{\underline{H}}^1}$, et le complété de $\underline{\underline{M}}$ pour la norme $\underline{\underline{H}}^1$ - c'est à dire $\underline{\underline{H}}^1$ lui-même - est contenu dans le complété de $\underline{\underline{M}}$ pour la norme $M\mapsto\|M_\infty\|_{L^1}$, c'est à dire l'espace des martingales uniformément intégrables (remarquer que la relation $M_t=E[M_\infty|\underline{\underline{F}}_t]$ passe bien à la limite dans cette complétion !).

II. INTEGRALES STOCHASTIQUES DANS $\underline{\underline{H}}^1$

Ce paragraphe ne se suffit pas entièrement à lui même : nous allons admettre, en effet, que $\underline{\underline{H}}^1$ <u>est complet</u> , ce qui résultera plus loin de l'inégalité de DAVIS (c'est à dire, indirectement, de l'inégalité de FEFFERMAN). L'inégalité (9.2) interviendra aussi, directement, dans la construction de l'intégrale stochastique pour les processus optionnels.

15 Posons d'abord le problème. Etant donnés un processus prévisible H, une martingale locale M, nous désirons définir une intégrale stochastique H•M possédant des propriétés raisonnables. Nous exigerons d'abord que H•M <u>soit une martingale locale</u> , que $(H\cdot M)_0 = H_0M_0$ - ce qui nous ramène au cas où $M_0=0$. Ensuite, nous exigeons que

(15.1) $$[H\cdot M,H\cdot M] = H^2\cdot[M,M]$$

et cela impose tout de suite une limitation au processus prévisible H. En effet, soit T un temps d'arrêt réduisant fortement la martingale locale $L=H\cdot M$ - nulle en 0 puisque $M_0=0$. L^T s'écrit U+V, $U\in\underline{\underline{M}}_0 \subset \underline{\underline{H}}^1$, $V\in\underline{\underline{W}}_0 \subset \underline{\underline{H}}^1$, donc $L^T\in\underline{\underline{H}}^1$, et $E[\sqrt{[L,L]_T}] < \infty$. Autrement dit

On ne peut se poser raisonnablement le problème de la construction de l'intégrale stochastique H•M , dans la classe des martingales locales, que pour des processus H tels que le processus croissant $(\int_{0+}^t H_s^2 d[M,M]_s)^{1/2}$ soit localement intégrable.

Sous cette condition, on peut effectivement construire une intégrale stochastique parfaitement satisfaisante. Nous supposons que $M_0=0$ dans l'énoncé suivant, laissant au lecteur le soin d'ajouter le terme H_0M_0 à l'intégrale stochastique si cette condition n'est pas satisfaite.

THEOREME. Soit M une martingale locale nulle en 0, et soit H un processus prévisible tel que le processus croissant

(16.1) $\qquad (\int_0^t H_s^2 d[M,M]_s)^{1/2}$

soit localement intégrable. Alors

a) Pour toute martingale locale N, le processus croissant $\int_0^t |H_s||d[M,N]_s|$ est à valeurs finies pour $t<\infty$.

b) Il existe une martingale locale $L=H\cdot M$ telle que l'on ait, pour toute martingale locale N

(16.2) $\qquad [L,N] = H\cdot[M,N]$

et cette relation, écrite seulement pour les martingales bornées N, caractérise uniquement L.

c) Les processus ΔL_t et $H_t\Delta M_t$ sont indistinguables, et on a $(H\cdot M)^c = H\cdot M^c$.

DEMONSTRATION. Nous commençons par l'unicité, que nous déduirons du lemme suivant, qui reservira.

LEMME. Soit J une martingale locale nulle en 0 . Si $[J,N]$ est une martingale locale pour toute martingale bornée N, on a $J=0$.

En effet, si T réduit cette martingale locale on a $E[[J,N]_T] = E[[J,N]_0]=0$. On applique alors le théorème IV.19, b).

Pour en déduire l'unicité, on considère deux martingales locales L et $\bar{L}$ satisfaisant à (16.2), et on pose $J=L-\bar{L}$; alors $[J,N]=0$ pour toute martingale bornée N, et on applique le lemme.

Pour établir l'existence, nous allons supposer d'abord que $(\int_0^\infty H_s^2 d[M,M]_s)^{1/2}$ est intégrable. Soit (H_t^n) le processus obtenu en tronquant (H_t) à n ; comme H^n est borné, nous pouvons définir la martingale locale $H^n\cdot M = L_n$. On remarque que $H^n\cdot M \in \underline{\underline{H}}^1$ et que

$$\| H^n\cdot M - H^k\cdot M \|_{\underline{\underline{H}}^1} = E[(\int (H_s^n - H_s^k)^2 d[M,M]_s)^{1/2}]$$

qui tend vers 0 lorsque n et k tendent vers l'infini, par convergence dominée. Les $H^n\cdot M$ forment donc une suite de Cauchy dans $\underline{\underline{H}}^1$. Comme nous avons admis que $\underline{\underline{H}}^1$ est complet, nous pouvons affirmer que $H^n\cdot M = L_n$ converge dans $\underline{\underline{H}}^1$ vers une martingale locale L.

Prouvons que $[L,L] = H^2\cdot[M,M]$. Cela résulte aussitôt du fait que $[L_n,L_n] = H_n^2\cdot[M,M]$, du fait que $H_n^2 \uparrow H^2$, et du lemme suivant :

LEMME. Si $L_n \to L$ dans $\underline{\underline{H}}^1$, $\sqrt{[L_n,L_n]_T} \to \sqrt{[L,L]_T}$ dans L^1 pour tout T.

DEMONSTRATION. Cela résulte de l'inégalité triangulaire

$$|\sqrt{[L,L]_T} - \sqrt{[L_n,L_n]_T}| \leq \sqrt{[L-L_n,L-L_n]_T} \leq \sqrt{[L-L_n,L-L_n]_\infty}$$

qui se ramène à l'inégalité de KUNITA-WATANABE.

Ensuite, vérifions la propriété a) de l'énoncé, et (16.2). a) résulte de l'inégalité de KUNITA-WATANABE

$$\int_0^t |H_s||d[M,N]_s| \leqq \left(\int_0^t H_s^2 d[M,M]_s\right)^{1/2}([N,N]_t)^{1/2}$$

et entraîne à son tour, par convergence dominée, que $\int_0^t H_s^n d[M,N]_s$ tend vers $\int_0^t H_s d[M,N]_s$ pour tout t. Dans la relation (16.2) $[L_n,N] = H^n\cdot[M,N]$ écrite à l'instant t, il y a donc convergence p.s. du second membre vers $H\cdot[M,N]$. Du côté gauche, nous avons

$$|[L-L_n,N]_t| \leqq ([L-L_n,L-L_n]_t)^{1/2}([N,N]_t)^{1/2}$$
$$= \left(\int_0^t (H_s-H_s^n)^2 d[M,M]_s\right)^{1/2}([N,N]_t)^{1/2}$$

qui tend aussi vers 0 par convergence dominée.

Vérifions c). Comme L_n converge vers L dans $\underline{\underline{H}}^1$, donc dans l'espace des martingales uniformément intégrables, 14 entraîne que, pour une suite extraite, L_n converge p.s. uniformément vers L [nous verrons plus loin que le sup de L_n-L converge en fait vers 0 dans L^1], donc la relation $\Delta(H^n\cdot M)=H^n\Delta M$ passe bien à la limite. Il est clair que si M est continue, $H\cdot M$ est continue. Si M est purement discontinue, il en est de même de $H^n\cdot M$, et L_nN est une martingale locale pour toute N continue bornée. Comme L_n est une martingale uniformément intégrable, donc appartient à la classe (D), et N est bornée, L_nN appartient à la classe (D), donc L_nN est une vraie martingale. En tout instant t, elle converge dans L^1 vers LN, qui est donc une martingale, et il en résulte que L est purement discontinue. D'où la relation $H\cdot M^c=(H\cdot M)^c$.

Il nous reste à nous affranchir de l'hypothèse auxiliaire d'intégrabilité. C'est tout simple : nous choisissons des $T_n \uparrow +\infty$ tels que $E[(\int_0^{T_n} H_s^2 d[M,M]_s)^{1/2}] < \infty$, et nous appliquons le résultat précédent aux processus $HI_{[[0,T_n]]}$. D'après l'unicité les intégrales stochastiques ainsi construites se recollent bien... le lecteur regardera les détails.

INTEGRALES STOCHASTIQUES DE PROCESSUS OPTIONNELS

17 Nous nous proposons ici, étant donnés une martingale locale M nulle en 0, et un processus optionnel H satisfaisant à la propriété

(17.1) <u>le processus croissant</u> $(\int_0^t H_s^2 d[M,M]_s)^{1/2}$ <u>est localement intégrable</u> ,

de définir une intégrale stochastique $H\cdot M$ qui généralise celle du n° II.32. Rappelons que celle-ci était définie pour $M\in\underline{\underline{M}}$, et H optionnel tel que $E[\int_0^\infty H_s^2 d[M,M]_s]<\infty$, par la propriété

(17.2) $$E[[H\cdot M,N]_\infty]=E[\int_0^\infty H_s d[M,N]_s] \quad \text{pour tout } N\in \underline{\underline{M}} .$$

Nous adoptons une présentation de M. PRATELLI, en démontrant d'abord le lemme

LEMME. Si M appartient à $\underline{\underline{M}}$, si $E[\int_0^\infty H_s^2 d[M,M]_s] < \infty$, on a

(18.1) $$\|H\cdot M\|_{\underline{\underline{H}}^1} \leq cE[(\int_0^\infty H_s^2 d[M,M]_s)^{1/2}]$$

DEMONSTRATION. Nous appliquons au second membre de (17.2) l'inégalité de FEFFERMAN (la constante c change de place en place)

$$|E[\int H_s d[M,N]_s]| \leq E[\int |H_s||d[M,N]_s|] \leq cE[(\int H_s^2 d[M,M]_s)^{1/2}].\|N\|_{\underline{\underline{BMO}}}$$

Après quoi on fait parcourir à N la boule unité de $\underline{\underline{BMO}} \subset \underline{\underline{M}}$. D'après le théorème de dualité, $\sup_N E[[H\cdot M,N]_\infty] \geq c\|H\cdot M\|_{\underline{\underline{H}}^1}$, et le lemme est établi.

THEOREME. Soit M une martingale locale nulle en 0,(*) et soit H un processus optionnel tel que le processus croissant

(19.1) $$(\int_0^t H_s^2 d[M,M]_s)^{1/2}$$

soit localement intégrable. Il existe alors une martingale locale H•M= L et une seule telle que, pour toute martingale N bornée (ou seulement localement bornée) le processus

(19.2) $$[L,N]_t - \int_0^t H_s d[M,N]_s$$

soit une martingale locale nulle en 0. On a

(19.3) $(H\cdot M)^T = H\cdot M^T$ pour tout temps d'arrêt T

(19.4) $$\|H\cdot M\|_{\underline{\underline{H}}^1} \leq cE[(\int_0^\infty H_s^2 d[M,M]_s)^{1/2}]$$

DEMONSTRATION. Nous commençons par une remarque sur l'énoncé : on peut y remplacer les martingales bornées N par les martingales de $\underline{\underline{BMO}}$, mais le gain de généralité n'est qu'apparent : en effet, toute martingale de $\underline{\underline{BMO}}$ est à sauts bornés, donc localement bornée. Cela vaut la peine d'être dit d'une autre manière : les martingales localement bornées et localement dans $\underline{\underline{BMO}}$ sont les mêmes. L'unicité résulte de 16a .

1) Nous commençons par le cas où M appartient à $\underline{\underline{H}}^1$, et où H est borné par une constante h. D'après 18, l'application $M\mapsto H\cdot M$ définie sur $\underline{\underline{M}}$ satisfait à

(19.5) $$\|H\cdot M\|_{\underline{\underline{H}}^1} \leq cE[h([M,M]_\infty)^{1/2}] = ch\|M\|_{\underline{\underline{H}}^1}$$

Comme $\underline{\underline{M}}$ est dense dans $\underline{\underline{H}}^1$, elle se prolonge de manière unique en une application continue de $\underline{\underline{H}}^1$ dans $\underline{\underline{H}}^1$.

(*)Cette condition ne figure dans l'énoncé que par paresse.

Soit $M\in\underline{\underline{H}}^1$, et soit (M^n) une suite d'éléments de $\underline{\underline{M}}$ qui converge vers M dans $\underline{\underline{H}}^1$. Posons $L^n=H\cdot M^n$. Nous avons si N est bornée

$$|\int_0^\infty H_s d[M,N]_s - \int_0^\infty H_s d[M^n,N]_s| \leq \int_0^\infty |H_s||d[M-M^n,N]_s|$$

dont l'espérance est majorée par

(19.6) $$cE[(\int H_s^2 d[M-M^n,M-M^n]_s)^{1/2}]\|N\|_{\underline{\underline{BMO}}} \leq ch\|M-M^n\|_{\underline{\underline{H}}^1}\|N\|_{\underline{\underline{BMO}}}$$

qui tend vers 0 lorsque $n\to\infty$. D'autre part

$$E[|[L-L^n,N]_\infty|] \leq c\|L-L^n\|_{\underline{\underline{H}}^1}\|N\|_{\underline{\underline{BMO}}}$$

qui tend aussi vers 0. Ainsi, dans la relation (17.2)

$$E[[L^n,N]_\infty] = E[\int_0^\infty H_s d[M^n,N]_s]$$

nous avons convergence L^1 des deux côtés, et nous obtenons

$$E[[L,N]_\infty] = E[\int_0^\infty H_s d[M,N]_s]$$

Comme au chapitre II , en remplacant N par N^T , nous voyons que $[L,N]_t - \int_0^t H_s d[M,N]_s$ est une martingale uniformément intégrable, nulle en 0. Et la démonstration du lemme 18 nous donne (19.4). Quant à (19.3), cela résulte de la même propriété dans $\underline{\underline{M}}$, par passage à la limite.

2) Maintenant, nous passons au cas où M appartient à $\underline{\underline{H}}^1$, et H est un processus optionnel <u>tel que</u> $(\int_0^\infty H_s^2 d[M,M]_s)^{1/2}$ <u>soit intégrable</u>. Nous désignons par H^n le processus optionnel borné obtenu en tronquant H à n, et par L^n l'intégrale stochastique $H^n\cdot M$. D'après (19.4), les L^n forment une suite de Cauchy dans $\underline{\underline{H}}^1$, qui converge donc vers une martingale $H\cdot M=L$. Nous avons comme ci-dessus que

$$E[|[L-L^n,N]_\infty|] \to 0 \qquad (\text{ N bornée })$$

et d'autre part

$$E[|\int H_s d[M,N]_s - \int H_s^n d[M,N]_s|] \leq E[\int |H_s-H_s^n||d[M,N]_s|]$$

tend vers 0 par convergence dominée. D'où à nouveau par passage à la limite $E[[L,N]_\infty] = E[\int H_s d[M,N]_s]$, d'où (19.2) - la martingale étant en fait uniformément intégrable - et à nouveau l'inégalité (19.4) comme dans la démonstration de 18, par l'inégalité de FEFFERMAN. (19.3) est évidente.

3) Finalement, si M est une martingale locale, si H satisfait seulement à la condition d'intégrabilité locale, on considère des temps d'arrêt T réduisant fortement M (donc $M^T\in\underline{\underline{H}}^1$) et tels que $E[(\int_0^T H_s^2 d[M,M]_s)^{1/2}]<\infty$. On sait alors définir $H\cdot M^T$ d'après 2), et on vérifie que ces intégrales stochastiques se recollent bien . Nous laissons les détails au lecteur.

REMARQUE. Nous avons vu dans la démonstration le fait suivant, qui mérite peut être d'être souligné : si $M\in\underline{\underline{H}}^1$, si $E[(\int_0^\infty H_s^2 d[M,M]_s)^{1/2}]<\infty$, et si $N\in\underline{\underline{BMO}}$, on a $H\cdot M\in\underline{\underline{H}}^1$ et

(20.1) $$E[[H\cdot M,N]_\infty] = E[\int_0^\infty H_s d[M,N]_s]$$

la martingale (19.2) étant uniformément intégrable.

De plus, on peut montrer par convergence dans $\underline{\underline{H}}^1$, les faits suivants

- Si M est continue, $H\cdot M$ est continue. Si M est une somme compensée de sauts, (20.1) appliquée avec N continue bornée montre que $H\cdot M$ est une somme compensée de sauts.
- Si T est un temps totalement inaccessible, $\Delta(H\cdot M)_T = H_T\Delta M_T$.
- Si T est un temps prévisible, $\Delta(H\cdot M)_T = H_T\Delta M_T - E[H_T\Delta M_T|\underline{\underline{F}}_{T-}]$.

UN EXEMPLE D'INTEGRALE OPTIONNELLE

Nous allons tenir notre promesse du n°II.37 en calculant l'intégrale stochastique $\int_0^t M_s dM_s$. Comme nous savons calculer $\int_0^t M_{s-}dM_s$, tout revient à regarder $\int_0^t \Delta M_s dM_s$. Nous montrons, d'après M.PRATELLI et C.YOEURP :

THEOREME. __Si__ (et seulement si) __la martingale locale__ M __nulle en 0 est localement de carré intégrable, le processus croissant__

(21.1) $$(\int_0^t \Delta M_s^2 d[M,M]_s)^{1/2} = (\sum_{s\leq t} \Delta M_s^4)^{1/2}$$

__est localement intégrable, et l'on a alors__

(21.2) $$\int_0^t \Delta M_s dM_s = [M,M]_t - \langle M,M\rangle_t$$

DEMONSTRATION. Nous ne chercherons pas à prouver la parenthèse, qui ne présente pas d'intérêt. L'intégrabilité locale de (21.1) résulte de l'inégalité $(\Sigma\ \Delta M_s^4)^{1/2} \leq \Sigma\ \Delta M_s^2$. Pour démontrer (21.2), nous pouvons supposer que M est de carré intégrable, et alors $\Delta M\cdot M$ appartient à $\underline{\underline{H}}^1$. Comme l'égalité (21.2) est triviale lorsque M est continue, nous pouvons supposer que c'est une somme compensée de sauts. Les deux membres de (21.2) sont alors des sommes compensées de sauts, nulles en 0, il suffit de vérifier qu'elles ont les mêmes sauts. On regarde en T prévisible partout >0, en T totalement inaccessible, d'après 20 ci-dessus. Les détails sont laissés au lecteur.

Nous conclurons ce paragraphe sur la remarque suivante (qui n'a rien à voir avec l'intégrale stochastique) : si M est une martingale locale, M est localement dans $\underline{\underline{H}}^1$, donc le processus $\int_0^\cdot |d[M,N]_s|$ est localement intégrable, d'après l'inégalité de FEFFERMAN, pour toute martingale locale N localement bornée (= localement dans $\underline{\underline{BMO}}$, cf. 19). Cela permet de définir le crochet oblique <M,N>, compensateur de [M,N]. Voir à ce sujet le travail de YOEURP.

III. INEGALITES

Notre but dans ce paragraphe est assez modeste. Nous voulons démontrer d'après GARSIA (étendu au cas continu par CHOU) que l'inégalité de FEFFERMAN entraîne l'inégalité de DAVIS, avec comme corollaire le fait (utilisé au paragraphe précédent) que $\underline{\underline{H}}^1$ est complet. Puis établir les inégalités de BURKHOLDER classiques, afin de pouvoir dire quand une intégrale stochastique est bornée dans L^p - là encore, nous suivrons GARSIA et CHOU. Nous n'essaierons pas d'entrer dans la théorie moderne des inégalités de martingales, pour laquelle on consultera le livre de GARSIA, et les articles cités dans la bibliographie.

UN LEMME SUR LES PROCESSUS CROISSANTS

GARSIA donne de ce lemme ([21],[24]) une démonstration sans temps d'arrêt, que l'on trouvera en temps continu dans CHOU [26]. Nous préférons rétablir les temps d'arrêt, et ajouter une variante due à STROOCK, qui paraît intéressante ([27]).

23 THEOREME. <u>Soient</u> (A_t) <u>un processus croissant</u> (<u>pouvant présenter un saut à l'infini</u>) <u>et</u> Y <u>une v.a. positive intégrable</u>. <u>On suppose soit que</u>

(23.1) $\quad E[A_\infty|\underline{\underline{F}}_T] - A_{T-} \leq E[Y|\underline{\underline{F}}_T]$ <u>p.s. pour tout t.d'a.</u> T ,

<u>soit que</u> A <u>est prévisible nul en</u> 0, <u>et que</u>

(23.2) $\quad E[A_\infty|\underline{\underline{F}}_T] - A_T \leq E[Y|\underline{\underline{F}}_T]$ <u>p.s.</u>

<u>On a alors pour tout</u> $\lambda>0$

(23.3) $$\int_{\{A_\infty \geq \lambda\}} (A_\infty - \lambda)P \leq \int_{\{A_\infty \geq \lambda\}} YP$$

<u>Soit</u> φ <u>une fonction croissante et continue à droite sur</u> $\mathbb{R}_+$, <u>et soit</u> $\Phi(\lambda)=\int_0^\lambda \varphi(t)dt$. <u>On a alors</u>

(23.4) $\quad E[\Phi(A_\infty)] \leq E[\varphi(A_\infty)Y]$

DEMONSTRATION. La forme (23.4) est celle de GARSIA. Elle contient (23.3) lorsque $\varphi=I_{[\lambda,\infty[}$, $\Phi(t)=(t-\lambda)^+$. Inversement, (23.3) entraîne (23.4) en intégrant par rapport à la mesure $d\varphi$.

Plaçons nous dans le cas (23.1) et désignons par T le t.d'a. $\inf\{t : A_t \geqq \lambda\}$: nous avons $A_{T-} \leqq \lambda$, et $\{A_\infty \geqq \lambda\} = \{T<\infty\} \cup \{T=\infty, A_\infty \geqq \lambda\}$ (ne pas oublier le saut à l'infini !) appartient à $\underline{\underline{F}}_T$. Donc

$$\int_{\{A_\infty \geqq \lambda\}} (A_\infty - \lambda)P \leqq \int_{\{\ \}} (A_\infty - A_{T-})P \leqq \int_{\{\ \}} YP$$

c'est à dire (23.3). Dans le cas (23.2), on peut affirmer que T est prévisible, soit par la note N9, p.9, soit parce que $I_{[[T,\infty[[} = \{(t,\omega) : A_t(\omega) \geq \lambda\}$ et que A est prévisible. Utilisant une suite qui annonce T, on vérifie que $E[A_\infty - A_{T-} | \underline{\underline{F}}_{T-}] \leqq E[Y|\underline{\underline{F}}_{T-}]$, et on a $\{A_\infty \geqq \lambda\} \in \underline{\underline{F}}_{T-}$. D'où la même chaîne d'inégalités que ci-dessus.

Maintenant, nous citons un résultat purement analytique, qui a été démontré indépendamment par NEVEU [28], et par GARSIA (voir par exemple la démonstration de GARSIA présentée par CHOU dans le Sém.IX, p.206-212 , et celle de NEVEU p.205 de [28]).

Nous dirons que la fonction convexe croissante Φ est à croissance modérée si $\Phi(2t) \leq c\Phi(t)$.

THEOREME. <u>Soient</u> U <u>et</u> V <u>deux v.a. positives telles que</u>

(24.1) $$\int_{\{U \geqq \lambda\}} (U-\lambda)P \leqq \int_{\{U \geqq \lambda\}} VP$$

<u>On a alors</u>

(24.2) $$\| U \|_{L^p} \leq p \| V \|_{L^p} \quad \text{pour } 1 \leq p < \infty$$

(24.3) $$E[\Phi(U)] \leq CE[\Phi(V)]$$

<u>si</u> Φ <u>est à croissance modérée</u>, C <u>dépendant uniquement de la constante</u> c <u>précédant l'énoncé</u>. <u>Enfin, si</u> V <u>est majorée par une constante</u> $\gamma<1$

(24.4) $$E[e^U] \leqq \frac{1}{1-\gamma}$$

Voici des exemples d'application du lemme de GARSIA.

a) (B_t) est un processus croissant non adapté, (A_t) sa projection duale optionnelle ($E[B_\infty - B_{T-} | \underline{\underline{F}}_T] = E[A_\infty - A_{T-} | \underline{\underline{F}}_T]$; on prend $Y=B_\infty$. De même pour la projection duale prévisible (A prévisible, $E[B_\infty - B_T | \underline{\underline{F}}_T] = E[A_\infty - A_T | \underline{\underline{F}}_T]$).

L'inégalité (24.3) est alors due à BURKHOLDER-DAVIS-GUNDY.

b) (X_t) est une surmartingale de la classe (D), positive, et A le processus croissant prévisible qui l'engendre ; on prend $Y=X^* = \sup_t X_t$.

c) Nous déduirons plus loin de ce lemme l'inégalité de DAVIS pour les martingales, et les inégalités de BURKHOLDER.

UNE VARIANTE DU LEMME 23

Cette variante est due à STROOCK [27], et je la trouve jolie.

26 THEOREME. Soit $(X_t)_{t\leqq+\infty}$ un processus adapté à trajectoires càdlàg, et soit Y une v.a. positive intégrable. Supposons que l'on ait (avec la convention $X_{0-}=0$)

(26.1) $E[|X_\infty - X_{T-}||\underline{\underline{F}}_T] \leqq E[Y|\underline{\underline{F}}_T]$ p.s. pour tout t.d'a. T.

Soit $X^* = \sup_t |X_t|$. On a alors pour tout $\lambda>0$

(26.2) $\lambda P\{X^* \geqq 2\lambda\} \leqq 2\int_{\{X^*\geqq\lambda\}} YP$

DEMONSTRATION. Soient $S=\inf\{t : |X_t|\geqq\lambda\}$, $T=\inf\{t : |X_t|\geqq 2\lambda\}$. On a $|X_{S-}|\leqq\lambda$ et

$$P\{X^*\geqq 2\lambda\} = P\{|X_T|\geqq 2\lambda\} \leqq P\{|X_S|\geqq\lambda,\ |X_T-X_{S-}|\geqq\lambda\}$$
$$\leqq \frac{1}{\lambda}\int_{\{|X_S|\geqq\lambda\}} |X_T-X_{S-}|P$$

Comme $\{|X_S|\geqq\lambda\}$ appartient à $\underline{\underline{F}}_S$ et $\underline{\underline{F}}_T$, nous majorons $|X_T-X_{S-}|$ par $|X_\infty-X_{S-}| + |X_\infty-X_T|$, et nous écrivons

$$\int_{\{\ \}} |X_\infty-X_{S-}|P \leqq \int_{\{\ \}} YP$$

pour l'autre terme, nous avons $X_T = \lim_n X_{(T+\frac{1}{n})-}$, et nous appliquons le lemme de Fatou.

27 Cette inégalité n'est pas aussi puissante que (23.3), mais elle permet (par le raisonnement qui conduit à l'inégalité de DOOB classique) de montrer que $\|X^*\|_p \leqq c\|Y\|_p$ pour $1<p<\infty$.

D'autre part, la démonstration peut donner un peu plus. STROOCK remarque que l'on a en fait

(27.1) $\mu P\{X^*\geqq \lambda+\mu\} \leqq 2\int_{\{X^*\geqq\lambda\}} YP$

(la démonstration ci-dessus correspond à $\mu=\lambda$). Supposons que Y soit bornée par une constante r. Alors une récurrence immédiate donne, en prenant μ constante égale à $4r$

(27.2) $P\{X^*\geqq 4rn\} \leqq 2^{-n+1}$

d'où il résulte que $E[\exp(\lambda X^*)]<\infty$ pour $\lambda>0$ assez petit. Par exemple, tout cela s'applique au cas où X est une martingale $\underline{\underline{BMO}}$[1] (pour la dernière inégalité, due à JOHN-NIREMBERG, il est possible d'avoir des résultats plus précis au moyen des formules exponentielles, mais nous n'insisterons pas).

1. L'espace des martingales X telles que $E[|X_\infty-X_{T-}||\underline{\underline{F}}_T]$ soit borné uniformément en T contient évidemment $\underline{\underline{BMO}}$, et en fait coïncide avec lui.

L'INEGALITE DE DAVIS : PREMIERE MOITIE

Nous commençons par renforcer l'inégalité de FEFFERMAN de la manière suivante : soient M et N deux martingales locales, T un temps d'arrêt. Soit $\Omega'=\{T<\infty\}$, muni de la loi $P'=\frac{1}{P(\Omega')}P|_{\Omega'}$, de la famille de tribus $\underline{\underline{F}}'_t=\underline{\underline{F}}_{T+t}$, et des deux martingales locales $M'_t=M_{T+t}-M_{T-}$, $N'_t=N_{T+t}-N_{T-}$. On vérifie sans peine que

$$[M',M']_t = [M,M]_{T+t} - [M,M]_{T-} \text{ , et de même pour } N'.$$

On en tire

$$\|M'\|_{\underline{\underline{H}}^1} = E[\sqrt{[M,M]_\infty-[M,M]_{T-}}]/P\{T<\infty\}$$
$$\|N'\|_{\underline{\underline{BMO}}} \leq \|N\|_{\underline{\underline{BMO}}}$$

L'inégalité de FEFFERMAN nous donne alors

$$E[\int_{[T,\infty[} |d[M,N]_s|] \leq cE[\sqrt{[M,M]_\infty-[M,M]_{T-}}]\|N\|_{\underline{\underline{BMO}}}$$

qui, si l'on remplace T par T_A ($A\in\underline{\underline{F}}_T$), nous donne la forme conditionnelle

(28.1) $$E[\int_{[T,\infty[} |d[M,N]_s| \,|\underline{\underline{F}}_T] \leq cE[\sqrt{[M,M]_\infty-[M,M]_{T-}}\,|\underline{\underline{F}}_T]\|N\|_{\underline{\underline{BMO}}}$$

Nous posons maintenant

(28.2) $$M^*_t(\omega) = \sup_{s\leq t} |M_s(\omega)| \quad , \quad M^*=M^*_\infty$$

Voici la première moitié de l'inégalité de DAVIS [29], avec sa forme conditionnelle due à GARSIA :

THEOREME. <u>On a</u>

(29.1) $$E[M^*] \leq cE[\sqrt{[M,M]_\infty}] = c\|M\|_{\underline{\underline{H}}^1}$$

<u>et, pour tout temps d'arrêt</u> T

(29.2) $$E[M^*_\infty-M^*_{T-}|\underline{\underline{F}}_T] \leq cE[\sqrt{[M,M]_\infty-[M,M]_{T-}}\,|\underline{\underline{F}}_T] \leq cE[\sqrt{[M,M]_\infty}\,|\underline{\underline{F}}_T]$$

DEMONSTRATION. Soit S une v.a. <u>quelconque</u> à valeurs positives, non nécessairement un temps d'arrêt, et soit B_t le processus à VI non adapté $\mathrm{sgn}(M_S)I_{\{t\geq S\}}$. Soit (A_t) la projection duale optionnelle de (B_t). On a pour tout temps d'arrêt T $E[\int_{[T,\infty[} |dA_s|\,|\underline{\underline{F}}_T] \leq E[\int_{[T,\infty[} |dB_s|\,|\underline{\underline{F}}_T] \leq 1$. Donc, d'après 4a), la martingale $N=E[A_\infty|\underline{\underline{F}}_t]$ appartient à $\underline{\underline{BMO}}$ avec une norme majorée par une constante c indépendante de S ($c=2\sqrt{2}$ par ex.).

Supposons d'abord que M soit de carré intégrable. Nous avons alors

$$\begin{aligned} E[|M_S|] = E[\int M_s dB_s] &= E[\int M_s dA_s] \text{ (déf. de la proj. optionnelle)} \\ &= E[M_\infty A_\infty] \text{ (parce que A est adapté)} \\ &= E[M_\infty N_\infty] = E[\int d[M,N]_s] \text{ (mart. de carré intégr.)} \\ &\leq c\|M\|_{\underline{\underline{H}}^1}\|N\|_{\underline{\underline{BMO}}} \leq c\|M\|_{\underline{\underline{H}}^1} \end{aligned}$$

la constante c variant, comme d'habitude, de place en place. Nous appliquons cela en prenant pour S

$$S(\omega) = \inf \{ t : |M_t(\omega)| \geq M^*(\omega)-\varepsilon \}$$

de sorte que $|M_S| \geq M^* - \varepsilon$ p.s., et il vient que $E[M^*] \leq c\|M\|_{\underline{\underline{H}}^1}$, du moins lorsque M est de carré intégrable. Pour passer au cas général, nous considérons $M \in \underline{\underline{H}}^1$, des $M^n \in \underline{\underline{M}}$ qui convergent vers M dans $\underline{\underline{H}}^1$ (n°12). D'après 14 et l'inégalité de DOOB, quitte à extraire une suite, on peut supposer que les trajectoires $M^n_\cdot(\omega)$ convergent p.s. uniformément vers $M_\cdot(\omega)$, donc M^{n*} converge p.s. vers M^*. On applique alors le lemme de Fatou et on a (29.1).

Pour en déduire (29.2), on pose $\Omega' = \{T<\infty\}$, avec les tribus $\underline{\underline{F}}'_t = \underline{\underline{F}}_{T+t}|_{\Omega'}$, la loi $P' = \frac{1}{P(\Omega')} P|_{\Omega'}$, la martingale $M'_t = M_{T+t} - M_{T-}$, de sorte que $[M',M']_t = [M,M]_{T+t} - [M,M]_{T-}$. Alors $E'[M'^*] \leq c\|M'\|_{\underline{\underline{H}}^1}$ d'après (29.1). Mais d'autre part $M^* \leq M^*_{T-} + M'^*$, donc

$$E[M^*_\infty - M^*_{T-}] \leq cE[\sqrt{[M,M]_\infty - [M,M]_{T-}}\,]$$

et en remplaçant T par T_A ($A \in \underline{\underline{F}}_T$) on a l'inégalité (29.2).

En appliquant à (29.2) le lemme de GARSIA 23, et les inégalités analytiques 24, on obtient la première moitié des inégalités de BURKHOLDER, DAVIS et GUNDY [30].

30 THEOREME. Si Φ est une fonction convexe à croissance modérée, on a

(30.1) $$E[\Phi(M^*)] \leq cE[\Phi(\sqrt{[M,M]_\infty})] .$$

L'INEGALITE DE DAVIS : SECONDE MOITIE

31 THEOREME. On a

(31.1) $$E[\sqrt{[M,M]_\infty}\,] \leq cE[M^*]$$

et, pour tout temps d'arrêt T

(31.2) $$E[\sqrt{[M,M]_\infty - [M,M]_{T-}}\,|\underline{\underline{F}}_T] \leq cE[M^*|\underline{\underline{F}}_T]$$

DEMONSTRATION. Nous ne dirons rien sur (31.2), qui se déduit de (31.1) par un conditionnement analogue à celui du n°29, mais plus simple.

Pour établir (31.1), quitte à désintégrer P relativement à la v.a. M_0 , nous pouvons supposer que M_0 est une constante a , et quitte à remplacer M par $M+\varepsilon$ ($\varepsilon \to 0$) si a=0, nous pouvons supposer $a \neq 0$. Alors nous avons $M^* \geq |a|$, donc $1/M^*$ est bornée. Nous écrivons

(31.3) $$E[[M,M]_\infty^{1/2}\,] \leq (E[M^*])^{1/2}\,(E[\,\frac{[M,M]_\infty}{M^*}\,])^{1/2}$$

Appliquons maintenant le n°4 à la martingale $H_t = E[\,\frac{1}{M^*}|\underline{\underline{F}}_t]$, au processus croissant $B_t = M^*_t$: la martingale locale $B_-\cdot H$ a une norme $\underline{\underline{BMO}}$ majorée par une constante c ($\sqrt{6}$?), et il en est de même de $M_-\cdot H$ puisque $|M_-| \leq B_-$. Posons $L = M_-\cdot H$. Nous avons d'après l'inégalité de FEFFERMAN

(31.4) $E[\int|d[M,L]_s|] \leq c\|M\|_{\underline{\underline{H}}^1}\|L\|_{\underline{\underline{BMO}}} \leq c\|M\|_{\underline{\underline{H}}^1}$

Mais $[M,L]=[M,M_-\cdot H]=M_-\cdot[M,H]=[M_-\cdot M,H]$. Notons K la martingale locale $2M_-\cdot M=M^2-[M,M]$, et supposons pour commencer que M et K appartiennent toutes deux à $\underline{\underline{H}}^1$. La formule précédente entraîne que, pour tout temps d'arrêt S

(31.5) $|E[[K,H]_S]| = |2E[[M,L]_S]| \leq c\|M\|_{\underline{\underline{H}}^1}$

Si S réduit la martingale locale KH - [K,H], cela s'écrit simplement $|E[K_SH_S]| \leq c\|M\|_{\underline{\underline{H}}^1}$. Or H est bornée, K dans $\underline{\underline{H}}^1$; faisant tendre S vers l'infini il vient

$$|E[K_\infty H_\infty]| = |E[\frac{M_\infty^2-[M,M]_\infty}{M^*}]| \leq c\|M\|_{\underline{\underline{H}}^1}$$

Nous remarquons maintenant que $M_\infty^2/M^* \leq M^*$, donc

(31.6) $E[\frac{[M,M]_\infty}{M^*}] \leq E[M^*]+c\|M\|_{\underline{\underline{H}}^1}$

Posons, pour alléger les notations , $A=\|M\|_{\underline{\underline{H}}^1}$, $B=E[M^*]$; (31.3) s'écrit, compte tenu de (31.6)

$$A \leq \sqrt{B}\sqrt{B+cA}$$

d'où nous pouvons tirer , sous l'hypothèse soulignée plus haut (qui implique en particulier que $A<\infty$!) que $A=\|M\|_{\underline{\underline{H}}^1}$ est bornée dès que $B=E[M^*] \leq 1$. Pour passer au cas général, nous prenons M telle que $E[M^*]\leq 1$, et nous appliquons le résultat précédent à M^T , où T réduit fortement les deux martingales locales M et $K=2M_-\cdot M$, après quoi nous faisons tendre T vers l'infini.

En appliquant à (31.2) le lemme de GARSIA 23, et les inégalités analytiques 24, on obtient la seconde moitié des inégalités de BURKHOLDER, DAVIS et GUNDY

THEOREME. Si Φ est une fonction convexe à croissance modérée, on a

(32.1) $E[\Phi(\sqrt{[M,M]_\infty})] \leq cE[\Phi(M^*)]$

D'autre part, nous avons une autre caractérisation de $\underline{\underline{H}}^1$:

3 THEOREME. Les normes $\|M\|_{\underline{\underline{H}}^1}$ et $\|M^*\|_{L^1}$ sont équivalentes. En particulier, $\underline{\underline{H}}^1$ est complet.

LES ESPACES $\underline{\underline{H}}^p$, p>1

Nous allons dire un mot de ces espaces, qui sont assez banaux - bien moins intéressants que $\underline{\underline{H}}^1$ (en fait, la mode en analyse et en théorie des martingales semble se tourner vers les espaces $\underline{\underline{H}}^p$, p<1, qui ne sont pas des espaces de Banach).

34 DEFINITION. Si M est une martingale locale, on pose $\|M\|_{\underline{\underline{H}}^p}=\|\sqrt{[M,M]_\infty}\|_{L^p}$ et on désigne par $\underline{\underline{H}}^p$ l'ensemble des M tels que $\|M\|_{\underline{\underline{H}}^p}<\infty$.

Le lecteur vérifiera que $\|\ \|_{\underline{\underline{H}}^p}$ est bien une norme pour $1\leq p\leq\infty$.

$\underline{\underline{H}}^\infty$ n'est guère intéressant. $\underline{\underline{H}}^1$ a déjà été vu, quant à $\underline{\underline{H}}^p$ pour $1<p<\infty$, son sort est réglé par les inégalités de BURKHOLDER et de DOOB :

35 THEOREME. Les normes $\|M\|_{\underline{\underline{H}}^p}$ et $\|M^*\|_{L^p}$ sont équivalentes pour $1<p<\infty$. $\underline{\underline{H}}^p$ est identique à l'espace des martingales bornées dans L^p, avec une norme équivalente à la norme $M\longmapsto\|M_\infty\|_{L^p}$.

Soit q l'exposant conjugué de p. L'inégalité qui correspond à l'inégalité de FEFFERMAN - mais qui est bien moins profonde - est l'inégalité II.22, que nous recopions :

36 THEOREME. Si M et N sont deux martingales locales

(36.1) $$E[\int|d[M,N]|_s] \leq \|M\|_{\underline{\underline{H}}^p}\|N\|_{\underline{\underline{H}}^q}$$

37 COROLLAIRE. Si M appartient à $\underline{\underline{H}}^p$, N à $\underline{\underline{H}}^q$, la martingale locale K=MN-[M,N] appartient à $\underline{\underline{H}}^1$.

En effet, K^* est dominé par $M^*N^*+\int_0^\infty|d[M,N]_s|\in L^1$.

Le dual de $\underline{\underline{H}}^p$ est évidemment $\underline{\underline{H}}^q$, la forme bilinéaire qui les met en dualité étant $(M,N)\longmapsto E[M_\infty N_\infty]=E[[M,N]_\infty]$.

Nous conclurons ce chapitre sur une remarque de M.PRATELLI, qui a un intérêt évident : elle permet de reconnaître quand une intégrale stochastique optionnelle est bornée dans L^p.

38 THEOREME. Soit M une martingale locale, et soit H un processus optionnel tel que $E[(\int H_s^2 d[M,M]_s)^{p/2}]<\infty$. Alors $H\cdot M$ appartient à $\underline{\underline{H}}^p$.

DEMONSTRATION. On écrit l'inégalité de KUNITA-WATANABE
$$E[\int|H_s||d[M,N]_s|] \leq (E[(\int H_s^2 d[M,M]_s)^{p/2}])^{1/p}\|N\|_{\underline{\underline{H}}^q}$$
Prenons N bornée, posons L=H.M, et désignons par K le premier facteur du second membre. Par définition de l'intégrale stochastique optionnelle, $[L,N]-H\cdot[M,N]$ est une martingale locale, donc aussi $LN-H\cdot[M,N]$.

Si T réduit celle-ci, nous avons

$$|E[L_T N_T]| \leq K\|N\|_{\underline{\underline{H}}^q} \leq cK\|N_\infty\|_{L^q}$$

Faisant parcourir à N_∞ un ensemble dense dans la boule unité de $L^q(\underline{\underline{F}}_T)$ nous voyons que $\|L_T\|_{L^p} \leq cK$, après quoi nous faisons tendre T vers l'infini.

REMARQUE. Nous avons vu le même résultat pour p=1 au n°20.
Il est tout naturel de se poser alors la même question pour $\underline{\underline{BMO}}$: si M appartient à $\underline{\underline{BMO}}$, et si H est un processus optionnel borné par 1, a t'on $\|H\cdot M\|_{BMO} \leq c\|M\|_{BMO}$? C'est évident si H est prévisible.

Tout d'abord, on a $M\in\underline{\underline{M}}$, donc le calcul des sauts de H•M qui figure au n°II.34 nous donne, si l'on pose H•M=L

$$\Delta L_T = H_T\Delta M_T \text{ si T est totalement inaccessible}$$
$$= H_T\Delta M_T - E[H_T\Delta M_T|\underline{\underline{F}}_{T-}] \text{ si T est prévisible partout } >0$$

montre que H•M est à sauts bornés.

D'autre part, la relation (35.2) du th. II.35 se conditionne en

$$E[(L_\infty - L_T)^2|\underline{\underline{F}}_T] \leq E[\int_{]T,\infty[} H_s^2 d[M,M]_s|\underline{\underline{F}}_T]$$
$$\leq E[[M,M]_\infty - [M,M]_T|\underline{\underline{F}}_T]$$

d'où en définitive, si $\|M\|_{\underline{\underline{BMO}}} \leq 1$, l'inégalité $\|L\|_{\underline{\underline{BMO}}} \leq \sqrt{5}$.

UN COURS SUR LES INTEGRALES STOCHASTIQUES
(P.A. Meyer)

CHAPITRE VI . COMPLEMENTS AUX CHAPITRES I-V

Ce chapitre contient une série de résultats en désordre, liés aux sujets traités pendant l'année 1974/75.

I. L'EXISTENCE DE [M,M] ET L'INTEGRALE DE STRATONOVITCH

L'intégrale de STRATONOVITCH est une intégrale stochastique définie pour certaines classes de processus à trajectoires continues, et qui a l'avantage d'obéir à la formule du changement de variables ordinaire, celle du calcul différentiel, et non à la formule d'ITO. Pour présenter cela, nous commençons par quelques remarques sur les semimartingales continues.

1 Soit X une semimartingale continue, nulle en 0 . D'après IV.32 d), X est une semimartingale spéciale ; soit $X=M+A$ sa décomposition canonique. Il existe des temps d'arrêt T tels que $\int_0^T |dA_s| \in L^1$, et que X soit bornée sur $[\![0,T]\!]$. Posons $X^T=\bar{X}$, $M^T=\bar{M}$, $A^T=\bar{A}$; la martingale $\bar{M}$ est uniformément intégrable et l'on a pour tout temps d'arrêt S $\Delta\bar{X}_S=0$.

Si S est totalement inaccessible, comme $\bar{A}$ est prévisible, on a $\Delta\bar{A}_S=0$, donc $\Delta\bar{M}_S=0$ aussi.

Si S est prévisible, on a $E[\Delta\bar{M}_S|\underline{\underline{F}}_{S-}]=0$, donc $E[\Delta\bar{A}_S|\underline{\underline{F}}_{S-}]=0$. Comme $\bar{A}$ est prévisible, cela entraîne $\Delta\bar{A}_S=0$, puis $\Delta\bar{M}_S=0$.

Ainsi, $\bar{M}$ et $\bar{A}$ sont continus. et en faisant tendre T vers l'infini on voit que M et A sont continus. Ainsi, nous avons établi
<u>Toute semimartingale continue nulle en 0 admet une décomposition en une martingale locale continue et un processus VF continu</u>.
(L'extension aux processus non nuls en 0 est bien claire ! $X=X_0+M+A$).

2 Soient H et X deux semimartingales continues. Définissons l'intégrale de STRATONOVITCH $\mathop{S}_0^t H_u dX_u$ par

$$(2.1)\qquad \mathop{S}_0^t H_u dX_u = \int_0^t H_u dX_u + \tfrac{1}{2}\langle H^c,X^c\rangle_t$$

où H^c,X^c sont, comme d'habitude, les parties <u>martingales continues</u> de H et X. Alors que l'intégrale stochastique ordinaire est limite en probabilité de sommes $\Sigma_i\, H_{t_i}(X_{t_{i+1}}-X_{t_i})$ sur des subdivisions de $[0,t]$, l'intégrale de STRATONOVITCH est limite de sommes de la forme $\Sigma_i H_{s_i}(X_{t_{i+1}}-X_{t_i})$, avec $s_i = \frac{1}{2}(t_i+t_{i+1})$, ainsi que d'intégrales de la forme $\int_0^t H_s^n dX_s^n$, intégrales de Stieltjes relatives aux lignes polygonales obtenues par interpolation linéaire de H et X entre les instants t_i^n de la n-ième subdivision dyadique. Surtout, l'intégrale de STRATONOVITCH possède une formule de changement de variables intéressante. Considérons une fonction f de classe $\underline{\underline{C}}^3$ sur $\mathbb{R}$ (l'extension au cas vectoriel est possible). Le processus $f'(X_t)$ est une semimartingale continue pour t>0, que nous noterons H_t . Décomposant X en X_0+M+A, avec $M=X^c$, nous avons d'après la formule d'ITO

$$H_t = H_0 + \int_0^t f''(X_s)dM_s + [\int_0^t f''(X_s)dA_s + \frac{1}{2}\int_0^t f'''(X_s)d\langle M,M\rangle_s]$$

d'où la partie martingale continue H^c, égale à la première intégrale stochastique, et aussi

$$\langle H^c,M\rangle_t = \int_0^t f''(X_s)d\langle M,M\rangle_s$$

Par conséquent, d'après la formule d'ITO

$$(2.2)\quad \underset{0}{\overset{t}{S}} f'(X_s)dX_s = \int_0^t f'(X_s)dX_s + \frac{1}{2}\int_0^t f''(X_s)d\langle M,M\rangle_s = f(X_t)-f(X_0)$$

et l'on voit que l'intégrale de STRATONOVITCH obéit à la formule du changement de variables ordinaire, non à celle d'ITO. L'ennui, c'est que nous avons dû supposer f de classe $\underline{\underline{C}}^3$ pour que $f'(X_s)$ soit une semimartingale. Notre but maintenant va être de donner un sens à l'intégrale $\underset{0}{\overset{t}{S}} H_s dX_s$ pour une classe de processus H plus large que celle des semimartingales, et contenant les processus obtenus par l'opération de fonctions de classe $\underline{\underline{C}}^1$ sur les semimartingales : cela donnera un sens à la partie gauche de (2.2) pour une fonction f de classe $\underline{\underline{C}}^2$, et nous étendrons alors la validité de (2.2).

Auparavant, nous allons poser le problème de manière plus générale, en sortant du cas continu : nous n'avons défini le processus croissant [X,X] que pour des semimartingales ; peut on le définir pour des classes plus larges de processus ? Cela nous amène aux théorèmes d'approximation de Catherine DOLEANS-DADE, et à diverses questions intéressantes.

APPROXIMATION DE [X,X] AU MOYEN DE SUBDIVISIONS

THEOREME. Soit X=M+A une semimartingale, telle que la martingale M appartienne à $\underline{\underline{M}}$, que le processus A soit à V.I., nul en 0, et tel que $\int_0^\infty |dA_s| \in L^2$. Les variables aléatoires

(3.1) $S_\tau(X) = X_0^2 + \Sigma_i (X_{t_{i+1}} - X_{t_i})^2$

associées aux différentes subdivisions finies de l'intervalle $[0,t]$ $\tau=(0=t_0<t_1\ldots<t_{n+1}=t\leq+\infty)$ sont uniformément intégrables, et convergent vers $[X,X]_t$ dans L^1 lorsque le pas[1] de la subdivision tend vers 0.

DEMONSTRATION. a) Intégrabilité uniforme. Nous écrivons que $S_\tau(X) \leq 2(S_\tau(M)+S_\tau(A))$. Il n'y a aucun problème pour $S_\tau(A)$, majorée par $(\int_{0-}^{\infty}|dA_s|)^2 \in L^1$. Regardons $S_\tau(M)$. Nous allons montrer que pour tout $\varepsilon>0$, les $S_\tau(M)$ sont majorées par des v.a. de la forme H+K, où K est contenu dans la boule de rayon ε de L^1, H restant borné dans L^2. L'intégrabilité uniforme des $S_\tau(M)$ en résultera.

Pour cela, nous désignons par U_t la martingale $E[M_\infty I_{\{|M_\infty|\leq\lambda\}}|\underline{\underline{F}}_t]$, et posons V=M-U. Nous avons $S_\tau(M) \leq 2(S_\tau(U)+S_\tau(V))$. Nous avons

$$2E[S_\tau(V)] = 2E[V_\infty^2] = 2\int_{\{|M_\infty|>\lambda\}} M_\infty^2 P$$

qui est $\leq \varepsilon$ si λ est choisi assez grand. Ce choix étant fait, évaluons $E[(S_\tau(U))^2]$: c'est (en convenant que $U_0^2 = (U_{t_{i+1}}-U_{t_i})^2$ pour i=-1)

$$E[\ \Sigma_i(U_{t_{i+1}}-U_{t_i})^4 + 2\Sigma_i(U_{t_{i+1}}-U_{t_i})^2\Sigma_{j>i}(U_{t_{j+1}}-U_{t_j})^2]$$

Dans le premier Σ_i, puisque U est majorée en valeur absolue par λ, nous majorons $(\ )^4$ par $(2\lambda)^2(\ )^2$. Dans le second Σ_i, nous remplaçons Σ_j par $(U_t-U_{t_{i+1}})^2$, qui a la même espérance conditionnelle par rapport à $\underline{\underline{F}}_{t_{i+1}}$, puis nous majorons cela à nouveau par $(2\lambda)^2$. Reste donc

$$E[(S_\tau(U))^2] \leq (4\lambda^2+8\lambda^2)E[\Sigma_i(U_{t_{i+1}}-U_{t_i})^2] = 12\lambda^2E[U_\infty^2] \leq 12\lambda^4$$

qui est bien borné indépendamment de τ.

Noter qu'on aurait pu remplacer les subdivisions par des t_i, par des subdivisions déterminées par des temps d'arrêt T_i.

b) Convergence dans L^1. Nous coupons M en deux : d'une part N, formée de la partie continue et des n premiers termes de la somme compensée des sauts, et d'autre part Q, reste de la somme compensée des sauts. Ainsi

$$X = M+A = N+Q+A \quad , \text{ et nous posons } Y= N+A$$

Nous allons montrer que $[X,X]_t-[Y,Y]_t$ et $S_\tau(X)-S_\tau(Y)$ sont petits dans L^1 si n est grand (uniformément en τ), puis que $S_\tau(Y)-[Y,Y]_t$ est petit dans L^1 si le pas de τ est assez petit.

1. Si $t=+\infty$, le pas de la subdivision doit être défini raisonnablement.

Pour le premier terme, nous écrivons X=Y+Q, donc $[X,X]=[Y,Y]+[2Y+Q,Q]$, donc[1] $E[|[X,X]_t-[Y,Y]_t|] = E[|[2Y+Q,Q]_t|] \leq (E[[2Y+Q,2Y+Q]_t])^{1/2}(E[[Q,Q]_t])^{1/2}$. Le dernier terme vaut $\|Q\|$, petit pour n grand. Dans l'autre, nous écrivons $2Y+Q= 2X-Q$, et nous majorons $[2X-Q,2X-Q]$ par $2([2X,2X]+[Q,Q])$. Le premier terme reste donc borné, et $E[|[\,]-[\,]|]\to 0$.

Pour $|S_\tau(X)-S_\tau(Y)|$, le raisonnement est exactement le même, avec de moins bonnes notations : après tout, $S_\tau(X)$ n'est rien d'autre que le crochet $[,]$ de X considérée sur l'ensemble de temps discret τ !

Maintenant, regardons Y = N+A : nous avons le droit de faire passer les n sauts compensés du côté du processus VI, autrement dit, de supposer que N est <u>continue</u>. Nous écrivons alors (toujours avec la même convention relative à 0) :

$$S_\tau(Y) = S_\tau(N) + S_\tau(A) +2\Sigma_i(N_{t_{i+1}}-N_{t_i})(A_{t_{i+1}}-A_{t_i})$$

$S_\tau(A)$ converge <u>p.s.</u> vers $\Sigma_{s\leq t}\Delta A_s^2 = \Sigma_{s\leq t}\Delta Y_s^2$: il s'agit ici d'un résultat sur les fonctions à variation bornée, que nous laissons au lecteur. Le dernier terme est majoré en valeur absolue par $\sup_i |N_{t_{i+1}}-N_{t_i}|.\int_0^t|dA_s|$: il tend vers 0 <u>p.s.</u> (donc en Prob.) d'après la continuité uniforme des trajectoires de N sur $[0,t]$. Reste donc à montrer que $S_\tau(N)$ converge en probabilité vers $[N,N]_t$ - car, compte tenu de l'intégrabilité uniforme établie en a), la convergence en probabilité équivaut à la convergence L^1.

<u>Commençons par le cas où</u> N <u>est bornée par une constante</u> λ . Nous avons alors, en utilisant le fait que $N_t^2-[N,N]_t$ est une martingale

$$E[(S_\tau(N)-[N,N]_t)^2] = E[(S_\tau(N)-\Sigma_i\, [N,N]_{t_i}^{t_{i+1}})^2]$$
$$= E[\,\Sigma_i\,((N_{t_{i+1}}-N_{t_i})^2-[N,N]_{t_i}^{t_{i+1}})^2\,]$$

que nous développons : $E[\Sigma_i\,(N_{t_{i+1}}-N_{t_i})^4]$ est majoré par $E[\,\sup_i\,(N_{t_{i+1}}-N_{t_i})^2.\,\Sigma_i(N_{t_{i+1}}-N_{t_i})^2]$. Le $\sup_i$ tend p.s. vers 0 en restant borné par $4\lambda^2$, tandis que le Σ_i <u>reste borné dans</u> L^2, comme on l'a vu dans la démonstration de a). On applique alors l'inégalité de Schwarz.

De même, nous majorons $\Sigma_i([N,N]_{t_i}^{t_{i+1}})^2$ par $\sup_i\,[N,N]_{t_i}^{t_{i+1}}\,.\,[N,N]_t$. $[N,N]_t$ appartient à L^2 d'après la formule

$$E[[N,N]_\infty^2\,] = 2E[\int([N,N]_\infty-[N,N]_t)d[N,N]_t]= 2E[\int(N_\infty-N_t)^2d[N,N]_t]$$
$$\leq 8\lambda^2E[[N,N]_\infty\,]$$

1.L'inégalité de KUNITA-WATANABE s'applique aux semimartingales !

tandis que le $\sup_i$ tend vers 0 d'après la continuité uniforme des trajectoires de $[N,N]$, en restant dominé par $[N,N]_\infty$ $\in L^2$. Après quoi on applique l'inégalité de Schwarz.

Enfin, le terme mixte se majore par $\sup_i (N_{t_{i+1}} - N_{t_i})^2.[N,N]_t$, et se traite de même.

Pour nous affranchir de la condition sur N, introduisons le temps d'arrêt

$$T = \inf \{ s : |N_s| \geqq \lambda \}$$

et choisissons λ assez grand pour que $P\{T<t\}<\varepsilon$; sur l'ensemble $\{T=t\}$ nous avons $S_\tau(N)=S_\tau(N^T)$, $[N,N]_t=[N^T,N^T]_t$, donc

$$P\{|S_\tau(N)-[N,N]_t|>\varepsilon\} \leqq P\{T<t\} + \frac{1}{\varepsilon^2}\int_{\{T=t\}} (S_\tau(N)-[N,N]_t)^2 P$$

est $<\varepsilon$ dès que le pas de la subdivision est assez petit.

4 THEOREME[1]. <u>Soit</u> X <u>une semimartingale</u>. <u>Avec les mêmes notations que ci-dessus</u>, <u>on peut affirmer que</u> $S_\tau(X)$ <u>converge vers</u> $[X,X]_t$ <u>en probabilité lorsque le pas de la subdivision</u> τ <u>de</u> $[0,t]$ <u>tend vers</u> 0 , <u>pour</u> $0<t<\infty$.

DEMONSTRATION. Nous pouvons supposer que $X_0=0$.

$$R = \inf \{ s : |\Delta X_s| \geqq \lambda \}$$

et choisissons λ assez grand pour que $P\{R<t\}<\varepsilon$. Soit Y la semimartingale $X_s I_{\{s<R\}} + X_{R-} I_{\{s \geqq R\}}$; on a $[X,X]_t=[Y,Y]_t$, $S_\tau(X)=S_\tau(Y)$ sur un ensemble de probabilité voisine de 1, donc il suffit de prouver le théorème pour Y. Soit Y=M+A la décomposition canonique de la semimartingale spéciale Y, et soit $V_s=\int_0^s |dA_u|$; choisissons μ assez grand pour que $P\{S \leqq t\}<\varepsilon$, où

$$S = \inf \{ s : V_s \geqq \mu \}$$

est un temps d'arrêt prévisible (N9, p.9). Soit (S_n) une suite annonçant S, et soit n assez grand pour que $P\{S_n \leqq t\}<\varepsilon$. Choisissons ν assez grand pour que $P\{T \leqq t\} \leqq \varepsilon$, où

$$T=S_n \wedge \inf \{s : |M_s| \geqq \nu\}$$

Le processus A^T a une variation totale bornée par μ. Donc ses sauts sont aussi bornés par μ, et comme les sauts de Y sont bornés par λ, les sauts de M^T sont bornés par $\lambda+\mu$. Comme M est bornée par ν sur $[\![0,T[\![$, M^T est bornée par $\lambda+\mu+\nu$. Donc le théorème 3 s'applique à $Z=Y^T=M^T+A^T$, et on conclut en remarquant que $[X,X]_t=[Z,Z]_t$, $S_\tau(X)=S_\tau(Z)$ sauf sur un ensemble de probabilité au plus 2ε.

Maintenant, pour quels processus X peut on établir un résultat analogue au théorème 3 ? au théorème 4 ? Le point important est ici le fait que ces classes sont beaucoup plus riches que celle des semimartingales : d'une manière imprécise, elles sont stables par les

1.Un résultat très proche vient d'être démontré par D.LEPINGLE.

opérations $\underline{\underline{C}}^1$, alors que la classe des semimartingales est stable par les opérations $\underline{\underline{C}}^2$. Précisément :

THEOREME. Soient $X=(X^1,\dots,X^d)$ une semimartingale à valeurs dans $\mathbb{R}^d$, f une fonction de classe $\underline{\underline{C}}^1$ sur $\mathbb{R}^d$, Y le processus réel

(5.1) $\qquad f\circ X = f(X^1,\dots,X^d)$.

Alors, avec les notations du th.3, pour tout t fini $S_\tau(Y)$ converge en probabilité vers la v.a.

(5.2) $\qquad [Y,Y]_t = \Sigma_{ij}\int_0^t D_if(X_s)D_jf(X_s)d<X^{ic},X^{jc}>_s + \Sigma_{s\leq t}\Delta Y_s^2$

Si les X^i satisfont aux hypothèses du théorème 3, et si les dérivées de f sont bornées sur $\mathbb{R}^d$, la convergence a lieu dans L^1.

DEMONSTRATION. Nous pouvons supposer que $X_0=0$. Ensuite, par un argument presque identique à celui du théorème 4, nous pouvons nous ramener au cas où X est une semimartingale vectorielle bornée, dont les composantes satisfont aux hypothèses du th.3. Comme X est bornée, nous pouvons nous ramener au cas où $f\in\underline{\underline{C}}^1$ est à support compact. Nous pouvons alors trouver des régularisées $f_n\in\underline{\underline{C}}^2$, dont les dérivées du premier ordre convergent vers les dérivées correspondantes de f, uniformément sur $\mathbb{R}^d$, en restant bornées sur tout $\mathbb{R}^d$. Les f_n sont donc lipschitziennes de rapport K indépendant de n, tandis que les $f_{nm}=f_n-f_m$ sont lipschitziennes de rapport ε_{nm} tendant vers 0 lorsque n,m tendent vers $+\infty$.

Pour simplifier les notations, nous supposerons que d=1.

Nous avons d'abord

(5.3) $\qquad S_\tau(f_n\circ X) \leq K^2S_\tau(X)$

D'après le th.3, les v.a. $S_\tau(f_n\circ X)$ sont toutes uniformément intégrables, et la convergence en probabilité équivaut à la convergence dans L^1.

Nous avons ensuite, comme $f_n=f_m+f_{nm}$

(5.4) $\qquad |S_\tau(f_n\circ X)-S_\tau(f_m\circ X)| \leq S_\tau(f_{nm}\circ X)+ 2\sqrt{S_\tau(f_m\circ X)}\sqrt{S_\tau(f_{nm}\circ X)}$

$$\leq (\varepsilon_{nm}^2+2K\varepsilon_{nm})S_\tau(X)$$

d'où il résulte que, pour n et m assez grands, l'espérance du premier membre est petite indépendamment de τ. De même, comme $f_n\circ X$ et $f_m\circ X$ sont des semimartingales, leurs crochets [,] existent, et sont la limite en probabilité des $S_\tau(f_n\circ X)$, $S_\tau(f_m\circ X)$ relatives à des subdivisions de [0,t]. On peut donc passer à la limite sur (5.4). Plus généralement, sur un intervalle [s,t], s<t

$$|[f_n\circ X,f_n\circ X]_s^t-[f_m\circ X,f_m\circ X]_s^t| \leq (\varepsilon_{nm}^2+2K\varepsilon_{nm})[X,X]_s^t$$

d'où en coupant [0,t] en petits bouts et en sommant

(5.5) $\int_0^t |d[f_n\circ X,f_n\circ X]_s - d[f_m\circ X,f_m\circ X]_s| \leq (\varepsilon_{nm}^2+2K\varepsilon_{nm})[X,X]_t$

d'où une suite de Cauchy en norme variation. Comme f_n est de classe $\underline{\underline{C}}^2$, la formule d'ITO nous dit que la partie martingale continue de $f_n\circ X$ est $\int_0^t f'_n\circ X_s dX_s^c$, d'où

$$[f_n\circ X,f_n\circ X]_t = \int_0^t (f'_n\circ X_s)^2 d\langle X^c,X^c\rangle_s + \Sigma_{s\leq t} \Delta(f_n\circ X)_s^2$$

et la convergence en norme variation permet d'identifier la limite comme la v.a. (5.1). Maintenant, le reste est facile :

$$E[|S_\tau(f\circ X)-[Y,Y]_t|]\leq E[|S_\tau(f\circ X)-S_\tau(f_n\circ X)|]+E[|[Y,Y]_t-[f_n\circ X,f_n\circ X]_t|]$$
$$+E[|S_\tau(f_n\circ X)-[f_n\circ X,f_n\circ X]_t|]$$

On choisit d'abord n grand , pour rendre la somme des deux premiers termes au second membre petite, indépendamment de τ ((5.4) et (5.5)), après quoi on prend le pas de τ assez petit pour rendre petit le dernier terme.

La dernière phrase de l'énoncé provient de l'intégrabilité uniforme des $S_\tau(f\circ X)$ si f est lipschitzienne (même argument que pour (5.3)).

6 REMARQUE. L'ensemble des processus Y du type considéré en 5 est un espace vectoriel (il n'en aurait pas été de même si l'on s'était borné à la dimension d=1). On peut donc "polariser" le théorème 5 pour définir [Y,Y'] pour tout couple de processus représentables sous la forme (5.1).

La principale conséquence du th.5 est le fait que le processus (5.2) ne dépend que du processus Y lui-même, non de la représentation $f\circ X$ choisie.

7 Nous pouvons maintenant définir en toute généralité l'intégrale de STRATONOVITCH. Soit $\mathfrak{S}$ l'espace des processus Y admettant une représentation de la forme (5.1). Si H appartient à $\mathfrak{S}$, si X est une semimartingale, posons

(7.1) $$\mathop{S}_0^t H_{u-}dX_u = \int_0^t H_{u-}dX_u + \tfrac{1}{2}[H,X^c]_t$$

Si f est une fonction de classe $\underline{\underline{C}}^2$(nous restons en dimension d=1 pour simplifier), nous avons

(7.2) $$f(X_t)-f(X_0) = \mathop{S}_0^t f'(X_{s-})dX_s + \Sigma_{s\leq t} (f(X_s)-f(X_{s-})-f'(X_{s-})\Delta X_s)$$

c'est à dire la même formule que lorsque X est un processus à VF. En effet, si nous remplaçons l'intégrale de STRATONOVITCH $\mathop{S}_0^t f'(X_{s-})dX_s$

par sa valeur (7.1), puis $[f'\circ X,X^c]_t$ par sa valeur tirée de (5.2), soit $\int_0^t f''(X_s)d\langle X^c,X^c\rangle_s$, nous retombons simplement sur la formule d'ITO. Ce n'est évidemment qu'une petite astuce de notation, le résultat d'ordre mathématique étant le théorème 5.

$\int_0^t H_{u-}dX_u$ ne s'interprète plus comme limite de sommes de la forme $\Sigma_i H_{s_i}(X_{t_{i+1}}-X_{t_i})$, avec $s_i=\frac{1}{2}(t_i+t_{i+1})$: ce résultat n'est vrai (et assez facile) que pour des semimartingales <u>continues</u> ; je le laisserai de côté. En revanche, ce que l'on peut toujours démontrer, c'est que, bien sûr

$$\Sigma_i H_{t_i}(X_{t_{i+1}}-X_{t_i}) \text{ converge en P. vers } \int_0^t H_{u-}dX_u$$

et d'après le théorème 5

$$\Sigma_i(H_{t_{i+1}}-H_{t_i})(X_{t_{i+1}}-X_{t_i}) \text{ converge vers } [H,X]_t$$

(pour simplifier, on prend $X_0=0$). Alors

$$\Sigma_i H_{t_{i+1}}(X_{t_{i+1}}-X_{t_i}) \text{ converge en P. vers } \int_0^t H_{u-}dX_u + [H,X]_t \tag{7.3}$$

C'est dans un cours de KUNITA (diffusions et contrôle, Paris, 1973/74) que j'ai vu mentionnée l'intégrale de STRATONOVITCH, dans le cas des martingales (ou semimartingales) continues. On y trouvera des détails supplémentaires, par exemple le résultat d'approximation omis ci-dessus.

Il me semble qu'il y a beaucoup à dire sur la théorie de la "variation quadratique" [M,M] pour des processus M qui ne sont pas des semimartingales - théorie liée à celle de l'énergie. Le sujet a été abordé par BROSAMLER, mais on sait peu de choses en général.

II. FONCTIONS CONVEXES ET SEMIMARTINGALES

Lorsque X est une semimartingale à valeurs dans $\mathbb{R}^d$, f une fonction $\underline{\underline{C}}^2$ sur $\mathbb{R}^d$, la formule d'ITO nous dit que $f\circ X$ est une semimartingale. Y a t'il d'autres fonctions que les fonctions $\underline{\underline{C}}^2$ qui opèrent sur la classe des semimartingales ? En voici un exemple, raisonnablement proche de la classe $\underline{\underline{C}}^2$.

THEOREME. <u>Soient</u> X <u>une semimartingale à valeurs dans</u> $\mathbb{R}^d$, f <u>une fonction convexe sur</u> $\mathbb{R}^d$. <u>Alors</u> $f\circ X$ <u>est une semimartingale</u>.

DEMONSTRATION. Nous allons traiter uniquement le cas réel, mais le lecteur se convaincra aisément que seules les notations se compliquent en dimension $d>1$.

Nous commençons par traiter le cas où $X=M+A$, où M est une martingale (non nécessairement nulle en 0) bornée par une constante C, et A un processus VI nul en 0, tel que $\int_0^\infty |dA_s| \leq C$. Alors X prend ses valeurs dans l'intervalle $[-2C,+2C]$, et le processus $f\circ X$ est borné. Soit K une constante de Lipschitz de f sur l'intervalle $[-2C,+2C]$ (si $d>1$, voir le n° 16). Nous prouvons :

<u>Le processus</u> $(f\circ X_t + K\int_0^t |dA_u|) = Y_t$ <u>est une sousmartingale</u>.

Ainsi, $f\circ X$ est la différence de deux sousmartingales, c'est une semimartingale.

Pour prouver cela, nous écrivons si $s<t$

$$E[Y_t-Y_s|\underline{\underline{F}}_s] = E[f(M_t+A_t)-f(M_t+A_s)+K\int_s^t|dA_u||\underline{\underline{F}}_s] + E[f(M_t+A_s)|\underline{\underline{F}}_s] - f(M_s+A_s)$$

Comme M_t, A_t, A_s appartiennent à l'intervalle $[-C,C]$, nous avons

$$|f(M_t+A_t)-f(M_t+A_s)| \leq K|A_t-A_s| \leq K\int_s^t|dA_u|$$

de sorte que la première espérance conditionnelle est positive. Quant à la différence $E[f(M_t+A_s)|\underline{\underline{F}}_s]-f(M_s+A_s)$, elle est positive d'après l'inégalité de Jensen, M étant une martingale.

Maintenant, nous étendons le résultat en supposant que <u>les sauts de</u> X <u>sont bornés par une constante</u> λ (y compris le saut X_0 en 0). Alors X est spéciale, et admet une décomposition $X=N+B$, où le processus VF B est prévisible, nul en 0.

$$S = \inf \{ t : \int_0^t |dB_s| \geq \mu \}$$

qui est prévisible (N9, p.9), et soit S_n une suite annonçant S ; soit

$$T = S_n \wedge \inf \{t : |N_t| \geq \nu \}$$

Le processus $B^T=A$ a une variation totale bornée par μ , donc son saut en T est borné par μ, et comme le saut de X en T est borné par λ, celui de N est borné par $\lambda+\mu$. Comme N est bornée par ν sur $]\!]0,T[\![$, N^T est bornée par $\lambda+\mu+\nu$, et finalement le résultat précédent s'applique à X^T avec $C=\lambda+\mu+\nu$. D'autre part, si μ,ν,n sont pris assez grands, T est arbitrairement grand, et il en résulte que $f\circ X$ est une semimartingale.

Enfin, passons au cas général : soit $R_n = \inf\{t : |\Delta X_t|>n\}$; X coïncide sur $[\![0,R_n[\![$ avec une semimartingale à sauts bornés, donc $f\circ X$ coïncide sur $[\![0,R_n[\![$ avec une semimartingale. En ajoutant un processus sautant seulement en R_n , on a la même chose sur $[\![0,R_n]\!]$, et on conclut par le th.IV.33.

La conséquence la plus importante est évidemment le fait que, si X est une semimartingale, $|X|$ en est une aussi . Par conséquent

<u>si</u> X <u>et</u> Y <u>sont des semimartingales</u>, $X\wedge Y$ <u>et</u> $X\vee Y$ <u>en sont aussi</u>.

D'autre part, on peut améliorer un peu le théorème 5, grâce à ce résultat - mais la classe de fonctions que l'on obtient ainsi ne s'explicite bien qu'en dimension 1 .

THEOREME. <u>Soit</u> X <u>une semimartingale réelle</u>, <u>et soit</u> f <u>une fonction sur</u> $\mathbb{R}$, <u>primitive d'une fonction càdlàg</u> $\varphi=D_+f$. <u>Soit</u> $Y=f\circ X$. <u>Alors, avec les notations du th.3, pour tout</u> t <u>fini</u> $S_\tau(Y)$ <u>converge en probabilité vers</u>

$$(10.1)\qquad \int_0^t \varphi^2\circ X_s d\langle X^c,X^c\rangle_s + \Sigma_{s\leq t}\Delta Y_s^2 .$$

DEMONSTRATION. Nous allons procéder comme dans la démonstration du théorème 5. Nous nous ramenons au cas où X est bornée. Nous pouvons alors supposer que f est une fonction à support compact. La fonction càdlàg φ est donc nulle hors d'un intervalle [-C,+C], et d'intégrale nulle puisque c'est une dérivée. Nous approchons uniformément φ par des fonctions étagées continues à droite φ_n , à support dans [-C,+C] et d'intégrale nulle. Les φ_n ont alors des primitives à support compact f_n qui convergent uniformément vers f, et les f_n sont linéaires par morceaux, donc différences de fonctions convexes. Les processus $f_n\circ X$ sont alors des semimartingales, et le raisonnement du théorème 5 nous dit exactement ceci : <u>si le th.10 est vrai pour chaque</u> f_n, <u>il est vrai aussi pour</u> f.

Nous allons démontrer qu'il est vrai pour toute fonction f_n, par une méthode qui aboutit à redémontrer le théorème 8, de manière moins élémentaire, mais qui par ailleurs fournit des informations intéressantes, malheureusement, en dimension d=1 seulement (1).

Nous continuons à supposer, pour simplifier, que X est une surmartingale bornée, à valeurs dans [-C,+C] - nous pouvons même, au départ, supposer que X=M+A, où M est une martingale bornée, A un processus VF nul en 0, prévisible, à variation totale bornée (cf. la démonstration du théorème 8).

---

(1) Je sais peu de choses sur les propriétés de différentiabilité des fonctions convexes de plusieurs variables, et cela me gêne dans les n^os qui suivent.

Nous allons établir une formule du changement de variables pour une fonction <u>convexe</u> f sur $\mathbb{R}$. Malheureusement, il n'y a pas une cohérence parfaite entre les calculs ci-dessous et les notations de l'énoncé 10 : φ désignait la dérivée à droite de f, tandis que f' est maintenant la dérivée <u>à gauche</u> de f. Ce n'est pas grave !

Soit $f_n(t) = n\int_{-\infty}^{+\infty} f(t+s)j(ns)ds$, où j est une fonction positive $\underline{\underline{C}}^\infty$, à support compact contenu dans l'intervalle $]-\infty,0]$, d'intégrale 1. Alors f_n est convexe de classe $\underline{\underline{C}}^2$, et lorsque $n\to\infty$ f'_n tend en croissant vers f'. Ecrivons la formule du changement de variables pour f_n

(11.1) $f_n(X_t) = f_n(X_0) + \int_{0+}^t f'_n\circ X_{s-}dX_s + A_t^n$

$$A_t^n = \Sigma_{0<s\leq t}(f_n\circ X_s - f_n\circ X_{s-} - f'_n\circ X_{s-}\Delta X_s) + \frac{1}{2}\int_0^t f''_n\circ X_s d\langle X^c,X^c\rangle_s$$

Nous remarquons que (A_t^n) est un processus <u>croissant</u>, en raison de la convexité de f, et nous faisons tendre n vers l'infini. En vertu des hypothèses faites sur X, $f_n(X_t), f_n(X_0)$, $\int_0^t f'_n\circ X_{s-}dX_s$ convergent dans L^2 vers $f(X_t)$, $f(X_0)$, $\int_0^t f'(X_{s-})dX_s$, donc A_t^n converge dans L^2 vers une v.a. A_t. Comme (A_s^n) était un processus croissant, (A_s) peut aussi se régulariser en un processus croissant continu à droite. Ainsi

(11.2) $f(X_t) = f(X_0) + \int_{0+}^t f'\circ X_{s-}dX_s + A_t$

Maintenant, comparons les sauts des deux membres. En 0, l'intégrale stochastique s'annule, $f(X_t)-f(X_0)$ aussi, donc $A_0=0$. En t, le saut de $f(X_t)$ est $f(X_t)-f(X_{t-})$, le saut de l'intégrale stochastique est $f'(X_{t-})\Delta X_t$, donc le saut de A est $f(X_t)-f(X_{t-})-f'(X_{t-})\Delta X_t$ et nous avons la formule du changement de variables pour fonctions convexes

(11.3) $$f(X_t)=f(X_0) + \int_{0+}^t f'(X_{s-})dX_s + \Sigma_{0<s\leq t}(f(X_s)-f(X_{s-})-f'(X_{s-})\Delta X_s) + C_t^f$$

<u>où C^f est un processus croissant continu</u>. Nous allons continuer à discuter cette formule, mais auparavant, achevons la démonstration de 10.

Tout d'abord, (11.3) redémontre l'essentiel du th.8, à savoir que $f\circ X$ est une semimartingale lorsque f est une fonction convexe, ou une différence de fonctions convexes. Mais de plus, il nous donne la partie martingale continue de $f\circ X = Y$ dans ce cas : c'est $\int_0^t f'(X_{s-})d\langle X^c,X^c\rangle_s$. Alors $[Y,Y]_t = \int_0^t (f'(X_{s-}))^2 d\langle X^c,X^c\rangle_s + \Sigma_s \Delta Y_s^2$, et comme $\langle X^c,X^c\rangle$ est continue, cela équivaut à (10.1). Le théorème 10 étant vrai pour les f_n, différences de fonctions convexes, il est vrai pour f.

Revenons à la formule (11.3). Nous commençons par remarquer qu'elle s'étend - par un argument d'arrêt déjà employé à plusieurs reprises - à une semimartingale X <u>quelconque</u>. Notre but va être d'étendre à X la formule de TANAKA relative au mouvement brownien :

$$B_t^+ = B_0^+ + \int_0^t I_{\{B_s>0\}}dB_s + \frac{1}{2}L_t^0$$

où L_t^0 est le <u>temps local</u> en 0 - il est bien connu que le temps local ne croît que sur l'ensemble des zéros de (B_t).

A cet effet, nous écrivons (11.3) pour les fonctions $f(t)=t^+$, $f(t)=t^-$, en notant C^+ et C^- les processus croissants correspondants. Par exemple, si $f(t)=t^+$, $f'(t)=I_{]0,\infty[}$

- si $X_{s-}>0$, $f(X_s)-f(X_{s-})-f'(X_{s-})\Delta X_s = X_s^+-X_{s-}-(X_s-X_{s-})=X_s^+-X_s=X_s^-$,
- si $X_{s-}\leq 0$, $f(X_s)-f(X_{s-})-f'(X_{s-})\Delta X_s = X_s^+$

(il est difficile de prononcer mentalement la différence entre X_s^- et X_{s-} !). Nous pouvons donc écrire

(12.1) $X_t^+=X_0^+ + \int_{0+}^t I_{\{X_{s-}>0\}}dX_s + \Sigma_{0<s\leq t}I_{\{X_{s-}>0\}}X_s^- + \Sigma_{0<s\leq t}I_{\{X_{s-}\leq 0\}}X_s^+ + C_t^+$

De même pour $f(t)=t^-$, $f'(t)=-I_{]-\infty,0]}$

(12.2) $X_t^-=X_0^- - \int_{0+}^t I_{\{X_{s-}\leq 0\}}dX_s + \Sigma_{0<s\leq t}I_{\{X_{s-}>0\}}X_s^- + \Sigma_{0<s\leq t}I_{\{X_{s-}\leq 0\}}X_s^+ + C_t^-$

D'où en prenant une différence

$$C_t^+-C_t^- = 0$$

et il est naturel de poser

(12.3) $$C_t^+=C_t^- = \frac{1}{2}L_t^0$$

où L^0 est le processus croissant correspondant à $f(t)=|t|$.

Nous développons maintenant les conséquences assez étonnantes de la formule (12.1). Tout d'abord, regardons la somme

(12.4) $$\Sigma_{0<s\leq t} I_{\{X_{s-}>0\}}X_s^- + \Sigma_{0<s\leq t}I_{\{X_{s-}\leq 0\}}X_s^+$$

<u>Elle est p.s. finie</u>. Cela exprime que les sauts qui enjambent 0 enjambent "de peu" 0 . Ensuite, remplaçons X par -X dans la formule (12.1)

$$X_t^-=X_0^- - \int_{0+}^t I_{\{X_{s-}<0\}}dX_s + \Sigma_{0<s\leq t}I_{\{X_{s-}<0\}}X_s^+ + \Sigma_{\{X_{s-}\geq 0\}}X_s^- + \tilde{C}_t^+$$

($\tilde{C}^+$ est a priori distinct de C^-), et prenons une différence avec (12.2). Il vient une expression de $\int I_{\{X_{s-}=0\}}dX_s$:

(12.4) $$\int_{0+}^t I_{\{X_{s-}=0\}}dX_s = \Sigma_{0<s\leq t}I_{\{X_{s-}=0\}}\Delta X_s + C_t^- - \tilde{C}_t^+$$

le second membre étant un processus à variation finie (i.e., la série est absolument convergente). Le côté droit n'a pas de partie martingale continue, donc il en est de même du côté gauche, autrement dit

(12.5) $$\int_0^t I_{\{X_{s-}=0\}} d\langle X^c,X^c\rangle_s = 0$$

Par exemple, si $(X_t)=(B_t)$, le mouvement brownien, on retrouve le fait que l'ensemble des zéros de (B_t) est négligeable pour la mesure de Lebesgue. Mais on démontre mieux : soit (Y_t) n'importe quelle martingale orthogonale au mouvement brownien, ou même n'importe quelle semimartingale dont la <u>partie continue</u> est orthogonale à (B_t). Alors l'ensemble $\{ t : B_t=Y_t\}$ est négligeable pour la mesure de Lebesgue. En effet, appliquons (12.5) avec X=B-Y , et remarquons que $\langle X^c,X^c\rangle_t = \langle B,B\rangle_t + \langle Y^c,Y^c\rangle_t$!

Maintenant, nous montrons que C^+ ressemble vraiment à un temps local, c'est à dire que dC^+ <u>est une mesure aléatoire portée par l'ensemble</u> $\{s : X_{s-}=X_s=0\}$.

Considérons deux rationnels u et v, u<v, et soit H_{uv} l'ensemble des ω tels que [u,v] soit contenu dans $\{ s : X_{s-}(\omega)\leq 0 \}$; d'après le caractère local de l'intégrale stochastique (n^{os}IV. 27-29), on a $\int_{u+}^v I_{\{X_{s-}>0\}}dX_s = 0$ p.s. sur H_{uv} . Dans la formule (12.1) relative à l'intervalle [u,v], on a aussi $\Sigma_{u<s\leqq v} I_{\{X_{s-}>0\}}X_s^- = 0$, $X_u^+=0$,

$\Sigma_{u<s\leqq v} I_{\{X_{s-}\leqq 0\}}X_s^+ = X_v^+$ sur H_{uv} , d'où finalement $C_v^+-C_u^+ = 0$ sur H_{uv}.

Comme l'intérieur de l'ensemble $\{X_{s-}\leqq 0\}$ est la réunion des intervalles [u,v] à extrémités rationnelles qu'il contient, nous voyons que

dC_t^+ <u>ne charge pas l'intérieur de</u> $\{X_{s-}\leqq 0\}$

En particulier, il ne charge pas l'intérieur de $\{X_{s-}<0\}$, qui est un ensemble ouvert à gauche, et ne diffère de son intérieur que par un ensemble dénombrable (que dC^+ ne charge pas non plus). Ainsi

dC^+ <u>ne charge pas</u> $\{X_{s-}<0\}$

De la même manière, soit K_{uv} l'ensemble des ω tels que [u,v] soit contenu dans $\{ s : X_{s-}(\omega)>0\}$. Sur K_{uv} on a p.s. $\int_{u+}^v I_{\{X_{s-}>0\}}dX_s = X_v-X_u$, on a $X_u^+ = X_u$, $\Sigma_{u<s\leqq v} I_{\{X_{s-}\leqq 0\}}X_s^+ = 0$, $\Sigma_{u<s\leqq v} I_{\{X_{s-}>0\}}X_s^- = X_v^-$, d'où à nouveau $C_v^+-C_u^+ = 0$ p.s.. Ainsi

dC^+ <u>ne charge pas l'intérieur de</u> $\{X_{s-}>0\}$ (<u>et donc ne charge pas</u> $\{X_{s-}>0\}$, qui en diffère par un ensemble dénombrable).

Pour finir, dC^+ est porté(e) par $\{X_{s-}=0\}$ - et même, par cet ensemble privé de son intérieur. Comme dC^+ ne charge pas les ensembles dénombrables, on peut remplacer cet ensemble par $\{X_{s-}=X_s=0\}$ si l'on veut.

Nous avons défini L_t^0 , le " temps local en 0" , qui intervient dans la formule du changement de variables relative à $f(t)=|t|$. Il est clair que l'on peut définir de même le "temps local en a" , relatif à $f(t)=|t-a|$. Il est moins clair que l'on peut choisir des versions de ces "temps locaux" qui dépendent mesurablement du triplet (a,t,ω) : cela résultera du théorème de C.DOLEANS-DADE sur les intégrales stochastiques dépendant d'un paramètre, qu'on verra plus loin (je l'espère). Un tel choix étant fait, on peut en principe calculer tous les processus croissants C_t^f de la formule (11.3). Soit en effet la mesure positive $\mu=\frac{1}{2}f''$ (dérivée seconde de f au sens des distributions) . Je dis qu'on a alors

(13.1) $$C_t^f=\int_{-\infty}^{+\infty} L_t^a\,\mu(da)\ .$$

Pourquoi cette intégrale a t'elle un sens ? Parce qu'en réalité, pour t et ω fixés, on a $L_t^a(\omega)=0$ pour a assez grand, le temps local ne commençant à croître qu'à partir du premier instant où $X_s(\omega)=a$, et la trajectoire étant bornée sur $[0,t]$.

Le principe de la démonstration est tout à fait simple. En vertu du caractère local de l'intégrale stochastique, on a le résultat suivant : si l'on a deux semimartingales X et $\tilde{X}$, sur l'ensemble des ω tels que $X_.(\omega)=\tilde{X}_.(\omega)$ sur $[0,t]$, tous les temps locaux $L_.^a(\omega)$ et $\tilde{L}_.^a(\omega)$ sont égaux sur $[0,t]$ (nous omettons les détails). On peut alors se ramener au cas où X est bornée, à valeurs dans un intervalle compact J. On peut alors écrire <u>dans J</u>

$$f(t)=\alpha+\beta t+\int_J |t-x|\mu(dx)\ =\alpha+\beta t+g(t)$$

et on a simultanément

$$\int L_t^a\ \mu(da)=\int_J L_t^a\ \mu(da)\quad \text{puisque } L^a=0 \text{ pour } a\notin J$$

et d'autre part $C^f=C^g$, car $f\circ X$ et $g\circ X$ ne diffèrent que d'un processus de la forme $\alpha+\beta X$, pour lequel aucun terme continu à variation bornée n'est nécessaire. On est donc ramené au cas où μ est à support compact, la fonction convexe étant de la forme $f(t)=\int|t-x|\mu(dx)$ - c'est alors simplement le théorème de Fubini.

La formule (13.1) a une conséquence importante : lorsque $f(t)=t^2$, on a $C^f=\ <X^c,X^c>$, d'où la formule

(14.1) $$<X^c,X^c>_t=\int_{-\infty}^{+\infty} L_t^a\,da\quad \text{p.s. sur } \Omega$$

il s'agit ici d'une identité entre mesures : donc si $h(s,\omega)$ est une fonction positive, mesurable du couple, on a

(14.2) $\int_0^\infty h(s,\omega)d\langle X^c,X^c\rangle_s(\omega) = \int_{-\infty}^{+\infty} da \int_0^\infty h(s,\omega)dL_s^a(\omega)$

en particulier, prenons $h(s,\omega)= I_{[0,t]}(s)j(X_s(\omega))$, où j est mesurable positive sur $\mathbb{R}$. Il vient

$$\int_0^t j(X_s(\omega))d\langle X^c,X^c\rangle_s(\omega) = \int_{-\infty}^{+\infty} da \int_0^t j(X_s(\omega))dL_s^a(\omega)$$

et comme $dL^a_{\cdot}(\omega)$ est portée par l'ensemble $\{ s : X_s(\omega)=a \}$, on a simplement

(14.3) $\int_0^t j(X_s(\omega))d\langle X^c,X^c\rangle_s(\omega) = \int_{-\infty}^{+\infty} L_t^a(\omega)j(a)da$

ce qui s'énonce ainsi : <u>pour presque tout</u> ω, <u>l'image de la mesure</u> $d\langle X^c,X^c\rangle_s(\omega)$ <u>sur</u> $[0,t]$ <u>par l'application</u> $s\mapsto X_s(\omega)$ <u>est une mesure sur</u> $\mathbb{R}$ <u>absolument continue par rapport à la mesure de Lebesgue, dont la densité est</u> $L_t^a(\omega)$.

Cette interprétation du temps local comme densité d'occupation est bien connue dans le cas du mouvement brownien, où $\langle X^c,X^c\rangle_t=t$. Mais si l'on prend $X_t=B_t-a(t)$, par exemple, où a(t) est une fonction à variation bornée et B_t est un mouvement brownien, on a <u>encore</u> $\langle X^c,X^c\rangle_t=t$, d'où le même résultat. Si $a(t)=\int_0^t h(s)ds$, où $\int_0^t h^2(s)ds<\infty$, alors la loi de (X_t) est absolument continue par rapport à celle de (B_t), avec une densité calculable explicitement (nous verrons cela plus tard, j'espère) : il n'y a donc pas lieu de s'étonner , puisque les " p.s. sur Ω " sont les mêmes pour les deux mesures. Mais si a(t) n'est pas de cette forme, <u>il y a lieu</u> de s'étonner !

15 Revenons aux formules (12.1) et (12.2), que nous écrirons

(15.1) $X_t^+ = X_0^+ + \int_{0+}^t I_{\{X_{s-}>0\}}dX_s + G_t$

$X_t^- = X_0^- - \int_{0+}^t I_{\{X_{s-}\leq 0\}}dX_s + G_t$

où G est le processus croissant $\Sigma_{0<s\leq t}(I_{\{X_{s-}>0\}}X_s^- + I_{\{X_{s-}\leq 0\}}X_s^+) + C_t^+$. Supposons que X s'écrive X_0+M+A, où M appartient à $\underline{\underline{H}}^1$ et $M_0=0$, où A est à variation intégrable, prévisible, avec $A_0=0$. Alors les premiers membres sont intégrables, les intégrales stochastiques aussi, et donc G_t aussi : G_t admet donc un <u>compensateur prévisible</u>, que nous noterons $\frac{1}{2}\Lambda_t^0$, et nous introduirons de manière analogue le processus croissant prévisible Λ_t^a pour tout $a\in\mathbb{R}$. Ainsi, nous pouvons écrire

(15.2) $|X_t-a| = |X_0-a| + \int_{0+}^t sgn(X_{s-}-a)dX_s + \Lambda_t^a$ + martingale

Avec les hypothèses ci-dessus, on a $E[\Lambda_t^a] < \infty$. Il faut noter que Λ_t^a n'est pas défini de manière absolument intrinsèque : on a pris de manière assez arbitraire que sgn(0)=-1 (continuité à gauche) ; si l'on avait convenu par exemple de prendre pour f' la demi-somme des dérivées à droite et à gauche de f, les formules du changement de variables précédentes seraient restées vraies (à condition de modifier simultanément la définition dans l'intégrale stochastique et dans les sauts !), on aurait eu sgn(0)=0 , et l'intégrale stochastique aurait été modifiée d'un multiple de $\int_{0+}^{t} I_{\{X_{s-}=a\}} dX_s$; le terme $\int_{0+}^{t} I_{\{\ \}} dM_s$ est une martingale, et n'aurait rien changé, mais Λ_t^a aurait été modifié d'un multiple de $\int_0^t I_{\{X_{s-}=a\}} dA_s$.

Admettons qu'il existe des versions de Λ_t^a dépendant mesurablement de (t,a,ω), et supposons que M soit une martingale de carré intégrable, que A ait une variation totale de carré intégrable, et que $X_0 \in L^2$. Si $H \in \underline{\underline{F}}_0$, on a

$$\int_H |X_t - a| P = \int_H |X_0 - a| P + \int_H P \int_{0+}^{t} \mathrm{sgn}(X_{s-} - a) dX_s + \int_H \Lambda_t^a P$$

intégrons en a, d'abord de -C à C en nous appuyant sur les formules

$$\int_{-C}^{C} |t-a| da = t^2 \text{ pour } |t| \leqq C , \quad 2C|t| - C^2 \text{ pour } |t| \geqq C$$

$$\int_{-C}^{C} \mathrm{sgn}(t-a) da = 2t \text{ pour } |t| \leqq C , \quad 2C\,\mathrm{sgn}(t) \text{ pour } |t| \geqq C$$

puis faisons tendre C vers + ∞. Il vient

$$\int_H X_t^2 P = \int_H \left(X_0^2 + \int_{0+}^{t} 2X_{s-} dX_s + \int_{-\infty}^{+\infty} \Lambda_t^a da \right) P$$

ou encore, avec un peu plus d'effort (décalage en $s \in \mathbb{R}_+$)

$$X_t^2 = X_0^2 + 2\int_{0+}^{t} X_{s-} dX_s + \int_{-\infty}^{+\infty} \Lambda_t^a da + \text{martingale}$$

que nous comparons à

$$X_t^2 = X_0^2 + 2\int_{0+}^{t} X_{s-} dX_s + \int_{0+}^{t} d[X,X]_s$$

pour déduire que, si $\langle X,X \rangle$ désigne la compensatrice prévisible de $[X,X]$, on a

$$\langle X,X \rangle_t = X_0^2 + \int_{-\infty}^{+\infty} \Lambda_t^a da \tag{15.3}$$

Ce qui est amusant dans cette formule, c'est que <u>toute</u> semimartingale spéciale admet des arrêtées satisfaisant aux hypothèses initiales du n°15, et que l'on peut donc définir par recollement des processus prévisibles Λ_t^a , tandis que $\langle X,X \rangle$ n'a de sens que pour des semimartingales spéciales "localement de carré intégrable".

Lorsque X ne possède pas de partie martingale continue, la formule (14.1) montre que les temps locaux L_t^a ne servent à rien, et il est tentant de les remplacer par les Λ_t^a . On est donc amené à se demander si Λ_t^a - à supposer qu'il soit continu, c'est à dire que les sauts de X soient totalement inaccessibles - est porté par l'ensemble $\{s:X_s=a\}$. S'il en est ainsi, $\langle X,X\rangle$ sera également continu, et on pourra interpréter Λ_t^a comme densité de la mesure image de $d\langle X,X\rangle$ sur $[0,t]$ par la trajectoire, à la manière du n°14.

Il est impossible de donner une réponse générale à cette question - après tout, en théorie des processus de Markov, il faut bien supposer que les points ne sont pas polaires, et on ne possède pas de critère général pour cela . En voici cependant l'interprétation probabiliste. Pour tout $r\geq 0$, posons

$$T_r = \inf \{ s\geqq r : X_s=a \}$$

Le processus croissant G^a (formule (15.1)) ne charge pas l'intervalle ouvert $]]r,T_r[[$. Si l'on sait affirmer qu'il ne charge pas l'intervalle $]]r,T_r]]$, qui est prévisible, on saura aussi que sa projection duale prévisible $\frac{1}{2}\Lambda^a$ ne charge pas $]]r,T_r]]$, et en faisant parcourir à r l'ensemble des rationnels, que Λ^a (supposé continu) est porté par l'ensemble $\{ s : X_s=a \}$. Maintenant, G^a charge l'intervalle $]]r, T_r]]$ si et seulement si, par exemple, $X_r(\omega)<a$ et la trajectoire $X_.(\omega)$ pénètre par un saut dans la demi-droite ouverte $]a,\infty[$. Pour beaucoup de processus à accroissements indépendants, on sait qu'un tel comportement est impossible. Voir par ex. dans le séminaire V l'exposé de BRETAGNOLLE sur les travaux de KESTEN.

16 Il est très vraisemblable que la formule (11.3) admet une bonne extension aux dimensions d>1, mais je ne sais pas le prouver. Je vais me borner à des résultats fragmentaires.

Peut être est il utile de prouver ici le résultat, nécessaire au th.8 en dimension d, suivant lequel une fonction convexe sur $\mathbb{R}^d$ est lipschitzienne sur tout compact. Soit B une boule fermée de $\mathbb{R}^d$, et soit un nombre $m < \inf_{x\in B} f(x)$. D'après le th. de Hahn-Banach, f est égale sur B à l'enveloppe supérieure des fonctions affines h telles que $m\leqq h\leqq f$ sur B . Ces fonctions affines forment un compact dans l'espace (localement compact) de toutes les fonctions affines sur $\mathbb{R}^d$, leurs pentes sont bornées, elles admettent donc une même constante de Lipschitz K, et leur sup est aussi lipschitzien de rapport K.

Dans des cas concrets, il est assez facile d'étendre en dimension d>1 la méthode et le résultat du n°11. Par exemple, soit $\varphi(t)$ une fonction convexe symétrique de classe $\underline{\underline{C}}^2$ sur $\mathbb{R}$, telle que $\varphi(t)=t$ pour $|t|\geq 1$. En approchant la fonction $f(x)=|x|$ par $f_n(x)=\varphi(n|x|)/n$, on aboutit à une formule du changement de variables pour le module d'une semimartingale vectorielle. Je ne peux pas en dire plus...

III. SUR CERTAINES PROPRIETES D'INTEGRABILITE UNIFORME

Voici l'origine du problème que l'on va traiter ici.

Considérons la forme la plus classique de l'inégalité de DOOB : X désignant une martingale, soit U_a^b le nombre des montées (upcrossings) de X au dessus de $]a,b[$ jusqu'à l'instant t. Il est bien connu que $(b-a)E[U_a^b]$ est une quantité bornée. Nous nous étions posé il y a six ans au moins, DELLACHERIE et moi, le problème de rechercher la limite de $\varepsilon U_a^{a+\varepsilon}$ lorsque $\varepsilon\to 0$ (dans le cas où X est le mouvement brownien, cette limite existe p.s., et est liée au temps local de a). L'idée naturelle consistant à utiliser la topologie faible de L^1, nous nous étions demandé si les v.a. $(b-a)U_a^b$ sont <u>uniformément intégrables</u>. Et le résultat de ce paragraphe est une réponse affirmative à cette question, sous des conditions très larges. Mais le problème ne constitue qu'un prétexte pour l'étude de l'intégrabilité uniforme de certaines parties de l'espace $\underline{\underline{H}}^1$.

Reprenons la démonstration classique de l'inégalité de DOOB. Posons

$$T_1 = \inf \{ s : X_s \leq a \} \wedge t$$
$$T_2 = \inf \{s>T_1 : X_s \geq b\} \wedge t$$
$$T_3 = \inf \{s>T_2 : X_s \leq a\} \wedge t$$

et ainsi de suite. Considérons la variable aléatoire

$$H_a^b = (X_{T_2}-X_{T_1}) + (X_{T_4}-X_{T_3}) + \dots \quad \text{(termes pairs)}$$

Pour chaque ω, cette somme ne comporte qu'un nombre fini de termes non nuls, dont les premiers correspondent aux montées de $X_.(\omega)$ par dessus l'intervalle $]a,b[$, tandis que le dernier vaut $(X_t-X_L)I_A$, où L est le dernier des $T_{2k-1} < t$, et A est l'événement " la trajectoire ne remonte plus au dessus de b entre L et t ". On a donc $(b-a)U_a^b + (X_t-X_L)I_A \leq H_a^b$, donc comme $X_L \leq a$

$$(b-a)U_a^b \leq H_a^b + (X_L-X_t)I_A \leq \begin{vmatrix} H_a^b + (a-X_t)^+ \\ H_a^b + 2X_t^* \end{vmatrix}$$

(Dans tout ce paragraphe, on emploiera la notation X_t^* pour noter $\sup_{s\leq t} |X_s|$, et X^* pour X_∞^*). La première majoration est traditionnelle (inégalité de DOOB), la seconde plus brutale élimine complètement le rôle de a et b dans le problème d'intégrabilité uniforme, dès que X_t^* est intégrable, et le ramène à un problème sur les intégrales stochastiques. En effet, on peut écrire

$$H_a^b = \int_0^t J_s dX_s \text{ , où } J=I_{]T_1,T_2]}+I_{]T_3,T_4]}+\dots \text{ est prévisible, compris entre 0 et 1 .}$$

On est donc amené à se poser le problème suivant, beaucoup plus intéressant que le problème initial ; t y est supposé <u>fini</u> :

(18.1) <u>Pour quelles semimartingales</u> X <u>peut on affirmer que toutes les intégrales stochastiques</u> $\int_0^t J_s dX_s$, <u>où</u> J <u>est prévisible et</u> $|J|\leq 1$, <u>forment un ensemble uniformément intégrable</u> ?

La réponse est tout à fait simple :

18 THEOREME. X <u>possède la propriété</u> (18.1) <u>si et seulement si la semimartingale arrêtée</u> X^t <u>s'écrit</u> X^t=M+A, <u>où</u> M <u>appartient à</u> $\underline{\underline{H}}^1$ <u>et</u> A <u>est un processus à variation intégrable</u>.

<u>De plus, on obtient la même classe de processus en remplaçant dans</u> (18.1) " <u>uniformément intégrable</u>" <u>par</u> " <u>borné dans</u> L^1" .

DEMONSTRATION. Quitte à remplacer X par X^t, nous pouvons remplacer $\int_0^t$ par $\int_0^\infty$. D'autre part, en prenant $J_s=0$ pour s>0, on voit que X_0 doit être intégrable, et on se ramène au cas où $X_0=0$.

La propriété (18.1), ou sa forme affaiblie, entraîne que X est <u>spéciale</u>. Nous utilisons le critère IV.32, d) . Soit le temps d'arrêt

$$T = \inf\{ s : |X_s|\geq n\} \wedge \inf\{ s : \Sigma_{r\leq s} \Delta X_r^2 \geq n \}$$

Prenant $J=I_{[0,T]}$, nous avons que $X_T \in L^1$, donc $\Delta X_T \in L^1$, donc $(\Sigma_{r\leq T} \Delta X_r^2)^{1/2} \in L^1$, et X est spéciale.

Ecrivons alors X=M+A, où M est une martingale locale nulle en 0 et A un processus VF prévisible nul en 0. Soit (D_s) une densité prévisible de la mesure dA_s par rapport à $|dA_s|$, prenant les valeurs +1 et -1. Soit $J=I_{[0,S]}D$, où S réduit fortement la martingale M. Alors $\int_0^\infty J_s dX_s = \int_0^\infty J_s dM_s^S + \int_0^S |dA_s|$. En intégrant, et en notant que le premier terme au second membre a une espérance nulle, tandis que le premier membre est borné dans L^1 , on voit (lorsque $S\uparrow\infty$) que A <u>est à variation intégrable</u>. Mais alors, il est clair que les v.a. $\int_0^\infty J_s dA_s$

sont uniformément intégrables, et par conséquent il en est de même des $\int_0^\infty J_s dM_s$. Prenant $J=I_{[0,R]}$, où R est un temps d'arrêt, on voit que la martingale locale M appartient à la classe (D), donc est une vraie martingale uniformément intégrable.

Reste à voir qu'elle appartient à $\underline{\underline{H}}^1$. A cet effet, désignons par τ une subdivision finie (t_i) de $[0,\infty]$, et désignons par $(\varepsilon_k(w))$ une suite de v.a. indépendantes , définies sur un espace auxiliaire $(W,\underline{\underline{G}},\mu)$, prenant les valeurs ± 1 avec probabilité 1/2 (fonctions de RADEMACHER). D'après la propriété (18.1), il existe une constante K telle que l'on ait, pour tout w

$$\int_\Omega |\varepsilon_0(w)(M_{t_1}(\omega)-M_{t_0}(\omega))+..+\varepsilon_{n-1}(w)(M_\infty(\omega)-M_{t_{n-1}}(\omega)|P(d\omega) \leqq K$$

Intégrons en w , ce qui revient à intégrer sur $W\times\Omega$ par rapport à $\mu\otimes P$, et intervertissons :

$$(18.2) \int P(d\omega)\int\mu(dw)|\varepsilon_0(w)(\ \ )+\ \varepsilon_{n-1}(w)(\ \ )| \leqq K$$

Maintenant, il existe un lemme classique, le lemme de KHINTCHINE, qui dit ceci : quels que soient les nombres a_i

$$\int\mu(dw)|a_0\varepsilon_0(w)+...+a_{n-1}\varepsilon_{n-1}(w)| \sim (\Sigma_{0\leqq i<n}\ a_n^2\ )^{1/2}$$

en ce sens que le rapport des deux membres est borné inférieurement et supérieurement par deux constantes >0, <u>indépendantes de n</u> . Appliquant ce résultat à (18.2), nous voyons que (notation S_τ : n°3)

$$E[\sqrt{S_\tau(M)}] \leqq cK \quad \text{où c est une constante}$$

et maintenant nous appliquons le n°4, et le lemme de Fatou, pour en déduire que $E[\sqrt{[M,M]_\infty}] \leqq cK$, de sorte que M appartient à $\underline{\underline{H}}^1$.

La réciproque est sans doute plus intéressante. Si X=M+A, où M appartient à $\underline{\underline{H}}^1$ et A est à variation intégrable, les v.a. $\int_0^\infty J_s dA_s$ ($|J|\leqq 1$) sont toutes majorées par $\int_0^\infty |dA_s| \in L^1$. Il nous suffit donc de montrer que toutes les v.a. $\int_0^\infty J_s dM_s$ sont uniformément intégrables. Nous allons montrer mieux : les v.a. $(J\cdot M)^*$ sont uniformément intégrables. Nous en donnerons une démonstration rapide par un théorème marteau-pilon, et le principe d'une démonstration élémentaire.

Rappelons le lemme de LA VALLEE POUSSIN (Probabilités et Potentiels, 1e éd. n° II.22 , 2e éd. , même numéro). Une famille de v.a. positives Z_i est uniformément intégrable si et seulement s'il existe une fonction Φ sur $\mathbb{R}_+$, convexe, croissante, telle que $\Phi(0)=0$, que $\lim_{t\to\infty} \Phi'(t)=+\infty$, et que $\sup_i E[\Phi(Z_i)]<\infty$. Quitte à remplacer Φ

par $\int_0^t \Phi'(s)\wedge s\, ds$, nous pouvons supposer que Φ est à croissance modérée. Appliquons ce résultat à l'ensemble constitué par la seule variable intégrable $\sqrt{[M,M]_\infty}$, et posons J·M=N. Comme nous avons $[N,N] \leqq [M,M]$, nous avons aussi $E[\Phi(\sqrt{[N,N]_\infty}] \leqq E[\Phi(\sqrt{[M,M]_\infty})]$. Par conséquent, d'après l'inégalité de BURKHOLDER-DAVIS-GUNDY (IV.30)

$$E[\Phi(N^*)] \leqq cE[\Phi(\sqrt{[M,M]_\infty})] \text{ indépendamment de } J$$

et les v.a. N^* sont uniformément intégrables.

Pour éviter l'emploi du lemme de L-V.P., on peut procéder ainsi. On part de IV.29.2 (inégalité de DAVIS, moitié facile)

$$E[N^*_\infty - N^*_{T-} | \underline{\underline{F}}_{T-}] \leqq cE[\sqrt{[N,N]_\infty - [N,N]_{T-}} | \underline{\underline{F}}_T] \leqq cE[\sqrt{[M,M]_\infty - [M,M]_{T-}} | \underline{\underline{F}}_T]$$

Prenant $T = \inf \{ s : N^*_s > \lambda \}$ ($= \inf \{ s : |N_s| > \lambda \}$!), on a $N^*_{T-} \leqq \lambda$ et par conséquent , comme $\{T<\infty\} = \{N^*_\infty > \lambda\}$

$$\int_{\{N^*_\infty > \lambda\}} (N^*_\infty - \lambda)P \leqq \int_{\{N^*_\infty > \lambda\}} c\sqrt{[M,M]_\infty}\, P$$

Sur $\{N^*_\infty > 2\lambda\}$ on a $N^*_\infty - \lambda \geqq N^*_\infty/2$, donc

$$\int_{\{N^*_\infty > 2\lambda\}} N^*_\infty P \leqq 2c\int_{\{N^*_\infty > \lambda\}} \sqrt{[\,]}P$$

D'autre part , $E[N^*_\infty] \leqq cE[\sqrt{[\,]}]$, donc $P\{N^*_\infty > \lambda\}$ tend vers 0 lorsque $\lambda \to \infty$ uniformément en N (ou J), et l'intégrabilité uniforme en découle.

19 Nous revenons maintenant au problème posé au début du paragraphe. Il résulte immédiatement de la discussion du n°15 que <u>si</u> X <u>satisfait aux conditions du th.18</u>, <u>toutes les v.a.</u> $(b-a)U^b_a$ <u>sont uniformément intégrables</u> (majorer le reste R^b_a par $2X^* \in L^1$).

Soit maintenant X une semimartingale quelconque, que nous écrivons $X=X_0+M+A$ (M est une martingale locale nulle en 0, A est à VF nul en 0). Il existe des temps d'arrêt T_n tendant vers $+\infty$ tels que

- X_0 soit intégrable sur $\{T_n>0\}$
- T_n réduise fortement M (donc M^{T_n} appartienne à $\underline{\underline{H}}^1$)
- $\int_0^{T_n-} |dA_s|$ soit intégrable

Désignons par U^{ab}_t (il faut bien laisser de la place pour t !) le nombre de montées de X sur]a,b[, jusqu'à l'instant t compris : ce sont des processus croissants continus à droite, nuls en 0, et le résultat précédent nous dit que

<u>pour tout</u> n, <u>les v.a.</u> $(b-a)U^{ab}_{T_n-}$ <u>sont uniformément intégrables</u>

(appliquer le théorème à la semimartingale $Y_t=X_0 I_{\{T>0\}}+M_t^T + A_t I_{\{t<T\}} + A_{T-} I_{\{t\geq T\}}$). Comme on a $U_{T_n}^{ab} \leq U_{T_n-}^{ab} + 1$, on a le même résultat sur les intervalles $[0,T_n]$ fermés, à condition que b-a reste borné.

Nous apportons maintenant un complément au théorème 18.

THEOREME. Soit X une semimartingale. Supposons que pour tout processus prévisible J tel que $|J|\leq 1$ la v.a. $\int_0^t J_s dX_s$ soit intégrable. Alors l'ensemble de toutes ces v.a. est borné dans L^1 (et alors, d'après 18, X satisfait à (18.1), et l'ensemble de toutes ces v.a. est uniformément intégrable).

COROLLAIRE. Soit M une martingale uniformément intégrable, mais n'appartenant pas à $\underline{\underline{H}}^1$. Il existe alors un processus prévisible J tel que $|J|\leq 1$, et que $(J.M)_{\infty} \notin L^1$.

En effet, si M est uniformément intégrable, on peut appliquer le résultat précédent à la (semi)martingale X définie par

$$X_s = M_{s/1-s} \text{ si } 0\leq s<1 \text{ , } X_s=M_{\infty} \text{ si } s\geq 1$$

de manière à se ramener à un intervalle de temps fini (bien entendu, il faut effectuer ce changement de temps sur les tribus aussi). On construit alors un processus prévisible $\bar{J}$ par rapport à la nouvelle famille de tribus tel que $(\bar{J}\cdot X)_1 \notin L^1$, et on pose $J_t= \bar{J}_{t/1+t}$. Alors on a $(J\cdot M)_{\infty}= (\bar{J}\cdot X)_1$, car $\bar{J}\cdot X$ et X sont continues au point 1.

DEMONSTRATION DU TH.20. La condition de l'énoncé entraîne que X_0 $(=(I_{\{0\}}\cdot X)_t$) est intégrable. On peut donc se ramener au cas où $X_0=0$. Puis, en arrêtant X à t, nous pouvons nous ramener au cas où toutes les intégrales stochastiques $\int_0^{\infty} J_s dX_s$ existent et sont intégrables. Comme dans la démonstration de 18 (début), nous voyons que X est spéciale, et considérons sa décomposition canonique X=M+A (M martingale locale nulle en 0, A prévisible à VF nul en 0).

Soit (T_n) une suite croissante de temps d'arrêt, tendant vers +∞, telle que les v.a. $\int_0^{T_n} |dA_s|$ soient intégrables et que les T_n réduisent fortement M. Soit $\underline{\underline{P}}$ l'espace de Banach des processus prévisibles, muni de la norme de la convergence uniforme. Si des $J^k \in \underline{\underline{P}}$ convergent dans $\underline{\underline{P}}$ vers J, les intégrales stochastiques $\int_0^{\infty} J_s^k dX_s$ convergent en probabilité vers $\int_0^{\infty} J_s dX_s$. Pour le voir, on remarque que $\int_0^{\infty} =\int_0^t$, que l'ensemble $\{T_n<t\}$ a une probabilité petite pour n grand, et que sur $\{T_n\geq t\}$ les intégrales stochastiques coïncident avec les intégrales par rapport à X^{T_n} , pour lesquelles on a convergence dans L^1. Il en résulte que la fonction réelle positive F sur $\underline{\underline{P}}$

$$F(J) = E[\ |\int_0^\infty J_s dX_s\ |\ ]$$

est semi-continue inférieurement sur $\underline{\underline{P}}$ (lemme de Fatou). Notre hypothèse sur X signifie que cette fonction est __finie__ sur $\underline{\underline{P}}$. D'après le théorème de Baire, l'un des fermés $\{ J : F(J)\leq n \}$ a un point intérieur, ce qui signifie que l'application linéaire $J\mapsto\int_0^\infty J_s dX_s$ de $\underline{\underline{P}}$ dans L^1 admet un point de continuité. Elle est alors bornée, et le théorème est établi.

IV. SUR LE THEOREME DE GIRSANOV[1]

22 Nous conservons toutes les notations précédentes, et considérons une seconde loi de probabilité Q , __équivalente__ à P . La famille de tribus $(\underline{\underline{F}}_t)$ satisfait alors aux conditions habituelles par rapport à Q aussi bien qu'à P, les ensembles évanescents, les tribus optionnelle et prévisible sont les mêmes pour Q et pour P. Soit M la martingale/P

(22.1) $$M_t = E_P[M_\infty|\underline{\underline{F}}_t]$$

où M_∞ est une densité de Q par rapport à P sur $\underline{\underline{F}}_\infty$. Alors, pour tout temps d'arrêt T, M_T est une densité de Q par rapport à P sur $\underline{\underline{F}}_T$. La martingale M est positive, uniformément intégrable. Il est bien connu qu'une martingale positive (ou même une surmartingale positive) M garde la valeur 0 à partir de l'instant inf $\{ t : M_t=0$ ou $M_{t-}=0 \}$ (cf. probabilités et potentiels, VI.T15). Comme Q et P sont équivalentes, M_∞ est P-p.s. strictement positive, donc pour P-presque tout ω la fonction $M_\cdot(\omega)$ est bornée inférieurement sur $[0,\infty]$ par un nombre >0 (elle est aussi bornée supérieurement par un nombre fini, mais c'est plus banal). Nous dirons que M est la __martingale fondamentale__.

Un processus càdlàg X est une martingale/Q si et seulement si le processus XM est une martingale/P. Il en résulte aussitôt que X est une martingale locale/Q si et seulement si XM est une martingale locale/P. Cela va nous permettre de démontrer sans peine le théorème suivant, cas particulier d'un résultat qui semble avoir été établi indépendamment par divers auteurs (sous des hypothèses variables

1. Ce paragraphe résulte de discussions avec C.DELLACHERIE et C,YOEURP.

d'"équivalence locale" de mesures : je pense que le résultat le plus complet est dû à JACOD).

THEOREME. X <u>est une semimartingale</u>/Q <u>si et seulement si</u> X <u>est une semimartingale</u>/P.

DEMONSTRATION. Il suffit évidemment de montrer que toute martingale locale/Q X est une semimartingale/P. Or XM est une martingale locale/P , que nous noterons Y. Autrement dit, il suffit de montrer que si Y est une martingale locale/P, $\frac{Y}{M}$ est une semimartingale/P. Ou encore, que 1/M est une semimartingale/P. Il n'est pas <u>tout à fait</u> évident que la formule du changement de variables puisse s'appliquer à la fonction F(t)=1/t, qui n'est pas de classe $\underline{\underline{C}}^2$ sur la droite, mais on peut l'établir par l'argument de localisation de IV.21 (qui nous a permis de supprimer l'hypothèse que les dérivées de F étaient bornées sur $\mathbb{R}$). Un autre argument simple est le suivant. Soit

$$T_n = \inf \{ t : M_t \leq 1/n \}$$

et soit $N^n_t = M_t I_{\{t<T_n\}} + M_{T_n-} I_{\{t \geq T_n\}}$. Alors N^n est une semimartingale/P bornée inférieurement, et il est immédiat que $1/N^n$ est une semimartingale/P. Comme les T_n tendent vers $+\infty$, on peut appliquer le théorème IV.33 : 1/M coïncide sur l'intervalle ouvert $[[0,T_n[[$ avec la semimartingale $1/N^n$, elle coïncide donc sur l'intervalle <u>fermé</u> $[[0,T_n]]$ avec une semimartingale, et c'est une semimartingale/P.

Soit X une martingale locale/P . Pouvons nous faire apparaître <u>explicitement</u> X comme une semimartingale/Q , c'est à dire déterminer un processus à VF A tel que X-A soit une martingale locale/Q , ou M(X-A) une martingale locale/P ? Une telle décomposition fait l'objet du théorème de GIRSANOV, établi en toute généralité dans le travail de YOEURP, auquel nous renverrons. En voici un énoncé. Introduisons la martingale locale/P

(24.1) $$L_t = \int_0^t \frac{dM_s}{M_{s-}} \quad \text{de sorte que } M = M_0 \mathcal{E}(L).$$

Alors, <u>si le crochet oblique</u> $<X,L>$ <u>existe</u>, $X-<X,L>$ est une martingale locale/Q, $M(X-<X,L>)$ une martingale locale/P. Mais que peut on dire si le crochet oblique n'existe pas ?

THEOREME. <u>Soit</u> X <u>une martingale locale</u>/P. <u>Alors</u> X-B <u>est une martingale locale</u>/Q, <u>où</u>

(24.2) $$B_t = \int_0^t \frac{d[X,M]_s}{M_s} = \int_0^t \frac{M_{s-}}{M_s} d[X,L]_s$$

X <u>est une semimartingale spéciale</u>/Q, <u>i.e. il existe</u> A <u>prévisible tel que</u> X-A <u>soit une martingale locale</u>/Q, <u>si et seulement si</u> $<X,L>$ <u>existe</u>, <u>et alors</u> $A=<X,L>$ <u>à un processus constant près</u>.

DEMONSTRATION. Il s'agit de trouver B tel que M(X-B) soit une martingale locale/P . Dans la formule d'intégration par parties suivante, les différentielles soulignées d'un $\underline{\underline{\quad}}$ sont celles de martingales locales/P

$$\underline{\underline{d(M(X-B))_s}} = \underline{\underline{(X-B)_{s-}dM_s}} + \underline{\underline{M_{s-}dX_s}} - M_{s-}dB_s + d[M,X-B]_s$$

Nous décomposons le dernier terme en deux : $d[M,X]_s - d[M,B]_s$, et nous remarquons - comme B est un processus VF - que $d[M,B]_s$ se réduit à $\Delta M_s \Delta B_s \varepsilon_s$, ou encore à $\Delta M_s dB_s$, qui se regroupe avec le terme en $M_{s-}dB_s$. Finalement, la propriété qui caractérise B est

(24.3) $\quad d[M,X]_s - M_s dB_s = \underline{\underline{dY_s}}$ où Y est une martingale locale/P

Le plus simple est de prendre Y=0, ce qui donne pour B la valeur (24.2). Supposons maintenant que B soit prévisible. Alors YOEURP a montré (cela revient à la formule d'intégration par parties IV.38) que [M,B] est une martingale locale, de sorte que l'on peut souligner d'un $\underline{\underline{\quad}}$ d[M,B] dans la formule de départ, et qu'il reste simplement

(24.3) $\quad d[M,X]_s - M_{s-}dB_s = \underline{\underline{dY_s}}$

ce qui exprime 1) que [M,X] admet une compensatrice prévisible, donc que $\langle M,X\rangle$ existe, 2) d'après l'unicité, que $M_{s-}dB_s = d\langle M,X\rangle_s$ sauf en 0 - on n'a pas l'unicité complète, car on n'impose pas à Y_0 une valeur déterminée. Ces deux conditions équivalent à l'existence de $\langle L,X\rangle$, et au fait que $B=\langle L,X\rangle$ à la valeur en 0 près.

25 Nous allons maintenant appliquer les résultats obtenus sur la variation quadratique des semimartingales (n°4). Soit X une semimartingale (inutile de préciser si la mesure est P ou Q : cela revient au même). Puisque - avec les notations de 4 - $S_\tau(X)$ converge en probabilité à la fois pour P et Q lorsque le pas de la subdivision τ tend vers 0, la limite $[X,X]_t$ est la même pour P et Q. Mais d'autre part, les parties martingale continue/P (notée X^c) et martingale continue/Q (notée $\tilde{X}^c$) ne sont pas les mêmes, en général, pour P et Q, et nous avons

$$[X,X]_t = \langle X^c,X^c\rangle_t + \Sigma_{s\leq t}\, \Delta X_s^2 = \langle \tilde{X}^c,\tilde{X}^c\rangle_t + \Sigma_{s\leq t}\, \Delta X_s^2$$

d'où une première conséquence : $\langle X^c,X^c\rangle = \langle\tilde{X}^c,\tilde{X}^c\rangle$. En particulier, si $X^c=0$, nous avons aussi $\tilde{X}^c=0$.

Maintenant, écrivons $X=X^c+Y$, où Y est sans partie martingale continue/P. Nous avons aussi $X=(X^c-\langle L,X^c\rangle)+(Y+\langle L,X^c\rangle)$. Le premier terme est une martingale continue/Q, le second une semimartingale sans partie martingale continue/Q. Autrement dit, nous avons prouvé :

<u>La partie martingale continue</u> $\tilde{X}^c$ <u>de la semimartingale</u> X <u>pour la loi</u> Q <u>est égale à</u> $X^c-\langle L,X^c\rangle$.

Nous allons maintenant établir un théorème simple et utile, cas particulier de résultats beaucoup plus généraux de Cath. DOLEANS-DADE, que j'espère que l'on verra plus loin.

THEOREME. <u>Soit</u> H <u>un processus prévisible localement borné, et soit</u> X <u>une semimartingale</u> (inutile de préciser si /P ou /Q). <u>Alors les intégrales stochastiques</u> $H_{\dot{P}}X$ <u>et</u> $H_{\dot{Q}}X$ <u>prises au sens de</u> P <u>et</u> Q <u>sont égales.</u>

DEMONSTRATION. Il suffit de traiter le cas où X est une martingale locale/P. Soit $Y=H_{\dot{P}}X$. Alors $Y-\frac{1}{M}\cdot[Y,M]$ est une martingale locale/Q d'après 24 : notons la $\tilde{Y}$. Comme $Y=H_{\dot{P}}X$, nous avons $[Y,M] = H\cdot[X,M]$, et nous avons pour toute semimartingale/P , notée U :

$$[\tilde{Y},U]_t= [Y - \frac{H}{M}\cdot[X,M],U]_t= [Y,U]_t- \Sigma_{s\leqq t} \frac{H_s}{M_s} \Delta X_s\Delta M_s\Delta U_s$$

$$=(H\cdot[X- \frac{1}{M}\cdot[X,M],U])_t = (H\cdot[\tilde{X},U])_t \quad (\text{car } [Y,U]=H\cdot[X,U]),$$

en désignant par $\tilde{X}$ la martingale locale/Q $X- \frac{1}{M}\cdot[X,M]$. Prenant pour U une martingale locale/Q , nous obtenons la relation caractérisant l'intégrale stochastique $H_{\dot{Q}}\tilde{X}$: ainsi $H_{\dot{Q}}\tilde{X} = \tilde{Y}$, puis comme $X = \tilde{X}+ \frac{1}{M}\cdot[X,M]$

$$H_{\dot{Q}}X = H_{\dot{Q}}\tilde{X} + \frac{H}{M}\cdot[X,M] = \tilde{Y} + \frac{H}{M}\cdot[X,M] = H_{\dot{P}}X \;.$$

V. REPRESENTATIONS DES FONCTIONS $\underline{\underline{BMO}}$

Notre but dans ce paragraphe est l'extension au cas continu d'un magnifique théorème de GARSIA concernant $\underline{\underline{BMO}}$ en temps discret : il s'agit de montrer que le "modèle" d'élément de $\underline{\underline{BMO}}$ donné au n°V.2 est en fait l'élément de $\underline{\underline{BMO}}$ le plus général (ce n'est pas tout à fait exact, car il y a deux modèles légèrement différents : voir l'énoncé précis). Mais nous faisons de nombreuses digressions autour de cette idée. La méthode utilisée est celle de GARSIA.

Nous commençons par un résultat d'analyse fonctionnelle, plutôt amusant (le lecteur regardera le cas particulier où Ω est réduit à un point !). Nous considérons un espace <u>mesurable</u> $(\Omega,\underline{F})$, et désignons par $\mathcal{K}$ l'espace des processus <u>mesurables</u> (X_t), <u>bornés</u>, dont toutes les trajectoires $X_{\bullet}(\omega)$ sont càdlàg. sur $[0,\infty]$: un processus $X\in\mathcal{K}$ est donc une fonction sur $[0,\infty[\times\Omega$, mais la limite à gauche $X_{\infty-}$ existe à l'infini, et nous conviendrons toujours que $X_{0-}=X_{\infty}=0$. Nous posons $X^*(\omega)=\sup_t|X_t(\omega)|$.

27 THEOREME. *Soit H une forme linéaire sur* $\mathcal{K}$ *possédant la propriété suivante*

(27.1) *Si des* $X^n\in\mathcal{K}^+$ *convergent vers* 0 *en restant uniformément bornés, et si* $X^{n*}\to 0$ *sur* Ω, *alors* $H(X^n)\to 0$.

Alors il existe deux mesures bornées α *et* β *sur* $[0,\infty]\times\Omega$ *telles que*

(27.2) $$H(X) = \int X_s(\omega)\alpha(ds,d\omega) + \int X_{s-}(\omega)\beta(ds,d\omega)$$

Il y a unicité si l'on impose à β *de ne pas charger* $\{0\}\times\Omega$, *à* α *de ne pas charger* $\{\infty\}\times\Omega$, *et à* β *d'être portée par une réunion dénombrable de graphes de v.a. positives.*

DEMONSTRATION. Par un raisonnement familier, nous allons montrer d'abord que H est différence de deux formes linéaires positives.

Posons pour tout $X\in\mathcal{K}^+$ $H^+(X) = \sup\limits_{0\leqq Y\leqq X} H(Y)$. Cette quantité est finie, car sinon il existerait des Y^n positifs tels que $Y^n\leqq X$, $H(Y^n)\geqq n$, et les $X^n=Y^n/n$ contrediraient (27.1). On a évidemment $H^+(tX)=tH^+(X)$ $(t\geqq 0)$, et d'autre part $H^+(X+X')=H^+(X)+H^+(Y')$ (raisonnement familier : tout $Z\in\mathcal{K}^+$ majoré par $X+X'$ peut s'écrire $Y+Y'$, où $0\leqq Y\leqq X$, $0\leqq Y'\leqq X'$) . Enfin, H^+ satisfait à (27.1) : sinon, il existerait des $X^n\in\mathcal{K}^+$ tels que $X^{n*}\to 0$ P-p.s., et que $H^+(X^n)$ reste $\geqq\varepsilon$, et l'on pourrait trouver des Y^n tels que $0\leqq Y^n\leqq X^n$ et $H(Y^n)$ reste $\geqq\varepsilon/2$, ce qui contredirait (27.1). H^+ se prolonge alors à $\mathcal{K}=\mathcal{K}^+-\mathcal{K}^+$ en une forme linéaire positive, on a que $H^+-H=H^-$ est une forme linéaire positive qui satisfait à (27.1). On pose $|H|=H^++H^-$, et on rappelle que (par un raisonnement classique)

$$|H|(X) = \sup_{|Y|\leqq X} H(Y) \quad \text{si } X\in\mathcal{K}^+$$

Considérons l'ensemble W formé des éléments de $[0,\infty]\times\Omega\times\{+,-\}$ qui sont, ou de la forme $(t,\omega,+)$ avec $0\leqq t<\infty$, ou de la forme $(t,\omega,-)$ avec $0<t\leqq\infty$. Si C est une partie de $[0,\infty]\times\Omega$, nous notons C_+ la partie de W formée des $(t,\omega,+)$ tels que $0\leqq t<\infty$, $(t,\omega)\in C$, et C_- l'ensemble des $(t,\omega,-)$ tels que $0<t\leqq\infty$, $(t,\omega)\in C$. De même, si c est une fonction

sur $[0,\infty]\times\Omega$, c_+ est définie sur W par $c_+(t,\omega,-)=0$, $c_+(t,\omega,+)=c(t,\omega)$, et c_- par $c_-(t,\omega,+)=0$, $c_-(t,\omega,-)=c(t,\omega)$ - c'est le prolongement aux fonctions de la notion précédente pour les ensembles. Enfin, si X est un processus appartenant à $\mathcal{K}$, nous lui associons la fonction $\overline{X}$ sur W définie par

$$\overline{X}(t,\omega,+)=X_t(\omega) \quad , \quad \overline{X}(t,\omega,-)=X_{t-}(\omega)$$

(cela explique pourquoi nous avons des notations en + et - !). Nous désignons par $\overline{\mathcal{K}}$ l'ensemble des $\overline{X}$, $X\in\mathcal{K}$, et par $\underline{\underline{W}}$ la tribu engendrée sur W par $\overline{\mathcal{K}}$. Il est clair que $\overline{\mathcal{K}}$ est un espace vectoriel, stable pour les opérations $\wedge$ et $\vee$, contenant les constantes, et que $X\mapsto\overline{X}$ est une bijection de $\mathcal{K}$ sur $\overline{\mathcal{K}}$. Nous pouvons donc définir une forme linéaire $\overline{H}$ sur $\overline{\mathcal{K}}$ par la relation $\overline{H}(\overline{X})=H(X)$. Nous démontrons :

LEMME. <u>Il existe une mesure bornée (signée) ν unique sur $(W,\underline{\underline{W}})$ telle que $H(X)=\nu(\overline{X})$ pour tout $X\in\mathcal{K}$. La mesure associée à la forme linéaire $|H|$ est alors égale à $|\nu|$.</u>

Pour prouver l'existence, nous pouvons supposer H positive (nous en déduirons l'existence pour H quelconque par différence, et l'unicité est une conséquence familière du théorème des classes monotones : deux mesures bornées égales sur $\overline{\mathcal{K}}$ réticulé sont égales sur la tribu engendrée). Tout revient à prouver que si H est positive et satisfait à (27.1), alors $\overline{H}$ satisfait à la condition de DANIELL : si des $\overline{X}^n\in\overline{\mathcal{K}}$ tendent vers 0 en décroissant, alors $\overline{H}(\overline{X}^n)\to 0$. Introduisant les X^n correspondants, et utilisant (27.1), il nous suffit de montrer que $X^{n*}\to 0$. Or soit $\omega\in\Omega$ et $K_n(\omega)=\{t\in[0,\infty] : X^n_t(\omega)\geq\varepsilon$ ou $X^n_{t-}(\omega)\geq\varepsilon\}$; les $K_n(\omega)$ sont des <u>compacts</u> qui décroissent, et la condition $\lim_n \overline{X}^n=0$ entraîne que l'intersection des $K_n(\omega)$ est vide, donc $K_n(\omega)=\emptyset$ pour n assez grand, quel que soit ε, et cela signifie que $X^{n*}(\omega)\to 0$.

La dernière phrase de l'énoncé se lit ainsi : si ν est une mesure sur la tribu $\underline{\underline{W}}$ engendrée par $\overline{\mathcal{K}}$ réticulé, alors pour toute $f\in\overline{\mathcal{K}}^+$ on a $|\nu|(f)=\sup_{g\in\overline{\mathcal{K}},\ |g|\leq f}\nu(g)$. Ce résultat devrait figurer dans tous les bons traités d'intégration, mais il ne figure même pas dans les mauvais.

Notre problème consiste maintenant à ramener ν sur $[0,\infty]\times\Omega$. A cet effet, nous faisons les remarques suivantes.

a) Soit S une fonction $\underline{\underline{F}}$-mesurable positive, et soit [S] son graphe. Alors $[S]_+$ et $[S]_-$ appartiennent à $\underline{\underline{W}}$. En effet, soit X l'indicatrice de $[S,S+\varepsilon[$; X appartient à $\mathcal{K}$, $\overline{X}$ est l'indicatrice de $[S,S+\varepsilon[_+\cup\ ]S,S+\varepsilon]_-$, qui appartient donc à $\underline{\underline{W}}$, après quoi on passe à l'intersection sur $\varepsilon=1/n$ et il vient que $[S]_+\in\underline{\underline{W}}$. On traite l'autre cas en regardant $[(S-\varepsilon)^+,S[$.

b) Si C est une partie mesurable de $[0,\infty]\times\Omega$, alors $C_+\cup C_-\in\underline{\underline{W}}$. Pour voir cela, il est plus simple de montrer que si c est mesurable, alors c_++c_- est $\overline{K}$-mesurable. En effet, il suffit de vérifier cela pour des fonctions c qui engendrent la tribu $\underline{\underline{B}}([0,\infty])\times\underline{\underline{F}}$, et nous choisissons les processus mesurables X à trajectoires continues . Alors $X_++X_-=\overline{X}$, et c'est évident.

27b LEMME. Il existe trois mesures $\mu_+,\mu_-,\hat{\mu}$ sur $[0,\infty]\times\Omega$, possédant les propriétés suivantes

1) μ_+ est portée par $[0,\infty[\times\Omega$, et par une réunion dénombrable de graphes. Pour tout graphe $[S]$ on a $\mu_+([S])=\nu([S]_+)$.

2) μ_- est portée par $]0,\infty]\times\Omega$, et par une réunion dénombrable de graphes. Pour tout graphe $[S]$ on a $\mu_-([S])=\nu([S]_-)$.

3) $\hat{\mu}$ ne charge aucun graphe.

4) Pour tout $X\in K$, on a

(27.3) $$H(X) = \int X_t(\omega)\mu_+(dt,d\omega) + \int X_t(\omega)\hat{\mu}(dt,d\omega)+ \int X_{t-}(\omega)\mu_-(dt,d\omega)$$

De plus, ces mesures sont uniques, et les trois mesures associées à la forme linéaire $|H|$ sont $|\mu_+|,|\mu_-|,|\hat{\mu}|$.

Construisons par exemple μ_+ . Considérons une suite (S_n) de v.a. telle que la mesure de $G_+=\bigcup_n[S_n]_+$ pour la mesure $|\nu|$ soit maximale. Quitte à remplacer S_n par $+\infty$ sur $\bigcup_{i<n}\{S_i=S_n\}$, on peut supposer que les graphes $[S_n]$ sont disjoints dans $[0,\infty[\times\Omega$. Nous posons $\nu_+=I_{G_+}.\nu$.

Puisque ν_+ est portée par $G_+\subset([0,\infty]\times\Omega)_+$, ce dernier ensemble est ν_+-mesurable et porte ν_+ . Pour tout C mesurable dans $[0,\infty]\times\Omega$, C_+ est l'intersection de $C_+\cup C_-$ avec un ensemble portant ν_+ , et nous pouvons définir une mesure μ_+ en posant

$$\mu_+(C) = \nu_+(C_+\cup C_-) = \nu_+(C_+) \quad .$$

On vérifie aussitôt que μ_+ est portée par la réunion des $[S_n]$ et satisfait à 1), en raison du caractère maximal de G_+ . La construction de μ_- et ν_- est exactement semblable. Nous posons enfin

$$\hat{\nu}=\nu-\nu_+-\nu_- \quad , \quad \hat{\mu}(C)=\hat{\nu}(C_+\cup C_-) \ .$$

Vérifions (27.3). Le seul point délicat est celui des notations.

Notons u la fonction $(t,\omega)\mapsto X_t(\omega)$, v la fonction $(t,\omega)\mapsto X_{t-}(\omega)$. Alors $\bar{X}=u_++v_-$ et nous avons

$$H(X) = \nu(\bar{X}) = (\nu_++\hat{\nu}+\nu_-)(u_++v_-)$$

Nous développons : $\nu_+(u_++v_-)=\nu_+(u_+)=\mu_+(u\ )$. De même, $\nu_-(u_++v_-) = \mu_-(v)$. Enfin , u et v ne diffèrent que sur une réunion dénombrable de graphes, et $\hat{\nu}$ <u>ne charge aucun graphe</u> $[S]_-$, donc $\hat{\nu}(v_-)=\hat{\nu}(u_-)$ et l'on a $\hat{\nu}(u_++v_-)=\hat{\nu}(u_++u_-)=\hat{\mu}(u)$. Ainsi $H(X)=\mu_+(u)+\hat{\mu}(u)+\mu_-(v)$, et c'est (27.3). Il ne reste plus qu'à poser $\alpha=\mu_++\hat{\mu}$, $\beta=\mu_-$ pour avoir (27.2).

<u>Remarque</u>. Seule la phrase soulignée ci-dessus a servi : il importe peu que $\hat{\nu}$ charge des graphes $[S]_+$. La décomposition au moyen de μ_+ n'a donc servi à rien, il suffit d'isoler μ_- .

Achevons la démonstration du lemme, et donc du théorème. Nous laisserons de côté l'unicité. Quant à la dernière phrase, il suffit de remarquer que la décomposition de H en deux formes H^+ et H^- correspond à celle de ν en les mesures étrangères ν^+ et ν^-, et que les couples de mesures (μ_+^+,μ_+^-) , (μ_-^+,μ_-^-) , $(\hat{\mu}^+,\hat{\mu}^-)$ sont des couples de mesures positives étrangères, fournissant ainsi les décompositions canoniques de $\mu_+,\mu_-,\hat{\mu}$.

REMARQUE. Cette démonstration est en substance celle par laquelle Catherine Doléans établit l'existence de la décomposition des surmartingales. Voir le n°30.

L'application à $\underline{\underline{BMO}}$ repose sur le corollaire suivant, dans lequel $(\Omega,\underline{\underline{F}})$ est à nouveau muni d'une loi de probabilité P.

THEOREME. <u>Supposons que la forme linéaire</u> H <u>du n°27 satisfasse à la condition</u>

(28.1) $\qquad |H(X)| \leq cE[X^*]$ <u>si</u> $X\in\mathcal{K}$

<u>Elle admet alors la représentation</u>

(28.2) $\qquad H(X) = \int_{[0,\infty[} X_t dA_t + \int_{]0,\infty]} X_{t-}dB_t$

<u>où</u> A <u>et</u> B <u>sont deux processus à variation intégrables non adaptés</u>, A <u>non nécessairement nul en</u> 0, B <u>nul en</u> 0 <u>et pouvant sauter à l'infini, purement discontinu</u>, A <u>et</u> B <u>étant de plus tels que</u>

(28.3) $\qquad \int_{[0,\infty]} |dA_s|+|dB_s| \leq c \quad$ P-<u>p.s.</u>

DEMONSTRATION. Commençons par le cas où H est positive. Alors (28.1) entraîne (27.1), et H admet la représentation (27.2). De plus, si U est un élément P-négligeable de $\underline{\underline{F}}$, $X_t(\omega)=I_U(\omega)$ définit un processus càdlàg. tel que $X^*=0$ P-p.s., donc $H(X)=0$, et l'on voit que α et β ne chargent pas les ensembles évanescents, d'où la représentation (28.2) d'après le chap.I, n°2. Enfin, si $X_t(\omega)=U(\omega)$ est un processus càdlàg. constant en t, on a $X^*=|U|$, et la relation (28.1) s'écrit $E[(A_\infty+B_\infty)U] \leq cE[U]$ si $U\geq 0$ est bornée, d'où (28.3).

Si H n'est pas positive, nous écrivons que pour $X\in\mathbb{K}^+$

$$|H|(X) = \sup_Y H(Y) \quad \text{Y parcourant l'ensemble des éléments de } \mathbb{K} \text{ majorés par X en valeur absolue}$$

Alors $|H|(X) \leq c.\sup_Y E[Y^*] = cE[X^*]$. Il en résulte à nouveau que $|\alpha|$ et $|\beta|$ ne chargent pas les ensembles P-évanescents, d'où les représentations (28.2) pour H et $|H|$, les processus associés à $|H|$ étant $\int_0^t |dA_s|$ et $\int_0^t |dB_s|$. Il ne reste plus qu'à appliquer le cas précédent, à la forme linéaire positive $|H|$.

Voici le théorème de GARSIA, étendu au cas continu :

29 THEOREME. <u>Soit</u> M <u>une martingale telle que</u> $\|M\|_{\underline{\underline{BMO}}} \leq 1$. <u>Il existe alors un processus à variation intégrable adapté</u> (J_t), <u>tel que</u>

(29.1) $$E[\int_{[T,\infty[} |dJ_s| \,|\underline{\underline{F}}_T] \leq c \text{ pour tout t.d'a. } T .$$

<u>et un processus à variation intégrable prévisible</u> (K_t), <u>nul en</u> 0, <u>pouvant sauter à l'infini, tel que</u>

(29.2) $$E[\int_{]T,\infty]} |dK_s| \,|\underline{\underline{F}}_T] \leq c ,$$

<u>tels que l'on ait</u>

(29.3) $$M_\infty = J_\infty + K_\infty$$

DEMONSTRATION. Définissons une forme linéaire H sur l'espace des martingales bornées en posant

$$H(X) = E[X_\infty M_\infty] \quad \text{si X est une martingale bornée}$$

Comme M a une norme $\underline{\underline{BMO}} \leq 1$, que $\underline{\underline{BMO}}$ est le dual de $\underline{\underline{H}}^1$, et que $\underline{\underline{H}}^1$ peut être défini par la norme $E[X^*]$ (V.33), on a $|H(X)| \leq cE[X^*]$.

Grâce au théorème de HAHN-BANACH, nous savons que H est prolongeable à $\mathbb{K}$ suivant une forme linéaire satisfaisant à la même inégalité, que nous noterons encore H, et qui admet une représentation donnée par le théorème 28. Alors, avec les notations de ce théorème, nous avons pour toute martingale X bornée

$$E[X_\infty M_\infty] = E[\int_{[0,\infty[} X_s dA_s + \int_{]0,\infty]} X_{s-} dB_s]$$

Soient respectivement J la projection duale optionnelle de A, K la projection duale prévisible de B. Comme les variations totales de A et de B sont bornées par c , nous avons (29.1) et (29.2). D'autre part, la formule précédente s'écrit

$$E[X_\infty M_\infty] = E[\int_{[0,\infty[} X_s dJ_s + \int_{]0,\infty]} X_{s-} dK_s] = E[X_\infty J_\infty + X_\infty K_\infty]$$

d'où (29.3), X_∞ étant une v.a. bornée arbitraire.

REMARQUE. Dans le cas discret, X_{n-} est la valeur de X à l'instant n-1, de sorte qu'on peut faire entrer le second terme dans le premier, à l'exception de l'intégrale portant sur $\{\infty\}$. Ainsi, on peut réduire B à son " saut à l'infini", et la condition (29.2) exprime simplement que ce saut est borné. Ainsi, dans le cas discret, K_∞ peut être pris simplement égal à une v.a. bornée. On obtient alors la forme indiquée par GARSIA dans [21], th.II.4.1, p.48 (1).

Nous nous engageons maintenant dans des digressions au sujet du théorème 27, après quoi nous reviendrons au problème de représentation de $\underline{\underline{BMO}}$.

APPLICATION A LA DECOMPOSITION DES SURMARTINGALES

Nous allons regarder de près la méthode qui nous a conduit aux théorèmes 27 et 28, et l'utiliser à d'autres fins que la représentation de $\underline{\underline{BMO}}$: elle permet en effet de démontrer rapidement des théorèmes de décomposition des surmartingales.

Nous fixons d'abord nos notations. Nous désignons par X une surmartingale forte optionnelle, positive et appartenant à la classe (D). Autrement dit, X est un processus optionnel positif, satisfaisant à l'inégalité des surmartingales pour les temps d'arrêt

si $S \leq T$, $X_S \geq E[X_T|\underline{\underline{F}}_S]$ p.s. (avec la convention $X_\infty = 0$)

et telle que toutes les v.a. X_S, où S parcourt l'ensemble des temps d'arrêt, soient uniformément intégrables. Soulignons que ces hypothèses n'impliquent aucune espèce de propriété de continuité de X, ni que X soit un potentiel au sens usuel de ce terme.

---

(1) J'en profite pour remercier R.CAIROLI, grâce à qui j'ai maintenant un exemplaire de [21] (cf. p.91).

Une variante de cette définition est celle des <u>surmartingales fortes prévisibles</u> , processus prévisibles positifs $(X_t)_{t\in\mathbb{R}_+}$, satisfaisant à $X_S \geq E[X_T|\underline{\underline{F}}_{S-}]$ (avec la convention $X_\infty=0$) si S et T sont deux temps d'arrêt prévisibles tels que $S\leq T$. Ces processus sont assez peu utilisés, et c'est malheureusement à eux que s'applique directement la méthode du théorème 27. Pour traiter les surmartingales fortes optionnelles, il faut travailler sur les processus <u>càglàd</u>., non càdlàg. Cela va nous obliger à de nouvelles notations.

Nous désignons par $\mathcal{K}_0$ l'espace des processus <u>càdlàg</u>. <u>prévisibles élémentaires</u> , i.e. l'espace vectoriel engendré par les processus $I_{[S,T[}$ sur $[0,\infty[\times\Omega$, où S et T sont deux temps prévisibles tels que $S\leq T$ - je devrais écrire $[\![S,T[\![$, mais c'est trop compliqué. De même , $\mathcal{L}_0$ sera l'espace vectoriel engendré par les processus <u>càglàd</u>. <u>prévisibles élémentaires</u> sur $[0,\infty]\times\Omega$, c'est à dire par les $I_{\{0\}\times A}$ $(A\in\underline{\underline{F}}_0)$ et les $I_{]S,T]}$, où S et T sont deux temps d'arrêt tels que $S\leq T$ (noter, pour la mémoire, que $\mathcal{K}$ est l'initiale de $\mathcal{K}$àdlàg et $\mathcal{L}$ celle de $\mathcal{L}$àdcàg !) Un élément U de $\mathcal{L}_0$ s'écrit de manière unique

$$U = a_0 I_{\{0\}\times A} + \Sigma_{j=1}^n a_j I_{]S_j,T_j]} \tag{30.1}$$

où n est fini, $a_0,\dots,a_n$ sont des constantes, A appartient à $\underline{\underline{F}}_0$, les S_i,T_i sont des temps d'arrêt tels que $S_1\leq T_1\leq S_2\dots\leq S_n\leq T_n$, avec $0<S_1$, $S_i<T_i$ sur $\{S_i<\infty\}$. Nous définissons alors une forme linéaire H sur $\mathcal{L}_0$ en posant

$$H(U) = a_0\int_A X_0 P + \Sigma_j a_j E[X_{S_j}-X_{T_j}] \tag{30.2}$$

H est manifestement positive. Nous voulons démontrer d'abord

30a LEMME. <u>Il existe deux mesures positives</u> α <u>et</u> β <u>sur</u> $[0,\infty]\times\Omega$, <u>ne chargeant pas les ensembles évanescents, telles que pour</u> $U\in\mathcal{L}_0$

$$H(U) = \int_{[0,\infty[\times\Omega} U_{t+}(\omega)\alpha(dt,d\omega)+\int_{]0,\infty]\times\Omega} U_t(\omega)\beta(dt,d\omega) \tag{30.3}$$

Il y a pour cela deux méthodes : l'une est celle de C.DOLEANS-DADE, l'autre passe par les espaces d'ORLICZ, et elles sont toutes deux assez intéressantes.

31 PREMIERE METHODE. Nous reprenons la démonstration de 27, en munissant $[0,\infty]\times\Omega$ de la tribu <u>prévisible</u> $\underline{\underline{P}}$. Nous dédoublons l'espace comme au n°27, et munissons W de la tribu $\underline{\underline{W}}$ engendrée par les fonctions U, où

$U\in\mathcal{L}_0$ et

$$\overline{U}(t,\omega,+) = U_{t+}(\omega) \quad , \overline{U}(t,\omega,-)= U_t(\omega).$$

Nous vérifions comme aux pages 136 et 137 que

a) Si S est un temps d'arrêt , $[S]_+$ appartient à $\underline{\underline{W}}$ ($U=I_{]S,S+\varepsilon]}$ appartient à $\mathcal{L}_0$, donc $[S,S+\varepsilon[_+\cup]S,S+\varepsilon]_-$ appartient à $\underline{\underline{W}}$, et on passe à l' intersection en ε), et si S est un temps d'arrêt prévisible, $[S]_-$ appartient à $\underline{\underline{W}}$ (si S_n est une suite annonçant S, $U=I_{]S_n,S]}$ appartient à $\mathcal{L}_0$ et on raisonne comme ci-dessus).

b) Si C est un ensemble prévisible, $C_+\cup C_-$ appartient à $\underline{\underline{W}}$. Il suffit de le vérifier pour des générateurs de la tribu prévisible. Pour ceux de la forme $C=\{0\}\times A$ $(A\in\underline{\underline{F}}_0)$ on a $C_+\cup C_- = [S]_+$, où S est le temps d'arrêt qui vaut 0 sur A, $+\infty$ sur A^c, et b) résulte de a). Pour ceux de la forme $C=]0,S]$, on a $C_+\cup C_- =]0,S]_+\cup]0,S]_- = ([0,S[_+\cup]0,S]_-)\cup[S]_+\setminus[0]_+$, et on applique à nouveau a).

Nous construisons ensuite une mesure ν sur W représentant H : $H(U)=\nu(\overline{U})$ pour $U\in\mathcal{L}_0$, à la manière du lemme 27a, p.136 . Comme tout est positif, il suffit de vérifier la condition (27.1) sous la forme

<u>si des processus</u> $U^n\in\mathcal{L}_0$ <u>tendent en décroissant vers</u> 0, <u>de telle sorte que</u> $U^{n*}\rightarrow 0$, <u>alors</u> $H(U^n)\rightarrow 0$,

qui suffit à entraîner la condition de DANIELL sur W. Pour voir cela, nous pouvons supposer tous les U^n bornés par 1. Posons $S_n = \inf \{ t : U^n_t > \varepsilon \}$: le fait que les U^{n*} tendent vers 0 signifie que pour tout ε les S_n croissent vers $+\infty$, et que <u>pour tout</u> ω $S_n(\omega)=+\infty$ <u>pour</u> n <u>grand</u> Nous avons d'autre part $U^n\leqq\varepsilon$ sur $[0,S_n]$ par continuité à gauche, donc

$$H(U^n) \leqq \varepsilon H(1) + H(I_{]S_n,\infty]}) = \varepsilon H(1)+E[X_{S_n}]$$

Et maintenant $E[X_{S_n}]\rightarrow 0$ par l'intégrabilité uniforme des X_{S_n} . Le reste de la démonstration se poursuit comme au n°27. La mesure μ_- se définit sur la tribu prévisible, mais il y a une nuance intéressante : la tribu optionnelle est engendrée par la tribu prévisible et les graphes [S] de temps d'arrêt. Ayant formé $\nu'=\nu-\nu_-$, qui ne charge aucun graphe $[S]_-$, où S est prévisible, nous remarquons que toute réunion dénombrable de graphes $[S_n]_-$, où les S_n sont des t.d'a. <u>quelconques</u> , est intérieurement ν'-négligeable. Nous pouvons alors étendre ν' en une mes. $\overline{\nu}'$ pour laquelle les graphes $[S]_-$ sont négligeables. Mais alors, $C_+\cup C_-$ est $\overline{\nu}'$-mesurable pour C <u>optionnel</u> , et les mesures μ_+, $\hat{\mu}$ se trouvent définies sur la tribu optionnelle. Ainsi :

il existe deux mesures positives bornées α (sur la tribu optionnelle, ne chargeant pas $\{\infty\}\times\Omega$) β (sur la tribu prévisible, portée par une réunion dénombrable de graphes prévisibles, ne chargeant pas $\{0\}\times\Omega$) telles que pour $U\in\mathcal{L}_0$

$$H(U) = \int_{[0,\infty[\times\Omega} U_{t+}(\omega)\alpha(dt,d\omega) + \int_{]0,\infty]\times\Omega} U_t(\omega)\beta(dt,d\omega)$$

et il y a d'ailleurs unicité. Ces mesures ne chargeant pas les ensembles évanescents, nous pouvons les étendre à la tribu $\underline{\underline{B}}([0,\infty])\times\underline{\underline{F}}$ en deux mesures - encore notées α et β - dont la première est compatible avec la projection optionnelle, la seconde compatible avec la projection prévisible. Notant A et B les deux processus croissants continus à droite correspondants, le premier optionnel, le second prévisible, nous avons pour $U\in\mathcal{L}_0$

$$(31.1)\quad H(U) = E[\int_{[0,\infty[} U_{t+}(\omega)dA_t(\omega) + \int_{]0,\infty]} U_t(\omega)dB_t(\omega)\ ]$$

soit, en prenant $U=I_{]T,\infty]}$

$$(31.2)\qquad E[X_T] = E[(A_\infty + B_\infty) - A_{T-} - B_T]$$

puis, en remplaçant T par T_H , $H\in\underline{\underline{F}}_T$

$$(31.3)\qquad X_T = E[A_\infty + B_\infty | \underline{\underline{F}}_T] - A_{T-} - B_T$$

ou

$$(31.4)\qquad X_t = M_t - A_{t-} - B_t$$

| M martingale c.à.d. unif. intégrable
| A processus croissant c.à.d. adapté
| B processus croissant c.à.d. prévisible purement discontinu

C'est la décomposition de MERTENS. Exactement de la même manière, mais un peu plus aisément, on obtient la décomposition des surmartingales fortes prévisibles

$$(31.5)\qquad X_t = M_{t-} - A_t - B_{t-}$$

| M martingale c.à.d. unif. intégrable
| A processus croissant c.à.d. prévis.
| B processus croissant c.à.d. prévis. purement discontinu

Personne n'a encore rencontré ces surmartingales là !

32 SECONDE METHODE. Elle consiste à éviter les raisonnements "analogues" à ceux du th.27, mais plus ou moins délicats, en se ramenant directement à 27 par une application du théorème de HAHN-BANACH. Nous utiliserons les résultats sur les espaces d'ORLICZ présentés dans NEVEU, <u>martingales à temps discret</u>, p.193-200.

Nous utilisons le lemme de la VALLEE-POUSSIN (Probabilités et potentiel, chap.II, n°22 : toutes les variables aléatoires X_T , où T est un temps d'arrêt arbitraire, étant uniformément intégrables, il existe une fonction de YOUNG Φ sur $\mathbb{R}_+$ (fonction convexe, croissante, telle que $\Phi(0)=0$ et $\lim_{t\to\infty} \Phi(t)/t = +\infty$) telle que

(32.1) $\quad \sup_T E[\Phi\circ X_T] \leq 1$.

Rappelons que, pour toute v.a. f , $\|f\|_\Phi = \inf\{ a : E[\Phi(\frac{|f|}{a})]\leq 1\} \leq +\infty$ est la norme dans l'espace d'ORLICZ L^Φ. Ainsi, (32.1) s'écrit aussi $\sup_T \|X_T\|_\Phi \leq 1$. Nous désignons par Ψ la fonction convexe conjuguée de Φ, et rappelons l'inégalité $E[|fg|] \leq 2\|f\|_\Phi \|g\|_\Psi$. D'autre part, nous désignons par a(t) une fonction de YOUNG sur $\mathbb{R}_+$, telle que

(32.2) $\quad \int_1^{+\infty} \frac{dt}{a(t)} < +\infty$

par exemple, $a(t)=t^{1+\varepsilon}$, et nous posons $\Gamma=\Psi\circ a$, qui est encore une fonction de YOUNG. Quitte à remplacer $\Phi(t)$ par un multiple de $\Phi(t)+t$ satisfaisant encore à (32.1), nous pouvons supposer Φ (et donc Ψ) strictement croissante, ce qui simplifie la démonstration du lemme suivant (les notations sont celles de 31).

2a LEMME. H <u>est bornée sur l'ensemble des</u> $U\in\mathcal{E}_0$ <u>tels que</u> $\|U\|_\Gamma \leq 1$.

DEMONSTRATION. Nous pouvons nous borner aux U positifs. Pour tout t>0, nous désignons par S_t le temps d'arrêt

(32.3) $\quad S_t = \inf \{ s : U_s > t \}$

de sorte que (la continuité à gauche de U à l'infini est utilisée ici)

(32.4) $\quad \{S_t < \infty \} = \{ U^* > t \}$

Regardons la forme (30.1) de U : l'ensemble $\{(s,\omega) : U_s(\omega)>t\}$ est réunion de certains des ensembles $\{0\}\times A$, $]S_j,T_j]$, et il en résulte que son indicatrice appartient à $\mathcal{E}_0$. Il est alors immédiat de vérifier que

(32.5) $\quad H(U) = \int_0^\infty H(I_{\{U>t\}})dt \leq \int_0^\infty dt \int X_{S_t} P$

Nous reviendrons sur cette formule dans une autre digression. Pour l'instant, nous coupons l'intégrale en $\int_0^1 dt \int X_{S_t} P$, que nous majorons par $E[X_0]$, et $\int_1^\infty$. Dans ce second terme , nous écrivons

$$E[X_{S_t}] = E[X_{S_t} I_{\{U^*>t\}}] \leq 2\|X_{S_t}\|_\Phi \|I_{\{U^*>t\}}\|_\Psi$$

En définitive, compte tenu de (32.1), il nous suffit de montrer que $\int_1^{\infty} \| I_{\{U^*>t\}} \|_\Psi \, dt$ est borné. Or la définition de $\| \ \|_\Psi$ rappelée plus haut montre que

(32.6) $$\| I_{\{U^*>t\}} \|_\Psi = \frac{1}{\Psi^{-1}\left(\frac{1}{P\{U^*>t\}}\right)}$$

où Ψ^{-1} est la fonction réciproque de Ψ, strictement croissante. Par hypothèse, nous avons $E[\Gamma \circ U^*] \leqq 1$, donc $P\{U^*>t\} \leqq \frac{1}{\Gamma(t)}$, d'où successivement : $1/P\{\ \} \geqq \Gamma(t)$, $\Psi^{-1}(1/P\{\ \}) \geqq \Psi^{-1}(\Gamma(t)) = a(t)$, et enfin

(32.7) $$\| I_{\{U^*>t\}} \| \leqq \frac{1}{a(t)}$$

et l'hypothèse (32.2) est juste ce qu'il nous faut. Le lemme 32a est prouvé.

Maintenant, la fin de la démonstration est très simple par la seconde méthode. Désignant par $\mathcal{L}$ l'espace de tous les processus càglàd. (non adaptés), nous prolongeons la forme linéaire H sur $\mathcal{L}_o$, bornée pour la norme $U \mapsto \| U^* \|_\Gamma$, en une forme linéaire sur $\mathcal{L}$ de même norme - encore notée H . Il est <u>immédiat</u> que cette forme satisfait à (27.1), d'où l'existence de deux mesures α_o et β_o telles que sur $\mathcal{L}$

(32.8) $$H(U) = \int_{[0,\infty[\times\Omega} U_{s+}(\omega)\alpha_o(ds,d\omega) + \int_{]0,\infty]\times\Omega} U_s(\omega)\beta_o(ds,d\omega)$$

c'est à dire, le lemme 30a. Pour aboutir à (31.1), qui est notre but, nous prenons les projections optionnelle α de α_o, prévisible β de β_o, et les processus croissants associés.

33 Mais la seconde méthode donne aussi des inégalités intéressantes. Introduisons le processus décroissant <u>non adapté</u>

(33.1) $$D_t = (A^o_\infty + B^o_\infty) - A^o_{t-} - B^o_t$$

- qui n'est d'ailleurs continu, ni à droite, ni à gauche - où A^o_t et B^o_t sont les processus croissants non adaptés associés aux mesures α_o et β_o. Ce processus décroissant admet X comme projection optionnelle. D'autre part, en prenant pour U dans (32.8) un processus constamment égal à une v.a. positive u, nous obtenons que

$E[D_0 u] \leqq c\|u\|_\Gamma$, où c est la norme de la forme linéaire H

et cela entraîne que D_0 est dans l'espace d'ORLICZ associé à la fonction de YOUNG conjuguée de Γ, qui est "à peine moins bonne" que Φ. On peut avoir des résultats plus plaisants en raisonnant directement sur X, au lieu du "module d'intégrabilité" Φ.

Soit Y une v.a. intégrable, telle que le processus X soit majoré par la martingale continue à droite $E[Y|\underline{\underline{F}}_t]$ - il existe toujours de telles v.a., par exemple la v.a. $A^o_\infty+B^o_\infty$, ou $A_\infty+B_\infty$, construite précédemment. Reprenons maintenant la formule (32.5), en l'écrivant

$$(33.2)\quad H(U) \leqq E[\int_0^\infty X_{S_t} dt]$$

Nous avons $S_t = \inf \{ s : U_s > t \} = \inf \{ s : U^*_s > t \}$, où U^*_s s'obtient en rendant continu à droite le processus $\sup_{r<s} U_r$. Alors il est bien connu que l'on a aussi

$$(33.3)\quad H(U) \leqq E[\int_0^\infty X_{S_t} dt] = E[\int_0^\infty X_s dU^*_s] \leqq E[\int_0^\infty Y_s dU^*_s]$$

$$= E[\int_0^\infty Y dU^*_s] = E[YU^*]$$

Maintenant, l'application $U \mapsto E[YU^*]$ est une norme sur $\mathcal{L}$, et la forme linéaire H sur $\mathcal{L}_0$ a une norme au plus égale à 1. Elle se prolonge donc en une forme linéaire sur $\mathcal{L}$ de norme au plus égale à 1, qui satisfait à (27.1), d'où deux mesures - nous les noterons encore α_0 et β_0, pour ne pas encore avoir de nouvelles notations - et nous introduirons les processus croissants non adaptés correspondants A^o et B^o, et le processus décroissant (D_t) de (33.1). L'inégalité (33.3) appliquée à un processus U constamment égal à u nous donne

$$(33.4)\quad E[u(A^o_\infty+B^o_\infty)] \leqq E[Yu]$$

et cela entraîne $A^o_\infty+B^o_\infty \leqq Y$ p.s.. Nous avons démontré le théorème suivant, conjecturé par GARSIA, démontré dans le séminaire VIII, p. 310, par une méthode entièrement différente[1]:

THEOREME. <u>Soit</u> X <u>une surmartingale forte optionnelle, majorée par une martingale continue à droite</u> $E[Y|\underline{\underline{F}}_t]$. <u>Alors</u> X <u>est projection optionnelle d'un processus décroissant non adapté</u> (D_t) <u>majoré par</u> Y.

Par exemple, si X^* est intégrable, on peut prendre $Y=X^*$.

---

1. L'emploi d'une formule exponentielle un peu mystérieuse (explicite). Seul le cas des surmartingales continues à droite est traité dans le séminaire VIII. Voir dans ce volume p.503-504.

35 Ce théorème, et le théorème de représentation de BMO que nous avons vu, permettent d'envisager la dualité entre H^1 et BMO d'une manière un peu différente. Nous savons que si M appartient à H^1, N à BMO, le produit $M_\infty N_\infty$ n'est pas nécessairement intégrable, et il s'agit de donner un sens au symbole "$E[M_\infty N_\infty]$". La méthode employée plus haut consistait à l'interpréter comme $E[[M,N]_\infty]$ (V.10). Ici, on procède ainsi : on écrit N_∞ comme $A_\infty + B_\infty$, où A est un processus à VI optionnel (sans saut à l'infini) et B un processus croissant prévisible (nul en 0, pouvant sauter à l'infini). Si M est une martingale bornée, on a

$$(35.1) \qquad E[M_\infty N_\infty] = E[M_\infty(A_\infty + B_\infty)] = E[\int_{[0,\infty[} M_s dA_s + \int_{]0,\infty]} M_{s-} dB_s]$$

Soit maintenant un processus à VI non adapté A^o (ne sautant pas à l'infini) admettant A comme projection duale optionnelle, et soit B^o non adapté (nul en 0) admettant B comme projection duale prévisible. Nous avons alors aussi

$$(35.2) \qquad E[M_\infty N_\infty] = E[\int_{[0,\infty[} M_s dA^o_s + \int_{]0,\infty]} M_{s-} dB^o_s]$$

Mais cette expression peut avoir un sens sans que le premier membre en ait un. Par exemple, si $E[M^*(\int_{[0,\infty]} |dA^o_s| + |dB^o_s|)] < \infty$. On peut affirmer l'existence de deux tels processus A^o et B^o, si la surmartingale forte

$$(35.3) \qquad X_t = E[\int_{[T,\infty[} |dA_s| + \int_{]T,\infty]} |dB_s| \,|\, \mathcal{F}_T]$$

est majorée par une martingale $E[Y|\mathcal{F}_t]$, où $E[M^*Y]<\infty$ - car alors on peut trouver A^o et B^o tels que la somme de leurs variations totales soit $\leq Y$. C'est précisément ce qui arrive lorsque M appartient à H^1 ($M^* \in L^1$) et N à BMO (Y=Cte), et un passage à la limite sur (35.2) à partir du cas où M est de carré intégrable - ou même bornée- montre que l'on obtient ainsi la bonne forme bilinéaire sur $H^1 \times$BMO.

UNE REMARQUE SUR LES THEOREMES 18-20

36 Nous allons conclure ce paragraphe en indiquant comment les théorèmes 18 et 20 conduisent "presque" à une seconde représentation des éléments de BMO . Bien que les essais dans cette direction aient été infructueux, ils ne me semblent pas dépourvus d'intérêt.

Nous désignons par $\underline{\underline{P}}$ l'espace des processus prévisibles bornés J, avec la norme $\beta(J) = \sup \text{ess } J^*$ (nous voulons éviter la notation $\| \|_\infty$, car nous aurons aussi des v.a. L_∞ un peu partout). De même, si L est une martingale bornée, $\beta(L)$ sera sup ess L^* ($= \|L_\infty\|_\infty$! Illustration de ce que nous voulons éviter). **Soit** $M \in \underline{\underline{H}}^1$; alors nous avons pour toute martingale $N=J\cdot M$ où $\beta(J) \leq 1$, $[N,N]_\infty \leq [M,M]_\infty$, donc $\|N\|_{\underline{\underline{H}}^1} \leq \|M\|_{\underline{\underline{H}}^1}$, et finalement, la norme $\underline{\underline{H}}^1$ étant plus forte que la norme L^1,

(36.1) $$\sup_{\beta(J)\leq 1} \|(J.M)_\infty\|_1 \leq c\|M\|_{\underline{\underline{H}}^1}$$

ou encore

(36.2) $$\sup_{\substack{\beta(J)\leq 1\\ \beta(L)\leq 1}} |E[(J\cdot M)_\infty L_\infty]| \leq c\|M\|_{\underline{\underline{H}}^1}$$

Mais inversement, le côté gauche de (36.2) ou (36.1) est une norme <u>équivalente</u> à la norme $\underline{\underline{H}}^1$. Pour le voir, il suffit de reprendre le raisonnement de 18, en regardant seulement les J de la forme $I_{[\![0]\!]} + \Sigma_i\, \varepsilon_i(w) I_{]\!]t_i,t_{i+1}]\!]}$ relatifs aux subdivisions dyadiques de la droite, avec des ε_i aléatoires, et en appliquant le lemme de KHINTCHINE.

Soit maintenant K l'ensemble des martingales de la forme $J\cdot L$, J parcourant la boule unité $\{J : \beta(J)\leq 1\}$, et de même L la boule unité $\{L : \beta(L)\leq 1\}$. On a pour toute martingale $M\in\underline{\underline{H}}^1$

(36.3) $$\|M\|_{\underline{\underline{H}}^1} \leq c \sup_{\substack{\beta(J)\leq 1\\ \beta(L)\leq 1}} E[(J.M)_\infty L_\infty] = c \sup_{\dots} E[M_\infty (J\cdot L)_\infty] = c \sup_{N\in K} E[M_\infty N_\infty]$$

Les | | ont été enlevées à dessein ! Soit alors B une martingale telle que $\|B\|_{\underline{\underline{BMO}}} \leq 1$. Pour toute martingale $M\in\underline{\underline{M}}$ nous avons, en désignant par (,) le produit scalaire dans l'espace de Hilbert $\underline{\underline{M}}$

$$|(B,M)| = |E[B_\infty M_\infty]| \leq c\|B\|_{\underline{\underline{BMO}}}\|M\|_{\underline{\underline{H}}^1} \leq c \sup_{N\in K} (M,N)$$

ici la constante c varie de place en place. Cela signifie qu'un demi-espace de $\underline{\underline{M}}$ qui contient K (il est de la forme $\{ U\in\underline{\underline{M}} : (U,M)\leq 1 \}$, avec $\sup_{N\in K} (N,M) \leq 1$ contient la martingale B/c . Autrement dit

<u>Tout élément de $\underline{\underline{BMO}}$ de norme $\leq 1/c$ appartient à l'enveloppe convexe fermée de</u> K <u>dans</u> $\underline{\underline{M}}$.

On voit donc qu'en un certain sens les intégrales stochastiques de processus <u>bornés</u> par rapport à des martingales <u>bornées</u> sont bien des modèles d'éléments de $\underline{\underline{BMO}}$ suffisamment généraux. Mais K n'est pas un ensemble compact dans $\underline{\underline{M}}$ (semble t'il), et on ne peut déduire du résultat précédent une <u>représentation</u> des éléments de $\underline{\underline{BMO}}$ au moyen d' une mesure sur K.

FIN DU COURS POUR L'ANNEE 1974-1975

Au cours d'un voyage à Paris (Janvier 1976), j'ai appris que des résultats voisins de ceux des n°s 27-29 (représentation de $\underline{\underline{BMO}}$) avaient été exposés l'an dernier par C. HERZ dans un cours de 3e cycle sur $\underline{\underline{BMO}}$, et d'autre part que des résultats de convergence de sommes de carrés vers la variation quadratique pour les semimartingales avaient été obtenus par M. LENGLART.

ESPACES DE PROCESSUS

MARTINGALES

$\underline{\underline{M}}$, martingales de carré intégrable

$\underline{\underline{M}}_0$, martingales .. nulles en 0

$\underline{\underline{M}}_{loc}$, martingales localement de carré intégrable

$\underline{\underline{L}}$, martingales locales

$\underline{\underline{L}}_0$, ... nulles en 0

PROCESSUS A VARIATION FINIE

$\underline{\underline{V}}$, processus à variation finie

$\underline{\underline{V}}_0$, processus ... nuls en 0

$\underline{\underline{A}}$, processus à variation intégrable

$\underline{\underline{A}}_0$, processus... nuls en 0

$\underline{\underline{A}}_{loc}$, processus à variation loc. intégrable

$\underline{\underline{W}}$, martingales à variation intégrable

$\underline{\underline{W}}_{loc}$, martingales locales à variation loc. intégrable

INDEX

On n'a fait aucun effort pour classer les termes de cet index : ils y figurent par ordre d'entrée en scène. Le chap.VI n'y figure pas.

INDEX (suite)

INDEX (suite)

BIBLIOGRAPHIE.

Les articles sont numérotés dans l'ordre où ils sont cités pour la première fois.

[1]. Catherine DOLEANS-DADE et P.A.MEYER. Intégrales stochastiques par rapport aux martingales locales. Séminaire de Pr. IV, Lecture Notes n°124, 1970.

[2], aussi noté [D]. C. DELLACHERIE. Capacités et processus stochastiques. Ergebnisse der M. 67, Springer 1972.

[3]. J.L.DOOB. Stochastic processes. Wiley 1953.

[4]. K.ITO. Stochastic integral. Proc. Imp. Acad. Tokyo. 20, 1944.

[5]. K.ITO. Multiple Wiener integral. J. Math. Soc. Japan, 3, 1951.

[6]. K.ITO. Complex multiple Wiener Integral. Jap.J.M. 22, 1952.

[7]. H.P.McKEAN. Stochastic Integrals. Academic Press 1969.

[8]. H. KUNITA et S.WATANABE. On square integrable martingales. Nagoya Math.J. 30, 1967.

[9]. A. CORNEA et G. LICEA.

[10]. P.A.MEYER. Intégrales stochastiques I,II,III,IV. Séminaires de Pr.I, Lecture Notes n°39, 1967.

[11]. K.ITO et S.WATANABE. Transformation of Markov processes by multiplicative functionals. Ann. Inst. Fourier 15, 1965.

[12]. Catherine DOLEANS-DADE. Quelques applications de la formule de changement de variables pour les semimartingales. Z. fur W. 16,1970.

[13], aussi noté [P]. C.DELLACHERIE et P.A.MEYER. Probabilités et Potentiels, 2e édition, chapitres I-IV. Hermann 1975.

[14]. M. RAO. On decomposition theorems of Meyer. Math. Scand. 24, 1969.

[15]. C.DELLACHERIE. Intégrales stochastiques par rapport aux processus de Wiener et de Poisson. Séminaire de Pr. VIII, Lect. Notes 381, 1974.

[16]. C.DELLACHERIE. Correction à "intégrales stochastiques par rapport." Séminaire de Prob. IX, Lect. Notes 465, 1975.

[17]. N.KAZAMAKI. Changes of time, stochastic integrals and weak martingales. Z fur W-theorie, 22, 1972, p.25-32.

[18]. P.A.MEYER. Multiplicative decompositions of positive supermartingales. Dans : Markoff processes and potential theory, edited by J. Chover, Wiley 1967.

[19].A.SEGALL et T. KAILATH. Orthogonal functionals of independent increments processes. To appear, IEEE Trans. on IT.

[20]. Cath. DOLEANS-DADE. Intégrales stochastiques dépendant d'un paramètre. Bull. Inst. Stat. Univ. Paris., 16, 1967, p.23-34

BIBLIOGRAPHIE (suite)

[21]. A.GARSIA. Martingale Inequalities. Seminar Notes on Recent Progress. Benjamin 1973.

[22]. C.S. HERZ. Bounded mean oscillation and regulated martingales. Trans. Amer. Math. Soc. 193, 1974, p.199-215.

[23]. D.L.BURKHOLDER. Distribution functioh inequalities for martingales. Annals of Prob. 1, 1973, p.19-42.

[24]. A.GARSIA. On a convex function inequality for martingales. Ann. of Prob. 1, 1973, p.171-174.

[25]. R.K. GETOOR et M.J.SHARPE. Conformal martingales. Invent. Math. 16, 1972, p.271-308.

[26]. C.S. CHOU. Les méthodes de Garsia en théorie des martingales. Extension au cas continu. Sém. Prob. Strasbg.IX, Lect.N. vol. 465.

[27]. D.W.STROOCK. Applications of Fefferman-Stein type interpolation to probability theory and analysis. Comm.Pure Appld.M. 26, 1973.

[28]. J.NEVEU. Martingales à temps discret. Masson, Paris, 1972.

[29]. B.DAVIS. On the integrability of the martingale square function. Israel J. M. 8, 1970, 187-190.

[30]. D.BURKHOLDER, B.DAVIS et R.GUNDY. Integral inequalities for convex functions of operators on martingales. Proc. 6th Berkeley Symp. 2, 1972, p.223-240.

Mars 1975

SUR CERTAINS ESPACES DE MARTINGALES LOCALEMENT DE CARRE INTEGRABLE.

Maurizio PRATELLI

Un espace bien connu en théorie des martingales est l'espace $\mathfrak{H}^p$ constitué par les martingales locales M satisfaisant à la condition $[M,M]_\infty^{1/2} \in L^p$.

Grâce aux inégalités de Burkholder, on sait que si p et q sont deux exposants conjugués $(1 < p < +\infty)$, le dual de $\mathfrak{H}^p$ est égal à $\mathfrak{H}^q$.

On sait aussi que le dual de $\mathfrak{H}^1$ est l'espace $\mathfrak{BMO}$.

Dans cet article, on étudie l'espace $\mathfrak{h}^p$ constitué par les martingales M , localement de carré intégrable, satisfaisant à la condition $<M,M>_\infty^{1/2} \in L^p$.

On démontre notamment, pour les espaces $\mathfrak{h}^p$, des résultats de dualité analogues aux résultats rappelés ci-dessus à propos des espaces $\mathfrak{H}^p$.

0. NOTATIONS. - Les notions fondamentales de la théorie générale des processus (voir, p. ex., [4]) , ainsi que celles de la théorie des intégrales stochastiques (voir [5]), sont supposées connues par la suite. Les notations sont celles de [5] L'espace probabilisé $(\Omega, \mathcal{F}, \mathbb{P})$ est muni d'une famille $(\mathcal{F}_t)_{t\in R_+}$ satisfaisant aux conditions habituelles. Toutes les martingales (locales) sont supposées continues à droite. La notation $\mathfrak{M}^2$ désigne l'espace des martingales de carré intégrable et nulles pour $t=0$.

Si M est une telle martingale, on note $<M,M>$ le seul processus croissant prévisible tel que $M^2 - <M,M>$ soit une martingale. (v. [3], p.80) . Pour tout temps d'arrêt T , on a

$$E[(M_\infty - M_T)^2 \mid \mathcal{F}_T] = E[<M,M>_\infty - <M,M>_T \mid \mathcal{F}_T] .$$

On dit qu'un processus X possède localement une propriété donnée, s'il existe une suite croissante (T_n) de temps d'arrêt, tendant vers l'infini, telle que, pour tout n , le processus arrêté X^{T_n} possède la propriété en question.

On désigne par $\mathfrak{M}^2_{loc}$ l'espace des martingales localement de carré intégrable. Pour une telle martingale M , le processus $<M,M>$ est défini par la condition

$$<M,M>^T = <M^T,M^T>$$

(pour tout temps d'arrêt T tel que M^T soit dans $\mathfrak{M}^2$) . Il peut être caractérisé comme le seul processus croissant prévisible A , tel que $M^2 - A$ soit une martingale locale.

1. - DEUX INEGALITES CONCERNANT LES PROCESSUS CROISSANTS.

Soit B un processus croissant optionnel, et soit A son compensateur prévisible, c'est-à-dire, soit A le processus croissant prévisible tel que l'on ait

$$E[A_\infty - A_T \mid \mathcal{F}_T] = E[B_\infty - B_T \mid \mathcal{F}_T]$$

pour tout temps d'arrêt T , et

$$E[A_\infty - A_{T-} \mid \mathcal{F}_{T-}] = E[B_\infty - B_{T-} \mid \mathcal{F}_{T-}]$$

pour tout temps d'arrêt T prévisible.

Dans ces conditions, on a les inégalités suivantes, dont la première est démontrée dans [2] , Lemme 2 .

PROPOSITION 1.1. - Pour toute fonction réelle positive F , définie dans R_+ , nulle en 0 , convexe, à croissance modérée (c'est-à-dire satisfaisant à la condition $F(2t) \leq cF(t)$, où c est une constante réelle positive), on a

$$E[F(A_\infty)] \leq c_F E[F(B_\infty)] ,$$

où c_F est une constante réelle positive, ne dépendant que de F .

PROPOSITION 1.2. - Pour toute fonction réelle positive F , définie dans R_+ , nulle en 0 , croissante et concave, on a

$$E[F(B_\infty)] \leq 2E[F(A_\infty)] .$$

Démonstration. - Désignons par f la dérivée gauche de F et par μ la mesure positive sur $]0,+\infty[$ déterminée par la condition :

$$\mu([a,b[) = f(a) - f(b) \quad \text{pour} \quad 0 < a < b < +\infty .$$

Pour toute v.a. positive Z , on a alors (v. [1], th. 20.1, p.38-39):

$$E[F(Z)] = f(+\infty)E[Z] + \int E[Z \wedge t]\, d\mu(t) .$$

Il suffit donc de prouver l'inégalité

$$E[B_\infty \wedge t] \leq 2E[A_\infty \wedge t]$$

pour tout nombre réel t positif. A cet effet, t étant fixé, désignons par T le temps d'arrêt prévisible ainsi défini :

$$T = \inf\{s : A_s \geq t\} .$$

On a alors

$$B_\infty \wedge t \leq B_{T-} + t I_{\{T<+\infty\}} ,$$

$$E[B_{T-}] = E[A_{T-}] \leq E[A_\infty \wedge t] ,$$

$$E[t I_{\{T<+\infty\}}] \leq t \mathbb{P}\{A_\infty \geq t\} \leq E[A_\infty \wedge t] ,$$

d'où l'on déduit immédiatement l'inégalité à démontrer.

Nous n'utiliserons dans la suite que le corollaire suivant (dont la démonstration est évidente) :

COROLLAIRE 1.3. - <u>Pour tout élément</u> M de $\mathfrak{M}^2_{loc}$ <u>et pour tout nombre réel</u> p <u>strictement positif, on a</u>

$$E[\,[M,M]^p_\infty] \leq 2\, E[<M,M>^p_\infty] \quad \text{si} \quad p \leq 1 ,$$

$$E[<M,M>^p_\infty] \leq c_p\, E[\,[M,M]^p_\infty\,] \quad \text{si} \quad p \geq 1 .$$

2. - <u>LES ESPACES</u> $\mathfrak{h}^p$ <u>ET</u> **bmo** .

On dit qu'une martingale M appartient à **bmo** si elle appartient à $\mathfrak{M}^2$ et s'il existe une constante réelle positive c telle que l'on ait, pour tout temps d'arrêt T :

$$E[(M_\infty - M_T)^2 \mid \mathcal{F}_T] \leq c^2 \quad \text{p.s.} \quad .$$

La borne inférieure de tous les nombres c possédant cette propriété est appelée la norme de M dans **bmo** et notée $\|M\|_{<\infty>}$.

Le théorème suivant montre qu'il n'est pas possible d'associer à toute martingale locale M un processus croissant prévisible $<M,M>$ de telle façon que $M^2 - <M,M>$ soit une martingale locale. Ce résultat a été trouvé indépendamment par YOEURP dans la préparation de sa thèse : on le démontre ici, car il ne figure pas dans la litérature.

THEOREME 2.1. - Soit M une martingale locale, et supposons qu'il existe un processus croissant A prévisible, continu à droite (pas forcément intégrable), avec $A_o = 0$ et tel que $M^2 - A$ soit une martingale locale. Alors M appartient à $\mathfrak{M}^2_{loc}$ et A est indistinguable du processus $<M,M>$.

Démonstration. - On voit facilement que, pour tout temps d'arrêt T réduisant les martingales locales M et $M^2 - A$, la v.a. $A_T^{1/2}$ est intégrable. Cela prouve que le processus $A^{1/2}$ est localement intégrable.

Si, pour tout entier n , on pose $S_n = \inf\{s : A_s \geq n\}$, on obtient une suite croissante (S_n) de temps d'arrêt prévisibles tendant vers l'infini. Tout S_n est de la forme $S_n = \sup_m S_{n,m}$, avec $S_{n,m} < S_n$ sur l'ensemble $\{S_n > 0\}$, où $(S_{n,m})$ est une suite double de temps d'arrêt que l'on pourra supposer croissante par rapport à chacun des indices.

Si alors (R_n) est une suite, croissant vers l'infini, de temps d'arrêt réduisant la martingale locale $M^2 - A$, il en est de même de la suite (T_n) définie par $T_n = R_n \wedge S_{n,n}$. Puisque la martingale $(M^2 - A)^{T_n}$ est uniformément intégrable et que la v.a. A_{T_n} est bornée (par la constante n) , la martingale M^{T_n} est de carré intégrable. Il est alors évident que les processus A et $<M,M>$ sont indistinguables.

Pour tout nombre réel $p \geq 1$, et pour tout élément M de $\mathfrak{M}^2_{loc}$, on pose

$$\|M\|_{<p>} = \|<M,M>_\infty^{1/2}\|_{L^p} .$$

On désigne par $\mathfrak{h}^p$ l'espace constitué par les éléments M de $\mathfrak{M}^2_{loc}$ pour lesquels le nombre ci-dessus est fini. Les espaces $\mathfrak{h}^p$ ainsi définis sont des espaces de Banach. Nous nous bornerons ici à démontrer cette assertion pour $p \leq 2$, car pour $p > 2$ elle résultera des Théorèmes du § 4 .

THEOREME 2.2. - L'espace $\mathfrak{h}^p$ (pour $1 \leq p \leq 2$) est un espace de Banach par rapport à la norme $\|.\|_{<p>}$ définie ci-dessus. En outre, de toute suite (M^n) convergente vers M dans $\mathfrak{h}^p$, on peut extraire une sous-suite qui converge vers M dans $\mathfrak{M}^2_{loc}$

<u>Démonstration</u>. - Soit (M^n) une suite de Cauchy dans $\mathfrak{h}^p$. Grâce au Corollaire 1.3, (M^n) est de Cauchy dans $\mathfrak{S}^p$, de sorte qu'elle converge, dans ce dernier espace, vers un élément M . Quitte à remplacer (M^n) par une suite extraite, on pourra supposer que l'on ait

$$\sum_n \|M^n - M^{n+1}\|_{<p>}^{p/2} < +\infty .$$

Pour tout entier j , désignons par S_j le temps d'arrêt prévisible défini par

$$S_j = \inf\{t : <M^n - M^{n+1}, M^n - M^{n+1}>_t \geq j \text{ pour un } n \text{ au moins}\}.$$

On a alors

$$\mathbb{P}\{S_j < +\infty\} \leq \sum_n \mathbb{P}\{<M^n - M^{n+1}, M^n - M^{n+1}>_\infty \geq j\}$$
$$\leq j^{-p/2} \sum_n \|M^n - M^{n+1}\|_{<p>}^p ,$$

de sorte que la suite (S_j) croît vers l'infini p.s. .

En raisonnant comme dans le Théorème 2.1., on peut construire une suite croissante (T_j) de temps d'arrêt, tendant vers l'infini, telle que l'on ait

$$<M^n - M^{n+1}, M^n - M^{n+1}>_{T_j} \leq j \text{ pour tout } n .$$

On a en outre

$$\sum_n \|(M^n - M^{n+1})^{T_j}\|_{<2>} = \sum_n E[<M^n - M^{n+1}, M^n - M^{n+1}>_{T_j}]^{1/2}$$
$$\leq j^{(\frac{1}{2} - \frac{p}{4})} \sum_n \|M^n - M^{n+1}\|_{<p>}^{p/2} < +\infty .$$

La série $\sum_n (M^n - M^{n+1})^{T_j}$ converge donc dans $\mathfrak{M}^2$ et admet comme somme M^{T_j} . Cela prouve que M appartient à $\mathfrak{M}^2_{loc}$.

Mais la série $\sum_n (M^n - M^{n+1})^{T_j}$ admet M^{T_j} comme somme aussi dans l'espace $\mathfrak{h}^p$, et l'on a :

$$\|M^{T_j}\|_{<p>} \leq \sum_n \|(M^n - M^{n+1})^{T_j}\|_{<p>} \leq \sum_n \|M^n - M^{n+1}\|_{<p>} < +\infty .$$

Il en résulte, en faisant tendre j vers l'infini :

$$\|M\|_{<p>} \leq \sum_n \|M^n - M^{n+1}\|_{<p>} ,$$

de sorte que M appartient à $\mathfrak{h}^p$.

De la même façon, on prouve l'inégalité

$$\|M - M^n\|_{<p>} \leq \sum_{k\geq n} \|M^k - M^{k+1}\|_{<p>} ,$$

et on a donc la convergence de (M^n) vers M dans $\mathfrak{h}^p$.

La proposition suivante montre que toute martingale "prévisiblement bornée dans L^p " appartient à $\mathfrak{h}^p$.

PROPOSITION 2.3. - Soient M une martingale et A un processus croissant optionnel, tels que l'on ait

$$|M_s| \leq A_{s-} \text{ pour tout } s , A_\infty \in L^p \quad (1 \leq p \leq 2) .$$

La martingale M appartient alors à $\mathfrak{h}^p$, et on a

$$\|M\|^p_{<p>} \leq 2\, E[A^p_\infty] .$$

Démonstration. - On peut se ramener (par arrêt) au cas où A_∞ appartient à L^2 . Soit t un nombre réel positif et posons $T = \inf\{s : A^2_s > t\}$. On a alors :

$$<M,M>_\infty \wedge t \leq <M,M>_T + t\, I_{\{T<+\infty\}} ,$$

$$E[<M,M>_T] = E[M^2_T] \leq E[A^2_{T-}] \leq E[A^2_\infty \wedge t] ,$$

$$E[t\, I_{\{T<+\infty\}}] = t\, \mathbb{P}\{A^2_\infty > t\} \leq E[A^2_\infty \wedge t] .$$

Il en résulte

$$E[<M,M>_\infty \wedge t] \leq 2\, E[A^2_\infty \wedge t] ,$$

d'où la conclusion (voir la dém. de 1.2) .

3. - LE DUAL DE $\mathfrak{h}^1$ EST bmo .

Le raisonnement qui prouve que le dual de l'espace $\mathfrak{h}^1$ s'identifie à bmo est tout à fait semblable à celui qui démontre l'assertion analogue concernant les espaces $\mathfrak{H}^1$ et $\mathfrak{BMO}$ (voir [6]) : ici on se bornera à indiquer les modifications qu'il faut apporter aux démonstrations qui figurent dans [6] .

L'analogue du Lemme 2, page 140, est le suivant :

THEOREME 3.1. - Pour tout élément M de $\mathfrak{h}^1$ et pour tout élément N de bmo , on a :

$$E[\int_0^\infty |\, d<M,N>_s| \,] \le \sqrt{2}\, \|M\|_{<1>} \|N\|_{<\infty>} .$$

Démonstration. - Si $\|N\|_{<\infty>} = c$, on a, pour tout temps d'arrêt T :

$$E[<N,N>_\infty - <N,N>_T \,|\mathcal{F}_T] \le c^2 .$$

Si T est prévisible, en approchant T par une suite croissante (T_n) qui "annonce" T et en rappelant que $\vee_n \mathcal{F}_{T_n} = \mathcal{F}_{T-}$, on trouve :

$$E[<N,N>_\infty - <N,N>_{T-} |\, \mathcal{F}_{T-}] \le c^2 .$$

En d'autres termes, la projection prévisible du processus $(<N,N>_\infty - <N,N>_{s-})$ est bornée par c^2 .

Si H,K sont prévisibles, on a l'inégalité de KUNITA-WATANABE :

$$E[\int_0^\infty |H_s|\; |K_s|\; |d<M,N>_s|] \le (E[\int_0^\infty H_s^2\, d<M,M>_s])^{1/2} (E[\int_0^\infty K_s^2\, d<N,N>_s])^{1/2} .$$

(voir [5], Prop. 3, page 77) . Posons maintenant

$$H_s^2 = \frac{d\sqrt{<M,M>}_s}{d\,<M,M>_s} = \frac{1}{\sqrt{<M,M>_s} + \sqrt{<M,M>_{s-}}} , \quad K_s^2 = 2\sqrt{<M,M>_s} .$$

Puisque $|H_s|\; |K_s| \ge 1$ p.s. , on a l'inégalité

$$E[\int_0^\infty |d<M,N>_s|] \le E[\int_0^\infty H_s^2\, d<M,M>_s]^{1/2}\; E[\int_0^\infty K_s^2\, d<N,N>_s]^{1/2} .$$

$$= \|M\|_{<1>}^{1/2}\; E[\int_0^\infty K_s^2\, d<N,N>_s]^{1/2} .$$

On a d'autre part (en intégrant par parties) :

$$E[\int_0^\infty \sqrt{<M,M>_s}\; d<N,N>_s] = E[\int_0^\infty (<N,N>_\infty - <N,N>_{s-})\, d\sqrt{<M,M>_s}] .$$

Puisque $d\sqrt{<M,M>_s}$ est une mesure "prévisible", le processus $(<N,N>_\infty - <N,N>_{s-})$ peut être remplacé par sa projection prévisible, qui est bornée par $\|N\|^2_{<\infty>}$. Cela achève la démonstration.

L'analogue du théorème final de [6] (page 141) est le théorème suivant :

THEOREME 3.2. - <u>Soit</u> $M \in \mathfrak{M}^2$. <u>On a alors</u>

$$\|M\|_{<\infty>} \leq \sup_L E[M_\infty L_\infty] \quad \underline{\text{pour}} \quad L \in \mathfrak{M}^2 , \; \|L\|_{<1>} \leq 1 \quad .$$

<u>Démonstration</u>. - Même dans ce cas, la démonstration n'est qu'une modification du cas optionnel. Supposons en effet que le deuxième membre soit ≤ 1. Soient T un temps d'arrêt et A un élément de la tribu $\mathfrak{F}_T$. Posons $Z = <M,M>_\infty - <M,M>_T$, $D = I_A I_{\{t>T\}}$, $Y = D.M$ (intégrale stochastique). On a alors

$$Y = (M - M^T)I_A \ , \quad <Y,M>_\infty = <Y,Y>_\infty = I_A.Z. \quad .$$

Il en résulte

$$\|Y\|_{<1>} = E[I_A.\sqrt{Z}] \ ,$$

et par conséquent

$$E[I_A Z] = E[<Y,M>_\infty] \leq E[I_A\sqrt{Z}] \leq E[Z I_A]^{1/2} \, \mathbb{P}(A)^{1/2} \ .$$

L'ensemble A étant arbitraire, cela prouve la relation conditionnelle :

$$E[Z|\mathfrak{F}_T] = E[<M,M>_\infty - <M,M>_T | \mathfrak{F}_T] \leq 1 \ .$$

Le théorème est ainsi établi.

4. - <u>LE DUAL DE</u> $\mathfrak{h}^p$ <u>EST</u> $\mathfrak{h}^q$.

P.A. MEYER a récemment démontré l'inégalité suivante (version renforcée de l'inégalité de KUNITA - WATANABE) :

$$\int_0^\infty |H_s|\,|K_s|\,|d\langle M,N\rangle_s| \le \sqrt{\int_0^\infty H_s^2\, d\langle M,M\rangle_s}\ \sqrt{\int_0^\infty K_s^2\, d\langle N,N\rangle_s} \quad \text{p.p.}\ ,$$

valable pour tout couple H,K de processus prévisibles et pour tout couple M,N d'éléments de $\mathfrak{M}^2_{loc}$. On en déduit, si p,q sont deux exposants conjugués $(1<p<\infty)$:

$$E[\int_0^\infty |d\langle M,N\rangle_s|\,] \le \|M\|_{\langle p\rangle}\,\|N\|_{\langle q\rangle}\,.$$

Grâce à cette inégalité, la forme bilinéaire $(M,N)\mapsto E[\langle M,N\rangle_\infty]$ met en dualité séparante les espaces $\mathfrak{h}^p$ et $\mathfrak{h}^q$.

Soit maintenant Φ une forme linéaire continue sur $\mathfrak{h}^p$ $(1<p\le 2)$, et soit $\|\Phi\|$ sa norme en tant que forme linéaire sur $\mathfrak{h}^p$. La restriction de Φ à $\mathfrak{M}^2$ étant une forme linéaire continue sur $\mathfrak{M}^2$, il existe un élément M de $\mathfrak{M}^2$ tel que l'on ait

$$\Phi(N) = E[N_\infty M_\infty] = E[\langle N,M\rangle_\infty] \quad \text{pour tout} \quad N\in\mathfrak{M}^2\,.$$

On a aussi :

$$|E[\langle N,M\rangle_\infty]\,| \le \|\Phi\|\,\|N\|_{\langle p\rangle}\,.$$

Le théorème suivant montre que Φ peut être identifié à un élément de $\mathfrak{h}^q$.

THEOREME 4.1. - <u>Soit</u> $M\in\mathfrak{M}^2$. <u>On a alors</u> :

$$\|M\|_{\langle q\rangle} \le \frac{q}{2}\ \sup_N E[\langle M,N\rangle_\infty] \quad \underline{\text{pour}}\quad N\in\mathfrak{M}^2 \quad \underline{\text{et}} \quad \|N\|_{\langle p\rangle}\le 1\,.$$

<u>Démonstration</u>. - Supposons d'abord $\|M\|_{\langle 2q-2\rangle} < +\infty$, et posons $N = H.M$, où :

$$H_s = \frac{\langle M,M\rangle_s^{\frac{q}{2}-1}}{a}\,, \qquad a = E[\langle M,M\rangle_\infty^{q/2}]^{1-\frac{1}{q}}\,.$$

On a alors

$$\langle N,N\rangle_\infty = \int_0^\infty H_s^2\, d\langle M,M\rangle_s = \frac{1}{a^2}\int_0^\infty \langle M,M\rangle_s^{q-2}\, d\langle M,M\rangle_s \le \frac{1}{a^2}\langle M,M\rangle_\infty^{q-1}\,,$$

et par conséquent $N \in \mathfrak{M}^2$, $\|N\|_{<p>} \leq 1$.

En utilisant l'inégalité établie dans [7], page 76, on trouve :

$$\|M\|_{<q>} = \frac{1}{a} E[\int_0^\infty d<M,M>_s^{q/2}] \leq \frac{q}{2a} E[\int_0^\infty <M,M>_s^{\frac{q}{2}-1} d<M,M>_s]$$

$$= \frac{q}{2} E[\int_0^\infty H_s \, d<M,M>_s] = \frac{q}{2} E[\int_0^\infty d<M,N>_s] = \frac{q}{2} E[<M,N>_\infty] .$$

Passons maintenant au cas général. Soit (T_n) une suite croissante de temps d'arrêt, tendant vers l'infini et telle que, pour tout n , M^{T_n} appartienne à $\mathfrak{h}^{2q-2}$. On a alors, pour tout n :

$$\|M^{T_n}\|_{<q>} \leq \frac{q}{2} \sup_N E[<M^{T_n},N>_\infty] \leq \frac{q}{2} \sup_N E[<M,N>_\infty]$$

(la borne supérieure étant prise sur les éléments N de $\mathfrak{M}^2$ satisfaisant à la condition $\|N\|_{<p>} \leq 1$) .

En faisant tendre n vers l'infini, on en déduit l'inégalité désirée.

Enfin, le fait que le dual de $\mathfrak{h}^q$ $(2 < q < +\infty)$ s'identifie à $\mathfrak{h}^p$ est une conséquence du théorème suivant :

THEOREME 4.2. - Soit $q \geq 2$. L'espace de Banach $\mathfrak{h}^q$ est alors uniformément convexe (donc réflexif : voir [8], p. 127) .

Démonstration. - Rappelons qu'un espace de Banach X est dit uniformément convexe si , pour tout $\varepsilon > 0$, il existe un $\delta > 0$ tel que, pour tout couple x,y d'éléments de X , les relations $\|x\| = \|y\| = 1$ et $\|x-y\| \geq \varepsilon$ entraînent $\|x+y\| \leq 2(1-\delta)$.

En partant des inégalités suivantes (valables pour x,y réels positifs et $p \geq 1$) :

$$(x+y)^p \leq 2^{p-1} (x^p + y^p) , \qquad (x+y)^p \geq x^p + y^p$$

et de l'identité

$$<M+N , M+N> + <M-N , M-N> = 2(<M,M> + <N,N>) ,$$

on obtient, pour $q \geq 2$:

$$<M+N,M+N>^{\frac{q}{2}} + <M-N,M-N>^{\frac{q}{2}} \leq (<M+N,M+N> + <M-N,M-N>)^{\frac{q}{2}}$$

$$\leq 2^{q-1}(<M,M>^{\frac{q}{2}} + <N,N>^{\frac{q}{2}}) \quad ,$$

$$<M+N,M+N>^{\frac{q}{2}} \leq 2^{q-1}(<M,M>^{\frac{q}{2}} + <N,N>^{\frac{q}{2}}) - <M-N,M-N>^{\frac{q}{2}} \quad :$$

Soit maintenant $\|M\|_{<q>} = \|N\|_{<q>} = 1$ et $\|M-N\|_{<q>} \geq \varepsilon$. On a alors :

$$\|M+N\|_{<q>} \leq (2^q - \varepsilon^q)^{\frac{1}{q}} = 2(1-\frac{\varepsilon^q}{2^q})^{\frac{1}{q}} \quad ,$$

de sorte que la condition de convexité uniforme est satisfaite avec

$$\delta = 1 - (1-\frac{\varepsilon^q}{2^q})^{\frac{1}{q}} \quad .$$

BIBLIOGRAPHIE

[1] BURKHOLDER D.L. — Distribution function inequalities for martingales. Annals of Probability, Vol. 1, n° 1, pp. 19-42 (1973).

[2] CHOU C.S. — Les méthodes de Garsia en théorie des martingales ; extension au cas continu. A paraître.

[3] DOLEANS-DADE C. et P.A. MEYER — Intégrales stochastiques par rapport aux martingales locales. Séminaire de Probabilités IV, pp. 77-107. Lectures Notes in M. 124 . Springer, Berlin (1970).

[4] MEYER P.A. — Guide détaillé de la théorie générale des processus. Séminaire de Probabilités II, pp. 140-170 . Lecture Notes in M. 51. Springer, Berlin (1968).

[5] MEYER P.A. — Intégrales stochastiques I et II . Séminaire de Probabilités I, pp. 72-117. Lectures Notes in M. 39 . Springer, Berlin (1967).

[6] MEYER P.A. Le dual de H^1 est BMO (cas continu) . Séminaire de Probabilités VII, pp. 136 - 145 . Lecture Notes in M. 321 Springer - Berlin (1973) .

[7] MEYER P.A. Martingales and stochastic integrals. Lecture Notes in M. 284 Springer, Berlin (1972) .

[8] YOSIDA K. Functional Analisis. Springer, Berlin (1971) .

ISTITUTO di MATEMATICA
Universita di Pisa

56100 PISA

Italie

INSTITUT de RECHERCHE MATHEMATIQUE AVANCEE
Laboratoire Associé au C.N.R.S.
Université Louis Pasteur
7, rue René Descartes
67084 STRASBOURG CEDEX

Université de Strasbourg

Séminaire de Probabilités

ESPACES FORTEMENT STABLES DE MARTINGALES DE CARRE INTEGRABLE

par

Maurizio PRATELLI

Le but de cette note est d'étudier les sous-espaces de $\mathcal{M}^2$ qui sont stables pour l'intégration des processus optionnels.

La situation est analogue à celle des sous-espaces stables pour l'intégration des processus prévisibles, mais les démonstrations sont techniquement plus compliquées ; toutefois, elles deviennent extrêmement faciles si la famille de tribus $(\mathcal{F}_t)$ est supposée quasi-continue à gauche.

I. INTRODUCTION ET NOTATIONS.

Les notions fondamentales de la théorie des intégrales stochastiques sont supposées connues (voir, par exemple, [1] ou [2]) ; les notations sont celles de [1].

L'espace probabilisé $(\Omega,\mathcal{F},\mathbb{P})$ est muni d'une famille croissante de tribus $(\mathcal{F}_t)_{t\in\mathbb{R}^+}$ satisfaisant aux conditions habituelles ; toutes les martingales sont supposées continues à droite.

La notation $\mathcal{M}^2$ désigne l'espace des martingales M, nulles en 0, et de carré intégrable (c'est-à-dire telles que $\sup_t E[(M_t)^2] < +\infty$).

Si M est une telle martingale, $< M,M >$ désigne le seul processus croissant prévisible tel que $M^2 - < M,M >$ soit une martingale ; on pose, en outre, $[M,M]_t = \langle M^c,M^c \rangle_t + \sum_{s\leq t} \Delta M_s^2$. L'intégrale stochastique $H.M$, lorsque H est un processus optionnel satisfaisant à des conditions d'intégrabilité convenables, a été introduite très récemment par P.A. Meyer (voir [3]) : on va rappeler ici les définitions et les propriétés fondamentales, en se bornant au cas des martingales de carré intégrable, ce qui suffira pour la suite.

Si M est un élément de $\mathcal{M}^2$ et si H est un processus optionnel tel que $\int_0^{+\infty} H_s^2 \, d[M,M]_s$ soit intégrable, l'intégrale stochastique $H.M$ est la seule martingale L de carré intégrable telle que l'on ait $E[L_\infty N_\infty] = E[\int_0^{+\infty} H_s \, d[M,N]_s]$ pour tout élément N de $\mathcal{M}^2$.

On énonce ici les propriétés fondamentales de cette martingale :

a) Si H est prévisible, $H.M$ est l'intégrale stochastique usuelle.

b) Pour toute martingale N de $\mathcal{M}^2$, le processus $[H.M,N]_t - \int_0^t H_s \, d[M,N]_s$ est une martingale, nulle si H est prévisible ou si M ou N n'a que des discontinuités totalement inaccessibles.

c) Si T est un temps d'arrêt totalement inaccessible (resp. prévisible), on a $\Delta(H.M)_T = H_T . \Delta M_T$ (resp. $= H_T \Delta M_T - E[H_T \Delta M_T | \mathcal{F}_{T-}]$).

d) On a $H.(K.M) = (HK).M$ pour tout couple H , K de processus optionnels bornés, dont l'un au moins est prévisible.

Pour la démonstration de ces propriétés, on renvoie à la rédaction du cours de P.A. Meyer sur les intégrales stochastiques.

2. SOUS-ESPACES FORTEMENT STABLES.

DEFINITION 1. Un sous-espace $\mathcal{H}$ de $\mathcal{M}^2$ est appelé fortement stable s'il est fermé et si, pour tout élément M de $\mathcal{H}$ et pour tout processus optionnel H tel que $\int_0^{+\infty} H_s^2 \, d[M,M]_s$ soit intégrable, l'intégrale stochastique $H.M$ est encore un élément de $\mathcal{H}$.

Remarque 1 : Puisque la tribu optionnelle est engendrée par les intervalles stochastiques de la forme $[\![0,T[\![= [\![0,T]\!] \setminus [\![T]\!]$, il suffit, pour qu'un sous-espace fermé $\mathcal{H}$ soit fortement stable, que $H.M$ soit un élément de $\mathcal{H}$ lorsque

M appartient à $\mathcal{H}$ et H est l'indicatrice d'un intervalle stochastique de la forme $[\![0,T]\!]$ ou $[\![T]\!]$.

On remarquera que dans le cas où H est l'indicatrice de $[\![0,T]\!]$, H.M coïncide avec la martingale arrêtée M^T. Dans l'autre cas, si l'on désigne par X le compensé du processus à variation intégrable $\Delta M_T . I_{\{t \geq T\}}$, on a $E[\int_0^{+\infty} H_s \, d[M,N]_s] = E[\Delta M_T . \Delta N_T] = E[X_\infty N_\infty]$ pour tout élément N de $\mathcal{M}^2$, ce qui montre que H.M coïncide avec X.

En tenant compte des propriétés de l'intégrale stochastique énoncées ci-dessus, on peut donner les exemples suivants de sous-espaces fortement stables :

1) L'espace $\mathcal{M}^c$ des martingales continues.

2) L'espace $\mathcal{M}^d$ des "sommes compensées de sauts" (voir [1]).

3) Si T est un temps d'arrêt soit prévisible, soit totalement inaccessible, l'espace $\mathcal{M}(T)$ des martingales continues hors de $[\![T]\!]$.

En revanche, si T est un temps d'arrêt quelconque, $\mathcal{M}(T)$ peut ne pas être fortement stable.

<u>Exemple</u> : Soit Ω un espace constitué par trois points x,y,z avec $\mathbb{P}(\{x\}) = \mathbb{P}(\{y\}) = \mathbb{P}(\{z\}) = \frac{1}{3}$, et soit $\mathcal{F}_t = (\emptyset,\Omega)$ si $t<1$, $\mathcal{F}_t = \mathcal{P}(\Omega)$ si $t \geq 1$.

Soit M la martingale ainsi définie :

$$M_t = \begin{cases} 0 & \text{si } t<1 , \\ I_{\{x\}} - I_{\{y\}} & \text{si } t \geq 1 . \end{cases}$$

M est continue hors de $[\![T]\!]$, avec

$$T(\omega) = \begin{cases} 1 & \text{si } \omega = x \text{ ou } \omega = y , \\ +\infty & \text{si } \omega = z . \end{cases}$$

Par contre, en prenant

$$H(\omega,t) = \begin{cases} 1 & \text{si} \quad \omega = x \quad \text{et} \quad t \geq 1 , \\ 0 & \text{sinon,} \end{cases}$$

l'intégrale H.M est donnée par

$$(H.M)_t = \begin{cases} 0 & \text{si} \quad t < 1 \\ \frac{2}{3} I_{\{x\}} - \frac{1}{3} I_{\{y\}} - \frac{1}{3} I_{\{z\}} & \text{si} \quad t \geq 1 , \end{cases}$$

et H.M n'appartient pas à $\mathcal{M}(T)$.

Le lemme suivant sera utile dans la suite.

LEMME 1. Soient M et N deux martingales de carré intégrable. Les deux conditions suivantes sont équivalentes :

a) $[M,N] = 0$.

b) Pour tout temps d'arrêt T , l'on a $E[M_T N_T] = E[\Delta M_T \Delta N_T] = 0$ (avec la convention $\Delta M_T = 0$ sur $\{T = +\infty\}$).

Démonstration : a) ⇒ b). Soit $[M,N] = 0$; M et N sont alors orthogonales (voir [1]) et donc $E[M_T N_T] = 0$ pour tout T . En outre, $\Delta M_T \Delta N_T = \Delta_T([M,N])$.

b) ⇒ a). En appliquant la relation $E[\Delta M_T \Delta N_T] = 0$ aux t.d.a. de la forme T_A où A parcourt la tribu $\mathcal{F}_T$, on trouve la relation conditionnelle $E[\Delta M_T \Delta N_T | \mathcal{F}_T] = \Delta M_T \Delta N_T = 0$ p.s., ce qui montre (d'après le théorème de section) que le processus optionnel $\Delta M_s \Delta N_s$ est évanescent, de sorte que l'on a $\sum_{s \leq t} \Delta M_s \Delta N_s = 0$.

Pour tout temps d'arrêt T , on a donc $E[M_T^d N_T^d] = 0$; par conséquent, $0 = E[M_T N_T] = E[M_T^c N_T^c]$. Il en résulte que $\langle M^c, N^c \rangle = 0$.

Les théorèmes d'orthogonalité concernant les sous-espaces stables au sens faible (c'est-à-dire pour l'intégration des processus prévisibles) sont fondés sur la notion d'orthogonalité définie par la condition $\langle M,N \rangle = 0$. Pour obtenir des théorèmes analogues concernant les sous-espaces fortement stables, on pourrait penser à utiliser la notion d'orthogonalité définie par la condition $[M,N] = 0$; mais, on s'aperçoit que la "bonne" définition est en fait la suivante.

DEFINITION 2. Deux éléments M,N de $\mathcal{M}^2$ sont dits fortement orthogonaux si, pour tout $H.K$ optionnels bornés, on a $[H.M,K.N] = 0$.

Remarque 2 : Lorsque les discontinuités de M,N sont contenues dans des graphes de temps d'arrêt totalement inaccessibles (par exemple, si la famille $\mathcal{F}_t$ est quasi-continue à gauche), la condition de la définition précédente se réduit à $[M,N] = 0$: il suffit de remarquer que, dans ce cas, on a $H.[M,N] = [H.M,N]$ pour tout H optionnel borné.

THEOREME 1. Pour que les martingales M et N soient fortement orthogonales, (il faut et) il suffit que l'on ait $[H.M,N] = 0$ pour tout processus H optionnel borné.

Démonstration : En vertu de la remarque précédente, il suffit de démontrer le théorème lorsque M et N sont deux sommes compensées de sauts contenus dans des graphes de temps d'arrêt prévisibles. Supposons d'abord $M = \Delta M_T.I_{\{t \geq T\}}$ et $N = \Delta N_S.I_{\{t \geq S\}}$ avec T et S prévisibles. Si $\mathbb{P}\{T = S < +\infty\} = 0$, il est très facile de voir que M et N sont fortement orthogonales : en effet, H et K étant optionnels bornés, $H.M$ (resp. $K.N$) est purement discontinue avec un seul saut contenu dans $[\![T]\!]$ (resp. $[\![S]\!]$), de sorte que $[H.M,K.N] = 0$.

Si $\mathbb{P}\{T = S < +\infty\} > 0$, l'ensemble $A = \{T = S < +\infty\}$ appartient à $\mathcal{F}_{T-} \cap \mathcal{F}_{S-}$ (voir [4], th. IV, 73) et l'on a $M = M^1 + M^2$, $N = N^1 + N^2$, avec :

$$M^1 = \Delta M_{T_{A^c}}.I_{\{t \geq T_{A^c}\}} , \quad M^2 = \Delta M_{T_A}.I_{\{t \geq T_A\}} ,$$

$$N^1 = \Delta N_{S_{A^c}}.I_{\{t \geq S_{A^c}\}} , \quad N^2 = \Delta N_{S_A}.I_{\{t \geq S_A\}} .$$

Les couples (M^1,N^1) , (M^2,N^2) et (M^2,N^1) sont alors fortement orthogonaux, ce qui permet de se réduire au cas de deux martingales M,N de la forme

$$M = \Delta M_T.I_{\{t \geq T\}} , \quad N = \Delta N_T.I_{\{t \geq T\}} ,$$

avec T prévisible. Supposons donc $[H.M,N] = 0$ pour tout H optionnel borné, et en particulier (pour $H = 1$) $[M,N] = 0$, c'est-à-dire $\Delta M_T . \Delta N_T = 0$ p.s. Soit $B = \{E[|\Delta M_T| | \mathcal{F}_{T-}] > 0\}$ et soit $H = \mathrm{sgn}(\Delta M_T).I_{\{t = T\}}$. On a alors $H.M = (|\Delta M_T| - E[|\Delta M_T| | \mathcal{F}_{T-}])I_{\{t \geq T\}}$ et, puisque $[H.M,N] = 0$, on a $(|\Delta M_T| - E[|\Delta M_T| | \mathcal{F}_{T-}]).\Delta N_T = -E[|\Delta M_T| | \mathcal{F}_{T-}].\Delta N_T = 0$ p.s. Le saut de M est donc contenu dans $[\![T_B]\!]$ (qui est <u>prévisible</u>) et le saut de N dans $[\![T_{B^c}]\!]$: M et N sont alors fortement orthogonaux. Le même raisonnement est valable lorsque chacune des martingales M,N est la somme compensée d'un nombre fini de sauts.

Passons maintenant au cas général. Soient donc $M = \sum_n \Delta M_{T_n} . I_{\{t \geq T_n\}}$ et $N = \sum_n \Delta N_{S_n} . I_{\{t \geq S_n\}}$, telles que l'on ait $[L.M,N] = 0$ pour tout L optionnel borné. La somme M^h des h premiers sauts de M peut être mise sous la forme $M^h = H.M$ avec H prévisible borné (par exemple, $H = \sum_{n \leq h} I_{[\![T_n]\!]}$) ; de la même façon, la somme N^k des k premiers sauts peut s'écrire $N^k = K.N$.

En vertu des propriétés b) et d) de l'intégrale stochastique, on a $[L.M^h,N^k] = [L.(H.M),K.N] = [(HKL).M,N] = 0$, ce qui montre que M^h et N^k sont fortement orthogonales pour tout h et k . Il suffit alors de passer à la limite pour en déduire que les martingales M et N sont elles aussi fortement orthogonales.

<u>Remarque 3</u> : On sait que pour que l'égalité $[M,N] = 0$ ait lieu, il faut et il suffit que l'on ait $< M^c,N^c > = 0$ et que les sauts de M et de N soient disjoints. La démonstration du théorème précédent montre que, pour que M et N soient <u>fortement orthogonales</u>, il faut et il suffit que l'on ait $< M^c,N^c > = 0$ et que les sauts de M et de N soient "<u>fortement disjoints</u>", c'est-à-dire qu'ils soient contenus dans deux ensembles disjoints, dont chacun soit une réunion dénombrable de graphes de temps d'arrêt prévisibles ou totalement inaccessibles. On peut aussi remarquer que, pour que M et N soient fortement orthogonales, il suffit que $[M,N] = 0$ et que $[H.M,N] = 0$ lorsque H est l'indicatrice d'un intervalle stochastique de la forme $[\![T]\!]$ (voir la remarque 1).

COROLLAIRE 1. Si $\mathcal{G}$ est une partie quelconque de $\mathcal{M}^2$, son orthogonal fort est fortement stable.

Démonstration : L'orthogonal forte de $\mathcal{G}$ est évidemment fermé. Soit M fortement orthogonal à tout élément A de $\mathcal{G}$, et soit H optionnel borné : pour tout K optionnel borné, on a alors $[H.M, K.A] = 0$, et l'on peut conclure que $[L.(H.M), K.A] = 0$ pour K et L optionnels bornés, c'est-à-dire que H.M est fortement orthogonal à A.

Le théorème de projection suivant est l'analogue, pour les sous-espaces fortement stables, du théorème de projection de Kunita-Watanabe (voir [5] ou [1]).

THEOREME 2. Soit $\mathcal{H}$ un sous-espace fortement stable de $\mathcal{M}^2$, et soit $\mathcal{H}^\perp$ son orthogonal ordinaire (au sens de L^2) : $\mathcal{H}^\perp$ est alors fortement stable et fortement orthogonal à $\mathcal{H}$.

Démonstration : Il resulte immédiatement de la définition de l'intégrale stochastique que l'égalité $E[(H.M)_\infty N_\infty] = E[M_\infty (H.N)_\infty]$ a lieu pour tout couple M,N d'éléments de $\mathcal{M}^2$ et pour tout H optionnel borné.

Si maintenant $M \in \mathcal{H}$ et $N \in \mathcal{H}^\perp$, H.M est encore dans $\mathcal{H}$ et l'on a $E[(H.M)_\infty N_\infty] = E[M_\infty (H.N)_\infty] = 0$, de sorte que $H.N \in \mathcal{H}^\perp$. Cela prouve que $\mathcal{H}^\perp$ est fortement stable. Si en particulier H est l'indicatrice de l'intervalle stochastique $[\![0,T]\!]$ (resp. $[\![T]\!]$), l'égalité précédente donne $E[M_T N_T] = 0$ (resp. $E[\Delta M_T \Delta N_T] = 0$), ce qui prouve que $[M,N] = 0$.

Si H,K sont optionnels bornés, $H.M \in \mathcal{H}$ et $K.N \in \mathcal{H}^\perp$: on a alors $[H.M, K.N] = 0$ et l'on peut conclure que M et N sont fortement orthogonaux.

Le corollaire suivant, dont la démonstration est presque évidente, donne une caractérisation du sous-espace fortement stable engendré par une partie quelconque de $\mathcal{M}^2$.

COROLLAIRE 2. Si $\mathcal{G}$ est une partie de $\mathcal{M}^2$, le sous-espace fortement stable engendré par $\mathcal{G}$ est le biorthogonal de $\mathcal{G}$, l'orthogonalité étant prise au sens fort.

Remarque 4 : On sait que, pour tout élément M de $\mathcal{M}^2$, le sous-espace $\mathcal{H}$ constitué par les processus de la forme H.M , où H est un processus prévisible tel que $\int_0^{+\infty} H_s^2 \, d[M,M]_s$ soit intégrable, est stable, de sorte que tout élément de N de $\mathcal{M}^2$ admet une décomposition de la forme $N = H.M + L$, avec H prévisible et L orthogonale (au sens de [1]) à M .

Malheureusement une décomposition analogue, avec H optionnel et L fortement orthogonale à M , n'a pas lieu en général. Il suffit pour cela de remarquer que, si dans la définition de $\mathcal{H}$ on remplace le mot "prévisible" par le mot "optionnel", on n'obtient pas un sous-espace fortement stable, sauf cas particuliers (par exemple, le cas où M est quasi-continue à gauche).

BIBLIOGRAPHIE

[1] MEYER P.A. — Intégrales stochastiques I. Séminaire de Probabilités de Strasbourg I, Lecture Notes in M., vol. 39, Springer-Verlag, Heidelberg (1967).

[2] DOLEANS-DADE C., MEYER P.A. — Intégrales stochastiques par rapport aux martingales locales. Séminaire de Probabilités de Strasbourg IV, p. 77-107. Lecture Notes in M., vol. 124, Springer-Verlag, Heidelberg (1970).

[3] MEYER P.A. — Intégrales stochastiques de processus optionnels par rapport aux martingales locales. A paraître sur C.R.Acad. Sc. Paris.

[4] DELLACHERIE C., MEYER P.A. — Probabilités et Potentiels (nouvelle version refondue). A paraître.

[5] KUNITA H., WATANABE S. — On square integrable martingales. Nagoya M.J., vol. 30, p. 209-245 (1967).

ISTITUTO di MATEMATICA

56100 PISA (ITALIE).

Université de Strasbourg 1974/75

Séminaire de Probabilités

REPRESENTATION DES MARTINGALES COMME INTEGRALES STOCHASTIQUES DES PROCESSUS OPTIONNELS

par

K. A. YEN et Ch. YOEURP

On se place dans un espace probabilisé complet $(\Omega,\mathcal{F},P)$ muni d'une famille croissante de sous-tribus $(\mathcal{F}_t)$ vérifiant les conditions habituelles.

Les références indiquées entre parenthèses se rapportent au "Cours sur les intégrales stochastiques" de P.A. Meyer, dans le même volume de Séminaire de Probabilités.

P.A. Meyer a défini l'intégrale stochastique $H.M$ d'un certain processus optionnel $H = (H_t)$ par rapport à une martingale locale $M = (M_t)$, par le fait qu'elle est l'unique martingale locale telle que le processus

$[H.M,N] - H.[M,N]$ soit une martingale locale

pour toute martingale bornée $N = (N_t)$ (Théorème 19, V).

Le lemme suivant généralise ce résultat en ce sens que l'on a $[H.M,N] = H.[M,N]$, et ceci pour toute martingale locale N, quand $(\mathcal{F}_t)$ est quasi-continue à gauche.

LEMME 1.- Soient $M = (M_t)$ une martingale locale, $H = (H_t)$ un processus optionnel tel que $(\int_0^t H_s^2 d[M,M]_s)^{\frac{1}{2}}$ soit localement intégrable. On suppose que $(\mathcal{F}_t)$

<u>est quasi-continue à gauche (ou que</u> M <u>est quasi-continue à gauche)</u>.

<u>Alors, il existe une martingale locale et une seule</u> $(H.M_t) = (\int_0^t H_s\, dM_s)$ <u>telle que l'on ait, pour toute martingale locale</u> $N = (N_t)$:

$[H.M,N] = H.[M,N]$.

<u>Démonstration</u>.- Dans le cas où N est une martingale <u>bornée</u>, le lemme se réduit à (V 19). Comme une martingale locale est localement dans $\underline{\underline{H}}^1$, il suffit de démontrer le lemme pour N appartenant à $\underline{\underline{H}}^1$. Du fait que l'ensemble des martingales bornées est dense dans $\underline{\underline{H}}^1$ (V 13), il existe une suite (N^n) de martingales bornées telle que :

$$\lim_{n\to\infty} E(\sqrt{[N-N^n,N-N^n]_\infty}) = \lim_{n\to\infty} \|N-N^n\|_{\underline{\underline{H}}^1} = 0 .$$

Quitte à extraire une sous-suite, on peut donc supposer que $[N-N^n,N-N^n]_\infty$ converge presque sûrement vers 0 .

D'autre part, l'inégalité de Kunita-Watanabé nous permet d'écrire les deux inégalités suivantes (IV 10) :

$$|\int_0^t H_s\, d[M,N-N^n]_s| \leq (\int_0^t H_s^2\, d[M,M]_s)^{\frac{1}{2}} ([N-N^n,N-N^n]_t)^{\frac{1}{2}}$$

$$|\int_0^t d[H.M,N-N^n]_s| \leq ([H.M,H.M]_t)^{\frac{1}{2}} ([N-N^n,N-N^n]_t)^{\frac{1}{2}} .$$

En faisant tendre n vers $+\infty$, on obtient :

$$\lim_{n\to\infty} H.[M,N^n] = H.[M,N] \quad \text{et} \quad \lim_{n\to\infty} [H.M,N^n] = [H.M,N] .$$

Mais, comme pour tout n , on a :

$$[H.M,N^n] = H.[M,N^n] ,$$

on en conclut que $[H.M,N] = H.[M,N]$.

C.Q.F.D.

On a le théorème fondamental suivant :

THEOREME 2.- On suppose que $(\mathcal{F}_t)$ est quasi-continue à gauche. Soit $M = (M_t)$ une martingale locale donnée.

Alors, pour toute martingale locale $N = (N_t)$, il existe un processus optionnel $f = (f_t)$ tel que $(\int_0^t f_s^2 \, d[M,M]_s)^{\frac{1}{2}}$ soit localement intégrable et que :

$$N = f.M + L$$

où $L = (L_t)$ est une martingale locale telle que $[M,L] = 0$.(*)

Cette décomposition est unique en $f.M$ et en L.

De plus, si N est une martingale de carré intégrable, il en est de même pour L, et, si N est bornée, L est localement bornée.

Démonstration :

a) L'inégalité de Kunita-Watanabé (IV 10) nous permet d'écrire pour tout t fini :

$$\int_0^t |d[M,N]_s| \leq (\int_0^t d[M,M]_s)^{\frac{1}{2}} (\int_0^t d[N,N]_s)^{\frac{1}{2}} .$$

Ce qui montre que $d[M,N]_s$ est absolument continue par rapport à $d[M,M]_s$. Soit alors $f = (f_t)$ une version optionnelle de $\frac{d[M,N]_s}{d[M,M]_s}$.

Montrons que $(\int_0^t f_s^2 \, d[M,M]_s)^{\frac{1}{2}}$ est localement intégrable. En posant $f^n = f 1_{\{|f| \leq n\}}$, on a :

$$\int_0^t (f_s^n)^2 \, d[M,M]_s = \int_0^t f_s^n (f_s \, d[M,M]_s)$$

$$= \int_0^t f_s^n \, d[M,N]_s .$$

(*) On a $[M,L] = 0$ si et seulement si M et L sont orthogonales et sans sauts communs.

$$\leq \left(\int_0^t (f_s^n)^2 \, d[M,M]_s\right)^{\frac{1}{2}} \left(\int_0^t d[N,N]_s\right)^{\frac{1}{2}} ,$$

toujours d'après l'inégalité de Kunita-Watanabé.

Puisque $\int_0^t (f_s^n)^2 \, d[M,M]_s$ est fini, on en déduit que :

$$\left(\int_0^t (f_s^n)^2 \, d[M,M]_s\right)^{\frac{1}{2}} \leq \left(\int_0^t d[N,N]_s\right)^{\frac{1}{2}} = ([N,N]_t)^{\frac{1}{2}} .$$

D'où, en faisant tendre n vers $+\infty$:

$$\left(\int_0^t f_s^2 \, d[M,M]_s\right)^{\frac{1}{2}} \leq ([N,N]_t)^{\frac{1}{2}} .$$

On a alors le résultat désiré du fait que $([N,N]_t)^{\frac{1}{2}}$ est localement intégrable (IV 30) .

On peut alors parler de l'intégrale stochastique $f.M$. Posons : $L = N - f.M$, on a alors :

$$\begin{aligned} [M,L] &= [M,N] - [M,f.M] \\ &= f.[M,M] - f.[M,M] \quad \text{(lemme 1)} \\ &= 0 . \end{aligned}$$

Le théorème de décomposition est ainsi démontré.

b) Supposons que N soit une martingale de carré intégrable, montrons que L aussi. On peut écrire :

$$\begin{aligned} [N,N] &= [f.M + L , f.M + L] \\ &= [f.M , f.M] + [L,L] + 2[f.M,L] \\ &\geq [L,L] + 2f.[M,L] = [L,L] . \end{aligned}$$

Or $[N,N]_\infty$ est intégrable, donc $[L,L]_\infty$ aussi. Ce qui équivaut à dire que L est une martingale de carré intégrable.

c) Supposons que N soit bornée par k , montrons que L est localement bornée. Considérons :

$$T_n = \inf\{t / |L_t| \geq n\} .$$

Ce sont des t.a. tendant en croissant vers $+\infty$.

On a :

$$|L_{t\wedge T_n}| \leq n + |\Delta L_{T_n}| .$$

Mais L et $f.M$ n'ont pas de sauts communs. Donc, si ΔL_{T_n} n'est pas nul, il est égal à ΔN_{T_n} qui est borné par $2k$. Donc :

$$|L_{t\wedge T_n}| \leq n + 2k .$$

C.Q.F.D.

d) Unicité.

Supposons que l'on ait deux décompositions du même type :

$$N = f.M + L = f'.M + L' .$$

Alors :

$$L - L' = (f' - f).M .$$

On a donc :

$$\begin{aligned}[L-L', L-L'] &= [(f'-f).M, L-L'] \\ &= (f'-f).[M,L] - (f'-f).[M,L'] \\ &= 0 .\end{aligned}$$

Par conséquent : $L = L'$ et $f.M = f'.M$.

C.Q.F.D.

Remarque : Cas particulier où M est continue.

Si la martingale locale M est continue, dans le théorème 2, f peut être choisi prévisible. Alors, l'hypothèse de la quasi-continuité à gauche de $(\mathcal{F}_t)$ peut être supprimée.

En effet, dans le cas d'une martingale continue, l'intégrale stochastique des optionnels coïncide avec celle des prévisibles.

□

Pour simplifier, les martingales locales considérées dans la suite seront supposées nulles pour $t = 0$. Cela n'enlève rien quant à la généralité.

THEOREME 3.- Soit $M = (M_t)$ une martingale locale. On suppose que $(\mathcal{F}_t)$ est quasi-continue à gauche (ou que M est quasi-continue à gauche). Alors, les trois propositions suivantes sont équivalentes :

1. toute martingale bornée admet une représentation comme intégrale stochastique d'un processus optionnel par rapport à M (on dira tout simplement "représentation optionnelle par rapport à M").

2. toute martingale locale admet une représentation optionnelle par rapport à M .

3. toute martingale bornée L telle que $[M,L] = 0$ est nulle.

Démonstration :

a) Montrons l'implication 1. ⇒ 2. :

Soit $N = (N_t)$ une martingale locale. D'après le théorème 2 , on peut écrire :

$$N = f.M + L$$

où $f = (f_t)$ est un processus optionnel et L est une martingale locale telle que $[M,L] = 0$.

On va prouver que $L = 0$. Par arrêt, on peut supposer que L est dans $\underline{\underline{H}}^1$. Il existe alors une suite de martingales bornées L^n qui convergent dans $\underline{\underline{H}}^1$ vers L .

Mais, d'après 1., on peut écrire :

$$L^n = f^n.M$$

où $f^n = (f^n_t)$ est un processus optionnel. On a alors :

$$\|L^n - L\|_{\underline{\underline{H}}^1} = E(\sqrt{[L^n - L, L^n - L]_\infty})$$

$$= E(\sqrt{[L^n, L^n]_\infty + [L,L]_\infty - 2[L^n, L]_\infty})$$

$$\geq E(\sqrt{[L,L]_\infty})$$

car $[L^n, L] = [f^n.M, L] = f^n.[M,L] = 0$.

En faisant tendre n vers $+\infty$, on obtient :

$$[L,L]_\infty = 0 .$$

Donc, $L = 0$.

b) Montrons que 2. ⇒ 3.

Soit L une martingale bornée telle que $[M,L] = 0$. D'après 2., il existe $f = (f_t)$ optionnel tel que $L = f.M$. On peut alors écrire :

$$[L,L] = [f.M, L] = f.[M,L] = 0 .$$

Donc, $L = 0$.

c) Montrons que 3. ⇒ 1. :

Soit $N = (N_t)$ une martingale bornée. Le théorème 2 permet d'écrire :

$$N = f.M + L$$

où $f = (f_t)$ est optionnel et $L = (L_t)$ une martingale localement bornée telle que $[M,L] = 0$.

Pour prouver que $L = 0$, on peut supposer, par arrêt, que L est bornée. Alors, 3. permet de conclure.

C.Q.F.D.

□

Introduisons la classe des martingales locales suivantes :

DEFINITION 4.- Une martingale locale $M = (M_t)$ est dite standard si elle satisfait à la condition suivante :

si Q est une loi de probabilité équivalente à P telle que M soit encore une martingale locale sous la loi Q , alors $Q = P$ sur $\mathcal{F}_\infty$.

Exemples : Une martingale continue $M = (M_t)$ telle que $\langle M,M\rangle$ soit une fonction déterministe est standard par rapport à sa famille de tribu naturelle (suivre par exemple la démonstration de III Théorème 10) ; le mouvement brownien en est un cas particulier.

Une martingale locale somme compensée de sauts $M = (M_t)$ dont tous les sauts sont égaux à +1 , telle que $\langle M,M\rangle$ (*) soit une fonction déterministe continue est aussi standard par rapport à sa famille de tribu naturelle ; le processus de Poisson compensé en est un cas particulier.

□

On aura besoin du lemme suivant dont la démonstration est immédiate et est laissée au lecteur.

LEMME 5.- Soit Q une loi de probabilité équivalente à P . Posons :

$$\mu_t = E\{\frac{dQ}{dP}/\mathcal{F}_t\} \text{ , pour tout } t \text{ fini.}$$

Alors, $M = (M_t)$ est une martingale locale relativement à Q si et seulement si $(M_t\mu_t)$ est une martingale locale relativement à P .

THEOREME 6.-

1. On suppose que $(\mathcal{F}_t)$ est quasi-continue à gauche. Si $M = (M_t)$ est standard, alors toute martingale locale admet une représentation optionnelle par rapport à M .

(*) En considérant $T_n = \inf\{t/|M_t| \geq n\}$, on voit que $|M_{t\wedge T_n}| \leq n+1$. Donc, en particulier, M est une martingale localement de carré intégrable, et $\langle M,M\rangle$ est bien défini.

2. Soit $M = (M_t)$ une martingale locale continue et soit $(\mathcal{G}_t)$ sa famille de tribus naturelle, complétée et rendue continue à droite.

Alors, M est standard relativement à $(\mathcal{G}_t)$ si et seulement si toute martingale locale de la famille $(\mathcal{G}_t)$ admet une représentation prévisible par rapport à M.

Démonstration :

1. En vertu du théorème 3, il suffit de faire la démonstration pour une martingale bornée $N = (N_t)$. Le théorème 2 permet d'écrire :

$$N = f.M + L$$

où f est optionnel et L est une martingale localement bornée telle que $[M,L] = 0$.

Pour prouver que $L = 0$, on peut supposer, par arrêt que L est bornée par une constante k. Définissons alors une loi de probabilité Q équivalente à P, en posant :

$$Q = (1 + \frac{L_\infty}{2k})P.$$

Puisque $[M,L] = 0$, ML est une martingale locale sous la loi P, donc $M + \frac{LM}{2k}$ aussi. Le lemme 5 permet alors de dire que M est une martingale locale sous la loi Q. Donc, du fait que M est standard, on a :

$$Q = P \text{ sur } \mathcal{F}_\infty .$$

Donc, $L_\infty = 0$.

C.Q.F.D.

2. La condition nécessaire résulte immédiatement de 1. et de la remarque suivant la démonstration du théorème 2.

Passons à la condition suffisante. Soit Q une loi de probabilité équivalente à P telle que M soit encore une martingale locale sous Q. Posons, pour tout t fini :

$$\mu_t = E\{\frac{dQ}{dP}/\mathcal{G}_t\}.$$

On va montrer que $\mu_t = 1$, pour tout t , ce qui entraînera alors que $Q = P$ sur $\mathcal{G}_\infty$.

Soit $N = (N_t) = (1-\mu_t)$. C'est une martingale relativement à P , nulle pour $t=0$, car $\mu_o = E\{\frac{dQ}{dP}/\mathcal{G}_o\} = E(\frac{dQ}{dP}) = 1$. Il existe alors un processus prévisible $f = (f_t)$ tel que $N = f.M$. D'autre part, le lemme 5 permet de dire que $(\mu_t M_t)$ est une martingale locale sous la loi P , puisque M l'est sous Q . Par conséquent NM est aussi une martingale locale sous la loi P et on a, puisque M est continue : (*)

$$<N,M> = 0 .$$

On peut alors écrire :

$$<N,N> = <N,f.M>$$

$$= f.<N,M> = 0 .$$

Donc, N est orthogonale à elle-même et vaut donc 0 . Il en résulte que $\mu_t = 1$, pour tout t .

C.Q.F.D.

(*) Si M est continue, alors pour toute martingale locale N , $<M,N>$ existe et est continu, et on a :

$$[M,N] = <M,N^c> = <M,N>$$

où N^c est la partie continue de N .

Université de Strasbourg 1974/75

Séminaire de Probabilités

DECOMPOSITIONS DES MARTINGALES LOCALES ET FORMULES EXPONENTIELLES

par

Ch. YOEURP

Nous présentons ici quelques résultats nouveaux sur les intégrales stochastiques. Nous faisons souvent référence au "cours sur les intégrales stochastiques" de P.A. Meyer ([4]) pour éviter de reprendre certains résultats.

Au § 1, après avoir précisé la décomposition orthogonale d'une martingale locale en partie continue, partie somme compensée de sauts accessibles et partie somme compensée de sauts totalement inaccessibles, nous examinerons, sous certaines conditions, des relations liant les martingales locales et les intégrales stochastiques avec les processus à variation finie. Pour deux martingales locales $M = (M_t)$ et $N = (N_t)$, nous définissons également le crochet $<M,N>$, et nous donnons une condition nécessaire et suffisante pour qu'il existe.

Au § 2, comme application de la formule exponentielle de C. Doléans-Dade, nous donnons un théorème, connu sous le nom de théorème de Girsanov généralisé, sur la transformation de martingale locale par un changement de loi de probabilité, la nouvelle loi n'étant pas absolument continue par rapport à la loi initiale, mais seulement "localement" absolument continue.

Au § 3, nous introduisons une nouvelle notion d'exponentielle définie sur la classe $\mathcal{S}_p$ des semi-martingales spéciales. Elle est en général distincte de celle de C. Doléans-Dade et coïncide avec elle sur les martingales locales. C'est cette deuxième exponentielle qui nous permet d'obtenir très facilement la décomposition multiplicative des surmartingales positives dans le cas le plus général.

Définitions et notations

Soit $(\Omega,\mathcal{F},P)$ un espace probabilisé complet, muni d'une famille croissante de sous-tribus $(\mathcal{F}_t)$. On suppose que $(\mathcal{F}_t)$ vérifie les conditions habituelles.

On adopte les notations suivantes :

$\mathcal{M}^p$ $(1 \leq p < +\infty)$ désigne l'ensemble des martingales nulles en $t = 0$, bornées dans L^p, c'est-à-dire $\sup_t E(|M_t|^p) < +\infty$.

$$\mathcal{M}^p_{loc} = \{M = (M_t) / \exists\, T_n \uparrow +\infty \text{ tels que } (M_{t\wedge T_n}) \in \mathcal{M}^p\}.$$

$\mathcal{V}^+$ est l'ensemble des processus adaptés, à trajectoires croissantes, continues à droite et nulles en $t = 0$. Un élément de $\mathcal{V}^+$ sera appelé <u>processus croissant</u>.

$\mathcal{V} = \mathcal{V}^+ - \mathcal{V}^+$ est l'ensemble des <u>processus à variation finie sur tout compact</u>.

$\mathcal{A}^+ = \{A = (A_t) \in \mathcal{V}^+ / \lim_{t\to\infty} E(A_t) < +\infty\}$. Un élément de $\mathcal{A}^+$ sera appelé un <u>processus croissant intégrable</u>.

$\mathcal{A} = \mathcal{A}^+ - \mathcal{A}^+$: ensemble des <u>processus à variation intégrable</u>.

$\mathcal{A}_{loc} = \{V = (V_t) \in \mathcal{V} / \exists\, T_n \uparrow +\infty$ tels que $(\int_0^{t\wedge T_n} |dV_s|) \in \mathcal{A}\}$: ensemble des processus à <u>variation localement intégrable</u>.

$\mathcal{L}$: ensemble des martingales locales nulles pour $t = 0$.

§ 1. RESULTATS COMPLEMENTAIRES SUR LES MARTINGALES LOCALES.

DEFINITION (1-1).- Un t.a. R réduit la martingale locale $M = (M_t) \in \mathcal{L}$, si le processus $(M_{t \wedge R})$ est une martingale uniformément intégrable.

Il réduit fortement M, si de plus la martingale $E[|M_R|/\mathcal{F}_t]$ est bornée sur $[\![0,R[\![$.

Il résulte aussitôt du théorème d'arrêt de Doob que si R réduit (resp. réduit fortement) M, alors tout t.a. S tel que $S \leq R$, réduit (resp. réduit fortement) M.

Le lemme suivant est fondamental dans la suite. Pour sa démonstration, nous renvoyons à P.A. Meyer ([4] IV 7).

LEMME FONDAMENTAL (1-2).- Soit $M = (M_t) \in \mathcal{L}$. Alors, il existe des t.a. finis $R_n \uparrow +\infty$ réduisant fortement M.

La proposition suivante constitue une amélioration du théorème 8, IV [4].

PROPOSITION (1-3).- Soient $M = (M_t) \in \mathcal{L}$ et R un t.a. fini réduisant fortement M. Alors, la martingale arrêtée $(M_{t \wedge R})$ peut s'écrire sous la forme suivante :

$$M_{t \wedge R} = H_t + V_t + W_t$$

où $H = (H_t)$ est une martingale dans $\mathcal{M}^p$ $(1 \leq p < +\infty)$ et où $V = (V_t)$ et $W = (W_t)$ sont dans $\mathcal{M}^1 \cap \mathcal{A}$, et V (resp. W) n'a que des sauts accessibles (resp. totalement inaccibles).

Démonstration : Désignons par S et T la partie totalement inaccessible et la partie accessible de R. Comme R est fini, on peut écrire :

$$M_R = M_S \, 1_{\{S < +\infty\}} + M_T \, 1_{\{T < +\infty\}} .$$

Donc :

(1) $$M_{t\wedge R} = E\{M_R|\mathcal{F}_t\} = E\{M_S\, 1_{\{S<+\infty\}}|\mathcal{F}_t\} + E\{M_T\, 1_{\{T<+\infty\}}|\mathcal{F}_t\}.$$

a) On va d'abord faire la décomposition de la martingale

$$E\{M_S\, 1_{\{S<+\infty\}}|\mathcal{F}_t\}.$$

Considérons la martingale positive $N_t^+ = E\{M_S^+\, 1_{\{S<+\infty\}}|\mathcal{F}_t\}$,

où $M_S^+ = \mathrm{Sup}(0,M_S)$, et posons $Y_t^+ = N_t^+\, 1_{\{t<S\}}$.

Puisque S est un t.a. totalement inaccessible, la surmartingale (Y_t^+) est régulière. Elle est de plus bornée, en effet :

$$Y_t^+ = N_t^+\, 1_{\{t<R\}} + N_t^+\, 1_{\{R\le t<S\}} \qquad (R\le S)$$

$$= E\{M_S^+\, 1_{\{S<+\infty\}}|\mathcal{F}_t\}\, 1_{\{t<R\}} + E\{M_S^+\, 1_{\{S<+\infty\}} 1_{\{R\le t<S\}}|\mathcal{F}_t\}.$$

Au second membre de l'égalité, le premier terme est borné, car R réduit fortement M ; le deuxième terme est nul car sur $\{S<+\infty\}$, on doit avoir $R = S$.

(Y_t^+) est donc bornée et admet une décomposition de Doob :

(2) $$Y_t^+ = K_t^+ - A_t^+$$

où (K_t^+) est une martingale dans $\mathcal{M}^p\ (1\le p<+\infty)$, et (A_t^+) est un processus croissant continu tel que $E((A_\infty^+)^p)<+\infty\ (1\le p<+\infty)$, ([5] VII N° 59).

On considère de même la martingale $N_t^- = E\{M_S^-\, 1_{\{S<+\infty\}}|\mathcal{F}_t\}$ où $M_S^- = \mathrm{Sup}(0,-M_S)$ et on pose $Y_t^- = N_t^-\, 1_{\{t<S\}}$. On montre de même que (Y_t^-) est une surmartingale régulière bornée, elle admet donc une décomposition de Doob :

(3) $$Y_t^- = K_t^- - A_t^-$$

où (K_t^-) est une martingale dans $\mathcal{M}^p\,(1 \le p < +\infty)$ et (A_t^-) est un processus croissant continu tel que $E((A_\infty^-)^p) < +\infty\,(1 \le p < +\infty)$.

En retranchant membre à membre (2) et (3), on a :

$$E\{M_S 1_{\{S<+\infty\}} | \mathcal{F}_t\} 1_{\{t<S\}} = (K_t^+ - K_t^-) - (A_t^+ - A_t^-) .$$

Posons alors : $K_t = K_t^+ - K_t^-$ et $A_t = A_t^+ - A_t^-$.

On peut écrire successivement :

$$E\{M_S 1_{\{S<+\infty\}} | \mathcal{F}_t\} = K_t - A_t + E\{M_S 1_{\{S<+\infty\}} | \mathcal{F}_t\} 1_{\{S \le t\}}$$

$$= K_t - A_t + M_S 1_{\{S \le t\}} \quad (M_S 1_{\{S \le t\}} \text{ est } \mathcal{F}_t\text{-mesurable}) .$$

Donc finalement :

(4) $$E\{M_S 1_{\{S<+\infty\}} | \mathcal{F}_t\} = K_t + (M_S 1_{\{S \le t\}} - A_t)$$

où (K_t) est une martingale dans $\mathcal{M}^p\,(1 \le p < +\infty)$ et $(M_S 1_{\{S \le t\}} - A_t)$ est une martingale dans $\mathcal{A}$ ayant un seul saut en S.

b) On reprend la même démonstration pour la martingale $E\{M_T 1_{\{T<+\infty\}} | \mathcal{F}_t\}$ et on obtient :

(5) $$E\{M_T 1_{\{T<+\infty\}} | \mathcal{F}_t\} = L_t + (M_T 1_{\{T \le t\}} - B_t)$$

où (L_t) est une martingale dans $\mathcal{M}^p\,(1 \le p < +\infty)$ et $(M_T 1_{\{T \le t\}} - B_t)$ est une martingale dans $\mathcal{A}$ et à sauts accessibles.

Ajoutons membre à membre (4) et (5), nous obtenons en vertu de (1) :

$$M_{t \wedge R} = (K_t + L_t) + (M_S 1_{\{S \le t\}} - A_t) + (M_T 1_{\{T \le t\}} - B_t) .$$

Il suffit alors de poser :

$$H_t = K_t + L_t\,,\ V_t = M_T 1_{\{T \le t\}} - B_t \ \text{ et } \ W_t = M_S 1_{\{S \le t\}} - A_t .$$

C.Q.F.D. □

Nous en déduisons un théorème de décomposition orthogonale d'une martingale locale. On dira que deux martingales locales nulles en 0 sont orthogonales si leur produit est une martingale locale.

THEOREME (1-4).- *Soit* $M = (M_t)$ *un élément de* $\mathcal{L}$. *Alors* M *peut s'écrire d'une manière unique, sous la forme :*

$$M = M^c + M^{dp} + M^{dq}$$

où M^c , M^{dp} *et* M^{dq} *sont des éléments de* $\mathcal{L}$ *et où* M^c *est à trajectoires continues,* M^{dp} *n'a que des sauts accessibles et est orthogonale à toute martingale locale n'ayant que des sauts totalement inaccessibles et* M^{dp} *n'a que des sauts totalement inaccessibles et est orthogonale à toute martingale locale n'ayant que des sauts accessibles.*

Notation :

On désigne par $\mathcal{L}_c$, $\mathcal{L}_{dp}$ et $\mathcal{L}_{dq}$ les sous-espaces de $\mathcal{L}$ définis par cette décomposition. On dit que M^c est la partie continue de M , que M^{dp} (resp. M^{dq}) est la somme compensée de sauts accessibles (resp. totalement inaccessibles) de M , et que $M^{dp} + M^{dq}$ est la somme compensée de sauts de M . Le sous-espace de $\mathcal{L}$, constitué par les sommes compensées de sauts est noté $\mathcal{L}_d$.

Démonstration du théorème :

a) Unicité :

Supposons qu'il existe deux décompositions du même type de M :

$$M = M^c + M^{dp} + M^{dq} = N^c + N^{dp} + N^{dq} .$$

Alors :

$$M^c - N^c = (N^{dp} - M^{dp}) + (N^{dq} - M^{dq})$$

ce qui montre que $M^c - N^c$ est orthogonale à elle-même, elle est donc nulle, (*) et l'on a :

$$M^c = N^c$$

$$N^{dp} - M^{dp} = M^{dq} - N^{dq} ,$$

ce qui montre à nouveau que $N^{dp} - M^{dp}$ est orthogonale à elle-même, elle est donc nulle et l'on obtient finalement :

$$M^c = N^c , M^{dp} = N^{dp} \quad \text{et} \quad M^{dq} = N^{dq} .$$

b) Existence :

D'après l'unicité de la décomposition, on peut procéder par recollement. Donc, d'après le lemme (1-2), il suffit de montrer le théorème pour la martingale $(M_{t\wedge R})$ où R est un t.a. fini réduisant fortement M .

La proposition (1-3) permet d'écrire :

$$M_{t\wedge R} = H_t + V_t + W_t$$

où $H = (H_t)$ est dans $\mathcal{M}^2$, $V = (V_t)$ est dans $\mathcal{M}^1 \cap \mathcal{A}$ et à sauts accessibles, et $W = (W_t)$ est dans $\mathcal{M}^1 \cap \mathcal{A}$ et à sauts totalement inaccessibles.

Mais, selon le théorème 4[2],H peut s'écrire en $H = H^c + H^{dp} + H^{dq}$, donc :

(6) $$M_{t\wedge R} = H_t^c + (H_t^{dp} + V_t) + (H_t^{dq} + W_t) .$$

On pose alors :

$$M_{t\wedge R}^c = H_t^c , M_{t\wedge R}^{dp} = H_t^{dp} + V_t \quad \text{et} \quad M_{t\wedge R}^{dq} = H_t^{dq} + W_t .$$

Il nous reste à vérifier la propriété d'orthogonalité.

(*) Cela est bien connu pour les martingales de carré intégrable et s'étend aux martingales locales M par arrêt à des temps d'arrêt réduisant M^2 .

i) On va montrer que $(M^{dp}_{t\wedge R})$ est orthogonale à toute martingale locale continue $N=(N_t)$. Par arrêt, on peut supposer que N est bornée. On a :

$$N_t M^{dp}_{t\wedge R} = N_t H^{dp}_t + N_t V_t \,.$$

Or NH^{dp} est une martingale puisque N est dans $\mathcal{M}^{2}_{c}$ (*) et H^{dp} est dans $\mathcal{M}^2_{dp}$. D'autre part, NV est aussi une martingale, en effet, pour $s\leq t$, on a ([5] VII 15) :

$$E\{N_tV_t - N_sV_s|\mathcal{F}_s\} = E\{\int_{]s,t]} N_u dV_u|\mathcal{F}_s\}$$

$$= 0 \qquad ([4]\ \text{I Théo. 12}).$$

Donc $(N_t M^{dp}_{t\wedge R})$ est une martingale, et $(M^{dp}_{t\wedge R})$ est orthogonale à N.

On démontre de même l'orthogonalité de $(M^{dq}_{t\wedge R})$ avec N.

ii) Montrons que $(M^{dp}_{t\wedge R})$ est orthogonale à toute martingale locale $N=(N_t)$ n'ayant que des sauts totalement inaccessibles. On peut choisir R de telle façon qu'il réduise fortement à la fois M et N. On a alors la décomposition de $(N_{t\wedge R})$ analogue à (6) :

$$N_{t\wedge R} = K^c_t + (K^{dq}_t + U_t)$$

où K^c est élément de $\mathcal{M}^2_c$, K^{dq} élément de $\mathcal{M}^2_{dq}$ et U élément de $\mathcal{M}^1\cap\mathcal{A}$ et à sauts totalement inaccessibles.

On a :

$$N_{t\wedge R}M^{dp}_{t\wedge R} = K^c_t M^{dp}_{t\wedge R} + K^{dq}_t H^{dp}_t + K^{dq}_t V_t + U_t H^{dp}_t + U_t V_t \,.$$

Au second membre de l'égalité, le premier terme est une martingale

---

(*) $\mathcal{M}^2_c$, $\mathcal{M}^2_{dp}$ et $\mathcal{M}^2_{dq}$ désignent les sous-espaces de $\mathcal{M}^2$ définis par la décomposition orthogonale $M = M^c + M^{dp} + M^{dq}$.

(démonstration faite dans i)), le deuxième terme aussi (orthogonalité de $\mathcal{M}^2_{dp}$ et $\mathcal{M}^2_{dq}$), les autres termes sont produits de deux processus sans discontinuité commune, dont l'un au moins est dans $\mathcal{M}^1 \cap \mathcal{A}$. Ils sont aussi des martingales : faisons la démonstration pour UV par exemple.

Comme U et V sont sans discontinuité commune, l'intégrale de Stieljes $\int_0^t U_s dV_s$ est bien définie et est égale à $\int_0^t U_{s-} dV_s$. Donc, pour $s<t$, on a ([5], VII 15) :

$$
\begin{aligned}
E\{U_t V_t - U_s V_s | \mathcal{F}_s\} &= E\{\int_{]s,t]} U_u dV_u | \mathcal{F}_s\} \\
&= E\{\int_{]s,t]} U_{u-} dV_u | \mathcal{F}_s\} \\
&= 0 \quad \text{([4], I, théo. 12).}
\end{aligned}
$$

D'où l'orthogonalité désirée.

On démontre de la même façon que $(M^{dq}_{t\wedge R})$ est orthogonale à toute martingale locale n'ayant que des sauts accessibles.

□

Rappelons que $\mathcal{V}^d$ désigne l'ensemble des processus à variation finie purement discontinus et que $\mathcal{M}^2_d$ désigne l'ensemble des martingales de carré intégrable sommes compensées de sauts. On a le lemme suivant :

LEMME (1-5).-

1. <u>Toute</u> $M = (M_t) \in \mathcal{M}^2_d$ <u>vérifiant</u> $\sum_{s\leq t} |\Delta M_s| < +\infty$ <u>p.s. pour tout</u> t <u>appartient</u> à $\mathcal{V}$.

2. <u>Toute</u> $M = (M_t) \in \mathcal{M}^2_{dp}$ <u>vérifiant</u> $\sum_{s\leq t} |\Delta M_s| < +\infty$ <u>p.s. pour tout</u> t, <u>appartient à</u> $\mathcal{V}^d$, <u>autrement dit, on a</u> :

$$M_t = \sum_{s\leq t} \Delta M_s ,$$

<u>la série étant absolument convergente</u>.

<u>Démonstration</u> : Rappelons d'abord que pour tout processus $A = (A_t) \in \mathcal{A}$, il existe un processus prévisible unique appartenant à $\mathcal{A}$, noté $\widetilde{A} = (\widetilde{A}_t)$ tel

que $A-\widetilde{A}$ soit une martingale (cf. [1] pour le cas où A appartient à $\mathcal{A}^+$. L'extension au cas où A appartient à $\mathcal{A}$ est immédiate).

1. Considérons d'abord les t.a. suivants :

$$S_n = \inf\{t / \sum_{s\leq t} |\Delta M_s| \geq n\} .$$

Les S_n tendent en croissant vers $+\infty$, du fait que $\sum_{s\leq t} |\Delta M_s|$ est finie pour tout t fini, par hypothèse. On peut écrire :

$$\sum_{s\leq S_n} |\Delta M_s| = \sum_{s<S_n} |\Delta M_s| + |\Delta M_{S_n}|$$

$$\leq n + |\Delta M_{S_n}| .$$

Mais, M appartient à $\mathcal{M}^2$, donc $|\Delta M_{S_n}|$ est de carré intégrable. Par conséquent, $\sum_{s\leq S_n} |\Delta M_s|$ appartient à L^2.

Ceci étant, rappelons la construction de M^d ([2], théorème 4) :

si (T_n) est une suite de t.a. de graphes disjoints, ou bien prévisibles, ou bien totalement inaccessibles, épuisant les sauts de M , on a :

$$M_t^d = \sum_n (\Delta M_{T_n} 1_{\{T_n\leq t\}} - \widetilde{\Delta M_{T_n} 1_{\{T_n\leq t\}}}) \tag{7}$$

où la série converge dans L^2 pour tout t fixé.

On va montrer que les deux séries $\sum_n \Delta M_{T_n} 1_{\{T_n\leq t\}}$ et $\sum_n \widetilde{\Delta M_{T_n} 1_{\{T_n\leq t\}}}$ convergent à la fois dans L^2 et presque sûrement vers des éléments de $\mathcal{V}$.

D'après ce qui précède, quitte à arrêter, on peut supposer que $\sum_{s\leq t} |\Delta M_s|$ appartient à L^2, pour tout t fixé. Alors, la série

$\sum_n |\Delta M_{T_n}| 1_{\{T_n \leq t\}}$ converge presque sûrement et dans L^2 vers la même limite $\sum_{s \leq t} |\Delta M_s|$. Donc, à fortiori, la série $\sum_n \Delta M_{T_n} 1_{\{T_n \leq t\}}$ converge p.s. et dans L^2 vers $\sum_{s \leq t} \Delta M_s$, qui est élément de $\mathcal{V}$. Il en résulte que la série $\sum_n \widetilde{\Delta M_{T_n}} 1_{\{T_n \leq t\}}$ converge dans L^2 et la relation (7) s'écrit aussi :

$$M_t^d = \sum_{s \leq t} \Delta M_s - \sum_n \widetilde{\Delta M_{T_n} 1_{\{T_n \leq t\}}}$$

où la deuxième série converge au sens de L^2.

Enfin, pour montrer que $\sum_n \widetilde{\Delta M_{T_n} 1_{\{T_n \leq t\}}}$ converge aussi p.s. vers un élément de $\mathcal{V}$, on adopte la notation suivante : pour deux éléments $A = (A_t)$ et $B = (B_t)$ de $\mathcal{V}$, on dit que B majore A fortement et on écrit $A \ll B$, si $B - A$ est un processus croissant. Ceci étant, on a pour tout $k \in \mathbb{N}$:

$$\sum_{n=1}^{k} (\Delta M_{T_n})^+ 1_{\{T_n \leq t\}} \ll \sum_{n=1}^{+\infty} |\Delta M_{T_n}| 1_{\{T_n \leq t\}} = \sum_{s \leq t} |\Delta M_s| .$$

Donc, en passant à la projection duale prévisible, on a :

$$\sum_{n=1}^{k} \widetilde{(\Delta M_{T_n})^+ 1_{\{T_n \leq t\}}} \ll \widetilde{\sum_{s \leq t} |\Delta M_s|} .$$

La suite $\left(\sum_{n=1}^{k} \widetilde{(\Delta M_{T_n})^+ 1_{\{T_n \leq t\}}} \right)$ est croissante au sens fort et l'espérance mathématique de son terme général est majorée par $E\left(\widetilde{\sum_{s \leq t} |\Delta M_s|} \right)$.

Donc, sa limite $\sum_{n=1}^{+\infty} \widetilde{(\Delta M_{T_n})^+ 1_{\{T_n \leq t\}}}$ est encore un processus croissant ([5], VII 9 c).

Pour la même raison, $\sum_{n=1}^{+\infty} \widetilde{(\Delta M_{T_n})^- 1_{\{T_n \leq t\}}}$ est aussi un processus croissant. Il en résulte que la série $\sum_n \widetilde{\Delta M_{T_n} 1_{\{T_n \leq t\}}}$ converge p.s. vers un élément de $\mathcal{V}$; mais c'est aussi la limite pour la convergence au sens de L^2, on en conclut que M^d est dans $\mathcal{V}$. Or $M = M^d$.

C.Q.F.D.

2. Par hypothèse, M est un élément de $\mathcal{M}^2_{dp}$. Donc, en désignant par (T_n) une suite de t.a. prévisibles, de graphes disjoints, épuisant les sauts de M, on a ([2], théorème 4)

$$M_t = \sum_n \Delta M_{T_n} 1_{\{T_n \le t\}}$$

où la somme converge au sens de L^2.

Mais par hypothèse, la somme $\sum_{s \le t} |\Delta M_s|$ converge p.s. pour tout t fini. Il en résulte que la somme $\sum_n \Delta M_{T_n} 1_{\{T_n \le t\}}$ converge à la fois presque sûrement et dans L^2 vers la même limite $\sum_{s \le t} \Delta M_s$. Donc, $M_t = \sum_{s \le t} \Delta M_s$.

C.Q.F.D.

Le théorème suivant donne des relations entre les martingales locales et les processus à variation finie.

THEOREME (1-6).-

1. <u>Tout élément</u> $M = (M_t)$ <u>de</u> $\mathcal{L} \cap \mathcal{V}$ <u>est une somme compensée de sauts, autrement dit</u> M <u>est élément de</u> $\mathcal{L}_d$.

2. <u>Tout élément</u> $M = (M_t)$ <u>de</u> $\mathcal{L}_d$ <u>vérifiant presque sûrement</u> $\sum_{s \le t} |\Delta M_s| < +\infty$, <u>pour tout</u> t <u>fini, appartient à</u> $\mathcal{V}$.

3. <u>Tout élément</u> $M = (M_t)$ <u>de</u> $\mathcal{L}_{dp}$ <u>vérifiant presque sûrement</u> $\sum_{s \le t} |\Delta M_s| < +\infty$, <u>pour tout</u> t <u>fini, appartient à</u> $\mathcal{V}^d$, <u>donc</u> $M_t = \sum_{s \le t} \Delta M_s$, <u>pour tout</u> t <u>fini</u>.

<u>Démonstration</u> : En vertu du lemme (1-2), il suffit de démontrer pour la martin-

gale $(M_{t\wedge R})$ où R est un t.a. réduisant fortement M .

Dans la démonstration du théorème (1-4), on a vu que :

$$M_{t\wedge R} = H_t + V_t + W_t \,,\; M^c_{t\wedge R} = H^c_t \,,\; M^{dp}_{t\wedge R} = H^{dp}_t + V_t \quad \text{et} \quad M^{dq}_{t\wedge R} = H^{dq}_t + W_t$$

où H est dans $\mathcal{M}^2$ et où V et W sont dans $\mathcal{M}^1 \cap \mathcal{A}$ et V (resp. W) n'a que des sauts accessibles (resp. totalement inaccessibles).

1. Si M appartient à $\mathcal{V}$, il en est de même de H . Donc, $M^c_{t\wedge R} = H^c_t = 0$ ([4], II 15).

2. Le résultat découle immédiatement du lemme (1-5).

3. Toujours d'après le lemme (1-5), pour démontrer le point 3., on est ramené à prouver ceci :

Si V est une martingale à variation intégrable qui ne saute qu'en des temps d'arrêt accessibles, alors V est un processus purement discontinu en tant qu'élément de $\mathcal{V}$.

Pour un tel processus V , écrivons sa décomposition canonique ([1], IV, T 37) :

(8) $$V = V^c + V^d$$

où V^c et V^d sont dans $\mathcal{A}$ et où V^c est continu et V^d est purement discontinu et n'a que des sauts accessibles. Il s'agit de montrer que $V^c = 0$. Prenons les compensatrices prévisibles de (8), en remarquant que $\widetilde{V} = 0$, V étant une martingale :

$$0 = V^c + \widetilde{V^d} \;,$$

ce qui entraîne que $V^c = 0$ et $\widetilde{V^d} = 0$, d'après le lemme suivant :

LEMME.- <u>Soit</u> $A = (A_t)$ <u>un élément de</u> $\mathcal{A}$, <u>purement discontinu et à sauts accessibles. Alors sa compensatrice prévisible</u> $\widetilde{A}$ <u>est aussi purement discontinue.</u>

<u>Démonstration du lemme</u> : Il suffit de le démontrer pour A processus croissant purement discontinu et à sauts accessibles.

Comme le graphe d'un t.a. accessible est contenu dans une réunion dénombrable de graphes de t.a. prévisibles, on peut choisir une suite de t.a. (T_n) épuisant les sauts de A qui sont prévisibles. Posons $H = \bigcup_n [\![T_n]\!]$, c'est un ensemble prévisible. Si on appelle μ la mesure sur $(\mathbb{R}_+ \times \Omega, \mathcal{B}_{\mathbb{R}_+} \times \mathcal{F})$ engendrée par A et $\tilde{\mu}$ sa projection prévisible, on sait que $\tilde{\mu}$ est engendrée par $\tilde{A}$ ([1] V T 28).

La mesure μ étant portée par H, on a alors :

$$E\left(\int_0^{+\infty} 1_{H^c}(t,\omega)\,d\tilde{A}_t(\omega)\right) = \tilde{\mu}(H^c) = \mu(H^c) = 0 .$$

Donc, pour presque tout ω, $d\tilde{A}_t(\omega)$ charge au plus l'ensemble dénombrable $H(\omega)$. Ce qui montre que $\tilde{A}$ est purement discontinu.

C.Q.F.D.

<u>Remarque</u> : Il existe des martingales qui sont dans $\mathcal{L}_{dp}$, mais qui ne sont pas dans $\mathcal{V}$.

<u>Exemple</u> : On prend $\Omega = [0,1]$ et P : mesure de Lebesgue.

Désignons par (Z_n) une suite de v.a. indépendantes, équidistribuées, à valeurs dans $\{-1,+1\}$ et de moyenne nulle, (par exemple des fonctions de Rademacher). Posons :

$$\begin{cases} \mathcal{G}_n = \sigma(Z_1,Z_2,\dots,Z_n),\, n \in \mathbb{N} \\ X_0 = 0 \\ X_n = \sum_{k=1}^{n} \frac{Z_k}{k},\, n \in \mathbb{N} . \end{cases}$$

On vérifie que (X_n) est une martingale par rapport à $(\mathcal{G}_n)$.

De plus, elle est de carré intégrable, en effet :

$$\operatorname*{Sup}_n E(X_n^2) = \operatorname*{Sup}_n E\left(\left(\sum_{k=1}^{n} \frac{Z_k}{k}\right)^2\right)$$

$$= \operatorname*{Sup}_n \sum_{k=1}^{n} \frac{E(Z_k^2)}{k^2} \qquad ((Z_k) \text{ indépendante})$$

$$= \sum_{k=1}^{+\infty} \frac{1}{k^2} < +\infty .$$

Par contre, on a :

$$\sum_{k=1}^{+\infty} |\Delta X_k| = \sum_{k=1}^{+\infty} \frac{1}{k} = +\infty .$$

Pour terminer, considérons la suite $t_n = 1 - \frac{1}{2^n}$, qui croît strictement vers 1, et posons :

$$\begin{cases} \mathcal{F}_t = \mathcal{G}_n & \text{pour } t \in [t_n, t_{n+1}[\\ \mathcal{F}_t = \mathcal{G}_\infty & \text{pour } t \geq 1 \\ M_t = X_n & \text{pour } t \in [t_n, t_{n+1}[\\ M_t = X_\infty & \text{pour } t \geq 1 . \end{cases}$$

On voit alors que sur $(\Omega, (\mathcal{F}_t), P)$, (M_t) est un élément de $\mathcal{M}^2_{dp}$, mais elle n'est pas dans $\mathcal{V}$, puisque $\sum_{s \leq 1} |\Delta M_s| = +\infty$.

□

Le théorème suivant qui définit l'intégrale stochastique d'un procesus prévisible par rapport à une martingale locale est emprunté à P.A. Meyer ([4] V Théorème 16).

THEOREME (1-7).- <u>Soit</u> $M = (M_t) \in \mathcal{L}$ <u>et soit</u> $H = (H_t)$ <u>un processus prévisible tel que le processus croissant</u>

$$\left(\int_0^t H_s^2 \, d[M,M]_s\right)^{\frac{1}{2}}$$

<u>soit localement intégrable</u>. <u>Alors</u> :

a) <u>pour toute</u> $N = (N_t) \in \mathcal{L}$, <u>le processus croissant</u> $\int_0^t |H_s||d[M,N]_s|$ <u>est à valeurs finies pour tout</u> t <u>fini</u>,

b) <u>il existe une martingale locale et une seule</u> $L = H.M$ <u>telle que l'on ait, pour toute</u> $N = (N_t) \in \mathcal{L}$:

$$[L,N] = H.[M,N]$$

c) <u>les processus</u> (ΔL_t) et $(H_t \Delta M_t)$ <u>sont indistinguables</u>.

<u>Remarque</u> : Les classes $\mathcal{L}_c$, $\mathcal{L}_{dp}$, $\mathcal{L}_{dq}$ et $\mathcal{L}_d$ sont stables par intégrale stochastique.

PROPOSITION (1-8).- <u>Soit</u> $M = (M_t) \in \mathcal{L}_{dp}$ <u>et soit</u> $H = (H_t)$ <u>un processus prévisible tel que le processus croissant</u>

$$(\int_0^t H_s^2 \, d[M,N]_s)^{\frac{1}{2}}$$

<u>soit localement intégrable</u>.

<u>Si l'on a pour presque tout</u> ω , $\sum_{s \le t} |H_s||\Delta M_s| < +\infty$, <u>pour tout</u> t <u>fini, alors l'intégrale stochastique</u> H.M <u>est indistinguable du processus à variation finie</u> $\sum_{s \le t} H_s \Delta M_s$:

$$H.M_t = \sum_{s \le t} H_s \Delta M_s \text{ , pour tout } t \text{ fini.}$$

<u>Démonstration</u> : Cette proposition résulte immédiatement du théorème (1-6) et de la remarque ci-dessus.

□

On va maintenant définir, pour deux martingales locales $M = (M_t)$ et $N = (N_t)$, le crochet $<M, N>$.

DEFINITION (1-9).- <u>Soient</u> $M = (M_t)$ <u>et</u> $N = (N_t)$ <u>deux éléments de</u> $\mathcal{L}$. <u>Le</u>

<u>processus</u> $<M,N> = (<M,N>_t)$, <u>s'il existe, est l'unique processus prévisible appartenant à</u> $\mathcal{V}$ <u>tel que</u> $MN - <M,N>$ <u>soit une martingale locale</u>.

Vérifions qu'il y a bien unicité. Soient en effet deux processus prévisibles $A = (A_t)$ et $B = (B_t)$ appartenant à $\mathcal{V}$ tels que $MN - A$ et $MN - B$ soient des martingales locales. Alors $A - B$ est un élément de $\mathcal{L} \cap \mathcal{V}$. Par arrêt, on peut supposer que $A - B$ est une martingale uniformément intégrable. Comme $A - B$ est prévisible, elle est nécessairement une martingale continue à variation finie. Donc ([1] V T 39) :

$$A - B = 0 .$$

□

Soit $A = (A_t)$ un processus croissant tel que pour chaque t fixé, A_t soit intégrable. On sait que ([1]) A admet alors une projection duale prévisible, notée $\tilde{A} = (\tilde{A}_t)$, qui est caractérisée par le fait que $\tilde{A}$ est un processus croissant prévisible et que $A - \tilde{A}$ est une martingale.

On étend ici la définition au cas où A_t n'est pas forcément intégrable pour t fixé.

DEFINITION (1-10).- <u>Soit</u> $A = (A_t) \in \mathcal{V}^+$. <u>On appelle</u> projection duale prévisible de A (ou compensatrice prévisible de A) , <u>si elle existe, l'unique processus prévisible appartenant à</u> $\mathcal{V}^+$, <u>noté</u> $\tilde{A} = (\tilde{A}_t)$, <u>tel que</u> $A - \tilde{A}$ <u>soit une martingale locale</u>.

<u>Par linéarité, on étend cette définition au processus</u> $A = (A_t)$ <u>appartenant</u> à $\mathcal{V}$.

La vérification de l'unicité de $\tilde{A}$ est immédiate et est déjà faite dans la définition (1-9).

On va maintenant donner une définition équivalente à la définition (1-9). Soient $M = (M_t)$ et $N = (N_t)$ deux éléments de $\mathcal{L}$. On sait que $[M,N]$ existe toujours et que $MN - [M,N]$ est une martingale locale (corollaire 22 IV [4]). On voit alors que si $<M,N>$ existe, $[M,N] - <M,N>$ est une martingale locale, en vertu de la définition (1-9). Donc, $[M,N]$ admet une projection duale prévisible qui n'est autre que $\langle M,N\rangle$, et réciproquement. D'où :

DEFINITION (1-11).- Soient $M = (M_t)$ et $N = (N_t)$ deux éléments de $\mathcal{L}$. Le processus $\langle M,N\rangle = (\langle M,N\rangle_t)$, s'il existe, est la projection duale prévisible de $[M,N]$.

Le théorème suivant donne une condition nécessaire et suffisante pour qu'un élément de $\mathcal{V}$ admette une projection duale prévisible.

THEOREME (1-12).- Soit $A = (A_t) \in \mathcal{V}$. Les trois conditions suivantes sont équivalentes :

1. A admet une projection duale prévisible.

2. A appartient à $\mathcal{A}_{loc}$.

3. $(\sum_{s\leq t} \Delta A_s)$ appartient à $\mathcal{A}_{loc}$.

Démonstration : Il suffit de la faire pour $A \in \mathcal{V}^+$.

Remarquons que l'on peut toujours écrire A sous la forme suivante :

$$A = A^c + A^d$$

où
$$A^c = (A^c_t) \in \mathcal{V}^c \quad \text{et} \quad A^d = (A^d_t) \in \mathcal{V}^d .$$

Mais, A^c appartient à $\mathcal{A}_{loc}$ (considérer $T_n = \inf\{t / A^c_t \geq n\}$). Donc, la condition 2. est équivalente à la condition 3. Il nous reste à montrer l'équivalence entre les conditions 1. et 2.

a) 1. $\Rightarrow$ 2.

On suppose que $\tilde{A}$ existe. Par définition $M = A - \tilde{A}$ est une martingale locale. Soit donc (T_n) une suite de t.a. tendant en croissant vers $+\infty$ et réduisant M. Si on appelle (S_n) une suite de t.a. tendant en croissant vers $+\infty$ telle que $\tilde{A}_{S_n} \leq n$, alors $R_n = S_n \wedge T_n$ réduit M et on a encore

$\tilde{A}_{R_n} \leq n$. L'égalité $A_{R_n} = M_{R_n} + \tilde{A}_{R_n}$ montre alors que A_{R_n} est intégrable. Donc, A est élément de $\mathcal{A}_{loc}$.

b) 2. ⇒ 1.

On suppose que A appartient à $\mathcal{A}_{loc}$. Soit donc (T_n) une suite de t.a. tendant en croissant vers $+\infty$ telle que $(A_t^n) = (A_{t \wedge T_n})$ soit intégrable. Alors, on sait que $\widetilde{A^n}$ existe et est unique. Par recollement, on obtient $\tilde{A}$.

□

Par définition, on a pout tout t fini :

$$[M,N]_t = \langle M^c, N^c \rangle_t + \sum_{s \leq t} \Delta M_s \Delta N_s .$$

Donc, le saut en s de $[M,N]$ est $\Delta M_s \Delta N_s$. Il résulte alors du théorème (1-12) que :

THEOREME (1-13).- <u>Soient</u> $M = (M_t)$ <u>et</u> $N = (N_t)$ <u>deux éléments de</u> $\mathcal{L}$. <u>Les trois conditions suivantes sont équivalentes</u> :

1. $\langle M,N \rangle$ <u>existe</u>,

2. $[M,N]$ <u>appartient à</u> $\mathcal{A}_{loc}$,

3. $(\sum_{s \leq t} \Delta M_s \Delta N_s)$ <u>appartient à</u> $\mathcal{A}_{loc}$.

On a le corollaire suivant qui dit que l'on ne peut pas définir le processus $\langle M,M \rangle$ en dehors de la classe des martingales de carré localement intégrable. On note par $\mathcal{M}^2_{loc}$ cette classe de martingales :

$$\mathcal{M}^2_{loc} = \{(M_t) \in \mathcal{L} / \exists\ T_n \uparrow +\infty \text{ tel que } (M_{t \wedge T_n}) \in \mathcal{M}^2\} .$$

COROLLAIRE (1-14).- <u>Soit</u> $M = (M_t)$ <u>un élément de</u> $\mathcal{L}$. <u>Alors, le processus croissant prévisible</u> $\langle M,M \rangle$ <u>existe si et seulement si</u> M <u>appartient à</u> $\mathcal{M}^2_{loc}$.

Démonstration :

a) Condition nécessaire.

On suppose que $<M,M>$ existe. D'après le théorème précédent, $(\sum_{s\leq t}(\Delta M_s)^2)$ appartient à $\mathcal{A}_{loc}$. Soit donc (R_n) une suite de t.a. tendant en croissant vers $+\infty$ telle que $\sum_{s\leq R_n}(\Delta M_s)^2$ soit intégrable et soit $S_n = \inf\{t/|M_t|\geq n\}$.

Posons : $T_n = R_n \wedge S_n$. On a :

$$|M_{T_n}| \leq |M_{T_{n-}}| + |\Delta M_{T_n}|$$
$$\leq n + |\Delta M_{T_n}|.$$

Mais, $(\Delta M_{T_n})^2 \leq \sum_{s\leq T_n}(\Delta M_s)^2$. Donc, M_{T_n} est de carré intégrable, et M appartient à $\mathcal{M}^2_{loc}$.

b) Condition suffisante.

On suppose que M appartient à $\mathcal{M}^2_{loc}$. Il existe donc une suite de t.a. (T_n) tendant en croissant vers $+\infty$ telle que $M^n = (M_{t\wedge T_n})$ soit dans $\mathcal{M}^2$. Alors, $<M^n,M^n>$ existe et est unique. Par recollement, on obtient $<M,M>$.

□

Nous allons maintenant donner une condition suffisante importante pour qu'on puisse définir le processus $<M,N>$.

DEFINITION (1-15).- Une martingale $M = (M_t)$ est dite localement bornée, s'il existe une suite de t.a. tendant en croissant vers $+\infty$ telle que la martingale arrêtée $(M_{t\wedge T_n})$ soit bornée par une constante, pour chaque n fixé.

PROPOSITION (1-16).- Soit $M = (M_t)$ une martingale localement bornée. Alors

<u>pour toute martingale</u> $N = (N_t) \in \mathcal{L}$, <u>le processus</u> $<M,N>$ <u>existe</u>.

<u>Démonstration</u> : Soit une suite de t.a. $R_n \uparrow +\infty$ telle que $(M_{t\wedge R_n})$ soit bornée par k_n , et soit $S_n \uparrow +\infty$, une suite de t.a. réduisant fortement N . Posons :

$$T_n = R_n \wedge S_n \wedge \inf\{t / \sum_{s\le t} |\Delta M_s \Delta N_s| \ge n\} .$$

On a :

$$\sum_{s\le T_n} |\Delta M_s \Delta N_s| = \sum_{s<T_n} |\Delta M_s \Delta N_s| + |\Delta M_{T_n} \Delta N_{T_n}|$$

$$\le n + 2k_n |\Delta N_{T_n}| .$$

Mais, puisque T_n réduit aussi fortement N , la proposition (1-3) permet d'écrire que :

$$N_{t\wedge T_n} = H_t + U_t$$

où $H = (H_t)$ est dans $\mathcal{M}^2$ et $U = (U_t)$ est dans $\mathcal{M}^1 \cap \mathcal{A}$.

Donc ,

$$\Delta N_{T_n} = \Delta H_{T_n} + \Delta U_{T_n} .$$

Ce qui montre que ΔN_{T_n} est intégrable. Il en résulte que $\sum_{s\le T_n} |\Delta M_s \Delta N_s|$ est intégrable et le théorème (1-13) donne le résultat désiré.

<u>Remarque</u> : La définition (1-9) ou la définition (1-11) présente l'avantage de ne pas passer par la polarisation. Ainsi, pour deux martingales locales $M = (M_t)$ et $N = (N_t)$, le processus $<M,N>$ peut très bien exister sans que $<M,M>$ et $<N,N>$ existent. Par exemple, soit $M = (M_t)$ une martingale locale qui n'est pas dans $\mathcal{M}^2_{loc}$ (C. Doléans-Dade, Séminaire de Probabilités V. p. 138). D'après le corollaire (1-14), le processus $<M,M>$ n'existe pas. Par contre, le

processus $<M,N>$ existe pour toute martingale localement bornée $N = (N_t)$, selon la proposition (1-16).

§ 2. EXPONENTIELLE DE SEMI-MARTINGALES APPLICATION

1. Exponentielle de semi-martingales.

Soit $X = (X_t)$ une semi-martingale nulle pour $t = 0$. Considérons l'équation intégrale suivante :

$$Z_t = 1 + \int_0^t Z_{s-}\, dX_s \; .$$

Une solution de cette équation, si elle existe, est une semi-martingale puisque l'intégrale stochastique conserve les semi-martingales. On a le théorème suivant dû à Doléans-Dade.

THEOREME (2-1).- Etant donnée une semi-martingale $X = (X_t)$ nulle pour $t = 0$. Alors, il existe une semi-martingale et une seule qui vérifie l'équation

$$(1) \qquad Z_t = 1 + \int_0^t Z_{s-}\, dX_s \; .$$

Elle est donnée par l'expression suivante :

$$\begin{cases} Z_0 = 1 \\ Z_t = \exp(X_t - \frac{1}{2} <X^c, X^c>_t) \prod_{s \leq t} (1 + \Delta X_s) e^{-\Delta X_s}, t > 0 \end{cases}$$

où le produit infini converge presque sûrement pour tout t fini.

Notation : On notera par $\varepsilon(X)$ la solution de (1).

Démonstration : Cette démonstration, simplification de celle de C. Doléans, figure dans le cours [4], IV, 25, p. 59.

2. Transformation de martingale locale par un changement de probabilité.

Voici une application du théorème (2-1) :

PROPOSITION (2-2).- *Soit* $M = (M_t) \in \mathcal{L}$. *Pour tout élément* $X = (X_t)$ *de* $\mathcal{L}$ *tel que* $<X,M>$ *existe, le processus* $\varepsilon(M)(X - <X,M>)$ *est une martingale locale dans* $\mathcal{L}$.

Démonstration : Posons $Z = X - <X,M>$ et appliquons le corollaire 23 IV [4] aux semi-martingales $\varepsilon(M)$ et Z . On a, pour tout t fini :

$$\varepsilon(M)_t Z_t = \int_0^t \varepsilon(M)_{s-} dZ_s + \int_0^t Z_{s-} d\varepsilon(M)_s + [\varepsilon(M),Z]_t$$

$$\varepsilon(M)_t Z_t = (\int_0^t \varepsilon(M)_{s-} dX_s - \int_0^t \varepsilon(M)_{s-} d<X,M>_s) + \int_0^t Z_{s-} d\varepsilon(M)_s +$$

$$(\int_0^t \varepsilon(M)_{s-} d[X,M]_s - \int_0^t \varepsilon(M)_{s-} d[M,<X,M>]_s)$$

$$= \int_0^t \varepsilon(M)_{s-} dX_s + \int_0^t \varepsilon(M)_{s-} d([X,M]_s - <X,M>_s) + \int_0^t Z_{s-} d\varepsilon(M)_s$$

$$- \int_0^t \varepsilon(M)_{s-} d[M,<X,M>]_s .$$

Au second membre de l'égalité, les trois premiers termes sont des intégrales stochastiques par rapport à des martingales locales, ils sont donc des martingales locales. De même pour le dernier terme, cela résulte du lemme suivant :

LEMME (2-3).- *Soient* $M = (M_t) \in \mathcal{L}$ *et* $A = (A_t) \in \mathcal{V}$. *Si* A *est prévisible, alors* $[M,A]$ *est une martingale locale.*

Démonstration : On peut écrire successivement, pour tout t fini :

$$[M,A]_t = \sum_{s \le t} \Delta M_s \Delta A_s \quad \text{(définition)}$$

$$= \sum_{s \le t} \Delta A_s \Delta M_s^{dp} \quad \text{(A n'a que des sauts prévisibles).}$$

Mais le processus $(\Delta A_t) = (A_t - A_{t-})$ est différence de deux processus prévisibles localement bornés(*) donc l'intégrale stochastique $\int_0^t \Delta A_s \, dM_s^{dp}$ existe. La proposition (1-8) permet alors d'écrire :

$$[M,A]_t = \int_0^t \Delta A_s \, dM_s^{dp} .$$

Donc, $[M,A]$ est une martingale locale.

Dans la suite, on va introduire une autre loi de probabilité sur $(\Omega,\mathcal{F})$. Pour éviter des confusions, on adopte la notation suivante :

$M = (M_t)$ est $(P,\mathcal{F}_t)$ - martingale (resp. $(P,\mathcal{F}_t)$ - martingale locale) signifie que M est une martingale (resp. martingale locale) relativement à la famille de tribus $(\mathcal{F}_t)$ et à la loi de probabilité P. On adopte aussi les notations $\mathcal{M}^2(P,\mathcal{F}_t)$, $\mathcal{L}(P,\mathcal{F}_t)$,...

Voici un lemme dont nous aurons besoin :

LEMME (2-4).- <u>Soit</u> P' <u>une loi de probabilité sur</u> $(\Omega,\mathcal{F})$ <u>équivalente à</u> P.

<u>Posons</u> :

$$\begin{cases} \mu_t = E\{\frac{dP'}{dP} / \mathcal{F}_t\} , & \text{pour tout } t \text{ fini.} \\ \mu = (\mu_t) . \end{cases}$$

<u>Alors, un processus adapté</u> $Z = (Z_t)$ <u>est une</u> $(P',\mathcal{F}_t)$ <u>martingale (resp. martingale locale) si et seulement si</u> $Z\mu$ <u>est une</u> $(P,\mathcal{F}_t)$<u>-martingale (resp. martingale locale)</u>.

(*) Soit (H_t) un processus adapté (resp. prévisible) continu à droite ayant des limites à gauche. Alors (H_{t-}) (resp. (H_t)) est localement borné. En effet, il suffit, dans le cas adapté, de considérer $T_n = \inf\{t/|H_t| \geq n\}$. Dans le cas prévisible, T_n est un t.a. prévisible, donc annoncé par (S_{nm}) ; considérer $S_k = \sup_{\substack{n \leq k \\ m \leq k}} S_{nm}$.

<u>Démonstration</u> : Par arrêt, il suffit de démontrer le lemme pour une vraie martingale.

Soit $Z = (Z_t)$ un processus adapté. Alors, pour tout t fini et pour tout $A \in \mathcal{F}_t$, on peut écrire :

$$\int_A Z_t \, dP' = \int_A Z_t \, \mu_\infty \, dP$$

$$= \int_A E\{Z_t \, \mu_\infty | \mathcal{F}_t\} dP$$

$$= \int_A Z_t \, \mu_t \, dP .$$

Donc :

$$\int_A Z_t \, dP' = \int_A Z_t \, \mu_t \, dP .$$

De cette égalité, on obtient immédiatement le résultat désiré.

<u>Remarque</u> : Si P' est seulement absolument continue par rapport à P , alors :

- dans le cas d'une martingale, le lemme subsiste,

- dans le cas d'une martingale locale, la condition reste suffisante, mais n'est plus nécessaire, car une suite de t.a. tendant en croissant vers $+\infty$ P'-presque sûrement ne l'est pas en général pour P .

□

Soit $M = (M_t) \in \mathcal{L}$ telle que l'on ait pour presque tout ω , $\Delta M_s(\omega) \geq -1$, pour tout s fini, de façon que $\varepsilon(M)$ soit positif.

Si on suppose de plus que $\varepsilon(M)$ est une martingale uniformément intégrable, on peut introduire une autre loi de probabilité P' , absolument continue par rapport à P , en posant :

$$P' = \varepsilon(M)_\infty P .$$

Dans ces conditions, en appliquant la remarque ci-dessus et le lemme (2-4), on a le résultat suivant :

pour toute $X = (X_t) \in \mathcal{L}(P, \mathcal{F}_t)$ telle que $\langle X, M \rangle$ existe (relativement à P) , le processus $X - \langle X,M \rangle$ est une $(P',\mathcal{F}_t)$ - martingale locale.

Mais, on ne connaît pas de bon critère sur M pour que $\varepsilon(M)$ soit une martingale uniformément intégrable. C. Doléans-Dade en a cité un qui est trop fort : si M est une martingale bornée dont tous les sauts sont à valeurs dans $[-1,+\infty[$, alors $\varepsilon(M)$ est une martingale (bornée).

On va donc travailler dans le cas où $\varepsilon(M)$ est seulement une martingale locale positive. On est alors amené à travailler sur un "bon espace" où les tribus ne sont pas complétées, et à introduire la notion de martingale locale jusqu'à un certain t.a. . Cette notion est introduite par H. Kunita pour étudier le même problème, mais sous un angle différent.

DEFINITION (2-5).- <u>Soit</u> T <u>un t.a. et</u> $X = (X_t)$ <u>un processus défini sur</u> $[\![0,T[\![$. <u>On dit que X est une</u> martingale locale jusqu'à T , <u>s'il existe une suite croissante de t.a.</u> (T_n) <u>telle que</u> $T_n < T$ <u>p.s. pour tout n</u> , $\lim_{n\to\infty} T_n = T$ <u>p.s. et</u> $(X_{t\wedge T_n})$ <u>soit une martingale, pour tout n fixé</u>.

<u>Choix d'un bon espace.</u>

On désigne par :

E : un espace polonais.

Ω : l'ensemble des applications continues à droite de R_+ dans E .

Y_t : l'application coordonnée d'indice t sur Ω .

$\mathcal{F}^\circ_t$: la tribu engendrée par les Y_s , $s \le t$.

$\mathcal{F}^\circ = \bigvee_t \mathcal{F}^\circ_t$: la tribu engendrée par les $\mathcal{F}^\circ_t$.

$\mathcal{F}^\circ_{t+} = \bigcap_{s>t} \mathcal{F}^\circ_s$.

On munit $(\Omega,\mathcal{F}^\circ)$ d'une loi de probabilité P . On travaillera relativement à $(\mathcal{F}^\circ_{t+})$ (sans complétion). Les graphes de t.a. seront entendus "graphes dans $\bar{R}_+\times\Omega$" et non pas dans $R_+\times\Omega$. On note par $\mathcal{P}$ la tribu prévisible sur $\bar{R}_+ \times \Omega$; elle est engendrée par les processus continus à gauche, adaptés à $(\mathcal{F}^\circ_{t+})$.

LEMME DE LA REGULARISATION (Föllmer).- <u>Soit</u> $X^\circ = (X^\circ_t)$ <u>une surmartingale positive par rapport à</u> $(P, \mathcal{F}^\circ_{t+})$. <u>Supposons que la fonction</u> $t \mapsto E(X^\circ_t)$ <u>soit continue à droite</u>.

<u>Alors</u>, X° <u>admet une modification continue à droite</u> $X = (X_t)$ <u>adaptée à</u> $(\mathcal{F}^\circ_{t+})$, <u>ayant des limites à gauche dans</u> R_+ <u>avant le premier instant où elle vaut</u> 0 .

<u>De plus, l'ensemble</u> :

$$\{\omega / \exists\ t \text{ tel que } X_{t-}(\omega) \text{ n'existe pas dans } R_+\}$$

<u>est mesurable et de mesure nulle par rapport à</u> P .

<u>Démonstration</u> : Soit $H_{t,a,b}$ l'ensemble des ω tels que la fonction :

$$r \mapsto X^\circ_r(\omega) \,,\ r \in Q \cap [0,t]$$

soit non bornée ou admette une infinité de montées sur l'intervalle $[a,b]$. L'ensemble $H_{t,a,b}$ est $\mathcal{F}^\circ_{t+}$ - mesurable.

Posons :

$$H_t = \bigcap_{s>t} \ \bigcup_{\substack{a<b \\ a,b \in Q}} H_{s,a,b}$$

$$X_t(\omega) = \lim_{\substack{r \downarrow t \\ r>t \\ r \in Q}} X^\circ_r(\omega) \quad \text{si } \omega \notin H_t$$

$$= 0 \qquad\qquad \text{si } \omega \in H_t \ .$$

Comme H_t croît avec t , le processus (X_t) admet des trajectoires continues à droite sur $[0,+\infty[$. D'après [5] VI T 4 , H_t est $\mathcal{F}^\circ_{t+}$ - mesurable et est P - négligeable, et (X_t) est une surmartingale, modification continue à droite de X° .

On peut écrire :

$$\{\omega / \exists\ t \text{ tel que } X_{t-}(\omega) \text{ n'existe pas dans } \mathbb{R}\} = \bigcup_t H_t .$$

C'est donc un ensemble mesurable P-négligeable.

□

Rappelons la définition de la mesure de Föllmer associée à une surmartingale positive :

LEMME (théorème de Föllmer).- <u>Soit</u> $Z = (Z_t)$ <u>une surmartingale positive régularisée. Il existe alors une mesure et une seule</u> P^Z <u>définie sur</u> $\mathcal{P}$ <u>telle que</u> :

$$P^Z(]\!]S,+\infty]\!]) = E(Z_S\, 1_{\{S<+\infty\}}) \text{ , pour tout t.a.S .}$$

Pour la démonstration, nous renvoyons à Föllmer ([3]) et à Stricker ([8]).

<u>Remarques</u> :

a) Puisque la mesure de Föllmer est uniquement déterminée sur les intervalles stochastiques $]\!]S,+\infty]\!]$, elle ne dépend pas du choix de la modification continue à droite de Z .

b) La surmartingale positive Z est de classe (D) si et seulement si P^Z ne charge pas les ensembles évanescents.

□

Soit $Z = (Z_t)$ une martingale locale positive telle que $E(Z_o) < +\infty$. Il résulte alors du lemme de Fatou que Z est aussi une surmartingale positive. On a le lemme suivant :

LEMME (2-6).- <u>Soit</u> $Z = (Z_t)$ <u>une martingale locale positive régularisée telle que</u> $E(Z_o) < +\infty$. <u>Posons</u> :

$$T = \inf\{t / Z_{t-} = +\infty\} .$$

<u>Alors, la mesure de Föllmer</u> P^Z <u>associée à</u> Z <u>est portée par le</u>

graphe de T (dans $\bar{R}_+ \times \Omega$) .

Remarque : On notera que $T = +\infty$ P - presque sûrement.

Démonstration du lemme :

$$\text{Soit } \nu = \inf\{t / Z_t = 0\} .$$

Alors, pour presque tout ω , on a (Meyer [5] VI T 15)

$$Z_t = 0 \text{ pour } t \geq \nu(\omega) .$$

La mesure P^Z ne charge donc que $]\!]0,\nu]\!]$, en effet :

$$P^Z(]\!]\nu,+\infty]\!]) = E(Z_\nu 1_{\{\nu<+\infty\}}) = 0 .$$

Posons :

$$T_n = \inf\{t/Z_t > n\} \wedge n .$$

C'est une suite de t.a. finis tendant en croissant vers $+\infty$ P - presque sûrement. Ces t.a. réduisent aussi la martingale locale Z . En effet, pour tout n fixé, on a :

$$Z_{t \wedge T_n} \leq n \vee Z_{T_n} \text{ , pour tout } t \text{ fini.}$$

Mais, $n \vee Z_{T_n}$ est intégrable du fait que Z est une surmartingale positive. Donc, $(Z_{t \wedge T_n})$ est une martingale locale uniformément intégrable, donc une martingale uniformément intégrable.

De plus, comme on a décidé de donner à Z la valeur 0 à partir du premier instant où sa limite à gauche n'existe pas dans R_+ , on voit que T est un t.a. prévisible annoncé par (T_n) et que $T \geq \nu$. Montrons que P^Z ne charge que $[\![T,+\infty]\!]$.

Du fait que $(Z_{t \wedge T_n})$ est une martingale uniformément intégrable, on peut écrire :

$$P^Z(]\!]T_n,+\infty]\!]) = E(Z_{T_n}) = E(Z_o) .$$

Ce qui montre que P^Z est portée par l'ensemble

$$\bigcap_{n=1}^{+\infty}]\!]T_n,+\infty]\!] = [\![T,+\infty]\!] .$$

Finalement, P^Z est portée par l'ensemble $[\![0,\nu]\!] \cap [\![T,+\infty]\!]$ qui est contenu dans le graphe de T .

C.Q.F.D.

Voici le théorème de transformation de martingale locale par changement de loi de probabilité.

THEOREME (2-7).- Soit $M = (M_t)$ une $(P,\mathcal{F}^{\circ}_{t+})$ martingale locale telle que pour P-presque tout ω , $\Delta M_s(\omega) \geq -1$ pour tout s fini. Désignons par $\varepsilon(M) = (\varepsilon(M)_t)$ une version régularisée de la $(P,\mathcal{F}^{\circ}_{t+})$-martingale locale positive, solution de l'équation $Z_t = 1 + \int_o^t Z_{s-} dM_s$ (cf. théorème (2-1)).

Posons :

$$T_n = \inf\{t / \varepsilon(M)_t > n\} \wedge n$$

$$T = \lim_{n\to\infty} T_n = \inf\{t / \varepsilon(M)_{t-} = +\infty\} .$$

Alors, pour toute $(P,\mathcal{F}^{\circ}_{t+})$-martingale locale $X = (X_t)$ telle que $<X,M>$ existe (relativement à P) , il existe une mesure de probabilité Q sur $(\Omega,\mathcal{F}^{\circ})$ telle que :

a) $X - <X,M>$ soit une $(Q,\mathcal{F}^{\circ}_{t+})$-martingale locale jusqu'à T .

b) Q soit pour tout n fixé absolument continue par rapport à P sur $\mathcal{F}^{\circ}_{T_n+}$, de densité $\varepsilon(M)_{T_n}$.

<u>Démonstration</u> : Notons d'abord que la mesure de Föllmer $P^{\varepsilon(M)}$ associée à $\varepsilon(M)$ est une mesure de probabilité du fait que $\varepsilon(M)_o = 1$.

D'après le lemme précédent, $P^{\varepsilon(M)}$ est portée par $]\!]T]\!]$. Soit donc Q la mesure sur $(\Omega,\mathcal{F}^\circ)$, image de $P^{\varepsilon(M)}$ par $(T(\omega),\omega)\longmapsto\omega$.

Q est évidemment une mesure de probabilité. Montrons que Q répond à la question.

b) Fixons n et prouvons que $Q = \varepsilon(M)_{T_n} P$ sur $\mathcal{F}^\circ_{T_{n+}}$.

Pour tout $A \in \mathcal{F}^\circ_{T_n+}$, T_{n_A} désigne le t.a. qui vaut T_n sur A et $+\infty$ sur A^c . On peut écrire, puisque $T_n < T$:

$$Q(A) = P^{\varepsilon(M)}(]\!]T_{n_A},+\infty]\!])$$

$$= E(\varepsilon(M)_{T_n} 1_A)$$

$$= \int_A \varepsilon(M)_{T_n} dP .$$

D'où le résultat désiré.

a) D'après la proposition (2-2), le processus $\varepsilon(M)(X - \langle X,M \rangle)$ est une $(P,\mathcal{F}^\circ_{t+})$ - martingale locale. Soit (S_n) une suite de t.a. tendant en croissant vers $+\infty$ P - presque sûrement, et réduisant cette martingale locale. Posons : $R_n = S_n \wedge T_n$. Alors, (R_n) est une suite de t.a. tendant en croissant vers $+\infty$ P - presque sûrement, et réduisant à la fois les martingales locales $\varepsilon(M)(X - \langle X,M \rangle)$ et $\varepsilon(M)$.

Le raisonnement précédent fait au b) s'applique aussi à la suite (R_n) , on a donc :

$$Q = \varepsilon(M)_{R_n} P \text{ sur } \mathcal{F}^\circ_{R_n+} \text{, pour tout } n \text{ fixé.}$$

Alors, le lemme (2-4), appliqué au processus arrêté

$(X_{t\wedge R_n} - \langle X,M\rangle_{t\wedge R_n})$, nous permet de conclure que ce processus est une $(Q,\mathcal{F}^\circ_{t\wedge R_n +})$ - martingale uniformément intégrable. Il en résulte que $(X_{t\wedge R_n} - \langle X,M\rangle_{t\wedge R_n})$ est aussi une $(Q,\mathcal{F}^\circ_{t+})$ - martingale uniformément intégrable.(*) Donc, $X - \langle X,M\rangle$ est une $(Q,\mathcal{F}^\circ_{t+})$ - martingale locale jusqu'à $R = \lim_{n\to\infty} R_n$. Il nous reste à prouver que $R = T$, Q - presque sûrement.

Par définition même, on a $R \leq T$. On a, d'autre part :

$$Q(R<T) = P^{\varepsilon(M)}(]\!]R_{\{R<T\}},+\infty]\!])$$

$$= E(\varepsilon(M)_R\, 1_{\{R<T\}})$$

$$= \int_{\{R<T\}} \varepsilon(M)_R\, dP = 0 ,$$

car R et T sont égaux à $+\infty$ P - presque sûrement.

C.Q.F.D.

§ 3. UNE SECONDE EXPONENTIELLE DE SEMI-MARTINGALE APPLICATION A LA DECOMPOSITION MULTIPLICATIVE D'UNE SURMARTINGALE POSITIVE

On se donne un espace probabilisé complet $(\Omega,\mathcal{F},P)$ muni d'une famille croissante de sous-tribus $(\mathcal{F}_t)$ satisfaisant aux conditions habituelles.

1. Une deuxième exponentielle de semi-martingale.

Soit (X_t) une semi-martingale nulle pour $t = 0$. On s'intéresse

---

(*) Si Z est une v.a. intégrable, le théorème d'arrêt de Doob permet d'écrire pour tout couple de t.a. S et T :

$$E\{Z/\mathcal{F}_S/\mathcal{F}_T\} = E\{Z/\mathcal{F}_T/\mathcal{F}_S\} = E\{Z/\mathcal{F}_{S\wedge T}\} .$$

à la résolution de l'équation intégrale suivante :

(1) $$Z_t = 1 + \int_0^t \dot{Z}_s \, dX_s$$

où $\dot{Z}$ désigne la "projection prévisible" de $Z = (Z_t)$. Comme la projection prévisible n'existe pas pour n'importe quel processus, on voit apparaître déjà une certaine restriction sur (X_t) . On se limite donc à travailler sur la classe de semi-martingales suivantes :

DEFINITION (3-1).- $\mathcal{S}_p$ est la classe des semi-martingales (X_t) admettant une décomposition de la forme :

$$X_t = X_o + M_t + A_t$$

où X_o est $\mathcal{F}_o$-mesurable, (M_t) est un élément de $\mathcal{L}$ et (A_t) est un élément de $\mathcal{A}_{loc}$. Un élément de $\mathcal{S}_p$ sera aussi appelé une semi-martingale spéciale.

PROPOSITION (3-2).- Toute semi-martingale $X = (X_t) \in \mathcal{S}_p$, admet une décomposition :

$$X_t = X_o + M_t + A_t$$

pour laquelle $A = (A_t)$ est prévisible et donc dans $\mathcal{A}_{loc}$.

Cette décomposition est unique et est appelée décomposition canonique de X .

Démonstration : Soit $X_t = X_o + M_t + A_t$ une décomposition de X , avec $A = (A_t)$ appartenant à $\mathcal{A}_{loc}$.

D'après le théorème (1-12), A admet une projection duale prévisible $\widetilde{A} = (\widetilde{A}_t)$. On peut écrire :

$$X_t = X_o + (M_t + A_t - \widetilde{A}_t) + \widetilde{A}_t \ .$$

$M + A - \widetilde{A}$ est bien sûr une martingale locale et $\widetilde{A}$ est prévisible.

Pour prouver que $\tilde{A}$ est un élément de $\mathcal{A}_{loc}$, il suffit de l'écrire comme différence de deux processus croissants prévisibles et le résultat désiré résulte du fait qu'un processus croissant prévisible est localement borné (cf. la note qui suit le lemme (2-3)).

Passons à l'unicité. Supposons que X admet deux décompositions :

$$X_t = X_o + M_t + A_t = X_o + N_t + B_t ,$$

avec M et N éléments de $\mathcal{L}$ et A et B éléments de $\mathcal{A}_{loc}$ prévisibles. Alors :

$$M - N = B - A .$$

C'est une martingale locale appartenant à $\mathcal{A}_{loc}$ prévisible, elle est donc nulle : $M - N = B - A = 0$ (cf. unicité dans la définition (1-9)).

<u>Remarques</u> :

1. Un processus (X_t) est un élément de $\mathcal{S}_p$ si et seulement s'il existe une suite de t.a. $T_n \uparrow +\infty$ telle que : $(X_{t \wedge T_n})$ soit une quasi-martingale au sens de Rao [7] pour chaque n fixé.

2. L'intégrale stochastique d'un processus prévisible localement borné par rapport à une semi-martingale dans $\mathcal{S}_p$, est une semi-martingale dans $\mathcal{S}_p$.

□

Nous allons définir la projection prévisible d'une semi-martingale appartenant à $\mathcal{S}_p$.

Soit $X = (X_t)$, une semi-martingale appartenant à $\mathcal{S}_p$, nulle pour $t = 0$, de décomposition canonique :

$$X = M + A$$

avec $M = (M_t) \in \mathcal{L}$ et $A = (A_t) \in \mathcal{A}_{loc}$ prévisible.

Soit (T_n) une suite de t.a. tendant en croissant vers $+\infty$, qui réduisent fortement M et qui sont tels que $\int_0^{T_n}|dA_s|$ soit intégrable, pour chaque n fixé. D'après la proposition (1-3), la martingale arrêtée $M^{T_n} = (M_{t\wedge T_n})$ est bornée par une variable aléatoire intégrable. Le processus arrêté $X^{T_n} = M^{T_n} + A^{T_n}$ est donc dominé par une variable aléatoire intégrable. Il admet alors une projection prévisible, notée $\dot{X}^{T_n}$, donnée par ([1], V T 15) :

$$\dot{X}_t^{T_n} = M_{t-}^{T_n} + A_t^{T_n} \text{ , pour tout } t \text{ fini.}$$

Il est facile de voir que ces projections prévisibles se recollent bien en un processus prévisible $\dot{X} = (\dot{X}_t)$ qui est appelé <u>projection prévisible</u> de X et on a :

$$\dot{X}_t = M_{t-} + A_t \text{ , pour tout } t \text{ fini.}$$

Dans le cas où X_o n'est pas nul, la projection prévisible de X est :

$$\dot{X}_t = X_o + M_{t-} + A_t \text{ , pour tout } t \text{ fini,}$$

car la projection prévisible de X_o est X_o, X_o étant $\mathcal{F}_o$-mesurable.

On a donc la proposition suivante :

PROPOSITION (3-3).- <u>Soit</u> $X = (X_t)$ <u>un élément de</u> $\mathcal{S}_p$, <u>de décomposition canonique</u> :

$$X_t = X_o + M_t + A_t \text{ .}$$

<u>Alors</u>, X <u>admet une projection prévisible</u> $\dot{X} = (\dot{X}_t)$ <u>et une seule, donnée par</u> :

$$\dot{X}_t = X_o + M_{t-} + A_t = X_{t-} + \Delta A_t \text{ , \underline{pour tout} } t \text{ \underline{fini}.}$$

Il résulte de la proposition ci-dessus que si X_o est borné, alors $\dot{X}$ est un processus prévisible localement borné, et on peut parler de l'intégrale stochastique de $\dot{X}$ par rapport à une semi-martingale.

Voici le théorême d'existence et d'unicité des solutions de l'équation (1) :

THEOREME (3-4).- <u>Soit</u> $X = (X_t)$ <u>une semi-martingale appartenant à</u> $\mathcal{S}_p$, <u>nulle pour</u> $t = 0$, <u>de décomposition canonique</u> :

$$X = M + A$$

<u>avec</u> $M = (M_t) \in \mathcal{L}$ <u>et</u> $A = (A_t) \in \mathcal{A}_{loc}$ <u>prévisible</u>.

<u>Supposons que, pour presque tout</u> ω , <u>on ait</u> $\Delta A_s \neq 1$, <u>pour tout</u> s . <u>Alors, il existe une semi-martingale</u> $Z = (Z_t)$ <u>et une seule appartenant à</u> $\mathcal{S}_p$, <u>qui vérifie l'équation</u> :

$$Z_t = 1 + \int_0^t \dot{Z}_s \, dX_s \, . \tag{1}$$

<u>Elle est donnée explicitement par la formule</u> :

$$\begin{cases} Z_0 = 1 \\ Z_t = \exp(X_t - \tfrac{1}{2} \langle X^c, X^c \rangle_t) \prod\limits_{s \le t} \left(\dfrac{1+\Delta M_s}{1-\Delta A_s}\right) e^{-\Delta X_s} , \quad \text{pour } t > 0 \end{cases}$$

<u>où le produit infini converge presque sûrement pour tout</u> t <u>fini</u>.

<u>Notation</u> :

On notera par $\eta(X)$ la solution de (1).

<u>Démonstration</u> : Pour chaque t fixé, définissons $Y_t = \int_0^t \frac{dX_s}{1-\Delta A_s}$, et prouvons que l'équation (1) admet une solution unique, laquelle est indistinguable de $\varepsilon(Y)$.

Pour donner un sens à Y_t , montrons que le processus $(\frac{1}{1-\Delta A_t})$ est prévisible localement borné. Soit en effet :

$$T_n = \inf\{t / |1-\Delta A_t| \le \tfrac{1}{n}\} , \; n \in \mathbb{N} .$$

Ces t.a. tendent en croissant vers $+\infty$, du fait que $1-\Delta A_t \neq 0$ pour tout t. D'autre part, l'ensemble :

$H_n = \{(t,\omega)/|1-\Delta A_t(\omega)| \leq \frac{1}{n}\}$ est un ensemble prévisible dont les coupes n'ont pas de point d'accumulation dans $\mathbb{R}_+$; il contient donc le graphe de son début T_n. Par conséquent, T_n est un t.a. prévisible. Si (S_{nm}) est une suite de t.a. annonçant T_n, en posant $S_n = \operatorname{Sup}_{\substack{p \leq n \\ q \leq n}} S_{p,q}$, on a :

$$\left|\frac{1}{1-\Delta A_t}\right| \leq n \text{ , sur } [\![0,S_n]\!] .$$

Ainsi, $\left(\frac{1}{1-\Delta A_t}\right)$ est bien localement borné.

a) Soit $Z = (Z_t)$ une solution de (1), montrons que $Z = \varepsilon(Y)$. Z est une semi-martingale dans $\mathcal{S}_p$, de décomposition canonique :

$$Z_t = 1 + \int_0^t \dot{Z}_s \, dM_s + \int_0^t \dot{Z}_s \, dA_s .$$

Sa projection prévisible est donc (proposition (3-3)) :

$$\dot{Z}_t = Z_{t-} + \dot{Z}_t \Delta A_t .$$

D'où :

$$\dot{Z}_t = \frac{Z_{t-}}{1-\Delta A_t} .$$

L'équation (1) devient alors :

$$Z_t = 1 + \int_0^t \frac{Z_{s-}}{1-\Delta A_s} \, dX_s = 1 + \int_0^t Z_{s-} \, dY_s ,$$

ce qui montre que $Z = \varepsilon(Y)$.

b) Réciproquement, montrons que $Z = \varepsilon(Y)$ est solution de l'équation (1). Par définition de $\varepsilon(Y)$, Z vérifie l'équation suivante :

(2) $$Z_t = 1 + \int_0^t Z_{s-} \, dY_s = 1 + \int_0^t \frac{Z_{s-}}{1-\Delta A_s} \, dX_s .$$

Donc, $Z_t = 1+\int_0^t \frac{Z_{s-}}{1-\Delta A_s}\, dM_s + \int_0^t \frac{Z_{s-}}{1-\Delta A_s}\, dA_s$.

Ce qui montre que Z est un élément de $\mathcal{S}_p$ avec sa décomposition canonique. La projection prévisible de Z est donc :

$$\dot{Z}_t = Z_{t-} + \frac{Z_{t-}}{1-\Delta A_t}\,\Delta A_t$$
$$= \frac{Z_{t-}}{1-\Delta A_t} \; .$$

L'équation (2) devient alors :

$$Z_t = 1+\int_0^t \dot{Z}_s\, dX_s \; .$$

C'est bien l'équation (1).

De a) et b), on conclut que l'équation (1) admet une solution et une seule dans $\mathcal{S}_p$, donnée par $Z = \varepsilon(Y)$.

Passons à l'expression explicite de Z . D'après le théorème (2-1), on a :

$$Z_t = \varepsilon(Y)_t = (\exp(Y_t - \tfrac{1}{2} < Y^c, Y^c >_t)) \prod_{s \le t} (1+\Delta Y_s)\exp(-\Delta Y_s)$$
$$= (\exp(\int_0^t \frac{dX_s}{1-\Delta A_s} - \tfrac{1}{2}\int_0^t \frac{d<X^c,X^c>_s}{(1-\Delta A_s)^2})) \prod_{s\le t} (1+\frac{\Delta X_s}{1-\Delta A_s})\exp(-\frac{\Delta X_s}{1-\Delta A_s}) \; .$$

Mais, on peut écrire :

$$\prod_{s\le t}(1+\frac{\Delta X_s}{1-\Delta A_s})\exp(-\frac{\Delta X_s}{1-\Delta A_s}) = \prod_{s\le t}(\frac{1+\Delta M_s}{1-\Delta A_s})\exp(-\Delta X_s - \frac{\Delta A_s \Delta X_s}{1-\Delta A_s})$$
$$= (\prod_{s\le t}(\frac{1+\Delta M_s}{1-\Delta A_s})\exp(-\Delta X_s))(\prod_{s\le t}\exp(-\frac{\Delta A_s\Delta X_s}{1-\Delta A_s})) ,$$

car chacun de ces deux produits infinis sont convergents p.s.

$$= (\prod_{s\le t}(\frac{1+\Delta M_s}{1-\Delta A_s})\exp(-\Delta X_s))\exp(-\sum_{s\le t}\frac{\Delta A_s \Delta X_s}{1-\Delta A_s}) .$$

D'autre part, puisque (ΔA_t) est nul sauf sur une réunion dénombrable de t.a., on peut écrire :

$$\int_0^t \frac{d<X^c,X^c>_s}{(1-\Delta A_s)^2} = \int_0^t d<X^c,X^c>_s = <X^c,X^c>_t .$$

Donc :

$$Z_t = (\exp(\int_0^t \frac{dX_s}{1-\Delta A_s} - \sum_{s\leq t} \frac{\Delta A_s \Delta X_s}{1-\Delta A_s} - \tfrac{1}{2}<X^c,X^c>_t)) \prod_{s\leq t} (\frac{1+\Delta M_s}{1-\Delta A_s})\exp(-\Delta X_s) .$$

Or, puisque le processus (ΔA_t) est nul sauf sur une réunion dénombrable de graphes de t.a. prévisibles, on a :

$$\int_0^t \frac{\Delta A_s}{1-\Delta A_s} dX_s = \int_0^t \frac{\Delta A_s}{1-\Delta A_s} d(M_s^c + M_s^{dp} + M_s^{dp} + A_s)$$

$$= \int_0^t \frac{\Delta A_s}{1-\Delta A_s} dM_s^{dp} + \sum_{s\leq t} \frac{\Delta A_s}{1-\Delta A_s} \Delta A_s$$

$$= \sum_{s\leq t} \frac{\Delta A_s \Delta M_s^{dp}}{1-\Delta A_s} + \sum_{s\leq t} \frac{\Delta A_s \Delta A_s}{1-\Delta A_s} \quad \text{(proposition (1-8))}$$

$$= \sum_{s\leq t} \frac{\Delta A_s(\Delta M_s^{dp}+\Delta A_s)}{1-\Delta A_s} = \sum_{s\leq t} \frac{\Delta A_s \Delta X_s}{1-\Delta A_s} .$$

D'où finalement :

$$Z_t = (\exp(X_t - \tfrac{1}{2}<X^c,X^c>_t)) \prod_{s\leq t} (\frac{1+\Delta M_s}{1-\Delta A_s}) e^{-\Delta X_s} .$$

□

De l'expression explicite de η , on déduit le résultat suivant :

PROPOSITION (3-5).- <u>Soient</u> $M = (M_t) \in \mathcal{L}$ <u>et</u> $A = (A_t) \in \mathcal{A}_{loc}$ <u>prévisible tel que, pour presque tout</u> ω , $\Delta A_s \neq 1$, <u>pour tout</u> s .

<u>Alors, on a la relation suivante</u> :

$$\eta(M+A) = \eta(M)\eta(A) .$$

La proposition ci-dessous nous donne des relations entre η et ε, quand η est défini.

PROPOSITION (3-6).- Soit $X = (X_t)$ une semi-martingale appartenant à $\mathcal{S}_p$, de décomposition canonique $X = M+A$.

1. Si, pour presque tout ω, $\Delta A_s \neq 1$, pour tout s, alors $\eta(X)$ est défini et on a :

$$\eta(X) = \frac{\varepsilon(M)}{\varepsilon(-A)} .$$

2. Si, A est continu, alors, on a :

$$\eta(X) = \varepsilon(X) .$$

En particulier, pour tout élément $M = (M_t)$ de $\mathcal{L}$, on a :

$$\eta(M) = \varepsilon(M)$$

et pour tout processus $A = (A_t) \in \mathcal{A}_{loc}$ prévisible tel que $\Delta A_s \neq 1$, pour tout s, on a :

$$\eta(A) = \frac{1}{\varepsilon(-A)} .$$

La démonstration de cette proposition est immédiate, il suffit en effet d'écrire les expressions explicites de η et de ε.

2. Décomposition multiplicative d'une surmartingale positive.

Le théorème de la décomposition multiplicative d'une surmartingale positive est dû à Itô-Watanabé dans le cas où la famille de tribus $(\mathcal{F}_t)$ est quasi-continue à gauche. Il est ensuite étendu au cas général par P.A. Meyer ([6]). Ici, on va en donner une démonstration dans le cas général, en utilisant l'exponentielle η.

On aura besoin du lemme suivant qui donne la décomposition additive d'une surmartingale positive.

LEMME (3-7) (Décomposition de Doob-Itô).- Soit $X = (X_t)$ une surmartingale positive. Elle peut s'écrire sous la forme suivante :

$$X = M - A$$

où $M = (M_t)$ est une martingale locale positive et $A = (A_t)$ est un processus croissant prévisible intégrable.

La décomposition est unique.

Démonstration :

1. Unicité

L'unicité résulte tout simplement du fait que si l'on peut écrire $X = M - A$, alors X est un élément de $\mathcal{S}_p$ et $M - A$ est sa décomposition canonique.

2. Existence

Posons $T_n = \inf\{t \mid X_t \geq n\}$ et $X_t^n = X_{t \wedge T_n}$.

Pour chaque n fixé, $X^n = (X_t^n)$ est une surmartingale positive majorée par la variable aléatoire intégrable $n \vee X_{T_n}$. X^n admet alors une décomposition de Doob ([5]) :

$$X^n = M^n - A^n$$

où $M^n = (M_t^n)$ est une martingale uniformément intégrable positive et $A^n = (A_t^n)$ est un processus croissant prévisible intégrable.

Comme $(X_{t \wedge T_n}^{n+1}) = (X_t^n)$, l'unicité de la décomposition permet d'écrire :

$$M_{t \wedge T_n}^{n+1} = M_t^n \quad \text{et} \quad A_{t \wedge T_n}^{n+1} = A_t^n .$$

On définit alors A et M par :

$$A_t = A_t^n \quad \text{si} \quad t \leq T_n$$

$$M_t = M_t^n \quad \text{si} \quad t \leq T_n .$$

Par définition même, M est une martingale locale et A est un processus croissant prévisible. Montrons que A_∞ est intégrable. On a, pour tout t fini :

$$E(A_t^n) = E(M_t^n) - E(X_t^n)$$

$$\leq E(M_t^n) = E(M_o^n) = E(X_o^n) = E(X_o) .$$

En faisant tendre n , puis t vers $+\infty$, on obtient :

$$E(A_\infty) \leq E(X_o) < +\infty .$$

C.Q.F.D.

□

Soit $X = (X_t)$ une surmartingale positive. Désignons par $\dot{X} = (\dot{X}_t)$ sa projection prévisible et posons :

$$\nu = \inf\{t / X_t = 0\} .$$

On a le lemme suivant :

LEMME (3-8).- <u>Pour presque tout</u> ω , <u>on a</u> :

$$\dot{X}_t(\omega) \geq 0 \quad \underline{\text{pour tout } t \text{ fini}}$$

$$\text{et} \quad \dot{X}_t(\omega) > 0 \quad \underline{\text{pour } t < \nu(\omega)} .$$

<u>Démonstration</u> :

a) On sait que la projection prévisible $\dot{X}$ de X est caractérisée par ([1] V T 15) :

pour tout t.a. prévisible fini T , $\dot{X}_T = E\{X_T | \mathcal{F}_{T-}\} \geq 0$.

Le théorème de section permet de conclure que $\dot{X}$ est positif.

b) On vient de voir que :

$\dot{X}_T = E\{X_T | \mathcal{F}_{T-}\}$, pour tout t.a. prévisible fini T .

Intégrons les deux membres de l'égalité sur $\{\dot{X}_T = 0\}$ qui est $\mathcal{F}_{T-}$ - mesurable, on obtient :

$$\int_{\{\dot{X}_T=0\}} X_T \, dP = 0 .$$

Par conséquent, on a $X_T = 0$, donc $T \geq \nu$, sur $\{\dot{X}_T = 0\}$. Ce qui est équivalent à dire que : $\dot{X}_T > 0$ sur $\{T < \nu\}$. D'où le résultat désiré d'après le théorème de section.

□

Voici le théorème de décomposition multiplicative d'une surmartingale positive.

THEOREME (3-9).- <u>Soient $X = (X_t)$ une surmartingale positive et $\dot{X} = (\dot{X}_t)$ sa projection prévisible. Définissons :</u>

$$\nu = \inf\{t/X_t = 0\} \quad \text{et} \quad \nu' = \inf\{t/\dot{X}_t = 0 \text{ et } t = \nu\} .$$

<u>Alors, X peut s'écrire sous la forme suivante :</u>

$$X = N D$$

<u>où $N = (N_t)$ est une martingale locale positive jusqu'à ν' et $D = (D_t)$ un processus décroissant prévisible qui vaut 1 pour $t = 0$.</u>

<u>La décomposition est unique sur</u> $[\![0,\nu'[\![$.

<u>Démonstration</u> : Le cas où $X_o = 0$ p.s. est exclu, puisque X serait alors, indistinguable de 0 .

Dans le cas où X_o n'est pas presque sûrement nul, en travaillant sur l'ensemble $\{X_o > 0\}$ et en considérant $\frac{X}{X_o}$ au lieu de X , on peut toujours supposer que $X_o = 1$.

a) <u>Unicité</u>.

Supposons que l'on ait deux décompositions du même type :

$$X = ND = N'D' .$$

La formule de changement de variables permet d'écrire, pour tout t fini :

$$X_t = N_t D_t = 1 + \int_o^t D_{s-} dN_s + \int_o^t N_{s-} dD_s + \sum_{s \leq t} \Delta D_s \Delta N_s .$$

Mais, puisque (ΔD_t) est un processus prévisible borné par 1, nul sauf sur une réunion dénombrable de graphes de t.a. prévisibles, on peut écrire (proposition (1-8)) :

$$\int_o^t \Delta D_s dN_s = \int_o^t \Delta D_s dN_s^{dp} = \sum_{s \leq t} \Delta D_s \Delta N_s^{dp} = \sum_{s \leq t} \Delta D_s \Delta N_s .$$

Il vient donc :

(3) $$X_t = 1 + \int_o^t D_s dN_s + \int_o^t N_{s-} dD_s .$$

On a de même :

(4) $$X_t = 1 + \int_o^t D'_s dN'_s + \int_o^t N'_{s-} dD'_s .$$

On remarque que (3) et (4) sont des décompositions de Doob-Itô de X. L'unicité de cette décomposition permet alors d'écrire :

$$\int_o^t N_{s-} dD_s = \int_o^t N'_{s-} dD'_s .$$

(5) Donc

$$N_{s-} dD_s = N'_{s-} dD'_s .$$

D'autre part, la projection prévisible $\dot{X}$ de X s'écrit aussi :

$$\dot{X}_s = N_{s-} D_s = N'_{s-} D'_s .$$

Comme sur $[\![0, \nu'[\![$, $\dot{X}$ est strictement positif, on peut diviser les deux membres de (5) par $\dot{X}$ et on obtient :

$$\frac{dD_s}{D_s} = \frac{dD'_s}{D'_s} \quad \text{sur } [\![0, \nu'[\![.$$

Donc :

$$\int_0^t \frac{dD_s}{D_s} = \int_0^t \frac{dD'_s}{D'_s} \quad \text{sur} \quad [\![0,\nu'[\![.$$

Puisque $(\int_0^t \frac{dD_s}{D_s})$ et $(\int_0^t \frac{dD'_s}{D'_s})$ sont des processus prévisibles à variation finie sur $[\![0,\nu'[\![$ et à sauts négatifs, le théorème (3-4) s'applique, et on a :

$$D_t = \eta(\int \frac{dD_s}{D_s})_t = \eta(\int \frac{dD'_s}{D'_s})_t = D'_t \quad \text{sur} \quad [\![0,\nu'[\![.$$

Par conséquent, on a aussi $N_t = N'_t$ sur $[\![0,\nu'[\![$ puisque D et D' sont strictement positifs sur $[\![0,\nu'[\![$ (sinon $\dot{X}$ pourrait s'annuler sur $[\![0,\nu'[\![$) .

b) Existence.

LEMME (3-10).- Soit S un t.a. tel que sur $[\![0,S]\!]$, $\dot{X}$ soit strictement positif. Alors, on a le théorème d'existence de décomposition multiplicative de la surmartingale arrêtée $(X_{t\wedge S})$.

Démonstration du lemme : Soit $X = M - A$ la décomposition de Doob-Itô de X . D'après la proposition (3-3), la projection prévisible $\dot{X}$ de X est donnée par :

$$\dot{X}_t = X_{t-} - \Delta A_t \text{ , pour tout } t \text{ fini.}$$

Notons au passage que $X_{t-} \geq \dot{X}_t$. Donc, X_{t-} est aussi strictement positif sur $[\![0,S]\!]$.

Considérons le processus prévisible $\frac{1}{\dot{X}} 1_{[\![0,S]\!]}$ et montrons qu'il est localement borné. On peut écrire :

$$\frac{1}{\dot{X}_t} 1_{[\![0,S]\!]} = \frac{1}{X_{t-} - \Delta A_t} 1_{[\![0,S]\!]}$$

$$= \frac{\frac{1}{X_{t-}}}{1 - \frac{\Delta A_t}{X_{t-}}} 1_{[\![0,S]\!]} .$$

Or le processus $\left(\frac{1}{1 - \frac{\Delta A_t}{X_{t-}}} 1_{[\![0,S]\!]}\right)$ est localement borné (cf. la démonstration du théorème (3-4)), et le processus $\left(\frac{1}{X_{t-}} 1_{[\![0,S]\!]}\right)$, adapté et continu à gauche, est aussi localement borné. D'où le résultat désiré.

Définissons alors pour tout t fini :

$$W_t = \int_0^{t \wedge S} \frac{dX_s}{\dot{X}_s}$$

$$U_t = \int_0^{t \wedge S} \frac{dM_s}{\dot{X}_s}$$

$$V_t = - \int_0^{t \wedge S} \frac{dA_s}{\dot{X}_s} .$$

Comme $U = (U_t)$ est une martingale locale et $V = (V_t)$ est un élément de $\mathcal{A}_{loc}$ prévisible, à sauts différents de 1 (car ils sont négatifs), la proposition (3-5) permet d'écrire :

$$\eta(W) = \eta(U + V) = \eta(U)\eta(V) .$$

$\eta(U)$ est évidemment une martingale locale et $\eta(V)$ un processus décroissant prévisible qui vaut 1 pour $t = 0$.

Il nous reste à vérifier que $\eta(W) = (X_{t \wedge S})$.

Par définition de η , $\eta(W)$ est l'unique solution de l'équation suivante :

$$Z_t = 1 + \int_0^t \dot{Z}_s \, dW_s$$

$$= 1 + \int_0^t \frac{\dot{Z}_s}{\dot{X}_{s \wedge S}} dX_{s \wedge S} .$$

Mais, on vérifie que $(X_{t\wedge S})$ satisfait aussi à cette équation. Donc, $\eta(W)$ et $(X_{t\wedge S})$ sont indistinguables.

C.Q.F.D.

Passons à la démonstration du théorème d'existence. Pour cela, on va montrer que le t.a. ν' est prévisible.

Par définition, ν' est le début de l'ensemble suivant :

$$E = \{(t,\omega)|\dot{X}_t(\omega) = 0\,,\, t = \nu(\omega)\}$$

$$= \{(t,\omega)|\dot{X}_t(\omega) = 0\,,\, t = \nu(\omega)\,,\, X_{t-}(\omega) = 0\} \cup \{(t,\omega)|\dot{X}_t(\omega) = 0\,,\, t = \nu(\omega)\,,\, X_{t-}(\omega) > 0\}\,.$$

Posons :

$$F = \{(t,\omega)|\dot{X}_t(\omega) = 0, t = \nu(\omega)\,,\, X_{t-}(\omega) = 0\}$$

$$G = \{(t,\omega)|\dot{X}_t(\omega) = 0, t = \nu(\omega)\,,\, X_{t-}(\omega) > 0\}\,.$$

Comme $\dot{X}_t \leq X_{t-}$ pour tout t fini, F est réduit à :

$$F = \{(t,\omega)|t = \nu(\omega)\,,\, X_{t-}(\omega) = 0\}\,.$$

Alors, on voit que le début S de l'ensemble F, annoncé par $S_n = \inf\{t|0 < X_t \leq \frac{1}{n}\} \wedge n$, est un t.a. prévisible.

D'autre part, on sait que ([5] VI T 15) :

$$X_{t-} = 0 \quad \text{pour} \quad t > \nu\,.$$

Donc, compte tenu du lemme (3-8), G est réduit à :

$$G = \{t,\omega)|\dot{X}_t(\omega) = 0\,,\, X_{t-}(\omega) > 0\}$$

qui est un ensemble prévisible contenu dans le graphe de ν. Par conséquent, le début T de G est un t.a. prévisible.

Puisque $\nu' = S \wedge T$, ν' est aussi un t.a. prévisible. Soit (ν'_n) une suite de t.a. annonçant ν'. Alors, pour tout n fixé, $\dot{X}$ est strictement positif sur $[\![0,\nu'_n]\!]$. D'après le lemme (3-10), il existe pour tout n fixé, une martingale locale positive (N^n_t) arrêtée à ν'_n et un processus décroissant prévisible (C^n_t) arrêté à ν'_n qui vaut 1 pour $t = 0$, tels que :

$$X_{t\wedge\nu'_n} = N^n_t C^n_t \text{ , pour tout } t \text{ fini.}$$

Le théorème d'unicité sur $[\![0,\nu'[\![$ permet d'écrire :

$$N^{n+1}_{t\wedge\nu'_n} = N^n_t \quad \text{et} \quad C^{n+1}_{t\wedge\nu'_n} = C^n_t \text{ , pour tout } t \text{ fini.}$$

On peut alors définir :

$$N_t = N^n_t \quad \text{sur} \quad t \leq \nu'_n .$$

$$C_t = C^n_t \quad \text{sur} \quad t \leq \nu'_n .$$

Dans ces conditions, on a :

$$X_t = N_t C_t \quad \text{sur} \quad t < \nu' .$$

Or $X_t = 0$ sur $t \geq \nu'$. On peut donc écire, pour tout t fini :

$$X_t = N_t C_t 1_{\{t<\nu'\}} .$$

Pour finir, il suffit de poser $D_t = C_t 1_{\{t<\nu'\}}$.

BIBLIOGRAPHIE

[1] C. DELLACHERIE — Capacités et processus stochastiques, Springer-Verlag, Berlin 1972.

[2] C. DOLEANS-DADE et P.A. MEYER — Intégrales stochastiques par rapport aux martingales locales, Séminaire de Probabilités IV, Université de

Strasbourg, Springer-Verlag, Berlin, 1970.

[3] H. FÖLLMER The exit measure of a supermartingale, Z . Wahrscheinlichkeitstheorie Verw. Geb. 21, 154-166.

[4] P.A. MEYER Un cours sur les intégrales stochastiques, dans le même volume de Séminaire de Probabilités.

[5] P.A. MEYER Probabilités et potentiel, Paris, Hermann 1966.

[6] P.A. MEYER On the multiplicative decomposition of positive supermartingales, in Markov processes and Potential theory ed. by J. Chover (J. Wiley and sons, New-York, 1967, 103-116).

[7] K.M. RAO Quasi-martingales, Math. Scand. 24, 1969, p. 79-92.

[8] C. STRICKER Mesure de Föllmer en théorie des quasimartingales, Séminaire de Probabilités IX, Université de Strasbourg, Springer-Verlag, Berlin, 1975.

Université de Strasbourg
Séminaire de Probabilités 1975

SUR LES INTEGRALES STOCHASTIQUES OPTIONNELLES ET UNE SUITE REMARQUABLE DE FORMULES EXPONENTIELLES

par Marc YOR

INTRODUCTION

L'origine de ce travail a été la remarque suivante : si X est une martingale locale quasi continue à gauche, et dont les sauts sont uniformément bornés, on peut associer à X au moins deux formules exponentielles intéressantes, à savoir l'exponentielle de C. Doléans

$$E(X)_t = \exp\{ X_t - \frac{1}{2}\langle X^c, X^c\rangle_t \} \prod_{s\leq t} (1+\Delta X_s)e^{-\Delta X_s}$$

et une seconde exponentielle

$$E_\infty(X)_t = \exp\{ X_t - \frac{1}{2}\langle X^c,X^c\rangle_t - \int \nu_t(dx)(e^x-1-x) \}$$

ν étant la " mesure de Lévy" de X, c'est à dire la projection (duale !) prévisible de la mesure $\eta(dt\times dx)=\sum_{s>0} I_{\{\Delta X_s\neq 0\}}\varepsilon_s(dt)\varepsilon_{\Delta X_s}(dx)$.

On construit ci-dessous une suite de martingales locales $E_n(X)$ telle que $E_1(X)=E(X)$ et, au moins formellement, $E_n(X) \xrightarrow[n\to\infty]{} E_\infty(X)$. De plus, ces martingales locales permettent de caractériser le processus croissant $\langle X^c,X^c\rangle$ et la mesure prévisible ν .

On donne également une nouvelle expression de la formule d'Ito associée à X - sous une condition d'intégrabilité - où intervient de manière naturelle une intégrale stochastique optionnelle.

NOTATIONS.

Les notations utilisées sont principalement celles du " Cours sur les intégrales stochastiques" de P.A.Meyer, qui figure dans ce volume (référence [5] de la bibliographie). En particulier, on considère les espaces $\underline{\underline{M}}$ (martingales de carré intégrable), $\underline{\underline{W}}$ (martingales à variation intégrable), $\underline{\underline{L}}$ (martingales locales), $\underline{\underline{V}}$ (processus à variation finie)... définis à partir d'un espace probabilisé complet $(\Omega,\underline{\underline{F}},P)$, complet, muni d'une famille croissante $(\underline{\underline{F}}_t)_{t\geq 0}$ de sous-tribus de $\underline{\underline{F}}$, vérifiant les conditions habituelles.

On dit que X vérifie localement la propriété (P) (le long de la suite (T_n)) s'il existe une suite (T_n) de temps d'arrêt, $T_n \uparrow \infty$ p.s., telle que pour tout n $X^{T_n} = X_{.\wedge T_n}$ vérifie (P). Ainsi un processus X est dit localement borné dans L^p s'il existe des $T_n \uparrow \infty$ p.s. et tels que

$$\sup_{0 \leq s < \infty} E[\,|X_{s\wedge T_n}|^p\,] < \infty$$

Par exemple, $\underline{\underline{M}}_{loc}$ est l'espace des martingales locales, localement de carré intégrable. Enfin, la notation suivante permet de simplifier de nombreuses égalités entre semi-martingales : si X et Y sont adaptés, on dit qu'ils sont <u>associés</u> si $X-Y \in \underline{\underline{L}}$, et on note $X \equiv Y$ $(\underline{\underline{L}})$ (X est <u>congru</u> à Y modulo $\underline{\underline{L}}$) , ou simplement $X \equiv Y$.

1. UN LEMME FONDAMENTAL ET QUELQUES CONSEQUENCES

1.1. Les intégrales stochastiques optionnelles apparaîtront très souvent dans tout le travail. Montrons tout d'abord que l'extension de l'intégrale stochastique aux intégrands optionnels faite en [5] est "maximale".

Rappelons l'inégalité générale de Kunita-Watanabe obtenue en [5] : si H et K sont deux processus $\underline{\underline{F}}\otimes\underline{\underline{B}}(\mathbb{R}_+)$-mesurables, et $M,N \in \underline{\underline{M}}$, on a

$$\int_0^\infty |H_s||K_s||d[M,N]|_s \leq \left(\int_0^\infty H_s^2 d[M,M]_s\right)^{1/2} \left(\int_0^\infty K_s^2 d[N,N]_s\right)^{1/2} \text{ p.s.}$$

En particulier, si H est un processus <u>mesurable</u> vérifiant $E(\int_0^\infty H_s^2 d[M,M]_s) < \infty$, l'application $N \longrightarrow E(\int_0^\infty H_s d[M,N]_s)$ est continue sur $(\underline{\underline{M}}, \|\cdot\|_2)$, et donc il existe une unique martingale de carré intégrable, notée H.M, telle que

$$\forall\, N \in \underline{\underline{M}}\ ,\ E(\,[(H\cdot M),N]_\infty\,) = E(\int_0^\infty H_s\, d[M,N]_s\,)$$

Pour continuer, nous énonçons le lemme suivant :

<u>Lemme 1</u> . L'application de projection optionnelle $H \longrightarrow {}^1H$ définie sur les processus mesurables bornés se prolonge de façon unique en une application linéaire contractante de $(L^2_m(M),\ {}_M\|\cdot\|_2)$ dans $(L^2_o(M),\ {}_M\|\cdot\|_2)$, où

$$L^2_m(M) = \{ H \text{ mesurable} : {}_M\|H\|_2^2 = E(\int_0^\infty H_s^2\, d[M,M]_s) < \infty \}$$
$$L^2_o(M) = \{ H \text{ optionnel} : {}_M\|H\|_2^2 < \infty \}$$

On note encore $H \longrightarrow {}^1H$ ce prolongement.

Démonstration . Soit H un processus mesurable borné. On a pour tout temps d'arrêt T

$$({}^1H_T)^2 I_{\{T<\infty\}} = (E[H_T I_{\{T<\infty\}} | \underline{\underline{F}}_T])^2 \leqq E[H_T^2 I_{\{T<\infty\}} | \underline{\underline{F}}_T] = {}^1(H^2)_T I_{\{T<\infty\}}$$

D'après le théorème de section optionnel, on a donc $({}^1H)^2 \leqq {}^1(H^2)$ sauf sur un ensemble évanescent, et donc ${}_M\|{}^1H\|_2 \leqq {}_M\|H\|_2$. Les processus mesurables bornés sont denses dans $L^2_m(M)$, et le lemme est démontré.

Proposition 1 . Soit $H \in L^2_m(M)$. Alors $H \cdot M = {}^1H \cdot M$.

Démonstration . D'après l'inégalité de Kunita-Watanabe, l'application $H \longrightarrow H \cdot M$ définie sur $L^2_m(M)$, à valeurs dans $\underline{\underline{M}}$, est continue (et même contractante). Il en est de même de $H \longrightarrow {}^1H \cdot M$, à l'aide du lemme 1. Il suffit donc de montrer que $H \cdot M = {}^1H \cdot M$ pour H mesurable, borné. Or soit $N \in \underline{\underline{M}}$. Nous avons par définition de $H \cdot M$

$$E([H \cdot M, N]_\infty) = E(\int_0^\infty H_s d[M,N]_s) = E(\int_0^\infty {}^1H_s d[M,N]_s)$$

car le processus à variation intégrable [M,N] est optionnel. Or ceci est l'égalité caractéristique de l'intégrale stochastique optionnelle ${}^1H \cdot M$ ([5], chap.II, déf. 32).

On est ainsi ramené à la théorie de l'intégrale stochastique optionnelle de [5], II.31-35 pour $\underline{\underline{M}}$, et V.19 pour $\underline{\underline{L}}$.

1.2. Comme cela apparaîtra dans la suite dans diverses applications, le lemme suivant permet de résoudre de nombreuses questions liées à la théorie des intégrales stochastiques. Il est dû à Ch. Yoeurp et figure, avec démonstration, dans son article [8] dans ce volume.

Lemme fondamental . Soit $A \in \underline{\underline{V}}$ prévisible, et soit $M \in \underline{\underline{M}}$. Alors $[A,M] = \Delta A \cdot M$. En particulier, [A,M] est une martingale locale.

1.3. Voici deux premières applications de ce lemme fondamental. On commence par une nouvelle démonstration de la formule de M. Pratelli et Ch. Yoeurp ([5], II.37 et V.21).

<u>Proposition 2</u> . Soit $M \in \underline{\underline{M}}_{loc}$. Alors l'intégrale $\Delta M \cdot M$ et le processus $\langle M,M \rangle$ sont bien définis et

(1) $$\Delta M \cdot M = [M,M] - \langle M,M \rangle .$$

<u>Démonstration</u>. On renvoie à [5], V.21 pour le début de la proposition. Pour démontrer (1), on peut évidemment supposer $M^c=0$. Par la caractérisation des intégrales stochastiques optionnelles, il suffit de vérifier que pour toute martingale N bornée

$$[\ [M,M]-\langle N,N \rangle\ ,\ N\ ] \equiv \Delta M \cdot [M,N] \qquad (\underline{\underline{L}})$$

Or le membre de gauche est égal à

$$\Sigma_{s \leqq \cdot}\ (\Delta M_s)^2 \Delta N_s - [\langle M,M \rangle ,N] \equiv \Sigma_{s \leqq \cdot}\ (\Delta M_s)^2 \Delta N_s = \Sigma_{s \leqq \cdot}\ \Delta M_s \Delta [M,N]_s$$

d'après le lemme fondamental. Cela démontre la proposition.

La proposition suivante montre que l'intégrale stochastique optionnelle $H \cdot M$ est la compensée de l'intégrale de Stieltjes $H*M$ [(1)], lorsque celle-ci existe. L'énoncé est implicite dans la construction de [5], II.34, mais n'est explicité nulle part dans [5].

<u>Proposition 3</u> . Soient $M \in \underline{\underline{W}}_{loc}$, H un processus optionnel tel que $\int_0^{\cdot} |H_s||dM_s|$ soit localement intégrable. Alors $(\ \int_0^{\cdot} H_s^2\ d[M,M]_s\ )^{1/2}$ l'est aussi, et l'on a

(2) $$H \cdot M = H*M - (H*M)^3$$

(on rappelle que ($)^3$ désigne la projection duale prévisible).

<u>Démonstration</u> . M appartenant à $\underline{\underline{W}}_{loc}$ n'a pas de partie martingale continue, de sorte que la première phrase de l'énoncé se réduit à l'inégalité $\Sigma_{s \leqq t}\ H_s^2 \Delta M_s^2 \leqq (\ \Sigma_{s \leqq t}\ |H_s||\Delta M_s|)^2$. Vérifions que $H*M-(H*M)^3$ satisfait à la propriété caractéristique de l'intégrale stochastique optionnelle, c'est à dire que pour toute martingale bornée N

$$[H*M-(H*M)^3,N] \equiv H \cdot [M,N]^{(1)} \quad (\underline{\underline{L}})$$

Or les deux membres diffèrent par $-[(H*M)^3,M]$, et le lemme fondamental s'applique encore.

---

(1). Nous employons la notation $*$ au lieu de $\cdot$ pour les intégrales de Stieltjes, <u>seulement</u> lorsqu'il y a risque de confusion.

2. DIFFERENTES EXPONENTIELLES DE SEMI-MARTINGALES

2.1. Rappelons tout d'abord, pour notation et référence par la suite, le théorème suivant dû à C. Doléans, qui est valable pour tout X appartenant à l'espace $\underline{\underline{S}}_0$ des semi-martingales nulles en 0.

Théorème 1 . Soit $X \in \underline{\underline{S}}_0$. Il existe alors une et une seule semi-martingale $\Lambda = E(X)$ solution de

$$(e_X) \qquad \Lambda_t = 1 + \int_{]0,t]} \Lambda_{s-} dX_s \ .$$

Elle est donnée par la formule

$$(3) \qquad E(X)_t = \exp\{ X_t - \tfrac{1}{2} < X^c, X^c >_t \} \prod_{s \leq t} (1+\Delta X_s) e^{-\Delta X_s} \ .$$

La propriété fondamentale d'une exponentielle est sa multiplicativité. Etudions cette propriété pour E.

Proposition 4. Pour $X, Y \in \underline{\underline{S}}_0$ on a

$$(4) \qquad E(X)E(Y) = E(X+Y+[X,Y]) \ .$$

Démonstration . On peut obtenir la formule (4) par calcul direct à partir de la formule (3). On préfère ici appliquer la formule d'Ito à $U_t V_t$, où $U=E(X)$, $V=E(Y)$, ce qui revient à la formule d'intégration par parties $d(UV) = U_- dV + V_- dU + d[U,V]$. Ici on a $dV=V_- dY$, $dU=U_- dX$, $d[U,V] = U_- V_- d[X,Y]$, donc

$$d(UV) = U_- V_- dY + U_- V_- dX + U_- V_- d[X,Y]$$

et UV est donc l'unique solution de $(e_{X+Y+[X,Y]})$, d'où (4).

La proposition 4 permet de définir naturellement l'application bilinéaire $\{ \ , \ \}$ sur $\underline{\underline{S}}_0 \times \underline{\underline{S}}_0$ par

$$\{X,Y\} = X + Y + [X,Y]$$

Une notation d'opération telle que $X \perp Y$ serait d'ailleurs appropriée, car l'opération ainsi définie est associative :

$$X \perp Y \perp Z = X + Y + Z + [X,Y] + [Y,Z] + [Z,X] + \Sigma_{s \leq .} \Delta X_s \Delta Y_s \Delta Z_s \ .$$

On explicite dans la proposition suivante la suite $X^{(n)}$ d'éléments de $\underline{\underline{S}}_0$ déterminée par la relation de récurrence $X^{(1)} = X \in \underline{\underline{S}}_0$, $X^{(n)} = \{ X, X^{(n-1)} \}$ (les puissances de X pour l'opération $\perp$).

<u>Proposition 5</u> . Pour tout $X \in \underline{\underline{S}}_0$ et $n \geq 1$, $n \in \mathbb{N}$, on a

(5) $$X^{(n)} = nX + \frac{n(n-1)}{2}\langle X^c,X^c\rangle + \Sigma_{s\leq .}\ P_n(\Delta X_s) \text{ où } P_n(x)=(1+x)^n-1-nx .$$

<u>Démonstration</u> . Elle se fait par une succession de récurrences faciles. Nous commençons par vérifier la conséquence suivante de (5)

$$\Delta X^{(n)} = Q_n(\Delta X) \quad \text{où } Q_n(x) = (1+x)^n-1$$

En effet, la formule $X^{(n)} = X + X^{(n-1)} + [X,X^{(n-1)}]$ nous donne la relation de récurrence $Q_n(x) = x+Q_{n-1}(x)+xQ_{n-1}(x)$ avec $Q_1(x)=x$, qui conduit bien à l'expression ci-dessus.

Nous posons ensuite $Y^{(n)} = [X,X^{(n)}]$. La formule $X^{(n)}=X+X^{(n-1)}+[X,X^{(n-1)}]$ nous donne

$$Y^{(n)} = [X,X] + Y^{(n-1)} + \Sigma_{s\leq .}\Delta X_s^2 \Delta X_s^{(n-1)}$$

$$= Y^{(n-1)} + \langle X^c,X^c\rangle + \Sigma_{s\leq .}\ R_n(\Delta X_s)$$

où $R_n(x)=x^2(1+Q_{n-1}(x)) = x^2(1+x)^{n-1}$. La solution de cette équation de récurrence est

$$Y^{(n)} = n\langle X^c,X^c\rangle + \Sigma_{s\leq .}\ T_n(\Delta X_s) \quad \text{où } T_n(x) = x\{(1+x)^n-1\}$$

car $T_n - T_{n-1} = R_n$. La relation de récurrence sur $X^{(n)}$ devient alors $X^{(n)} = X + X^{(n-1)} + Y^{(n-1)}$, soit

$$X^{(n)} = X^{(n-1)} + X + (n-1)\langle X^c,X^c\rangle + \Sigma_{s\leq .}T_{n-1}(\Delta X_s)$$

dont la solution est (5) , car $P_{n-1}+T_{n-1}=T_n$.

2.2. On donne maintenant une autre démonstration de la forme explicite de la solution d'une équation différentielle stochastique posée et résolue par Ch. Yoeurp ([8] et [5]).

Soit X une semi-martingale spéciale ([5], IV.31), dont la décomposition canonique est $X = X_0+M+A$ ($M \in \underline{\underline{L}}_0$, $A \in \underline{\underline{V}}_0$ et prévisible[1]). On note $\dot{X} = X_0+M_-+A$ la projection prévisible de X. D'après [8] ou [5], si le processus $1-\Delta A$ ne s'annule pas, il existe une unique semi-martingale spéciale $\Lambda=\dot{\mathcal{E}}(X)$, solution de

$$(\dot{e}_X) \qquad \Lambda_t = 1 + \int_{]0,t]} \dot{\Lambda}_s dX_s$$

donnée par $\dot{\mathcal{E}}(X)=\mathcal{E}(Y)$, où $Y_t = \int_{]0,t]} \frac{dX_s}{1-\Delta A_s}$.

1. En réalité, X_o n'intervient pas.

<u>Proposition 6</u> . $\mathring{\mathcal{E}}(X) = \frac{\mathcal{E}(M)}{\mathcal{E}(-A)}$

<u>Démonstration</u> . Avec les notations précédentes, il s'agit de montrer $\mathcal{E}(Y)\mathcal{E}(-A)=\mathcal{E}(M)$. D'après la proposition 4, cela revient à $Y-A-[Y,A] = M$. Or par définition de Y

$$dY - dA - d[Y,A] = \frac{dM+dA}{1-\Delta A} - dA - \frac{d[M,A]+d[A,A]}{1-\Delta A}$$

Nous remplaçons $d[A,A]$ par $\Delta A dA$, et $d[M,A]$ par $\Delta A dM$ (lemme fondamental). Il reste

$$\frac{dM}{1-\Delta A} + \frac{dA}{1-\Delta A} - dA - dM\frac{\Delta A}{1-\Delta A} - dA\frac{\Delta A}{1-\Delta A} = dM$$

Comme tous les processus sont nuls en 0, la proposition est établie.

2.3. L'existence des intégrales stochastiques optionnelles permet de poser le problème de la résolution de l'équation stochastique

$$(\overset{+}{e}_X) \qquad dZ_s = Z_s dX_s \quad .$$

On le résoudra ci-dessous dans une sous-classe de l'espace des semi-martingales spéciales , formée des semi-martingales spéciales X admettant une décomposition canonique $X=X_0+M+A$, où la martingale locale M est <u>quasi-continue à gauche</u>. Nous dirons pour abréger qu'une telle semi-martingale est <u>très spéciale</u>. Il faudra aussi imposer une condition d'intégrabilité.

<u>Proposition 7</u> . Soit $X = X_0+M+A$ la décomposition canonique d'une semi-martingale très spéciale.[1] On suppose que $1-\Delta X$ ne s'annule jamais,[2] et que le processus croissant $(\Sigma_{s\leq t}\frac{1}{(1-\Delta M_s)^2} I_{\{|1-\Delta M_s|<1/2\}})^{1/2}$ est localement intégrable. Alors il existe une et une seule semimartingale Z telle que (les i.s. ci-dessous aient un sens et que) l'on ait

$$(\overset{+}{e}_X) \qquad Z_t = 1 + \int_{]0,t]} Z_s dX_s \quad (= 1 + \int_{]0,t]} Z_s dM_s + \int_{]0,t]} Z_s dA_s) .$$

Cette solution est $\overset{+}{\mathcal{E}}(X)=\mathcal{E}(\overset{+}{X})$, où $\overset{+}{X}_t = \int_{]0,t]} \frac{dX_s}{1-\Delta X_s} = \int_{]0,t]} \frac{dM_s}{1-\Delta M_s} + \int_{]0,t]} \frac{dA_s}{1-\Delta A_s}$. De plus, $\overset{+}{X}$ et Z sont très spéciales.[3]

<u>Démonstration</u> . Nous commençons par quelques remarques sur la condition d'intégrabilité imposée. D'abord, A n'a que des sauts prévisibles, M que des sauts totalement inaccessibles, donc la condition que $1-\Delta X$ ne s'annule pas signifie que $1-\Delta M$ et $1-\Delta A$ ne s'annulent pas. Ensuite,

1. En réalité, X_0 n'intervient pas. 2. Cela entraîne que $1-\Delta X_t(\omega)$ est borné inférieurement par un nombre >0 sur tout intervalle compact (ne pas confondre cela avec "localement borné inf^t" au sens des t.d'arrêt).
3.Ce théorème a été démontré indépendamment par Ch.Yoeurp (non publié)

il revient au même de dire que le processus croissant de l'énoncé est localement intégrable, ou que le processus croissant

$$(\Sigma_{s\leqq t} \frac{\Delta M_s^2}{(1-\Delta M_s)^2} I_{\{|1-\Delta M_s|<1/2\}})^{1/2}$$

est localement intégrable. Mais d'autre part, nous savons que $(\Sigma_{s\leqq t} \Delta M_s^2)^{1/2}$ est localement intégrable, donc le processus croissant

$$(\Sigma_{s\leqq t} \frac{\Delta M_s^2}{(1-\Delta M_s)^2} I_{\{|\ |\geqq 1/2\}})^{1/2}$$

est toujours localement intégrable, et l'intégrabilité locale de l'énoncé équivaut à celle du processus croissant

$$\alpha_t = (\Sigma_{s\leqq t} \frac{\Delta M_s^2}{(1-\Delta M_s)^2})^{1/2}$$

- d'où il résulte en particulier que $I_{\{|\ |<1/2\}}$ aurait pu être remplacé par $I_{\{|\ |<\varepsilon\}}$ pour n'importe quel $\varepsilon\in]0,1[$. Une autre remarque, qui interviendra par la suite : le processus croissant

$$\beta_t = \Sigma_{s\leqq t} \frac{\Delta M_s^2}{|1-\Delta M_s|} \quad \text{(fini : note 2 page précédente)}$$

est localement intégrable, si la condition de l'énoncé est satisfaite . En effet, choisissons des temps d'arrêt $T_n\uparrow+\infty$, réduisant fortement la martingale locale M, et tels que $\beta_{T_n-} \leqq n$, $\alpha_{T_n} \in L^1$. Montrons que $\beta_{T_n} \in L^1$, ce qui revient à dire que $\Delta\beta_{T_n} = \Delta M_{T_n}^2/|1-\Delta M_{T_n}|$ est intégrable. Comme T_n réduit fortement M, ΔM_{T_n} est intégrable, donc $\Delta\beta_{T_n} I_{\{|1-\Delta M_{T_n}|\geqq 1/2\}}$ est intégrable. D'autre part, on a

$$\frac{|\Delta M_{T_n}|}{|1-\Delta M_{T_n}|} \leqq \alpha_{T_n} \in L^1$$

et le côté gauche majore $\frac{2}{3}|\Delta\beta_{T_n}| I_{\{|1-\Delta M_{T_n}|\leqq 1/2\}}$ (car $|\Delta M_{T_n}|^2 I_{\{\}} \leqq \frac{3}{2}|\Delta M_{T_n}|$). On pourra comparer ce raisonnement à celui de [5] , IV. n°32 .

Par un raisonnement tout à fait analogue, mais plus simple, on démontre que la condition de l'énoncé est équivalente à l'intégrabilité locale du processus croissant à valeurs finies

$$\delta_t = \Sigma_{s\leqq t} \frac{1}{|1-\Delta M_s|} I_{\{|1-\Delta M_s| < 1/2\}}$$

Enfin, une dernière remarque : dans ces conditions d'intégrabilité,[1] on peut partout faire disparaître la décomposition, en remplaçant M par X . En effet, les processus croissants analogues relatifs aux sauts prévisibles de X, par exemple

$$\left(\Sigma_{s\leqq t} \frac{1}{(1-\Delta A_t)^2} I_{\{|1-\Delta A_t| \leqq 1/2\}} \right)^{1/2}$$

sont prévisibles à valeurs finies, donc toujours localement intégrables.

Passons à la démonstration proprement dite. Vérifions d'abord que l'on peut définir $\overset{+}{X}$. L'intégrale de Stieltjes $\int_0^t \frac{dA_s}{1-\Delta X_s}$ est bien définie, car la fonction $|1-\Delta X_s(\omega)|$ est bornée inférieurement sur tout intervalle compact. D'autre part, $1-\Delta M$ n'est $\neq 0$ qu'en des temps totalement inaccessibles, donc $1-\Delta M = 1$ p.p. pour la mesure dA, et $\int_0^t \frac{dA_s}{1-\Delta X_s} = \int_0^t \frac{dA_s}{1-\Delta A_s}$, ce qui montre que ce processus à variation finie est prévisible.

En ce qui concerne l'intégrale stochastique optionnelle $\int_0^t \frac{dM_s}{1-\Delta X_s}$, nous remarquons de même que $1-\Delta A$ n'est $\neq 1$ qu'en des temps d'arrêt prévisibles, donc que $1-\Delta A = 1$ p.p. pour la mesure d[M,M]. L'intégrale stochastique est donc égale à $\int_0^t \frac{dM_s}{1-\Delta M_s}$. Pour vérifier que celle-ci a un sens, il nous faut examiner si le processus croissant $\left(\int \frac{d[M,M]_s}{(1-\Delta M_s)^2}\right)^{1/2}$ est localement intégrable. Comme $1-\Delta M_s$ ne diffère de 1 que pour des s en infinité dénombrable , il n'y a aucune difficulté quant à l'intégrale relative à $\langle M^c,M^c\rangle$, et il suffit de voir si

$$\left(\Sigma_{s\leqq t} \frac{\Delta M_s^2}{(1-\Delta M_s)^2} \right)^{1/2}$$

est localement intégrable. Nous avons vu plus haut que c'est bien le cas. Ainsi $\overset{+}{X}$ est bien définie, et il apparaît sur sa décomposition que c'est une semi-martingale très spéciale.

---

1. Désormais, nous supposons que $X_0=0$.

Pour prouver l'unicité, nous remarquons que ($\overset{+}{e}_X$) entraîne, comme X est très spéciale ([5], II.35 et V.20) que $\Delta Z_t = Z_t \Delta X_t$, et donc que $Z_t = Z_{t-}/(1-\Delta X_t)$. D'autre part, si H est prévisible localement borné, K optionnel tel que l'intégrale $K\cdot X$ ($= K\cdot M + K\cdot A$) ait un sens , l'intégrale optionnelle $(HK)\cdot X$ a un sens et l'on a $(HK)\cdot X = H\cdot(K\cdot X)$. Ici, prenant $H=Z_-$, $K=1/1-\Delta X$,($\overset{+}{e}_X$) devient

$$(*) \qquad Z_t = 1 + \int_{]0,t]} Z_{s-} \frac{dX_s}{1-\Delta X_s} = 1 + \int_{]0,t]} Z_{s-} d\overset{+}{X}_s$$

dont nous savons que la seule solution est $E(\overset{+}{X})$. Inversement, soit $Z=E(\overset{+}{X})$, montrons qu'elle satisfait à ($\overset{+}{e}_X$) . Nous avons $\Delta Z_t = Z_{t-}\Delta\overset{+}{X}_t$, donc - à nouveau grâce au caractère très spécial de X - $\Delta Z_t = Z_{t-}\Delta X_t/1-\Delta X_t$, et enfin $Z_{t-} = Z_t(1-\Delta X_t)$. Ainsi

$$Z_t = 1 + \int_{]0,t]} Z_{s-}\left(\frac{1}{1-\Delta X_s} dX_s\right) = 1 + \int_{]0,t]} \frac{Z_{s-}}{1-\Delta X_s} dX_s$$

$$= 1 + \int_{]0,t]} Z_s dX_s$$

de sorte que Z satisfait à ($\overset{+}{e}_X$).

Donnons maintenant une forme plus explicite de $\overset{+}{E}(X)$.

<u>Proposition 8</u> . Sous les hypothèses de la proposition 7, on a

$$\overset{+}{E}(X) = \frac{\exp(-\gamma - \langle X^c, X^c\rangle)}{E(-X)}$$

où γ est la projection prévisible duale de $\Sigma_{s\leq t} \frac{\Delta M_s^2}{1-\Delta M_s}$.

<u>Démonstration</u> . Nous savons que γ existe (étude du processus croissant β dans la démonstration précédente). Comme M est quasi-continue à gauche, γ est continu, et la formule s'écrit

$$\overset{+}{E}(X)E(-X) = E(-\gamma - \langle X^c, X^c\rangle)$$

Comme $\overset{+}{E}(X)=E(\overset{+}{X})$, cette formule s'écrit, d'après la prop.4

$$\overset{+}{X} - X - [X,\overset{+}{X}] = -\gamma - \langle X^c, X^c\rangle$$

Nous remplaçons X par M+A , $\overset{+}{X}$ par $\frac{1}{1-\Delta M}\cdot M + \frac{1}{1-\Delta A}\cdot A$, de sorte que $\overset{+}{X}-X = \frac{\Delta M}{1-\Delta M}\cdot M + \frac{\Delta A}{1-\Delta A}\cdot A$. Quant à $[X,\overset{+}{X}]$, nous avons vu que $\overset{+}{X}{}^c = X^c$, et que $\Delta\overset{+}{X} = \frac{\Delta X}{1-\Delta X} = \frac{\Delta M}{1-\Delta M} + \frac{\Delta A}{1-\Delta A}$. Ainsi, comme $[M,A]=0$

$$\overset{+}{X} - X - [X,\overset{+}{X}] = \left(\frac{\Delta M}{1-\Delta M}\cdot M - \Sigma_{s\leq \cdot} \frac{\Delta M_s^2}{1-\Delta M_s}\right) - \left(\frac{\Delta A}{1-\Delta A}\cdot A - \Sigma_{s\leq \cdot} \frac{\Delta A_s^2}{1-\Delta A_s}\right) - \langle X^c, X^c\rangle$$

La seconde parenthèse est nulle, car c'est un processus à variation finie purement discontinu dont les sauts sont nuls. Il reste seulement à vérifier que

$$\frac{\Delta M}{1-\Delta M}\cdot M = \Sigma_{s\leq .} \frac{\Delta M_s^2}{1-\Delta M_s} - Y$$

Or les deux membres sont des martingales locales sans partie continue, qui ont les mêmes sauts.

3. MESURE DE LEVY ET FORMULE D'ITO POUR UNE MARTINGALE LOCALE QUASI-CONTINUE A GAUCHE.

3.1. Contrairement à ce qui se passe pour les processus de Markov, la notion de "mesure de Lévy" d'une martingale locale n'a été utilisée que très rarement (voir cependant [2] et [3]).

Nous avons tout d'abord besoin de quelques généralités sur les mesures aléatoires.

Soit $(E,\mathcal{E})$ un espace mesurable lusinien. On note $\tilde{\Omega} = \Omega\times[0,\infty[\times E$ et $\tilde{\mathcal{P}} = \mathcal{P}\otimes\mathcal{E}$ ($\mathcal{P}$ est la tribu prévisible sur $\Omega\times[0,\infty[$), ainsi que $\tilde{E} =]0,\infty[\times E$ et $\tilde{\mathcal{E}} = \mathcal{B}(]0,\infty[)\otimes\mathcal{E}$.

On appelle <u>mesure aléatoire</u> tout noyau positif $\eta(\omega ; dt\times dx)$ de $(\Omega,\underline{F})$ dans $(\tilde{E},\tilde{\mathcal{E}})$. Une mesure aléatoire η est dite <u>prévisible</u> si, pour tout $Y \in \tilde{\mathcal{P}}_+$ le processus ηY suivant est prévisible

$$(\eta Y)_t(\omega) = \int_{]0,t]}\int_E Y(\omega,s,x)\eta(\omega ; ds,dx) .$$

D'après [1] (lemme 2.2) on a la

<u>Proposition 9</u> . Soit η mesure aléatoire telle que la mesure M_η définie sur $(\tilde{\Omega},\tilde{\mathcal{P}})$ par

$$\forall\, Y \in \tilde{\mathcal{P}}_+ \quad M_\eta(Y) = E[\int_{\tilde{E}} Y(.,t,x)\eta(.;dt,dx)]$$

soit σ-finie. Il existe alors une unique mesure prévisible, notée η^3, telle que

$$\forall\, Y \in \tilde{\mathcal{P}}_+, \; E[\int_{\tilde{E}} Y(.,t,x)\eta(.;dt,dx)] = E[\int_{\tilde{E}} Y(.,t,x)\eta^3(.;dt,dx)]$$

Nous appliquons ce résultat dans la situation suivante : $E=\mathbb{R}\setminus\{0\}=\mathbb{R}^*$, X est une martingale locale réelle, et

$$\eta(\omega ; dt\times dx) = \Sigma_{s>0} \; I_{\{\Delta X_s(\omega)\neq 0\}} \, \varepsilon_s(dt)\varepsilon_{\Delta X_s(\omega)}(dx)$$

Pour pouvoir appliquer la proposition 9, on établit le

<u>Lemme 2</u> . La mesure M_η est σ-finie.

<u>Démonstration</u> . Le processus croissant $\Sigma_{s\leqq t}(\Delta X_s^2\wedge 1) \leqq [X,X]_t$ est à valeurs finies et à sauts bornés par 1. Il est donc localement intégrable. Cela signifie qu'il existe des temps d'arrêt $T_n\uparrow+\infty$, des constantes $a_n>0$, tels que la fonction

$$H(\omega,s,x) = \Sigma_n \quad a_n 1_{]0,T_n]}(s,\omega)\ x^2\wedge 1$$

soit M_η-intégrable. Comme H est strictement positive sur $\widetilde{\Omega}$, M_η est σ-finie. []

On appelle <u>mesure de Lévy</u> de X, et on note $\nu(\omega,\ ds\times dx)$, la mesure prévisible η^3. Elle interviendra pour nous de la manière suivante : si f(s,x) est une fonction positive sur $\mathbb{R}_+\times\mathbb{R}^*$, la projection duale prévisible du processus croissant $\Sigma_{s\leqq t}\ f(s,\Delta X_s)I_{\{\Delta X_s\neq 0\}}$ est le processus croissant $\int_{]0,t]\times\mathbb{R}^*}\nu(ds\times dx)f(s,x)$. On passe de là au cas des fonctions f, non nécessairement positives, telles que le processus $\Sigma_{s\leqq t}|f(s,\Delta X_s)|I_{\{\Delta X_s\neq 0\}}$ soit localement intégrable. On note pour $f\in \underline{\underline{B}}_+(\mathbb{R})$ $\nu_t(.,f) = \int_{\mathbb{R}_+\times\mathbb{R}^*}\nu(.,ds\times dx)I_{]0,t]}(s)f(x)$.

3.2. Voici, à l'aide de la mesure ν - sous des hypothèses convenables - une nouvelle écriture de la formule d'Ito.

<u>Théorème 2</u> . Soit X martingale locale quasi-continue à gauche, et f fonction de classe C^2 telle que le processus $\Sigma_{s\leqq t}|f(X_s)-f(X_{s-})-f'(X_{s-})\Delta X_s|$ soit localement intégrable. Alors,

$$(6)\ f(X_t) = f(X_0) + \int_{]0,t]}\delta f(X_{s-},X_s)dX_s + \frac{1}{2}\int_0^t f''(X_s)d\langle X^c,X^c\rangle_s$$

$$+ \int_{]0,t]\times\mathbb{R}^*}\nu(ds\times dx)[f(X_{s-}+x)-f(X_{s-})-f'(X_{s-})x\ ]$$

où ν est la mesure de Lévy de X, et $\delta f(x,y)= \frac{f(y)-f(x)}{y-x}$ si $y\neq x$, et $f'(x)$ si $y=x$.

<u>Démonstration</u> . On écrit la formule d'Ito usuelle, dans laquelle le dernier terme est

$$S(f)_t = \Sigma_{s\leqq t}\ \{\ f(X_s)-f(X_{s-})-f'(X_{s-})\Delta X_s\ \}\ .$$

D'après l'hypothèse d'intégrabilité que l'on vient de faire, S(f) admet pour projection duale prévisible le processus suivant, continu du fait que X est quasi-continue à gauche

$$S(f)^s_t = \int_{]0,t]\times\mathbb{R}^*} \nu(ds\times dx)[f(X_{s-}+x)-f(X_{s-})-f'(X_{s-})x]$$

Le processus $\overset{c}{S}(f) = S(f)-S(f)^s$ est donc une martingale locale, somme compensée de sauts. De plus

$$\Delta\overset{c}{S}(f)_s = (f(X_s)-f(X_{s-})-f'(X_{s-})\Delta X_s)I_{\{\Delta X_s\neq 0\}}$$

$$= \left(\frac{f(X_s)\ f(X_{s-})}{\Delta X_s} - f'(X_{s-})\right)I_{\{\Delta X_s\neq 0\}}\Delta X_s$$

D'autre part, on a

$$\left(\int_{]0,t]} \left[\frac{f(X_s)-f(X_{s-})}{\Delta X_s} - f'(X_{s-})\right]^2 I_{\{\Delta X_s\neq 0\}} d[X,X]_s \right)^{1/2} =$$

$$= \left(\Sigma_{s\leqq t} \left[\frac{f(X_s)-f(X_{s-})}{\Delta X_s} - f'(X_{s-})\right]^2 I_{\{\Delta X_s\neq 0\}} \Delta X_s^2 \right)^{1/2} \leqq$$

$$\leqq \quad \Sigma_{s\leqq t} |f(X_s)-f(X_{s-})-f'(X_{s-})\Delta X_s|$$

qui est un processus localement intégrable par hypothèse. L'intégrale stochastique

$$M^f_t = \int_{]0,t]} \left(\frac{f(X_s)-f(X_{s-})}{\Delta X_s} - f'(X_{s-})\right)I_{\{\Delta X_s\neq 0\}}dX_s$$

est donc bien définie. De plus, l'intégrale relative à X^c est nulle, donc M^f est une somme compensée de sauts. Comme M^f et $\overset{c}{S}(f)$ ont les mêmes sauts, elles sont égales. Ajoutant alors M^f à l'intégrale stochastique qui figure dans la formule d'Ito usuelle, on obtient

$$M^f_t + \int_{]0,t]} f'(X_{s-})dX_s = \int_{]0,t]} \delta f(X_{s-},X_s)dX_s$$

et le théorème est établi.

Remarquons que, dans le cadre des martingales quasi-continues à gauche, la formule d'Ito que l'on vient d'obtenir étend la formule de Pratelli et Yoeurp rappelée dans la proposition 2. En effet, X appartient à $\underline{\underline{M}}_{loc}$ si et seulement si $f(x)=x^2$ vérifie la condition du théorème 1, et on peut écrire la proposition 2

$$X^2_t = X^2_0 + \int_{]0,t]}(X_{s-}+X_s)dX_s + \langle X,X\rangle_t$$

Or $\langle X,X\rangle_t = \langle X^c,X^c\rangle_t + \langle X^d,X^d\rangle_t$, et $\langle X^d,X^d\rangle_t=\int \nu_t(dx)x^2$.

4. UNE SUITE REMARQUABLE DE FORMULES EXPONENTIELLES

4.1. Rappelons tout d'abord l'extension du théorème de Girsanov obtenue par J. Van Schuppen et E. Wong en [7] :

Soient U et X deux martingales locales nulles en 0 telles que $[U,X]$ soit localement intégrable, ce qui est équivalent , d'après [8], à supposer l'existence de $\langle U,X\rangle$. Supposons de plus $1+\Delta U \geqq 0$, de sorte que la martingale locale $\mathcal{E}(U)$ est positive, et soit T un temps d'arrêt tel que $\mathcal{E}(U)^T$ soit uniformément intégrable. On définit la probabilité P_U^T sur $(\Omega,\underline{\underline{F}}_T)$ par $dP_U^T = \mathcal{E}(U)_T dP|_{\underline{\underline{F}}_T}$. Alors, d'après [7], ${}^UX = X-\langle X,U\rangle$ arrêtée à T est une P_U^T-martingale locale. Ou encore (sans arrêt à T), $\mathcal{E}(X)^UX$ est une P-martingale locale ([8]), variante pour laquelle la condition $1+\Delta U \geqq 0$ n'est plus nécessaire. Le point clé de la démonstration est encore le lemme fondamental.

Il en est de même pour la variante que nous proposons maintenant[1]

<u>Proposition 10</u> . Soient U et X deux martingales locales nulles en 0 telles que $[U,X]$ soit localement intégrables. Alors $\mathcal{E}({}^UX)\mathcal{E}(U)$ est une martingale locale.

<u>Démonstration</u> . $\mathcal{E}({}^UX)\mathcal{E}(U) = \mathcal{E}({}^UX+U+[{}^UX,U])$. Il suffit donc de démontrer que

$$ {}^UX+U+[{}^UX,U] = X-\langle X,U\rangle + U + [X,U] - [\langle X,U\rangle,U] $$

est une martingale locale. Or X,U, $[X,U]-\langle X,U\rangle$ sont des martingales locales, et $[\langle X,U\rangle,U]$ est une martingale locale d'après le lemme fondamental.

4.2. Soit X martingale locale nulle en 0 et <u>quasi-continue à gauche</u>.

La proposition précédente va permettre d'obtenir de façon naturelle une suite de formules exponentielles associées à X.

Supposons tout d'abord que X soit localement de carré intégrable. En remplaçant dans la proposition précédente X et U par $\frac{1}{2}X$, on obtient

---

1. Elle contient, au moins formellement, les autres résultats. En effet, remplaçant X par tX on a que $\mathcal{E}(t\,{}^UX)\mathcal{E}(U)$ est une martingale locale, et tous les coefficients du développement de Taylor en t sont des martingales locales ; ${}^UX\mathcal{E}(U)$ est le premier.

$$E_2(X) = \mathcal{E}(\tfrac{1}{2}X - \tfrac{1}{4}\langle X,X\rangle)\mathcal{E}(\tfrac{1}{2}X) \in \underline{\underline{L}}$$

Comme X est quasi-continue à gauche, $\langle X,X\rangle$ est continu, $[\langle X,X\rangle,X]=0$, et la proposition 4 nous donne

$$E_2(X) = \mathcal{E}(\tfrac{1}{2}X)\mathcal{E}(-\tfrac{1}{4}\langle X,X\rangle)\mathcal{E}(\tfrac{1}{2}X) = \mathcal{E}(\tfrac{1}{2}X)^2\exp(-\tfrac{1}{4}\langle X,X\rangle)$$

Plus généralement, nous allons calculer un processus prévisible $A^{(n)}$ (continu) tel que

$$E_n(X) = \mathcal{E}(\tfrac{1}{n}X)^n \exp(-A^{(n)}) \in \underline{\underline{L}}$$

Le calcul est fait dans l'énoncé suivant, avec des notations un peu différentes.

<u>Théorème 3</u> . Soit X martingale locale nulle en 0 et quasi-continue à gauche. Soit $\lambda\geqq 2$. On suppose que $1+\Delta X$ est un processus $\geqq 0$ (restriction inutile si λ est entier) et que X est localement bornée dans L^λ. Alors si l'on pose

$$(7) \qquad A_t = \frac{\lambda(\lambda-1)}{2}\langle X^c,X^c\rangle_t + \int_{\mathbb{R}} \nu_t(dx)\{(1+x)^\lambda-1-\lambda x\}$$

le processus

$$\Lambda_t = \mathcal{E}(X)^\lambda\exp(-A)$$

est une martingale locale.

<u>Démonstration</u> . Nous vérifions d'abord que A_t est fini, et continu. Nous traiterons le cas où $\lambda=n$ est entier, sans l'hypothèse de positivité de $1+\Delta X$, ce qui est un peu plus délicat. Il s'agit de vérifier que le processus croissant quasi-continu à gauche

$$\Sigma_{s\leqq t}\,|(1+\Delta X_s)^n-1-n\Delta X_s|$$

est localement intégrable . Nous le coupons en deux morceaux, l'un relatif aux s tels que $|\Delta X_s|<1$, pour lequel on a une majoration de la forme $c\Sigma_{s\leqq t}\,\Delta X_s^2 I_{\{|\Delta X_s|<1\}}$, processus localement intégrable , et l'autre, relatif aux s tels que $|\Delta X_s|>1$. Pour ce second processus, nous utilisons une majoration de la forme

$$c\Sigma_{s\leqq t}\,|\Delta X_s|^n \leqq c\Sigma_{s<t}\,|\Delta X_s|^n + c2^n\sup_{s\leqq t}|X_s|^n$$

le premier terme au second membre est un processus croissant localement borné, car fini et continu à gauche, et le second terme un processus croissant localement intégrable, d'après l'inégalité de Doob.

Revenant à λ quelconque, nous écrivons la formule d'Ito pour $F(E(X),A)$ où $F(u,v)=u^{\lambda}e^{-v}$. Il vient après quelques calculs

$$\Lambda_t = 1+\lambda\int_{]0,t]}\Lambda_{s-}dX_s - \int_{]0,t]}\Lambda_{s-}dA_s + \frac{\lambda(\lambda-1)}{2}\int_0^t \Lambda_s d\langle X^c,X^c\rangle_s$$

$$+\Sigma_{s\leqq t}\{\Lambda_s-\Lambda_{s-}-\lambda\Lambda_{s-}\Delta X_s\},$$

(on a tenu compte ici de la continuité de A, mais non de son expression explicite (7)). On a $\Lambda_s=\Lambda_{s-}(1+\Delta X_s)^{\lambda}$, donc la dernière somme s'écrit $\Sigma_{s\leqq t}\Lambda_{s-}((1+\Delta X_s)^{\lambda}-1-\lambda\Delta X_s)$, qui est une intégrale stochastique par rapport au processus $C_t=\Sigma_{s\leqq t}((1+\Delta X_s)^{\lambda}-1-\lambda\Delta X_s)$, localement intégrable par hypothèse. Il reste donc

$$\Lambda_t \underset{(\underline{\underline{L}})}{\equiv} \int_{]0,t]}\Lambda_{s-}\left(\frac{\lambda(\lambda-1)}{2}d\langle X^c,X^c\rangle_s + dC_s - dA_s\right)$$

et si l'on remplace maintenant A par sa valeur (7), la parenthèse est une martingale locale , car $\int\nu_t(dx)\{(1+x)^{\lambda}-1-\lambda x\}$ est la projection duale prévisible de C.

<u>Remarques</u> . a) Si $1+\Delta X\geqq 0$ (i.e. si E(X) est positive), on peut étendre ce résultat à toutes les valeurs de $\lambda>1$. Cela exige un passage à la limite pour vérifier la validité de la formule d'Ito utilisée ci-dessus, car $u^{\lambda}e^{-v}$ n'est plus de classe C^2, et il faut considérer $(u+\varepsilon)^{\lambda}e^{-v}$, et faire tendre ε vers 0.

Si $\lambda>1$, et $1+\Delta X$ ne s'annule pas, un calcul analogue donne la compensation multiplicative de $|E(X)|^{\lambda}$.

b) Le processus A est <u>unique</u> si $1+\Delta X$ ne s'annule pas. En effet, soit $Y=E(X)^{\lambda}$, et soit $B=\exp(-A)$. Notons les propriétés : Y est une semimartingale, et Y et Y_- ne s'annulent jamais (le produit infini de E(X) est absolument convergent et sans facteur nul) ; B est un processus à variation finie prévisible, $B_0=1$, B et B_- ne s'annulent jamais ; YB est une martingale locale. Y <u>étant donnée</u>, <u>cela caractérise uniquement</u> B. En effet, d'après la formule d'intégration par parties de Yoeurp ([5], V.38 : c'est une autre forme du lemme fondamental) $d(YB)=BdY+Y_-dB$, donc $\frac{dY}{Y_-}+\frac{dB}{B}$ est la différentielle d'une martingale locale. Cela caractérise uniquement le processus à variation finie prévisible $C_t=\int_{]0,t]}\frac{dB_s}{B_s}$, puis on a $B=1/E(-C)$. Voir le chapitre de [8] sur les décompositions multiplicatives.

c) Considérons la martingale locale

$$\hat{X}_t^{(\lambda)} = \lambda X_t + \Sigma_{s\leq t} \{(1+\Delta X_s)^\lambda - 1 - \lambda\Delta X_s\} - \int \nu_t(dx)\{(1+x)^\lambda - 1 - \lambda x\}$$

Nous avons vu au cours de la démonstration que $\Lambda_t = 1 + \int_{]0,t]} \Lambda_{s-} d\hat{X}_s^\lambda$, donc $\Lambda = \mathcal{E}(\hat{X}^{(\lambda)})$.

Revenons alors aux notations précédant l'énoncé du théorème 3. Le processus

$$A_t^{(n)} = \frac{1}{2}(1-\frac{1}{n})\langle X^c, X^c\rangle_t + \int \nu_t(dx)\{(1+\frac{x}{n})^n - 1 - x\}$$

est l'unique processus prévisible à variation finie tel que

$$\begin{aligned} E_n(X) &= \mathcal{E}(\tfrac{1}{n}X)^n \exp(-A^{(n)}) \\ &= \exp\{X_t - \tfrac{1}{2}\langle X^c, X^c\rangle - \int \nu_\cdot(dx)[(1+\tfrac{x}{n})^n - 1 - x]\} \prod_{s\leq \cdot} (1+\tfrac{\Delta X_s}{n})^n e^{-\Delta X_s} \end{aligned}$$

soit une martingale locale. De plus, nous avons vu que $E_n(X) = \mathcal{E}(\hat{X}^n)$, avec

$$\begin{aligned} \hat{X}_t^n &= X_t + \Sigma_{s\leq t} Q_n(\Delta X_s) - \int \nu_t(dx) Q_n(x) \quad \text{où } Q_n(x) = (1+\tfrac{x}{n})^n - 1 - x \\ &= X_t + \int_0^t U_n(\Delta X_s) dX_s \quad \text{où } U_n(x) = \frac{Q_n(x)}{x} \text{ si } x \neq 0 \text{ , } 0 \text{ si } x=0 \end{aligned}$$

Lorsque $n \to \infty$, $Q_n(x)$ tend vers $e^x - 1 - x$, et on a de même le théorème suivant :

<u>Théorème 4</u> . Soit X martingale locale quasi-continue à gauche, telle que le processus $\Sigma_{s\leq t} |e^{\Delta X_s} - 1 - \Delta X_s|$ soit localement intégrable (condition qui est en particulier réalisée si les sauts de X sont uniformément bornés). Le processus $A_t^{(\infty)} = \int \nu_t(dx)(e^x - 1 - x)$ est l'unique processus prévisible, à variation finie tel que

$$E_\infty(X) = \exp\{ X - \tfrac{1}{2}\langle X^c, X^c\rangle - A^{(\infty)}\}$$

soit une martingale locale.

La démonstration est identique à celle du théorème 3. On a $E_\infty(X) = \mathcal{E}(\hat{X}^\infty)$, avec

$$\begin{aligned} \hat{X}_t^\infty &= X_t + \Sigma_{s\leq t} (e^{\Delta X_s} - 1 - \Delta X_s) - \int \nu_t(dx)(e^x - 1 - x) \\ &= X_t + \int_{]0,t]} f(\Delta X_s) dX_s \quad \text{où } f(x) = \frac{e^x - 1 - x}{x} \text{ , } f(0) = 0 \text{ .} \end{aligned}$$

L'application E_∞ a été utilisée en [4] et [6] pour la résolution du problème des martingales lié aux opérateurs intégro-différentiels qui sont générateurs infinitésimaux de processus de Markov sur $\mathbb{R}^n$. Toutes les applications E_i (i=n ou ∞) sont des "exponentielles", en ce sens que si X et Y sont quasi-continues à gauche et $[X,Y]=0$ on a $E_i(X+Y)=E_i(X)E_i(Y)$.

4.3. On peut maintenant caractériser de plusieurs manières le processus croissant $<X^c,X^c>$ et la mesure aléatoire $\nu(ds\times dx)$ d'une martingale locale quasi-continue à gauche, dont on supposera en général les sauts uniformément bornés.

Caractérisons tout d'abord le processus $<X^c,X^c>$.

Théorème 5 . Soit X martingale locale telle que $1+\Delta X$ ne s'annule jamais. $A = <X^c,X^c>$ est l'unique processus croissant prévisible tel que

$$\Lambda^1(X,A) = \exp\{X_t - \tfrac{1}{2}A_t\}\prod_{s\leq t}(1+\Delta X_s)e^{-\Delta X_s} \quad \in \underline{\underline{L}}$$

Démonstration . Si Y est la semimartingale $\exp(X_t)\prod(\quad)$, le produit infini est absolument convergent et aucun de ses facteurs n'est nul, donc Y_- ne s'annule jamais. On applique alors le principe général d'unicité des décompositions multiplicatives , remarque b) suivant le théorème 3.

On caractérise maintenant la mesure de Lévy ν .

Théorème 6 . Soit X martingale locale quasi-continue à gauche telle que $|\Delta X|\leq 1$. La mesure de Lévy $\nu(ds\times dx)$ est caractérisée par les propriétés suivantes

- elle est prévisible , portée par $]0,\infty[\times([-1,+1]\setminus\{0\})$,
- le processus $\int\nu_t(dx)x^2$ est à valeurs finies,
- pour tout entier n, $2\leq n<\infty$

$$\Lambda^n(X,\nu)=\exp\{X_t - \tfrac{1}{2}<X^c,X^c>_t - \int\nu_t(dx)Q_n(x)\}\prod_{s\leq t}(1+\tfrac{1}{n}\Delta X_s)^n e^{-\Delta X_s}$$

est une martingale locale, où $Q_n(x)=(1+\frac{x}{n})^n-1-x$.

Démonstration . Soit $\overline{\nu}(\omega\,;\,ds\times dx)$ une seconde mesure aléatoire prévisible possédant les mêmes propriétés. Nous définissons de manière évidente $\overline{\nu}_t(\omega,dx)$ et $\Lambda^n(X,\overline{\nu})$. Nous introduisons la semimartingale $Y^n= \exp\{X_t - \frac{1}{2}<X^c,X^c>_t\}\prod_{s\leq t}(1+\frac{1}{n}\Delta X_s)^n e^{-\Delta X_s}$, et les processus à variation finie prévisibles $B^n_t=\exp(-\int\nu_t(dx)Q_n(x))$, et $\overline{B}^n_t$ de même. Comme Y^nB^n et $Y^n\overline{B}^n$ sont des martingales locales, le principe général d'unicité (remarque b) suivant le th.3) entraîne que $B^n=\overline{B}^n$, ou encore $\int\nu_t(dx)Q_n(x)=\int\overline{\nu}_t(dx)Q_n(x)$ pour tout n, donc par combinaison linéaire $\int\nu_t(dx)x^n = \int\overline{\nu}_t(dx)x^n$ pour tout $n\geq 2$, puis par le théorème de Weierstrass $\int\nu_t(dx)x^2f(x) = \int\overline{\nu}_t(dx)x^2f(x)$ pour toute f continue sur $[-1,1]$.

Donc les mesures $\nu_t(dx)x^2$ et $\bar{\nu}_t(dx)x^2$ sont égales, et comme $\nu_t(dx)$ $\bar{\nu}_t(dx)$ ne chargent pas 0, elles sont aussi égales. On en déduit aisément l'égalité de ν et de $\bar{\nu}$ elles mêmes.

On a de même, avec l'application E_∞ , des théorèmes analogues aux précédents, permettant de caractériser $<X^c,X^c>$ et ν .

Théorème 7 . Soit X processus càdlàg., à valeurs dans $\mathbb{R}$, adapté, quasi-continu à gauche, et tel que $|\Delta X|\leqq 1$.

1) Si X est une martingale locale, la mesure de Lévy ν de X est uniquement caractérisée par les propriétés suivantes :

- elle est prévisible, portée par $]0,\infty[\times([-1,1]\setminus\{0\})$,
- le processus $\int\nu_t(dx)x^2$ est à valeurs finies,
- pour tout $\alpha \in \mathbb{R}$, le processus

$$\Lambda^{(\infty)}(\alpha,X,\nu) = \exp\{\alpha X_t - \tfrac{1}{2}\alpha^2<X^c,X^c>_t - \int\nu_t(dx)(e^{\alpha x}-1-\alpha x)\}$$

est une martingale locale.

2) Supposons seulement que le processus croissant $\Sigma_{s\leqq t}\ \Delta X_s^2$ soit localement intégrable, et soit ν la projection duale prévisible[1] de la mesure aléatoire $\Sigma_u\ I_{\{\Delta X_u\neq 0\}}\varepsilon_u(ds)\varepsilon_{\Delta X_u}(dx)$. Soit A un processus croissant nul en 0, adapté et continu. Pour que X soit une martingale locale et que l'on ait $<X^c,X^c>=A$, il faut et il suffit que, pour tout $\alpha \in \mathbb{R}$

$$\Lambda^{(\infty)}(\alpha,X,A) = \exp\{\ \alpha X_t - \tfrac{1}{2}\alpha^2 A_t - \int\nu_t(dx)(e^{\alpha x}-1-\alpha x)\ \}$$

soit une martingale locale.

Démonstration . 1) La démonstration est identique à celle du théorème 6, si l'on développe $e^{\alpha x}-1-\alpha x$ en série entière.

2) Avec les hypothèses faites, $\frac{d}{d\alpha}\Lambda^{(\infty)}(\alpha,X,A)|_{\alpha=0}=X$ est une martingale locale. On montre ensuite que $A=<X^c,X^c>$ de même qu'au théorème 5.

1. Elle existe d'après la prop.9.

REFERENCES

[1]. J. Jacod. Multivariate point processes, predictable projection, Radon-Nikodym derivatives, representation of martingales. Z.f.W. 31, 1975, 235-246.

[2]. J. Jacod et J. Mémin. Caractéristiques locales et conditions de continuité absolue pour les semimartingales. A paraître.

[3]. N. El Karoui et J.P. Lepeltier. Processus de Poisson ponctuel associé à un processus ponctuel, représentation des martingales de carré intégrable quasi-continues à gauche (à paraître).

[4]. J.P. Lepeltier . Thèse de 3e Cycle, Université de Paris VI.

[5]. P.A.Meyer. Un cours sur les intégrales stochastiques. Dans ce vol.

[6]. D.W. Stroock. Diffusion processes associated with Lévy generators. Z.f.W. 32, 1975, 209-244.

[7]. J.H. Van Schuppen et E. Wong. Transformations of local martingales under a change of law. Annals of Prob. 2, 1974, p. 879-888.

[8]. Ch. Yoeurp . Décomposition des martingales locales et formules exponentielles. Dans ce volume.

Université de Strasbourg
Séminaire de Probabilités 1974/75

SUR LA DECOMPOSITION MULTIPLICATIVE DES SOUSMARTINGALES POSITIVES

par Ch. YOEURP et P.A. MEYER

Nous considérons ici un espace probabilisé filtré $(\Omega,\underline{\underline{F}},P ; (\underline{\underline{F}}_t))$ satisfaisant aux conditions habituelles, et une sousmartingale positive (X_t) continue à droite. Il est impossible en général de représenter X comme produit d'une martingale positive et d'un processus croissant, car toute martingale positive conserve la valeur 0 à partir du premier instant où elle l'atteint, tandis que cette propriété n'est pas vraie pour les sousmartingales (par exemple, la valeur absolue du mouvement brownien est une sousmartingale positive qui s'annule très souvent). Nous allons donc supposer X strictement positive, en un sens que nous préciserons. Notre but dans ce travail consiste à donner une décomposition multiplicative de X, et aussi à étudier les rapports entre cette décomposition multiplicative et une représentation assez bizarre, qui figure dans le Séminaire VIII, p.310-315.

NOTATIONS ET RAPPELS

X est, on l'a dit plus haut, une sousmartingale positive. Nous supposons pour simplifier, dans nos premiers raisonnements, que X est bornée inférieurement par une constante $\varepsilon>0$, et que la sousmartingale X est bornée dans L^1 : elle converge alors p.s. et dans L^1 vers une v.a. intégrable X_∞ $(=X_{\infty-})$, et il est bien connu qu'elle appartient à la classe (D). On peut donc écrire

(1) $$X = M+A$$

où M est une martingale uniformément intégrable - non nécessairement positive - et A est un processus croissant prévisible, continu à droite, nul en 0, intégrable. Le processus X admet une projection prévisible

(2) $$\overset{*}{X} = M_- + A$$

Recopions quelques identités classiques . En un temps prévisible T on a $\Delta A_T= E[\Delta X_T|\underline{\underline{F}}_{T-}] = \overset{*}{X}_T-X_{T-}$. D'où, par le théorème de section prévisible

(3) $$\overset{*}{X} = X_-+\Delta A$$

Il en résulte en particulier que $\dot{X}$, lui aussi, est borné inférieurement par ε . Il en résulte d'autre part que

$$(4)\qquad \begin{array}{ll} \Delta A = \dot{X} - X_- , & \Delta M = X - \dot{X} \\ 1 \geqq 1 - \frac{\Delta A}{\dot{X}} = \frac{X_-}{\dot{X}} > 0, & 1 + \frac{\Delta M}{\dot{X}} = \frac{X}{\dot{X}} \geqq 0 \end{array}$$

Nous introduisons maintenant trois nouveaux processus : une sous-martingale

$$(5)\qquad Z_t = \int_{]0,t]} \frac{dX_s}{\dot{X}_s} = N_t + B_t \quad (N_t = \int_{]0,t]} \frac{dM_s}{\dot{X}_s} , \ B_t = \int_{]0,t]} \frac{dA_s}{\dot{X}_s})$$

et un processus croissant[1] non adapté ,

$$(6)\qquad C_t = \exp(-\int_t^\infty \frac{dA_s^c}{\dot{X}_s})(\prod_{t<s<\infty} (1 - \frac{\Delta A_s}{\dot{X}_s})) X_\infty$$

Il y a une relation entre B et C : si l'on forme l'exponentielle de Catherine Doléans-Dade de -B, on a

$$(7)\qquad \begin{aligned} \mathcal{E}(-B)_t &= \exp(-B_t)\prod_{s\leqq t}(1-\Delta B_s)e^{\Delta B_s} = \exp(-B_t^c)\prod_{s\leqq t}(1-\Delta B_s) \\ &= \exp(-\int_0^t \frac{dA_s^c}{\dot{X}_s})\prod_{s\leqq t}(1 - \frac{\Delta A_s}{\dot{X}_s}) = \frac{C_0}{C_t} \ . \end{aligned}$$

DECOMPOSITION MULTIPLICATIVE DE X

Nous avons que $X_t = X_0 + \int_{]0,t]} \dot{X}_s dZ_s$. Il a été démontré par le premier auteur (voir dans ce volume) que la solution de cette équation différentielle stochastique est $X = X_0\eta(Z) = X_0\mathcal{E}(N)/\mathcal{E}(-B)$. Ainsi

$$(8)\qquad X_t = X_0\mathcal{E}(N)_t/\mathcal{E}(-B)_t$$

C'est la décomposition multiplicative de X : $X_0\mathcal{E}(N)$ est une martingale locale positive, en fait une vraie martingale de la classe (D), car $X_0\mathcal{E}(N) = X_t\mathcal{E}(-B) \leqq X_t$; $1/\mathcal{E}(-B)$ est un processus croissant prévisible, égal à 1 en 0. Nous n'insisterons pas ici sur l'unicité, qui se démontre comme pour les surmartingales.

---

1. A^c et B^c désignent les parties continues des processus croissants A et B (notation un peu dangereuse, car X^c désigne souvent la partie <u>martingale-continue</u> de la semimartingale X).

REPRESENTATION DE X COMME PROJECTION

Nous démontrons maintenant le résultat du séminaire VIII (dans le séminaire VIII, il s'agit d'une surmartingale positive Y majorée par 1, ou plus généralement par une martingale M, et on applique ce qui suit à la sousmartingale 1-Y ou M-Y).

Nous écrivons (8) sous la forme

(9) $$C_0X_t = X_0\mathcal{E}(N)_tC_t$$

et nous faisons d'abord tendre t vers $+\infty$. Comme $C_\infty = X_\infty$ d'après (6), et X_∞ ne s'annule pas, nous obtenons

$$C_0X_\infty = X_0\mathcal{E}(N)_\infty X_\infty \Rightarrow C_0 = X_0\mathcal{E}(N)_\infty .$$

D'autre part, nous avons vu que $X_0\mathcal{E}(N)$ est une vraie martingale de la classe (D). Donc en conditionnant par rapport à $\underline{\underline{F}}_t$ il vient

(10) $$E[C_0|\underline{\underline{F}}_t] = E[X_0\mathcal{E}(N)_\infty|\underline{\underline{F}}_t] = X_0\mathcal{E}(N)_t .$$

Conditionnons aussi (9) par rapport à $\underline{\underline{F}}_t$; il vient

$$E[C_0|\underline{\underline{F}}_t]X_t = X_0\mathcal{E}(N)_tE[C_t|\underline{\underline{F}}_t]$$

et comme la martingale (10) ne s'annule jamais, il vient simplement

(11) $$X_t = E[C_t|\underline{\underline{F}}_t]$$

Voici l'intérêt de cette relation : la projection optionnelle d'un processus croissant intégrable (non nécessairement adapté) est toujours une sousmartingale de la classe (D). Inversement, la décomposition additive nous dit que toute sousmartingale de la classe (D) est projection optionnelle d'un processus croissant intégrable , à savoir $A_t+X_\infty-A_\infty$, mais celui-ci n'est ni positif lorsque X est positive, ni borné lorsque X est bornée. La formule (11) nous représente X comme <u>projection optionnelle d'un processus croissant intégrable</u> C, <u>non adapté, tel que</u> $0\leq C_t \leq X_\infty$ (formule (6)). Ainsi la théorie de l'exponentielle η permet de mieux comprendre l'exposé du séminaire VIII, et d'en simplifier la démonstration.

LE CAS OU X N'EST PAS BORNEE INFERIEUREMENT

Pour effectuer les passages à la limite, nous introduisons des notations un peu différentes : nous posons

(12) $D=\mathcal{E}(-B)$, processus décroissant prévisible, $D_0=1$

(13) $Q=X_0\mathcal{E}(N)$, martingale positive

Nous avons alors XD=Q (formule (8)). Si X est une sousmartingale positive appartenant à la classe (D), admettant la décomposition X=M+A, la sousmartingale $X^\varepsilon=X+\varepsilon$ est bornée inférieurement, et nous pouvons lui appliquer la théorie précédente. Les quantités correspondantes seront affectées d'un ε. Recopions en particulier

(14) $$C_t^\varepsilon = \exp\left(-\int_t^\infty \frac{dA_s^c}{\dot{X}_s+\varepsilon}\right)\left(\prod_{t<s<\infty}\left(1-\frac{\Delta A_s}{\dot{X}_s+\varepsilon}\right)(X_\infty+\varepsilon)\right)$$

(15) $$D_t^\varepsilon = \exp\left(-\int_0^t \frac{dA_s^c}{\dot{X}_s+\varepsilon}\right)\prod_{s\leqq t}\left(1-\frac{\Delta A_s}{\dot{X}_s+\varepsilon}\right)$$

Lorsque ε décroît, D_t^ε et C_t^ε décroissent tous deux.

THEOREME 1. Soit X une sousmartingale positive de la classe (D). Il existe alors un processus croissant non adapté C tel que

(16) $$X_t = E[C_t|\underline{\underline{F}}_t] \quad , \quad 0\leqq C_t\leqq X_\infty .$$

DEMONSTRATION. Immédiate : on écrit que $X_t+\varepsilon=E[C_t^\varepsilon|\underline{\underline{F}}_t]$, $C_t^\varepsilon\leqq X_\infty+\varepsilon$. Les C_t^ε décroissent, soit C_t^o leur limite. On a $X_t= E[C_t^o|\underline{\underline{F}}_t]$, $C_t^o \leqq X_\infty$. Enfin, on pose $C_t=C_{t+}^o$.

THEOREME 2. Soit X une sousmartingale positive, telle que les processus X et X_- ne s'annulent jamais. Il existe alors un processus décroissant prévisible D, tel que $D_0=1$, ne s'annulant jamais, et une martingale Q, tels que

(17) $$X_tD_t = Q_t .$$

DEMONSTRATION. Nous partons de $(X_t+\varepsilon)D_t^\varepsilon = Q_t^\varepsilon$; D_t^ε décroît vers D_t^o, Q_t^ε vers Q_t^o , et D_t^o est décroissant prévisible, Q_t^o une martingale. Nous avons donc toujours $X_tD_t=Q_t$ avec $D_t=D_{t+}^o$, $Q_t=Q_{t+}^o$ - mais ici il faut nous assurer que $D_{t+}^o=D_t^o$, car nous exigeons la prévisibilité de D, et le fait que $D_0=1$. La condition de l'énoncé entraîne que pour tout ω et tout a fini, les fonctions $X_.(\omega)$ et $X_{.-}(\omega)$ sont bornées inférieurement sur [0,a] par un h>0. Il en est alors de même pour $\dot{X}_.(\omega) \geqq X_{.-}(\omega)$ (formule (3)), et alors il n'y a aucune difficulté dans le passage à la limite.

THE Q-MATRIX PROBLEM 2: KOLMOGOROV BACKWARD EQUATIONS

by

David Williams

Part 1. Introduction

(a) This paper is a sequel to [QMP 1] (=[16]). The main result of [QMP 1] is recalled as Theorem 1 below.

Here we introduce and study the KOLMOGOROV backward equations for arbitrary chains. Theorem 2 solves the existence problem for totally instantaneous chains which satisfy these equations. This theorem is therefore a kind of (dual!) analogue of the 'existence' part of the STROOCK-VARADHAN theorem ([15]) on diffusions.

Two of the chief methods in [QMP 1], SEYMOUR's lemma and KENDALL's branching precedure, again play a large part. However, because the chains constructed in [QMP 1] never satisfy the KOLMOGOROV backward equations, the branching procedure has been substantially modified along lines suggested by FREEDMAN's book [4]. We therefore arrive at the splicing procedure described in Part 4. The splicing technique provides a nice application of ITO's excursion theory.

I hope to show in [QMP 3] that the methods of [QMP 1, 2] may be used to make some slight impact on some altogether more profound and important problems on chains.

(b) Let I be a countably infinite set. Let Q be an $I \times I$ matrix satisfying the DOOB-KOLMOGOROV condition:

(DK): $$0 \leq q_{ij} < \infty \qquad (\forall i,j : i \neq j).$$

For $i \in I$ and $J \subseteq I \setminus i$, write

$$Q(i,J) \equiv \sum_{j \in J} q_{ij}.$$

(The symbol "$\equiv$" signifies "is defined to be equal to".) As usual, define $q_i \equiv -q_{ii}$.

We say that Q is a Q-matrix if there exists a ("standard") transition function $\{P(t)\}$ on I with $P'(0) = Q$. The matrix Q is then called the Q-matrix of $\{P(t)\}$ and of any chain X with minimal state-space I and transition function $\{P(t)\}$. We say that $\{P(t)\}$ (equivalently, X) is honest if $P(t)1 = 1, \forall t$, that is, if X has almost-surely-infinite lifetime.

THEOREM 1. Suppose that Q satisfies ((DK) and) the "totally instantaneous" condition

(TI): $$q_i = \infty \qquad (\forall i).$$

Then Q is a Q-matrix if and only if Q satisfies "NEVEU's condition"

(N): $$\sum_{j \notin \{a,b\}} q_{aj} \wedge q_{bj} < \infty \qquad (\forall a,b : a \neq b)$$

and the "safety condition"

(S): there exists an infinite subset K of I such that

$$Q(i,K\backslash i) < \infty, \ \forall i.$$

Further, we can then find an honest $\{P(t)\}$ with $P'(0) = Q$.

(c) The KOLMOGOROV backward equations. Let $\{P(t)\}$ be an honest transition function on I and define $Q = P'(0)$.

Let $B(I)$ be the Banach space of bounded functions on I with the usual supremum norm. With an eye to LEVY systems, define the operator $\mathcal{Q}$ on $B(I)$ as follows:

$$(\mathcal{Q}f)_i \equiv \sum_{j \neq i} q_{ij}(f_j - f_i)$$

on the domain $\mathcal{D}(\mathcal{Q})$ consisting of those f in $B(I)$ such that

(i) for each i, the series defining $(\mathcal{Q}f)_i$ converges absolutely,

(ii) $\mathcal{Q}f \in B(I)$.

We shall say that $\{P(t)\}$ satisfies the KOLMOGOROV backward equations (KBE) if

(KBE)$_1$: $$A \subseteq \mathcal{Q}$$

(that is: $\mathcal{D}(A) \subseteq \mathcal{D}(\mathcal{Q})$ and $A = \mathcal{Q}$ on $\mathcal{D}(A)$) where A is the strong infinitesimal generator of $\{P(t)\}$ acting on $B(I)$. Define the resolvent $\{\hat{P}(\lambda) : \lambda > 0\}$ of $\{P(t)\}$ as usual:

$$(\hat{P}(\lambda)f)_i \equiv \int_0^\infty e^{-\lambda t}(P(t)f)_i \, dt \qquad (f \in B(I), \ i \in I).$$

It is standard that $A \subseteq \mathcal{Q}$ if and only if

(KBE)$_2$: $$(\lambda - \mathcal{Q})\hat{P}(\lambda)f = f \qquad (f \in B(I)).$$

Of course, (KBE)$_2$ must be read as implying that $\hat{P}(\lambda) : B(I) \to \mathcal{D}(\mathcal{Q})$.

As in [QMP 1], we write ν_i for the ITO excursion law at i and w_i for a typical excursion path from i. It is easy to guess the following result from work of REUTER [13] and CHUNG [2] on the stable case.

LEMMA 1. (KBE) is equivalent to the statement:

($I^{Q}\!\!\rightarrow$): $$(\forall i) \quad \nu_i\{w_i : w_i(0+) \notin I\backslash i\} = 0.$$

This lemma is proved in Part 2.

Since ν_i has total mass q_i and

$$\nu_i\{w_i : w_i(0+) = j\} = q_{ij} \qquad (i \neq j),$$

condition ($I^{Q}\!\!\rightarrow$) implies that

(Σ) $$q_i = \sum_{j \neq i} q_{ij} \ (\leq \infty) \qquad (\forall i).$$

If $\{P(t)\}$ satisfies (KBE) and (TI), it therefore follows that $Q \equiv P'(0)$ satisfies (DK), (N) and

(TIΣ): $$q_i = \sum_{j \neq i} q_{ij} = \infty \qquad (\forall i).$$

Suppose conversely that Q is an $I \times I$ matrix satisfying (DK), (N) and

$(TI\Sigma)$. Then Q automatically satisfies condition (S), so that there certainly exists an honest $\{P(t)\}$ with $P'(0) = Q$. Recall however that the methods of [QMP 1] never produce a $\{P(t)\}$ satisfying (KBE). Still, everything works out right.

THEOREM 2. Suppose that Q is an $I \times I$ matrix satisfying (DK), (N) and $(TI\Sigma)$. Then there exists an honest transition function $\{P(t)\}$ with generator A satisfying $A \subseteq \mathfrak{Q}$.

Note. In [QMP 1], the proof of the apparent 'detail' that $\{P(t)\}$ in Theorem 1 can be chosen to be honest was proved by a trick. Since that trick would not work for Theorem 2, we are forced to give the proper (and very much shorter!) proof this time. All that is needed is a direct application of the quasi-left-continuity property in the form for RAY processes.

(d) Let Q be an $I \times I$ matrix satisfying (DK) and (Σ). Note that if $f \in \mathfrak{D}(\mathfrak{Q})$, then $f^2 \in \mathfrak{D}(\mathfrak{Q})$ so that $\mathfrak{D}(\mathfrak{Q})$ is an algebra. An amusing corollary of Theorem 2 is that if condition (TI) also holds, then $\mathfrak{D}(\mathfrak{Q})$ separates points of (I) if and only if condition (N) holds. This corollary is amusing for two reasons: (i) I can not prove it directly; (ii) it is false if condition (TI) is dropped! Is it possible that the corollary is more than merely amusing?

(e) Our construction will make it clear that the $\{P(t)\}$ in Theorem 2 can not possibly be unique.

The lack of uniqueness of $\{P(t)\}$ in Theorem 2 will be obvious to devotees of the Strasbourg school for the following reasons. Let Q be as in Theorem 2 and let X be a RAY chain with generator A satisfying $A \subseteq \mathfrak{Q}$. Since X is totally instantaneous, the Baire Category Theorem implies that X almost surely visits uncountably many fictitious states during any time-interval. The set of fictitious states is therefore non-semi-polar and so (DELLACHERIE [3]) contains a (non-semi-polar) finely perfect set. This finely perfect set is the fine support of a continuous additive functional φ (DELLACHERIE [3], AZEMA [1]) and we can use φ to change the LEVY system of X without destroying the condition $A \subseteq \mathfrak{Q}$.

Part 2. Proof of Lemma 1

Let $\{P(t)\}$ be an arbitrary ("standard") honest transition function on I and set $Q \equiv P'(0)$. Let X be a good (RAY) chain with minimal state-space I and with transition function $\{P(t)\}$.

Let b be a point of I. Let $f_{ib}, g_{bj} (i,j \in I\backslash b)$ be the usual first-entrance and last-exit functions occurring in the decompositions:

$$(1) \qquad p_{ib}(t) = \int_0^t f_{ib}(s)\, p_{bb}(t-s)\, ds, \quad p_{bj}(t) = \int_0^t p_{bb}(s)\, g_{bj}(t-s)\, ds.$$

See, for example, CHUNG [2]. Let T_b be the hitting time of b. Then

$$F_{ib}(t) \equiv P^i[T_b \leq t] = \int_0^t f_{ib}(s)\, ds \qquad (i \neq b).$$

Introduce the <u>taboo transition function</u> $\{{}_bP(t)\}$ on $I\backslash b$ as usual:

$${}_bp_{ij}(t) \equiv P^i[T_b > t\,;\; X(t) = j]\,.$$

Since $\{P(t)\}$ is honest,

(2) $$\sum_{j \neq b} {}_bp_{ij}(t) = 1 - F_{ib}(t)\,.$$

It is standard that

(3) $$g_{bj}(t) \geq \sum_{i \neq b} q_{bi} \cdot {}_bp_{ij}(t)\,.$$

This follows because $g_{b\cdot}(\cdot)$ is an <u>entrance law</u> for $\{{}_bP(t)\}$ and $g_{bj}(0+) = q_{bj}$.

PROPOSITION 1. <u>The condition</u>

$(b^{Q}\!\!\rightarrow)$: $$\nu_b\{w_b : w_b(0+) \notin I\backslash b\} = 0$$

<u>holds if and only if</u>

(4) $$g_{bj}(t) = \sum_{i \neq b} q_{bi} \cdot {}_bp_{ij}(t) \qquad (\forall t > 0,\; j \in I\backslash b)\,.$$

<u>Proof</u>. Set

(5) $$g_b(t) \equiv \sum_{j \neq b} g_{bj}(t)\,.$$

Let $\zeta_b(w_b)$ denote the lifetime of excursion w_b from b. Then $\nu_b \circ \zeta_b^{-1}$ is the classical LEVY-HINČIN measure of the subordinator associated with inverse local time at b. Hence from standard theory (NEVEU [12], KINGMAN [9]) based on (9) below,

$$\nu_b\{\zeta_b > t\} = g_b(t)\,.$$

Because

$$\nu_b\{w_b : w_b(0+) = i\} = q_{bi} \qquad (i \neq b)\,,$$

it is clear that $(b^{Q}\!\!\rightarrow)$ holds if and only if

(6) $$g_b(t) = \sum_{i \neq b} q_{bi}[1 - F_{ib}(t)]\,.$$

Proposition 1 now follows on comparing (2), (3) and (6).

<u>Condition</u> $(I^{Q}\!\!\rightarrow)$ <u>of Lemma 1 therefore holds if and only if</u> (4) <u>holds for every</u> b <u>in</u> I.

Use the 'hat' notation:

$$\hat{c}(\lambda) \equiv \int_0^\infty e^{-\lambda t} c(t)\, dt \qquad (\lambda > 0)$$

for Laplace transforms. Thus (1) takes the form

(7) $$\hat{p}_{ib}(\lambda) = \hat{f}_{ib}(\lambda)\hat{p}_{bb}(\lambda)\,, \quad \hat{p}_{bj}(\lambda) = \hat{p}_{bb}(\lambda)\hat{g}_{bj}(\lambda)\,,$$

and, for obvious probabilistic reasons,

(8) $${}_b\hat{p}_{ij}(\lambda) = \hat{p}_{ij}(\lambda) - \hat{f}_{ib}(\lambda)\hat{p}_{bj}(\lambda)\,.$$

Further, since $\{P(t)\}$ is honest,

$$1 = \lambda \sum_j \hat{p}_{bj}(\lambda) = \lambda\hat{p}_{bb}(\lambda)[1 + \hat{g}_b(\lambda)]$$

so that

(9) $$\hat{p}_{bb}(\lambda)^{-1} - \lambda = \lambda\hat{g}_b(\lambda)\,.$$

<u>Proof that</u> (KBE) => $(I^{Q}\!\!\rightarrow)$. Assume that (KBE) holds. Take b in I. Set $u \equiv \chi_{\{b\}} \in B(I)$. ($\chi_{\{b\}}$ is the characteristic function of $\{b\}$.) Then the equation

$$(\lambda - \mathcal{Q})\hat{P}(\lambda)u = u$$

yields

(10) $$\lambda\hat{p}_{bb}(\lambda) - 1 = \sum_{i \neq b} q_{bi}[\hat{p}_{ib}(\lambda) - \hat{p}_{bb}(\lambda)]$$
$$= p_{bb}(\lambda) \sum_{i \neq b} q_{bi}[\hat{f}_{ib} - 1] .$$

From (9) and (10),

$$\lambda\hat{g}_b(\lambda) = \sum_{i \neq b} q_{bi}[1 - \hat{f}_{ib}(\lambda)]$$

so that (6) holds and $(b \overset{Q}{\to})$.

<u>Proof that</u> $(I \overset{Q}{\to}) \Rightarrow$ (KBE). Assume that $(I \overset{Q}{\to})$ holds. Take b in I. Then from (4), (7) and (8) it follows that for $u \in B(I)^+$ and $h = \hat{P}(\lambda)u$,

$$\hat{p}_{bb}(\lambda)^{-1}h_b - u_b = \sum_{i \neq b} q_{bi}[h_i - \hat{f}_{ib}(\lambda)h_b] .$$

But from (9) and (6),

$$\hat{p}_{bb}(\lambda)^{-1}h_b - \lambda h_b = \sum_{i \neq b} q_{bi}[1 - \hat{f}_{ib}(\lambda)]h_b$$

so that

$$\lambda h_b - u_b = \sum_{i \neq b} q_{bi}[h_i - h_b] .$$

Thus $h = \hat{P}(\lambda)u \in \mathcal{D}(\mathcal{Q})$ (you should check this carefully) and

$$(\lambda - \mathcal{Q})\hat{P}(\lambda)u = u .$$

<u>Note</u>. I leave the problem of giving the correct interpretation of (KBE) in the form

$$\frac{d}{dt}P(t) = \mathcal{Q}P(t)$$

to people who are more expert (and more interested!) in analysis.

Part 3. KOLMOGOROV's chain "K1"

There is a substantial literature on K1. The paper [8] by KENDALL and REUTER gives a most exhaustive analysis which is taken up in CHUNG's book [2]. See also FREEDMAN [4]. REUTER [14] uses K1 very effectively to obtain results on the rate of convergence of $p(t)$ to 1 as $t \downarrow 0$ for Markov p-functions.

ITO's excursion theory allows us to rephrase the (LEVY-) KENDALL-REUTER-CHUNG description of K1. For K1 itself, ITO's idea provides no more than a rephrasing. However, excursion theory gives the natural language for the "splicing procedure" of Part 4. For Part 4, we need the modified form ${}^{\beta|\underset{\sim}{N}}K1$ of K1 described later in this part. We can use ITO's idea effectively only because of the path-decomposition result which explains how a ${}^{\beta|\underset{\sim}{N}}K1$ chain can be obtained by welding a certain strictly elementary chain onto an ${}^{\alpha|0}K1$ chain.

THE CHAIN $K1(b_n, a_n)$

Let I be the set $\{0,1,2,\ldots\}$. Pick (finite) $b_k > 0$ ($k \in \underset{\sim}{N}$) and (finite) $a_k > 0$ ($k \in \underset{\sim}{N}$) such that $\Sigma b_k = \infty$ and

(11) $$\Sigma b_k(a_k + \lambda)^{-1} < \infty \qquad (\forall\lambda > 0) .$$

Set

$$Q \equiv \begin{pmatrix} -\infty & b_1 & b_2 & b_3 & \cdots \\ a_1 & -a_1 & 0 & 0 & \cdots \\ a_2 & 0 & -a_2 & 0 & \cdots \\ a_3 & 0 & 0 & -a_3 & \cdots \\ \cdot & \cdot & \cdot & \cdot & \cdots \end{pmatrix}.$$

REUTER [14] gives an analytic proof that there exists a unique honest transition function $\{P(t)\}$ with $P'(0) = Q$. He mentions that CHUNG and I had been able to provide probabilistic proofs of this fact. I guess that CHUNG's proof is essentially the same as mine and goes like this.

Suppose that a RAY chain X with Q-matrix Q exists. Then we see that for $k \in \underset{\sim}{N}$, X leaves k by jumping to 0. Hence, with the notation of Part 2,

(12) $$f_{i0}(t) = a_i e^{-a_i t} \qquad (i \in \underset{\sim}{N}),$$

(13) $${}_0p_{ij}(t) = \delta_{ij} e^{-a_j t} \qquad (i,j \in \underset{\sim}{N}).$$

Since $g_{0\cdot}(\cdot)$ is an entrance law for $\{{}_0P(t)\}$ and $g_{0j}(0+) = b_j$ $(j \in \underset{\sim}{N})$, we have

(14) $$g_{0j}(t) = b_j e^{-a_j t} \qquad (j \in \underset{\sim}{N}).$$

But now the various equations in Part 2 determine $\{P(t)\}$ uniquely from (12) - (14). Thus, for example, (9) and (14) give

(15) $$\hat{p}_{00}(\lambda) = [\lambda + \lambda \sum_{j \in \underset{\sim}{N}} b_j (a_j + \lambda)^{-1}]^{-1}.$$

The existence of $\{P(t)\}$ follows 'constructively' and we see that (11) is exactly the right restriction on $(b_n, a_n : n \in \underset{\sim}{N})$.

The standard RAY-KNIGHT compactification $\bar{E}$ of I for X (see Part 2 of [QMP 1]) may contain points not in I (this will happen if and only if $\liminf a_n < \infty$). However, we shall always have

$$E \equiv \{x \in \bar{E} : P(t;x,I) = 1, \forall t > 0\} = I.$$

Thus, almost surely,

$$X(t) \in I, \forall t \geq 0; X(t-) \in I, \forall t > 0.$$

THE ITO DESCRIPTION OF $K1(b_n, a_n)$

The discussion above shown that we can restrict excursion paths $w_0(\cdot)$ from 0 to constant functions with

$$w_0 : (0, \zeta_0(w_0)) \to \{j\} \quad \text{for some } j \text{ in } \underset{\sim}{N}$$

and that

$$\nu_0\{w_0 : w_0(0+) = j, \zeta_0(w_0) \in dt\} = a_j b_j e^{-a_j t} dt.$$

ITO [6] and MAISONNEUVE [11] expand on the idea that, in terms of the local time

$$L(t,0) \equiv \text{meas}\{s \leq t : X(s) = 0\},$$

the excursions from 0 form a Poisson point process (with values in the space of excursions) with characteristic measure ν_0. We can therefore build X from ν_0.

THE CHAIN ${}^{\beta|\underset{\sim}{N}}K1(d_n, a_n - \beta)$

A ${}^{\beta|\underset{\sim}{N}}K1(b_n a_n - \beta)$ chain ${}^{\beta}Y$ is a chain identical in law to a $K1(b_n, a_n - \beta)$ chain which is killed at rate β while it is in $\underset{\sim}{N}$ but not killed while it is at 0. Here $\beta > 0$ and the parameters a_n, b_n $(n \in \underset{\sim}{N})$ satisfy

$$\Sigma b_n = \infty, \ \Sigma b_n/a_n < \infty, \ a_n > \beta \ (\forall n).$$

If we adjoin a coffin state Δ and put ${}^{\beta}Y$ in Δ from the killing-time on, we obtain ${}^{\beta}Y$ as an honest chain on $\{\Delta, 0, 1, 2, \ldots\}$ with Q-matrix

$$\left(\begin{array}{c|cccc} 0 & 0 & 0 & 0 & \cdots \\ \hline 0 & -\infty & b_1 & b_2 & \cdots \\ \beta & (a_1 - \beta) & -a_1 & 0 & \cdots \\ \beta & (a_2 - \beta) & 0 & -a_2 & \cdots \\ \cdot & \cdot & \cdot & \cdot & \cdots \end{array}\right)$$

(The dotted lines separate out the components involving Δ.) Again the Q-matrix determines a unique honest transition function on $\{\Delta, 0, 1, 2, \ldots\}$. We shall always work with the P^0 law of ${}^{\beta}Y$: that is, we suppose that ${}^{\beta}Y$ starts at 0.

An excursion path $w_0(\cdot)$ of ${}^{\beta}Y$ from 0 will start at some value $w_0(0+) = j \in \underset{\sim}{N}$ and then will either die at some finite time $\zeta_0(w_0)$ because ${}^{\beta}Y$ jumps to 0 or will jump to Δ at some finite time $\zeta_\Delta(w_0)$ in which case $\zeta_0(w_0) = \infty$. The excursion law ${}^{\beta}\nu_0$ of ${}^{\beta}Y$ at 0 is specified by the two equations:

$$(16) \qquad {}^{\beta}\nu_0\{w_0 : w_0(0+) = j\,;\ \zeta_0(w_0) \in dt\} = b_j(a_j - \beta)e^{-a_j t},$$

$$(17) \qquad {}^{\beta}\nu_0\{w_0 : w_0(0+) = j\,;\ \zeta_\Delta(w_0) \in dt\} = b_j \beta e^{-a_j t}.$$

From (17), we see that

$$(18) \qquad {}^{\beta}\nu_0\{w_0 : \zeta_0(w_0) = \infty\} = \alpha \equiv \beta \sum_{j \in \underset{\sim}{N}} b_j/a_j.$$

This means that

(19) the total time

$$\Gamma \equiv \text{meas.}\{t : {}^{\beta}Y(t) = 0\}$$

spent by ${}^{\beta}Y$ at 0 is exponentially distributed with rate α.

It is also clear from (17) that

(20) the probability that ${}^{\beta}Y$ jumps to Δ from state j is

$$\mu_j/\mu(\underset{\sim}{N}) = \beta\mu_j/\alpha$$

where μ is the measure on $\underset{\sim}{N}$ with $\mu_j \equiv \mu(\{j\}) \equiv b_j/a_j$.

Further, (16) and (17) imply that

(21) the expected total time spent by ${}^{\beta}Y$ in state $j \in \underset{\sim}{N}$ is

$$\beta^{-1}\mu_j/\mu(\underset{\sim}{N}) = \alpha^{-1}\mu_j.$$

A PATH-DECOMPOSITION RESULT

Define

$$\gamma \equiv \sup\{t : {}^{\beta}Y(t) = 0\}.$$

Construct a process X starting at 0 with ITO excursion law at 0 which is the restriction of ${}^{\beta}\nu_0$ to the set $\{\zeta_0(w_0) < \infty\}$. Then X will be a $K1(b_n - \beta b_n/a_n, a_n)$ chain. Let $L(\cdot,0)$ denote the 'local' time spent at 0 by X. With (19) in mind, let Γ^* denote an exponentially distributed variable independent of X and with rate α. Set

$$\gamma^* \equiv \inf\{t : L(t,0) > \Gamma^*\}.$$

Then $\{X(t) : t < \gamma^*\}$ is identical in law to $\{{}^{\beta}Y(t) : t < \gamma\}$. *We can therefore construct a chain identical in law to the chain* $\{{}^{\beta}Y(t) : t < \gamma\}$ *by inserting appropriate excursions into the interval* $[0,\Gamma)$ *which represents the growth of local time at* 0 *for* ${}^{\beta}Y$. The chain $\{{}^{\beta}Y(t+\gamma) : t \geq 0\}$ is *independent* of the chain $\{{}^{\beta}Y(t) : t < \gamma\}$ and is easily described. Indeed, the chain $\{{}^{\beta}Y(t+\gamma) : t \geq 0\}$ starts at a point j of $\underset{\sim}{N}$ chosen according to the distribution in (20), stays at j for an exponentially distributed time of rate a_j, and then jumps to and stays in Δ. Hence

(22) *given an exponentially distributed random variable* Γ *of rate* α *we can construct a* ${}^{\beta|\underset{\sim}{N}}K1(b_n, a_n)$ *chain* ${}^{\beta}Y^*$ *such that the time spent by* ${}^{\beta}Y^*$ *at* 0 *is EQUAL TO (not just identical in law to)* Γ. Of course, we shall have to expand Ω by taking products $(\Omega \to \Omega \times \tilde{\Omega}$ (say)) in this construction but we *must* extend Γ by $\Gamma(\omega,\tilde{\omega}) = \Gamma(\omega)$.

Part 4. Proof of Theorem 2

We say that I is *tree-labelled* if I is labelled as the set of vertices of the tree

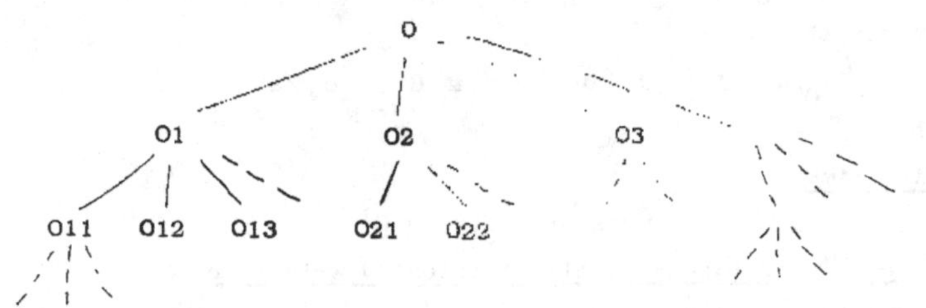

We then write Z_i for the set of *immediate successors* of i so that we have the following local picture of $i \cup Z_i$:

i

i1 i2 i3 Z_i

We also write $\pi : I\setminus 0 \to I$ for the *immediate predecessor* map so that $Z_i = \pi^{-1}\{i\}$.

SEYMOUR's lemma (Lemma 9 in [QMP 1]) implies that *under the hypotheses of Theorem 2*, I *may be tree-labelled in such a way that*

(23) $$c(i) \equiv \sum_{j \neq i} [q_{ij} - q^-_{ij}] < \infty$$

where

$$q^-_{ij} \equiv q_{ij} \quad \underline{\text{if}} \quad j \in i \cup Z_i$$
$$\equiv 0 \quad \text{otherwise}.$$

<u>We now suppose that the hypotheses of Theorem 2 hold and that</u> I <u>is already tree-labelled as just described</u>.

LEMMA 2. <u>There exists a probability measure</u> μ <u>on</u> I <u>such that</u>

(24) $$\Sigma c(i)\mu(i) < \infty$$

<u>and a positive recurrent chain</u> X^- (<u>with minimal state-space</u> I) <u>with</u> μ <u>as an invariant measure and with generator</u> A^- <u>satisfying</u> $A^- \subseteq \mathfrak{Q}^-$.

EXTENDING THE LEVY SYSTEM

Before proving Lemma 2, let us see why it implies Theorem 2.

Define
$$\varphi(t) \equiv \int_0^t c \circ X^-_s \, ds,$$
where c is defined at (23). From (24), it follows that φ is a (finite-valued) CAF of X^-. Define a new process $\tilde{X}$ which agrees with X^- up to the time σ_1 of the first "new" jump of $\tilde{X}$, where
$$P[\sigma_1 > t \mid X^-] = \exp[-\varphi(t)],$$
$$P[\tilde{X}(\sigma_1) = j \mid \tilde{X}(\sigma_1-) = i] = c(i)^{-1}[q_{ij} - q^-_{ij}].$$
Define further "new" jumps $\sigma_2, \sigma_3, \ldots$ in the obvious way. Then $\tilde{X}$, defined for $t < \sigma_\infty \equiv \lim \sigma_n$, is a Markov chain with generator $\tilde{A} \subseteq \mathfrak{Q}$. If $\sigma_\infty = \infty$ (almost surely), then $\tilde{X}$ is honest and Theorem 2 is proved.

Note that
$$\sigma_1 = \inf\{t : \tilde{X}(t) \notin \tilde{X}(t-) \cup Z_{\tilde{X}(t-)}\}.$$
Hence the "new" jump times $\sigma_1, \sigma_2, \ldots$ of $\tilde{X}$ are stopping times relative to the family of σ-algebras $\tilde{\mathcal{F}}_t \equiv \sigma\{\tilde{X}_s : s \le t\}$ (completed in the usual way). Suppose that $\tilde{X}$ is made into an honest process $\tilde{X}^\Delta$ by the usual adjunction of a coffin state Δ. Then
$$\tilde{X}^\Delta(\sigma_\infty) = \Delta \quad \text{on} \quad \{\sigma_\infty < \infty\}.$$
But, in the standard RAY-KNIGHT compactification of I associated with $\tilde{X}^\Delta$ (see [QMP 1]),
$$\tilde{X}^\Delta(\sigma_\infty -) = \lim_n \tilde{X}^\Delta(\sigma_n)$$
exists and satisfies
$$1 = \tilde{P}[\tilde{X}^\Delta(\sigma_\infty) = \Delta \mid \tilde{\mathcal{F}}(\sigma_\infty -)] = \tilde{P}(0; \tilde{X}^\Delta(\sigma_\infty -), \{\Delta\})$$
on $\{\sigma_\infty < \infty\}$. (This follows from the quasi-left-continuity property appropriate to RAY processes. See GETOOR [5].) Hence $\tilde{X}^\Delta(\sigma_\infty -) = \Delta$ on $\{\sigma_\infty < \infty\}$. We can therefore modify $\tilde{X}$ to an honest process X with generator $A \subseteq \mathfrak{Q}$ by making X agree with $\tilde{X}$ up to time σ_∞, putting (say) $X(\sigma_\infty) = 0$ on $\{\sigma_\infty < \infty\}$, and letting X run again (when necessary).

Proof of Lemma 2

The proof of Lemma 2 takes up the remainder of the paper.

We may as well simplify notation by writing Q instead of Q^-. We therefore suppose that Q is an $I \times I$ matrix satisfying (DK),(TIΣ) and the further condition:

(Q↓) $$q_{ij} > 0 \iff j \in Z_1 .$$

(The "<=" condition in (Q↓) is easily shown to be harmless.)

Remarks (i) It is not surprising that the condition (Q↓) determines the crucial case of Theorem 2. Readers unfamiliar with FREEDMAN's book [4] might find it rather difficult to arrange for a chain satisfying (Q↓) and $(I \overset{Q}{\to})$ to be able to return to state 0 (more or less immediately!) after leaving it. It is in puzzling out such things that much of the charm of chain theory remains.

(ii) I have an alternative proof of Lemma 2 based on the properties of branch-points of RAY processes. This alternative proof makes it easier to understand intuitively how certain chains satisfying (Q↓) and $(I \overset{Q}{\to})$ are able to return to 0. However, I believe that the present proof is 'better' (in a sense which I hope to clarify in [QMP 3]). The alternative proof is no shorter than the one given here.

CHOICE OF INVARIANT MEASURE μ

Define

$$b_i \equiv Q(\pi(i),i), \qquad i \in I \setminus 0 .$$

Let c be a given non-negative function on I. (Of course, this function c now plays the role of the 'correction term' c in (23).) Then

(24) there exists a probability measure μ on I such that

(24 i) $$\mu_k > 0 \ (\forall k), \ \sum_i c_i \mu_i < \infty ,$$

and

(24 ii) $$\frac{\mu_j}{\mu(Z_{\pi(j)})} < \frac{b_j \mu_{\pi(j)}}{b_{\pi(j)}\mu_{\pi\circ\pi(j)}}, \quad \forall j \in I \setminus [0 \cup Z_0] .$$

To prove (24), first choose a totally finite measure ν on I with $\nu_k > 0$ $(\forall k)$ and such that $\sum c_i \nu_i < \infty$. Then make an obvious recursive use of the following elementary proposition.

PROPOSITION. Suppose that ν^* and b^* are measures on $\underset{\sim}{N}$ with $\nu_k^* > 0$, $b_k^* > 0$ $(\forall k \in \underset{\sim}{N})$ and $1 < b^*(\underset{\sim}{N}) \leq \infty$. Then there exists a measure μ^* on $\underset{\sim}{N}$ such that

$$0 < \mu_j^* \leq \nu_j^* \ (\forall j), \quad \mu_j^*/\mu^*(\underset{\sim}{N}) \leq b_j^* \ (\forall j) .$$

⟦Proof of proposition. Choose η such that $1 < \eta < b^*(\underset{\sim}{N})$. Let λ be a probability measure on $\underset{\sim}{N}$ with $0 < \lambda_k \leq \eta^{-1} b_k^*$ $(\forall k)$. Choose K so that

$$\lambda(\{1,2,\ldots,K\}) > \eta^{-1}.$$

Set

$$\mu_j^* \equiv \left(\min_{k\le K}\nu_k^*\right)\lambda_j \qquad (j \le K),$$
$$\equiv \left[\left(\min_{k\le K}\nu_k^*\right)\lambda_j\right] \wedge \nu_j^* \qquad (j > K).\ ]$$

THE CHAINS $X^{(i)}$

<u>Our matrix</u> Q <u>continues to satisfy</u> (DK),(TΣ) <u>and</u> (Q↓). <u>Let</u> μ <u>be any probability measure on</u> I <u>satisfying</u> (24 ii). By splicing together various chains $X^{(i)}$, we shall construct a positive recurrent chain X with minimal state-space I, with generator A satisfying $A \subseteq \mathfrak{Q}$ and with (necessarily unique) invariant probability measure μ.

$X^{(i)}$ will be a chain on $i \cup Z_i$ but we may consider $i \cup Z_i$ as naturally labelled via the correspondence

$$i \leftrightarrow 0, i1 \leftrightarrow 1, i2 \leftrightarrow 2, \ldots .$$

This labelling allows us the obvious interpretation of the following set-up:

(25) $X^{(0)}$ <u>is of type</u> $K1(b_j, a_j : j \in Z_0)$;

(26) $X^{(i)}$ <u>is of type</u> $\beta_i|Z_i\, K1(b_j, a_j : j \in Z_i) \quad (i \in I\backslash 0)$;

(27) $\{a_j : j \in I\backslash 0\}$ <u>is defined recursively via</u>

$$\frac{b_j}{a_j} = \frac{\mu_j}{\mu_{\pi(j)}};$$

(28) $\{\beta_i : i \in I\backslash 0\}$ <u>is defined via the consistency condition</u>:

$$a_i = \alpha_i \equiv \beta_i \sum_{j\in Z_i} b_j/a_j .$$

For $i \in I\backslash 0$, we now regard $X^{(i)}$ as a <u>killed</u> chain with state-space $i \cup Z_i$ (<u>not</u> as an honest chain with state-space $i \cup Z_i \cup \Delta$). For (26) to make sense, we must have

$$a_j > \beta_i \qquad (j \in Z_i)$$

and this is exactly guaranteed by 24(ii).

<u>SPLICING THE CHAINS $X^{(i)}$ TO OBTAIN X</u>

Define $I_0 \equiv \{0\}$, $I_1 \equiv Z_0$, and, generally,

$$I_{n+1} = \pi^{-1} I_n \qquad (n \ge 0).$$

Define $X_{[0]} \equiv X^{(0)}$. The state-space of $X_{[0]}$ is $0 \cup I_1$, of which state 0 is instantaneous and states in I_1 are stable. (<u>Important</u>. <u>We start</u> $X_{[0]}$ <u>at</u> 0, so we always work with the $P^{(0)}$ law of $X_{[0]}$.)

Each visit by $X_{[0]}$ to a state i in I_1 is exponentially distributed with rate a_i defined by (27). Define

$$L_{[0]}(t,k) \equiv \text{meas}\{s \le t : X_{[0]}(s) = k\} \qquad (k \in 0 \cup I_1)$$

and

$$\tau_{[0]} \equiv \inf\{t : L_{[0]}(t,0) > 1\}.$$

The number of visits by $X_{[0]}$ to a state i in I_1 before time $\tau_{[0]}$ has (the Poisson distribution of) mean b_i. Hence

(29) $$EL_{[0]}(\tau_{[0]},i) = b_i/a_i = \mu_i/\mu_0 \qquad (i \in I_1).$$

Formula (29) confirms DOEBLIN's interpretation of the fact that μ restricted to $0 \cup I_1$ is the (unique modulo constant multiples) invariant measure for the positive recurrent chain $X_{[0]}$.

As already mentioned, each i-interval $(i \in I_1)$ of $X_{[0]}$ (that is: each visit made by $X_{[0]}$ to state i) is exponentially distributed with rate a_i. Because of (19), the consistency formula (28) arranges that under the $P^{(i)}$ law of $X^{(i)}$, the total time spent by $X^{(i)}$ at i also has the exponential distribution of rate a_i.

Because of the path-decomposition result described at the end of Part 3, we can therefore build up from any i-interval $(i \in I_1)$ of $X_{[0]}$ a chain with the $P^{(i)}$ law of $X^{(i)}$ by inserting suitable excursions (into Z_i) throughout this i-interval. It is important that one excursion has to be inserted immediately after the right-hand end-point of the i-interval.

We now assume that for each i in I_1, each i-interval of $X_{[0]}$ is built into a chain with the $P^{(i)}$ law of $X^{(i)}$ in the manner just described. This operation produces a chain $X_{[1]}$ on $0 \cup I_1 \cup I_2$ for which states in $0 \cup I_1$ are instantaneous and states in I_2 are stable. For each path,

(30) $$X_{[0]}(t) = X_{[1]}(\gamma_{01}(t)),$$

where

$$\gamma_{01}(t) \equiv \inf\{s : L_{[1]}(s, I_0 \cup I_1) > t\},$$
$$L_{[1]}(t,J) \equiv \text{meas}\{u \le t : X_{[1]}(u) \in J\}$$

for $J \subseteq I_0 \cup I_1 \cup I_2$.

Set

$$\tau_{[1]} \equiv \inf\{t : L_{[1]}(t,0) > 1\}.$$

Then for $i \in I_1$, $L_{[1]}(\tau_{[1]},i) = L_{[0]}(\tau_{[0]},i)$, so that from (29),

$$EL_{[1]}(\tau_{[1]},i) = \mu_i/\mu_0 \qquad (i \in I_1).$$

An easy calculation based on (21) confirms that this last equation also holds for $i \in I_2$. Thus the restriction of μ to $I_0 \cup I_1 \cup I_2$ is invariant for $X_{[1]}$.

Proceed in the obvious inductive fashion to produce a chain

$$X_{[n]} \text{ on } \underbrace{I_0 \cup I_1 \cup \ldots \cup I_n}_{\text{instantaneous}} \cup \underbrace{I_{n+1}}_{\text{stable}}$$

with invariant measure μ restricted to $\cup\{I_k : k \le n+1\}$. The sequence $(X_{[n]} : n = 0,1,2,\ldots)$ is time-projective in the obvious sense which generalises (30), and we have arranged that

$$\sum_n \sum_{I_n} EL_{[n]}(\tau_{[n]},i) = \mu(I)/\mu_0 < \infty .$$

I now claim by analogy (!!!) with the situation studied by FREEDMAN in Chapter 3 of

[4] - and if you will not accept analogy, you can systematically reduce our case to that considered by FREEDMAN - that the projective limit chain X on I exists. The chain X is positive recurrent with unique invariant probability measure μ and $X_{[n]}$ is simply X observed while it is in $I_0 \cup I_1 \cup \ldots I_{n+1}$.

PROOF THAT X SATISFIES $A \subseteq \mathfrak{D}$

Define

$$\xi_j \equiv \beta_{\pi(j)}/a_j , \quad \eta_j \equiv 1 - \xi_j \qquad (j \in I \setminus 0).$$

Suppose

$$i \in I_1, \quad j \in I_2, \quad k \in I_3,$$
$$\pi(j) = i, \quad \pi(k) = j.$$

Let us draw (the off-diagonal elements of) the Q-matrix $Q_{[n]}$ of $X_{[n]}$ for $n = 0,1,2$. The general pattern will then be clear. <u>The following pictures explain why we chose the</u> $X^{(i)}$ <u>as we did</u>. (The actual calculations of the $Q_{[n]}$ are left as amusing exercises.)

$Q_{[0]}$:

$$0 \xrightarrow{b_j} i, \quad i \xrightarrow{a_i} 0$$

$Q_{[1]}$:

$$0 \xrightarrow{b_j} i \xrightarrow{b_j} j, \quad i \xrightarrow{a_j\xi_j} 0, \quad j \xrightarrow{a_j\eta_j} 0$$

$Q_{[2]}$:

$$0 \xrightarrow{b_i} i \xrightarrow{b_j} j \xrightarrow{b_k} k, \quad i \xrightarrow{a_k\xi_k\xi_j} 0, \quad j \xrightarrow{a_k\xi_k\eta_j} 0, \quad k \xrightarrow{a_k\eta_k} 0$$

Recall that Q has the picture

$$Q: \qquad 0 \xrightarrow{b_i} i \xrightarrow{b_j} j \xrightarrow{b_k} k \longrightarrow \ldots .$$

We see that $Q_{[n]} \to Q$ (componentwise) as $n \to \infty$.

<u>FREEDMAN's convergence theorem</u>, Theorem (1.88) in [4], <u>now identifies</u> Q <u>as the Q-matrix of</u> X. (For the reader's convenience, we provide a simple direct proof of FREEDMAN's theorem in the next section.)

We do not need Freedman's convergence theorem because we can argue directly the desired stronger result that $A \subseteq \mathfrak{D}$. The pictures of $Q_{[0]}, Q_{[1]}, Q_{[2]}, \ldots$ are not necessary either but they may help clarify the following argument.

Suppose that $i \in I_n$ $(n \geq 1)$. Then each excursion from i made by $X_{[n-1]}$ will begin at some predecessor of i. The splicing which takes $X_{[n-1]}$ to $X_{[n]}$ will remove the possibility of a jump from i to a predecessor of i. <u>Every excursion</u> w_i <u>from</u> i <u>made by</u> $X_{[n]}$ <u>will satisfy</u> $w_i(0+) \in Z_i$ <u>and we shall have</u>

$$\nu_i\{w_i(0+) = j\} = q_{ij} \qquad (j \in Z_i)$$

<u>for the process</u> $X_{[n]}$. Further splicings $X_{[n]} \to X_{[n+1]} \to \ldots$ will not change the measure $\nu_i \circ w_i(0+)^{-1}$. Hence X <u>satisfies</u> $A \subseteq \mathcal{Q}$.

AN ANALYTIC APPROACH

There may be readers who are prepared to accept that for $b \in I_n$, $X_{[m]}$ $(m \geq n)$ satisfies

(31) $$\nu_b\{w_b(0+) \notin Z_b\} = 0, \quad \nu_b\{w(0+) = j\} = q_{bj},$$

but who will hesitate to accept that we can "let $n \to \infty$ to deduce that (31) holds for X". In such circumstances, we can resort to analytic methods which leave no room for doubt. (CHUNG, FREEDMAN and I believe however that it is best to tighten the probabilistic reasoning.) We shall deal analytically with the problem of (31) in a moment. First, let us test out the analysis by giving a short direct proof of FREEDMAN's convergence theorem.

⟦<u>Proof of FREEDMAN's convergence theorem</u>. Let X be any chain on a countable set I. Let (J_n) be an increasing sequence of subsets of I with union I. Let X_n be "X observed only while it is in J_n". Let $p(t;i,j), Q(i,j), \ldots$ (instead of $p_{ij}(t), q_{ij}$) refer to X and let $p_n(t;i,j)$, $Q_n(i,j), \ldots$ refer to X_n. We must prove that

$$Q_n(i,j) \to Q(i,j) \qquad (n \to \infty).$$

We know that

$$\int_0^t p(s;i,j)\,ds$$

is the $P^{(i)}$-expected time that X spends at j before X-time t. Hence

(32) $$\int_0^t p_n(s;i,j)\,ds \downarrow \int_0^t p(s;i,j)\,ds, \qquad (n\uparrow).$$

Since

(33) $$Q(i,j) = \lim_{\lambda\uparrow\infty} \lambda[\lambda\hat{p}(\lambda;i,j) - \delta_{ij}]$$

we have

$$Q_n(i,j) \downarrow Q_\infty(i,j) \geq Q(i,j) \qquad (n\uparrow)$$

By an obvious 'holding-time' argument, $Q_\infty(i,i) = Q(i,i), \forall i$. It is therefore enough to prove that $Q(b,j) \geq Q_\infty(b,j)$ when $j \neq b$.

From (32),

$$\hat{p}_n(\lambda;i,j) \to \hat{p}(\lambda;i,j).$$

Hence, from (7) and (8),

$${}_b\hat{p}_n(\lambda;i,j) \to {}_b\hat{p}(\lambda;,i,j), \quad \hat{g}_n(\lambda;b,j) \to \hat{g}(\lambda;b,j).$$

But, from (3),

$$\hat{g}_n(\lambda;b,j) \geq Q_n(b,j)\,.\,{}_b\hat{p}_n(\lambda;j,j).$$

Let $n \to \infty$ to find that

$$\lambda\hat{g}(\lambda;b,j) \geq Q_\infty(b,j)\lambda\,.\,{}_b\hat{p}(\lambda;j,j)$$

and now let $\lambda \uparrow \infty$ to get the desired result. See KINGMAN [10] for a deeper convergence theorem.⟧

<u>Warning</u>. <u>It is very important that the monotonicity in</u> (32) <u>only takes effect after</u> n <u>is so large that</u> $i,j \in J_n$. (Otherwise, one could prove some extraordinary results.)

<u>Discussion of</u> (31). Assume that $X_{[m]}$ satisfies the appropriate version of (KBE) for each m. Fix b and j and restrict attention to those m such that both b and j belong to $\cup\{I_k : k < m\}$. By Proposition 1,

$$\hat{g}_{[m]}(\lambda;b,j) = \sum_{i \in Z_b} q_{bi} \cdot {}_b\hat{p}_{[m]}(\lambda;i,j).$$

As $m\uparrow$, we have <u>strict</u> monotonicity (see Warning above) on the right-hand-side. Hence

$$\hat{g}(\lambda;b,j) = \sum_{i \in Z_b} q_{bi} \cdot {}_b\hat{p}(\lambda;i,j). \tag{34}$$

Since (34) holds for all b and j, X satisfies (KBE).

We can of course try to carry the analysis the whole way by defining explicitly the generator A of our chain X. Compare KENDALL [7].

THOUGHT ON BRANCH-POINTS OF X

Suppose that $i(0) = 0, i(1), i(2), \dots \in I$ and that

$$i(k+1) \in Z_{i(k)}, \ \forall k.$$

It seems intuitively plausible from our pictures of the $Q_{[n]}$ that if

$$\prod_{n \geq 2} \xi_{i(n)} > 0,$$

then, in the RAY-KNIGHT compactification of X, the sequence $(i(n))$ converges to a branch-point x of X with

$$P(0;x,\{0\}) = \prod_{n \geq 2} \xi_{i(n)},$$

$$P(0;x,\{i(k)\}) = \eta_{i(k+1)} \prod_{k \geq n+2} \xi_{i(k)} \qquad (k \geq 1).$$

BIBLIOGRAPHY

[1] J. AZEMA, Une remarque sur les temps de retour, trois applications, Séminaire de Prob. Strasbourg VI, Lect. Notes vol. 258, 1972.

[2] K.L. CHUNG, Markov chains with stationary transition probabilities, Springer, Berlin, (2nd edition), 1967.

[3] C. DELLACHERIE, Ensembles épais: applications aux processus de Markov, C.R. Acad. Sci. Paris 266, 1258-1261, 1968.

[4] D. FREEDMAN, Approximating Markov chains, Holden-Day, San Francisco, 1971.

[5] R.K. GETOOR, Markov processes: Ray processes and right processes, Lect. Notes vol. 440, 1975.

[6] K. ITO, Poisson point processes attached to Markov processes, Proc. 6th Berkeley Symposium, vol. III, 225-240, 1971.

[7] D.G. KENDALL, A totally unstable denumerable Markov process, Quart. J. Math. Oxford 9, 149-160, 1958.

[8] D.G. KENDALL and G.E.H. REUTER, Some pathological Markov processes with a denumerable infinity of states and the associated semigroups of operators on ℓ, Proc. Intern. Congress Math. 1954 (Amsterdam) 3, 377-415, 1956.

[9] J.F.C. KINGMAN, Regenerative phenomena, Wiley, London, New York, 1972.

[10] J.F.C. KINGMAN, A property of the derivatives of Markov transition properties, Quart. J. Math. Oxford (2) 26, 121-128, 1975.

[11] B. MAISONNEUVE, Systèmes régénératifs, Astérisque 15, Société Mathématique de France, 1974.

[12] J. NEVEU, Une généralisation des processus à accroissements positifs indépendants, Abh. Math. Sem. Univ. Hamburg 25, 36-61, 1961.

[13] G.E.H. REUTER, Denumerable Markov processes and the associated contraction semi-groups on ℓ, Acta. Math. 97, 1-46, 1957.

[14] G.E.H. REUTER, Remarks on a Markov chain example of Kolmogorov, Z. Wahrscheinlichkeitstheorie 13, 315-320, 1969.

[15] D.W. STROOCK and S.R.S. VARADHAN, Diffusion processes with continuous coefficients: I, II, Co m. Pure Appl. Math. XXII, 345-400, 479-530, 1969.

[16] D. WILLIAMS, The Q-matrix problem, Séminaire de Prob. Strasbourg X.

Note. In connection with [15] and the remarks at the beginning of Part 3 of [QMP 1], see also STROOCK's very important paper "Diffusion processes associated with Levy generators", Z. Wahrscheinlichkeitstheorie 32, 209-244 (1975). However it now looks as if the methods of [QMP 1,2] are the right ones for chains.

Department of Pure Mathematics,
University College,
Swansea SA2 8PP,
Great Britain.

SEPARABILITE OPTIONNELLE, D'APRES DOOB

par A. Benveniste(*)

Nous essayons de présenter ici (en tâchant d'expliciter certains points délicats) un article de DOOB à paraître aux Annales de l'Institut Fourier, dans lequel DOOB prouve le résultat étonnant que, si la définition de la séparabilité est légèrement modifiée, tout processus optionnel est séparable. Avant même ce résultat, DOOB donne des démonstrations élémentaires de résultats jugés difficiles sur les processus (élémentaires signifiant : sans le th. de section).

§1 Réarrangements décroissants de temps d'arrêt

$\{\Omega,\mathcal{F}_t,P\}_{t>0}$ est un espace filtré satisfaisant aux conditions habituelles. Par "processus" nous entendrons une fonction mesurable $(t,\omega) \rightarrow X_t(\omega)$ à valeurs dans $\{E,\mathcal{E}\}$ (espace métrisable et séparable muni de sa tribu borélienne), et telle que $X_t \in \mathcal{F}_t$; nous ne considérons donc que des processus adaptés.

Doob utilise constamment dans son travail une méthode de réarrangements croissants et décroissants de temps d'arrêt, que nous allons décrire maintenant, en insistant sur le cas décroissant, qui est plus délicat.

Tout d'abord, soit Γ un ensemble aléatoire, réunion d'un nombre fini de graphes de temps d'arrêt $T_1,\ldots,T_n$. Pour tout ω, renumérotons les points $T_1(\omega),\ldots,T_n(\omega)$ par ordre de grandeur croissante - si cet ensemble ne compte que k points, nous répétons n-k fois le dernier d'entre eux. Soient $S_1(\omega),\ldots S_n(\omega)$ les nombres ainsi obtenus : on vérifie aussitôt que $S_1,\ldots,S_n$ sont des temps d'arrêt (S_1 est le début de Γ, S_2 vaut $(\sup_i T_i)\wedge$(début de $\Gamma\setminus[\![S_1]\!]$), etc). On dit que les S_i forment le réarrangement croissant des T_i. Quant au réarrangement décroissant des T_i, c'est la suite finie des temps d'arrêt $S_1'=S_n$, $S_2'=S_{n-1}\ldots$ $S_n'=S_1$.

Considérons maintenant une suite double (T_{nm}) de temps d'arrêt, et soit $U=\inf_{n,m} T_{nm}$. Nous nous proposons, sous des conditions à préciser, de définir une suite décroissante (R_i) de temps d'arrêt, qui converge vers U en laissant échapper au plus un nombre fini de points de la suite double.

CAS 1 : Il existe une suite (U_n) strictement décroissante de temps d'arrêt, qui converge vers U, et telle que pour tout n on ait $U_{n+1}\leq T_{nm}\leq U_n$, et que $T_{nm}=U_{n+1}$ pour $m\geq k_n$, entier fixe (non aléatoire !). On ne suppose pas ici que T_{nm} diminue lorsque m augmente. Soit alors $S'_{n1},\ldots,S'_{n,k_n}$ le réarrangement décroissant de $T_{n1},\ldots,T_{nk_n}$; la suite cherchée est

$$S'_{11},\ldots,S'_{1,k_1},S'_{21},\ldots,S'_{2,k_2},S'_{31},\ldots.$$

Elle ne laisse échapper aucun point.

(*) LABORIA, IRIA, Domaine de Voluceau, Rocquencourt, 78150 LE CHESNAY

CAS 2 : Les U_n étant comme ci-dessus, chaque suite $(T_{nm})_{m>0}$ est décroissante, converge vers U, et telle que $T_{n1} \leq U_n$. L'ensemble des points de la suite double contenus entre U_{n+1} et U_n est alors fini, mais aléatoire, et il faut faire plus attention. Soit Γ_n l'ensemble $[\![U_{n+1},U_n]\!] \cap (\cup_{n,m} [\![T_{nm}]\!])$: c'est un ensemble optionnel, on vient de le dire, à coupes finies. Soient d'autre part $k_{n1},\ldots k_{nn}$ des entiers, et soit H_n l'ensemble $[\![U_{n+1},U_n]\!] \cap (\cup_{m\leq k_1} [\![T_{1m}]\!] \cup \ldots \cup_{m\leq k_n} [\![T_{nm}]\!])$. Si les entiers k_i sont pris assez grands, nous avons

$$P\{\omega : \Gamma_n(\omega) \neq H_n(\omega)\} \leq 2^{-n}$$

Par conséquent, l'ensemble aléatoire $H = \cup_n H_n$ ne laisse échapper qu'un nombre fini de points de l'ensemble aléatoire $\cup_n \Gamma_n$ (p.s.). Comme chaque H_n ne comporte que $k_{n1}+\ldots+k_{nn}$ points au plus, on peut procéder comme dans le cas 1. Nous nous permettrons de parler - malgré l'absence d'unicité - "du" réarrangement croissant de la suite double.

Valeurs d'adhérence des trajectoires.

Outre les réarrangements de temps d'arrêt , nous aurons besoin d'un autre outil que nous allons exposer maintenant; nous nous en servirons sans faire référence à ce paragraphe.

On rappelle que X est un processus à valeurs dans $\{E,\mathcal{E}\}$, espace métrisable séparable muni de sa tribu borélienne; nous désignerons par (x_m) une suite dense dans E.

(1.1) LEMME: soit (T_n) une suite croissante de variables aléatoires annonçant une variable T; posons $Y_t^m = d(x_m,X_t)$ (où d est une distance sur E), et supposons que

$$\forall m, \quad \liminf_n Y^m_{T_n} = \liminf\{Y^m_t | t \nearrow T, t<T\} \quad \text{p.s.}$$

Alors, pour presque toute trajectoire ω, les valeurs d'adhérence de $X_t(\omega)$ ($t \uparrow T(\omega)$, $t<T(\omega)$) et de $X_{T_n}(\omega)$ ($n\to\infty$) sont les mêmes .

DEMONSTRATION: supposons la conclusion non satisfaite. Donnons nous $\varepsilon>0$. Il existe donc un ensemble non négligeable A appartenant à $\mathcal{F}$, tel que, pour tout ω appartenant à A, il existe $x \in E$ (x dépend de ω) tel que l'on ait, en désignant par Y le processus à valeurs réelles $d(x,X)$,

$$\liminf Y_{T_n}(\omega) > \varepsilon > 0 = \liminf \{Y_t(\omega) | t \nearrow T(\omega), t<T(\omega)\} ,$$

où ε est ici indépendant de ω. Pour chacun de ces points x, nous choisissons un point x_m tel que $d(x,x_m) < \varepsilon/4$. Donc, $\forall\, \omega \in A$, $\exists\, x_m$ tel que

$$\liminf Y^m_{T_n}(\omega) > 3\varepsilon/4 , \quad \text{et} \quad \liminf \{Y^m_t(\omega) | t\nearrow T(\omega), t<T(\omega)\} < \varepsilon/4.$$

Et, comme $P(A)>0$, il existe donc un m tel que

$$P\left(\liminf Y^m_{T_n} > 3\varepsilon/4 > \varepsilon/4 > \liminf \{Y^m_t | t\nearrow T, t<T\} \right) > 0 ,$$

ce qui contredit l'hypothèse ∎

§2: Processus séparables.

On rappelle qu'un processus X est séparable s'il existe un sous-ensemble dénombrable dense Σ de $\mathbb{R}_+$ (que nous appelons ensemble séparant) tel que, pour presque tout ω, le graphe de la trajectoire $t \to X_t(\omega)$ soit contenu dans la fermeture du graphe de la restriction à Σ de cette trajectoire. On rappelle que tout processus admet une modification séparable.[1]

Si $E = \mathbb{R}$, nous introduisons les notations

$$X^*_t = \limsup\{X_s | s>t, s\to t\} \quad ; \quad {}^*X_t = \limsup\{X_s | s<t, s\to t\}$$
$$X_{*t} = \liminf \{X_s | s>t, s\to t\} \quad ; \quad {}_*X_t = \liminf \{X_s | s<t, s\to t\} .$$

(2.1) PROPOSITION: soit X séparable à valeurs dans $\mathbb{R}$; alors, ${}^*X$ et ${}_*X$ sont prévisibles.

DEMONSTRATION: examinons ${}^*X$. Soit Σ un ensemble séparant pour X. Posons

$$X^n_t = \sum_{k>0} 1_{\{\frac{k}{2^n} < t \leq \frac{k+1}{2^n}\}} \cdot \sup\{X_s | s\in \left]\tfrac{k-1}{2^n}, \tfrac{k}{2^n}\right] \cap \Sigma \} ;$$

alors, X^n est prévisible, comme somme de processus adaptés et continus à gauche; le résultat provient alors de ce que ${}^*X = \limsup X^n$.∎

1. Si l'espace d'états est compact métrisable. Ce résultat n'est pas utilisé dans la suite.

(2.2) PROPOSITION: <u>soit</u> X <u>séparable à valeurs dans</u> $\mathbb{R}$; X^* <u>et</u> X_* <u>sont alors progressivement mesurables</u>.

DEMONSTRATION: on regarde X^*. Soit $b>0$, posons

$$X_t^n \begin{array}{l} = \sup\{ X_s \mid s \in [bj2^{-n}, b(j+1)2^{-n}[\cap \Sigma \} \text{ si } b(j-1)2^{-n} \leq t < bj2^{-n},\ j<2^n \\ = X_b^* \quad \text{si } b(1-2^{-n}) \leq t \leq b . \end{array}$$

Pour tout t, la variable X_t^n est $\mathcal{F}_b$-mesurable lorsque $t \leq b$; pour tout ω, la trajectoire $t \to X_t^n(\omega)$ est continue à droite de $]0,b]$ dans $\mathbb{R}$; il vient donc que X^n est $\mathcal{R}_b \otimes \mathcal{F}_b$-mesurable ($\mathcal{R}_b$: boréliens de $]0,b]$). Le résultat provient alors de ce que X^* coïncide sur $]0,b]$ avec $\limsup X^n$ ∎

La notion de temps T à valeurs dans Σ est ici bien claire. Au §4, Σ sera un ensemble aléatoire, et il faudra alors comprendre que le graphe de T est contenu dans Σ.

(2.3) THEOREME: <u>soit</u> X <u>séparable, et</u> T <u>un temps prévisible fixé: il existe alors une suite</u> (T_n) <u>de temps optionnels à valeurs dans</u> Σ, <u>annonçant</u> T, <u>telle</u> **<u>que, pour presque tout</u> ω, <u>les valeurs d'adhérence de</u> $X_t(\omega)$ ($t \to T(\omega)$, $t<T(\omega)$) <u>et de</u> $X_{T_n}(\omega)$ ($n\to\infty$) <u>soient les mêmes</u>.**

DEMONSTRATION: nous commençons par supposer que $E = \mathbb{R}$, et nous allons montrer l'existence d'une suite (T_n) de temps optionnels à valeurs dans Σ, annonçant T et telle que

(1) $$\limsup X_{T_n} = {}^*X_T \quad \text{p.s.}$$

Soit (V_n) une suite arbitraire annonçant T, et (s_n) une énumération de Σ; nous choisissons la suite d'entiers p_n de telle sorte que

$$\mathbb{P}\{\forall m \leq p_n,\ s_m \notin [V_n, V_{n+1}[\} < 2^{-n}$$

et nous posons

$$U'_n = \text{début de } \left(\Sigma_{p_n} \times \Omega \cap [\![V_n, V_{n+1} [\![\right) \ (*).$$

puis $$U_n = \inf\{U'_m \mid m \geq n\}.$$

(*) si (s_n) est une énumération de Σ, nous notons $\Sigma_N = \{s_n, n \leq N\}$.

Nous avons ainsi montré que l'on peut annoncer T à l'aide d'une suite de temps optionnels à valeur dans Σ. Soit q_n tel que

$$P\left(\sup\{X_s | s\in]U_n,U_{n+1}[\} - \sup\{X_s | s\in]U_n,U_{n+1}[\cap \Sigma_{q_n}\} > \frac{1}{n} \right) < 2^{-n} ;$$

nous posons alors $T_{nj} = s_j$ si $s_j \in [U_n,U_{n+1}[$ et $j\leq q_n$, $= U_{n+1}$ sinon. En vertu du CAS 1, nous pouvons alors considérer le réarrangement croissant de la famille $(T_{nj} | n\in\mathbb{N}, j\leq q_n)$, notons-la (T_n), elle satisfait à (1).

Passons au cas où l'espace d'états est E quelconque; soit (x_m) une suite dense dans E; pour tout m, posons $Y_t^m = d(X_t, x_m)$ (d est la distance sur E). Il nous suffit de construire une suite (T_n) annonçant T, telle que, pour tout m,

(2) $$\liminf Y_{T_n}^m = {}_*Y_T^m \quad \text{p.s.}$$

Pour chaque Y^m fixé, c'est (1) avec "inf" au lieu de "sup". Considérons de nouveau la suite (U_n) construite plus haut; pour chaque m, nous pouvons construire une suite $(T_{m,n})_{n\in\mathbb{N}}$ satisfaisant à (1) et telle que $T_{m,0} > U_m$. Nous sommes alors dans le CAS 2, et le réarrangement croissant de la famille $(T_{m,n})_{m,n\in\mathbb{N}}$ satisfait bien à (2) ■

(2.4) THEOREME: <u>soit X séparable, et T un temps optionnel; il existe une suite décroissante (T_n) de temps optionnels à valeurs dans Σ annonçant T en décroissant(*), et telle que, pour p.s. tout ω sur $\{T<\infty\}$, les valeurs d'adhérence de $X_t(\omega)$ $(t\to T(\omega),\ t>T(\omega))$ et de $X_{T_n}(\omega)$ $(n\to\infty)$ soient les mêmes</u> .

DEMONSTRATION: comme au théorème précédent, on se ramène à montrer l'existence de (T_n) telle que

(3) $$\limsup X_{T_n} = {}^*X_T \quad \text{p.s.}$$

dans le cas où l'espace d'états est $\mathbb{R}$. On commence par construire une suite (U_n)

(*) cela signifie que $T_n > T$ sur $\{T<\infty\}$, et $\lim T_n = T$; "annonçant" n'est évidemment pas très réussi!

à valeurs dans Σ, annonçant T en décroissant. On choisit alors p_n assez grand pour que

$$P\left(T<\infty\ ;\ \sup\{X_t \mid t\in]T,U_n[\} - \sup\{X_t \mid t\in]T,U_n[\cap \Sigma_{p_n}\} > 2^{-n}\right) < 2^{-n}$$

et l'on définit $T_{nj} = s_j$ si $s_j \in]T,U_n[\cap \Sigma_{p_n}$, $= U_n$ sinon. Le réarrangement décroissant de la famille $(T_{nj} \mid n\in\mathbb{N}, j\leq p_n)$ (CAS 1) satisfait à (3) ∎

(2.5) THEOREME: <u>soit</u> X <u>séparable, et</u> T <u>prévisible. Il existe une suite</u> (T_n) <u>de temps optionnels à valeur dans</u> Σ, <u>convergeant vers</u> T, <u>et telle que, pour presque</u> **<u>tout</u> ω, <u>les valeurs d'adhérence de</u> $X_{T_n}(\omega)$ $(n\to\infty)$ <u>et de</u> $X_t(\omega)$ $(t\to T(\omega))$ <u>soient les mêmes</u>.**

DEMONSTRATION: nous résumons. On procède comme suit: 1) on encadre T par deux suites (U_n) et (V_n) à valeurs dans Σ, l'une annonçant T en croissant, l'autre en décroissant; 2) pour tout n, on construit la suite $(T_{nj} \mid n\in\mathbb{N}, j\leq p_n)$ ayant les propriétés maintenant habituelles, et telle que $U_n < T_{nj} < V_n$; 3) on remarque que, en dehors de $]U_n,V_n[$, il n'y a qu'un nombre fini de temps T_{nj}, ce qui permet, par un raisonnement analogue au CAS 2, de réarranger la famille (T_{nj}) en une suite convergeant vers T; ceci résout le cas où X est à valeurs réelles, et où l'on cherche à atteindre la lim sup. On généralise comme précédemment ∎

REMARQUE: on ne peut, en général, demander que la suite (T_n) soit monotone: cela nécessiterait une propriété de "séparabilité à gauche" (ou à droite).

(2.6) LEMME: <u>soit</u> X <u>séparable</u>, T <u>optionnel</u>, <u>et</u> Y <u>une variable</u> $\mathcal{F}_{T-}$<u>-mesurable à valeurs dans</u> $(E,\mathcal{E})$. <u>On suppose qu'il existe une suite</u> (T_n) <u>de temps optionnels à valeur dans</u> Σ, <u>convergeant vers</u> T, <u>et telle que</u> Y <u>soit p.s. un point d'accumulation de la suite</u> (X_{T_n}); <u>il existe alors une suite</u> (S_n) <u>de temps optionnels à valeur dans</u> Σ, <u>convergeant vers</u> T, <u>et telle que</u> $\lim X_{S_n} = Y$ <u>p.s.</u>

DEMONSTRATION: comme précédemment, quitte à remplacer X_t et Y par $f\circ X_t$ et

$f_o Y$, où f parcourt un ensemble dénombrable dense dans $\mathcal{C}(E)$, on se ramène au cas où $E=\mathbb{R}$. Remarquons pour commencer que $\mathbb{E}(Y|\mathcal{F}_{T_n}) = \mathbb{E}(Y|\mathcal{F}_{T\wedge T_n}) \to Y$. Définissons alors la suite d'entiers (p_n) par $p_1=1$, et, pour $n>1$

$$\mathbb{P}\left(\min\{|X_{T_j}-Y|+|Y-\mathbb{E}(Y|\mathcal{F}_{T_j})|; p_{n-1}<j<p_n\} > 2^{-n} \right) < 2^{-n} .$$

Soit alors S'_n le début de l'ensemble aléatoire à coupes discrètes

$$\{ \cup [\![T_j]\!] ; p_{n-1}<j<p_n\} \cap \{(t,\omega); |X_t(\omega)-Y_t(\omega)|<2^{-n}\},$$

où Y_t est une version continue à droite de $\mathbb{E}(Y|\mathcal{F}_t)$; bien que X ne soit pas progressif, il n'y a pas de difficulté, car on regarde X uniquement sur Σ. Il nous reste alors à poser $S_n = S'_n \wedge (\sup T_j; p_{n-1}<j<p_n)$ ∎

De ce lemme, et des résultats précédents, on déduit le résultat ci-dessous, où il est <u>nécessaire</u> de supposer $X_T \in \mathcal{F}_{T-}$ dans (i) et (iii); dans (ii), il nous suffit de supposer $X_T \in \mathcal{F}_T$, car nous n'avons pas à utiliser la convergence des martingales dans le cas où $T_n \searrow T$.

(2.7) COROLLAIRE: (i) <u>soit T prévisible tel que X_T soit p.s. un point d'accumulation de l'ensemble $\{X_t | t\to T, t<T\}$; on peut alors annoncer T à l'aide d'une suite (T_n) à valeurs dans Σ telle que $\lim X_{T_n} = X_T$ p.s.;</u>

(ii) <u>soit T optionnel tel que X_T soit p.s. un point d'accumulation de l'ensemble $\{X_t | t\to T, t>T\}$; on peut alors annoncer T en décroissant à l'aide d'une suite (T_n) à valeurs dans Σ telle que $\lim X_{T_n} = X_T$ p.s.;</u>

(iii) <u>soit T prévisible; il existe alors une suite (T_n) à valeurs dans Σ telle que $\lim T_n = T$ et $\lim X_{T_n} = X_T$ p.s.</u>

§3 <u>Théorèmes limites.</u>

(3.2) THEOREME: <u>soit X séparable borné à valeurs réelles, et T un temps prévisible: si $\lim \mathbb{E}(X_{T_n})$ existe pour toute suite (T_n) de temps optionnels à valeurs dans Σ annonçant T, alors, X_{T-} existe p.s.</u>

DEMONSTRATION: commençons par montrer que $L = \lim \mathbb{E}(X_{T_n})$ ne dépend pas de la suite (T_n) choisie. Soient (T'_n) et (T''_n) deux suites, donnant respectivement L' et L" comme limites. Etant donné $\varepsilon>0$, on définit une suite (T_n) annonçant T par

$$T_1 = T'_1, \quad T_2 = \sup(T''_{n_2}, T_1), \quad T_3 = \sup(T'_{n_3}, T_2), \ldots$$

où n_m est tel que $P\{T_m = T'_{n_m}\} > 1-\varepsilon$ ou $P\{T_m = T''_{n_m}\} > 1-\varepsilon$ suivant que m est pair ou impair. Mais alors, la limite L donnée par cette suite satisfait à $|L-L'| < \varepsilon \|X\|_\infty$, avec la même propriété pour L", ce qui donne bien L'= L" puisque ε est arbitraire. Mais alors, (2.4) et (2.6) nous donnent l'existence d'une suite (T_n) (resp. (T'_n)) annonçant T, telle que $\lim X_{T_n} = {}^*X_T$ p.s. (resp. $\lim X_{T'_n} = {}_*X_T$ p.s.), et il vient bien que ${}_*X_T = {}^*X_T$ ∎

(3.3) THEOREME: <u>soit</u> X <u>séparable borné à valeurs réelles, et</u> T <u>optionnel. Si</u> $\lim E(X_{T_n}; T_n<\infty\}$ <u>existe pour toute suite de temps</u> (T_n) <u>à valeurs dans</u> Σ, <u>annonçant</u> T <u>en décroissant, alors</u> X_{T+} <u>existe p.s.</u>

REMARQUE: on peut étendre (3.2) comme suit. Soit X séparable d'espace d'états métrisable , séparable et compact; supposons que, pour toute suite (T_n) à valeurs dans Σ annonçant T, <u>les lois de</u> X_{T_n} <u>convergent étroitement, alors</u> X_{T-} <u>existe p.s.</u>: c'est exactement (3.2) appliqué à $f_\circ X$, où f parcourt une famille dénombrable dense dans $\mathcal{C}(E)$. On a le même résultat avec X_{T+}.

(3.4) THEOREME (MERTENS): <u>soit</u> X <u>séparable borné à valeurs réelles. Si, pour toute suite uniformément bornée</u> (T_n) <u>à valeurs dans</u> Σ <u>et croissante,</u> $\lim E(X_{T_n})$ <u>existe,</u> X <u>est alors p.s. pourvu de limites à gauche</u>.

DEMONSTRATION: c'est évidemment (3.2) plus le théorème de section, puisque $^*X$ et $_*X$ sont prévisibles; mais, DOOB donne une démonstration directe et étonnante. Soient $a,b\in\mathbb{R}$, $a<b$, et posons

$$T = \inf\{s \mid {}^*X_s > b > a > {}_*X_s\}.$$

Il nous suffit évidemment de montrer que $T = +\infty$ p.s. pour un couple (a,b) arbitraire. Supposons donc l'existence d'un couple (a,b) et d'un entier k tels que $P\{T < k\} = \delta > 0$. Si S est une variable ≥ 0, on pose

$$[S,n] = \Big(\bigcup_{j=1}^{n} \{X_{s_j} > b;\ S \leq s_j \leq k\}\Big) \cap \Big(\bigcup_{j=1}^{n} \{X_{s_j} < a;\ S \leq s_j \leq k\}\Big) .$$

où (s_j) est une énumération de Σ. Il est clair que, si $T(\omega)<k$, $X_.(\omega)$ a commencé à osciller avant k, et l'on a $\omega \in [0,n]$ pour n assez grand. Soit alors (δ_n) une suite strictement décroissante et strictement comprise entre δ et $\delta/2$. Il existe n_1 tel que $P[0,n_1] > \delta_1$; on pose alors

$$T_1' = \min\{s_j | j \leq n_1 ; X_{s_j} > b\}, \quad T_1 = \inf(T_1',k);$$

T_1 est optionnel à valeurs dans Σ (il n'y a aucun inconvénient à supposer $\mathbb{N} \subset \Sigma$), et $X_{T_1} > b$ sur $\{T_1 < k\}$, avec $P\{T_1<k\}>\delta_1$. On choisit alors n_2 tel que

$$P\{[0,n_1] \cap [T_1,n_2]\} > \delta_2,$$

et l'on pose

$$T_2' = \min\{s_j | s_j > T_1 ; j \leq n_2 ; X_{s_j} < a\}, \quad T_2 = \inf(T_2',k);$$

T_2 est optionnel à valeurs dans Σ, et $X_{T_2} < a$ sur $\{T_2<k\}$, avec $P\{T_2<k\}>\delta_2$. Et ainsi de suite. Posons alors $S_n = T_n^{\{T_n<k\}}$, la suite (S_n) est strictement croissante, bornée par k, et

$$\liminf \left(E(X_{T_{2n+1}}) - E(X_{T_{2n}}) \right) > (b-a).\delta/2 > 0 \quad ■$$

(3.5) THEOREME: <u>soit X séparable borné à valeurs réelles. Supposons que, pour toute suite bornée décroissante (T_n) de temps à valeurs dans Σ, $\lim E(X_{T_n})$ existe; alors, X est p.s. pourvu de limites à droite.</u>

DEMONSTRATION: soit $\varepsilon>0$. Définissons la famille croissante (T_α), où α parcourt l'ensemble des ordinaux dénombrables, par $T_0 = 0$,

$$T_{\alpha+1} = \inf\{t>0 | (\operatorname{osc}(X_.) \text{ sur }]T_\alpha, T_\alpha+t[\ ) > \varepsilon \},$$

et $T_\alpha = \sup(T_\beta | \beta<\alpha\}$ si α est un ordinal limite. Il existe un ordinal dénombrable γ tel que $T_\gamma = T_{\gamma+1}$ p.s.; si $P\{T_\gamma<\infty\}>0$, X n'est pas p.s. pourvu de limites à droite en T_γ, et l'hypothèse de (3.5) contredit alors (3.3). On a donc $T_\gamma = +\infty$, ce qui achève la démonstration, puisque ε est arbitraire ■

§4 Processus optionnellement séparables.

Les méthodes développées aux paragraphes précédents peuvent paraître d'un intérêt restreint dans la mesure où il est souvent interdit de modifier un processus pour le rendre séparable. Nous allons dans ce paragraphe étendre de manière frappante l'efficacité de ces méthodes grâce aux notions que voici.

(4.1) DEFINITION : soit X un processus, et soit Σ un ensemble aléatoire, réunion d'une suite de graphes $[\![S_n]\!]$ de temps optionnels(*). On dit que X est optionnellement séparable , et admet Σ comme ensemble séparant optionnel, si pour presque tout ω le graphe de la trajectoire $t \to X_t(\omega)$ est contenu dans la fermeture du graphe de la restriction de cette trajectoire à $\Sigma(\omega)$.

On définit de même la séparabilité prévisible.

REMARQUE; soit X optionnel et optionnellement séparable, et T un temps optionnel fini; le processus translaté $(X_{T+t})_{t>0}$ est adapté à la famille $(\mathcal{F}_{T+t})_{t>0}$ et admet comme ensemble séparant optionnel Σ^T composé des temps S_n^T définis par $S_n^T = (S_n-T).1_{\{S_n>T\}} + \infty.1_{\{S_n\leq T\}}$. Cette bonne propriété n'est évidemment pas satisfaite par la séparabilité ordinaire.

L'intérêt de cette notion provient du résultat suivant(×):

(4.2) THEOREME: tout processus optionnel est optionnellement séparable; tout processus prévisible est prévisiblement séparable.

DEMONSTRATION: commençons par supposer X à valeurs réelles. Soit I un intervalle ouvert de $\mathbb{R}_+$; montrons l'existence d'une suite (S_n) de temps optionnels tels que

(4) $$S_n \in I \text{ p.s.} , \quad \sup\{X_t | t\in I\} = \sup X_{S_n} , \text{ p.s.}$$

L'ensemble aléatoire $\{X>r\} \cap \Omega\times I$ est optionnel; d'après le théorème de section, il existe un temps optionnel S dont le graphe est contenu dans cet ensemble, et tel que $\mathbb{P}\{S<\infty\} > \mathbb{P}\{\omega | \exists s\in I, X_s(\omega)>r\} - \varepsilon$, où $\varepsilon>0$ est arbitraire; notons

---

(*) On notera aussi Σ la suite (S_n) elle même.

(×) Remarquer que l'espace d'états n'a pas besoin ici d'être métrique compact.

(S_n^r) la famille dénombrable définie ainsi relativement à $r\in\mathbb{Q}$ et $\varepsilon_n = 1/n$: elle satisfait à (4). Faisant parcourir à I un système fondamental dénombrable d'ouverts de $\mathbb{R}_+$, on peut obtenir une famille (S_n) satisfaisant à

(5) $$\sup\{X_t \mid t\in I\} = \sup\{X_{S_n} \mid S_n\in I\} \quad \text{p.s.},$$

où l'ensemble exceptionnel est indépendant de l'intervalle ouvert quelconque I. Pour obtenir le théorème, on procède alors comme suit: soit d une distance sur E, et (x_k) une suite dense dans E; il suffit, pour chaque k, d'appliquer (5) à $X_t^k = d(x_k, X_t)$ avec "inf" à la place de "sup", puis de rassembler les suites $(S_n^k)_{n\in\mathbb{N}}$ définies par (5). Le cas prévisible s'obtient en appliquant le théorème de section des ensembles prévisibles ∎

Pour terminer, nous remarquons que tous les théorèmes des paragraphes précédents s'étendent aux processus optionnellement (ou prévisiblement) séparables à condition de supposer de bonnes propriétés de mesurabilité des variables X_{S_n} où $S_n\in\Sigma$. Pour chacun des théorèmes des paragraphes précédents, nous donnons ci-dessous les hypothèses supplémentaires à faire pour les étendre; nous ne prétendons pas énoncer les hypothèses les plus faibles.

(2.1),(2.2): X progressif et optionnellement séparable.
(2.3,4,5) : X optionnellement séparable (remplacer dans la démonstration $\mathbb{P}$ par la probabilité extérieure $\mathbb{P}^*$).
(2.6,7): X optionnel.
(3.1 à 5): X Progressif et optionnellement séparable.
Les démonstrations sont exactement les mêmes que dans les paragraphes 2 et 3 .

SUR LA REGLE DU JEU (*) : l'utilisation sans retenue du théorème de section permet évidemment de simplifier certaines démonstrations; néanmoins, la séparabilité optionnelle, jointe à (4.2), semble être une méthode particulièrement simple pour arriver à certains résultats. A cet égard, la chaîne (4.2),(3.4) qui aboutit au théorème de Mertens (et même un peu mieux) est particulièrement éloquente.

(*) qui a consisté à ne jamais utiliser les théorèmes de section, sauf en (4.2) où ils sont nécessaires.

NOTE ON PASTING OF TWO MARKOV PROCESSES

By Masao NAGASAWA

The author remarked(e.g. in his lectures at UCSD in 1967/68 and at Erlangen in 1973/74) that Courrege-Priouret's theorem [1] of pasting two continuous strong Markov processes is a simple corollary of the theorem of piecing out(or revival) of a Markov process which was given by the author(cf.[3]). Since this remark was published nowhere, it would be of use to explain the procedure, though Meyer gave similar one recently in [4], which contains other interesting applications.

Let U and V be open subsets of a Polish space and adjoin ∂ as an extra point to U and V as usual. Suppose we have continuous strong Markov processes $(W^U, \underline{\underline{B}}_t^U, x_t^U, P_x^U)$ on U and $(W^V, \underline{\underline{B}}_t^V, x_t^V, P_x^V)$ on V which are killed at each boundary. Suppose $U \cap V \neq \phi$ and moreover

(1) x_t^U <u>and</u> x_t^V <u>coincide on</u> $U \cap V$ (the consistency condition),

that is, if we kill the two processes at the first leaving time T from $U \cap V$, we get the same Markov process on $U \cap V$. The problem is <u>to construct a continuous strong Markov process</u> x_t <u>on</u> $U \cup V$ <u>pasting the two processes</u>, in other wards, to obtain a process x_t which moves on x_t^U in U and on x_t^V in V. This pasting technique is an important tool, for example, when we construct diffusions on a Riemanian Manifold.

(i) Let $U \oplus V$ be the direct sum of U and V. When $x \in U \cap V$, denote x^U the corresponding point in U and x^V in V as a point in $U \oplus V$ (as is clear from Figure 1). The natural identification mapping p from $U \oplus V$ onto $U \cup V$ is defined by

$$p(x^U) = p(x^V) = x,$$

and we call it the pasting operator(not projection!).

Fig.1.

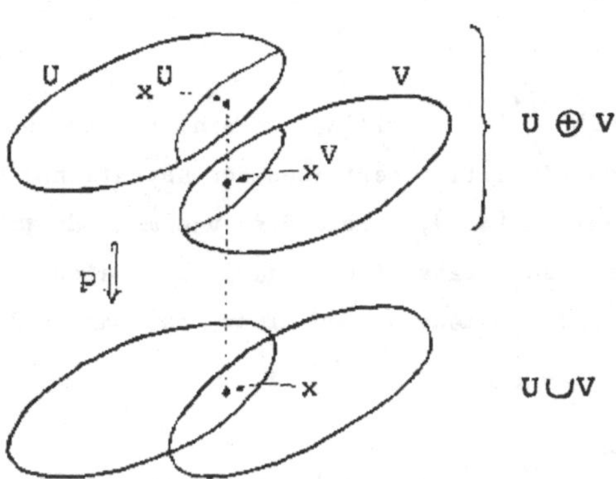

First we construct a process on $U \oplus V$ (treating U and V as separated sheets) and get the one on $U \cup V$ (pasting U and V). Let us define a continuous strong Markov process $(W^\circ, \underline{\underline{B}}_t^\circ, x_t^\circ, P_x^\circ)$ on $U \oplus V$, putting

$$W^\circ = W^U \oplus W^V, \qquad \underline{\underline{B}}_t^\circ = \underline{\underline{B}}_t^U \oplus \underline{\underline{B}}_t^V,$$

$$P_x^\circ = \begin{cases} P_x^U, & x \in U, \\ P_x^V, & x \in V, \end{cases} \qquad x_t^\circ = \begin{cases} x_t^U, & \text{on } W^U, \\ x_t^V, & \text{on } W^V. \end{cases}$$

Next, let us define a kernel on $(U \oplus V) \cup \{\partial\}$ by

$$n(x,\cdot) = \begin{cases} \varepsilon_{x^V} & \text{if } x = x^U \in (\partial U) \cap V, \\ \varepsilon_{x^U} & \text{if } x = x^V \in (\partial V) \cap U, \\ \varepsilon_\partial & \text{if otherwise,} \end{cases}$$

where ε_a denote the point mass at a, and put

(2) $$N(w^\circ, \cdot) = \begin{cases} n(x_{\zeta-}^U(w^U), \cdot) & \text{if } w^\circ = w^U \in W^U, \\ n(x_{\zeta-}^V(w^V), \cdot) & \text{if } w^\circ = w^V \in W^V. \end{cases}$$

Then N is a "revival kernel" (it was called "instantaneous distribution" in [3]). Now apply the piecing out (or revival) theorem to x_t° and N, obtaining a right continuous strong Markov process $(\bar{W}, F_t, X_t, \bar{P}_x)$ on $U \oplus V$ (cf. figure 2). To obtain a continuous strong Markov process on $U \cup V$, that we are looking for, what we need to do is to apply the pasting operator p:

(3) $$x_t = p(X_t), \qquad P_x = \bar{P}_{p^{-1}(x)}, \quad x \in U \cup V.$$

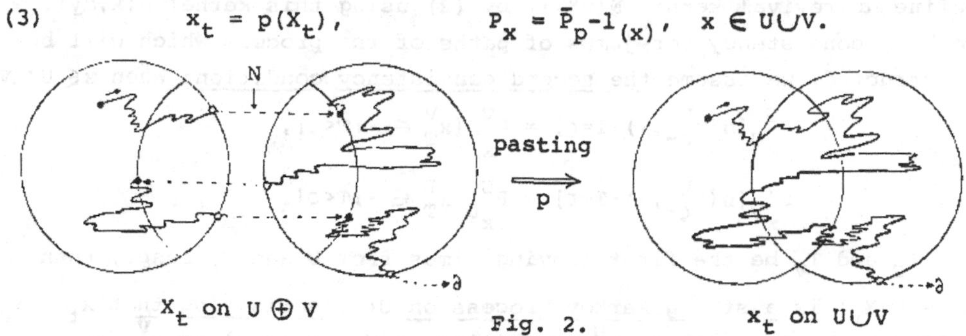

Fig. 2.

Since the pasting operator is a transformation of the state space (cf. [2], p.325), to be well-defined it is enough to prove

(4) $$\bar{E}_{x^U}[f \circ p(X_t)] = \bar{E}_{x^V}[f \circ p(X_t)], \quad x \in U \cap V,$$

for f on $U \cup V$. The right hand side of (4) is equal to

(5) $$\bar{E}_{x^U}[f \circ p(X_t); t<T] + \bar{E}_{x^U}[\bar{E}_{X_T}[f \circ p(X_{t-s})]|_{s=T}; t \geq T],$$

where T is the first leaving time from $U\cap V$. But from the way of construction of X_t, the first term of (5) is equal to

$$E^U_x[f(x^U_t);t<T],$$

which is equal to

$$E^V_x[f(x^V_t);t<T],$$

by the consistency condition (1), therefore is equal to

$$\bar{E}_{x^V}[f\circ p(X_t);t<T].$$

The second term of (5) is equal to

$$\bar{E}_{x^V}[\bar{E}_{X_T}[f\circ p(X_{t-s})]|_{s=T};t\geq T],$$

because

$$\bar{P}_{x^U}[X_T\in\cdot]=\bar{P}_{x^V}[X_T\in\cdot]. \tag{6}$$

Thus we have (4). It is clear that $x_t = p(X_t)$ is continuous.

(ii) Now, let x^U_t and x^V_t be strong Markov process on U and V, resp. We don't assume any continuity of paths, but assume $\exists\ x^U_{\zeta-}\in\bar{U}$ and $\exists\ x^V_{\zeta-}\in\bar{V}$, and the consistency condition (1). Let $n(x,dy)$ be a probability kernel on $\overline{(U\oplus V)}\cup\{\partial\}$ satisfying

$$\begin{aligned}&\underline{\text{the support of}}\ n(x^U,\cdot)\ \underline{\text{is contained in}}\ (V\setminus U)\cup\{\partial\},\\&\underline{\text{the support of}}\ n(x^V,\cdot)\ \underline{\text{is contained in}}\ (U\setminus V)\cup\{\partial\}.\end{aligned}\tag{7}$$

Define a revival kernel $N(w^\circ,\cdot)$ by (2) using this kernel $n(x,dy)$. To keep consistency for jumps of paths of the process which will be constructed, we assume <u>the second consistency condition</u>: When $x\in U\cap V$,

$$\begin{aligned}P^U_{x^U}[n(x^U_{\zeta-},\cdot);T=\zeta]&=P^V_{x^V}[x^V_T\in\cdot;T<\zeta],\\P^V_{x^V}[n(x^V_{\zeta-},\cdot);T=\zeta]&=P^U_{x^U}[x^U_T\in\cdot;T<\zeta].\end{aligned}\tag{8}$$

Let T_U and T_V be the first leaving times from U and V, resp., then

<u>$x_t = p(X_t)$ is a strong Markov process on $U\cup V$ satisfying that x_t killed at T_U is equal to x^U_t, x_t killed at T_V is equal to x^V_t, and</u>

$$\begin{aligned}P_z[x_{T_U}\in\cdot|x_{T_U-}=x]&=n(x,\cdot),\quad \text{if } x\in U,\\P_z[x_{T_V}\in\cdot|x_{T_V-}=x]&=n(x,\cdot),\quad \text{if } x\in V.\end{aligned}\tag{9}$$

<u>If x^U_t and x^V_t are right continuous, x_t on $U\cup V$ is also right continuous.</u> The equality (4) is proved in the same way. The equality (6) in this

case is verified as follows: Putting $a = x^U$ and $b = x^V$, $x \in U \cap V$,

$$\begin{aligned}\bar{P}_a[X_T \in \cdot] &= \bar{P}_a[X_T \in \cdot\,; T=r_1] + \bar{P}_a[X_T \in \cdot\,; T<r_1]\\ &= P^U_x[n(x^U_{\zeta-},\cdot); T=\zeta] + P^U_x[x^U_T \in \cdot\,; T<\zeta]\\ &= P^V_x[x^V_T \in \cdot\,; T<\zeta] + P^V_x[n(x^V_{\zeta-},\cdot); T=\zeta]\\ &= \bar{P}_b[X_T \in \cdot\,; T<r_1] + \bar{P}_b[X_T \in \cdot\,; T=r_1]\\ &= \bar{P}_b[X_T \in \cdot],\end{aligned}$$

where r_1 is the first jumping(or revival) time of X_t. The second and the fourth equalities are by the revival theorem, and the third is by the second consistency condition (8). (9) is clear because

$$P_z[x_{T_U} \in \cdot \mid x_{T_U-}=x] = \bar{P}_z[X_{r_1} \in \cdot \mid X_{r_1-}=x] = n(x,\cdot).$$

(iii) Appendix.

DEFINITION. A probability kernel $N(w,dy)$ on $W\times\underline{\underline{B}}(S)$ is revival kernel (or instantaneous distribution) if it satisfies

(i) $N(\theta_t w,\cdot) = N(w,\cdot)$, if $t < \zeta(w)$, and

(ii) $N(w,\cdot) = \varepsilon_\partial$, if $\zeta(w) = 0$.

THEOREM (of revival or piecing out). Let $(W,\underline{\underline{B}}_t, x_t, P_x)$ $x\in S$ be a Markov process and N be a revival kernel. Then there exists a Markov process $(\bar{W},\underline{\underline{F}}_t,X_t,\bar{P}_x)$ on S satisfying

(i) X_t, $t < r_1$, is equivalent to x_t,

(ii) $\bar{P}_x[X_{r_1} \in \cdot \mid \underline{\underline{F}}_{r_1-}] = N(w_1,\cdot)$,

where $\bar{W} = W^{(1,2,3,\cdots)} \ni \bar{w} = (w_1,w_2,\cdots)$ and $r_1(\bar{w}) = \zeta(w_1)$. If x_t is strong Markov , so is X_t, and if x_t is right continuous, so is X_t. If x_t is continuous and if $N(w,\cdot) = \varepsilon_{x_{\zeta-}(w)}$, then X_t is continuous.

References.

[1] Courrège,Ph. et P.Priouret; Recollements de processus de Markov. Publ.Inst.Statist.Univ. Paris 14(1965)275-377.

[2] Dynkin,E.B.; Markov processes, Springer-Verlag 1965.

[3] Ikeda,N. M.Nagasawa, and S.Watanabe; Branching Markov processes II Journal Math. Kyoto Univ. 8(1968)365-410.

[4] Meyer P.A.; Renaissance, recollements, melanges, ralentissement de processus de Markov. Annales de l'Inst. Fourier, to appear.

Université de Strasbourg
Séminaire de Probabilités 1975/76

A CHARACTERIZATION OF BMO-MARTINGALES

N.Kazamaki

Let (Ω, F, P) be a probability space with a non-decreasing right continuous family (F_t) of sub σ-fields of F such that F_o contains all P-null sets. <u>In this note we deal only with continuous martingales X over (F_t) such that $X_o=0$.</u> A martingale X belongs to the class BMO if $\|X\|^2_{BMO} = \sup_t \operatorname{ess.sup}_\omega E[\langle X\rangle_\infty - \langle X\rangle_t | F_t] < \infty$. Our aim is to prove the following.

THEOREM. Assume that M is an L^2-bounded martingale. Then M belongs to the class BMO if and only if $Z_t = \exp(M_t - \frac{1}{2}\langle M\rangle_t)$ satisfies the condition :

$$(A_p) \qquad \sup_t \operatorname{ess.sup}_\omega Z_t E[(\frac{1}{Z_\infty})^{\frac{1}{p-1}} | F_t]^{p-1} < \infty$$

for some $p>1$.

The condition (A_p) has already appeared many times in the literature in connection with several different questions (see B.Muckenhoupt [2]).

PROOF. Generally, if $\|X\|_{BMO} < 1$, then $E[e^{\langle X\rangle_\infty}] \leq \frac{1}{1-\|X\|^2_{BMO}}$ so that for each stopping time T $E[e^{\langle X\rangle_\infty - \langle X\rangle_T} | F_T] \leq \frac{1}{1-\|X\|^2_{BMO}}$. This is the John-Nierenberg type inequality (see R.K.Getoor and M.J.Sharpe [1]). It is clear that the process Z_t is a continuous local martingale. As M is L^2-bounded, we have $\langle M\rangle_\infty < \infty$ and so $Z_\infty > 0$.

Suppose firstly that $\|M\|_{BMO} < \infty$, and choose $p>1$ such that $\|\frac{\sqrt{p+1}}{p-1}M\|_{BMO} < 1$. Then we get

$$Z_t E[(\frac{1}{Z_\infty})^{\frac{1}{p-1}}|F_t]^{p-1}$$

$$= E[\exp\Big(-\frac{1}{p-1}(M_\infty-M_t)+\frac{1}{2(p-1)}(\langle M\rangle_\infty-\langle M\rangle_t)\Big)|F_t]^{p-1}$$

$$\leq E[\exp\Big(-\frac{1}{p-1}(M_\infty-M_t)-\frac{1}{(p-1)^2}(\langle M\rangle_\infty-\langle M\rangle_t)\Big)$$

$$\times \exp\Big(\frac{p+1}{2(p-1)^2}(\langle M\rangle_\infty-\langle M\rangle_t)\Big)|F_t]^{p-1}$$

$$\leq E[\exp\Big(-\frac{2}{p-1}(M_\infty-M_t)-\frac{2}{(p-1)^2}(\langle M\rangle_\infty-\langle M\rangle_t)\Big)|F_t]^{\frac{p-1}{2}}$$

$$\times E[\exp\Big(\frac{p+1}{(p-1)^2}(\langle M\rangle_\infty-\langle M\rangle_t)\Big)|F_t]^{\frac{p-1}{2}}$$

$$\leq \frac{1}{\left\{1-\frac{p+1}{(p-1)^2}\|M\|_{BMO}^2\right\}^{\frac{p-1}{2}}}$$

by using the John-Nierenberg type inequality. Thus Z_t satisfies (A_p).

On the other hand, for every $p>1$, by the Jensen inequality

$$Z_t E[(\frac{1}{Z_\infty})^{\frac{1}{p-1}}|F_t]^{p-1}$$

$$=\Big\{\exp\Big(\frac{1}{p-1}M_t-\frac{1}{2(p-1)}\langle M\rangle_t\Big)E[\exp\Big(-\frac{1}{p-1}M_\infty+\frac{1}{2(p-1)}\langle M\rangle_\infty\Big)|F_t]\Big\}^{p-1}$$

$$\geq\Big\{\exp\Big(\frac{1}{p-1}M_t-\frac{1}{2(p-1)}\langle M\rangle_t-\frac{1}{p-1}M_t+\frac{1}{2(p-1)}E[\langle M\rangle_\infty|F_t]\Big)\Big\}^{p-1}$$

$$=\exp\Big(\frac{1}{2}E[\langle M\rangle_\infty-\langle M\rangle_t|F_t]\Big),$$

from which we get $\|M\|_{BMO}<\infty$ if Z_t satisfies the condition (A_p) for some p. This completes the proof.

In a forthcoming paper [3] we shall study another properties on the condition (A_p).

References

[1]. R.K.Getoor and M.J.Sharpe, Conformal martingales, Inventiones math. 16,(1972) pp.271-308

[2]. B.Muckenhoupt, Weighted norm inequalities for the Hardy maximal function, Trans. Amer. Math. Soc. 165,(1972) pp.207-226

[3]. M.Izumisawa and N.Kazamaki, Weighted norm inequalities for martingales, (to appear)

Department of Mathematics
College of General Education
Tohoku University
Kawauchi, Sendai, JAPAN

DEMONSTRATION ELEMENTAIRE D'UN THEOREME DE NOVIKOV.

par G. MOKOBODZKI

Dans son article d'exposition [2] sur les théorèmes de séparation d'ensembles projectifs, C.DELLACHERIE se déclare convaincu que l'on peut démontrer sans recourir au second théorème de séparation le théorème ci-après :

THEOREME 1 : *Soit (E_n) une suite finie ou infinie de parties analytiques d'un espace métrisable compact F. Si l'on a $\cap E_n = \emptyset$, alors il existe une suite (B_n) de boréliens de F telle que B_n contienne E_n pour tout n et que l'on ait $\cap B_n = \emptyset$.*

Je propose ici une démonstration de ce résultat qui s'inspire de celle du premier théorème de séparation et qui justifie la ténacité exprimée dans [2] .

Disons qu'une suite (A_n) de parties de F est emboitable s'il existe une suite (B_n) de boréliens de F telle que $A_n \subset B_n$ pour tout n et $\cap A_n = \cap B_n$ .On dira aussi que la suite (B_n) emboite la suite (A_n). On a alors le lemme fondamental suivant :

LEMME 2 : *Soient (D_n), (C_n) deux suites de parties de F et soit $D = \bigcup_p D_p$. Si pour tout p, la suite $(D_p,(C_n))$[1] est emboitable, alors la suite $(D,(C_n))$ est emboitable.*

1. On note ainsi la suite $D_p, C_0, C_1, \ldots$

<u>Démonstration</u> : Soient (B^p_o) , $(B^p_m)_{m \geq 1}$ des suites de boréliens de F telle que $B^p_o \supset D_p$, $B^p_m \supset C_n$ et telles que pour tout p

$$D_p \cap \left(\bigcap_n C_n\right) = \bigcap_{m \geq 0} B^p_m$$

Posons alors $B_m = \bigcap_{p \geq 1} B^p_m$, pour $m \geq 1$, $B_o = \bigcup_p B^p_o$ et

$$B = \bigcap_{m \geq 1} B_m \quad ,$$

Pour tout p , on a encore $D_p \cap (\bigcap_n C_n) = B^p_o \cap B$

et par suite $D \cap \left(\bigcap_n C_n\right) = B_o \cap B$.

On en conclut que la suite $(B_m)_{m \geq 0}$ emboite la suite $(D,(C_n))$.

Rappelons quelques notations nécessaires à l'emploi des schémas de Souslin.

S = ensemble de suites ordonnées finies d'éléments de $\mathbb{N}$.

Σ = ensemble des suites ordonnées infinies d'éléments de $\mathbb{N}$.

Pour $s \in S$, $n \in \mathbb{N}$ (s,n) désigne la suite obtenue en adjoignant n à la droite de la suite finie s .

Pour $s \in S$, $|s|$ désigne la longueur, ou le nombre d'éléments de s .

Pour $s \in S$ et $\sigma \in \Sigma$ (resp. $s' \in S$) la notation $s \dashv \sigma$ signifie que s est une section commençante de Σ.

Pour $\sigma \in \Sigma$, $(\sigma|p)$ désignera la suite finie obtenue en prenant les p. premiers éléments de σ .

Un schéma de Souslin sur un ensemble F est une application Δ de S dans l'ensemble $\mathcal{P}(F)$.

On dit que Δ est régulier si $\Delta(s,n) \subset \Delta(s)$, $\forall s \in S$, $n \in \mathbb{N}$.

Le noyau du schéma Δ est l'ensemble

$$\Delta(\Sigma) = \bigcup_{\sigma \in \Sigma} \left(\bigcap_{s \dashv \sigma} \Delta(s)\right)$$

Tout ensemble analytique de F est alors le noyau d'un schéma régulier Δ à valeurs dans les parties compactes de F.

Soit Δ un schéma de Souslin et soit $t \in S$. Le sous-ensemble $S_t = \{s \in S \mid t \dashv s\}$ est isomorphe à S et permet de définir un nouveau schéma de Souslin à l'aide de Δ.

Posons alors $\Sigma_s = \{\sigma \in \Sigma \mid s \dashv \sigma\}$ pour $s \in S$.

et $\Delta(\Sigma_s) = \bigcup_{\sigma \in \Sigma_s} \left(\bigcap_{t \dashv \sigma} \Delta(t) \right)$

On a la règle simple de calcul :

pour tout $s \in \mathbb{N}$, $\Delta(\Sigma_s) = \bigcup_n \Delta\left(\Sigma_{(s,n)}\right)$

Soit alors (E_n) une suite infinie de parties analytiques de F, (Δ^n) une suite de schémas de Souslin réguliers à valeurs dans les parties compactes de F telle que

$$\Delta^n(\Sigma) = E_n \quad \text{pour tout } n.$$

Le lemme suivant est une conséquence directe du lemme 2.

<u>*LEMME 3*</u> : *Si la suite* $(\Delta^n(\Sigma))$ *n'est pas emboitable,*

1°) il existe $k \in \mathbb{N}$ *telle que la suite* $\Delta^1(\Sigma_k)$, $(\Delta^n(\Sigma))_{n \geq 2}$, *ne soit pas emboitable*

2°) il existe une suite $(\sigma_n) \subset \Sigma$ *telle que pour tout* p *la suite* $\Delta^1\left(\Sigma_{(\sigma_1 \mid p)}\right), \ldots, \Delta^p\left(\Sigma_{(\sigma_p \mid p)}\right)$, $\left(\Delta^r(\Sigma)\right)_{r \geq p+1}$ *ne soit pas emboitable*

<u>Démonstration</u> :

1°) il suffit de rappeler que pour tout $s \in S$ $\Delta^p(\Sigma_s) = \bigcup_n \Delta^p\left(\Sigma_{(s,n)}\right)$ et d'appliquer le lemme 2.

Pour

2°) on construit les suites (σ_n) pas à pas, c'est à dire par exemple pour σ_1 , en construisant par récurrence une suite $(s_n) \subset S$ telle que $s_n \dashv s_{n+1}$ pour tout n de sorte que s_p s'interprête comme $(\sigma_1|p)$.

Démonstration du théorème 1 :

Supposons que la suite $(E_n) = (\Delta^n(\Sigma))$ ne soit pas emboitable et soit $(\sigma_n) \subset \Sigma$ une suite infinie vérifiant les conditions du lemme 3 .

Rappelons qu'on a toujours $\Delta^p(\Sigma_s) \subset \Delta^p(s)$ puisque l'on a supposé les Δ^p réguliers.

Si la suite

$$\Delta^1(\Sigma_{(\sigma_1|p)}),\ldots, \Delta^p\left(\Sigma_{(\sigma_p|p)}\right) , (\Delta^r(\Sigma))_{r > p+1}$$

n'est pas emboitable, il en résulte en particulier que $K_p = \bigcap_{k \leq p} \Delta^k(\sigma_k|p)$ est un compact non vide pour tout p . On vérifie aisément que la suite (K_p) est décroissante et que $K = \bigcap K_p$ est contenu dans $\bigcap_n E_n$. Autrement dit si la suite (E_n) n'est pas emboitable $\bigcap E_n \neq \emptyset$.

Par négation, on obtient le théorème 1 .

Mr. Gabriel MOKOBODZKI

- EQUIPE D'ANALYSE -
E.R.A. au C.N.R.S. n°294

UNIVERSITE PARIS VI - Tour 46
4 Place Jussieu
75230 - PARIS - CEDEX 05

PREPRINT N°54 - Septembre 1975

B I B L I O G R A P H I E

[1] CHOQUET G.

Ensembles K-analytiques et K-Sousliniens.
Ann. Inst. Fourier 1959.

[2] DELLACHERIE C.

Ensembles analytiques : théorèmes de séparation et applications .
Séminaire de Probabilités IX. STRASBOURG
Lecture Notes in Mathematics - N°465 - SPRINGER

Université de Strasbourg
Séminaire de Probabilités 1974/75

CORRECTIONS A DES EXPOSES DE 1973/74

par C. Dellacherie

D'abord deux petits amuse-gueule

1) Le théorème 2 de "Ensembles analytiques : ..." - p 338 - est inexact tel qu'il est écrit : il faut supposer de plus que l'ensemble E_n appartient au pavage $\underline{\underline{E}}_n$ pour tout n , sauf éventuellement pour un nombre fini d'entiers.

2) Dans "Une propriété des ensembles semi-polaires" - p495 - , il faut lire, dans les premières lignes, "... changement de temps par rapport à une fonctionnelle additive strictement croissante ET CONTINUE "

Passons au plat de résistance, consistant en "Une remarque sur les espaces sousliniens de Bourbaki" - p406 et 407 - . La meilleure correction consiste à prendre un pot de colle et à coller soigneusement la page 406 sur la page 407 ! En effet, la démonstration p407 est incomplète : on y caractérise seulement les fermés dont l'image par f est un point , et il n'est pas vrai en général que l'ensemble E' considéré soit souslinien dans $\underline{\underline{F}}$(P). Plus précisément, on peut montrer que E' est souslinien si et seulement si, pour tout ouvert U de P , f(U) est borélien dans E . Cela n'implique pas par ailleurs que le théorème énoncé est faux : il reste simplement en l'état de conjecture.

Université de Strasbourg
Séminaire de Probabilités 1974/75

SUR LA CONSTRUCTION DE NOYAUX BORELIENS

par C. Dellacherie

Nous donnons ici une réponse à peu près complète aux questions posées dans le séminaire IX par Getoor (p 455) et par Meyer (p 465). Il s'agit d'un problème de régularisation de pseudo-noyaux, que nous énoncerons à nouveau plus loin et discuterons en détail. Pour l'instant, il suffit de savoir qu'il se résout trivialement si l'on sait résoudre le problème suivant :

PROBLEME 1.- On se donne un espace métrisable compact Z muni d'une classe $\underline{\underline{N}}$ de parties négligeables, c'est à dire telle que

1) une réunion dénombrable d'éléments de $\underline{\underline{N}}$ appartient à $\underline{\underline{N}}$
2) un sous-ensemble d'un élément de $\underline{\underline{N}}$ appartient à $\underline{\underline{N}}$

On se donne aussi une partie Y de Z telle que Y^c appartienne à $\underline{\underline{N}}$. A quelle condition peut on affirmer que Y contient un borélien B de Z tel que B^c appartienne à $\underline{\underline{N}}$?

Une solution classique de ce problème est donnée par le théorème de capacitabilité : la réponse est affirmative si $\underline{\underline{N}}$ est la classe des ensembles négligeables pour une capacité de Choquet sur Z et si Y est coanalytique dans Z .

Dans le paragraphe 1 , qui contient les résultats positifs les plus "utiles" , nous prouvons

THEOREME 1.- <u>Si</u> Y <u>est</u> coanalytique, <u>et si</u> $\underline{\underline{N}}$ <u>est la classe des ensembles négligeables pour toute mesure</u> $m \in M$, <u>où</u> M <u>est une partie</u> analytique <u>de</u> $\underline{\underline{M}}^+(Z)$, <u>alors la réponse au problème</u> 1 <u>est positive</u>.

<u>THEOREME</u> 2.- <u>Pour un processus de Markov satisfaisant aux hypothèses usuelles</u>, <u>et à l'hypothèse de continuité absolue</u>, <u>la classe des ensembles semi-polaires est du type précédent</u>.

Cela répond aux questions posées par Meyer. Dans le paragraphe 2, nous présentons le problème 2 (régularisation de pseudo-noyaux) et traduisons le théorème 1 en une réponse positive au problème 2 dans certains cas. Puis, passant aux résultats négatifs, nous montrons que le problème 2 ne saurait avoir de solution "générale" en dehors du cas où Y est coanalytique. Cela répond à peu près aux questions posées par Getoor.

Enfin, au paragraphe 3, nous approfondissons en particulier le théorème 1 en montrant que $\underline{\underline{N}}$ peut être la classe des ensembles négligeables pour un "calibre" - notion plus générale que celle de capacité, vérifiant les mêmes propriétés d'approximation, mais ayant l'avantage d'être "invariante" par composition avec un noyau borélien. En fait, nous en avons profité pour exposer les grandes lignes de la théorie des noyaux-capacités et noyaux-calibres, en l'illustrant de quelques exemples.

1. DEMONSTRATION DES THEOREMES 1 et 2

NOTATIONS. Si F est un espace métrisable compact, nous désignerons par

$\underline{\underline{P}}(F)$ l'ensemble des parties de F

$\underline{\underline{K}}(F)$ l'ensemble des parties compactes de F , muni de la topologie de Hausdorff : c'est un espace compact métrisable

$\underline{\underline{M}}^1(F)$ l'ensemble des mesures positives de masse ≤ 1 sur F , muni de la topologie vague : c'est un espace compact métrisable.

Sauf mention du contraire, toutes les fonctions I sur $\underline{\underline{P}}(F)$ sont supposées telles que $I(\emptyset) = 0$ et $I(F) \leq 1$.

Rappelons qu'une fonction I sur $\underline{P}(F)$ est une <u>capacité</u> (de Choquet) si elle vérifie les conditions suivantes

1) I est <u>croissante</u> : $A \subset B \Rightarrow I(A) \leq I(B)$

2) I <u>monte sur</u> $\underline{P}(F)$: $A_n \uparrow A \Rightarrow I(A_n) \uparrow I(A)$

3) I <u>descend sur</u> $\underline{\underline{K}}(F)$: $K_n \in \underline{\underline{K}}(F)$ et $K_n \downarrow K \Rightarrow I(K_n) \downarrow I(K)$

Etant donnée la croissance de I , la condition 3) est équivalente à

.) la restriction de I à $\underline{\underline{K}}(F)$ est s.c.s.

DEFINITION 1.- <u>Soient</u> F_1 <u>et</u> F_2 <u>deux espaces métrisables compacts, et</u> J <u>une fonction sur</u> $\underline{P}(F_1) \times \underline{P}(F_2)$. <u>On dit que</u> J <u>est une</u> bicapacité <u>si</u>

1) <u>pour tout</u> $A_1 \in \underline{P}(F_1)$, $J(A_1,.)$ <u>est croissante et monte sur</u> $\underline{P}(F_2)$, <u>et pour tout</u> $K_1 \in \underline{\underline{K}}(F_1)$, $J(K_1,.)$ <u>descend sur</u> $\underline{\underline{K}}(F_2)$

2) <u>pour tout</u> $A_2 \in \underline{P}(F_2)$, $J(.,A_2)$ <u>est croissante et monte sur</u> $\underline{P}(F_1)$, <u>et pour tout</u> $K_2 \in \underline{\underline{K}}(F_2)$, $J(.,K_2)$ <u>descend sur</u> $\underline{\underline{K}}(F_1)$.

Le résultat principal sur les bicapacités est le suivant, qui est la quintessence de la démonstration du théorème de séparation figurant à la p.101 de la nouvelle édition de "Probabilités et Potentiel"

THEOREME 3.- <u>Soit</u> J <u>une bicapacité</u>. <u>Si</u> A_1 <u>et</u> A_2 <u>sont des parties analytiques respectivement de</u> F_1 <u>et</u> F_2, <u>on a</u>

$$J(A_1,A_2) = \sup J(K_1,K_2)\,,\ K_i \in \underline{\underline{K}}(F_i)\,,\ K_i \subset A_i \quad (i=1,2)$$

$$J(A_1,A_2) = \inf J(B_1,B_2)\,,\ B_i \in \underline{\underline{B}}(F_i)\,,\ B_i \supset A_i \quad (i=1,2)$$

<u>Note</u> : comme l'ensemble $\underline{\underline{B}}(F_i)$ des boréliens de F_i est stable pour les intersections dénombrables et que J est croissante, la borne inférieure dans la deuxième formule est atteinte.

DEMONSTRATION. Disons qu'une partie R de $F_1 \times F_2$ est un rectangle de côtés C_1 et C_2 si $R = C_1 \times C_2$ - les côtés sont bien déterminés si R n'est pas vide -, et désignons par $\underline{\underline{R}}$ une classe de rectangles de $F_1 \times F_2$ contenant les rectangles compacts et stable pour les lim inf de suites. Définissons une fonction I sur $\underline{P}(F_1 \times F_2)$ en posant, pour tout $R \in \underline{\underline{R}}$ de cotés C_1 et C_2, $I(R) = J(C_1,C_2)$ (l'ambiguité pour $C = \emptyset$ est sans importance : $I(\emptyset)=0$) et, pour toute partie H de $F_1 \times F_2$,

$$I(H) = \inf I(R)\,,\ R \in \underline{\underline{R}}\,,\ R \supset H$$

Comme $\underline{\underline{R}}$ est en particulier stable pour les intersections dénombrables et que I est croissante sur $\underline{\underline{R}}$, l'inf est atteint sur $\underline{\underline{R}}$. Je dis que I est une capacité. La croissance est évidente. Vérifions la montée. Soient $H_n \uparrow H$, et R_n , $R \in \underline{\underline{R}}$ tels que $H_n \subset R_n$, $H \subset R$ et $I(H_n) = I(R_n)$, $I(H) = I(R)$. Puisque $\underline{\underline{R}}$ est stable pour les lim inf de suites, on peut supposer que $R_n \uparrow R$, quitte à remplacer R_n par $\inf_{k \geq n} R_k$ et R par lim inf R_k. La montée de I résulte alors aisément de la montée de J selon chacun de ses arguments. Vérifions enfin la descente sur les compacts. Remarquons d'abord que, $\underline{\underline{R}}$ contenant les rectangles compacts, on a, pour $L \in \underline{\underline{K}}(F_1 \times F_2)$, $I(L) = J(\pi_1(L),\pi_2(L))$ où π_1 , π_2 sont les projections sur F_1 , F_2. Maintenant, si les compacts $L_n \downarrow L$, on a $\pi_1(L_n) \times \pi_2(L_n) \downarrow \pi_1(L) \times \pi_2(L)$, et la descente de I résulte alors aisément de la descente de J selon chacun de ses arguments compacts. Nous faisons maintenant une remarque capitale : la valeur de I sur les parties compactes ne dépendant pas du choix de $\underline{\underline{R}}$ dans les limites imposées, la valeur de I sur les parties analytiques n'en dépend pas non plus d'après le théorème de capacitabilité. Soient alors A_1 , A_2 des parties analytiques non vides de F_1 , F_2 (le théorème est trivial si l'un des A_i est vide puisque $J(\emptyset,.) = J(.,\emptyset) = 0$) : $A = A_1 \times A_2$ est une partie analytique de $F_1 \times F_2$. Si on prend pour $\underline{\underline{R}}$ la classe des rectangles quelconques (ou analytiques), on obtient la première formule de l'énoncé en appliquant le théorème de capacitabilité à I(A), et, si l'on prend pour $\underline{\underline{R}}$ la classe des rectangles boréliens, on obtient la seconde formule en appliquant la remarque précédente.

REMARQUES.

1) Disons, plus généralement, qu'une fonction J sur $\underline{P}(F_1) \times \ldots \times \underline{P}(F_n)$, où les F_i sont métrisables compacts, est une <u>multicapacité</u> si, chaque fois que l'on fixe n-1 arguments, elle est croissante et monte en le n-ième, et descend en le n-ième quand celui-ci est compact ainsi que les arguments fixés. On a un théorème analogue d'approximation pour les multicapacités, qui se démontre de la même manière.

2) Mokobodzki (voir ce volume) et Saint-Raymond viennent de démontrer (indépendamment) le théorème de Novikov sur les suites d'analytiques d'intersection vide sans utiliser le 2ème théorème de séparation. Leurs techniques permettent plus généralement de démontrer un théorème d'approximation pour une multicapacité dépendant d'une infinité dénombrable d'arguments. Pour la définition précise d'une telle multicapacité et une esquisse de la démonstration du théorème, voir mon exposé "Compléments..." de ce volume.

Nous allons déduire du théorème 3 une forme générale du théorème de séparation des ensembles analytiques. Pour cela, il nous faut d'abord définir la notion de noyau-capacité, qui sera convenablement étendue au paragraphe 3 .

DEFINITION 2.- _Soient_ E _et_ F _des espaces compacts métrisables. Une application_ $(x,A) \rightarrow U(x,A)$ _de_ $E \times \underline{P}(F)$ _dans_ $\overline{\mathbb{R}}$ _- ici, conformément à nos conventions, dans_ $[0,1]$ _- est un_ noyau-capacité de E dans F _si_

1) _pour tout_ $x \in E$, $U(x,.)$ _est une capacité sur_ F
2) _pour tout_ $K \in \underline{\underline{K}}(F)$, $U(.,K)$ _est s.c.s. sur_ E.

EXEMPLE. Ici, il nous suffira de noter que, si Z est un espace métrisable compact, $(m,A) \rightarrow m^*(A)$ est un noyau-capacité de $\underline{\underline{M}}^1(Z)$ dans Z . Nous verrons d'autres exemples au §3 .

THEOREME 4.- _Soient_ U _un noyau-capacité de_ E _dans_ F , A _une partie analytique de_ E _et_ A' _une partie analytique de_ F . _Si l'on a_ $U(x,A') = 0$ _pour tout_ $x \in A$, _alors il existe un borélien_ B _de_ E _contenant_ A _et un borélien_ B' _de_ F _contenant_ A' _tels que_ $U(x,B') = 0$ _pour tout_ $x \in B$.

Note : le théorème de séparation s'obtient en posant E = F et $U(x,H) = 1_H(x)$.

DEMONSTRATION. Posons, pour $C \in \underline{P}(E)$ et $D \in \underline{P}(F)$, $J(C,D) = \sup_{x \in C} U(x,D)$. On définit ainsi une bicapacité J . La croissance et la montée de J selon chacun de ses arguments sont claires. La descente selon chacun des arguments compacts résulte aisément du fait que $U(.,D)$ est s.c.s. sur E pour tout $D\in\underline{\underline{K}}(F)$ et $U(x,.)$ est s.c.s. sur $\underline{\underline{K}}(F)$ pour tout $x\in E$, en appliquant la forme suivante du lemme de Dini-Cartan : si $(f_i)_{i\in I}$ est une famille filtrante décroissante de fonctions s.c.s. sur un espace compact T, alors $\sup_{t\in T} \inf_{i\in I} f_i(t) = \inf_{i\in I} \sup_{t\in T} f_i(t)$. Ceci dit, la condition de l'énoncé s'écrit $J(A,A') = 0$: il existe donc d'après le théorème 3 des boréliens B,B' contenant A,A' tels que $J(B,B') = 0$.

DEMONSTRATION DU THEOREME 1

Nous devons montrer que, si Y est une partie coanalytique d'un espace compact métrisable Z et si Y^c est négligeable pour toute mesure $m\in M$, où M est une partie analytique de $\underline{\underline{M}}^1(Z)$, alors Y contient un borélien D de Z tel que D^c soit négligeable pour tout $m\in M$.

Nous prenons, dans l'énoncé précédent, $E = \underline{\underline{M}}^1(Z)$, $F = Z$, $U(m,H) = m^*(H)$ et $A = M$, $A' = Y^c$. La condition que Y^c soit négligeable pour tout $m\in M$ signifie que $U(m,A') = 0$ pour tout $m\in A$, et le théorème 4 nous dit qu'il existe alors un borélien B' contenant A' tel que $U(m,B') = 0$ pour tout $m\in A$ (et même un peu plus) : il ne reste plus qu'à prendre pour D le complémentaire de B'.

DEMONSTRATION DU THEOREME 2

On considère un semi-groupe markovien (P_t) vérifiant les "vieilles" hypothèses droites (mais pas forcément borélien) sur un espace d'états E lusinien métrisable. On suppose que (P_t) vérifie l'hypothèse de continuité absolue et on désigne par λ une mesure de probabilité sur E telle que, pour tout $B\in\underline{\underline{B}}(E)$, on ait $\lambda(B) = 0$ ssi B est de potentiel nul. Dans ces conditions, on sait que la classe $\underline{\underline{N}}$ des ensembles semi-polaires est une classe de parties négligeables de E telle que

1) $A\in\underline{\underline{N}} \Rightarrow \exists B\in\underline{\underline{B}}(E)$ $B\in\underline{\underline{N}}$ et $B\supset A$

2) $B\in\underline{\underline{B}}(E)$ et $B\in\underline{\underline{N}}$ $\Leftrightarrow$ $B\in\underline{\underline{B}}(E)$ et $m(B) = 0$ pour toute mesure m ne chargeant pas les éléments de $\underline{\underline{N}}$

L'ensemble $\underline{\underline{M}}^1(E)$ des mesures (positives) de masse ≤ 1 sur E étant muni de la topologie étroite, nous allons montrer qu'il existe une partie analytique[1] M de $\underline{\underline{M}}^1(E)$ telle que $\underline{\underline{N}}$ soit la classe des ensembles négligeables pour toute mesure $m \in M$. Si on plonge alors E dans un espace métrisable compact F, $\underline{\underline{M}}^1(E)$ s'identifie à un sous-espace lusinien de $\underline{\underline{M}}^1(F)$ et M sera analytique dans $\underline{\underline{M}}^1(F)$.

Nous désignerons comme d'habitude par $(\Omega, \underline{\underline{F}}^\circ, \ldots, (X_t), P^\cdot)$ la réalisation canonique de (P_t). On sait que Ω, ensemble des applications continues à droite de $\mathbb{R}_+$ dans E, est plongeable comme coanalytique dans un espace métrisable compact W de sorte que $\underline{\underline{F}}^\circ = \underline{\underline{B}}(W)_{|\Omega}$. D'autre part, le processus $X = (X_t)$ étant une application mesurable de $(\mathbb{R}_+ \times \Omega, \underline{\underline{B}}(\mathbb{R}_+) \times \underline{\underline{F}}^\circ)$ dans $(E, \underline{\underline{B}}(E))$, et E étant lusinien, X est la restriction à $\mathbb{R}_+ \times \Omega$ d'une application borélienne de $Z = \mathbb{R}_+ \times W$ dans E : nous choisissons une telle application, que nous noterons encore X. Enfin, Ω étant universellement mesurable dans W, nous identifierons toute mesure sur Ω (en particulier P^λ) à une mesure sur W portée par Ω et toute mesure sur $\mathbb{R}_+ \times \Omega$ à une mesure sur Z portée par $\mathbb{R}_+ \times \Omega$.

Soit D le sous-ensemble de $\underline{\underline{M}}^1(Z)$ constitué par les mesures m admettant, par rapport à P^λ, une désintégration en une mesure aléatoire diffuse. Autrement dit, m appartient à D ssi

il existe un processus croissant $\underline{\underline{B}}(Z)$-mesurable (A_t), continu, tel que $\forall H \in \underline{\underline{B}}(Z)\ m(H) = E^\lambda[\int_0^\infty 1_H(t,\omega)\, dA_t(\omega)]$

D'après la caractérisation des ensembles semi-polaires en termes de la théorie générale des processus, on a, pour $B \in \underline{\underline{B}}(E)$,

$$B \in \underline{\underline{N}} \Leftrightarrow \forall m \in D\ m(X^{-1}(B)) = 0$$

Nous allons montrer que D est un borélien de $\underline{\underline{M}}^1(Z)$. On pourra alors achever la démonstration en prenant $M = \{X(m), m \in D\}$: M sera analytique dans $\underline{\underline{M}}^1(E)$ comme image directe de D par l'application borélienne

1) Mokobodzki, à qui j'ai signalé ce résultat, m'a affirmé, qu'avec ses "outils", il pouvait démontrer que l'ensemble des $m \in \underline{\underline{M}}^1(E)$ ne chargeant pas les semi-polaires est un borélien de $\underline{\underline{M}}^1(E)$. Je démontre moins, avec sans doute une méthode moins élégante.

de $\underline{\underline{M}}^1(Z)$ dans $\underline{\underline{M}}^1(E)$ induite par X.

Nous remarquons d'abord que $m \in \underline{\underline{M}}^1(Z)$ appartient à D ssi m ne charge pas les compacts de Z qui ne diffèrent d'un graphe de fonction continue de W dans $\overline{\mathbb{R}}_+$ que par un ensemble P^λ-évanescent. La nécessité de cette condition est claire. Démontrons sa suffisance. D'abord, elle entraine que m ne charge pas les ensembles P^λ-évanescents : d'après un argument de capacitabilité classique, un borélien de Z est évanescent ssi tout compact inclus dedans est évanescent, et, si H est un compact évanescent, on a $m(H) \leq m(H \cup (\{0\} \times W)) = 0$. Il existe donc un processus croissant $\underline{\underline{B}}(Z)$-mesurable (B_t) , continu à droite, tel que l'on ait $m(H) = E^\lambda[\int_0^\infty 1_H \, dB_t]$ pour tout $H \in \underline{\underline{B}}(Z)$. Si (B_t) n'était pas P^λ-p.s. continu, il existerait une fonction borélienne S de W dans $\overline{\mathbb{R}}_+$ telle que $E^\lambda(B_S - B_{S-}) > 0$ et m chargerait alors le graphe [S] de S ; mais alors m chargerait aussi un compact K inclus dans [S] . K étant le graphe d'une fonction continue de la projection de K sur W dans $\overline{\mathbb{R}}_+$, on voit, en appliquant le théorème d'extension de Tietze, que m chargerait le graphe d'une fonction continue de W dans $\overline{\mathbb{R}}_+$. Par conséquent, (B_t) est P^λ-p.s. continu, et peut donc être régularisé en un processus croissant continu (A_t): ainsi m appartient à D.

Pour tout compact K de Z , posons, pour tout $\omega \in W$,

$$U_K(\omega) = \inf \{t \in \overline{\mathbb{R}}_+ : (t,\omega) \in K\} \qquad \text{avec } \inf \emptyset = +\infty$$
$$V_K(\omega) = \sup \{t \in \overline{\mathbb{R}}_+ : (t,\omega) \in K\} \qquad \text{avec } \sup \emptyset = -\infty$$
$$D_K(\omega) = \exp(-U_K(\omega)) - \exp(-V_K(\omega))$$

Les fonctions U_K , V_K et D_K ainsi définies sur W sont boréliennes, et $D_K(\omega)$ est le diamètre de la coupe $K(\omega)$ quand $\overline{\mathbb{R}}_+$ est muni de la distance $d(u,v) = |e^{-u} - e^{-v}|$, avec la convention habituelle que diamètre de $\emptyset = -\infty$. Et, d'après ce que l'on a vu plus haut, on a l'équivalence, pour $m \in \underline{\underline{M}}^1(Z)$,

$$m \in D \Leftrightarrow \forall K \in \underline{\underline{K}}(Z) \; [E^\lambda(D_K) = 0 \Rightarrow m(K) = 0]$$

Une fonction croissante sur $\underline{\underline{K}}(Z)$ étant s.c.s. ssi elle descend sur $\underline{\underline{K}}(Z)$, la fonction I de $\underline{\underline{K}}(Z)$ dans $\{-\infty\}\cup[0,1]$ définie par $I(K) = E^{\lambda}(D_K)$ est s.c.s., et la fonction $(m,K)\to m(K)$ de $\underline{\underline{M}}^1(Z)\times\underline{\underline{K}}(Z)$ dans $[0,1]$ est aussi s.c.s. (elle est séparément s.c.s., et croissante en K pour m fixé). Contrairement à ce que nous avions écrit dans une première rédaction, cela ne permet pas encore de conclure que D est borélien : il faut encore travailler un peu. Nous allons montrer que l'on a l'équivalence, pour $m\in\underline{\underline{M}}^1(Z)$, $K\in\underline{\underline{K}}(Z)$ et $p,q\in\mathbb{N}$,

$$\forall K\ [I(K)=0 \Rightarrow m(K)=0] \Leftrightarrow \forall p\ \exists q\ \forall K\ [0\leq I(K)<\tfrac{1}{q} \Rightarrow m(K)<\tfrac{1}{p}]$$

Comme, pour p et q fixés, le prédicat $0\leq I(K)<\frac{1}{q}$ définit l'intersection d'un ouvert et d'un fermé et donc un $\underline{\underline{K}}_\sigma$ de $\underline{\underline{K}}(Z)$ et que le prédicat $m(K)<\frac{1}{p}$ définit un ouvert et donc un $\underline{\underline{G}}_\delta$ de $\underline{\underline{M}}^1(Z)\times\underline{\underline{K}}(Z)$, le prédicat $\forall K\ [0\leq I(K)<\frac{1}{q} \Rightarrow m(K)<\frac{1}{p}]$ définit un $\underline{\underline{G}}_\delta$ de $\underline{\underline{M}}^1(Z)$: on aura bien ainsi démontré que D est borélien.

L'implication $\Leftarrow$ est évidente. Démontrons l'implication $\Rightarrow$: il suffit de montrer que, si (K_n) est une suite de compacts de Z telle que $0\leq I(K_n)<2^{-n}$ pour tout n, alors $\lim_n m(K_n)=0$ pour tout $m\in D$. Or, comme $I(K_n)=E^{\lambda}(D_{K_n})$, la relation $\forall n\ 0\leq I(K_n)<2^{-n}$ entraine que, P^{λ}-p.s., $\lim_n D_{K_n}=0$, et donc que l'on a $0\leq \lim_n U_{K_n} = \lim_n V_{K_n}$ P^{λ}-p.s. . Par conséquent, si $m\in D$ se désintègre en un processus croissant continu (A_t), on a $m(K_n)\leq E^{\lambda}(A_{V_{K_n}} - A_{U_{K_n}})$ et donc $\lim_n m(K_n)=0$ en vertu du théorème de Lebesgue.

UNE APPLICATION DU THEOREME 1

Avant de passer au problème de la régularisation des pseudo-noyaux, nous donnerons une première application du théorème 1 aux noyaux boréliens. On rappelle qu'un espace métrisable est <u>cosouslinien</u> (resp <u>lusinien</u>, <u>souslinien</u>) s'il est homéomorphe à une partie coanalytique (resp borélienne, analytique) d'un espace compact métrisable. Il est alors coanalytique (resp...) dans tout espace compact métrisable dans lequel il est plongé.

THEOREME 5.- <u>Soient</u> X <u>un espace métrisable compact</u> (<u>ou</u>, <u>plus généralement</u>, <u>souslinien</u>), Y <u>un espace métrisable cosouslinien et</u> Q <u>un noyau (sousmarkovien) borélien de</u> X <u>dans</u> Y. <u>Il existe alors un sous-espace lusinien</u> B <u>de</u> Y <u>tel que</u> $Q(B^c) = 0$.[1)]

DEMONSTRATION. Plongeons Y dans un espace compact métrisable Z et identifions toute mesure sur Y à une mesure sur Z portée par Y. L'application $m \to mQ$ de $\underline{\underline{M}}^1(X)$ dans $\underline{\underline{M}}^1(Z)$ est borélienne, et donc l'image M de $\underline{\underline{M}}^1(X)$ par Q est une partie analytique de $\underline{\underline{M}}^1(Z)$. Comme les éléments de M sont portés par Y qui est coanalytique, il existe d'après le théorème 1 un borélien B de Z contenu dans Y - i.e. un sous-espace lusinien B de Y - les portant tous : donc $Q(B^c) = 0$.

Voici une application de ce théorème aux processus de Markov. Soit (P_t) un semi-groupe <u>borélien</u> vérifiant les hypothèses droites sur un espace d'états lusinien E et soit $(\Omega, \underline{\underline{F}}^\circ, \ldots, P^\cdot)$ sa réalisation canonique. On peut munir Ω d'une structure d'espace métrisable cosouslinien telle que $\underline{\underline{F}}^\circ = \underline{\underline{B}}(\Omega)$, et définir un noyau borélien Q de E dans Ω en posant $Q(x,f) = E^x[f]$ pour tout $f \in b\underline{\underline{F}}^\circ$ et tout $x \in E$. Le théorème 5 nous dit alors que toutes les mesures P^x, $x \in E$, sont portées par un même sous-espace lusinien de Ω.

II. REGULARISATION DES PSEUDO-NOYAUX

Nous nous donnons maintenant deux espaces mesurables $(X, \underline{\underline{X}})$ et $(Y, \underline{\underline{Y}})$, X étant muni d'une classe $\underline{\underline{N}}$ d'ensembles négligeables, et un pseudo-noyau (sous-markovien) P de X dans Y relativement à $\underline{\underline{N}}$. Autrement dit, P est une application de l'ensemble $b\underline{\underline{Y}}$ des fonctions $\underline{\underline{Y}}$-mesurables bornées sur Y dans l'ensemble des classes d'équivalence des fonctions $\underline{\underline{X}}$-mesurables bornées sur X pour la relation d'égalité $\underline{\underline{N}}$-presque-partout (en abrégé, $\underline{\underline{N}}$-p.p.), et vérifie les conditions

---

1) C'est en général faux si Y est souslinien : prendre X compact, Y souslinien non lusinien, $s : X \to Y$ borélienne surjective et poser $Qf = s \circ f$ pour toute $f \in b\underline{\underline{B}}(Y)$.

1) $f \in b\underline{\underline{Y}}$ et $0 \leq f \leq 1 \Rightarrow 0 \leq Pf \leq 1$ $\underline{\underline{N}}$-p.p.

2) $f_1, f_2 \in b\underline{\underline{Y}}$, $a_1, a_2 \in \mathbb{R}$ et $f = a_1 f_1 + a_2 f_2 \Rightarrow Pf = a_1 Pf_1 + a_2 Pf_2$ $\underline{\underline{N}}$-p.p.

3) $f_n, f \in b\underline{\underline{Y}}$ et $f_n \uparrow f \Rightarrow Pf_n \uparrow Pf$ $\underline{\underline{N}}$-p.p.

PROBLEME 2.- Existe-t-il un vrai noyau (sousmarkovien) Q de X dans Y tel que, pour tout $f \in b\underline{\underline{Y}}$, Qf soit un représentant de la classe Pf ? Un tel noyau Q est appelé une <u>régularisation</u> de P .

Si l'espace mesurable $(Y, \underline{\underline{Y}})$ est <u>séparable</u>, la méthode classique pour attaquer ce problème est la suivante : l'espace séparable $(Y, \underline{\underline{Y}})$ peut être considéré comme une partie d'un espace métrisable compact Z de sorte que $\underline{\underline{Y}} = \underline{\underline{B}}(Z)_{|Y}$ - à condition bien sûr que les atomes de $\underline{\underline{Y}}$ soient les points de Y, ce qui peut s'obtenir par un passage au quotient anodin.. On définit alors un pseudo-noyau $\overset{\circ}{P}$ de X dans Z en posant, pour tout $f \in b\underline{\underline{B}}(Z)$, $\overset{\circ}{P}f = P(f_{|Y})$, et, en s'appuyant sur la compacité et la séparabilité de Z , on a la proposition suivante, qui figure dans l'exposé de Getoor

LEMME.- <u>Il existe un vrai noyau</u> $\overset{\circ}{Q}$ <u>de</u> X <u>dans</u> Z <u>tel que</u>, <u>pour tout</u> $f \in b\underline{\underline{B}}(Z)$, $\overset{\circ}{Q}f$ <u>soit un représentant de la classe</u> $\overset{\circ}{P}f = P(f_{|Y})$.

Le problème 2 est alors équivalent au problème suivant

PROBLEME 2'.- Existe-t'il un vrai noyau Q de X dans Y tel que, pour tout $f \in b\underline{\underline{B}}(Z)$, on ait $\overset{\circ}{Q}f = Q(f_{|Y})$ $\underline{\underline{N}}$-p.p. ?

La réponse est évidemment affirmative s'il existe un borélien B de Z, contenu dans Y, tel que $\overset{\circ}{Q}(Z-B) = 0$ $\underline{\underline{N}}$-p.p. (ce qui s'écrit encore $P(Y-B) = 0$ $\underline{\underline{N}}$-p.p.) : il suffit alors de poser, pour $f \in b\underline{\underline{Y}}$, $Qf = \overset{\circ}{Q}(f1_B)$ où $f1_B$ est considérée comme fonction borélienne <u>sur</u> Z . Une conséquence immédiate de cette condition est le fait que, si Y est borélien dans Z, i.e. si Y est un espace lusinien, le problème 2 a une solution, quels que soient X, $\underline{\underline{N}}$ et P, comme dans le cas où Y est métrisable compact : ce n'est pas mystérieux, car, du point de vue mesurable, Y <u>est</u> alors métrisable compact. Par ailleurs, si Y est coanalytique dans Z, i.e. si Y est un espace cosouslinien, alors, d'après le théorème 5, cette condition est aussi nécessaire pour que le problème 2 ait une solution, pour X, $\underline{\underline{N}}$ et P donnés, si X est un espace métrisable compact (plus généralement, souslinien) et $\underline{\underline{X}} = \underline{\underline{B}}(X)$.

Le théorème 1 permet de donner une solution à peu près satisfaisante au problème de la régularisation d'un pseudo-noyau en un noyau borélien.

THEOREME 6.- <u>Soit</u> X <u>un espace métrisable compact, muni d'une classe</u> $\underline{\underline{N}}$ <u>d'ensembles négligeables de la forme</u>

$\underline{\underline{N}}_M = \{A \in \underline{\underline{P}}(X) : \forall m \in M \ m^*(A) = 0\}$ <u>où</u> M <u>est analytique dans</u> $\underline{\underline{M}}^1(X)$ <u>et soit</u> Y <u>un espace métrisable cosouslinien</u>. <u>Tout pseudo-noyau</u> P, <u>relativement à</u> $\underline{\underline{N}}$, <u>de</u> $(X,\underline{\underline{B}}(X))$ <u>dans</u> $(Y,\underline{\underline{B}}(Y))$ <u>peut être régularisé en un vrai noyau borélien</u> Q. <u>Plus généralement, cela est possible si</u> X <u>est métrisable séparable et</u> M <u>est une partie souslinienne de</u> $\underline{\underline{M}}^1(X)$ (<u>muni de la topologie étroite</u>) - <u>en particulier si</u> X <u>est souslinien</u>, M <u>analytique ou borélien</u>.

DEMONSTRATION. Plongeons Y dans un espace métrisable compact Z et construisons le noyau borélien $\hat{Q}$ de X dans Z comme ci-dessus : $\hat{Q}$ définit une application borélienne $m \to m\hat{Q}$ de $\underline{\underline{M}}^1(X)$ dans $\underline{\underline{M}}^1(Z)$. Soit $\hat{M}$ l'image de M par cette application : $\hat{M}$ est analytique dans $\underline{\underline{M}}^1(Z)$, et, si C est une partie universellement mesurable de Z, on a $m(C) = 0$ pour tout $m \in \hat{M}$ ssi, pour tout $D \in \underline{\underline{B}}(Z)$ contenu dans C, on a $\hat{Q}(D) = 0$ m-p.p. pour tout $m \in M$. Ainsi, $Z - Y$, qui est analytique dans Z, est négligeable pour tout $m \in \hat{M}$, et il existe donc, d'après le théorème 1, un borélien B de Z contenu dans Y tel que $Z - B$ soit aussi négligeable pour tout $m \in \hat{M}$. On peut alors régulariser P en un vrai noyau Q en posant, comme ci-dessus, $Qf = \hat{Q}(f1_B)$ pour tout $f \in b\underline{\underline{B}}(Y)$.

Nous continuerons par la suite à désigner par $\underline{\underline{N}}_M$ la classe des ensembles négligeables pour toute mesure m appartenant à un ensemble M de mesures (positives) de masse ≤ 1.

Nous passons maintenant aux résultats négatifs. Voici d'abord un exemple simple qui montre qu'on ne peut avoir un théorème "très général" de régularisation hors le cas lusinien vu plus haut.

THEOREME 7.- Soit Y une partie d'un espace métrisable compact Z et munissons Z de la classe $\underline{\underline{N}} = \{A\in\underline{\underline{P}}(Z) : A\subset Y^c\}$, i.e. de la classe $\underline{\underline{N}}_M$ où $M = \{m\in\underline{\underline{M}}^1(Z) : m = \varepsilon_y , y\in Y\}$. Considérons le pseudo-noyau R de Z dans Y qui, à tout $f\in b\underline{\underline{B}}(Y)$, associe l'ensemble des fonctions $g\in b\underline{\underline{B}}(Z)$ telles que $f = g_{|Y}$. Alors R a une régularisation en un noyau borélien S ssi Y est un borélien de Z.

DEMONSTRATION. La condition suffisante est triviale. Supposons qu'il existe un noyau borélien S régularisant R, et définissons un noyau borélien $\overset{\frown}{S}$ de Z dans Z en posant $\overset{\frown}{S}g = S(g_{|Y})$ pour tout $g\in b\underline{\underline{B}}(Z)$. Soit alors $B = \{z\in Z : \varepsilon_z\overset{\frown}{S} = \varepsilon_z\}$. Si (A_n) est une suite de boréliens de Z engendrant $\underline{\underline{B}}(Z)$, on a $z\in B$ ssi $\overset{\frown}{S}1_{A_n}(z) = 1_{A_n}(z)$ pour tout n. Donc B est un borélien de Z, qui contient évidemment Y. Supposons $B \neq Y$ et soit $z\in B - Y$: on a alors $\varepsilon_z\overset{\frown}{S} = \varepsilon_z$ et $\overset{\frown}{S}(\{z\}) = 0$, ce qui est contradictoire. Donc $Y = B$ est un borélien de Z.

Par conséquent, on ne peut pas, dans le théorème 6, remplacer le couple "Y coanalytique, M analytique" par "Y analytique, M analytique" ou par "Y coanalytique, M coanalytique". Nous allons voir bientôt que le couple "Y analytique, M coanalytique" n'est pas meilleur. Nous étendons d'abord un peu notre exemple.

THEOREME 8.- Soit Y une partie d'un espace métrisable compact Z et munissons Z d'une classe $\underline{\underline{N}}$ contenant Y^c. Considérons le pseudo-noyau R de Z dans Y qui, à tout $f\in b\underline{\underline{B}}(Y)$, associe l'ensemble des fonctions $g\in b\underline{\underline{B}}(Z)$ telles que $f = g$ $\underline{\underline{N}}$-p.p. (où f est considérée comme une fonction sur Z définie $\underline{\underline{N}}$-p.p.). Alors R a une régularisation en un noyau borélien S ssi Y contient un borélien B de Z tel que B^c appartienne à $\underline{\underline{N}}$.

DEMONSTRATION. La condition suffisante est toujours la condition triviale habituelle. Supposons qu'il existe un noyau borélien S régularisant R. Soit alors $Y' = \{y \in Y : \varepsilon_y S = \varepsilon_y\}$. Si (A_n) est une suite de boréliens de Y engendrant $\underline{\underline{B}}(Y)$, on a, pour tout $z \in Z$, $z \in Y'$ ssi $z \in Y$ et $S1_{A_n}(z) = 1_{A_n}(z)$ pour tout n. On en déduit que Y' appartient à $\underline{\underline{B}}(Y)$ et que $Z - Y'$ appartient à $\underline{\underline{N}}$. Définissons un noyau borélien S' de Z dans Y' en posant, pour tout $f \in b\underline{\underline{B}}(Y')$, $S'f = Sf$ où f est identifié à l'élément de $b\underline{\underline{B}}(Y)$ égal à f sur Y' et à 0 sur $Y - Y'$. On a alors, pour tout $g \in b\underline{\underline{B}}(Z)$, $S'(g_{|Y'}) = g$ sur Y', ce qui implique, d'après le théorème 7, que Y' est un borélien de Z.

Maintenant, on sait que, dans tout espace métrisable compact non dénombrable, on peut trouver un couple de coanalytiques disjoints non séparables par des boréliens. Soit alors Y une partie analytique d'un espace métrisable compact Z telle que Y contienne une partie coanalytique Y' non séparable de Y^c, et prenons $\underline{\underline{N}} = \underline{\underline{N}}_M$ où $M = \{\varepsilon_y, y \in Y'\}$: le pseudo-noyau R correspondant ne peut être régularisé. Et donc, le couple "Y analytique, M coanalytique" n'est pas bon.

Mais on a pire : même le couple "Y analytique, M compact" n'est pas "raisonnable". Je ne pense pas qu'il soit possible de trouver un "vrai" contre-exemple dans ce cas, mais nous allons voir, en nous appuyant sur un fameux résultat de Goedel, qu'on ne peut pas démontrer en général l'existence du noyau borélien S à l'aide des seuls axiomes habituels de la théorie des ensembles dans ce cas.

Goedel a montré que, si on ajoute aux axiomes habituels de la théorie des ensembles (sans l'axiome de choix) - supposés consistants - l'axiome de "constructibilité", on obtient une théorie consistante - dans laquelle l'axiome de choix et l'hypothèse généralisée du continu sont des théorèmes - pour laquelle il existe un sous-ensemble PCA (= projection de coanalytique) de [0,1] non mesurable pour la mesure de Lebesgue λ sur [0,1]. L'axiome de constructibilité est un peu compliqué à expliquer à quelqu'un non initié à la logique. Cependant, c'est un théorème simple à comprendre de la théorie qui permet ce type de construction, à savoir qu'il existe une relation de bon

ordre sur [0,1] dont le graphe est PCA dans $[0,1]\times[0,1]$: si on regarde alors comment on construit classiquement un ensemble non mesurable pour λ et si on y remplace l'utilisation de l'axiome de choix par le choix bien meilleur que l'on a ici - le plus petit élément d'une partie (non vide) de [0,1] pour le bon ordre considéré - on s'aperçoit que l'ensemble non mesurable exhibé est un PCA .
Ceci dit, prenons $Z = [0,1]\times[0,1]$ et soit Y une partie analytique de Z telle que la projection $\pi(Y^c)$ de Y^c sur le premier facteur soit un PCA non mesurable pour λ , de mesure intérieure nulle (il n'est pas difficile de trouver un tel Y une fois supposé qu'il existe un PCA non mesurable de [0,1]). Prenons enfin pour M l'ensemble des $m\in\underline{M}^1(Z)$ tels que $\pi(m) = \lambda$: M est compact ; Y^c est universellement mesurable et $m(Y^c) = 0$ pour tout $m\in M$ puisque $\pi(Y^c)$ est λ-intérieurement négligeable. Cependant, Y^c ne peut être contenu dans un borélien de Z appartenant à $\underline{N}_M$ puisque, sinon, $\pi(Y^c)$ serait λ-extérieurement négligeable. Il n'existe donc pas de noyau borélien S dans ce cas.

Terminons ce paragraphe par une remarque qui nous servira de transition.
Soient Z un espace métrisable compact, M une partie de $\underline{M}^1(Z)$ et définissons une fonction I_M sur $\underline{P}(Z)$ par

$$I_M(A) = \sup m^*(A) \ , m\in M$$

On a alors $\underline{N}_M = \{A\in\underline{P}(Z) : I_M(A) = 0\}$.

- si M est compact, on vérifie aisément que I_M est une capacité (pour la descente, utiliser le lemme de Dini-Cartan). En général, I_M n'est pas fortement sous-additive, mais, inversement, si I est une capacité fortement sous-additive sur Z , il existe M compact tel que $I(A) = I_M(A)$ pour tout $A\in\underline{P}(Z)$ analytique. (Pour plus de détails, compris bibliographiques, voir mon Lecture Notes "Ensemble analytiques..." n°295 - noté [D] par la suite)

si M est analytique, I_M n'est pas une capacité en général, cependant les propriétés d'approximation d'une capacité :

pour toute partie analytique A de Z , on a

$$I_M(A) = \sup I_M(K) , K\in\underline{\underline{K}}(Z) , K\subset A$$
$$= \inf I_M(B) , B\in\underline{\underline{B}}(Z) , B\supset A$$

Cela se démontre comme le théorème 4 à partir du théorème 3. Nous verrons en fait dans le paragraphe suivant que I_M est un calibre et que tout calibre vérifie ces propriétés.

III. CALIBRES

NOTATIONS ET CONVENTIONS. Désormais, E , F et G (avec ou sans indices) désignent des espaces métrisables compacts, et x , y et z (avec ou sans indices) des points génériques de ces espaces respectifs. Les notations $\underline{\underline{P}}(E)$, $\underline{\underline{M}}^1(E)$ et $\underline{\underline{K}}(E)$ gardent leur signification antérieure. Nous notons $\underline{\underline{F}}(E)$ l'ensemble des fonctions de E dans $[0,+\infty]$ et considérons $\underline{\underline{P}}(E)$ comme un sous-ensemble de $\underline{\underline{F}}(E)$ en identifiant $A\in\underline{\underline{P}}(E)$ avec son indicatrice $1_A\in\underline{\underline{F}}(E)$.

Nous dirons qu'une application U de $\underline{\underline{F}}(F)$ dans $\underline{\underline{F}}(E)$ est un <u>noyau</u> <u>de</u> E <u>dans</u> F si

1) U est croissante : $f \leq g \Rightarrow Uf \leq Ug$

2) U est sous-markovienne : $\|Uf\| \leq \|f\|$ (norme uniforme)

Un noyau sous-markovien - au sens habituel - , borélien ou non, sera appelé un <u>noyau-mesure</u>, et implicitement étendu comme application de $\underline{\underline{F}}(F)$ dans $\underline{\underline{F}}(E)$ à l'aide de l'intégrale supérieure. Par ailleurs, nous utiliserons pour les noyaux généraux les notations habituelles pour les noyaux-mesures : par exemple, U(x,f) désigne la valeur prise par la fonction Uf au point x .

Si une application U de $\underline{\underline{P}}(F)$ dans $\underline{\underline{F}}(E)$ est croissante et sous-markovienne, nous dirons aussi que c'est un noyau de E dans F , que nous étendrons d'ailleurs en un "vrai" noyau par la formule

$$U(x,f) = \int_0^\infty U(x,\{y : f(y) > t\})\, dt = \int_0^\infty U(x,\{y : f(y) \geq t\})\, dt$$

Dans les cas que nous considérerons, ce prolongement conservera toujours les propriétés de régularité voulues (par exemple, si U est un noyau-mesure, on obtient bien ainsi le passage de l'intégration des ensembles à celle des fonctions positives).

Enfin, si I est une fonction croissante de $\underline{P}(E)$ dans [0,1] telle que $I(\emptyset)=0$, c'est aussi un noyau de E'(arbitraire) dans E en identifiant tout réel à une fonction constante sur E', noyau que l'on étend à $\underline{F}(E)$ comme ci-dessus en posant $I(f)=\int_0^\infty I(\{x:f(x)>t\})\,dt$. Cela n'est pas fait "gratuitement" : on a besoin que les noyaux soient définis sur les fonctions pour pouvoir les composer aisément. Ainsi, si I est une capacité sur E et U un noyau-mesure de E dans F, on peut définir une fonction J sur $\underline{P}(F)$ en posant $J(A)=I[V(A)]$ (noter que l'on a alors $J(A)=0$ ssi $V(A)=0$ I-p.p.) ; de plus, J est une capacité si U est fellerien, et, plus généralement, sera un calibre si U est borélien.

Afin de rendre l'exposé plus clair, nous commencerons par reprendre l'étude des capacités et noyaux-capacités avant de passer à celle des calibres et noyaux-calibres. Mais cela nous obligera souvent à réécrire les énoncés des théorèmes sans grande modification.

Capacités et noyaux-capacités

Etant donné ce qui précède, nous définirons les capacités sur les fonctions. Mais souvent, dans les démonstrations, nous nous contenterons de considérer les ensembles - c'est un peu plus simple.

DEFINITION 3.- Une fonction I sur $\underline{F}(E)$ est une capacité sur E si elle vérifie les conditions suivantes

a) $\forall f\ 0\leq I(f)\leq \|f\|$ (en particulier, $I(\emptyset)=0$)

b) I est croissante : $f\leq g \Rightarrow I(f)\leq I(g)$

c) I monte : $f_n\uparrow f \Rightarrow I(f_n)\uparrow I(f)$

d) I descend sur les fonctions s.c.s. : $f_n\downarrow f$ et f_n s.c.s. (finie) pour tout $n \Rightarrow I(f_n)\downarrow I(f)$.

REMARQUES. 1) Les restrictions a) par rapport à la définition usuelle sont anodines et commodes. Par contre, nous ne demandons pas que la réunion de deux ensembles de capacité nulle soit de capacité nulle : si c'est souvent vrai, le demander aurait compliqué les choses.

2) Si I n'est définie que sur $\underline{P}(E)$, le prolongement à $\underline{F}(E)$ est bien une capacité, comme on le vérifie aisément. Nous ne répèterons plus ce genre de remarque. Signalons cependant une petite difficulté. Si M est un compact de $\underline{\underline{M}}^1(E)$, on a deux méthodes pour lui associer une capacité définie sur $\underline{F}(E)$: soit poser $I_M(A) = \sup_{m \in M} m^*(A)$ pour $A \in \underline{P}(E)$, puis prolonger ; soit poser tout de suite $I_M(f) = \sup_{m \in M} m^*(f)$. Les deux capacités ainsi définies coincident évidemment sur $\underline{P}(E)$, mais pas sur $\underline{F}(E)$ en général - même pour les fonctions continues. Elles coincident sur les fonctions continues ssi I_M est fortement sous-additive sur $\underline{\underline{K}}(E)$ et si M vérifie une propriété de saturation que j'ai oubliée.

DEFINITION 4.- <u>Un noyau</u> U <u>de</u> E <u>dans</u> F <u>est un</u> noyau-capacité <u>s'il vérifie les conditions suivantes</u>

a) <u>pour tout</u> $x \in E$, $U(x,.)$ <u>est une capacité sur</u> F

b) <u>pour tout</u> $f \in \underline{F}(F)$ <u>s.c.s.</u>, $U(.,f)$ <u>est s.c.s. sur</u> E

Cette notion a été introduite par Mokobodzki sous le nom de "capacité fonctionnelle" . Nous l'avons appelée "noyau capacitaire régulier" dans [D] . Les exemples abondent. En voici quelques uns.

EXEMPLES. 1) Soit I une capacité sur $E \times F$ et posons, pour tout $x \in E$ et tout $A \in \underline{P}(F)$, $U(x,A) = I(\{x\} \times A)$. On définit ainsi un noyau-capacité, et tout noyau-capacité peut s'obtenir ainsi (voir plus loin).

2) L'application qui, à $A \in \underline{P}(E \times F)$, associe sa projection $\pi(A)$ sur E est un noyau-capacité de E dans $E \times F$ (ce qui explique le lien entre "analytique" et "capacité"). Le prolongement aux fonctions donne ici : $\pi(x,f) = \sup_{y \in F} f(x,y)$.

3) Tout noyau-mesure fellerien définit un noyau-capacité. En particulier, la fonction $(m,f) \to m^*(f)$ sur $\underline{\underline{M}}^1(E) \times \underline{F}(E)$ définit un noyau-capacité de $\underline{\underline{M}}^1(E)$ dans E, que nous avons utilisé au §1 .

4) Soit E une partie convexe compacte de $\mathbb{R}^n$. L'application U qui à $A \in \underline{P}(E)$ associe son enveloppe convexe est un noyau-capacité de E dans E tel que $A \subset U(A) = U[U(A)]$. Un tel noyau sera dit _enveloppant_, et un ensemble A tel que A = U(A) sera dit _saturé_ (pour U).

Nous allons énoncer maintenant les théorèmes fondamentaux sur les noyaux-capacités, sans toujours donner des démonstrations complètes.

THEOREME 9. (Mesurabilité) _Si_ U _est un noyau-capacité de_ E _dans_ F, _la fonction_ $(x,K) \rightarrow U(x,K)$ _est s.c.s. sur_ $E \times \underline{\underline{K}}(F)$.

DEMONSTRATION. Cela résulte aisément du fait que cette fonction est séparément s.c.s. en x et en K, et séparément croissante en K.

REMARQUE. On a un théorème analogue avec $\underline{\underline{K}}(F)$ remplacé par $\underline{\underline{S}}(F)$, ensemble des fonctions s.c.s. sur F muni d'une "bonne" topologie. Cette extension serait nécessaire pour démontrer en toute généralité certains des théorèmes qui vont suivre.

THEOREME 10. (Composition) _Si_ U _est un noyau-capacité de_ E _dans_ F _et_ V _un noyau-capacité de_ F _dans_ G, _alors_ $U \circ V$, _défini de manière évidente, est un noyau-capacité de_ E _dans_ G.

DEMONSTRATION. Immédiate.

THEOREME 11. (Extension) _Soit_ U _un noyau-capacité de_ E _dans_ F _et, pour tout_ $(x,z) \in E \times G$ _et tout_ $f \in \underline{F}(F \times G)$, _posons_

$$\overline{U}[(x,z),f] = U(x,f_z)$$

_où_ f_z _désigne la fonction_ $y \rightarrow f(y,z)$. _On définit ainsi un noyau-capacité_ $\overline{U}$ _de_ $E \times G$ _dans_ $F \times G$.

DEMONSTRATION. Le seul point non évident est que $\overline{U}f$ est s.c.s. si f est s.c.s. . Nous nous contenterons de l'établir quand f est l'indicatrice d'un compact K : f_z est alors l'indicatrice de la coupe K(z). On a l'équivalence

$$\overline{U}(x,z,K) \geq t \Leftrightarrow \exists L \in \underline{\underline{K}}(F)\ U(x,L) \geq t \text{ et } L \times \{z\} \subset K$$

L'ensemble $\{(L,z) : L \times \{z\} \subset K\}$ étant compact dans $\underline{\underline{K}}(F) \times G$, il résulte alors du théorème 9 que U(K) est bien s.c.s. .

COROLLAIRE. <u>Soit</u> U <u>un noyau-capacité de</u> E <u>dans</u> F <u>et posons, pour tout</u> $f \in \underline{F}(E \times F)$ <u>et tout</u> $x \in E$, $\bar{U}(x,f) = U(x,f_x)$. <u>On définit ainsi un noyau-capacité</u> $\bar{U}$ <u>de</u> E <u>dans</u> $E \times F$.

DEMONSTRATION. Faire G = E dans le théorème et composer $\bar{U}$ avec le noyau de E dans $E \times E$ défini par $V(x,f) = f(x,x)$.

Malgré son air barbare, le théorème d'extension est d'un usage courant. Par exemple, si U est un noyau-capacité de E dans F, on a évidemment, pour tout $A \in \underline{P}(F)$,

$$U(x,A) = I[\{x\} \times A] \quad \text{où} \quad I(H) = \sup_{x \in E} \bar{U}(H) \text{ pour tout } H \in \underline{P}(E \times F)$$

et le corollaire nous permet d'affirmer que I est une capacité sur $E \times F$, puisque c'est la composée du noyau-capacité $\bar{U}$ de E dans $E \times F$ avec la capacité J sur E définie par $J(f) = \sup_{x \in E} f(x)$.

THEOREME 12. (Capacitabilité) <u>Soit</u> U <u>un noyau-capacité de</u> E <u>dans</u> F <u>et soit</u> f <u>une fonction positive analytique sur</u> F (<u>i.e. telle que</u> $\{y : f(y) > t\}$ <u>soit analytique pour tout</u> t). <u>On a alors</u>

$$Uf = \sup Ug, \ g \text{ s.c.s.}, \ g \leq f$$

DEMONSTRATION. Comme, pour x fixé, U(x,.) est une capacité, c'est tout simplement le théorème de capacitabilité de Choquet - écrit pour les fonctions.

THEOREME 13. (Image) <u>Soient</u> U <u>un noyau-capacité de</u> E <u>dans</u> F <u>et</u> f <u>une fonction positive analytique sur</u> F. <u>Alors</u> Uf <u>est une fonction analytique sur</u> E.

DEMONSTRATION. Nous nous bornerons au cas où f est l'indicatrice d'un ensemble analytique A . Tout ensemble analytique étant la projection d'un $\underline{G}_\delta$ pris dans un espace produit, et la composition de U avec une projection étant encore un noyau-capacité, on se ramène aisément au cas où A est lui-même un $\underline{G}_\delta$. On a alors

$$U(x,A) > t \iff \exists K \in \underline{K}(F) \ K \subset A \text{ et } U(x,K) > t$$

L'ensemble des compacts contenus dans un $\underline{G}_\delta$ étant un $\underline{G}_\delta$, et U(.,.) étant s.c.s., on en déduit que U(A) est une fonction analytique.

REMARQUES. 1) Soit I une capacité sur F et, pour tout $A \in \underline{P}(E \times F)$, posons $U(x,A) = I[A(x)]$. Le théorème d'extension nous dit que U est un noyau-capacité, et donc la fonction $x \to I[A(x)]$ est analytique si A est analytique.

2) Le théorème d'image est dû à Mokobodzki, qui a en fait établi un résultat beaucoup plus précis contenant aussi le théorème de capacitabilité : tout ensemble analytique A est noyau d'un schéma de Souslin particulier, soit $A = \bigcup_\sigma \bigcap_n K_{\sigma|n}$ avec des notations classiques, tel que l'on ait $U1_A = \sup_\sigma \inf_n U1_{K_{\sigma|n}}$ pour <u>tout</u> noyau-capacité (cf [D] p 58). Le résultat de Mokobodzki permet par exemple de dire que tout ensemble analytique saturé pour un noyau-capacité enveloppant est noyau d'un schéma de Souslin sur les compacts saturés.

THEOREME 14.(Capacitabilité extérieure) <u>Soit</u> U <u>un noyau-capacité</u> <u>de</u> E <u>dans</u> F <u>et soit</u> $f \in \underline{F}(F)$ <u>analytique</u>. <u>On a alors</u>

$$Uf = \inf Ug\,,\ g \text{ borélienne}\,,\ g \geq f$$

DEMONSTRATION. Si on pose, pour tout $f \in \underline{F}(f)$,

$$Vf = \inf Ug\,,\ g \text{ borélienne}\,,\ g \geq f$$

on définit un noyau-capacité V de E dans F qui coincide avec U sur les fonctions s.c.s., et donc sur les fonctions analytiques d'après le théorème de capacitabilité.

REMARQUE. On a une approximation extérieure par des fonctions s.c.i. si U est fortement sous-additif, mais pas dans le cas général - même pas pour une capacité du type I_M, M compact dans $\underline{M}^1(E)$ (cf [D] p 106) alors qu'une telle capacité est dénombrablement sous-additive.

THEOREME 15.(Séparation) <u>Soient</u> U <u>un noyau-capacité de</u> E <u>dans</u> F, A <u>une partie analytique de</u> E <u>et</u> f <u>une fonction positive analytique sur</u> F. <u>Si on a</u> $U(x,f) = 0$ <u>pour tout</u> $x \in A$, <u>alors il existe une fonction borélienne</u> $g \geq f$ <u>sur</u> F <u>et un borélien</u> $B \supset A$ <u>de</u> E <u>tels que l'on ait encore</u> $U(x,g) = 0$ <u>pour tout</u> $x \in B$.

DEMONSTRATION. C'est le théorème 4 du §1. Nous en rappelons la démonstration pour proposer une variante - en nous contentant encore du cas où f est une indicatrice. Si on pose, pour tout $H\varepsilon\underline{P}(E\times F)$, $I(H) = \sup_{x\varepsilon E} U(x,H(x))$, on définit ainsi une capacité I sur $E\times F$ telle que $U(x,A') = I(\{x\}\times A')$ pour tout $A'\varepsilon\underline{P}(F)$, et l'on a $U(x,A') = 0$ pour tout $x\varepsilon A$ ssi $I(A\times A') = 0$. Par conséquent, il nous suffit de démontrer que la capacité d'un rectangle analytique est approchée par l'extérieur par celle d'un rectangle borélien. Et cela résulte du théorème 3 sur les bicapacités. Mais, comme l'application qui à $H\varepsilon\underline{P}(E\times F)$ associe $\pi_E(H)\times\pi_F(H)$ est un noyau-capacité enveloppant, cela résulte aussi de l'un des points du théorème suivant.

Rappelons qu'un noyau U de E dans E (défini sur $\underline{P}(E)$ et à valeurs dans $\underline{P}(E)$ pour simplifier) est dit <u>enveloppant</u> si, pour tout $A\varepsilon\underline{P}(E)$, on a $A\subset U(A) = U[U(A)]$. Nous dirons que U(A) est le <u>saturé</u> de A , et A est <u>saturé</u> si $A = U(A)$.

<u>THEOREME</u> 16.- <u>Soit</u> U <u>un noyau-capacité enveloppant sur</u> E . <u>Alors</u>

1) <u>La classe des parties saturées est stable pour les lim.inf de suites</u>.

2) <u>Pour toute capacité</u> I <u>sur</u> E <u>et tout analytique saturé</u> A <u>de</u> E , <u>on a</u>

$$I(A) = \sup I(K)\ ,\ K \text{ compact saturé}\ ,\ K\subset A$$
$$= \inf I(B)\ ,\ B \text{ borélien saturé}\ ,\ B\supset A$$

(<u>l'inf est atteint d'après</u> 1))

3) <u>Si</u> A <u>et</u> A' <u>sont deux analytiques disjoints de</u> E , <u>et si</u> A <u>est saturé</u>, <u>il existe un borélien saturé</u> B <u>contenant</u> A <u>et disjoint de</u> A' .

4) <u>La classe des boréliens saturés est égale au stabilisé pour les lim.inf de suites de la classe des compacts saturés</u>.

DEMONSTRATION. Soit (A_n) une suite de parties saturées. Comme tout noyau montant sur $\underline{P}(E)$ vérifie le "lemme de Fatou" , on a

$$\liminf A_n \leq V(\liminf A_n) \leq \liminf V(A_n) = \liminf A_n$$

D'où le point 1). Nous désignerons pour l'instant par $\underline{C}(U)$ le stabilisé de la classe des compacts saturés pour les lim.inf de suites : c'est une classe de boréliens saturés.

Soit maintenant I une capacité sur E. D'après le théorème de capacitabilité, il est clair que l'on a la première formule de 2) pour tout analytique saturé, le saturé d'un compact étant compact. Posons alors, pour tout $A \in \underline{P}(E)$,

$$J(A) = \inf I(B) \, , \, B \in \underline{\underline{C}}(U) \, , \, B \supset A$$

On vérifie aisément que l'on définit ainsi une capacité J sur E. Les capacités I et J coincident sur les compacts saturés, donc sur les analytiques saturés. D'où la deuxième formule de 2) - avec $B \in \underline{\underline{C}}(U)$ -, ce qui est important tant que 4) n'est pas établi.

Passons au point 3). On se donne A et A' analytiques disjoints, A étant saturé. Nous allons montrer qu'il existe $B \in \underline{\underline{C}}(U)$ contenant A et disjoint de A' ; cela démontrera aussi 4) (cas où $A' = A^c$). On peut évidemment supposer que A et A' ne sont pas vides. Définissons un noyau-capacité enveloppant V sur $E \times E$ en posant, pour $H \in \underline{P}(E \times E)$,

$$V(H) = \pi_1(H) \times U[\pi_2(H)]$$

où π_1 et π_2 sont les projections. Un compact R de $E \times E$ est saturé pour V ssi c'est un rectangle dont le côté $\pi_2(R)$ est saturé pour U. Par conséquent, la classe $\underline{\underline{C}}(V)$ associée à V est constituée par les rectangles dont le premier côté est borélien et le deuxième côté appartient à $\underline{\underline{C}}(U)$. Définissons d'autre part une capacité I sur $E \times E$ par la formule $I(f) = \sup_{x \in E} f(x,x)$, $f \in \underline{F}(E \times E)$. Appliquons enfin la deuxième formule de 2) à la capacité I, le noyau V et la partie analytique $A' \times A$ saturée pour V : comme $A' \times A$ est disjoint de la diagonale de $E \times E$, on obtient le théorème de séparation voulu.

REMARQUES. 1) Si on applique ce théorème au cas où E est un convexe compact de $\mathbb{R}^n$ et où U est l'enveloppe convexe, on retrouve en 3) et 4) un résultat de Preiss (Mathematika, 20, 1973) - dont nous nous sommes d'ailleurs inspiré.

2) Si on applique au noyau U le résultat de Mokobodzki sur les schémas de Souslin cité plus haut, on peut ramener 3) et 4) au théorème classique de séparation pour un pavage compact abstrait - constitué ici par les compacts saturés.

Calibres et noyaux-calibres

Le mot "calibre" a été introduit dans [D] pour qualifier une notion plus faible que celle présentée ici.

DEFINITION 5.- 1) Une fonction J sur $\underline{F}(F)$, croissante et sous-markovienne, est un calibre s'il existe un espace auxiliaire G , un noyau-capacité U de G dans F et une partie analytique H de G tels que

$$\forall f \in \underline{F}(F) \text{ analytique } J(f) = \sup_{z \in H} U(z,f)$$

2) Plus généralement, un noyau V de E dans F est un noyau-calibre s'il existe un espace auxiliaire G , un noyau-capacité U de E x G dans F et une partie analytique H de G tels que

$$\forall x \in E \quad \forall f \in \underline{F}(F) \text{ analytique } V(x,f) = \sup_{z \in H} U(x,z,f)$$

Nous verrons plus loin une autre propriété caractéristique des noyaux-calibres.

EXEMPLES. 1) Si M est une partie analytique de $\underline{M}^1(E)$, la fonction J_M définie par $J_M(f) = \sup_{m \in M} m^*(f)$ est un calibre.

2) Supposons E non dénombrable, et posons J(A) = 0 si $A \in \underline{P}(E)$ est dénombrable et J(A) = 1 sinon. Comme toute partie analytique non dénombrable contient un parfait non vide (cf [D] p 70) et que tout parfait non vide est le support d'une mesure diffuse, on a, pour tout A analytique, $J(A) = \sup_{m \in D} m(A)$ où D est le sous-ensemble de $\underline{M}^1(E)$ constitué par les mesures diffuses. Comme D est un $\underline{G}_\delta$ (on a $m \in D \Leftrightarrow \forall x\ m(\{x\}) = 0$) , on en déduit que J est un calibre. Faisons deux remarques à l'occasion de cet exemple. D'abord, on définit "plus" de classes négligeables avec les calibres qu'avec les capacités : l'ensemble des compacts négligeables pour une capacité sur E est un $\underline{G}_\delta$ de $\underline{K}(E)$ tandis que l'ensemble des compacts négligeables pour un calibre sur E peut être coanalytique, non borélien, dans $\underline{K}(E)$ - c'est le cas de l'ensemble des compacts dénombrables de [0,1] . Ensuite, dans la définition d'un calibre, la condition ne porte que sur les éléments analytiques pour gagner un peu de souplesse : si

l'hypothèse du continu est vraie, il est faux que l'on ait dans notre exemple $J(A) = \sup_{m\in D} m(A)$ pour toute partie universellement mesurable A

3) Nous allons montrer qu'un noyau-mesure borélien de E dans F est un noyau-calibre. La démonstration est rédigée de sorte à obtenir un peu plus. Identifions V à l'application $x \to \varepsilon_x V$ de E dans $\underline{M}^1(F)$ et considérons le "sous-graphe" $A = \{(x,m) : m \leq \varepsilon_x V\}$. On a, si (f_n) est une suite de fonctions continues positives sur F séparant les points de F, $(x,m)\in A \Leftrightarrow \forall n\ m(f_n) \leq V(x,f_n)$. On en déduit que A est borélien dans $E \times \underline{M}^1(F)$ et l'on a, pour toute fonction f positive universellement mesurable sur F,

$$V(x,f) = \sup_{(m,x',m')\in \underline{M}^1(F)\times A} m(f).1_{\{x',m'\}}(x,m)$$

Comme la formule $U(x,m,x',m',f) = m(f).1_{\{x',m'\}}(x,m)$ définit un noyau-capacité U de $E \times \underline{M}^1(F) \times E \times \underline{M}^1(F)$ dans F et que $\underline{M}^1(F) \times A$ est analytique dans $\underline{M}^1(F) \times E \times \underline{M}^1(F)$, on en déduit que V est un noyau-calibre. Le résultat est encore vrai si on suppose seulement que V est un noyau-mesure non nécessairement borélien mais tel que Vf soit analytique pour tout $f\in\underline{F}(F)$ continue : le sous-graphe A est alors analytique. Cette extension n'est pas gratuite : elle permet d'étendre aisément certains résultats au cas où on ne travaille pas sur des espaces métrisables compacts. Ainsi, supposons donné un noyau-mesure borélien W d'un espace souslinien métrisable S dans un espace métrisable séparable T. Plongeons S et T respectivement dans des espaces compacts métrisables E et F et définissons un noyau-mesure V de E dans F en posant $Vf = W(f_{|T})$ en identifiant une fonction sur S à une fonction sur E nulle hors de S : le noyau-mesure V n'est pas borélien en général, mais transforme bien toute fonction continue et positive sur F en une fonction analytique sur E .

Nous passons maintenant aux propriétés des noyaux-calibres, en suivant à peu près le même ordre que pour les noyaux-capacités.

THEOREME 17.(Mesurabilité) <u>Si</u> V <u>est un noyau-calibre de</u> E <u>dans</u> F, <u>la fonction</u> $(x,K) \to V(x,K)$ <u>sur</u> $E \times K(F)$ <u>est analytique</u>.

DEMONSTRATION. Immédiate à partir du théorème 9 et de la définition

Le théorème de composition n'est pas évident. Nous allons donner d'abord une autre définition des noyaux-calibres, que nous utiliserons dans sa démonstration (et ailleurs).

THEOREME 18. <u>Un noyau</u> V <u>de</u> E <u>dans</u> F <u>est un noyau-calibre ssi il existe un espace auxiliaire</u> G , <u>un noyau-capacité</u> U <u>de</u> E <u>dans</u> $F\times G$ <u>et une partie analytique</u> H <u>de</u> G <u>tels que</u>

$$\forall x\in E \quad \forall f\in \underline{F}(F) \text{ analytique} \quad V(x,f) = U(x, f\times 1_H)$$

<u>où</u> $(f\times 1_H)(y,z) = f(y).1_H(z)$.

DEMONSTRATION. a) Condition nécessaire : on suppose qu'il existe un espace auxiliaire G' , un noyau-capacité U' de $E\times G'$ dans F et une partie analytique H' de G' tels que, pour $f\in\underline{F}(F)$ analytique,

$$V(x,f) = \sup_{z'\in H'} U'(x,z',f)$$

Prenons G = G' , H = H' et posons, pour tout $g\in\underline{F}(F\times G)$,

$$U(x,g) = \sup_{z\in G} U'(x,z,g_z)$$

Le noyau U ainsi défini est un noyau-capacité de E dans $F\times G$: il est obtenu en étendant U' en un noyau de $E\times G\times G$ dans $F\times G$ et en composant ce dernier avec le noyau $W(x,z,h) = h(x,z,z)$ de $E\times G$ dans $E\times G\times G$, puis avec le noyau de E dans $E\times G$ associé à la projection de $E\times G$ sur E. Et l'on a bien alors, pour $f\in\underline{F}(F)$ analytique,

$$V(x,f) = U(x, f\times 1_H)$$

b) Condition suffisante : nous nous limiterons au cas où f est une indicatrice d'ensemble. La condition de l'énoncé s'écrit alors

$$\forall x\in E \quad \forall A\in \underline{P}(F) \text{ analytique} \quad V(x,A) = U(x, A\times H)$$

et il faut trouver un espace auxiliaire G' , un noyau-capacité U' de $E\times G'$ dans F et une partie analytique H' de G' tels que

$$\forall x\in E \quad \forall A\in \underline{P}(F) \text{ analytique} \quad V(x,A) = \sup_{z'\in H'} U'(x,z',A)$$

Nous prendrons $G' = \underline{\underline{K}}(G)$ et poserons, pour $x\in E$, $z'\in\underline{\underline{K}}(G)$, $A\in\underline{P}(F)$,

$$U'(x,z',A) = U(x, A\times z')$$

(ne pas oublier que z' est un compact !) . Il est clair que l'on définit bien ainsi un noyau-capacité U' de $E\times G'$ dans F . Il reste à définir H' . L'idée est simple : d'après le théorème de capacitabilité, si $H^\circ = \{z'\in\underline{\underline{K}}(G) : z'\subset H\}$, on a $V(x,A) = \sup_{z'\in H^\circ} U'(x,z',A)$ pour tout $A\in\underline{P}(F)$ analytique. Malheureusement, l'ensemble des compacts contenus dans un analytique est rarement analytique (l'ensemble des compacts contenus dans un $\underline{\underline{G}}_\delta$ est un $\underline{\underline{G}}_\delta$, et Christensen et St-Raymond ont montré que l'ensemble des compacts contenus dans un borélien est analytique seulement si ce borélien est un $\underline{\underline{G}}_\delta$). On résoud cette difficulté en considérant H comme projection $\pi(L)$ d'un $\underline{\underline{G}}_\delta$ L d'un espace produit $G\times F'$ et en posant

$$H' = \{z'\in\underline{\underline{K}}(G) : \exists K\in\underline{\underline{K}}(G\times F')\ K\subset L \text{ et } z' = \pi(K)\}$$

Cet ensemble est bien analytique dans $\underline{\underline{K}}(G)$ et comme, pour tout compact C de F , le noyau W_C de E dans $G\times F'$ défini par

$$\forall D\in\underline{P}(G\times F')\quad W_C(x,D) = U(x,C\times\pi(D))$$

est un noyau-capacité, on conclut, en appliquant le théorème de capacitabilité à U - ce qui, pour x fixé, permet d'approcher $U(x,A\times H)$ par $U(x,C\times H)$ avec $C\in\underline{\underline{K}}(F)$ contenu dans A - et aux W_C , que G' , U' et H' ont les propriétés requises.

THEOREME 19. (Composition) <u>Si</u> V_1 <u>est un noyau-calibre de</u> E_1 <u>dans</u> E_2 <u>et</u> V_2 <u>est un noyau-calibre de</u> E_2 <u>dans</u> E_3 , <u>alors</u> $V = V_1\circ V_2$ <u>est un noyau-calibre de</u> E_1 <u>dans</u> E_3 .

DEMONSTRATION. Remarquons d'abord que l'image d'une fonction positive analytique par un noyau-calibre est analytique : cela résulte immédiatement du théorème d'image pour les noyaux-capacités et de l'une ou l'autre des définitions d'un noyau-calibre. Cela nous assure que l'on ne sortira pas du "cadre analytique" en composant. Ceci dit, il existe des espaces auxiliaires G_1 et G_3 , un noyau-capacité U_1 de $E_1\times G_1$ dans E_2 , un noyau-capacité U_2 de E_2 dans $E_3\times G_3$ et des parties analytiques H_1 et H_3 de G_1 et G_3 respectivement tels que l'on ait

$$\forall f\in\underline{F}(E_2) \text{ analytique } V_1(x_1,f) = \sup_{z_1\in H_1} U_1(x_1,z_1,f)$$

$$\forall f\in\underline{F}(E_3) \text{ analytique } V_2(x_2,f) = U_2(x_2,f\times 1_{H_3})$$

Comme $U_1 \circ U_2$ est un noyau-capacité de $E_1 \times G_1$ dans $E_3 \times G_3$, on en déduit d'abord que $U_1 \circ V_2$ est un noyau-calibre de $E_1 \times G_1$ dans E_3. Il existe donc un espace auxiliaire G, un noyau-capacité W de $E_1 \times G_1 \times G$ dans E_3 et une partie analytique H de G tels que

$$\forall f \in \underline{F}(E_3) \text{ analytique } U_1 \circ V_2(x_1, z_1, f) = \sup_{z \in H} W(x, z_1, z, f)$$

et on a alors

$$\forall f \in \underline{F}(E_3) \text{ analytique } V(x_1, f) = \sup_{(z_1, z) \in H_1 \times H} W(x, z_1, z, f)$$

On en conclut que V est bien un noyau-calibre.

APPLICATIONS. 1) Soient X, Z des espaces métrisables compacts, $\underline{N}$ une classe d'ensembles négligeables sur X, et V un noyau-mesure borélien de X dans Z. Posons $\underline{N}^\circ = \{A \in \underline{P}(Z) : V(A) = 0 \ \underline{N}\text{-p.p.}\}$. Si $\underline{N}$ est la classe des ensembles négligeables pour un calibre I sur X, alors $\underline{N}^\circ$ est la classe des ensembles négligeables pour le calibre $J = I \circ V$ sur Z.

2) Voici un nouvel exemple de noyau-calibre. Soit H une partie analytique de $E \times F$ et désignons par π la projection de $E \times F$ sur E. A tout $A \in \underline{P}(F)$ associons $V(A) \in \underline{P}(E)$ défini comme suit

$$V(A) = \pi[H \cap (E \times A)]$$

Le noyau V ainsi défini est obtenu par composition d'un noyau-capacité $(A \to E \times A)$, d'un noyau-calibre $(B \to H \cap B)$ et d'un noyau-capacité $(C \to \pi(C))$: c'est donc un noyau-calibre. Si H est le graphe d'une relation d'équivalence, V est un noyau-calibre enveloppant, et $V(A)$ est le saturé de A pour cette relation d'équivalence.

Nous nous contentons maintenant de signaler le théorème d'extension (énoncé analogue à celui du théorème 11), qui est immédiat avec l'une ou l'autre des définitions d'un noyau-calibre.

THEOREME 20.(Extension) ...
COROLLAIRE. ...

Nous rassemblons en un seul énoncé les théorèmes de capacitabilité, d'image et de capacitabilité extérieure.

THEOREME 21.(Approximation) Soient V un noyau-calibre de E dans F et f une fonction positive analytique sur F. Alors

1) Vf est analytique sur E

2) $Vf = \sup Vg$, g s.c.s., $g \leq f$

3) $Vf = \inf Vh$, h borélienne, $h \geq f$

DEMONSTRATION. Le point 1) (que l'on a déjà vu) et le point 2) sont immédiats. Nous nous contenterons de démontrer 3) lorsque f est une indicatrice. Il existe un espace auxiliaire G, un noyau-capacité U de E dans $F \times G$ et une partie analytique H de G tels que

$$\forall x \in E \quad \forall A \in \underline{P}(F) \text{ analytique } V(x,A) = U(x, A \times H)$$

L'ensemble $A \times H$ est un rectangle analytique, et $U(x,.)$ est une capacité : d'après le théorème 3 ou le théorème 16, il existe un borélien B de F (dépendant de x) contenant A tel que $V(x,A) = V(x,B)$.

REMARQUES. 1) L'inf étant atteint dans 3) pour un calibre, on retrouve une partie du théorème 15 de séparation en considérant (avec les notations de ce théorème) le calibre $V(f) = \sup_{x \in A} U(x,f)$.

2) Le résultat de Mokobodzki signalé dans la remarque suivant le théorème 13 est encore valable si V descend sur les fonctions s.c.s. - et est alors plus fort que 1) et 2). Il est en particulier applicable à un noyau-mesure borélien, ou au noyau-calibre de saturation d'une relation d'équivalence à graphe analytique telle que le saturé de tout point soit compact. Dans ce dernier cas, il entraine que tout analytique saturé est noyau d'un schéma de Souslin sur les saturés des compacts (ce que l'on peut démontrer plus élémentairement).

APPLICATION. Nous sommes maintenant en mesure d'étendre les théorèmes 1 et 6 au cas où $\underline{N}$ est la classe des ensembles négligeables pour un calibre I. Gardons les notations du théorème 6 et de sa démonstration. D'après le théorème de composition $I \circ \hat{Q} = J$ est un calibre sur Z, et l'ensemble analytique $Z - Y$ est J-négligeable. Et le théorème d'approximation entraine l'existence d'un borélien B de Z contenu dans Y tel que $J(Z - B) = 0$. On peut alors poser $Qf = \hat{Q}(f1_B)$.

THEOREME 22. (Séparation) Soient V un noyau-calibre de E dans F, A une partie analytique de E et f une fonctions positive analytique sur F. Si on a $V(x,f) = 0$ pour tout $x \in A$, alors il existe une fonction borélienne $g \geq f$ sur F et un borélien $B \supset A$ de E tels que l'on ait encore $V(x,g) = 0$ pour tout $x \in B$.

DEMONSTRATION. Nous nous contentons encore une fois de traiter le cas où f est une indicatrice. Nous reprendrons ici la méthode des multicapacités. Il existe un espace auxiliaire G, un noyau-capacité U de E dans $F \times G$ et une partie analytique H de G tels que

$$\forall M \in \underline{P}(F) \text{ analytique } V(x,M) = U(x, M \times H)$$

Posons, pour tout $L \in \underline{P}(E)$, $M \in \underline{P}(F)$ et $N \in \underline{P}(G)$,

$$J(L,M,N) = \sup_{x \in L} U(x, M \times N)$$

On vérifie aisément que l'on définit ainsi une tricapacité (pour la descente sur les compacts, utiliser le théorème 9 et le lemme de Dini-Cartan). Et, si f est l'indicatrice de l'ensemble analytique A', on a $J(A,A',H) = 0$. Le théorème 3 (écrit pour une tricapacité) nous permet alors de conclure.

Nous n'avons pas su étendre complètement le théorème 16 aux noyaux-calibres enveloppants : le point 4) fait défaut (voir cependant la remarque plus loin). Il reste quand même un théorème intéressant, dont la démonstration repose sur une vieille idée de Mokobodzki.

THEOREME 23.- Soit V un noyau-calibre enveloppant sur E. Alors

1) La classe des parties saturées est stable pour les lim.inf de suites.

2) Pour tout calibre J sur E et tout analytique saturé A de E, on a

$$J(A) = \sup J(L)\text{ , L saturé de compact , } L \subset A$$
$$= \inf J(B)\text{ , B borélien saturé , } B \supset A$$

(l'inf est atteint d'après 1))

3) Si A et A' sont deux analytiques disjoints de E, et si A est saturé, il existe un borélien saturé B contenant A et disjoint de A'.

DEMONSTRATION. Le point 1) résulte toujours du lemme de Fatou. La première formule de 2) est une conséquence immédiate du théorème de capacitabilité. Le point 3) résultera de la deuxième formule de 2) appliquée au calibre $J(f) = \sup_{x \in A'} f(x)$. Démontrons enfin cette formule. Si A est un analytique saturé et J est un calibre, il existe, d'après le théorème d'approximation appliqué au calibre $J \circ V$, un borélien B_1 A tel que $J(A) = J \circ V(B_1)$. Posons $A_1 = A$ et $A_2 = V(B_1)$: A_2 est un analytique saturé, auquel on peut réappliquer le procédé. En procédant par récurrence, on construit ainsi une suite (A_n) d'analytiques saturés et suite (B_n) de boréliens telles que

$$A_1 \subset B_1 \subset A_2 \subset B_2 \quad \ldots \qquad J(A_1) = J(B_1) = J(A_2) = J(B_2) = \ldots$$

Posons $B = \lim \uparrow B_n = \lim \uparrow A_n$: B est un borélien, saturé puisque V monte, et $J(A) = J(B)$ puisque J monte.

REMARQUES. 1) Si V est le noyau de saturation d'une relation d'équivalence à graphe analytique, on retrouve en 3) un résultat (non publié ?) de Mokobodzki.

2) Soit R une relation d'équivalence sur un espace souslinien métrisable X telle que le saturé de tout point soit fermé et celui de tout ouvert borélien. On montre facilement que le noyau de saturation monte sur $\underline{P}(X)$, descend sur $\underline{\underline{K}}(X)$, et que le saturé de tout compact est borélien. D'autre part, la tribu engendrée par les saturés des ouverts est séparable, et ses atomes sont les saturés des points. Le théorème de Blackwell entraine alors que cette tribu est égale à la tribu des boréliens saturés. Il est donc raisonnable de conjecturer que le point 4) du théorème 16 s'étend au moins au cas d'un noyau-calibre enveloppant V sur E, descendant sur $\underline{\underline{K}}(E)$, tel que le saturé de tout compact soit borélien.

APPENDICE

Nous apportons ici quelques précisions et commentaires sur les définitions de capacités , calibres , et des noyaux correspondants. Nous serons surtout amenés à poser quelques problèmes à la fois difficiles et d'un intérêt limité.

Voici d'abord une notion plus faible de noyau-capacité, introduite également par Mokobodzki (et appelée noyau capacitaire dans [D])

DEFINITION <u>Un noyau</u> U <u>de</u> F <u>dans</u> E <u>est un</u> noyau-capacité faible <u>s'il vérifie les conditions suivantes</u>

a) <u>pour tout</u> $y \in F$, $U(y,.)$ <u>est une capacité sur</u> E

b) <u>pour tout</u> $f \in \underline{\underline{F}}(E)$ <u>s.c.s.</u>, $U(.,f)$ <u>est analytique sur</u> F

Ainsi un noyau-mesure borélien est un noyau-capacité faible, sans être en général un noyau-capacité. Autre exemple : considérons dans E une relation d'équivalence dont le graphe dans $E \times E$ soit analytique et telle que les classes d'équivalence soient compactes ; le noyau qui à $A \in P(E)$ associe son saturé $\hat{A}$ est un noyau-capacité faible.

Les noyaux-capacités faibles ont de bonnes propriétés . Ils vérifient par exemple le théorème d'approximation et d'extension. Ils ne sont cependant pas stables par composition, et nous ne savons pas s'ils vérifient le théorème de séparation. Plus généralement, nous ne savons pas si tout noyau-capacité faible est un noyau-calibre (les exemples précités le sont). On a cependant le résultat partiel suivant, dont nous esquisserons la démonstration.

THEOREME <u>Soit</u> U <u>un noyau-capacité faible de</u> F <u>dans</u> E . <u>Si</u>, <u>pour tout</u> $y \in F$, <u>la capacité</u> $U(y,.)$ <u>est du type</u> I_M , M <u>compact de</u> $\underline{\underline{M}}^1(E)$, (<u>c'est le cas si elle est fortement sous-additive</u>), <u>alors</u> U <u>est un noyau-calibre</u> .

<u>D/</u> On identifie U à l'application $y \to U(y)$ de F dans $\underline{\underline{K}}[\underline{\underline{M}}^1(E)]$ qui

à y associe $\{m : \forall K\in\underline{\underline{K}}(E) \quad m(K) \leq U(y,K)\}$ et l'on montre que le "sous-graphe" $A = \{(y,L)\in F\times\underline{\underline{K}}(\underline{\underline{M}}^1(E)) : L\subset U(y)\}$ est analytique .
On conclut en écrivant que, pour toute partie analytique B de E,

$$U(y,B) = \sup_{(L,y',L')\in\underline{\underline{K}}[\underline{\underline{M}}^1(E)]\times A} I_L(B) \cdot 1_{\{(y',L')\}}(y,L)$$

où I_L est la capacité associée au compact L .

Ce qui fait marcher le théorème, c'est que l'on peut coder les capacités considérées par les compacts de $\underline{\underline{M}}^1(E)$, donc par les éléments du "bon" espace $\underline{\underline{K}}[\underline{\underline{M}}^1(E)]$. Nous ne connaissons pas de tel codage dans le cas général. On peut en fait caractériser les capacités sur E de la manière suivante : une fonction I sur $\underline{\underline{K}}(E)$ est la restriction à $\underline{\underline{K}}(E)$ d'une capacité définie sur $\underline{\underline{P}}(E)$ ssi

1) $I(\emptyset) = 0$ et $I(E) \leq 1$

2) I est s.c.s.

3) si $K\in\underline{\underline{K}}(E)$ est la projection $\pi(H)$ de H , $\underline{\underline{G}}_\delta$ dans un produit $E\times G$, alors $\quad I(K) = \sup I(\pi(L))$, $L\in\underline{\underline{K}}(E\times G)$, $L\subset H$

(Si I vérifie ces propriétés, on l'étend en une capacité en posant $I(A) = \sup I(K)$, $K\in\underline{\underline{K}}(E)$, $K\subset A$ pour A analytique et finalement $I(B) = \inf I(A)$, A analytique , $A\supset B$ pour B quelconque) . Mais cette caractérisation permet seulement de dire que l'ensemble des capacités est identifiable à un CPCPCA de l'ensemble des fonctions s.c.s. sur $\underline{\underline{K}}(E)$

Passons aux définitions élargies de noyaux-calibres et calibres. On peut généraliser la définition 5 en disant qu'un noyau U de F dans E est un noyau-calibre faible si $U(y,.)$ est un calibre pour y fixé et si $U(.,f)$ est analytique pour f s.c.s. fixée . Nous ne savons même pas démontrer dans ce cas l'analogue du théorème 19 - avec M analytique dans $\underline{\underline{M}}^1(E)$. Enfin, on peut aussi affaiblir la notion de calibre en disant qu'une fonction J sur $\underline{\underline{P}}(E)$ est un calibre faible si $J(A) = \sup J(K)$, $K\in\underline{\underline{K}}(E)$, $K\subset A$ pour A analytique et si la restriction de J à $\underline{\underline{K}}(E)$ est analytique et vérifie les conditions 1) et 3) précitées (c'est la définition adoptée dans [D]). Nous ne savons pas non plus si un calibre faible J est un calibre, même dans le cas où J est de la forme J_M , M partie de $\underline{\underline{M}}^1(E)$.

Université de Strasbourg
Séminaire de Probabilités 1975/76

UN POINT DE PRIORITE

P.A.Meyer

Il est vrai que les questions de priorité ont peu d'importance en mathématiques, car nous serons bien vite oubliés, notre travail et nous mêmes. Mais puisque l'occasion se présente de réparer une petite injustice sans verser de sang, profitons en . Dans l'exposé " Questions de théorie des flots II " du séminaire IX, LAZARO et moi faisons remonter à HANEN (Annales Inst. H. Poincaré, 7, 1971) la découverte de l'identité entre les notions de mesure de PALM et de flot sous une fonction. On m'a signalé que cette remarque figurait explicitement dans un article un peu antérieur de F.PAPANGELOU " The Ambrose-Kakutani theorem and the Poisson process ", Contributions to Ergodic theory and Probability, Lecture Notes vol.160, 1970, p.234-240).

Université de Strasbourg
Séminaire de Probabilités 1974/75

COMPLEMENTS AUX EXPOSES SUR LES ENSEMBLES ANALYTIQUES ET LES TEMPS D'ARRET

par C. Dellacherie

Depuis la parution du volume IX, plusieurs problèmes signalés ouverts dans ces exposés ont été résolus. La nouvelle la plus sensationnelle est que le logicien D.A. Martin a démontré que tous les jeux boréliens sont déterminés (cf "Borel Determinacy" Ann of Math 102, 1975, p 363-371). Un autre résultat, tout récent : St Raymond a établi que tout borélien à coupes $\underline{\underline{K}}_{\sigma}$ (dans un espace-produit métrisable compact) est réunion dénombrable de boréliens à coupes compactes - ce qui est, à mon avis, très profond. Par ailleurs, Mokobodzki (cf ce volume) et St Raymond ont trouvé indépendamment une démonstration du théorème de séparation de Novikov (dans un espace métrisable compact) qui ne fait pas intervenir le second théorème de séparation.

Nous allons étendre ici ce dernier résultat en un théorème d'approximation pour les multicapacités dépendant d'une infinité dénombrable de variables en utilisant essentiellement les idées de Mokobodzki. Puis nous montrerons, en nous inspirant notablement des travaux des logiciens, que la technique des temps d'arrêt permet de donner une démonstration très simple du théorème de section de Kondô-Novikov.

1. LE THEOREME DE NOVIKOV

Rappelons en l'énoncé : soit (A_n) une suite de parties analytiques d'un espace métrisable compact E. Si $\bigcap_n A_n = \emptyset$, il existe une suite (B_n) de boréliens de E tels que $A_n \subset B_n$ pour tout n et que $\bigcap_n B_n = \emptyset$.

Définissons une fonction I de suites d'ensembles en posant, pour toute suite (H_n) de parties de E,

$$I[H_1,\dots,H_n,\dots] = 0 \text{ si } \bigcap_n H_n = \emptyset$$
$$= 1 \text{ sinon}$$

Posons $E_n = E$ pour tout n : I est une fonction de $\underline{P}(E_1)\times\dots\times\underline{P}(E_n)\times\dots$ dans [0,1] vérifiant les conditions suivantes

1) Si $H_i = \emptyset$ pour un i, $I[(H_n)] = 0$

2) I est globalement croissante :

$$H_i \subset H_i' \text{ pour tout } i \Rightarrow I[(H_n)] \leq I[(H_n')]$$

3) I monte séparément sur $\underline{P}(E_i)$, pour tout i : si tous les arguments H_n sont fixés sauf pour n = i, et si $H_i^k \uparrow H_i$, alors

$$I[H_1,..,H_{i-1},H_i^k,H_{i+1},\dots] \uparrow I[H_1,..,H_{i-1},H_i,H_{i+1},\dots]$$

4) si les H_n sont compacts, I descend séparément sur $\underline{\underline{K}}(E_i)$, pour tout i : si tous les arguments compacts H_n sont fixés sauf pour n = i, et si $H_n^k \downarrow H_n$, alors

$$I[H_1,..,H_{i-1},H_i^k,H_{i+1},\dots] \downarrow I[H_1,\dots,H_{i-1},H_i,H_{i+1},\dots]$$

5) si les H_n sont compacts, on a

$$\lim_n I[H_1,..,H_n,E_{n+1},..,E_{n+p},\dots] = I[H_1,..,H_n,H_{n+1},..,H_{n+p},\dots]$$

On vérifie aisément que, étant donné 2), les conditions 3) et 4) équivalent au fait que I descende globalement sur $\underline{\underline{K}}(E_1)\times.\times\underline{\underline{K}}(E_n)\times\dots$

Etendant au cas des suites infinies la définition 1 de notre exposé "Sur la construction des noyaux boréliens", nous dirons qu'une application I de $\underline{P}(E_1)\times.\times\underline{P}(E_n)\times\dots$ dans [0,1] - où les E_n, métrisables compacts, peuvent être distincts - est une <u>multicapacité</u> si elle vérifie les conditions 1) à 5). Le théorème de Novikov résultera alors du théorème d'approximation suivant

THEOREME.- <u>Soit</u> I <u>une multicapacité sur une suite</u> (E_n) <u>d'espaces métrisables compacts, et, pour tout</u> n , <u>soit</u> A_n <u>une partie analytique de</u> E_n . <u>On a alors</u>

$$I(A_1,..,A_n,...) = \sup I(K_1,..,K_n,...) \,,\ K_i \in \underline{\underline{K}}(E_i) \,,\ K_i \subset A_i \text{ pour tout } i$$
$$= \inf I(B_1,..,B_n,...) \,,\ B_i \in \underline{\underline{B}}(E_i) \,,\ B_i \supset A_i \text{ pour tout } i$$

(<u>l'inf est atteint dans la seconde formule</u>)

DEMONSTRATION. Supposons la première formule établie et démontrons la seconde. Définissons une fonction J sur $\underline{P}(E_1)\times . \times\underline{P}(E_n)\times...$ par

$$J(H_1,..,H_n,...) = \inf I(B_1,..,B_n,...) \,,\ B_i \in \underline{\underline{B}}(E_i) \,,\ B_i \supset H_i \text{ pour tout } i$$

Comme I est globalement croissante, l'inf est atteint pour des boréliens $\widehat{H}_i$ (non uniquement déterminés). Et J est une multicapacité qui coincide avec I sur les suites de boréliens ; le seul point un peu délicat est la montée séparée de J . Supposons par exemple que $H_1^k \uparrow H_1$ et que $H_2,..,H_n,...$ sont fixés, et soient $\widehat{H}_1^k,\widehat{H}_2^k,..,\widehat{H}_n^k,...$ des boréliens correspondant à $H_1^k,H_2,..,H_n,...$: quitte à remplacer, pour $i \geq 2$, $\widehat{H}_i^k$ par $\bigcap_k \widehat{H}_i^k$, on peut supposer que les $\widehat{H}_i^k$ ne dépendent pas de k et donc supprimer l'indice k pour $i \geq 2$. Posons alors $\widehat{H}_1 = \liminf \widehat{H}_1^k$: comme on peut remplacer $\widehat{H}_1^k$ par $\bigcap_{m\geq k} \widehat{H}_1^m$, il résulte de la montée de I que $J(H_1^k,..,H_n,...) = I(\widehat{H}_1^k,..,\widehat{H}_n,...) \uparrow I(\widehat{H}_1,..,\widehat{H}_n,...) = J(H_1,..,H_n,...)$ Les multicapacités I et J coincidant sur les suites de compacts, elles coincident sur les suites d'analytiques d'après la première formule : d'où la seconde.

Démontrons maintenant la première formule. En utilisant un argument classique (espaces-produits auxiliaires etc), on se ramène au cas où A_n est un $\underline{\underline{K}}_{\sigma\delta}$ de E_n pour tout n . D'autre part, on peut évidemment supposer que $I(A_1,..,A_n,...) > 0$ et il nous suffit de montrer que, pour tout $t \in [0,1]$ tel que $I(A_1,..,A_n,...) > t$, il existe des compacts $K_i \subset A_i$ tels que $I(K_1,..,K_n,...) \geq t$. Le nombre t étant fixé, nous nous donnons, pour chaque n , une écriture de A_n sous la forme

$$A_n = \bigcap_q \bigcup_p {}_nL_p^q \quad \text{avec} \quad {}_nL_p^q \in \underline{\underline{K}}(E_n)$$

où, pour n et q fixés, ${}_nL_p^q$ croît avec p . Nous allons construire par récurrence, pour chaque n , une suite (K_n^m) de compacts de E_n vérifiant les conditions suivantes

a) $K_n^m = E_n$ pour $m \leq n$ (et donc $K_n^1 = E_n$)

b) $K_n^{m+1} \subset K_n^m \cap (\bigcup_p {}_nL_p^m)$

c) $I(A_1^m,..,A_n^m,...) > t$ où $A_n^m = A_n \cap K_n^m$ (et donc $= A_n$ pour $m \leq n$)

Il résultera alors de b) que, pour n fixé, (K_n^m) est une suite décroissante dont l'intersection K_n est contenue dans A_n , et on aura bien $I(K_1,..,K_n,...) \geq t$ d'après c) , la croissance globale de I et ses propriétés de descente. Nous supposons les K_n^k construits pour tout $k \leq m$ et tout n , et nous construisons les K_n^{m+1} pour tout n . Comme on a, pour tout n ,

$$A_n^m = A_n \cap K_n^m = A_n \cap K_n^m \cap (\bigcup_p {}_nL_p^m)$$

et que I monte séparément sur les $\underline{P}(E_n)$, donc globalement sur $\underline{P}(E_1) \times ... \times \underline{P}(E_m)$, il existe des entiers $p_1,...,p_m$ tels que

$$I[A_1^m \cap {}_1L_{p_1}^m , ... , A_m^m \cap {}_mL_{p_m}^m , A_{m+1}^m , ... , A_n^m , ...] > t$$

et nous posons

$$K_n^{m+1} = K_n^m \cap {}_nL_{p_n}^m \quad \text{pour } n \leq m$$

$$K_n^{m+1} = E_n \quad \text{pour } n > m$$

Cela achève la démonstration du théorème.

REMARQUE. On a bien entendu une forme abstraite du théorème, qui se démontre de la même manière, où, pour tout n , E_n est un ensemble muni d'un pavage semi-compact $\underline{\underline{K}}(E_n)$ stable pour $(\cup f, \cap f)$ et $\underline{\underline{B}}(E_n)$ est le stabilisé de $\underline{\underline{K}}(E_n)$ pour $(\cup d, \cap d)$.

Signalons encore, sans démonstration, une application du théorème de Novikov (donnée comme sujet d'examen en juin 75 !) :

THEOREME.- <u>Soient</u> E <u>et</u> F <u>des espaces métrisables compacts</u>. <u>Si</u> A <u>et</u> A' <u>sont deux parties analytiques disjointes de</u> E x F <u>telles que les coupes</u> A(y) <u>et</u> A'(y) <u>soient fermées pour tout</u> $y \in F$, <u>il existe deux boréliens disjoints</u> B <u>et</u> B' <u>de</u> E x F , <u>contenant respectivement</u> A <u>et</u> A', <u>telles que les coupes</u> B(y) <u>et</u> B'(y) <u>soient ouvertes pour tout</u> $y \in F$.

2. LE THEOREME DE LUSIN-JANKOV

Ce théorème[1] assure que tout analytique dans un espace produit (métrisable compact) a une section par un graphe d'application universellement mesurable. Nous le démontrons ici, sous une forme "canonique" , comme introduction au théorème de Kondô. Il est beaucoup plus simple que ce dernier, dont la démonstration fera intervenir la théorie de l'indice.

Nous commençons par rappeler quelques faits élémentaires sur les temps d'arrêt, en étendant et modifiant légèrement les définitions introduites dans les exposés de l'année dernière. Ces rappels seront complétés au paragraphe suivant.

Soit X un ensemble non vide, muni de la topologie discrète. Un <u>temps d'arrêt</u> T sur $X^{\mathbb{N}}$, muni de la topologie produit, est une application de $X^{\mathbb{N}}$ dans $\{0\}\cup\mathbb{N}\cup\{\infty\}$ vérifiant la condition

$$\forall n\geq 0 \quad \forall u,v\in X^{\mathbb{N}} \quad T(u)>n \text{ et } u|n=v|n \Rightarrow T(v)>n$$

où $u|n$ désigne la suite finie $u(1),\dots,u(n)$ si $n>0$ et la suite vide, notée ϕ, si $n=0$. Nous dirons que u est un <u>pôle</u> de T si $T(u)=\infty$; un temps d'arrêt fini est donc un temps d'arrêt sans pôles. L'ensemble des pôles d'un temps d'arrêt est un fermé de $X^{\mathbb{N}}$; réciproquement, si H est un fermé de $X^{\mathbb{N}}$, il existe un plus petit temps d'arrêt T dont H est l'ensemble des pôles, défini par

$$T(u) = \inf\{n\geq 0 : \forall v \quad u|n=v|n \Rightarrow v\notin H\}$$

D'autre part, si on munit l'ensemble $\underline{\underline{T}}(X^{\mathbb{N}})$ des temps d'arrêt sur $X^{\mathbb{N}}$ (noté $\underline{\underline{T}}$ s'il n'y a pas d'ambiguité) de la topologie de la convergence simple, $\underline{\underline{T}}$ est un espace compact et la fonction $(T,u)\rightarrow T(u)$ de $\underline{\underline{T}}\times X^{\mathbb{N}}$ dans $\{0\}\cup\mathbb{N}\cup\{\infty\}$ est continue. Si X est dénombrable, $X^{\mathbb{N}}$ est polonais et $\underline{\underline{T}}$ est métrisable compact. Dans ce cas, l'ensemble $\underline{\underline{P}}$ des temps d'arrêt à pôles est analytique[2], l'ensemble $\underline{\underline{P}}^c$ des temps d'arrêt finis est coanalytique, et ces ensembles sont universels en un certain sens si X est infini dénombrable.

---

1) Ce théorème a été aussi démontré par Von Neumann, et par Sion. Nous l'avons cité dans "Ensembles analytiques : ..." p 350

2) Si X est fini, tout t.d'a. fini est borné et $\underline{\underline{P}}$ est compact.

Maintenant, trouver une section d'un ensemble dans un espace produit, c'est choisir un point dans chaque coupe. Un choix se fait généralement en mettant un ordre et en choisissant le plus petit élément pour cet ordre. Mais on ne peut espérer avoir une "bonne" section que si ce choix a une certaine "effectivité" .

Regardons donc, d'abord, le problème du choix "effectif" d'un point dans une partie analytique "effectivement" donnée de $\mathbb{N}^{\mathbb{N}}$. Nous posons, comme l'an dernier, $\mathbb{N}^{\mathbb{N}} = \Omega$ et $(\mathbb{N}\times\mathbb{N})^{\mathbb{N}} = \Omega\times\Omega$: un temps d'arrêt sur $\Omega\times\Omega$ est donc un temps d'arrêt à deux variables sur Ω. Que l'on passe par les schémas de Souslin, ou les projections de fermés, se donner "effectivement" une partie analytique A de Ω (en un sens faible, que nous ne chercherons pas à préciser), c'est finalement se donner un temps d'arrêt T sur $\Omega\times\Omega$ tel que l'on ait

$$\omega \in A \iff \exists w \; T(\omega,w) = \infty$$

Désignons, pour chaque ω, par T_ω le temps d'arrêt sur Ω défini par $T_\omega(w) = T(\omega,w)$. On a donc

$$\omega \in A \iff T_\omega \text{ a un pôle}$$

et l'ensemble

$$H_T = \{(\omega,w) : w \text{ est un pôle de } T_\omega\}$$

est fermé dans $\Omega\times\Omega$. Munissons $\mathbb{N}\times\mathbb{N}$ du bon ordre défini comme suit

$$(m,p) < (n,q) \iff p < q \text{ ou } [p = q \text{ et } m < n]$$

puis $\Omega\times\Omega = (\mathbb{N}\times\mathbb{N})^{\mathbb{N}}$ de l'ordre lexicographique associé : toute partie fermée non vide de $\Omega\times\Omega$ a un plus petit élément pour cet ordre. Supposons A non vide : H_T est fermé, non vide, et a donc un plus petit élément (ω_o,w_o), qui est le plus petit pôle de T . Le point choisi dans A est ω_o , et w_o est le plus petit pôle de T_{ω_o} pour l'ordre lexicographique sur $\Omega = \mathbb{N}^{\mathbb{N}}$.

En regardant la dépendance de (ω_o,w_o) en fonction de T , on obtient le théorème suivant

THEOREME.- <u>Soient $\underline{T}$ l'espace des temps d'arrêt sur</u> $\Omega\times\Omega$ <u>et $\underline{P}$ le sous-espace analytique des temps d'arrêt à pôles. Il existe une</u>

application Ψ de $\underline{\underline{P}}$ dans $\Omega \times \Omega$ telle que

1) $\Psi(T)$ soit un pôle de T pour tout $T \in \underline{\underline{P}}$

2) le graphe de Ψ soit coanalytique dans $\underline{\underline{T}} \times \Omega \times \Omega$

3) Ψ soit mesurable si $\Omega \times \Omega$ est muni de sa tribu borélienne et $\underline{\underline{P}}$ de la tribu engendrée par ses parties analytiques.

DEMONSTRATION. Pour tout $T \in \underline{\underline{P}}$, posons, comme ci-dessus,

$\Psi(T)$ = le plus petit pôle de T pour l'ordre lexicographique défini sur $\Omega \times \Omega$

On a

$$(\omega_o, w_o) = \Psi(T) \Leftrightarrow T(\omega_o, w_o) = \infty \text{ et } \forall(\omega, w)\ T(\omega, w) = \infty \Rightarrow (\omega_o, w_o) \leq (\omega, w)$$

Comme le graphe de l'ordre lexicographique sur $\Omega \times \Omega$ est fermé, on en déduit immédiatement que le graphe de Ψ est coanalytique. D'autre part, on a, pour tout (ω, w),

$$\Psi(T) < (\omega, w) \Leftrightarrow \exists(\omega', w')\ T(\omega', w') = \infty \text{ et } (\omega', w') < (\omega, w)$$

On en conclut que l'image réciproque de $J_{\omega,w} = \{(\omega', w') : (\omega', w') < (\omega, w)\}$ par Ψ est analytique. Comme les ouverts $J_{\omega,w}$ engendrent la tribu borélienne de $\Omega \times \Omega$, Ψ a bien la mesurabilité désirée.

COROLLAIRE (Lusin-Jankov) Soit H une partie analytique d'un espace produit $E \times F$ métrisable compact. Il existe une section de H par un graphe d'application universellement mesurable définie sur la projection de H sur E.

DEMONSTRATION[1]. Tout espace métrisable compact étant plongeable par un isomorphisme borélien dans Ω, on se ramène aussitôt au cas où H est une partie analytique de $\Omega \times \Omega$. Il existe alors un temps d'arrêt U sur $\Omega \times \Omega \times \Omega$ tel que l'on ait $(v, \omega) \in H \Leftrightarrow \exists w\ U(v, \omega, w) = \infty$. Et U définit une application continue $v \to U(v, ., .)$ de Ω dans $\underline{\underline{T}}(\Omega \times \Omega)$. Les ensembles analytiques étant universellement mesurables, il suffit, pour obtenir la section voulue, de composer cette application avec l'application Ψ de $\underline{\underline{P}}$ dans $\Omega \times \Omega$ et la 1ère projection de $\Omega \times \Omega$ sur Ω.

---

1) Il existe une démonstration beaucoup plus directe, reposant sur une idée voisine. Voir par exemple la nouvelle édition de "Probabilités et potentiels" p 251.

3. LE THEOREME DE NOVIKOV-KONDO

Le théorème de Novikov dont il est question ici montre comment on peut choisir "effectivement" un point dans un coanalytique. Le théorème de Kondô assure que tout coanalytique dans un espace produit (métrisable compact) a une section par un graphe coanalytique. (Nous discuterons, à la fin, de l'intérêt de ce théorème pour les analystes).

Le lien entre ces deux théorèmes est clair : pour avoir le théorème de Kondô, il doit "suffire" d'appliquer le théorème de Novikov à chaque coupe. Il semble cependant que ce "suffire" ait posé quelque problème. L'article de Novikov (et Lusin) date de 1935, celui de Kondô de 1938 - je ne les ai jamais vus -, et, jusque vers 1960, le théorème de Kondô passait auprès des spécialistes pour un des théorèmes les plus difficiles de la théorie descriptive des ensembles.

En nous inspirant d'une démonstration trouvée dans un cours manuscrit du logicien Kechris , nous allons donner une démonstration lumineuse de ces deux théorèmes. Disons, au passage, que les logiciens, non seulement connaissent bien depuis une quinzaine d'années les travaux classiques en théorie descriptive des ensembles (ils manipulent en particulier depuis longtemps les temps d'arrêt sous la forme "arbre"), mais encore les ont englobés d'une manière magistrale dans leurs travaux sur l'effectivité. Malheureusement, les textes de synthèse publiés sont rares, et souvent difficilement abordables pour un non-logicien. En dehors des livres de H. Rogers et Shoenfield cités l'an dernier, et qui datent déjà, signalons l'excellent recueil d'exposés du Séminaire de théorie descriptive des ensembles (1974/75) publié par l'Equipe de Logique de l'Université de Paris VII. Par ailleurs, le logicien Moschovakis annonce depuis un certain temps une monographie de théorie descriptive lisible par tous : sachant, pour avoir lu la partie existante du manuscrit, que "lisible par tous" n'est pas un euphémisme, nous espérons qu'elle paraîtra bientôt.

Nous reprenons nos rappels sur les temps d'arrêt en reprenant maintenant la définition du dérivé et de l'indice d'un temps d'arrêt. Nous nous limitons au cas des temps d'arrêt sur Ω. Soit donc T un temps d'arrêt sur Ω. On définit le <u>dérivé</u> T^* de T par

$$T^* = \text{le plus petit temps d'arrêt} \geq T - 1$$

puis la <u>suite transfinie des dérivés</u> successifs de T par[1)]

$$T^{i+1} = (T^i)^* \quad \text{pour tout ordinal } i$$

$$T^j = (\inf_{i<j} T^i)^* \quad \text{pour tout ordinal limite } j$$

Il existe alors un plus petit ordinal dénombrable i(T) tel que $T^{i(T)} = T^{i(T)+1} = \ldots$; en fait, $T^{i(T)}$ est le plus petit temps d'arrêt ayant les mêmes pôles que T. On a donc

$$T \text{ est fini} \Leftrightarrow T^{i(T)} = 0 \qquad T \text{ a un pôle} \Leftrightarrow T^{i(T)} \neq 0$$

On définit l'<u>indice</u> j(T) de T par j(T) = i(T) si T est fini et $j(T) = \underline{\Omega}$, premier ordinal non dénombrable, sinon. Quand T parcourt $\underline{\underline{T}}$, on obtient ainsi une application surjective de $\underline{\underline{T}}$ sur le segment d'ordinaux $[0,\underline{\Omega}]$: $\underline{\underline{P}}$ est envoyé sur $\{\underline{\Omega}\}$ et $\underline{\underline{P}}^c$ sur $I = [0,\underline{\Omega}[$, ensemble des ordinaux dénombrables.[3)] Et on a le théorème fondamental suivant

THEOREME.- <u>L'ensemble</u> $\{(S,T) : j(S) \leq j(T)\}$ <u>est une partie analytique de l'espace métrisable compact</u> $\underline{\underline{T}} \times \underline{\underline{T}}$.

La démonstration de ce théorème reposait sur deux idées : l'une, essentielle, était l'introduction de la notion de codage ou stratégie[2)]; l'autre, la mise en place de la possibilité d'un raisonnement par récurrence. Nous reprenons ici ce dernier point, essentiel pour la suite.

---

1) La définition n'est pas tout à fait celle de "Ensembles analytiques et temps d'arrêt", ni celle de "Jeux infinis...". Elle conduit à l'indice signalé dans la note 1) de la page 378 de "Ensembles analytiques et temps d'arrêt", qui a de meilleures propriétés que ceux considérés principalement dans ces exposés.

2) Dans "Jeux infinis...", p 401, nous avons montré d'après Blackwell que le lemme fondamental sur les codages résulte facilement du théorème de Gale et Stewart. Signalons qu'il existe une démonstration par l'absurde, très simple, de ce dernier théorème : voir par exemple l'article de D. Martin cité dans l'introduction.

3) Si on adopte la définition des ordinaux de Von Neumann, I et $\underline{\Omega}$ désignent le même ensemble.

Désignons par S l'ensemble des suites finies d'entiers (ϕ comprise). Pour tout $s\in S$, de longueur $l(s)$, et tout $T\in\underline{\underline{T}}$, on définit un temps d'arrêt T_s par la formule

$$T_s(\omega) = [T(s.\omega) - l(s)]^+$$

où $s.\omega$ désigne la suite obtenue en concaténant s et ω. On a alors $(T_s)^* = (T^*)_s$ pour tout t et tout s. Identifiant les suites de longueur un aux entiers, on vérifie aisément que l'on a, pour tout s et tout T fini,

$$T_s = 0 \iff j(T_s) = 0$$

$$T_s \neq 0 \iff j(T_s) = \sup_{k\in\mathbb{N}} [j(T_{s.k}) + 1] \qquad (\text{"l"} = \text{"un"})$$

La fonction $j_T : s \to j(T_s)$ de S dans I associée au temps d'arrêt fini T sera appelée la <u>fonction indice de</u> T (on a $j(T) = j_T(\phi)$).

Disons, plus généralement, qu'une fonction r de S dans I est une <u>fonction de rang du temps d'arrêt</u> T si on a, pour tout $s\in S$,

$$T_s = 0 \iff r(s) = 0$$

$$T_s \neq 0 \iff r(s) \geq \sup_{k\in\mathbb{N}} [r(s.k) + 1]$$

On vérifie aisément que le temps d'arrêt T a une fonction de rang ssi il est fini et que, si T est fini, sa fonction indice est sa plus petite fonction de rang. On peut voir par ailleurs une fonction de rang r de T comme une fonction sur S, "surharmonique" sur l'arbre $\{s : T_s \neq 0\}$ pour une certaine opération de "moyenne", et voir la fonction indice j_T de T comme la fonction "harmonique" sur l'arbre $\{s : T_s \neq 0\}$, solution du problème de Dirichlet pour la donnée frontière $j_T(s) = 0$ si $T_s = 0$.

Nous munissons I de la topologie discrète, et I^S - ensemble des applications de S dans I - de la topologie de la convergence simple. Voici le lemme fondamental pour notre propos, dont la démonstration, à peu près immédiate, est laissée au lecteur.

LEMME. <u>L'ensemble</u> $\{(T,r) : r$ est une fonction de rang de $T\}$ <u>est une partie fermée de l'espace produit</u> $\underline{\underline{T}} \times I^S$.

REMARQUE. L'ensemble analytique $\underline{\underline{P}}$ est projection sur $\underline{\underline{T}}$ du fermé $\{(T,\omega) : \omega$ est un pôle de $T\}$ de $\underline{\underline{T}} \times \mathbb{N}^{\mathbb{N}}$: cela se traduit en une représentation par un certain schéma de Souslin, ou encore par une certaine application de $\underline{\underline{T}}$ dans l'ensemble des temps d'arrêt sur $\mathbb{N}^{\mathbb{N}}$ (en fait, l'identité !). D'après le lemme, si on identifie S à $\mathbb{N}$ par une bijection, l'ensemble coanalytique $\underline{\underline{P}}^c$ est projection sur $\underline{\underline{T}}$ du fermé $\{(T,r) : r$ est une fonction de rang de $T\}$ de $\underline{\underline{T}} \times I^{\mathbb{N}}$: cela peut se traduire aussi en une représentation par un schéma de Souslin généralisé (les multiindices sont des suites finies d'ordinaux dénombrables) ou encore par une application de $\underline{\underline{T}}$ dans l'ensemble des temps d'arrêt sur $I^{\mathbb{N}}$. Nous ne développerons pas plus qu'il nous est nécessaire ici ces idées, simples et importantes, qui me semblent un apport essentiel des logiciens à la théorie classique.

Nous passons maintenant au théorème de Novikov-Kondô, en paraphrasant ce qui a été dit pour le théorème de Lusin-Jankov.

Se donner "effectivement" une partie coanalytique C de Ω, c'est finalement se donner un temps d'arrêt T sur $\Omega \times \Omega$ tel que l'on ait

$$\omega \in C \iff \forall w \; T(\omega,w) < \infty$$

soit encore, en introduisant l'application continue $\omega \to T_\omega$ de Ω dans $\underline{\underline{T}}(\Omega)$ induite par T ,

$$\omega \in C \iff T_\omega \text{ est fini} \iff T_\omega \text{ a une fonction de rang}$$

et, d'après le lemme précédent, l'ensemble

$$H_T = \{(\omega,r) : r \text{ est une fonction de rang de } T_\omega\}$$

est fermé dans $\Omega \times I^S$. Identifions S et $\mathbb{N}$ par une bijection, ce qui permet d'identifier $\Omega \times I^S$ et $(\mathbb{N} \times I)^{\mathbb{N}}$, y compris pour les topologies. Puis munissons $\mathbb{N} \times I$ du bon ordre défini comme suit

$$(m,i) < (n,i) \iff i < j \text{ ou } [i=j \text{ et } m < n]$$

et $\Omega \times I^S = (\mathbb{N} \times I)^{\mathbb{N}}$ de l'ordre lexicographique associé. Si C est non vide, H_T est fermé, non vide, dans $(\mathbb{N} \times I)^{\mathbb{N}}$ et a donc un plus petit élément (ω_o, r_o). Le point choisi dans C est ω_o, et r_o est la fonction indice du temps d'arrêt T_{ω_o}.

En regardant la dépendance de ω_o en fonction de T - on oublie ici r_o - on obtient le théorème suivant

THEOREME.- Soient $\underline{\underline{T}}$ l'espace des temps d'arrêt sur $\Omega \times \Omega$ et $\underline{\underline{Q}}$ le sous-ensemble $\{T \in \underline{\underline{T}} : \exists\omega\ \forall w\ T(\omega,w) < \infty\}$. Il existe une application Ψ de $\underline{\underline{Q}}$ dans Ω telle que

1) $T(\Psi(T),.)$ soit un temps d'arrêt fini sur Ω pour tout $T \in \underline{\underline{Q}}$
2) le graphe de Ψ soit coanalytique dans $\underline{\underline{T}} \times \Omega$

DEMONSTRATION. Après avoir identifié S à $\mathbb{N}$ par une bijection $k \to s_k$, on pose comme ci-dessus

$\Psi(T)$ = la 1ère composante du plus petit élément de H_T pour l'ordre lexicographique sur $\Omega \times I^S$

Notons que, pour T et ω fixés, $H_T \cap (\{\omega\} \times I^S)$ est fermé dans $\Omega \times I^S$; il a donc, s'il n'est pas vide, un plus petit élément qui n'est autre que la fonction indice j_{T_ω} du temps d'arrêt fini T_ω sur Ω. Par conséquent, on a $\omega_o = \Psi(T)$ ssi on a

$$T_{\omega_o} \in \underline{\underline{P}}^c(\Omega) \text{ et } \forall\omega\ [\omega \neq \omega_o \Rightarrow j(T_{\omega_o}) < j(T_\omega) \text{ ou } (T_\omega \in \underline{\underline{P}}^c(\Omega) \text{ et } \ldots)]$$

où "..." est le prédicat

$$\exists m\ \forall k < m \quad \omega_o(k) = \omega(k) \text{ et } j_{T_{\omega_o}}(s_k) = j_{T_\omega}(s_k) \text{ et }$$
$$[j_{T_{\omega_o}}(s_m) < j_{T_\omega}(s_m) \text{ ou } (j_{T_{\omega_o}}(s_m) = j_{T_\omega}(s_m) \text{ et } \omega_o(m) < \omega(m))]$$

Comme l'application $(T,\omega) \to T_\omega$ de $\underline{\underline{T}} \times \Omega$ dans $\underline{\underline{T}}(\Omega)$ est continue, il nous reste finalement à vérifier, pour conclure que le graphe de Ψ est coanalytique, que les prédicats suivants sur $\underline{\underline{T}}(\Omega) \times \underline{\underline{T}}(\Omega)$

(1) $j(U) < j(V)$ (2) $U \in \underline{\underline{P}}^c$ et $V \in \underline{\underline{P}}^c$ et $j(U) < j(V)$

(3) $U \in \underline{\underline{P}}^c$ et $V \in \underline{\underline{P}}^c$ et $j(U) = j(V)$

définissent des parties coanalytiques. Pour (1) et (2), cela résulte immédiatement du théorème sur l'indice, et pour (3) aussi, si l'on remarque que (3) est équivalent à

$$U \in \underline{\underline{P}}^c \text{ et } V \in \underline{\underline{P}}^c \text{ et } j(U) < j(V+1) \text{ et } j(V) < j(U+1)$$

(autrement dit, le graphe de la relation de préordre définie par l'indice est bianalytique dans $\underline{\underline{P}}^c \times \underline{\underline{P}}^c$).

COROLLAIRE (Kondô). <u>Soit</u> H <u>une partie coanalytique d'un espace produit</u> $E \times F$ <u>métrisable compact</u>. <u>Il existe une section de</u> H <u>par un graphe coanalytique</u>.

DEMONSTRATION. Tout espace métrisable compact étant plongeable par un isomorphisme borélien dans Ω, on se ramène aussitôt au cas où H est une partie coanalytique de $\Omega \times \Omega$. Il existe alors un temps d'arrêt U sur $\Omega\times\Omega\times\Omega$ tel que l'on ait $(v,\omega) \in H \Leftrightarrow \forall w \quad (v,\omega,w) < \infty$. Et U définit une application continue $v \to U(v,.,.)$ de Ω dans $\underline{\underline{T}}(\Omega\times\Omega)$. Il ne reste plus qu'à composer cette application avec l'application Ψ de $\underline{\underline{Q}}$ dans Ω pour avoir la section voulue.

Restant dans la catégorie des espaces "ambiants" métrisables compacts ou, plus généralement, polonais, disons qu'une partie d'un tel espace est PCA si elle est projection d'une partie coanalytique d'un espace produit. On a alors une extension simple du résultat précédent :

THEOREME (Kondô). <u>Soit</u> H <u>une partie</u> PCA <u>d'un espace produit</u> $E \times F$ <u>métrisable compact</u>. <u>Il existe une section de</u> H <u>par un graphe</u> PCA.

DEMONSTRATION. Il existe un espace métrisable compact G et une partie coanalytique H' de $E \times F \times G$ telle que H soit égale à la projection de H' sur $E \times F$. D'après le résultat précédent, il existe une application f définie sur la projection de H' sur E et à valeurs dans $F \times G$ dont le graphe est coanalytique et est une section de H'. Pour obtenir la section voulue de H, il ne reste plus qu'à composer cette application avec la projection de $F \times G$ sur F.

La plupart des ensembles pour lesquels un analyste peut se poser raisonnablement un problème de section sont au plus PCA, et le théorème de Kondô-Novikov fournit une section du même ordre de complexité, avec un bon degré d'effectivité. Cependant, l'analyste est surtout intéressé par la mesurabilité d'une section, et, malheureusement (?), on ne peut démontrer, avec les axiomes habituels de la théorie des ensembles (en abrégé, "ZF" sans l'axiome de choix et "ZFC" avec l'axiome de choix) que tout ensemble PCA est universellement mesurable. Plus précisément, on a les résultats suivants, où l'on suppose que "ZF" est consistant.

1) Si on ajoute à "ZF" l'axiome de constructibilité "V = L" de Goedel, on obtient une théorie consistante dans laquelle l'axiome de choix et l'hypothèse généralisée du continu sont des théorèmes. De plus, il existe alors un bon ordre sur [0,1] , effectivement donné par une formule de la théorie, dont le graphe est PCA dans [0,1]x[0,1] On en déduit aisément l'existence d'une application de [0,1] dans [0,1] , de graphe coanalytique, et non mesurable pour la mesure de Lebesgue. Pour moi, cependant, l'axiome de constructibilité n'est pas "réaliste" : on ne doit pas pouvoir nommer effectivement un bon ordre sur les réels.

2) En supposant consistante la théorie "ZFC + il existe un cardinal inaccessible" , Solovay a montré que la théorie "ZFC + tout ensemble de réels définissable en termes de réels est Lebesgue-mesurable" est consistante. Dans cette dernière théorie, tout ensemble PCA et, plus généralement, tout ensemble projectif est universellement mesurable. C'est une théorie très séduisante pour l'analyste (quoiqu'elle tente à ôter le gagne-pain de quelques probabilistes dont je suis !)

Nous terminerons en faisant un peu de publicité pour une troisième théorie (les trois théories citées sont étudiées dans le Lecture Notes n°217 "Lectures in Set Theory" de Jech, Springer 1971).

Beaucoup d'analystes sont prêts à ajouter, sans hésitations, l'hypothèse du continu à "ZFC", car cela permet de belles constructions. Cependant, on sait que Goedel, qui est platonicien, et Cohen, quand il est platonicien, n'y croient pas (cf Goedel, Amer Math Monthly 54, 1947 et Cohen, Proc of Symp in pure Math, vol 13 part 1 , AMS 1971). De fait, on peut ajouter d'autres axiomes à "ZFC" de sorte que l'hypothèse du continu soit fausse, et que l'on ait une situation plus régulière que l'habituelle pour les analystes, dans laquelle sont encore permises la plupart des constructions utiles qu'autorisait l'hypothèse du continu (par exemple, les limites médiales de Mokobodzki). Voici un tel système d'axiomes, que l'on sait être consistant si "ZFC" l'est : ZFC +

2^{aleph_o} = aleph_2 (donc l'hypothèse du continu est fausse) +

Axiome de Martin (qui est un théorème dans "ZFC + hyp. du cont.")

Nous ne donnerons pas ici la forme exacte de l'axiome de Martin (voir l'article de Shoenfield dans Amer. Math. Monthly de Juin-Juillet 1975). Dans cette théorie on a, pour toute mesure de probabilité sur un espace métrisable compact,

- la réunion de aleph_1 ensembles négligeables (resp mesurables) est encore négligeable (resp mesurable), et la mesure est aleph_1-additive
- toute partie PCA est mesurable (car, d'après la théorie des constituants, tout PCA est la réunion de aleph_1 boréliens)

Plus généralement, dans cette théorie, aleph_1 ressemble beaucoup plus à aleph_o qu'à 2^{aleph_o} - ce qui, personnellement, ne me choque pas du tout.

Vol. 342: Algebraic K-Theory II, "Classical" Algebraic K-Theory, and Connections with Arithmetic. Edited by H. Bass. XV, 527 pages. 1973.

Vol. 343: Algebraic K-Theory III, Hermitian K-Theory and Geometric Applications. Edited by H. Bass. XV, 572 pages. 1973.

Vol. 344: A. S. Troelstra (Editor), Metamathematical Investigation of Intuitionistic Arithmetic and Analysis. XVII, 485 pages. 1973.

Vol. 345: Proceedings of a Conference on Operator Theory. Edited by P. A. Fillmore. VI, 228 pages. 1973.

Vol. 346: Fučík et al., Spectral Analysis of Nonlinear Operators. II, 287 pages. 1973.

Vol. 347: J. M. Boardman and R. M. Vogt, Homotopy Invariant Algebraic Structures on Topological Spaces. X, 257 pages. 1973.

Vol. 348: A. M. Mathai and R. K. Saxena, Generalized Hypergeometric Functions with Applications in Statistics and Physical Sciences. VII, 314 pages. 1973.

Vol. 349: Modular Functions of One Variable II. Edited by W. Kuyk and P. Deligne. V, 598 pages. 1973.

Vol. 350: Modular Functions of One Variable III. Edited by W. Kuyk and J.-P. Serre. V, 350 pages. 1973.

Vol. 351: H. Tachikawa, Quasi-Frobenius Rings and Generalizations. XI, 172 pages. 1973.

Vol. 352: J. D. Fay, Theta Functions on Riemann Surfaces. V, 137 pages. 1973.

Vol. 353: Proceedings of the Conference on Orders, Group Rings and Related Topics. Organized by J. S. Hsia, M. L. Madan and T. G. Ralley. X, 224 pages. 1973.

Vol. 354: K. J. Devlin, Aspects of Constructibility. XII, 240 pages. 1973.

Vol. 355: M. Sion, A Theory of Semigroup Valued Measures. V, 140 pages. 1973.

Vol. 356: W. L. J. van der Kallen, Infinitesimally Central Extensions of Chevalley Groups. VII, 147 pages. 1973.

Vol. 357: W. Borho, P. Gabriel und R. Rentschler, Primideale in Einhüllenden auflösbarer Lie-Algebren. V, 182 Seiten. 1973.

Vol. 358: F. L. Williams, Tensor Products of Principal Series Representations. VI, 132 pages. 1973.

Vol. 359: U. Stammbach, Homology in Group Theory. VIII, 183 pages. 1973.

Vol. 360: W. J. Padgett and R. L. Taylor, Laws of Large Numbers for Normed Linear Spaces and Certain Fréchet Spaces. VI, 111 pages. 1973.

Vol. 361: J. W. Schutz, Foundations of Special Relativity: Kinematic Axioms for Minkowski Space-Time. XX, 314 pages. 1973.

Vol. 362: Proceedings of the Conference on Numerical Solution of Ordinary Differential Equations. Edited by D.G. Bettis. VIII, 490 pages. 1974.

Vol. 363: Conference on the Numerical Solution of Differential Equations. Edited by G. A. Watson. IX, 221 pages. 1974.

Vol. 364: Proceedings on Infinite Dimensional Holomorphy. Edited by T. L. Hayden and T. J. Suffridge. VII, 212 pages. 1974.

Vol. 365: R. P. Gilbert, Constructive Methods for Elliptic Equations. VII, 397 pages. 1974.

Vol. 366: R. Steinberg, Conjugacy Classes in Algebraic Groups (Notes by V. V. Deodhar). VI, 159 pages. 1974.

Vol. 367: K. Langmann und W. Lütkebohmert, Cousinverteilungen und Fortsetzungssätze. VI, 151 Seiten. 1974.

Vol. 368: R. J. Milgram, Unstable Homotopy from the Stable Point of View. V, 109 pages. 1974.

Vol. 369: Victoria Symposium on Nonstandard Analysis. Edited by A. Hurd and P. Loeb. XVIII, 339 pages. 1974.

Vol. 370: B. Mazur and W. Messing, Universal Extensions and One Dimensional Crystalline Cohomology. VII, 134 pages. 1974.

Vol. 371: V. Poenaru, Analyse Différentielle. V, 228 pages. 1974

Vol. 372: Proceedings of the Second International Conference on the Theory of Groups 1973. Edited by M. F. Newman. VII, 740 pages. 1974.

Vol. 373: A. E. R. Woodcock and T. Poston, A Geometrical Study of the Elementary Catastrophes. V, 257 pages. 1974.

Vol. 374: S. Yamamuro, Differential Calculus in Topological Linear Spaces. IV, 179 pages. 1974.

Vol. 375: Topology Conference. Edited by R. F. Dickman Jr. and P. Fletcher. X, 283 pages 1974.

Vol. 376: I. J. Good and D. B. Osteyee, Information, Weight of Evidence. The Singularity between Probability Measures and Signal Detection. XI, 156 pages. 1974.

Vol. 377: A. M. Fink, Almost Periodic Differential Equations. VIII, 336 pages. 1974.

Vol. 378: TOPO 72 – General Topology and its Applications. Proceedings 1972. Edited by R. A. Alò, R. W. Heath and J. Nagata. XIV, 651 pages. 1974.

Vol. 379: A. Badrikian et S. Chevet, Mesures Cylindriques, Espaces de Wiener et Fonctions Aléatoires Gaussiennes. X, 383 pages. 1974.

Vol. 380: M. Petrich, Rings and Semigroups. VIII, 182 pages. 1974.

Vol. 381: Séminaire de Probabilités VIII. Edité par P. A. Meyer. IX, 354 pages. 1974.

Vol. 382: J. H. van Lint, Combinatorial Theory Seminar Eindhoven University of Technology. VI, 131 pages. 1974.

Vol. 383: Séminaire Bourbaki – vol. 1972/73. Exposés 418–435. IV, 334 pages. 1974.

Vol. 384: Functional Analysis and Applications, Proceedings 1972. Edited by L. Nachbin. V, 270 pages. 1974.

Vol. 385: J. Douglas Jr. and T. Dupont, Collocation Methods for Parabolic Equations in a Single Space Variable (Based on C^1-Piecewise-Polynomial Spaces). V, 147 pages. 1974.

Vol. 386: J. Tits, Buildings of Spherical Type and Finite BN-Pairs. X, 299 pages. 1974.

Vol. 387: C. P. Bruter, Eléments de la Théorie des Matroïdes. V, 138 pages. 1974.

Vol. 388: R. L. Lipsman, Group Representations. X, 166 pages. 1974.

Vol. 389: M.-A. Knus et M. Ojanguren, Théorie de la Descente et Algèbres d' Azumaya. IV, 163 pages. 1974.

Vol. 390: P. A. Meyer, P. Priouret et F. Spitzer, Ecole d'Eté de Probabilités de Saint-Flour III – 1973. Edité par A. Badrikian et P.-L. Hennequin. VIII, 189 pages. 1974.

Vol. 391: J. W. Gray, Formal Category Theory: Adjointness for 2-Categories. XII, 282 pages. 1974.

Vol. 392: Géométrie Différentielle, Colloque, Santiago de Compostela, Espagne 1972. Edité par E. Vidal. VI, 225 pages. 1974.

Vol. 393: G. Wassermann, Stability of Unfoldings. IX, 164 pages. 1974.

Vol. 394: W. M. Patterson, 3rd, Iterative Methods for the Solution of a Linear Operator Equation in Hilbert Space – A Survey. III, 183 pages. 1974.

Vol. 395: Numerische Behandlung nichtlinearer Integrodifferential- und Differentialgleichungen. Tagung 1973. Herausgegeben von R. Ansorge und W. Törnig. VII, 313 Seiten. 1974.

Vol. 396: K. H. Hofmann, M. Mislove and A. Stralka, The Pontryagin Duality of Compact O-Dimensional Semilattices and its Applications. XVI, 122 pages. 1974.

Vol. 397: T. Yamada, The Schur Subgroup of the Brauer Group. V, 159 pages. 1974.

Vol. 398: Théories de l'Information, Actes des Rencontres de Marseille-Luminy, 1973. Edité par J. Kampé de Fériet et C.-F. Picard. XII, 201 pages. 1974.

Vol. 399: Functional Analysis and its Applications. Proceedings 1973. Edited by H. G. Garnir, K. R. Unni and J. H. Williamson. II, 584 pages. 1974.

Vol. 400: A Crash Course on Kleinian Groups. Proceedings 1974. Edited by L. Bers and I. Kra. VII, 130 pages. 1974.

Vol. 401: M. F. Atiyah, Elliptic Operators and Compact Groups. V, 93 pages. 1974.

Vol. 402: M. Waldschmidt, Nombres Transcendants. VIII, 277 pages. 1974.

Vol. 403: Combinatorial Mathematics. Proceedings 1972. Edited by D. A. Holton. VIII, 148 pages. 1974.

Vol. 404: Théorie du Potentiel et Analyse Harmonique. Edité par J. Faraut. V, 245 pages. 1974.

Vol. 405: K. J. Devlin and H. Johnsbråten, The Souslin Problem. VIII, 132 pages. 1974.

Vol. 406: Graphs and Combinatorics. Proceedings 1973. Edited by R. A. Bari and F. Harary. VIII, 355 pages. 1974.

Vol. 407: P. Berthelot, Cohomologie Cristalline des Schémas de Caracteristique p > o. II, 604 pages. 1974.

Vol. 408: J. Wermer, Potential Theory. VIII, 146 pages. 1974.

Vol. 409: Fonctions de Plusieurs Variables Complexes, Séminaire François Norguet 1970-1973. XIII, 612 pages. 1974.

Vol. 410: Séminaire Pierre Lelong (Analyse) Année 1972-1973. VI, 181 pages. 1974.

Vol. 411: Hypergraph Seminar. Ohio State University, 1972. Edited by C. Berge and D. Ray-Chaudhuri. IX, 287 pages. 1974.

Vol. 412: Classification of Algebraic Varieties and Compact Complex Manifolds. Proceedings 1974. Edited by H. Popp. V, 333 pages. 1974.

Vol. 413: M. Bruneau, Variation Totale d'une Fonction. XIV, 332 pages. 1974.

Vol. 414: T. Kambayashi, M. Miyanishi and M. Takeuchi, Unipotent Algebraic Groups. VI, 165 pages. 1974.

Vol. 415: Ordinary and Partial Differential Equations. Proceedings 1974. XVII, 447 pages. 1974.

Vol. 416: M. E. Taylor, Pseudo Differential Operators. IV, 155 pages. 1974.

Vol. 417: H. H. Keller, Differential Calculus in Locally Convex Spaces. XVI, 131 pages. 1974.

Vol. 418: Localization in Group Theory and Homotopy Theory and Related Topics. Battelle Seattle 1974 Seminar. Edited by P. J. Hilton. VI, 172 pages 1974.

Vol. 419: Topics in Analysis. Proceedings 1970. Edited by O. E. Lehto, I. S. Louhivaara, and R. H. Nevanlinna. XIII, 392 pages. 1974.

Vol. 420: Category Seminar. Proceedings 1972/73. Edited by G. M. Kelly. VI, 375 pages. 1974.

Vol. 421: V. Poénaru, Groupes Discrets. VI, 216 pages. 1974.

Vol. 422: J.-M. Lemaire, Algèbres Connexes et Homologie des Espaces de Lacets. XIV, 133 pages. 1974.

Vol. 423: S. S. Abhyankar and A. M. Sathaye, Geometric Theory of Algebraic Space Curves. XIV, 302 pages. 1974.

Vol. 424: L. Weiss and J. Wolfowitz, Maximum Probability Estimators and Related Topics. V, 106 pages. 1974.

Vol. 425: P. R. Chernoff and J. E. Marsden, Properties of Infinite Dimensional Hamiltonian Systems. IV, 160 pages. 1974.

Vol. 426: M. L. Silverstein, Symmetric Markov Processes. X, 287 pages. 1974.

Vol. 427: H. Omori, Infinite Dimensional Lie Transformation Groups. XII, 149 pages. 1974.

Vol. 428: Algebraic and Geometrical Methods in Topology, Proceedings 1973. Edited by L. F. McAuley. XI, 280 pages. 1974.

Vol. 429: L. Cohn, Analytic Theory of the Harish-Chandra C-Function. III, 154 pages. 1974.

Vol. 430: Constructive and Computational Methods for Differential and Integral Equations. Proceedings 1974. Edited by D. L. Colton and R. P. Gilbert. VII, 476 pages. 1974.

Vol. 431: Séminaire Bourbaki - vol. 1973/74. Exposés 436-452. IV, 347 pages. 1975.

Vol. 432: R. P. Pflug, Holomorphiegebiete, pseudokonvexe Gebiete und das Levi-Problem. VI, 210 Seiten. 1975.

Vol. 433: W. G. Faris, Self-Adjoint Operators. VII, 115 pages. 1975.

Vol. 434: P. Brenner, V. Thomée, and L. B. Wahlbin, Besov Spaces and Applications to Difference Methods for Initial Value Problems. II, 154 pages. 1975.

Vol. 435: C. F. Dunkl and D. E. Ramirez, Representations of Commutative Semitopological Semigroups. VI, 181 pages. 1975.

Vol. 436: L. Auslander and R. Tolimieri, Abelian Harmonic Analysis, Theta Functions and Function Algebras on a Nilmanifold. V, 99 pages. 1975.

Vol. 437: D. W. Masser, Elliptic Functions and Transcendence. XIV, 143 pages. 1975.

Vol. 438: Geometric Topology. Proceedings 1974. Edited by L. C. Glaser and T. B. Rushing. X, 459 pages. 1975.

Vol. 439: K. Ueno, Classification Theory of Algebraic Varieties and Compact Complex Spaces. XIX, 278 pages. 1975

Vol. 440: R. K. Getoor, Markov Processes: Ray Processes and Right Processes. V, 118 pages. 1975.

Vol. 441: N. Jacobson, PI-Algebras. An Introduction. V, 115 pages. 1975.

Vol. 442: C. H. Wilcox, Scattering Theory for the d'Alembert Equation in Exterior Domains. III, 184 pages. 1975.

Vol. 443: M. Lazard, Commutative Formal Groups. II, 236 pages. 1975.

Vol. 444: F. van Oystaeyen, Prime Spectra in Non-Commutative Algebra. V, 128 pages. 1975.

Vol. 445: Model Theory and Topoi. Edited by F. W. Lawvere, C. Maurer, and G. C. Wraith. III, 354 pages. 1975.

Vol. 446: Partial Differential Equations and Related Topics. Proceedings 1974. Edited by J. A. Goldstein. IV, 389 pages. 1975.

Vol. 447: S. Toledo, Tableau Systems for First Order Number Theory and Certain Higher Order Theories. III, 339 pages. 1975.

Vol. 448: Spectral Theory and Differential Equations. Proceedings 1974. Edited by W. N. Everitt. XII, 321 pages. 1975.

Vol. 449: Hyperfunctions and Theoretical Physics. Proceedings 1973. Edited by F. Pham. IV, 218 pages. 1975.

Vol. 450: Algebra and Logic. Proceedings 1974. Edited by J. N. Crossley. VIII, 307 pages. 1975.

Vol. 451: Probabilistic Methods in Differential Equations. Proceedings 1974. Edited by M. A. Pinsky. VII, 162 pages. 1975.

Vol. 452: Combinatorial Mathematics III. Proceedings 1974. Edited by Anne Penfold Street and W. D. Wallis. IX, 233 pages. 1975.

Vol. 453: Logic Colloquium. Symposium on Logic Held at Boston, 1972-73. Edited by R. Parikh. IV, 251 pages. 1975.

Vol. 454: J. Hirschfeld and W. H. Wheeler, Forcing, Arithmetic, Division Rings. VII, 266 pages. 1975.

Vol. 455: H. Kraft, Kommutative algebraische Gruppen und Ringe. III, 163 Seiten. 1975.

Vol. 456: R. M. Fossum, P. A. Griffith, and I. Reiten, Trivial Extensions of Abelian Categories. Homological Algebra of Trivial Extensions of Abelian Categories with Applications to Ring Theory. XI, 122 pages. 1975.

Vol. 457: Fractional Calculus and Its Applications. Proceedings 1974. Edited by B. Ross. VI, 381 pages. 1975.

Vol. 458: P. Walters, Ergodic Theory – Introductory Lectures. VI, 198 pages. 1975.

Vol. 459: Fourier Integral Operators and Partial Differential Equations. Proceedings 1974. Edited by J. Chazarain. VI, 372 pages. 1975.

Vol. 460: O. Loos, Jordan Pairs. XVI, 218 pages. 1975.

Vol. 461: Computational Mechanics. Proceedings 1974. Edited by J. T. Oden. VII, 328 pages. 1975.

Vol. 462: P. Gérardin, Construction de Séries Discrètes p-adiques. »Sur les séries discrètes non ramifiées des groupes réductifs déployés p-adiques«. III, 180 pages. 1975.

Vol. 463: H.-H. Kuo, Gaussian Measures in Banach Spaces. VI, 224 pages. 1975.

Vol. 464: C. Rockland, Hypoellipticity and Eigenvalue Asymptotics. III, 171 pages. 1975.

Vol. 465: Séminaire de Probabilités IX. Proceedings 1973/74. Edité par P. A. Meyer. IV, 589 pages. 1975.

Vol. 466: Non-Commutative Harmonic Analysis. Proceedings 1974. Edited by J. Carmona, J. Dixmier and M. Vergne. VI, 231 pages. 1975.

Vol. 467: M. R. Essén, The Cos $\pi\lambda$ Theorem. With a paper by Christer Borell. VII, 112 pages. 1975.

Vol. 468: Dynamical Systems – Warwick 1974. Proceedings 1973/74. Edited by A. Manning. X, 405 pages. 1975.

Vol. 469: E. Binz, Continuous Convergence on C(X). IX, 140 pages. 1975.

Vol. 470: R. Bowen, Equilibrium States and the Ergodic Theory of Anosov Diffeomorphisms. III, 108 pages. 1975.

Vol. 471: R. S. Hamilton, Harmonic Maps of Manifolds with Boundary. III, 168 pages. 1975.

Vol. 472: Probability-Winter School. Proceedings 1975. Edited by Z. Ciesielski, K. Urbanik, and W. A. Woyczyński. VI, 283 pages. 1975.

Vol. 473: D. Burghelea, R. Lashof, and M. Rothenberg, Groups of Automorphisms of Manifolds. (with an appendix by E. Pedersen) VII, 156 pages. 1975.

Vol. 474: Séminaire Pierre Lelong (Analyse) Année 1973/74. Edité par P. Lelong. VI, 182 pages. 1975.

Vol. 475: Répartition Modulo 1. Actes du Colloque de Marseille-Luminy, 4 au 7 Juin 1974. Edité par G. Rauzy. V, 258 pages. 1975. 1975.

Vol. 476: Modular Functions of One Variable IV. Proceedings 1972. Edited by B. J. Birch and W. Kuyk. V, 151 pages. 1975.

Vol. 477: Optimization and Optimal Control. Proceedings 1974. Edited by R. Bulirsch, W. Oettli, and J. Stoer. VII, 294 pages. 1975.

Vol. 478: G. Schober, Univalent Functions – Selected Topics. V, 200 pages. 1975.

Vol. 479: S. D. Fisher and J. W. Jerome, Minimum Norm Extremals in Function Spaces. With Applications to Classical and Modern Analysis. VIII, 209 pages. 1975.

Vol. 480: X. M. Fernique, J. P. Conze et J. Gani, Ecole d'Eté de Probabilités de Saint-Flour IV–1974. Edité par P.-L. Hennequin. XI, 293 pages. 1975.

Vol. 481: M. de Guzmán, Differentiation of Integrals in R^n. XII, 226 pages. 1975.

Vol. 482: Fonctions de Plusieurs Variables Complexes II. Séminaire François Norguet 1974–1975. IX, 367 pages. 1975.

Vol. 483: R. D. M. Accola, Riemann Surfaces, Theta Functions, and Abelian Automorphisms Groups. III, 105 pages. 1975.

Vol. 484: Differential Topology and Geometry. Proceedings 1974. Edited by G. P. Joubert, R. P. Moussu, and R. H. Roussarie. IX, 287 pages. 1975.

Vol. 485: J. Diestel, Geometry of Banach Spaces – Selected Topics. XI, 282 pages. 1975.

Vol. 486: S. Stratila and D. Voiculescu, Representations of AF-Algebras and of the Group U (∞). IX, 169 pages. 1975.

Vol. 487: H. M. Reimann und T. Rychener, Funktionen beschränkter mittlerer Oszillation. VI, 141 Seiten. 1975.

Vol. 488: Representations of Algebras, Ottawa 1974. Proceedings 1974. Edited by V. Dlab and P. Gabriel. XII, 378 pages. 1975.

Vol. 489: J. Bair and R. Fourneau, Etude Géométrique des Espaces Vectoriels. Une Introduction. VII, 185 pages. 1975.

Vol. 490: The Geometry of Metric and Linear Spaces. Proceedings 1974. Edited by L. M. Kelly. X, 244 pages. 1975.

Vol. 491: K. A. Broughan, Invariants for Real-Generated Uniform Topological and Algebraic Categories. X, 197 pages. 1975.

Vol. 492: Infinitary Logic: In Memoriam Carol Karp. Edited by D. W. Kueker. VI, 206 pages. 1975.

Vol. 493: F. W. Kamber and P. Tondeur, Foliated Bundles and Characteristic Classes. XIII, 208 pages. 1975.

Vol. 494: A Cornea and G. Licea. Order and Potential Resolvent Families of Kernels. IV, 154 pages. 1975.

Vol. 495: A. Kerber, Representations of Permutation Groups II. V, 175 pages. 1975.

Vol. 496: L. H. Hodgkin and V. P. Snaith, Topics in K-Theory. Two Independent Contributions. III, 294 pages. 1975.

Vol. 497: Analyse Harmonique sur les Groupes de Lie. Proceedings 1973–75. Edité par P. Eymard et al. VI, 710 pages. 1975.

Vol. 498: Model Theory and Algebra. A Memorial Tribute to Abraham Robinson. Edited by D. H. Saracino and V. B. Weispfenning. X, 463 pages. 1975.

Vol. 499: Logic Conference, Kiel 1974. Proceedings. Edited by G. H. Müller, A. Oberschelp, and K. Potthoff. V, 651 pages 1975.

Vol. 500: Proof Theory Symposion, Kiel 1974. Proceedings. Edited by J. Diller and G. H. Müller. VIII, 383 pages. 1975.

Vol. 501: Spline Functions, Karlsruhe 1975. Proceedings. Edited by K. Böhmer, G. Meinardus, and W. Schempp. VI, 421 pages. 1976.

Vol. 502: János Galambos, Representations of Real Numbers by Infinite Series. VI, 146 pages. 1976.

Vol. 503: Applications of Methods of Functional Analysis to Problems in Mechanics. Proceedings 1975. Edited by P. Germain and B. Nayroles. XIX, 531 pages. 1976.

Vol. 504: S. Lang and H. F. Trotter, Frobenius Distributions in GL_2-Extensions. III, 274 pages. 1976.

Vol. 505: Advances in Complex Function Theory. Proceedings 1973/74. Edited by W. E. Kirwan and L. Zalcman. VIII, 203 pages. 1976.

Vol. 506: Numerical Analysis, Dundee 1975. Proceedings. Edited by G. A. Watson. X, 201 pages. 1976.

Vol. 507: M. C. Reed, Abstract Non-Linear Wave Equations. VI, 128 pages. 1976.

Vol. 508: E. Seneta, Regularly Varying Functions. V, 112 pages. 1976.

Vol. 509: D. E. Blair, Contact Manifolds in Riemannian Geometry. VI, 146 pages. 1976.

Vol. 510: V. Poènaru, Singularités C^∞ en Présence de Symétrie. V, 174 pages. 1976.

Vol. 511: Séminaire de Probabilités X. Proceedings 1974/75. Edité par P. A. Meyer. VI, 593 pages. 1976.

Printed in the United States
By Bookmasters